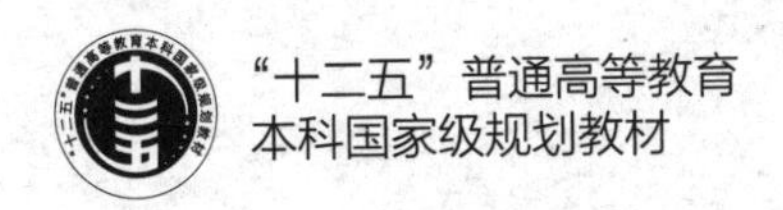

新形态教材

FOUNDATIONS IN ECOLOGY

基础生态学

第 4 版

牛翠娟　娄安如　孙儒泳　李庆芬

中国教育出版传媒集团
高等教育出版社 · 北京

内容简介

本教材是面向本科生的生态学入门级经典教材。第2版和第3版分别入选“十一五”“十二五”国家级规划教材。全书按照生态学的层次和发展历程，依次分为有机体与环境、种群生态学、群落生态学、生态系统生态学、应用生态学和现代生态学几大部分。本教材秉承重基础、跟前沿、以实践能力和生态观念的培养为核心的理念，以每章开头的关键词构建核心知识点和基础理论框架，同时通过丰富的案例力求反映最新进展，增加“窗口”介绍相关重要知识点的最新研究，特别是我国科学家取得的研究进展，培养学生学习兴趣。新设边栏与正文对应的数字资源，包括难点讲解视频、拓展阅读、彩图等。另外，沿袭上一版特点，本版进一步完善、更新了章末配套的数字课程资源，包括各章小结、重点与难点、自测题、思考题解析等。建议教师引导学生充分利用这些数字资源，自主学习，以提升教学效果。

图书在版编目（CIP）数据

基础生态学 / 牛翠娟等编著．--4版．-- 北京：高等教育出版社，2023.4（2024.5重印）

ISBN 978-7-04-058257-4

Ⅰ．①基… Ⅱ．①牛… Ⅲ．①生态学－高等学校－教材 Ⅳ．①Q14

中国版本图书馆CIP数据核字（2022）第026646号

JICHU SHENGTAIXUE

封面照片　滇金丝猴正在云杉树上取食。滇金丝猴的主食是松萝、植物的嫩叶和花苞等，为寻找新的觅食场，猴群常常需要长距离迁移（摄影：奚志农 / 野性中国，于云南德钦）

策划编辑　田　红　王　莉　　责任编辑　田　红　　封面设计　李小璐　　责任印制　赵义民

出版发行　高等教育出版社
社　　址　北京市西城区德外大街4号
邮政编码　100120
印　　刷　北京中科印刷有限公司
开　　本　889mm×1194mm　1/16
印　　张　25.5
字　　数　600千字
购书热线　010-58581118
咨询电话　400-810-0598

网　　址　http://www.hep.edu.cn
　　　　　http://www.hep.com.cn
网上订购　http://www.hepmall.com.cn
　　　　　http://www.hepmall.com
　　　　　http://www.hepmall.cn
版　　次　2002年7月第1版
　　　　　2023年4月第4版
印　　次　2024年5月第3次印刷
定　　价　59.00元

物 料 号　58257-00
审 图 号　GS（2021）8177号

数字课程（基础版）

基础生态学

（第4版）

牛翠娟　娄安如　孙儒泳　李庆芬

登录方法：

1. 电脑访问 http://abooks.hep.com.cn/58257，或手机微信扫描下方二维码以打开新形态教材小程序。
2. 注册并登录，进入“个人中心”。
3. 刮开封底数字课程账号涂层，手动输入 20 位密码或通过小程序扫描二维码，完成防伪码绑定。
4. 绑定成功后，即可开始本数字课程的学习。

绑定后一年为数字课程使用有效期。如有使用问题，请点击页面下方的“答疑”按钮。

基础生态学（第4版）

本数字课程与纸质教材一体化设计，紧密配合。数字课程涵盖了各章小结、重点与难点、自测题、思考题解析、参考文献等内容。立体化的教学设计，为教师教学提供参考，同时为学生自主学习提供思考和探索的空间。

用户名：　密码：　验证码：　5360　忘记密码？　登录　注册

http://abooks.hep.com.cn/58257

扫描二维码，打开小程序

作者简介

牛翠娟教授 1985年本科毕业于中国海洋大学水产系，1992年于日本北海道大学水产学部获得博士学位。1992年至今在北京师范大学生命科学学院从事生态学研究与教学工作。研究方向包括水生动物生理生态、营养与应激生理、生态毒理、浮游动物生活史对策、进化适应等，研究领域涉及动物生理生态学、种群生态学基础研究及应用。

娄安如教授 1992年至今在北京师范大学生命科学学院从事生态学研究与教学工作。国家级精品资源共享课和国家级线上线下混合式一流课程负责人，北京市优秀教师。曾获北京市高等学校教学名师奖、北京市高等教育教学成果二等奖、宝钢优秀教师特等奖提名奖。长期从事植物生态学研究。在植被生态学方面主要研究自然植被的空间分布格局及其与环境之间的相互关系，植物种群生态学方面主要研究种群遗传多样性以及种群之间的亲缘地理学关系等。

孙儒泳院士（1927—2021） 我国著名生态学家。1951年毕业于北京师范大学生物系并留校任教。1954—1958年在苏联莫斯科大学生物土壤系学习，获副博士学位。1983年起任北京师范大学生物系教授，1993年当选为中国科学院院士。孙院士长期从事动物生理生态学和种群生态学研究。其研究领域涉及动物生理生态学、种群生态学、行为生态学、水产养殖生态学、生态系统服务等，是我国动物生理生态学学科的奠基人和开拓者。他一直致力于将生态学科研、教学、人才培养和社会服务紧密结合，特别在生态学教学、学科建设和人才培养方面倾注了大量心血，撰写和参与编著各种生态学相关教材和译著20余部，曾担任中国生态学学会第三届理事长，为我国生态学研究和教育的发展做出了卓越贡献。

李庆芬教授 动物生理生态学家。1965年毕业于北京大学生物系。1987年起在北京师范大学生命科学学院从事生态学研究和教学工作。长期从事药理学、低氧生理学、小哺乳动物低温适应机理性研究，对我国动物生理生态学的发展做出了突出贡献。

第4版前言

生态学是研究生物与其环境，包括非生物环境和生物环境之间相互作用的一门基础科学，其基本理论与原理，如今被广泛应用于解决人类社会、经济发展所面临的诸多问题。《基础生态学》自2002年7月第1版出版以来，以其把握基础、紧跟前沿、简明扼要和具有中国特色等鲜明特点，一直深受广大师生的厚爱，已两次修订再版，并先后入选普通高等教育本科“十一五”“十二五”国家级规划教材。

2015年至今，本教材第3版出版发行的几年间，在习近平生态文明思想的科学指引下，我国生态学研究飞速发展，社会对生态学教育和生态学理念的普及需求受到空前重视。同时信息网络技术的广泛应用为教学提供了更多元、立体化的手段。为此，我们对第3版教材进行了修订，主要修订点如下：

（1）各章均更新了新的研究进展，补充了新的认知知识与研究案例，特别关注了我国生态学者的研究成果和我国生态保护与生态建设的相关实践，例如生物入侵、大熊猫环境适应的整合生物学机制、中性理论、群落排序的信息学方法、全球变化、碳中和、人口问题、国家公园建设等。

（2）进一步对文字、图、表进行规范和更新，特别是改善图的清晰度，逐一核实图中标注和引用来源，使其更准确、严谨和美观，同时补充了反映我国动植物和生态系统特征的照片。

（3）修订每章开头的关键词，使其更能反映该章的理论框架与核心知识点；更新参考文献和推荐阅读文献；新增英文名词索引。

（4）新增边栏与正文知识点紧密联系的数字资源，内容包括难点讲解视频、拓展阅读、彩图等。

（5）进一步补充和完善章末数字资源，包括各章小结、重点与难点、教学课件、自测题、思考题解析等，方便学生自学。

在本版教材修订稿酝酿之际，我国著名生态学家孙儒泳院士不幸辞世。孙先生是本书第一版的组织者和第一作者，为教材的建设做出了巨大贡献。孙先生从教材的写作理念、知识架构到写作风格等各方面都花费了大量心血，一直引导并关注着本教材的发展。在此我们对孙先生表示深深的敬意，并希望以本教材的再版纪念孙儒泳院士。

本版教材的修订工作主要由牛翠娟和娄安如完成。其中牛翠娟负责第一部分、第二部分、第五部分、第六部分16.1和16.2的修订；娄安如负责绪论、第三部分、第四部分、第六部分16.3和17章的修订。

感谢中国科学院动物研究所魏辅文院士、王德华研究员，复旦大学李博教授，中国海洋大学董云伟教授、北京师范大学张雁云教授、夏灿玮副教授为本书撰写研究案例。

感谢摄影家、美术家、学者和研究单位为本书提供照片或绘制插图，他们是奚志农、陈建伟、崔林、钟鑫、黄华强、杜诚、严靖、颉志刚、北京师范大学东北虎豹生物多样性国家野外科学观测研究站。感谢北京师范大学博士研究生卞世骏同学协助修订英文名词索引和参考文献。特别感谢高等教育出版社的吴雪梅编审和王莉副编审在本书的出版过程中所给予的帮助和指导。责任编辑田红在图文编辑方面做了大量认真细致的工作，在此表示衷心感谢。

非常感谢广大师生读者对本教材的使用和提出的宝贵建议。由于作者们自身知识、写作水平的局限性，教材仍然存在不少不足之处，希望广大读者继续给以批评、指正和建议，帮助我们将本教材建设得更好，以服务于大家，共同学好生态学。

编著者

2022 年 12 月于北京

第 1～3 版前言

目 录

第二部分 种群生态学

第三部分 群落生态学

第四部分 生态系统生态学

第五部分 应用生态学

第六部分 现代生态学

窗口目录

0 绪论

关键词　生态学　个体　种群　群落　生态系统　生物圈　尺度　研究方法　发展简史

0.1 生态学的定义

“生态学”这一术语是德国动物学家恩斯特·海克尔（Ernst Haeckel），于1866年在其《普通生物形态学》一书中首次提出。他认为生态学是研究动物和植物与它们无机环境之间全部关系的科学。从此生态学成为生物学的一个分支学科。

生态学的英文名称是“ecology”，源自希腊文oikos，是住所、栖息地、家庭的意思。词中的eco-与经济学（economy）的eco-是同一个词根。经济学起初是研究“家庭管理”的，我们可以把生态学理解为有关生物的经济管理的科学。

Haeckel赋予生态学的定义很广泛，它引起了许多学者的争论。有学者指出，如果生态学内容如此广泛，那么不属于生态学的学问就不多了。因此，生态学应有更明确的定义，一些著名生态学家对生态学也下过定义，如：

难点讲解
什么是生态学？

（1）英国生态学家Elton（1927）在最早的一本《动物生态学》中，把生态学定义为“科学的自然史”。

（2）苏联生态学家Кашкаров（1945）认为，生态学研究“生物的形态、生理和行为的适应性”，即达尔文的生存斗争学说中所指的各种适应性。

虽然上述两个定义指出了一些重要的生态学研究的问题，但还是很广泛，与生物学（biology）这个概念不易区分。

（3）澳大利亚生态学家Andrewartha（1954）认为，生态学是研究有机体的分布和多度的科学，他的著作《动物的分布与多度》是当时被广泛采用的动物生态学教科书。后来，C. Krebs（1972）认为这个定义是静态的，忽视了相互关系，并修正为“生态学是研究有机体分布和多度与环境的相互作用的科学”。这两位学者是动物生态学家，强调的都是种群生态学。

（4）丹麦植物生态学家 Warming（1909）提出植物生态学研究内容是“影响植物生活的外在因子及其对植物的影响，以及地球上所出现的植物群落及其决定因子”。这里既包括个体，也包括群落。法国的 Braun-Blaquet（1932）则把植物生态学称为植物社会学，认为它是一门研究植物群落的科学。这两位是植物生态学家，他们强调的是群落生态学。

20 世纪 60—70 年代，动物生态学和植物生态学趋向汇合，生态系统的研究日益受到重视，并与系统理论交叉。在环境、人口、资源等世界性问题的影响下，生态学的研究重心转向生态系统，又有一些学者提出了新的定义。

（5）美国生态学家 E. Odum（1956）提出的定义是：生态学是研究生态系统的结构和功能的科学。他的著名教科书《生态学基础》（1953，1959，1971）与以前的有很大区别，它以生态系统为中心，对大学生态学教学和研究产生了很大影响，他本人因此而获得美国生态学的最高荣誉——泰勒生态学奖（1977）。

我国著名生态学家马世骏（1980）的定义也属于这一类，他认为生态学是研究生命系统与环境系统相互关系的科学。他同时提出了社会 – 经济 – 自然复合生态系统的概念。

虽然诸学者给生态学下的定义很不相同，但是归纳起来大致可分为三类：第一类研究重点是自然历史和适应性，第二类强调的是动物的种群生态学和植物的群落生态学，第三类则是生态系统生态学。这三类定义代表了生态学发展的不同阶段，强调基础生态学的不同分支领域。

尽管 Haeckel 的定义有缺点，但是目前大多数的学者还是采用他的定义。

因此，生态学（ecology）是研究有机体及其周围环境相互关系的科学。有机体是指植物、动物和微生物。环境包括非生物环境和生物环境，前者如温度、光、水、风，而后者包括同种或异种其他有机体。显然，Haeckel（1866）的这个定义强调的是相互关系，或叫相互作用（interaction），即有机体与非生物环境的相互作用和有机体之间的相互作用。有机体之间的相互作用又可以分为同种生物之间和异种生物之间的相互作用，或叫种内相互作用和种间相互作用。前者如种内竞争，后者如种间竞争、捕食、寄生、互利共生等。

从生态学的定义可以看出，研究生物与环境之间相互关系要从两个方面进行。其一，生物如何适应环境，以达到生存繁殖的目的，这个过程就是生物对环境的生态适应。生物的生态适应可以通过形态的改变、生理的变化以及行为方式的改变来实现。如植物主要通过形态（如叶片退化、针形、气孔下陷等）的改变和生理生化（如细胞液浓度增加等）的反应两个方面适应，动物主要通过形态的改变（如体型大小与纬度的关系、换毛等）、生理生化的反应（如非颤抖性产热等）和行为方式（如冬眠、迁徙等）三个方面适应。其二，每时每刻变化的环境会对生活在这个环境中的生物有作用，这个作用称之为生态作用。如人为活动造成的环境污染和环境破坏引起生态系统结构和功能的变化等。

0.2 生态学的研究对象

生态学的研究对象很广，从个体直到生物圈。但是，生态学研究者对于其中4个组织层次（level of organization）特别感兴趣，即**个体**（individual）、**种群**（population）、**群落**（community）和**生态系统**（ecosystem）。

个体是生态学最基本的研究单位。在个体层次上，生态学家最感兴趣的问题是有机体对于环境的适应。经典生态学的最低研究层次是有机体（个体）。个体生态学（autecology）研究有机体个体与环境的相互关系。物理环境如温度、湿度、光等通过影响有机体的基础生理过程而影响其生存、生长、繁殖和分布。而生物为了成功地把基因传递下去，在形态、生殖、行为等各种性状上形成了对环境的适应。按其研究的大部分问题来看，目前的个体生态学绝大部分属于生理生态学（physiological ecology）范畴，这是生态学与生理学的交叉学科。当然，近代一些生理生态学家更偏重于个体从环境中获得资源和资源分配给维持、生长、生殖、修复、保卫等方面的进化和适应对策，而生态生理学家则偏重于对各种环境条件的生理适应及其机制上。但是更多的学者把生理生态学和生态生理学视为同义。

种群是栖息在同一地域中同种个体组成的集合。种群是由个体组成的群体，并在群体水平上出现了一系列群体的特征，这是个体层次上所没有的。例如种群有出生率、死亡率、增长率，有年龄结构和性比，有种内关系和空间分布格局等。在种群层次上，多度及其波动的决定因素是生态学家最感兴趣的问题。种群在空间上的分布格局也日益受到生态学家的重视。在20世纪60年代以前，动物生态学的研究主流是种群生态学。

群落是栖息在同一地域中的动物、植物和微生物组成的集合。同样，当群落由种群组成新的层次结构时，产生了一系列新的群体特征，例如群落的结构、演替、多样性、稳定性等。但是，多数现代生态学家在目前最感兴趣的是决定群落组成和结构的过程，并把群落定义为"一定领域内不同物种种群的**集合**（assemblage）或**混合体**（mixture）"。

生态系统是一定空间中生物群落和非生物环境的集合，生态学家最感兴趣的是能量流动和物质循环过程。

现代生态学的研究对象进一步向微观与宏观两个方面发展，例如分子生态学、景观生态学和全球生态学（即生物圈的生态学）。

分子生态学是应用分子生物学方法研究生态学问题所产生的新的分支学科，其研究领域涉及进化生物学、种群生物学、系统进化地理学、保护遗传学、行为生态学、群落生态学和GMO（遗传修饰生物体）的释放后果。

景观生态学以由许多不同生态系统所组成的整体（即景观）为研究对象，重点研究景观的空间结构、相互作用、协调功能及动态变化，并逐渐形成了景观评价、规划、模拟和管理的理论与方法。

随着全球性环境问题（如全球变暖、臭氧层破坏、极端天气气候事件等）日益受到重视，全球生态学应运而生。全球生态学以生物圈为研究对象。生物圈（biosphere）是指地球上的全部生物和一切适合于生物栖息的场所，它包括岩石圈的上层、全部水圈和大气圈的下层。岩石圈是所有陆生生物的立足点，土壤中还有植物的地下部分、细菌、真菌、大量的无脊椎动物和掘土的脊椎动物。在大气圈中，生命主要集中于最下层，也就是与岩石圈的交界处。水圈中几乎到处都有生命，但主要集中在表层和底层。

现代生态学十分重视生态学研究的尺度（scale）。广义地说，尺度是指某一现象或过程在空间和时间上所涉及的范围和发生的频率。以空间尺度为例，像大气中二氧化碳含量的上升对气候变化的影响研究，就需要在全球尺度上进行。当然这并不否认各个地区范围的较小尺度的类似研究，因为其结果也有助于解释全球的气候变化；甚至于在温室中进行实验，例如人工控制温室的气体以模拟二氧化碳浓度上升，并研究其对于植物光合作用强度的影响，也是有用的。小尺度研究的例子如两种细菌在单个生物细胞中的资源竞争；加大一些的尺度研究如白蚁肠道中细菌与原虫的竞争。就时间尺度而言，植物群落的生态演替，有的以百年计，有的以十年计，而原生动物演替在人工培养皿中以天数计。生态学中一般认为有三类尺度，即除了空间和时间尺度外，还有组织尺度，上面介绍的个体 - 种群 - 群落 - 生态系统等的组织层次就是其例。

近几十年来，生态学迅速发展的另一个非常重要的特征是应用生态学的发展，例如生态系统服务价值评估、生态系统管理等，其研究方向之多，涉及领域和部门之广，与其他自然科学和社会科学结合交叉点之多，使人难以给其划定范围和界限。

0.3 生态学的分支学科

生态学在目前已经发展为一个独立的一级学科，拥有庞大的学科体系，想要弄清楚有多少分支学科，不但要费许多时间，而且很难达到一致。下面按不同标准加以划分：

（1）按研究对象的组织层次划分：如个体生态学、种群生态学、群落生态学和生态系统生态学。

（2）按研究对象的生物分类划分：如动物生态学、昆虫生态学、植物生态学、微生物生态学。此外，还有独立的人类生态学。

（3）按栖息地划分：如淡水生态学、海洋生态学、湿地生态学和陆地生态学。而陆地生态学又可以分为森林生态学、草地生态学、荒漠生态学和冻原生态学。

（4）按交叉的学科划分：如数学生态学、化学生态学、物理生态学、地理生态学、生理生态学、进化生态学、行为生态学、生态遗传学和生态经济学等。

0.4 生态学的研究方法

一般认为，生态学的研究方法可以分为野外研究（field approach）、实验研究（experimental approach）和理论研究（theoretical approach）三大类。

野外研究：最初的生态学研究开始于野外的调查，如对森林、草原、荒漠等不同群落的野外调查。

实验研究：通过控制实验的方法，揭示一些生态学规律。如环境温度变化对动物体温的影响等。

理论研究：利用数学模型进行模拟研究，如研究种群增长和种间关系等。

从生态学发展历史来讲，野外的研究方法是首先的，并且是第一性的。例如要了解动物的种群数量变动，首先要在自然中观察和收集资料。野外研究和实验研究的划分，早在20世纪20年代已经开始，其代表就是Shelford（1929）的《实验与野外生态学》一书。实验研究是分析因果关系的一种有用的补充手段。实验研究的优点是条件控制严格，对结果分析比较可靠，重复性强，但也有缺点，就是实验室条件可能与野外自然状态下的有区别。近几十年来，生态学还发展了在自然条件下进行实验研究的方法，如驱除寄生虫以研究雷鸟种群的动态，它同时可以设置对照区。利用数学模型进行模拟研究是理论研究最常用的方法。利用数学模型研究种群动态在发展种群生态学上取得了显著成果，例如种群增长和种间竞争等。模型研究的预测，还必须通过现实来检验其预测结果是否正确。同时，也可以通过修改参数再进行模拟，使模型研究逐步逼近现实。

这三大类研究方法，即野外、实验与理论研究，它们相互重叠、互相补充，缺一不可。生态学的发展依赖于这三类方法更进一步有机地结合。

0.5 生态学发展简史

生态学与其他学科一样，也经历了形成、发展与逐渐成熟的过程。纵观生态学的发展，大体上可以分为以下几个时期。

（1）生态学的萌芽时期

人类在自然界的生存中，很早就开始注意到了生物和环境的关系。如先秦时期《诗经·鹊巢》中“维鹊有巢，维鸠居之”的诗句，就描述了鸠占鹊巢的巢寄生现象；先秦时期《管子·地员篇》中记载了江淮平原上沼泽植物带状分布和水分、地形的关系；秦汉时期确定的二十四节气，比较科学地反映了农作物及昆虫与气候之间的关系；大约公元前300年，希腊哲学家提奥弗拉斯图斯（Theonhrastus）记载了植物与自然环境的关系，谈到了气候对不同位置的植物生长的影响、天气条件给植物造成的损伤，以及土壤对植物生长的作用等；罗马的帕里尼（Pliny，公元23—79年）将动物分为陆栖、水生和飞翔三大类群。

近代也有很多学者对生态学的创立具有很大贡献，如：德国博物学家洪堡（Alexander von Humboldt），1807年撰写了关于植物如何随着海拔、气候、土壤和其他因子变化而变化的综合专著——《植物地理学随笔》，创立了植物地理学。1859年达尔文（Charles Darwin）发表了著名的《物种起源》，强调生物进化是生物与环境交互作用的产物，引起了人们对生物与环境关系的重视，对生态学的形成具有重要的促进作用。

1798年，英国学者马尔萨斯（Thomas Robert Malthus）发表了《人口学原理》。他指出，人口按几何级数增长而生活资源只能按算术级数增长。马尔萨斯强化了对“有限增长”条件下“生存挣扎”的观察。受马尔萨斯理论影响，达尔文认识到了生存竞争不仅发生在物种之间，而且也在同一物种内部进行。

1838 年，比利时数学家 Verhulst 在他研究人口增长的课题时，提出了人口增长不但和现有人口相关，还和可用资源有关，他首先导出了后来被广泛称为逻辑斯谛的方程，但在当时并没有引起大家的注意，直到 1920 年两位美国人口学家 Pearl 和 Reed 在研究美国人口问题时，再次提出这个方程，才开始被重视。此外，1774 年法国科学家布丰（Buffon）提出“生命率”，把动物和环境关系的知识系统化。1851 年瑞典科学家 H. von Post 创立了样方法，对群落进行研究。1863 年奥地利的 A. Kerner 介绍了研究群落结构和动态的方法等。

（2）生态学的创立时期

在前人知识积累的基础上，德国动物学家海克尔（Ernst Haeckel），首先提出了生态学这一术语。他在 1866 年出版的《普通生物形态学》一书中给出了“生态学”一词的解释：“研究动物和植物与它们无机环境之间全部关系的科学。”

此后，很多生态学家的工作推动了生态学理论框架建立与研究内容的发展。丹麦植物学家瓦尔明（J. E. B. Warming）1895 年发表了《以植物生态地理为基础的植物分布学》一书。该书 1909 年再版时，以英文出版，并改名为《植物生态学》，书中系统归纳分析了 20 世纪以前有关生态学的研究成果，对于早期的生态学科产生了巨大影响，这本著作奠定了植物生态学的基础。德国生态学家辛柏尔（Schimper）1898 年发表了《以生理学为基础的植物地理分布》一书。该书从植物生理功能与形态结构、生活力等方面阐述了植物的生态适应。用环境因子的综合作用，来阐明植物分布的多样性。从历史发展的观点，来分析研究植物和群落的起源和发展，从而开辟了生理生态学和进化生态学的研究方向。

大约从 1900 年开始，生态学被公认为是生物学的一个独立的研究领域。

（3）生态学的成长期

到 20 世纪 30 年代，植物生态学的研究得到很大发展，因地球表面上各个地区的植被及自然环境都有很大的差异，各国植物生态学的研究以地区性特点为背景，各有侧重，形成了不同的学派。这时期主要有三大学派：

① 欧洲学派

欧洲学派又分为北欧学派和法瑞学派。北欧学派主要以瑞典、挪威和丹麦的科学家为主，代表人物为 Du-Rietz，瑞典的 Upsala 大学是该学派的中心，主要研究对象是森林，对森林的群落结构、地理分布和群落生理学研究深入，以在生态学的分析方法比较细致为特点。

法瑞学派主要以西欧的法国与瑞士科学家为主，代表人物是法国的布朗 - 布朗克（Braun-Blanquet），以瑞士的苏黎世（Zurich）大学和法国的 Montpellier 大学为中心，主要以地中海和阿尔卑斯山脉植被为研究对象，他们在植被分类的原理和方法，在群落分析上强调植物区系成分，以特征种为群落分类的主要依据。鉴于他们的研究的特点，该学派被称为静态生态学派。

法瑞学派在欧洲学派中影响最大，代表著作是Braun-Blanquet的《植物社会学》（英译本，1932）。瑞士的Rubel于1928年出版了《地植物学研究方法》。

② 英美学派

英美学派的代表人物是英国的坦斯列（A. G. Tansley）和美国的克莱门茨（Frederic Clements）。他们是以北美和英伦诸岛的森林、草原、湖泊和海涂及其利用为研究对象。代表著作有《普通生态学》（Tansley，1932）和《不列颠群岛的植被》（Tansley，1935）等，在这两本书中，Tansley第一次提出了生态系统和生态平衡的概念。Clements在他的著作《植物的演替》中，提出了群落的动态演替研究和关于演替顶极的学说。

1940年美国生态学家林德曼（R. L. Lindeman）发表了《一个老年湖泊营养循环动力学的季节性》，1942年其《生态学中的营养动力论》发表，确定了生态系统中能量在各营养级间流动的定量关系，即"十分之一定律"等。

英美学派以研究植物群落演替和创建演替顶极学说而著名，所以也被称为动态生态学派。

③ 前苏联学派

前苏联学派（也称俄国学派）的代表人物是苏卡乔夫（V. N. Sukachev），以圣彼得堡大学为中心，主要研究欧亚大陆寒温带的草原、森林及土壤，尤其是草原利用、沼泽开发以及北极地区的开发利用和土地资源评价等。推动了生态地植物学和生物地理群落学的发展。其代表著作为苏联学者集体编写的《苏联植被》（1940）。1945年苏卡切夫出版了《生物地理群落与植物群落学》。苏卡切夫1944年提出的生物地理群落的概念，与坦斯列（1936）提出的生态系统概念，后来被生态学界同时承认，并统一称为生态系统。

1934年苏联微生物学家高斯（Georgii Gause）首次明确提出了竞争排除原理，即具有相同生态需求的物种不能共存，是在他的开创性实验工作基础上形成的。

（4）现代生态学的发展期

20世纪50年代末，由于对世界性的五大社会问题（人口激增、粮食不足、能源短缺、资源破坏和环境污染问题）的关注极大地推动了生态学的发展。生态学进一步与生理学、遗传学、行为学等学科的交叉，形成了一系列新的研究领域。生态学与数学、地学、物理学等学科的交叉，产生了许多边缘学科。尤其是随着计算机技术、信息技术等的发展，更是促进了生态学的发展。

1959年美国生态学家哈钦松（Hutchinson）提出了一个著名的生态学难题，即自然界为什么有如此多的物种共存于同一个群落？这个问题刺激生态学家开展了大量的理论与实验研究，提出了许多不同的解释，为当代生物多样性形成与维持机制的研究奠定了基础。

20世纪50年代末，三位最有影响的生态学家，Odum、MacArthur和Elton提出"多样性导致稳定性"的观点，到20世纪70年代这一观点受到生态学家May（1973）的挑战，May通过理论研究得出，简单系统比复杂系统更可能趋于稳定。这个结论在生态学界引起很大争议，最终导致20世纪90年代中期David Tilman等（2006）在草地群落开展实验检验工作。实验结果表明，多样性虽然降低了草地植物种群的稳定性，但增加了整个群落的稳定性。

在这段时期，生态学理论得到了很大的发展。1964 年 Hamilton 提出了广义适合度和亲缘选择概念；1966 年 MacArthur 和 Pianka 发展了最优觅食理论；1966 年 Williams 重新树立了个体选择在生物适应中的核心地位；1967 年 MacArthur 和 Wilson 提出了岛屿生物地理学理论；1969 年 Odum 系统总结了生态系统发育的概括性模型等。

进入 20 世纪 70 年代，生态学的发展形成了以 Robert MacArthur（1972）和 Eugene Odum（1969，1977）为首的两大学派。前者侧重于研究较小尺度的生态学系统（个体、种群、群落），主要是用简单数学模型，并且利用实验室和野外的自然史观察作为模型和理论发展的基础，被称为进化生态学派。而后者侧重于研究较大尺度的生态学系统（生态系统、景观、生物圈），主要采用复杂的数学模型，相对来说和自然史观察结合得不够紧密。

此外，生态学研究的国际性不断加强，如联合国教科文组织于 1964 年组织国际生物学计划（IBP），推动了国家对生态系统进行重点研究。1971 年教科文组织组织了人与生物圈计划（MAB），以及后来的国际地圈生物圈计划（IGBP），1992 年联合国环境与发展大会上又提出了《生物多样性公约》等等。

20 世纪 90 年代后，尤其是进入 21 世纪后，新技术的发展始终推动着生态学的发展。如分子生态学飞速发展。伴随着分子生物学和基因组科学的实验方法和技术手段应用，同时结合数学、计算机与信息科学的方法，分子生物学通过研究物种及种群中遗传变异和表观遗传变异、遗传谱系的结构和分布格局等，探讨生物多样性演化（包括从种群、群落到生态系统等各个层次）、生物地理演化、物种分化、生态适应、行为等生态学问题。

拓展阅读

学习生态学的重要意义

此外，大数据分析技术、“高通量”野外观察和观测技术、大型野外控制实验技术、联网观测与控制实验技术等技术在生态学上的应用，都促进了生态学理论与研究方法的发展。

思考题

1. 说明生态学的定义。
2. 试举例说明生态学是研究什么问题的，采用什么样的研究方法。
3. 比较三大类生态学研究方法的利弊。

数字课程学习

◎本章小结　◎重点与难点　◎自测题　◎思考题解析

原缨口鳅（*Vanmanenia stenosoma*）栖息于淡水底质为岩石块的地方，刮食石块上附生的藻类，图为原缨口鳅幼鱼（摄影 / 颉志刚，于浙江遂昌）

第一部分

有机体与环境

我们把自然界分为两大类：生物与非生物。这两大类几乎总是可区别、可分开的，但它们又不能彼此孤立地存在。生物依赖于环境，它们必须与环境连续地交换物质和能量，必须适应于环境才能生存；生物又影响环境，改变了环境的条件，生物与环境在相互作用中形成统一的整体。这一部分主要阐述环境中生态因子对生物产生影响的一般规律及生物对环境限制的适应；光和温度的生态作用、影响及生物对光与温度的适应；风、火的生态作用及管理；水的特殊性质、生态作用以及水生与陆生生物如何调节体内水和溶质的平衡；氧与二氧化碳的生态作用与生物适应；土壤的理化性质、对生物的影响以及盐碱土、沙生植物对环境的适应。

1

生物与环境

关键词　环境　大环境　小环境　生态因子　生境　作用　反作用　相互作用　利比希最小因子定律　限制因子　耐受性定律　生态幅　驯化　内稳态

生态学涉及生物与它们的环境，了解它们之间的关系是非常重要的。环境的变化决定了生物的分布与多度，生物的生存又影响了环境，生物与环境是相互作用、相互依存的。因此，我们首先应该了解和掌握生物与环境的生态作用规律和机制。

1.1　环境与生态因子

1.1.1　环境

环境（environment）指某一特定生物体或生物群体周围一切的总和，包括空间及直接或间接影响该生物体或生物群体生存的各种因素。环境是一个相对的概念，它必须有一个特定的主体或中心，离开这个主体或中心，就谈不上环境。例如在环境科学中，人类是主体，其他的生命物质和非生命物质均被看作环境因素。在生物科学中，以生物为主体，生物以外的所有自然条件称为环境。在讨论生态学问题时，对象可以指个体、种群或生物群落，因此，环境所包含的范围和要素也就不同。例如当一个池塘中的草鱼为研究对象时，则池塘中的其他鱼类、生物及非生物构成了草鱼的环境。因此，环境依主体而定，有大小之分，大到整个宇宙，小到基本粒子。

生物环境一般可分为**大环境**（macroenvironment）和**小环境**（microenvironment）。大环境是指地区环境、地球环境和宇宙环境。大环境中的气候称为**大气候**（macroclimate），是指离地面 1.5 m 以上的气候，是由大范围因素所决定，如大气环流、地理纬度、距海洋距离、大面积地形等。小环境是指对生物有直接影响的邻接环境，即指小范围内的特定栖息地。大环境直接影响小环境，对生物体也有直接或间接影响。

大环境，如不同气候的地理区域，影响到生物的生存与分布，产生了生物种类的一定组合特征或**生物群系**（biome）。例如热带森林、温带森林和苔原。反之，根据这些生物群系的特征，可以区分各个不同的气候区域，如热带、温带及寒带。

小环境对生物的影响更为重要，它的存在为生物提供选择自身所需要的生活条件。小环境中的气候称**小气候**（microclimate），是指生物所处的局域地区的气候。小气候变化大，受局部地形、植被和土壤类型的调节，与大气候有极大的差别。小气候直接影响生物的生活，例如植物根系接触的是土壤小环境，叶片表面接触的是气体环境，由温度、湿度、气流的变化而形成的小气候对树冠的影响可以产生局部生境条件的变化。图 1-1 显示了一株北极植物在晴朗白天不同部位的温度差异。又如严寒冬季，雪被上温度很低，已达到 -40℃，但雪被下的温度并不很低且相当稳定，土壤也未冻结。这种雪被下的小气候保护了雪被下的植物与动物安全越冬。因此，生态学研究更重视小环境。

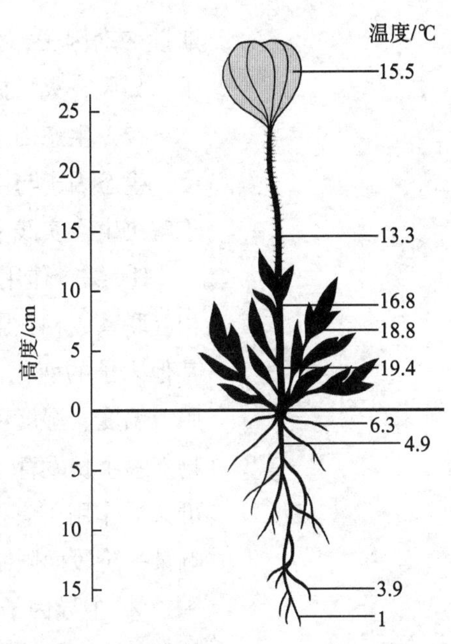

图 1-1　北极植物 *Novosie versigaglacialis* 的温度变化（引自 Mackenzie et al.，1998）

环境系统概念强调把人类环境作为一个统一的整体看待，避免人为地将环境分割为互不相关的各个部分，强调环境系统的本质在于各种环境因素之间的相互作用过程。

1.1.2　生态因子

生态因子（ecological factor）是指环境要素中对生物起作用的因子，如光照、温度、水分、氧气、二氧化碳、食物和其他生物等。在生态因子中，对生物生存不能缺少的环境要素有时也称生存条件，如二氧化碳和水是植物的生存条件，对于动物是食物、热能和氧气。所有生态因子构成生物的生态环境，特定生物体或群体的栖息地的生态环境称**生境**（habitat）。

（1）生态因子的分类

生态因子的数量很多，按其性质、特征及作用方式，主要有以下 4 种分类：

① 按其性质分为气候因子（如温度、水分、光照、风、气压和雷电等）、土壤因子（如土壤结构、土壤成分的理化性质及土壤生物等）、地形因子（如陆地、海洋、海拔高度、山脉的走向与坡度等）、生物因子（包括动物、植物和微生物之间的各种相互作用）和人为因子（如由于人类的活动对自然的破坏及对环境的污染作用）5 类。

② 按有无生命的特征分为生物因子和非生物因子两大类。

③ 按生态因子对动物种群数量变动的作用，将其分为**密度制约因子**（density-dependent factor）和**非密度制约因子**（density-independent factor）。前者如食物、天敌等生物因子，其对动物种群数量影响的强度随其种群密度而变化，从而调节了种群数量；后者指温度、降水等气候因子，它们的影响强度不随种群密度而变化。

④ 按生态因子的稳定性及其作用特点，分稳定因子和变动因子两大类。前者指地心引力、地磁、太阳常数等恒定因子，它们决定了生物的分布。后者又可分为两类：周

期性变动因子，如一年四季变化和潮汐涨落等，主要影响生物分布；非周期性变动因子，如风、火、捕食等，主要影响生物的数量。

（2）生态因子作用特征

生态因子与生物之间的相互作用是复杂的，只有掌握了生态因子作用特征，才有利于解决生产实践中出现的问题。

① 综合作用：环境中的每个生态因子不是孤立的、单独的存在，总是与其他因子相互联系、相互影响、相互制约的。因此，任何一个因子的变化，都会不同程度地引起其他因子的变化，导致生态因子的综合作用。例如山脉阳坡和阴坡景观的差异，是光照、温度、湿度和风速综合作用的结果。动植物的物候变化是气象变化影响的结果。生物能够生长发育，依赖于气候、地形、土壤和生物等多种因素的综合作用。温度与湿度可共同作用于有机体生命周期的任何一个阶段（存活、繁殖、幼体发育等），并通过影响某一阶段而限制物种的分布。

② 主导因子作用：对生物起作用的众多因子并非等价的，其中有一个是起决定性作用的，它的改变会引起其他生态因子发生变化，使生物的生长发育发生变化，这个因子称主导因子。如植物春化阶段的低温因子；再如，以水分为划分类型的主导因子，植物可分成水生、中生和旱生生态类型。

③ 阶段性作用：由于生态因子规律性变化导致生物生长发育出现阶段性，在不同发育阶段，生物需要不同的生态因子或生态因子的不同强度，因此，生态因子对生物的作用也具有阶段性。例如低温在植物的春化阶段是必不可少的，但在其后的生长阶段则是有害的；水是多数无尾两栖类幼体的生存条件，但成体对水的依赖性就降低了。

④ 不可替代性和补偿性作用：对生物作用的诸多生态因子虽然非等价，但都很重要，一个都不能缺少，不能由另一个因子来替代。但在一定条件下，当某一因子的数量不足，可依靠相近生态因子的加强得以补偿，而获得相似的生态效应。例如软体动物生长壳需要钙，环境中大量锶的存在可补偿钙不足对壳生长的限制作用。又如光照强度减弱时，植物光合作用下降可依靠 CO_2 浓度的增加得到补偿。

⑤ 直接作用和间接作用：生态因子对生物的行为、生长、繁殖和分布的作用可以是直接的，也可以是间接的，有时还要经过几个中间因子。直接作用于生物的，如光照、温度、水分、二氧化碳、氧等；间接作用是通过影响直接因子而间接影响生物，如山脉的坡向、坡度和高度通过对光照、温度、风速及土壤质地的影响，对生物发生作用；又如冬季苔原土壤中虽然有水，但由于土壤温度低，植物不能获得水，而叶子蒸发继续失水，产生植物冬天干旱，即冬天干旱是由寒冷的间接作用产生的。

1.2 生物与环境的相互作用

生物与环境的关系是相互的和辩证的。环境作用于生物，生物又反作用于环境，两者相辅相成。

1.2.1 环境对生物的作用

环境的非生物因子对生物的影响，一般称为**作用**（action）。环境对生物的作用是多方面的，可影响生物的生长、发育、繁殖和行为；影响生物生育力和死亡率，导致种群数量的改变；某些生态因子能够限制生物的分布区域。例如，热带动植物不能在北半球的北方生长，主要受低温的限制；荒漠地带物种稀少主要受干旱的影响（图 1–2）；温度恶劣变化会导致生物死亡或停止生殖；自然的季节性变化会导致动物的迁徙、脱毛脱羽，动植物的休眠等。

图 1-2 中国内蒙古荒漠景观
（摄影 / 陈建伟，于内蒙古额济纳旗）

生物并不是消极被动地对待环境的作用，它也可以从自身的形态、生理、行为等方面不断进行调整，以适应环境中的生态因子变化，将其限制作用减小。因此，在不同环境中，生物会产生不同的适应性变异。例如，水温是影响鱼类繁殖的首要因素，生活在欧洲的一种淡水鱼欧鳊（*Abramis brama*），随着气温由南到北逐渐变冷，它的繁殖也由南方的一年连续产卵逐级变成一年产一次卵，以适应环境的温度，并形成遗传固定性特征。高山低氧是哺乳类生存的限制因子，美洲鹿鼠（*Peromyscus mamiculatus*）从海平面到海拔 4 000 m 连续分布形成 10 个亚种，它们的血液氧结合能力随着海拔升高而增加，即对低氧环境产生了适应性的遗传变异。西洋蓍草（*Achillea millefolium*）是菊科的一种植物，分布范围从海平面直到海拔 3 000 m 的高山。将从不同海拔高度采集的西洋蓍草种子，种在同一个花园相同条件下，生长出来的植株有明显的差异，来自高海拔的种子长出的植株比低海拔的矮小（图 1–3），西洋蓍草的这种生态差异来自对各自环

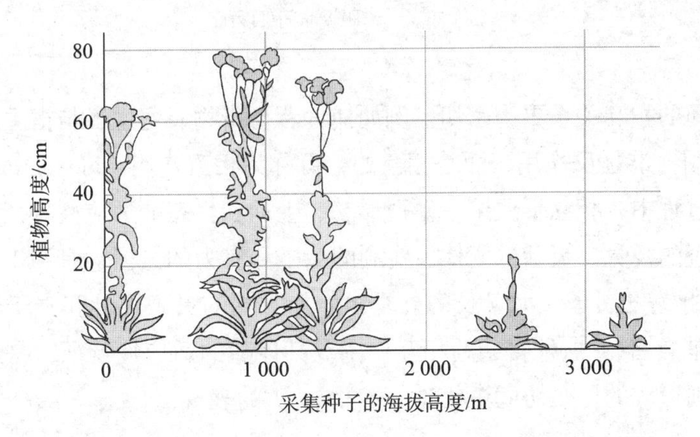

图 1-3 来自不同海拔高度的西洋蓍草种子，种在同一花园相同条件下生长出来的植株
（引自 Ricklefs et al.，1999）

境气候的适应。

生物对自然环境的适应，还表现在生物能积极地利用某些生态因子的周期性变化，作为确定时间，调节其生理节律和生活史中的各种节律的线索。例如光照周期的变化作为季节变化的信号，对生物体的**生物钟**（biological clock）起到“扳机”作用，引起一系列的生理、形态和行为的变化。

1.2.2 生物对环境的反作用

生物对环境的影响，一般称为**反作用**（reaction）。生物对环境的反作用表现在改变了生态因子的状况。如荒地上培育起树林，树林能吸收大量的太阳辐射，能保持水分、降低风速，形成新的小气候环境；树林的凋落物作为绝热层，可防止土壤冻结。又如土壤微生物与土壤动物的活动，改变了土壤的结构与理化性质；动植物的残体分解后加入土壤，使土壤养分发生很大变化。另一个典型的生物反作用于环境的例子是地球上自出现生命以来，地球大气中氧含量的变化，如图 1–4 所示。最初的生命体出现后，伴随着生物的进化和多样性的增加，大气中氧的含量逐渐增加，直到大致稳定在目前的 20.95% 左右。

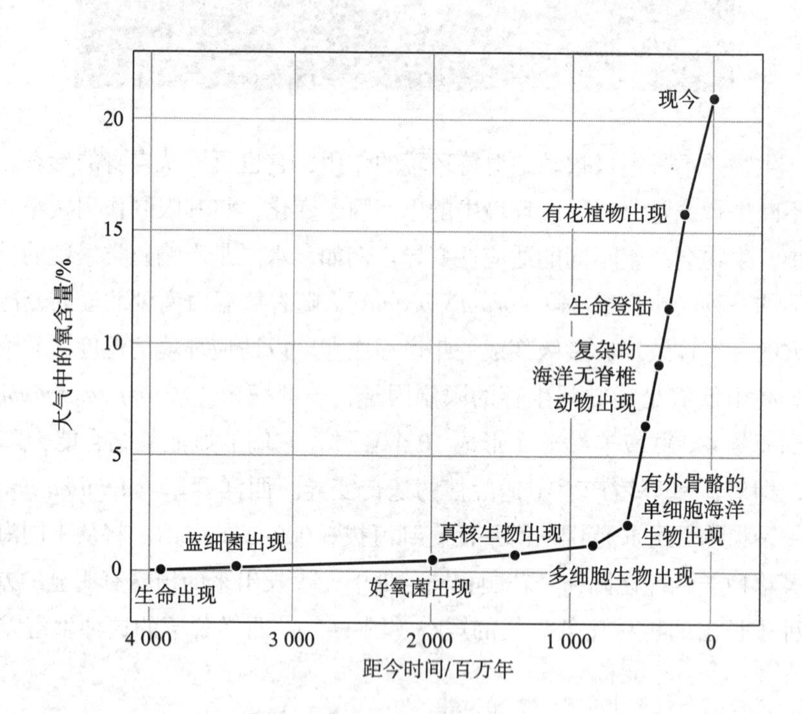

图 1-4 地球上生物进化对大气氧含量的影响（仿 Ricklefs，2001）

生物与生物之间的相互关系更为密切。例如捕食者与猎物、寄生者与宿主，它们的关系很难说谁是作用，谁是反作用，而是相互的，可称为**相互作用**（interaction）。这两对物种在长期进化过程中，相互形成了一系列形态、生理和生态的适应性特征。例如捕食者猞猁发展了敏锐的视觉、灵活的躯体、锐利的爪子和有力的犬齿，有利于其捕捉与啃吃猎物，而猎物野兔发展了又大又长的外耳（增加听觉的灵敏度）和善于奔跑的四肢，有利于其逃避捕食者 。这种复杂的相互作用及其伴随的适应性特征，是通过自然选择、适者生存法则形成的，是协同进化（coevolution）的表现。

1.3 最小因子、限制因子与耐受性定律

1.3.1 利比希最小因子定律

利比希（Liebig）是19世纪德国农业化学家，他是研究各种因子对植物生长影响的先驱。他发现作物的产量往往不是受其需要量最大的营养物的限制，例如不受CO_2和水的限制，而是取决于在土壤中稀少的又为植物所需要的元素，例如硼、镁、铁等。因此，利比希在1840年提出“植物的生长取决于那些处于最少量状态的营养元素”。其基本内容是：低于某种生物需要的最小量的任何特定因子，是决定该种生物生存和分布的根本因素。进一步研究表明，这个理论也适用于其他生物种类或生态因子。因此，后人称此理论为**利比希最小因子定律**（Liebig's law of minimum），简称利比希定律或最小因子定律。

利比希最小因子定律只有在严格稳定状态下，即在物质和能量的输入和输出处于平衡状态时，才能应用。如果稳定状态破坏，各种营养物质的存在量和需要量会发生改变，这时就没有最小成分可言。此定律用于实践中时，还需注意生态因子间的补偿作用。即当一个特定因子处于最少量状态时，其他处于高浓度或过量状态的物质，会补偿这一特定因子的不足。例如环境中有大量锶而缺乏钙，软体动物能利用锶来补偿钙的不足。

1.3.2 限制因子

因子处于最小量时，可以成为生物的限制因子，但因子过量时，例如过高的温度，过强的光，或过多的水，同样可以成为限制因子。Blackman注意到了这点，于1905年发展了利比希最小因子定律，并提出生态因子的最大状态也具有限制性影响。这就是众所周知的**限制因子定律**（law of limiting factor）。Blackman指出，在外界光、温度、营养物等因子数量改变的状态下，探讨的生理现象（如同化过程、呼吸、生长等）的变化，通常可将其归纳为3个要点：生态因子低于最低状态时，生理现象全部停止；在最适状态下，显示了生理现象的最大观测值；在最大状态之上，生理现象又停止。

在有机体的生长中，相对容易看到某因子的最小、适合与最大状态。例如，如果温度或者水的获得性低于有机体需要的最低状态，或者高于最高状态时，有机体生长停止，很可能会死亡。由此可见，生物对每一种环境因素都有一个耐受范围，只有在耐受范围内，生物才能存活。因此，任何生态因子，当接近或超过某种生物的耐受性极限而阻止其生存、生长、繁殖或扩散时，这个因子称为**限制因子**（limiting factor）。

Blackman还阐明，进行光合作用的叶绿体受5个因子的控制：CO_2、H_2O、光辐射强度、叶绿素的数量及叶绿体的温度。当一个过程的进行受到许多独立因素所支配时，其光合作用进行的速度将受最低量的因素的限制。人们把这一结论看作对最小因子定律的扩展。

限制因子的概念具有实用的意义。例如，某种植物在某一特定条件下生长缓慢，或某一动物种群数量增长缓慢，这并非所有因子都具有同等重要性，只要找出可能引起限制作用的因子，通过实验确定生物与因子的定量关系，便能解决增长缓慢的问题。例

如，研究限制鹿群增长的因子时，发现冬季雪被覆盖地面与枝叶，使鹿取食困难，食物可能成为鹿种群的限制因子。根据这一研究结果，在冬季的森林中，人工增添饲料，降低了鹿群冬季死亡率，从而提高了鹿的资源量。

1.3.3 耐受限度与生态幅

1.3.3.1 耐受性定律

难点讲解
耐受性定律

基于最小因子定律和限制因子的概念，美国生态学家谢尔福德（Shelford）于1913年提出了**耐受性定律**（law of tolerance）：任何一个生态因子在数量上或质量上的不足或过多，即当其接近或达到某种生物的耐受限度时会使该种生物衰退或不能生存。耐受性定律的进一步发展，表现在它不仅估计了环境因子量的变化，还估计了生物本身的耐受限度；同时，耐受性定律允许生态因子间的相互作用。

在Shelford以后，许多学者在这方面进行了研究，并对耐受性定律作了发展，概括如下：

（1）每一种生物对不同生态因子的耐受范围存在差异，可能对某一生态因子耐受性很宽，对另一个因子耐受性很窄，而耐受性还会因年龄、季节、栖息地区等的不同而有差异。对很多生态因子耐受范围都很宽的生物，其分布区一般很广。

（2）生物在整个个体发育过程中，对环境因子的耐受限度是不同的。在动物的繁殖期、卵、胚胎期和幼体，种子的萌发期，其耐受性一般比较低。

（3）不同物种对同一生态因子的耐受性是不同的。如鲑鱼对水温的耐受范围为0～12℃，最适温度为4℃；豹蛙的耐受范围为0～30℃，最适温度为22℃。

（4）生物对某一生态因子处于非最适度状态下时，对其他生态因子的耐受限度也下降。例如陆地生物对温度的耐受性往往与它们的湿度耐受性密切相关。当生物所处的湿度很低或很高时，该生物所能耐受的温度范围较窄。所处湿度适度时，生物耐受的温度范围比较宽。反之也一样，表明影响生物的各因子间存在明显的相互关联。

1.3.3.2 生态幅

每一种生物对每一种生态因子都有一个耐受范围，即有一个生态上的最低点和最高点。在最低点和最高点（或称耐受性的下限和上限）之间的范围，称为**生态幅**（ecological amplitude）或**生态价**（ecological valence）（图1-5）。在生态幅中有一最适区，在这个区内生物生理状态最佳，繁殖率最高，数量最多。生态幅是由生物的遗传特性决定的。很多生物的生态幅是宽的，它们能够在宽范围的盐度、温度、湿度等因子中存活，但生态幅的宽度会随生长发育的不同阶段而变化。例如美国东部海湾的蓝蟹（*Callinecters sapidus*）能够生活在盐度为3.4%的海水至接近淡水中，但是它的卵和幼蟹仅能生活在2.3%盐度以上的海水中。

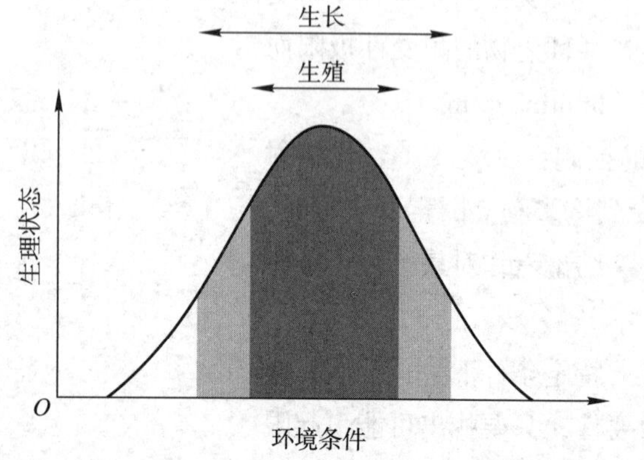

耐受下限 存活 耐受上限
生长
生殖
生理状态
O
环境条件

图1-5 物种的耐受限度图解（仿Mackenzie et al.，1998）

生态学中常用“广”（eury-）和“狭”（steno-）

表示生态幅的宽度，广与狭作为字首与不同因子配合，就表示某物种对某一生态因子的适应范围，例如：

广温性（eurythermal）　　狭温性（stenothermal）
广水性（euryhydric）　　狭水性（stenohydric）
广盐性（euryhaline）　　狭盐性（stenohaline）
广食性（euryphagic）　　狭食性（stenophagic）
广光性（euryphotic）　　狭光性（stenophotic）
广栖性（euryecious）　　狭栖性（stenoecious）
广土性（euryedapic）　　狭土性（stenoedapic）

图 1-6 是广温性生物与狭温性生物的生态幅比较。狭温性生物的耐受性下限、上限与最适度相距很近，对广温性动物影响很小的温度变化，对狭温性生物常常成为临界的。狭温性生物可以是耐低温的（冷狭温性）与耐高温的（暖狭温性），或处于两者之间的。

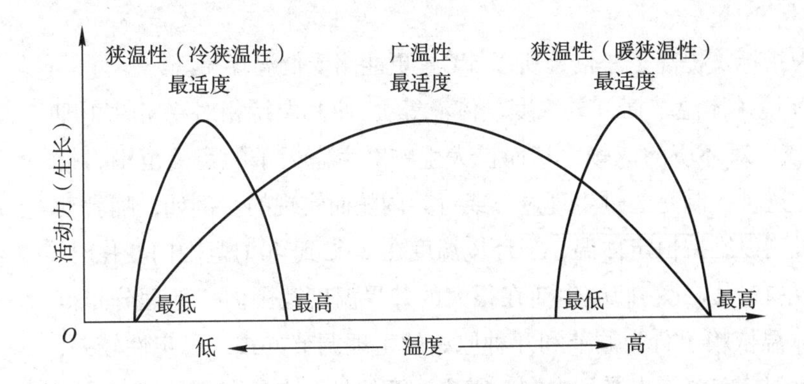

图 1-6　广温性生物与狭温性生物的生态幅比较（引自孙儒泳，1992）

当生物对环境中某一生态因子的适应范围较宽，而对另一种因子的适应范围较狭窄时，生态幅往往受到后一个生态因子的限制。生物在不同发育期对生态因子的耐受限度不同，物种的生态幅往往决定于它临界期的耐受限度。通常生物繁殖期是一个临界期，环境因子最易起限制作用，使繁殖期的生态幅变狭，繁殖期的生态幅成为该物种起决定性限制作用的生态幅。

生物的生态幅对生物的分布具有重要影响。但在自然界，生物种往往并不处于最适环境下，这是因为生物间的相互作用（如竞争），妨碍它们去利用最适宜的环境条件。因此，每种生物的分布区，是由它的生态幅及其环境相互作用所决定的。

1.3.3.3　耐受限度的调整

生物对环境生态因子的耐受范围并不是固定不变的，通过自然长期驯化（气候驯化，acclimatization）或人为短期驯化（acclimation）可改变生物的耐受范围，使适宜生存范围的上下限发生移动，形成一个新的最适度，去适应环境的变化。这种耐受性的变化直接与生物化学的、生理的、形态的及行为的特征等相关。例如，随着冬季向夏季的转变，水温逐渐升高，鱼可能由这种季节的驯化而对温度的耐受限度升高，使耐受曲线向右移动（图 1–7），以至冬季能使鱼致死的高温，在夏季时鱼就能忍受了。这个驯化过程是通过生物的生理调节实现的，即通过酶系统的调整，改变了生物的代谢速率与耐受限度。图 1–8 显示，在环境温度 10℃条件下检测到，5℃驯化的蛙比 25℃驯化的蛙

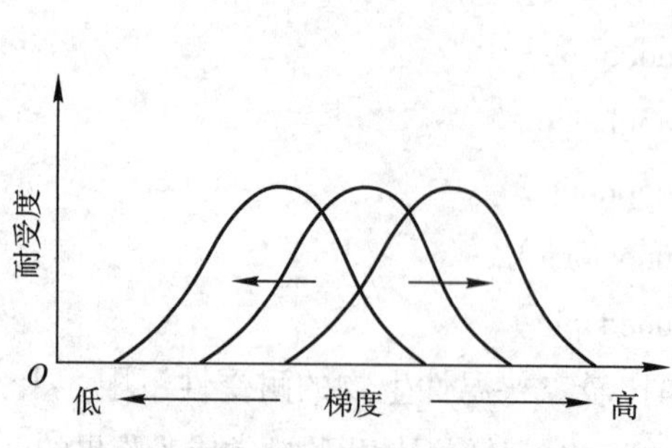

图 1-7 耐受极限随环境温度的改变（转引自孙儒泳，1992）

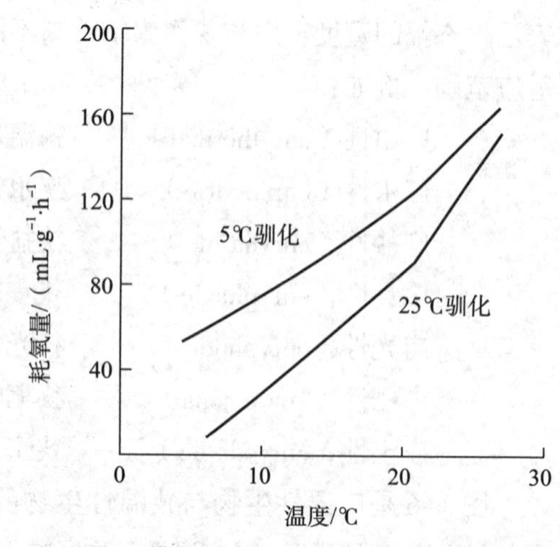

图 1-8 5℃和 25℃驯化的蛙在不同温度下的氧消耗（引自 Randll et al.，1997）

的代谢速率（以耗氧量为指标）提高了一倍，所以 5℃蛙更能耐受低温环境。

拓展阅读
生境适应与适应组合

生物通过控制体内环境（体温、糖、氧浓度、体液等），使其保持相对稳定性（即内稳态，homeostasis），减少对环境的依赖，从而扩大生物对生态因子的耐受范围，提高了对环境的适应能力。这种控制是通过生理过程或行为调整而实现的。例如，哺乳动物具有许多种温度调节机制以维持恒定体温，当环境温度在 20℃到 40℃范围内变化时，它们能维持体温在 37℃左右，因此它们能生活在很大的外界温度范围内，地理分布范围较广。爬行动物维持体温依赖于行为调节和几种原始的生理调节方式，稳定性较差，对温度耐受范围较窄，地理分布范围也受到限制。需要注意的是，内稳态只是扩大了生物的生态幅与适应范围，并不能完全摆脱环境的限制。此外，生物通过休眠以及日节律和季节节律性变化，也可以在一定程度上改变自身的耐受范围，提高对环境限制的耐受性。

思考题

1. 什么是最小因子定律？什么是耐受性定律？
2. 生态因子对生物的影响有哪些一般性特征？
3. 生物对生态因子的耐受限度有哪些调整方式？
4. 何谓驯化？有哪些实际应用？

讨论与自主实验设计

外温动物和内温动物对温度的耐受范围有何不同？如何观测动物的耐受范围？

数字课程学习

◎本章小结 ◎重点与难点 ◎自测题 ◎思考题解析

2

能量环境

关键词　光合有效辐射　黄化现象　光饱和点　光补偿点
阳生植物　阴生植物　C_3植物　C_4植物　光周期现象
外温动物　内温动物　异温动物　范霍夫定律　冷害
冻害　耐受冻结　超冷　生物学零度　有效积温法则
春化　低温适应　高温适应　林冠火　地表火

万物生长靠太阳。太阳表面以电磁波的形式不断释放能量，即太阳辐射或太阳光。太阳辐射为地球上所有生命系统提供了能量来源，是光最重要的生态作用。绿色植物将太阳能转化成化学能储存于植物体内，这一过程是生物圈与太阳能发生联系的唯一环节，也是生物圈赖以生存的基础。太阳辐射又温暖了地球表面，使生物能够生长、发育和繁衍，并对生物的分布起了重要的作用。因此，光和温度组成了地球上的能量环境。风与火是具有能量的生态因子，对生物起着重要的作用。

2.1　光的生态作用及生物对光的适应

2.1.1　地球上光的分布

太阳的辐射能通过大气层时，一部分被反射到宇宙空间中，一部分被大气吸收，其余部分以光的形式投射到地球表面，其辐射强度大大减弱。而地球截取的太阳能约为太阳输出总能量的20亿分之一，地球上绿色植物光合作用所固定的太阳能，只占从太阳接受的总能量的千分之一。太阳辐射的强度、时间（代表辐射的量）和光谱成分（代表辐射的光质）对生物的生长发育和地理分布产生重要的影响。

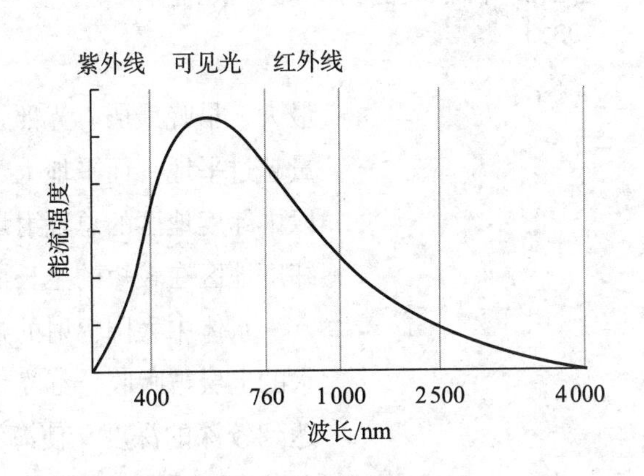

图 2-1　进入地球大气的太阳光谱（仿 Mackenzie et al.，1998）

太阳辐射光谱主要由紫外线（波长小于400 nm）、可见光（波长400～760 nm）和红外线（波长大于760 nm）组成（图2-1），三者分别占太阳辐射总能量的9%、45%和46%，大约

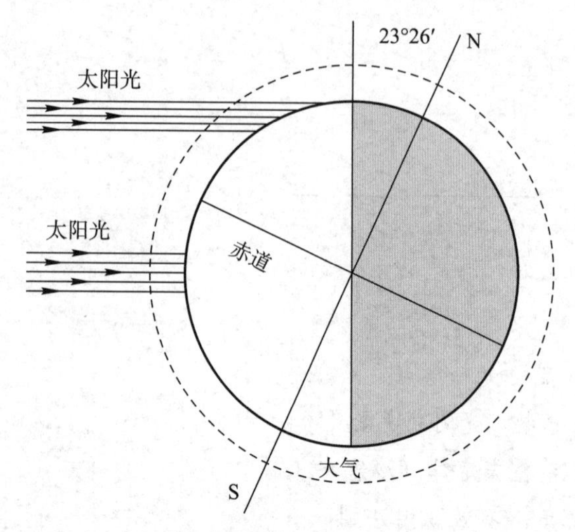

图 2-2 太阳高度角随纬度的变化（仿孙儒泳，1992）

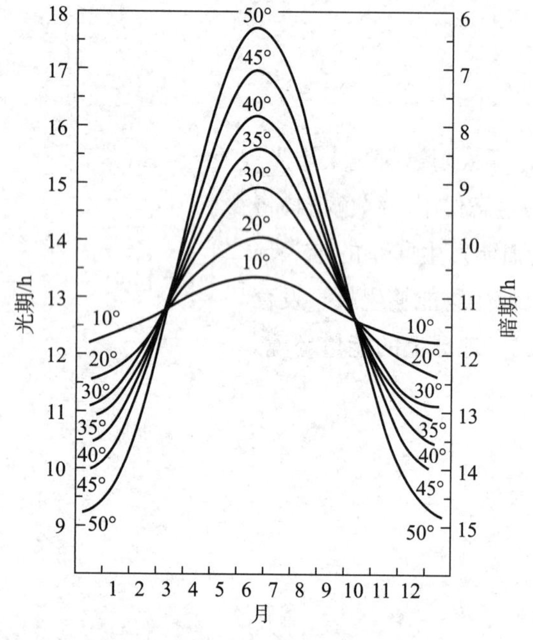

图 2-3 不同纬度的日照长度（引自曲仲湘等，1983）

辐射能的一半是在可见光谱范围内。

地球表面的太阳辐射受到以下几方面主要因素的影响：第一，当太阳光射向地球表面时，因经大气圈内各种成分，如臭氧、氧、水汽、雨滴、二氧化碳和尘埃等的吸收、反射和散射，最后到达地球表面的仅是总太阳辐射的 47%，其中直接辐射为 24%，散射为 23%。第二，太阳高度角影响了太阳辐射强度。以平行光束射向地球表面的太阳辐射与地面的交角，称为太阳高度角。太阳高度角越小，太阳辐射穿过大气层的路程越长，辐射强度越弱（图 2-2）。第三，地球公转时，轴心以倾斜的位置（晨昏线与地轴的夹角为 23°26′）接受太阳辐射（图 2-2），这导致地球表面不同纬度在不同季节每天所接受太阳辐射的时间呈周期性变化。第四，地面的海拔高度、朝向和坡度，也引起太阳辐射强度和日照时间的变化。

由于以上原因导致地球表面上太阳光的分布是不同的。从光质上看，低纬度地区短波光多，随纬度增加长波光增加，随海拔升高短波光增加；夏季短波光较多，冬季长波光较多；早晚长波光较多，中午短波光较多。不同光质对植物的光合作用、色素形成、向光性及形态建成等影响是不同的。

从日照时间上看，除两极外，春分和秋分时全球都是昼长与夜长相等；在北半球，从春分至秋分昼长夜短，夏至昼最长，并随纬度的升高昼长增加（图 2-3）。从秋分至春分昼短夜长，冬至昼最短，并随纬度升高昼长变短。北极夏半年全为白天，冬半年全为黑夜。赤道附近终年昼夜相等。各地日照时数的不等，对生物的生长和繁殖的影响也不相同。

地表的光照强度也随时间和空间而变化。一般来说，随纬度升高光照强度减弱，随海拔升高光照强度增加。一年中，夏季光照强度最大，冬季最弱。一天中，中午光照强度最大，早晚最弱。光照强度还随地形而变化，如北纬 30° 地方，南坡接受的太阳辐射总量超过平地，而平地大于北坡。由于地表上的总辐射量决定于光照强度和日照时间，所以中纬度地区的总辐射量有时可以超过赤道地区，因而小麦、土豆或其他作物能在较高纬度地区在较短的生长期中成熟。

水体中太阳辐射的减弱比大气中更为强烈，光质也有更大变化。红外线和紫外线在水的上层被吸收，红光在 4 m 深水中光强度降到 1%，只有 500 nm 波长范围内的辐射能达到较深的深度，使海洋深处显示为蓝绿光（图 2-4）。与此相对应，由于不同藻类所含色素不同，有效吸收光波的波谱段不同。水中藻类长期适应不同深度光波而使光合作用最有效，而导致绿藻分布在上层水中，褐藻分布在较深水层中，红藻分布在最深层，可达 200 m 左右。水体中的辐射强度随水深度的增加而成指数函数减弱。在完全清澈的水中，1.8 m 深处的光强度只有表面的 50%。在清澈的湖泊中，1% 的可见光可达 5 ~ 10 m 水深，在清澈的海洋中，可达 140 m 深。根据水体中光的强弱或有无，可将水体分为光亮带、弱光带和无光带，分别对生物产生不同的影响。

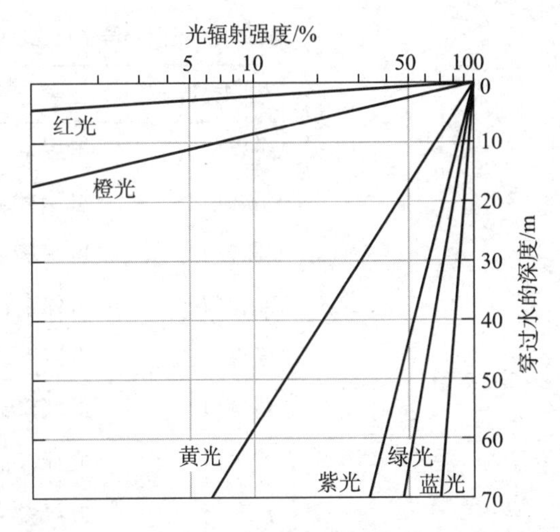

图 2-4 各种波长的光穿过蒸馏水时的光辐射强度变化（引自 Kormondy，1996）

2.1.2 光质的生态作用及生物的适应

尽管生物生活在日光的全光谱下，但不同光质对生物的作用是不同的，生物对光质也产生了选择性适应。人类和许多脊椎动物能看见的光只是在可见光波范围内，因而可见光的强度及照射时间的变化对动物的生殖、生长、发育、行为、形态及体色有显著的影响。太阳鱼（*Lepomis*）视力的灵敏峰值在 500 ~ 530 nm 波长，这正是在湖泊和沿海较为透明的水层中的光波长，有利于鱼在水中觅食。昆虫的可见光范围偏重于短光波，这便是利用黑光灯诱杀农业害虫的机制。

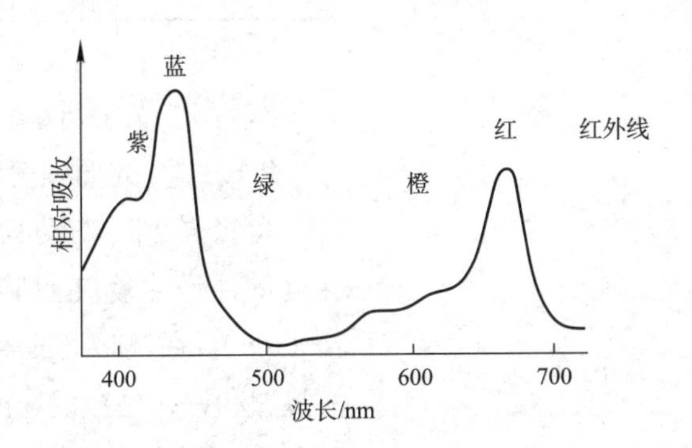

图 2-5 叶绿素 a 吸收光谱（引自 Mackenzie et al.，1998）

绿色植物依赖叶绿素进行**光合作用**（photosynthesis），将辐射能转换成具丰富能量的糖类。然而，光合作用系统只能够利用太阳光谱的一个有限带，即 380 ~ 710 nm 波长的辐射能，称为**光合有效辐射**（photosynthetically active radiation）。这个带对应于辐射能流的最大带（见图 2-1）。叶绿素吸收最强的光谱部分是 640 ~ 660 nm 波长的红光和 430 ~ 450 nm 波长的蓝紫光，吸收最少的是绿光（图 2-5）。实验表明，红光对糖的合成有利，蓝紫光有利于蛋白质的合成。然而，其他有机体产生的色素能够利用绿色植物光合有效辐射区之外的光波。例如光合细菌产生一种色素——细菌叶绿素，它的吸收峰值在 800 ~ 890 nm 波长之间。光质不同也影响植物的光合强度，例如菜豆在橙、红光下光合速率最快，蓝、紫光其次，绿光最差。不同植物的光合色素有一定的差异（表 2-1），例如，陆生植物和分布在水表层的绿藻主要含叶绿素 a、叶绿素 b 和类胡萝卜素，深海中的红藻含藻红素和藻蓝素，褐藻含叶黄素。这些色素种类的差异，反映了不同植物对它们生境中光质的适应。

光质不同对植物形态建成、向光性及色素形成的影响也不同。如蓝紫光与青光能抑制植物伸长生长，使植物成矮小形态，青蓝紫光能使植物向光性更敏感，促进植物色素的形成。高山上的短波光较多，植物的茎叶含花青素，这是避免紫外线损伤的一种保护性适应。由于紫外线抑制植物茎的生长，高山上的植物呈现出茎干粗短，叶面缩小，绒毛发达的生长型，也是对高山多短波光的适应。

短波的紫外线有杀菌作用，可引起人类皮肤产生红疹及皮肤癌，但促进体内维生素 D 的合成。紫外线又是昆虫新陈代谢所依赖的。长波红外线是地表热量的基本来源，对外温动物的体温调节和能量代谢起了决定性的作用。

表 2-1 不同类群生物光合色素的比较

生物类群	主要色素
蓝藻门	叶绿素 a、胡萝卜素、藻胆素
隐藻门	叶绿素 a、叶绿素 c、藻胆素
甲藻门	叶绿素 a、叶绿素 c、甲藻素、多甲藻素
金藻门	叶绿素 a、叶绿素 c、胡萝卜素、金藻素
黄藻门	叶绿素 a、叶绿素 c、β 胡萝卜素、叶黄素、异黄素
硅藻门	叶绿素 a、叶绿素 c、β 胡萝卜素
裸藻门	叶绿素 a、叶绿素 b、胡萝卜素、叶黄素
绿藻门	叶绿素 a、叶绿素 b、胡萝卜素、叶黄素
褐藻门	叶绿素 a、叶绿素 c、叶黄素、β 胡萝卜素、褐藻素
红藻门	叶绿素 a、叶绿素 d、叶黄素、β 胡萝卜素；辅助色素：藻胆素（藻红素和藻蓝素）
高等植物	叶绿素 a、叶绿素 b、胡萝卜素、叶黄素

2.1.3 光照强度的生态作用及生物的适应

2.1.3.1 光照强度对生物的生长、发育和形态建成的作用

光照强度影响动物的生长发育，例如蛙卵在有光环境下孵化与发育快；而海洋深处的浮游生物在黑暗中生长较快；喜欢在淡水水域底层生活的中华鳖（*Pelodiscus sinensis*），在黑暗下的生长率明显比强光照下的快（周显青等，1998；图 2-6）。光照对海星卵和许多昆虫的卵的发育有促进作用，但过强的光照又会使其发育延缓或停止。光强和体色也有一定的关系，如蛱蝶（*Vanessa*）养在光亮环境中，体色变淡，生活在黑暗环境中则体色变深。

光是影响叶绿素形成的主要因素。一般植物在黑暗中不能合成叶绿素，但能形

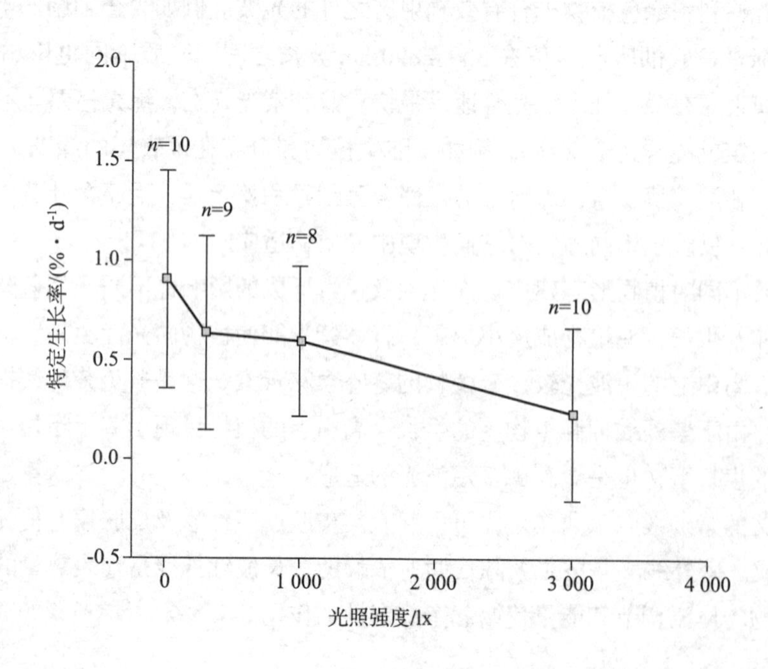

图 2-6 中华鳖特定生长率随光照度的变化（引自周显青等，1998）

成胡萝卜素，导致叶子发黄，称为**黄化现象**（etiolation phenomenon），这是光对植物形态建成作用的典型例子。黄化植物在形态、色泽和内部结构上都与阳光下正常生长的植物明显不同，表现在茎细长软弱，节间距离拉长，叶片小而不展开，植株长度伸长而重量显著下降（图 2–7）。光照强度促进植物细胞的增长和分化，对植物组织和器官的生长发育及分化有重要的影响。例如植物体遮光后，由于同化量减少，花芽的形成也减少，已经形成的花芽也会因体内养分不足而发育不良或早期死亡。在开花期与幼果期，光照减弱会引起结果不良或结果发育中途停止，甚至落果。因此，对果树进行合理修剪，改善通风透气，有利于提高果实产量。另外，光照强度增加，有利于果实的成熟与品质的提高。在强光照下，苹果、梨、桃等能增加果实的含糖量与耐贮性，由于果实花青素含量升高，使果实具美好的色彩。

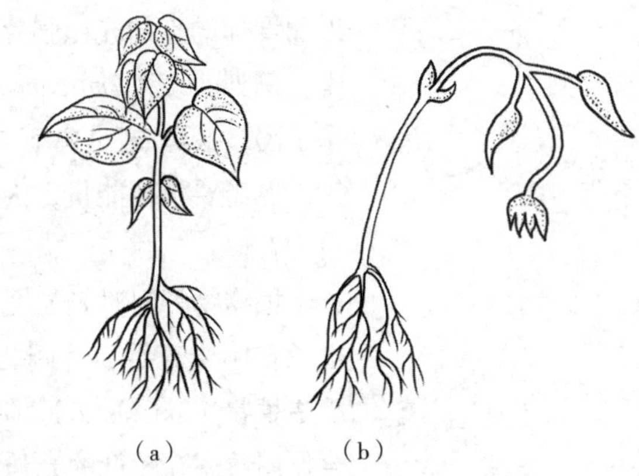

图 2-7 菜豆在充分阳光下长出的正常幼苗（a）和在黑暗处长出来的黄化幼苗（b）

2.1.3.2 植物对光照强度的适应

很多种植物叶子的每日运动反映了光强度和光方向的日变化，而温带落叶树叶子的脱落是对光强度的年周期变化的反映。

当传入的辐射能是饱和的、温度适宜、相对湿度高、大气中 CO_2 和 O_2 的浓度正常时的光合作用速率，称为**光合能力**（photosynthetic capacity）。在不同种植物中，植物光合能力对光照强度的反应是有差异的。根据植物光合作用时 CO_2 同化途径的不同可将植物分为 C_3 植物、C_4 植物和景天科酸代谢（CAM）植物。C_3 植物光合作用暗反应过程中一个 CO_2 被一个五碳化合物（1,5- 二磷酸核酮糖）固定后形成两个三碳化合物（3-磷酸甘油酸），其叶绿体仅存在于叶肉细胞中。C_3 植物主要分布在温带地区，大部分植物如树木和藻类都是 C_3 植物。C_4 植物的光合作用暗反应过程中，一个 CO_2 被一个含有三个碳原子的化合物（磷酸烯醇式丙酮酸）固定后首先形成含四个碳原子的有机酸（草酰乙酸），其叶片的结构特点是：围绕着维管束的是呈“花环型”的两圈细胞，里面一圈是维管束鞘细胞，细胞较大，里面的叶绿体不含基粒。外圈的叶肉细胞相对小一些，细胞中含有具有基粒的叶绿体。C_4 植物，例如玉米（*Zea mays*）和高粱（*Sorghum vulgare*），光合作用速率随有效辐射强度而增加（图 2–8）。光合作用速率不再随光强增

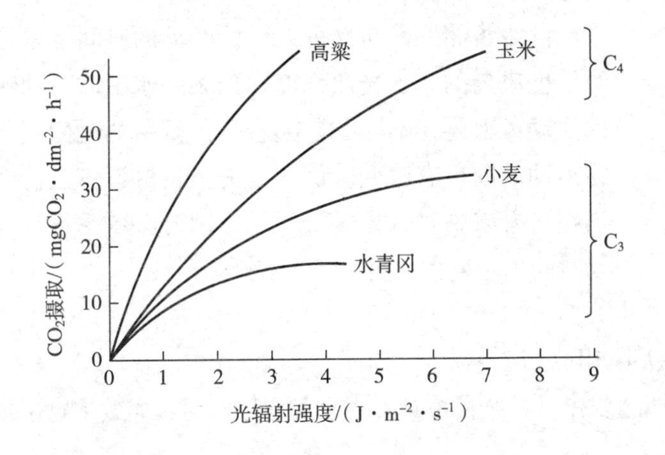

图 2-8 C_3 和 C_4 植物在最适温度和正常 CO_2 浓度时，光合作用对光辐射强度的反应（引自 Mackenzie et al.，1998）

加而增加的点的光照强度叫**光饱和点**（light saturation point，LSP）。在较普遍的 C_3 植物中，例如小麦（*Triticum vulgare*）和水青冈（*Fagus grandifolia*），光合作用速率曲线变平（图 2–8）。这是由于 C_4 植物能够利用低浓度 CO_2，伴随水的利用效率比 C_3 植物更大，但需要消耗能量，因而 C_4 植物光饱和点较 C_3 植物高，在热带和亚热带植物区系中更为普遍。

植物物种间对光强度表现出的适应性差异，是已经进化了的两类植物间的差异，即生长在阳光充足、开阔栖息地为特征的**阳生植物**（heliophyte）和遮阴栖息地为特征的**阴生植物**（skiophyte）。阴生植物比阳生植物能更有效地利用低强度的辐射光，但其光合作用效率在较低的光强度上达到稳定。光合作用固定的能量与呼吸作用消耗的能量相等的点的光照强度叫**光补偿点**（light compensation point，LCP）。阳生植物的光补偿点和光饱和点高于阴生植物。阳生植物和阴生植物间的差异，是由于叶子生理上的和植物形态上的差异造成的。阳生植物叶子通常以锐角形式暴露于日午阳光中，这导致辐射的入射光在更大的叶面积上展开，因而降低了光强度。因此，阳生植物的叶子经常排列为多层的冠状，以至于在明亮的阳光中，即使遮阴的叶子也能够对植物的同化作用作出贡献。相反，阴生植物叶子通常以水平方向和单层排列。另外，单株植物叶冠内不同结构的“阳叶”和“阴叶”的产生，是植物对自身存在的光环境的一种回应。通常，阳叶更小、更厚，含有更多的细胞、叶绿体和密集的叶脉，导致增加了每单位叶面积的干重。阴叶通常更大、更透明，干重轻，光合能力可能仅为阳叶的 1/5。

2.1.3.3 动物对光照强度的适应

光照强度使动物在视觉器官的形态上产生了遗传的适应性变化。夜行性动物的眼睛比昼行性动物的大，如枭、懒猴（*Nycticebus*）及飞鼠（*Pteromys volans*）等；有的啮齿类的眼球突出于眼眶外，以便从各个方面感受微弱的光线；终生营地下生活的兽类，如鼹鼠（*Talpa*）、鼢鼠（*Myospalax*）和鼹形鼠（*Splax*），眼睛一般很小，有的表面为皮肤所盖，成为盲者；深海鱼或者具有发达的视觉器官，或者本身具有发光器官。

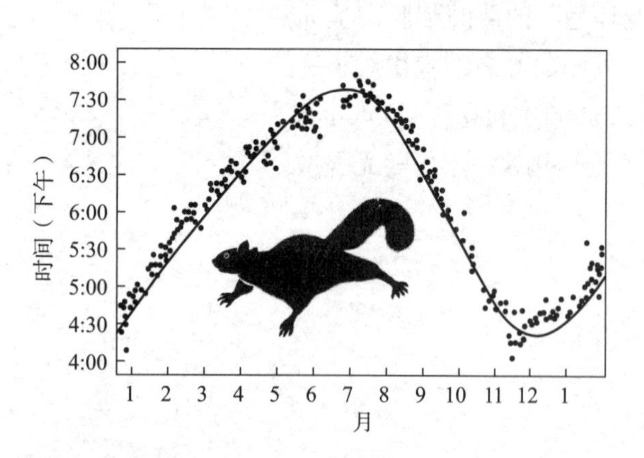

图 2-9 美洲飞鼠活动开始的日时间季节变化（引自 Mackenzie et al.，1998）

动物的活动行为与光照强度有密切关系，有些动物适应于白天强光下活动，成为昼行性动物，例如大多数鸟类，哺乳类中的黄鼠、旱獭、松鼠和许多灵长类。有些动物适应于黑夜或晨昏的弱光下活动，如夜猴、家鼠、刺猬、蝙蝠、壁虎，称为夜行性动物或晨昏性动物。

自然条件下，动物每天开始活动的时间常常是由光照强度决定的，当光照强度达到某一水平时，动物才开始活动，因此在不同季节随着日出日落的时间差异，动物活动时间也有改变。例如，美洲飞鼠不管在什么季节均在夜幕来临时开始每日活动，因此，冬季每日开始活动时间早于夏季时间（图 2–9）。

2.1.4 生物对光照周期的适应

光照有日周期和年周期的变化，日照长短对生物起了信号作用，导致生物出现日节律性与年周期性的适应性变化。

2.1.4.1 生物的昼夜节律

具有昼夜节律（circadian rhythm）的生命现象很多。例如动物的活动行为、体温变化、能量代谢以及内分泌激素的变化等等，都表现出昼夜节律性。植物的光合作用、蒸腾作用、积累与消耗等也表现出昼夜节律性的变化。

一般认为，生物的昼夜节律受两个周期的影响，即外源性周期（除光周期外，还有温度、湿度、磁场等的昼夜变化）和内源性周期（内部生物钟）。只有光周期使动植物的似昼夜节律与外界环境的昼夜变化同步起来。

2.1.4.2 生物的光周期现象

植物的开花结果、落叶及休眠，动物的繁殖、冬眠、迁徙和换毛换羽等，是对日照长短的规律性变化的反应，称为**光周期现象**（photoperiodism 或 photoperiodicity）。光周期现象是一种光形态建成反应，是在自然选择和进化过程中形成的。它使生物的生长发育与季节的变化协调一致，对动植物适应所处环境具有很大意义。

（1）植物的光周期现象

根据植物开花对日照长度的反应，可把植物分成 4 种类型：

长日照植物（long-day plant）：日照超过某一数值或黑夜小于某一数值时才能开花的植物，如萝卜、菠菜、小麦、凤仙花及牛蒡。这类植物在全年日照较长时间里开花。人工延长光照时间，可促进这类植物开花。这类植物起源和分布在温带和寒温带地区。

短日照植物（short-day plant）：日照小于某一数值或黑夜长于某一数值时才能开花的植物，如玉米、高粱、水稻、棉花、牵牛等。这类植物通常在早春或深秋开花。人工缩短光照可促进植物开花。短日照植物多起源和分布在热带和亚热带地区，但在中等纬度地区也有分布。

中日照植物（intermediate-day plant）：昼夜长度接近相等时才开花的植物，如甘蔗只在 12.5 h 的光照下才开花，光照超过或低于这一时数，对其开花都有影响。仅少数热带植物属于这一类型。

日中性植物（day-neutral plant）：开花不受日照长度影响的植物，如蒲公英、四季豆、黄瓜、番茄及番薯等。

植物的光周期现象在农林业生产中具有很大的应用价值。例如，使花期不同的植物同时开花，以便进行杂交；采用短日照处理使树木提早休眠，准备御寒，增强越冬能力；将南方的黄麻栽种在北方，延迟开花，促进营养生长，使黄麻取得好的收成等。

（2）动物的光周期现象

① 繁殖的光周期现象：根据动物繁殖与日照长短的关系，也可将动物分成**长日照动物**（long-day animal）和**短日照动物**（short-day animal）。在温带和高纬度地区的许多鸟兽，随着春季到来，白昼逐渐延长，其生殖腺迅速发育到最大时，繁殖开始。这些动物为长日照动物，例如鼬、水貂、刺猬、田鼠和雉等。与此相反，有些动物在白昼逐渐缩短的秋季，生殖腺发育到最大，动物开始交配，这为短日照动物，如羊、鹿、麝等。虽然交配在秋季，由于孕期较长，产子也在春夏之际。春夏产子具有重要的适应意义，

难点讲解
生物的光周期现象

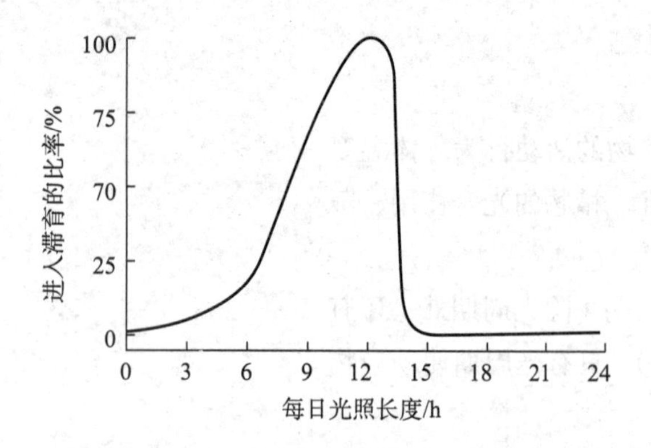

图 2-10 光照长度对梨小食心虫幼虫开始滞育时间的影响（引自 Townsend et al.，2000）

因在温带和高纬度地区，春夏之际是自然界中食物条件最好、温度最适宜的时期，有利于幼子的存活与生长。动物繁殖的季节性变化，是通过下丘脑的光周期反应，使促性腺激素与性激素分泌水平发生变化，从而调控了繁殖。

② 昆虫滞育的光周期现象：很多昆虫在它们生命周期的正常活动中，能插入一个休眠相，即滞育（diapause），这经常是由光周期决定的。例如梨小食心虫（*Grapholitha molesta*）幼虫全部进入滞育是在光照时间为每天 13 ~ 14 h（图 2-10）。这种休眠状态为耐受秋天和冬天的严寒做好了准备。

③ 换毛与换羽的光周期现象：温带和寒带地区，大部分兽类于春秋两季换毛，许多鸟类每年换羽一次，少数种类换两次。实验证明，鸟兽的换羽和换毛是受光周期调控的，它使动物能够更好地适应于环境的温度变化。

④ 动物迁徙的光周期现象：鸟类的长距离迁徙都是由日照长短的变化引起的。如夏候鸟的杜鹃和家燕，春季由南方飞到北方繁殖，冬季南去越冬；冬候鸟的大雁，冬季飞来越冬，春季北去繁殖。Rowan（1932）在冬天将经过预先长光照处理的美洲小嘴乌鸦（*Corvus corone*）放飞，结果这些鸟儿向北迁飞，而同时释放的未经过长光照处理的对照组乌鸦则居留在当地，并有一部分往南飞，从而实验证明该种鸟类的迁飞与光周期有关。同一物种在不同年份的迁徙时间是相同的。鱼类的洄游也常常表现出光周期现象，特别是生活在光照充足的表层水的鱼类。光周期的变化通过影响内分泌系统而影响鱼类的洄游，例如三刺鱼（*Gasterosteus aculeatus*）。

生物的昼夜节律和光周期现象是受光周期控制的，在众多的生态因子中，为什么光周期会成为生命活动的定时器和启动器？这是因为日照长短的变化，与其他生态因子（如温度、湿度）的变化相比，是地球上最具有稳定性和规律性的变化，通过长期进化，生物最终选择了光周期作为生物节律的信号。

2.2 温度的生态作用及生物对温度的适应

温度是影响生命活动的最重要的生态因子之一。温度的生态作用主要为：①生物体内的生化反应过程必须在一定温度范围内才能正常进行；②环境中温度的改变会引起其他生态因子的改变，如湿度、降水、风、水中溶氧含量等的改变，从而间接影响生物。

2.2.1 地球上温度的分布

太阳辐射是地球表面的热能来源。一切物体吸收太阳辐射后温度升高，同时又释放出热能，成为地表大气层的主要热源。地球表面大气温度变化很大，它主要取决于太阳辐射量和地球表面水陆分布。

2.2.1.1 地表大气温度的分布与变化

（1）温度的空间分布与变化

低纬度地区太阳高度角大，太阳辐射量也大。随着纬度逐渐增加，太阳辐射量逐渐减少（例如极地地区太阳辐射量只有赤道地区太阳辐射量的40%），地表气温也逐渐下降（图2–11）。大约纬度每增加1°，年平均温度降低0.5℃。因此，从赤道到北极形成了热带、亚热带、北温带和寒带。

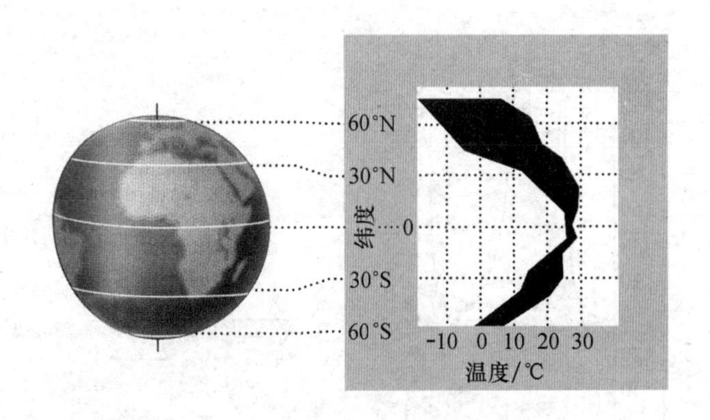

图2-11 不同纬度的温度变化（引自 Ricklefs，2001）

由于陆地和海洋吸收热量的特征不同，陆地表面比水表面升温快，同时降温也快，因而海洋对海岸区域有调节效应，使得同一纬度不同地区的温度有很大差异。

地表温度还受到山脉走向、地形变化及海拔高度的影响。特别是东西走向的山脉，对南北暖冷气流常具阻挡作用，使山坡两侧温度明显不同。如我国的秦岭山脉和南岭山脉能够成为不同生物气候带的分界线，其原因就在于此。封闭山谷与盆地，白天受热强烈，热空气又不易散发，使地面温度增高，夜晚冷空气又常沿山坡下沉，形成逆温现象。如吐鲁番盆地是我国夏季最热的地方，最高温达到47.8℃。气温还随海拔升高而降低，在干燥空气中海拔每升高100 m，气温下降1℃，潮湿空气中下降0.6℃，这是由于空气绝热膨胀的结果。

（2）温度的时间变化

温度的时间变化指日变化和年变化，这是由地球的自转和公转引起的。日变化中，于13—14时气温达到最高，于凌晨日出前降至最低。最高和最低气温之差称日较差。日较差随纬度增高而减少，随海拔升高而增加，并受地形特点及地面性质等因素的影响。如赤道处的高山，白天气温可达30℃或更高，夜间却降到霜冻的程度。沙漠地带的日较差有时可达40℃。

气温有四季变化。一年内最热月和最冷月的平均温度之差，称年较差。年较差受纬度、海陆位置及地形等众多因素的影响。一般来说，大陆性气候越明显的地方温度年较差越大，纬度越高年较差越大。

2.2.1.2 土壤温度的变化

地球上各地土壤的温度与该地气温有一定的相关性，但因土壤的组成及性质特征，使土壤温度又有其自身特点：

① 土壤表层的温度变化远较气温剧烈，随土壤深度加深，土壤温度的变化幅减小。

如夏季土壤表层的温度远高于气温，但夜间低于气温。在 1 m 深度以下，土壤温度无昼夜变化。一般在 30 m 以下，土壤温度无季节变化。

图 2–12 显示荒漠中能长植物的沙漠地区空气与土壤温度的日变化。从早上 3：30 到下午 1：30，地表温度从 18℃上升到 65℃，相差 47℃，而 120 cm 高度的空气温度变化从 15℃左右上升到 38℃，地下 40 cm 深度处温度恒定在 30℃左右。在这种情况下，荒漠植物会有不同的适应方式去抵抗地表温度急剧的日变化、空气中的小变化及土壤深层的无变化。

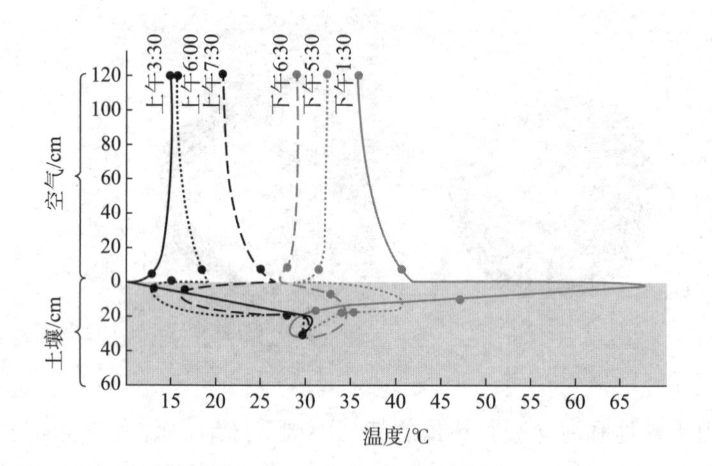

图 2-12 美国内华达荒漠可长植物的沙漠地区在晴天时，空气与土壤温度的日变化（引自 Kormondy，1996）

② 随土壤深度增加，土壤最高温和最低温出现的时间后延，其后延落后于气温的时间与土壤深度成正比。如土壤表面的最高温度出现在 13 时，10 cm 深度可能出现在 16 ~ 17 时，更深的地方出现的时间将更晚。而深度每增加 10 m，年最高和最低温度出现的时间将迟 20 ~ 30 d。土壤温度的变化特征，有利于地下栖居的动物如蜥蜴选择自身需要的外界温度以进行体温调节。

③ 土壤温度的短周期变化主要出现在土壤上层，长周期变化出现在较深的位置。如土温的日变幅减小 1/2，出现在 12 cm 深度，而年变幅减小 1/2，出现在 229 cm 深度。

④ 土壤温度的年变化在不同地区差异很大，中纬度地区由于太阳辐射强度与照射时间变化较大，土温的年变幅也较大。热带地区太阳辐射年变化小，土温变化受雨量控制。高纬度与高海拔地区，土温的年变化与积雪有关。

2.2.1.3 水体温度的变化

（1）水体温度随时间的变化

水体由于热容量较大，因而水温的变化幅较大气小。海洋水温昼夜变化不超过 4℃，随深度增加，变化幅减小。15 m 以下深度，海水温度无昼夜变化，140 m 以下，无季节性变化。赤道及两极地带海洋的温度年较差不超过 5℃，而温带海洋水温年较差为 10 ~ 15℃，有时可达 23℃。

（2）水体温度的成层现象

水体温度的成层分布，于冬夏季节有明显的不同（图 2–13）。在中纬度和高纬度地区的淡水湖中，冬天湖面为冰覆盖，冰下的水温是 0℃，随水深增加，水温逐渐增加到 4℃，直到水底，即较冷的水位于较暖的水层之上。随着季节的转变，日照的增强，水

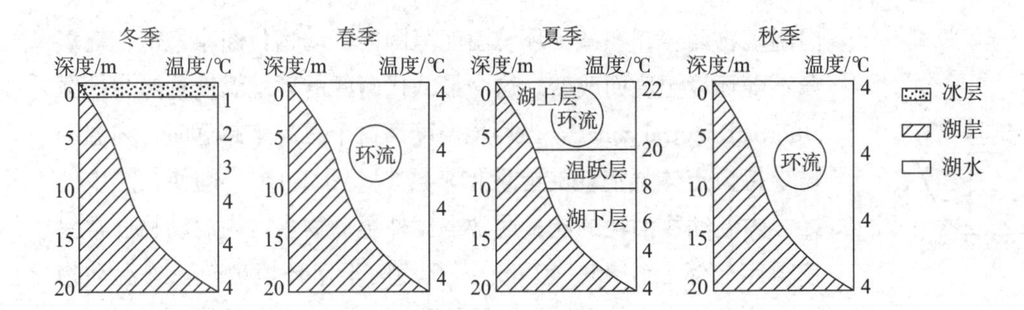

图 2-13 典型温带深湖水温垂直分布的季节变化（仿孙儒泳，1992）

面的冰层融化，水面温度上升，一旦超过 4℃，将停留在 4℃水的上面。春季的风一般较大，湖水上下翻动较为明显，形成春季环流。环流使上下层水相互交流，把底层的营养物带到上层，加上有合适的温度和光照条件，促进了生物生产力的提高。夏季湖泊上层的水受风的搅动，水温较一致，称湖上层（epilimnion）。在湖上层以下，水温变化剧烈，每加深 1 m，水温至少下降 1℃，这层水称温跃层斜温层（thermocline）。温跃层以下的部分称为湖下层（hypolimnion），这层水温接近 4℃，是密度最高的水。由于夏季稳定的水温分层现象，阻碍了湖上层与湖下层水间的交流，使湖底沉积的营养物难以带到有阳光的上层，导致夏季湖泊中的生产力较低。秋季气温逐渐下降，表层水温也逐渐变冷，随着密度加大水往下沉，发生湖水上下对流，形成秋季环流，使湖泊中温度与营养的分层现象消失。但由于温度低，生物生产力比春季低得多。

低纬度地区的水温也有成层现象，但不及中纬度和高纬度地区水体明显。雨季和干季大致破坏了温跃层，雨季引起表层水变凉，干季导致表层水变暖。

海洋水温的成层现象出现在低纬度水域的全年和中纬度水域的夏季，两极地区的海洋里，自上而下全是冷水层。

2.2.2 温度与动物类型

所有的动物从它们的环境中得到热，也将产生的热散失到它们的环境中。当考察动物和环境温度相互关系时，通常可将动物划分为“温血动物”和“冷血动物”。然而，这种划分是主观的；更满意的划分是将动物分为常温动物（homeotherm）和变温动物（poikilotherm）。当环境温度升高时，常温动物维持大致恒定的体温，而变温动物的体温随环境温度而变化。这种划分也有一个问题，即典型的常温动物，如哺乳动物和鸟类在冬眠过程中也降低了其体温，而有些变温动物，如生活在恒温环境中的南极鱼其体温只有较小的变化。又一类划分是根据动物热能的主要来源，把动物分为外温动物（ectotherm）和内温动物（endotherm）。内温动物是通过自己体内氧化代谢产热来调节体温，例如鸟兽；外温动物依赖外部的热源，如鱼类、两栖类和爬行类。但这种划分也不是很完善的，例如一些爬行动物和昆虫能够升高体温促进其活动。外温动物和内温动物在维持体温的程度上不同（图 2–14）。对

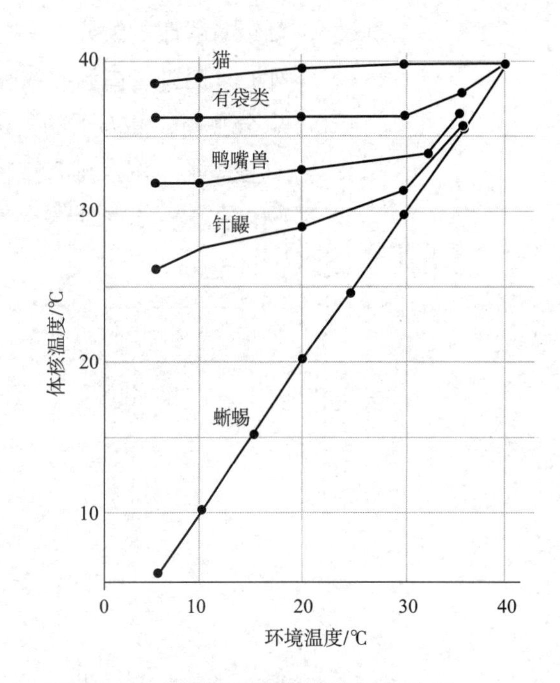

图 2-14 不同动物体温随环境温度的变化（仿 Marshall and Hughes，1980）

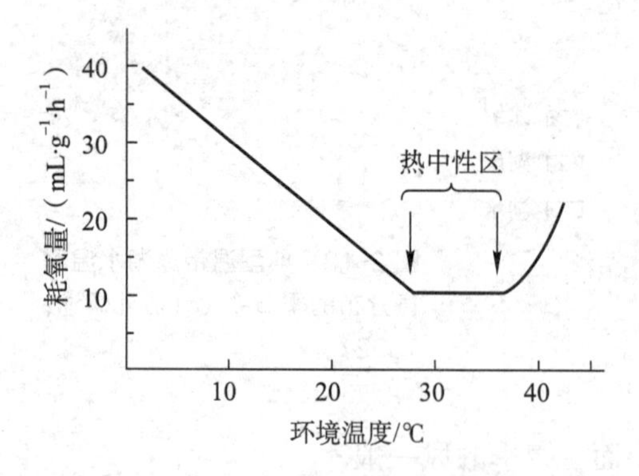

图 2-15 内温动物的耗氧量与环境温度的关系（引自孙儒泳，1987）

内温动物而言，在某一环境温度范围内，动物代谢率最低，耗氧量不随环境温度而改变，这个最低代谢区的环境温度称**热中性区**（thermal neutral zone）。当环境温度离这个区越来越远时，内温动物维持恒定体温消耗的能量越来越多（图 2-15）。即使在热中性区，内温动物消耗的能量通常也比外温动物多。内温动物通常保持恒定的体温在 35～40℃，因此趋向于向环境散热。外温动物调节体温的能力是很低的，总是有点依赖外部热源。

2.2.3 温度对植物和外温动物的影响

2.2.3.1 酶反应速率与温度阈

酶催化反应的速率随温度而增加，但每一种酶的活性都有最适温度范围、低温限与高温限。在外温动物及植物中，代谢速率在低温下是相对较慢的，当环境变温暖时，代谢速率变得较快。代谢速率随温度增加能够用温度系数（temperature coefficient，Q_{10}）描述：

$$Q_{10} = t\text{℃体温时的代谢率} / (t-10)\text{℃体温时的代谢率}$$

温度每升高 10℃，引起反应速率的增加通常大约是 2，即 Q_{10} 大致为 2，这一现象被称为**范托夫定律**（van't Hoff law）。Q_{10} 只有在一定的适宜温度范围内才是一个常数。当环境温度过高或过低时，生理过程受到温度的严重影响，Q_{10} 会发生变化。如图 2-16 所示，中华鳖在空气中呼吸时的静止呼吸率随温度升高而上升，但在不同的温度段 Q_{10} 不同。23～30℃温度范围呼吸率随温度上升较平缓，$Q_{10}=2.5$，而 30℃以上 Q_{10} 为 3.4。

当环境温度超过生物耐受的高温限和低温限时，酶的活性将受到制约。致死的高温限仅位于动物代谢最适值之上几摄氏度。高温可能导致动植物的蛋白质凝固变性、酶失活或者代谢的组分不平衡，例如植物呼吸过程快于光合作用而导致饥饿，最终导致细胞死亡。另外，高温导致有机体脱水，使动物失去了降温的能力，使植物大量失水，破坏水分平衡，高温下的失水能够成为致死因子。不同物种对高温的耐受性是不同的，如真核藻类、沉水维管束植物等为热敏感植物，在 30～40℃便会受伤，而陆生与旱生植物可在 50～60℃下生存半小时；兽类一般不能忍受 42℃以上的高体温，鸟类体温较高，

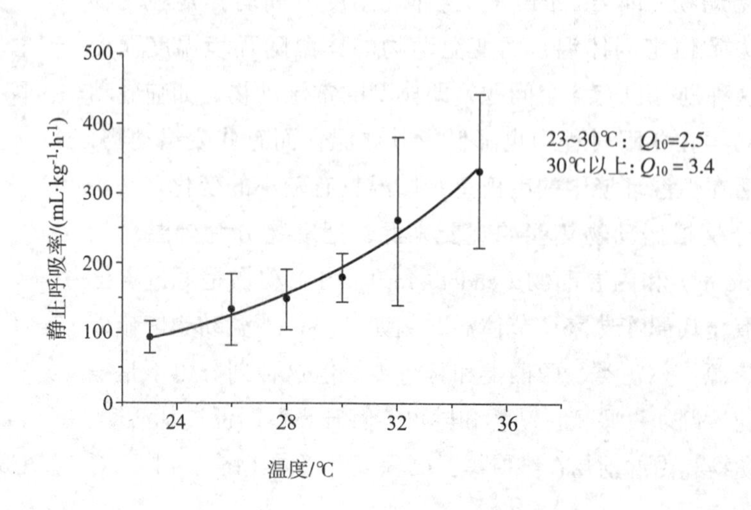

图 2-16 中华鳖幼鳖呼吸率随温度的变化（引自牛翠娟等，1998）

能忍受 46 ~ 48℃的高温，爬行动物能耐受 45℃左右，生活在温泉的斑鳉（*Cyprinodon macularius*）能忍受 52℃水温。

极端低温对生物的伤害有两种：当温度低于 -1℃时，很多物种被冻死，这是由于细胞内冰晶形成的损伤效应，使原生质膜发生破裂，蛋白质失活或变性，这种损伤称冻害（freezing injury）。另一种是冷害（cold injury），指喜温生物在 0℃以上的温度条件下受害或死亡，这可能是通过降低了生物的生理活动及破坏生理平衡造成的，它是喜温生物向北方引种和扩张分布区的主要障碍。不同物种对低温的耐受性有很大的差异。如热带植物丁香在 6.1℃的气温中叶子受伤，热带鱼虹鳉养在 10℃水温中，会因呼吸中枢受冷抑制而死亡。

变温动物对极端低温的适应较典型的两种方式是耐受冻结与超冷现象。**耐受冻结**（freezing tolerance）是指少数动物能够耐受一定程度的身体冻结，而避免冻害的现象。这些动物的身体结冰时冰晶在细胞外形成，从而避免了冰晶对细胞膜的损伤。该现象在高纬度海洋潮间带贝类中较为常见。**超冷现象**（supercooling）是指动物（昆虫）体液温度下降到冰点以下而不结冰的现象。这些动物由于体内积聚了一些抗冰冻的溶质，降低了体液的冰点，冰晶不能形成。如小叶蜂越冬时体内分泌的甘油可使它们度过 -30 ~ -25℃的环境；南极硬骨鱼血液中的糖蛋白（抗冻蛋白）致使它们能生活在 -1.8℃的水温中；经过冷锻炼的植物，细胞内的糖及可溶性蛋白增加，自由水的含量降低，原生质黏滞度加大，改变了膜的结构与膜的渗透性，使植物的抗寒能力增加。

2.2.3.2 生物发育和生长速率

温度直接影响了外温动物和植物的发育和生长速率。图 2-17 显示了菜白蝶（*Pieris rapae*）从卵孵化到蛹的发育。它显示了发育生长是在一定的温度范围上才开始，低于这个温度，生物不发育，这个温度称为**发育阈温度**（developmental threshold temperature），或者称**生物学零度**（biological zero point）。发育的速率是随着发育阈温度以上的温度呈线性增加，它表明外温动物与植物的发育不仅需要一定的时间，还需要时间和温度的结合（称**生理时间**，physiological time），即需要一定的总热量，称**总积温**（sum of heat）或**有效积温**（effective accumulated temperature），才能完成某一阶段的发育。这个规律的描述就是**有效积温法则**（law of effective temperature）：

$$K = N(T - C)$$

式中：K——生物完成某阶段的发育所需要的总热量，用“日度”表示

N——发育历期，即完成某阶段的发育所需要的天数

T——发育期间的环境平均温度

C——该生物的发育阈温度

上面式子可改写成：

$$T = C + K/N = C + KV$$

式中，V 为发育历期的倒数（$1/N$），即发育速率。

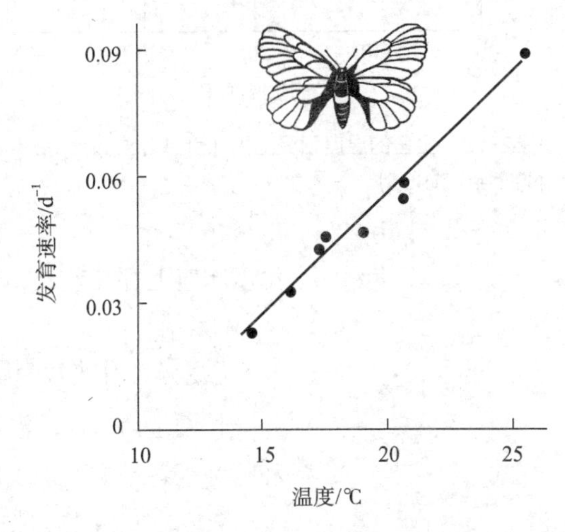

图 2-17 菜白蝶（*Pieris rapae*）在温度 10.5℃以上，从卵孵化到蛹的发育需要 174 日度（引自 Mackenzie et al.，1998）

图 2-18 显示地中海果蝇（*Ceratis capitate*）的发育速率

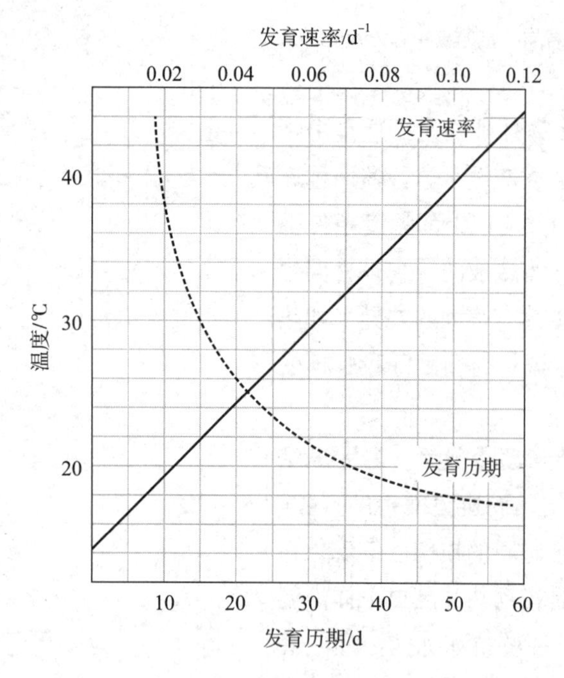

图 2-18 地中海果蝇（*Ceratis capitate*）发育历期、发育速率与环境温度的关系（引自孙儒泳，1992）

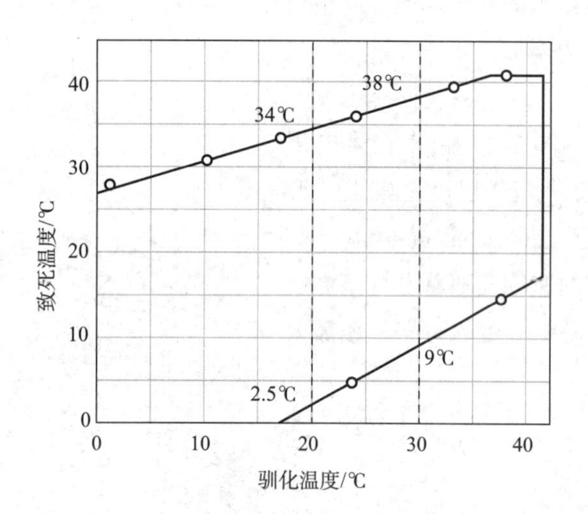

图 2-19 金鱼的温度耐受范围（引自 Schmidt-Nielsen，1997）

随环境温度增高呈线性加快，而发育所需时间随温度增高呈双曲线减少。不同物种，完成发育所需积温不同。一般起源于或适应于高纬度地区种植的植物，所需有效积温较少，反之则较多。例如，麦子需要有效积温 1 000 ~ 1 600 日度，棉花、玉米为 2 000 ~ 4 000 日度，椰子约 5 000 日度。有效积温法则在农业上有较广泛的应用，可作为农业规划、引种、作物布局、预测农时及防治病虫害的重要依据。

2.2.3.3 驯化和气候驯化

温度能够作为一种刺激物起作用，决定有机体是否将开始发育。很多植物在发芽之前都需要一个寒冷期或冰冻期。例如，冬小麦的种子只有经历了预寒冷后才发育和开花。这种由低温诱导的开花，称为**春化**（vernalization）。温度也能够和其他的生态因子如光照周期相互作用解除休眠。生物对温度的耐受性与它们曾经受过的温度有关。如桦树幼苗在 –20 ~ –15 ℃下即会死亡，但经过一段时间的冷锻炼后，可以经受 –35℃的低温；冬季采集的柳（*Salis* spp.）嫩枝能在 –15 ℃冻结状态下存活，而夏季采集的柳嫩枝于 –5℃下死亡；又如外温动物金鱼饲养在不同温度的水中，其致死温度是不同的，在 20℃水温中，致死温度为 34℃及 2.5℃，若逐渐升温饲养，最后生活在 30℃水温后，金鱼的致死温度变为 38 及 9℃（图 2–19）。内温动物经过低温的锻炼后，其代谢产热水平会比在温暖环境中高。这些变化过程是由实验诱导的，称为**驯化**（acclimation），如果是在自然界中产生的则称为**气候驯化**（acclimatization）。驯化或气候驯化是需要时间的，这是生物机体使自身变化去适应于环境变化，以争取生存的生态适应（ecological adaptation）。这种适应可发生在形态结构、生理及生化上。温度驯化在种内产生的变异比种间差异相对要小。例如一些苔藓和地衣能够经受 70℃的温度，而有些细菌能够在 100℃以上的温度里生活和繁殖。然而，来自不同区域的同种种群间在温度响应上存在差异，这通常作为基因变异的结果，而不仅仅是气候驯化的结果。

2.2.4 生物对极端环境温度的适应

长期生活在极端温度环境中的生物，通过气候驯化或进化变异，在形态结构、生理和行为等各个方面表现出明显的适应性。

2.2.4.1 生物对低温的适应

生物对低温的适应性表现在分布于高纬度和高山生境下的植物及生活在这些区域的内温动物身上有较典型的体现。

（1）植物对低温的适应

形态上，高纬度地区和高山植物的芽和叶片常有油脂类物质保护，芽具鳞片，体表有蜡粉和密毛，树干粗短弯曲，枝条常呈匍匐状，树皮坚厚，有发达的木栓层，这种形态有利于保温。生理上，耐低温的植物细胞内自由水相对含量减少，束缚水相对含量增加；胞质内糖等保护物质含量增加以降低冰点；细胞膜不饱和脂肪酸指数提高，增加膜透性稳定。有些植物在冬季体内激素的种类及比例会发生变化，脱落酸含量增加，生长素、赤霉素含量减少，从而进入休眠状态，是对冬季寒冷的适应。植物种子的休眠现象和后熟作用对寒冷地区的适应也具有重要意义；在分子水平上，耐低温植物体内拥有具热滞活性和重结晶抑制活性的抗冻蛋白，来抑制冰晶生长，保护植物体在结冰或亚结冰条件下不受伤害。

北极和高山植物的芽和叶片常受到油脂类物质的保护，芽具鳞片，植物体表有蜡粉和密毛，树干粗短弯曲，枝条常成匍匐状，树皮坚厚等，这些形态与北极及高山严酷的气候条件协调一致。

（2）内温动物对低温的适应

形态上，来自寒冷气候的内温动物，往往比来自温暖气候的同种内温动物个体更大，导致相对体表面积变小，使单位体重的热散失减少，有利于抗寒。例如东北虎的颅骨长 331 ~ 345 mm，而华南虎的仅 283 ~ 318 mm 长。这种现象称为贝格曼规律（Bergmann’s rule）。然而，寒冷地区内温动物身体的突出部分，如四肢、尾巴和外耳却有变小变短的趋势，这是阿伦规律（Allen’s rule），也是对寒冷的一种形态适应。图 2–20 显示非洲热带的大耳狐、温带常见的赤狐及北极的北极狐，随栖息地由热到寒，其外耳呈阿伦规律变化。阿伦规律有广泛的应用性，而贝格曼规律较少通用，这可能由于一些其他的因子影响了身体大小，然而在种内水平上贝格曼规律通常是适用的。

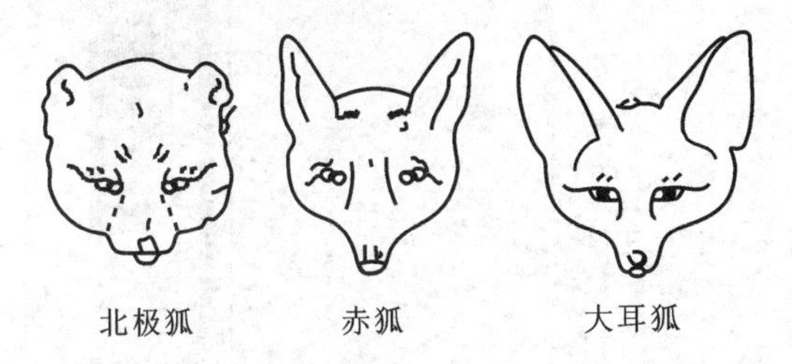

图 2-20 北极狐、赤狐及大耳狐的外耳长短比较（引自孙儒泳，1987）

寒冷地区的内温动物在冬季增加了羽、毛的密度，提高了羽、毛的质量，增加了皮下脂肪的厚度，从而提高身体的隔热性。例如北极狐（图 2–21）主要依赖毛皮和皮下脂肪的隔热性，生活在 –30℃以下环境中无须增加产热，而能维持恒定的体温；海豹的皮下脂肪厚度达 60 mm，在躯干的横切面上，58% 的面积为脂肪（图 2–22）。另外，内

(a)

(b)

图 2-21 北极狐夏季具薄的棕色毛（a），冬季具厚的白色毛（b）（引自 Townsend et al.，2000）

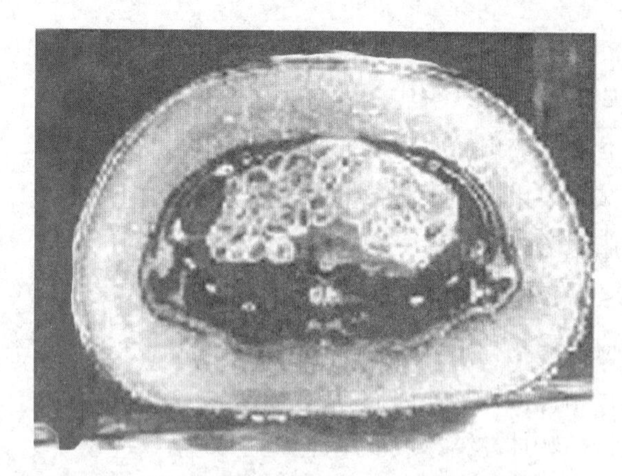

图 2-22 冰冻海豹躯干横断面，显示厚的脂肪（外周一圈白色）（引自 Schmidt-Nielsen，1997）

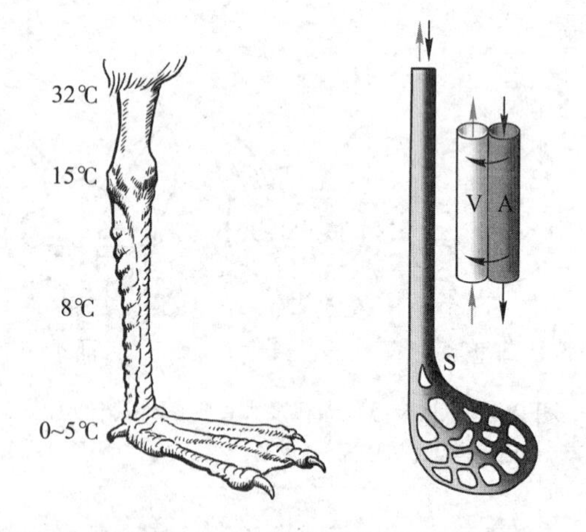

图 2-23 在冰上，鸥的脚和腿皮肤温度（引自 Ricklefs et al.，2000）

血管的解剖结构使动脉血管（A）和静脉血管（V）间有逆流热交换（右图解）。箭头表明血流方向，横箭头指热传递。在 S 点以下的分支血管可收缩，从而减少血流和热散失

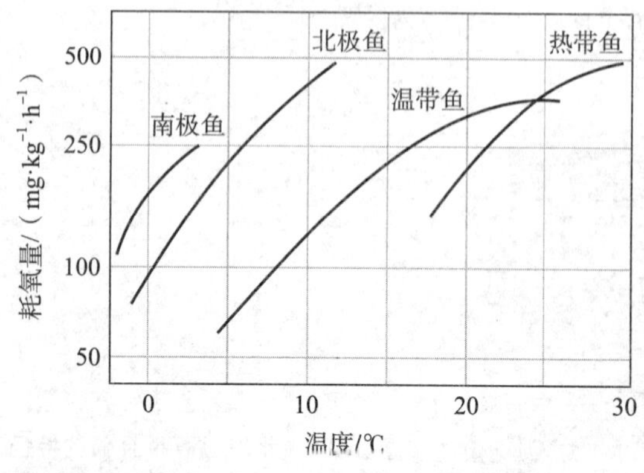

图 2-24 不同环境温度中鱼的代谢率比较（引自 Ricklefs-Miller，2000）

温动物肢体中动静脉血管的几何排列，增加了逆流热交换（countercurrent heat exchange），减少了体表热散失，有利于动物在寒冷中保持恒定的体温（图 2-23）。

生理上，生物对低温适应的生理变化表现如下：在低温下生活的植物，通常减少细胞中的水分，增加糖类、脂肪和色素等物质以降低植物的冰点，使细胞液冰点常在 -5 ~ -1℃，增加了抗寒防冻能力。如鹿蹄草（*Pirola*）的叶细胞中贮存大量的五碳糖、黏液，使其冰点下降到 -31℃，从而能耐受 -31℃以上的寒冷环境温度。生活在冷水中的外温动物如北极鱼类，其代谢率最大值与它通常的环境温度相关，与温带鱼类相似（图 2-24），即依赖激活代谢来适应于寒冷。这主要是通过同工酶参与调节的。生活在温带及寒带地区的小型鸟兽，在寒冷季节依靠生理调节机制，增加体内产热量来增强御寒能力和保持恒定的体温。通常是靠增加基础代谢产热和非颤抖性产热，而**颤抖性产热**（shivering thermogenesis，ST）只在急性冷暴露中起重要作用。**非颤抖性产热**（nonshivering thermogenesis，NST）是小型哺乳动物冷适应性产热的主要热源，主要发生在**褐色脂肪组织**（brown adipose tissue，BAT）中。BAT 主要分布在肩胛间、肩胛下、颈部、腋下、心及肾周围等，细胞里有大量线粒体，有丰富的血管分布（图 2-25）。NST 是一种不涉及肌肉活动而释放的化学能的热量，即在 BAT 线粒体内膜上，有一个独特的解偶联蛋白质子通道，当受冷应激时，此质子通道打开，使氧化磷酸化解偶联，由呼吸链生物氧化所产生的跨膜质子梯度，使质子通过质子通道回到膜内，而全部能量以热的形式释放。这种产热主要受交感神经支配和甲状腺激素的调控。例如，布氏田鼠（*Lasiopodomys brandtii*）在 5℃驯化一个月，静止代谢率比在 25℃环境温度下增长 34%，非颤抖性产热增加 91%；阿拉斯加红背䶄（*Clethrionomys rutilus*）冬季的非颤抖性产热是基础代谢产热的 10 倍，在根田鼠（*Microtus oeconomus*）是 3.7 倍。鸟类中目前还没有发现体内有 BAT，其 NST 可能发生在骨骼肌中。

然而，冷适应产热增加多的动物，并非是冷适应好的动物。热中性区指动物的代谢率最低、并不随环境温度而变化的环境温度范围（见图 2-15），在热中性区的低温一端称下临界点。北极狐与红狐是自然界能耐受冷的动物，它们的热能曲线特征表明，冷适应的主要指标为热

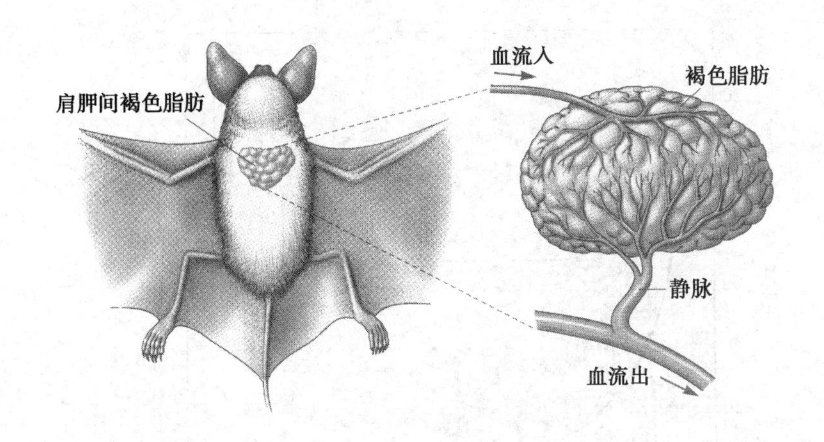

图 2-25 蝙蝠肩胛间的褐色脂肪组织（右图示丰富的血管分布）（引自 Randall et al.，1997）

中性区宽，下临界点温度低，下临界点以下的代谢率随环境温度下降而增加缓慢，即直线斜率低（图 2–26）。表明北极狐与红狐对冷的适应，不依赖于增加很多热量来维持体温，而主要依赖增加毛皮厚度和皮下脂肪等隔热性能以抵御寒冷。图中飞狐是热带新几内亚的一种大蝙蝠，夜出，食蜜。在自然界它们不会遇到很冷的环境温度，因而其热中性区窄（33 ~ 35℃），环温低于 33℃时，其代谢率急剧上升，表明它对冷适应能力差。

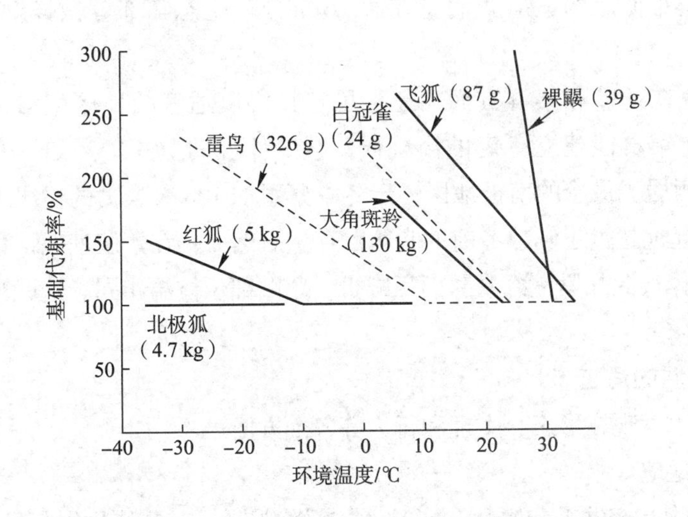

图 2-26 适应于不同气候地带的鸟兽代谢率与环境温度的关系（引自孙儒泳，2019）

北方小内温动物对寒冷适应的另一种生理表现为**异温性**（heterothermy）。空间异温性允许有机体局部体温降低，以减少热散失。例如，银鸥（*Larus argentatus*）体核温为 38 ~ 41℃，到无毛的蹠跖部时为 6 ~ 13℃，使银鸥站在冷水中时减少通过脚散失体热。胫神经从脊髓到足部，经受了 41 ~ 6℃的连续变化。时间的异温性使动物产生日麻痹（daily torpor）和季节性麻痹——**冬眠**（hibernation）及**夏眠**（estivation）。产生冬眠的内温动物又称**异温动物**（heterotherm）。异温动物在冬眠之前体内贮存大量低熔点脂肪，冬眠期时，代谢率比活动状态下低几十倍（图 2–27），甚至近百倍，核体温可降到与环境温度相差仅 1 ~ 2℃，心率及呼吸速率都大大降低，从而降低了生物对能量的需求。这是动物对冬季寒冷和食物短缺的适应。但是，当环境温度过低时，内温动物会自发地从冬眠中醒来恢复到正常状态，而不致冻死，这是与外温动物冬眠的根本区别。内

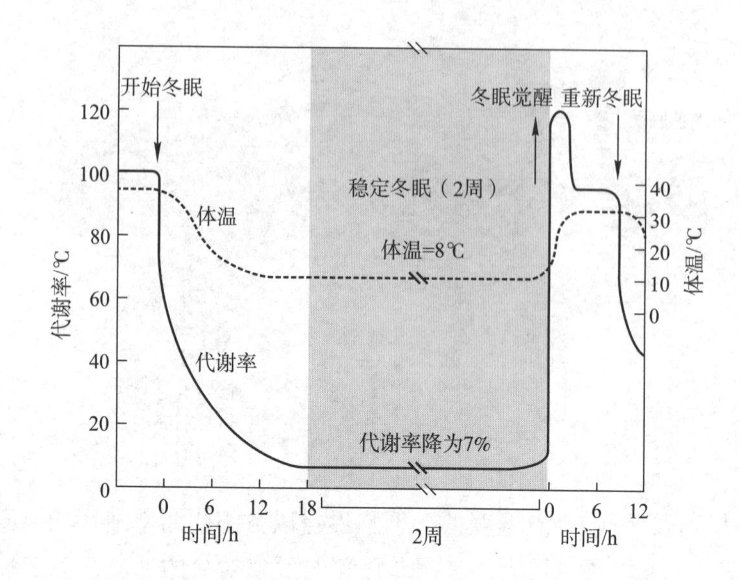

图 2-27 地松鼠入眠和苏醒过程中代谢率和体温的变化（仿 Randall et al.，1997）

难点讲解
内温动物对低温的适应方式

温动物的这种受调节的低体温现象又称为适应性低体温（adaptive hypothermia）。从冬眠中激醒的早期热源，来自褐色脂肪组织的非颤抖性产热。外温动物在冬眠（或称休眠、滞育）时，代谢率几乎下降到零，体内水分也大大减少，以防冻结。

动物在分子水平上对低温的适应我们将在第 16 章分子生态学部分做详细介绍，见 16.1.1。

行为适应主要表现在迁徙和集群方面。迁徙可选择温度适宜的地区生活，躲避不利的低温环境。动物集群能建立一定的小气候，减少体温的散失。例如，帝企鹅（*Aptenodytes forsteri*）栖居于最冷的南极地区，于冬季繁殖期 100 天禁食的情况下，需要消耗 25 kg 脂肪，这远远超过了它越冬前的脂肪贮存量。然而，在繁殖基地，数千只帝企鹅集聚在一起，身体彼此靠紧，冷暴露面积减少，紧贴部位体温相同。这就减少了热散失，减少能量的需求。

2.2.4.2 生物对高温的适应

生物对高温的适应也表现在形态、生理和行为等各个方面。

（1）植物对高温的适应

在形态上，有些植物有密绒毛和鳞片，能过滤一部分阳光；有些植物体色呈白色、银白色，叶片反光，可反射大部分阳光，减少植物热能的吸收；有些植物叶片垂直主轴排列，使叶缘向光，这可使组织温度比叶片垂直日光排列的低 3 ~ 5℃；在高温条件下叶片对折，叶片吸收的辐射可减少一半，如苏木科的某些乔木；有的植物树干和根茎生有厚的木栓层，具绝热和保护作用。动物的皮毛在高温下起隔热作用，防止太阳的直接辐射，而夏季毛色变浅，具光泽，有利于反射阳光。

植物对高温的生理适应主要是降低细胞含水量，增加糖或盐的浓度，这有利于减慢代谢率，增加原生质的抗凝结能力。其次，靠旺盛的蒸腾作用避免植物体过热。

在分子水平上，植物在遭遇高温胁迫后会大量表达一种蛋白对自身蛋白形成保护，称为热激蛋白或热休克蛋白（heat shock protein，HSP）。高温会损坏生物蛋白分子的结构，从而破坏细胞功能。热激蛋白参与新生肽的折叠，帮助修复结构部分遭到毁坏的蛋

窗口 2-1

高原鼠兔的适应之谜

动物在形态、生理、行为等表型特征上，如何适应其所栖息的环境而使种群得以延续下来，是动物生理生态学研究者关心的核心问题。我国自然地理环境复杂多样，为研究动物的适应和进化提供了很好的条件。我国动物生理生态学家孙儒泳院士、王祖望研究员、李庆芬教授等对青藏高原和内蒙古草原的小型哺乳动物适应严寒、干旱环境的生理机制进行了多年系统的研究，发现了很多有趣的结果。如栖息在内蒙古草原上的优势啮齿动物布氏田鼠（*Lasiopodomys brandtii*）和长爪沙鼠（*Meriones unguiculatus*），贮存食物越冬，不冬眠，低温暴露后均能迅速通过线粒体呼吸增加产热，褐色脂肪组织（brown adipose tissue，BAT）和解偶联蛋白-1（uncoupling protein，UCP1）含量显著增加。但生活在青藏高原草甸草原的高原鼠兔（*Ochotona curzoniae*）（图 C2-1），则是另外一种表现，低温暴露时较前者 BAT 和产热的增加幅度都不大。高原鼠兔为严格的植食性，不冬眠，分布在海拔 3 100 ~ 5 100 m 高原上，种群数量大时会对草场产生危害，多年来被作为“害鼠”控制。中国科学院动物研究所王德华研究员的研究团队发现这个物种有很特殊的生存机制，体温很高，似昼夜节律性不强，基础代谢率高，体重和身体脂肪含量的季节性变化不显著，但产热能力和能量摄入则具有明显的季节性变化。高原鼠兔如何在高海拔、低氧和寒冷条件下，克服严酷的环境胁迫（越冬）而维持高体温和高代谢水平，这些特征有何适应进化意义等，仍是我国动物生理生态学家孜孜探索的科学问题。

图 C2-1　高原鼠兔（王德华供图）

白分子恢复原来构造，并将完全毁坏掉的蛋白搬运到特定位置，清除出细胞，从而防止了受损蛋白的累积，维护细胞内环境的稳定。

（2）动物对高温的适应

内温动物对高温的适应较难。形态上，内温动物主要是用毛皮隔热。大型兽高温时，毛皮颜色浅，有光泽，反射光，可减少辐射热吸收；再就是利用热窗（heat window）散热。动物身体上有些皮薄、无毛、血管丰富的部位，利于散热，如兔子耳朵。内温动物的脑与精巢是对高温敏感的组织，易受高温伤害。多数哺乳动物的精巢持久地或季节性地下降到腹腔外，比体核温低几度。羚羊类和其他的有蹄动物有特殊的血管结构可防止脑过热。它们的颈动脉在脑下部形成复杂的小动脉网，包围在从较冷的鼻区过来的静脉血管外，通过逆流热交换而降温，使脑血液温度比总动脉血低 3℃（图 2-28）。

拓展阅读
全球变暖对动物的身体大小的影响

生理上，动物对高温适应的重要途径是适当地放松恒温性，使体温有较大幅度的波

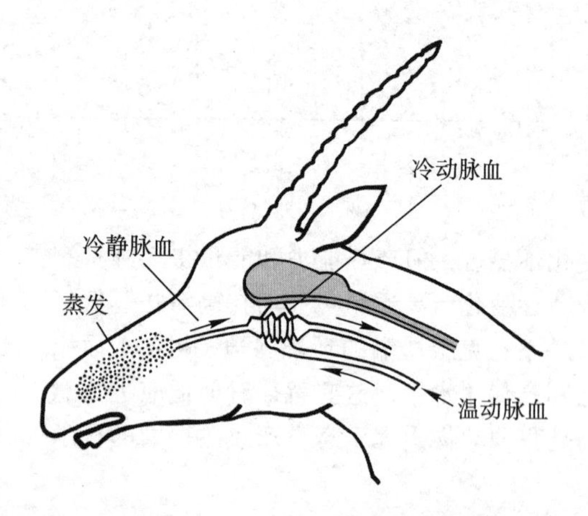

图 2-28 非洲瞪羚颈动脉在脑下部形成小动脉网，使脑温比核温更低（引自 Schmidt-Nielsen，1997）

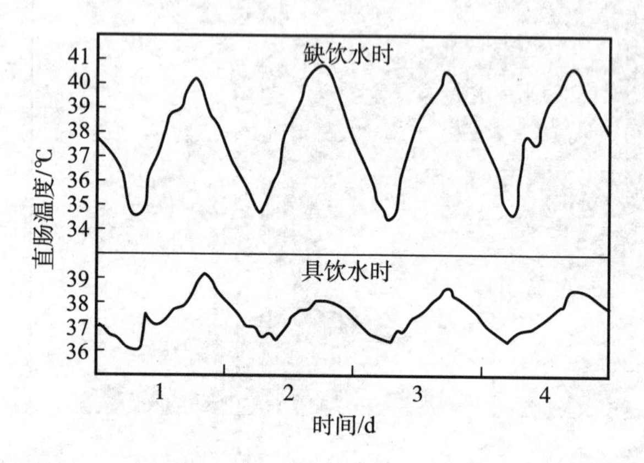

图 2-29 骆驼体温的昼夜变化（引自 Schmidt-Neilson，1997）

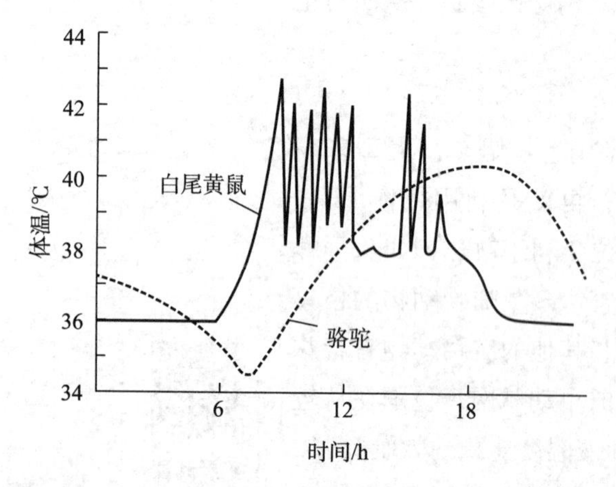

图 2-30 白尾黄鼠在高环境温度下体温的周期性变化（引自 Gordon，1997）

动，在高温炎热的时候，将热量储存于体内，使体温升高，等夜间环境温度降低时或躲到阴凉处后，再通过自然的对流、传导和辐射等方式将体内的热量释放出去。例如荒漠中的骆驼，饮水时体温昼夜变化幅达 3℃，缺水时，变化幅达 7℃（图 2-29）；非洲的大羚羊在炎热缺水时，体温上升到 45℃。动物将热量贮存在体内，减少了散发热量需要蒸发的水量，这对在干热缺水环境中的生活无疑是一种很好的适应。当水分不构成限制时，动物可通过蒸发冷却降低体温，如出汗和喘气。鼠类可通过分泌的唾液降温。在分子水平上，动物在遭遇高温胁迫后同样可大量表达热激蛋白（HSP）。目前已发现 30 余种 HSP，根据同源程度和相对分子质量大小，可分为 HSP110、HSP90、HSP70、HSP60 和小分子 HSP 等家族。HSP 从原核生物到真核生物均有表达，且在同一生物不同组织内均表达，其具有很高的保守性，不同生物间氨基酸同源性可达 50% 以上。哺乳动物 HSP 主要含 2 种功能蛋白，其 HSP73 是哺乳动物细胞结构蛋白，称为结构型 HSP70，热胁迫后仅少量增加；HSP72 则在正常细胞内低水平表达，应激后表达迅速增加，称为诱导型 HSP70。二者序列同源性达 95%，生化特性相似。有关热激蛋白详细的介绍，请见本书第 16 章 16.1.2。

行为上，如沙漠中的啮齿动物，行为适应是它们应对高温的重要对策。它们采用“夜出加穴居式”的适应方式，避开沙漠白天炎热而干燥的气候。但北美沙漠地区的白尾黄鼠（*Citellus leucurus*）是白天活动的，它们是依靠体内贮热和行为调节。当在地面活动体温升高到 43℃时，鼠躲回洞中，伸展躯体紧贴在凉的洞壁上，待体温降低后又出洞活动，成为周期性的体温升降（图 2-30）。另外，动物夏眠或夏季滞育，也是其度过干热季节的一种适应。内温动物，如黄鼠属，夏眠时也产生适应性低体温，能量需求降至最低。昆虫夏季滞育时，有些耐干旱的昆虫可使身体干透以适应环境，或在体表分泌一层不透水的外膜，阻止体内水分的蒸发。

2.2.5 生物对周期性变温的适应

由于太阳辐射与地球的自转和公转，产生了温度的昼夜变化与季节变化，使生活在其中的生物也产生了这种适应性变化，周期性变温成为生物生长发育不可缺少的重要因素。许多生物在昼夜变温环境中比在恒温环境中发育更好。例如加拿大黑蝗（*Melanoplus atlanis*）的卵胚在35℃恒温中5天完成发育，在昼夜变温中3天即可完成发育。大多数植物种子，如许多草本、木本或栽培植物的种子，在昼夜变温中萌发率高；有些需光萌发的种子，经变温处理后，在暗处也能萌发。植物在昼夜变温中，生长、开花结实及产品质量均有提高。如水稻栽种到昼夜温差较大的地区，籽粒饱满，米质好；日较差大的高原地区，生长出的马铃薯与甘蓝个体更大，山苍子的柠檬酸含量更高。这是由于白天适当高温有利于光合作用，夜间适当低温减弱了呼吸作用，增加光合产物的积累。在自然界，植物的净光合作用不仅与一定时间内为主的温度相适应，还与这一时间内一定的昼夜温差有关。如在大陆性气候中的植物，日较差在10～15℃时，植物生长发育更好；在海洋性气候中，以5～10℃的差异最好。而某些热带作物如甘蔗等，在日较差小时，生长更好。动物对昼夜温差适应，表现在动物的活动节律上，有昼行性的、夜行性的及晨昏性的。

植物适应温度及水的年周期变化，形成了春天发芽、生长，夏季开花、结果，秋季落叶，随即进入休眠的生长发育节律。动物对季节性变温产生冬眠与夏眠的适应。动物的换毛换羽、迁徙、洄游及春夏季繁殖均是对年周期温度节律的适应性表现。鱼类的生长随水温的季节变化加快或减慢，使鱼的鳞片及耳石具有像植物茎横切面上那种“年轮”，从而可鉴定鱼类的年龄。

2.2.6 物种分布与环境温度

地球上主要生物群系的分布成为主要温度带的反映。相似地，随着海拔高度的增加，物种的变化也反映了温度的变化。一个物种的分布限与等温线之间有紧密的相互关系。等温线是在地图上将一年的特殊时间上有相同平均温度的地方连接起来的线。这表明年均温度、最高温度和最低温度都是影响生物分布的重要因子。

低温能够成为致死温度，限制生物向高纬度和高海拔地区分布，从而决定它们在北半球水平分布的北界、在南半球水平分布的南界和垂直分布的上限。例如橡胶、椰子只能生长在热带，不能在亚热带地区栽种。长江流域地区的马尾松只生长在海拔1 200 m以下。玉米分布在气温15℃以上的天数必须超过70天的地区。野生茜草分布的北界是1月等温线为4.5℃的地区。苹果蚜分布的北界是1月等温线为3～4℃的地区。东亚飞蝗的北界为等温线13.6℃的地区。某些昆虫在大发生期，向外扩散，超出它们持久生存的范围，但这仅形成暂时性分布。甚至活动能力很强的动物，如鸟类，它们的分布也可能与温度紧密相关，如北美洲中东部的一种迁移性鸟——东菲比霸鹟（*Sayornis phoebe*），它的越冬种群生活在1月最低温度为–4℃以上的美国地区（图2–31）。这种鸟冬天的分布范围与这条等温线紧密相关，这可能与它们的能量平衡相适应。低温对内温动物分布的影响，常常是与低温影响它们食物资源的数量或食物质量有关。

苹果、梨、桃在完成发育阶段中需要低温刺激，否则不能开花结果，因此受高温限制不能在热带地区栽种。在长江流域地区，黄山松受高温限制只能生长在海拔1 000 m以上的高山。

温度变化对生物分布的影响也可能与其他的环境因素或资源紧密联系，密不可分。

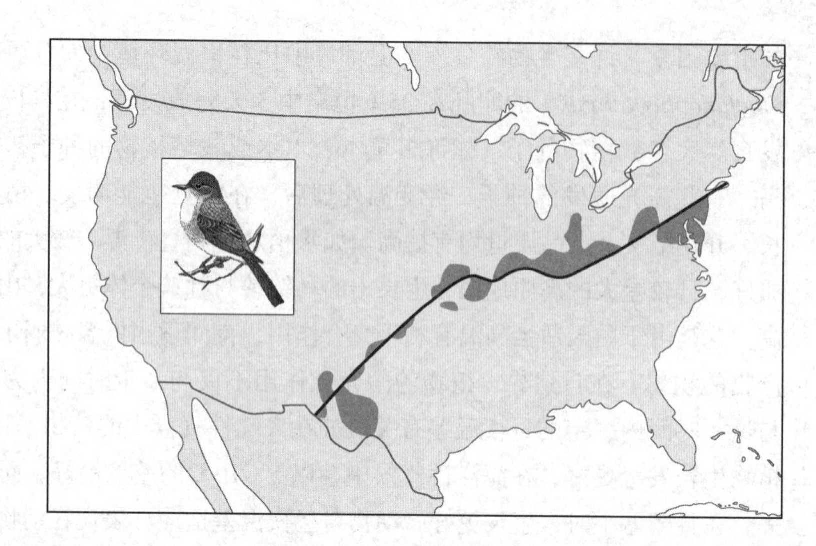

图 2-31 东菲比霸鹟（*Sayornis phoebe*）1962 至 1972 年的冬季分布图（引自 Krebs，2001）

粗线为 1 月平均最低温度为 -4℃的等温线，阴影区为分布限围绕等温线间偏离的区域

应用最广泛的例子是相对湿度和温度间的关系，两者共同作用决定了地球上生物群系分布的总格局。温度和溶氧度的关系对水生生物是重要的。氧的溶解度随温度升高而下降。在这些环境因子和物种的分布模式间，存在着紧密的相关性，其中要分开温度和氧浓度的影响是不可能的。

鉴于温度对生物各种生命活动的重要影响作用，目前由人类活动导致的全球变暖所带来的生态问题已成为生态学研究的前沿与重点领域之一。人们发现增温导致植物个体形态发生明显变化，特别是在对温度变化敏感的极地地区（Hudson et al.，2011）；升温还可以改变生物的物候，影响生物繁殖；另外特别明显的是导致很多物种向高海拔和高纬度地区迁移（Pauli et al.，2012）。温度的间接作用对生态系统也有不可估量的影响，如通过影响土壤微生物呼吸改变分解过程和物质循环；通过影响降水和风导致异常气候影响生命活动等。有关全球变暖的成因及其影响，我们将在应用生态学部分 15.1 做进一步详细介绍。

2.3 风对生物的作用及防风林

空气相对于地面的水平运动称为风，是由于地面上气温分布不均引起的气压分布不均产生的。随着地球上不同地区的气压高低不同，形成不同类型的风。风既有方向——风向，又有速度——风速，具有风能。风可以影响生物的形态，传播植物花粉和种子；影响飞行动物分布和迁飞；传播化学信息。另外，不可控的风能对生物的破坏作用也很大。风作为生态因子对生物具有重要的作用。

2.3.1 风对生物生长及形态的影响

风对植物的影响是多方面的，强风常能降低植物的生长高度。例如当风速为 10 m · s^{-1} 时，树木的高度比风速为 5 m · s^{-1} 时少 1/2，比静风区生长的植物少 2/3。对玉米的实验也证明，风速增加引起叶面积减少，节间缩短，茎的总量减少，植物矮化。矮化的原因之一是风能减小大气湿度，破坏了植物的水分平衡，使成熟的细胞不能正常扩大，从而所有器官组织小型化、矮化。另一原因根据力学定律，一端固定受力很均匀的物体受到风的扭弯力越大，从自由一端向固定一端的直径增大的趋势越大。因此风力越大，树木基部越粗，顶端尖削度也越大，树木越矮。

强风还能使树木形成畸形树冠，常称为“旗形树”（图 2–32）。在盛行连续单向风的地方，例如高山、风口区，常出现旗形树。这是因为树木向风面生长的芽受风袭击、机械摧残和过度蒸腾而死亡。背风面因树干挡风，枝条生长较好。但旗形树的枝条数量一般比正常树的枝条少，光合作用总面积降低，从而影响树木生长。强风还影响了植物的形态结构：常形成树皮厚，叶小而坚硬，以减少水分蒸腾；一般还有强大的根系，以增加植物的抗风力。

图 2-32 受单向风长期影响而形成的旗形树

风影响了鸟兽的体表形态特征，因风加速了动物水分的蒸发和体表散热的速率。因此，栖息在开阔多风地区的鸟兽常有致密的外皮，它们的羽、毛较短，紧贴体表，有利于挡风。如苔原中的雷鸟（*Lagopus*）、荒漠中的沙鸡（*Pterocles*）。而栖息在丛林中或风力较弱地区的鸟类，羽毛都是疏松、长而柔软的，如榛鸡（*Tetrastes*）、红尾鸲（*Phoenicurus*）等。

2.3.2 风是传播运输工具

风是许多树种的花粉和种子的主要传播者，禾本科植物和许多森林树种借助风力进行授粉，称为“风媒植物”，这类植物的花一般不鲜艳，花的数目很多，花粉一般小，但数量多，易被风吹动而传送，如玉米、松柏类植物。有些植物种子或果实有毛和翅，或体积很微小，可在风中飞舞，散布到很远的地方。如兰科、列当科等每粒种子质量不超过 0.002 mg，菊科、杨柳科等种子具有冠毛。风散布种子或果实，对群落分布有很大影响。

风影响了能飞行动物类群（如昆虫、蝙蝠和鸟类）的地理分布。在常有大风的地区，飞行动物种类往往贫乏，只有最善于飞行或不会飞行的动物才能生存。如在多风海岛上只有大量无翅和飞行能力低下的昆虫，按照自然选择学说解释此现象，即一些有翅昆虫被风吹入大海而淘汰，无翅现象可能是一种保护性适应。

风是动物物种传播及运输的重要工具，许多无脊椎动物在休眠期被大风带到别的地方，条件合适时就生长繁殖；蜻蜓目、直翅目、半翅目、同翅目、缨翅目、鳞翅目、鞘翅目等昆虫的迁飞是借助风力进行的，它们飞越边界层后主要依赖上空水平气流运载而飞到远处，其方向和速度都和当时上空的风向、速度一致。如我国东半部春夏时，太平洋副高压逐步向北推进，高空盛刮南风、西南风，三大迁飞性害虫（黏虫、稻飞虱和稻纵卷叶螟）群集随风向北迁飞；秋季太平洋副高压减退，大陆高压增强，高空盛行偏北风，这些害虫又随风向南回迁。

风传播着化学信息，许多捕食者动物和猎物都善于利用风向，决定自己的去向。例如在山谷中羽化的蚊子，嗅到由高于山谷 30 ~ 50 m 地方吹来的牲畜气味，它们飞去吸吮这些牲畜血，而不沿着山谷水平飞到邻近牲畜中去吸血。

2.3.3 风的破坏作用

风对植物的机械破坏作用——风折、风倒、风拔等，取决于风速、风的阵发性、环境的其他特点和植物种的特征。通常风速在 17 $m \cdot s^{-1}$ 以上时，就会产生折枝。

谷物在大风中易倒伏而减产。阵发性风的破坏力特别强，能抵御一场飓风和龙卷风的树林是很少的，龙卷风所经之处，房屋、农田被毁，人畜卷入天空，大树连根拔起，给人类带来毁灭性天灾。台风、干热风、寒露风常造成作物减产甚至绝收，如我国华北、西北、黄淮地区，春末夏初小麦灌浆至乳熟时期，常刮起干热风，使小麦蒸腾失水超过根系吸水，破坏了植物体内水平衡，跟随着叶片发黄、干枯、迅速凋萎。最终产生干瘪的籽粒，严重减产或颗粒无收。

2.3.4 防风林

防风林能够削弱风力，降低风速，减少风害。由于森林多空隙，大量叶、枝和树干具有很大的摩擦面，当风穿过森林时，能把大风分散成小股气流，并改变成不同的方向，相互碰撞，力量相互抵消，而大大降低风速。当风从空旷地吹来，距林缘几百米远时，就开始减速。一般，距其 100 m 处的风速为旷野风速的 68%，5 m 处为旷野风速的 32%。当风进入林带内，风速立即减小，林内风速减弱的程度与距林缘的距离成正比。

林带的防风效应与植物群落结构、紧密程度、个体的排列、高度、宽度、横断面形状等有关。防风林有 3 种不同的林带类型：紧密林带、疏透林带和通风林带。其中通风林带的防风效果最好，疏透林带次之。因为面对通风林带的风流被分为 3 部分：一部分风向上抬起，从林顶通过；第二部分风向下倾斜，从树干部分通过；第三部分风直接穿过林冠。因而林后不能形成大的旋涡运动，在背风面形成低风速区。防风林的效应还与树高成正比，防风林越高，防风的范围越广。

防风林的效应还和风速、风向有关。防风林带与主风向成垂直角时，防风效果最好，若交角减低到 65°，防风效率降低 25%。

防风林不仅能减风，减轻台风的危害，还能固沙护田、蓄水、调节小气候，营造了绿色环境，还提高了农作物产量，从而为人类造福。

2.4 火对生物的影响及防火管理

在生态系统中，火既是一种自然的因素，又是人类增加的因素。火的燃烧破坏了生态平衡，同时也为土壤提供了新的养分，促进了生物的生长。因此，火也是一个重要的生态因子。

自然火来源于雷击火、火山爆发、滚石火花、泥炭自燃，人为火源来自人类生活、生产用火。对于自然界引起的火，虽然可以用自发燃烧作为解释，但是闪电是最重要的引火剂。在积累了大量可燃烧的有机物的地区，炎热干旱的夏季和低湿度气候条件下，闪电即可引起大火产生。例如，非洲及美国的大草原、美国西南部及地中海沿岸地区的丛林，具有闪电引发火灾的自然条件。加利福尼亚州的沙巴拉群落（Chaparral），是以叶子常青、坚硬、茂密、坚韧及叶小为特征的灌木林，由于延长的干旱夏季，导致每 15 ~ 100 年发生周期性的大火。2000 年入春到 9 月中，美国发生 76 661 次山火，烧毁 268.9 万公顷森林。据统计，北美森林火灾有 70% 是由于干旱闪电造成的。

火有两个主要的类型：**林冠火**（crown fire）与**地表火**（surface fire）。林冠火发生在林冠上（图 2–33），其破坏性大，可毁灭地面上全部的植物群落，以及动物的组成成分，使群落的恢复要经历一段较长的时期。地表火发生在林地表面（图 2–34），没有林冠火那样的毁灭性，其破坏性具有选择性，仅容易烧死幼苗和抗火性差的物种（如树皮薄的植物），对抗火性强的植物反而有利。事实上，地面火的作用经常是有利的，它仅仅烧掉了地面上的枯枝落叶层，从而促进了植物和动物群落的再生和稳定性。这种燃烧能够使枯枝、落叶、干草等数量降到最低，因此降低了林冠火的危险。

图 2-33 美国黄石国家公园 Galltin 火灾中的冷杉林冠火（引自 Kormondy，1996）

2.4.1 火对生物的作用

火对植物的作用受火的强度、植物的年龄、茎干粗细、植物内的易燃性物质（挥发油、油脂、纤维素）含量、植物生长的环境及植物的品种等多种因素的影响。一般来说，草本植物火烧后长得快，长得更茂盛，灌木在火后比乔木更易生长。但草场的更新在北半球的北方需要 20 ~ 40 年，树木更新需 50 ~ 80 年。

（1）火的有益作用

火的有益作用之一，是把枯枝叶烧成灰，使有机物变成无机物，形成物质再循环的无机肥料，成为新一轮生命周期的开始。这种作用比微生物的分解作用要快。如在一场中等的地面火之后，常伴随固氮的豆科植物繁茂生长。对于抗火的物种或适应于火的自然更新的物种，火是必需的生态因子。如短叶松、五针松、纸皮桦及桉树，需要火将其种子从它们的球果中释放出来；桉树木球茎上的休眠芽，在火后才能强壮得像灌木样生长。火也可以减少与耐火树种竞争的物种，如美国东南部生长的长叶松，需要火来与压制它们生长的阔叶灌木丛竞争，在林冠火与严重的

图 2-34 美国亚利桑那州 Crown King 附近的地表火（引自 Kormondy，1996）

地面火中，阔叶灌木丛易于燃烧，而长叶松的长而抗火的针叶保护了芽。火后长叶松失去竞争者，能生长到成熟。有些植物种子需高温刺激才能萌发，如高冷杉和牛松。对于大多数松柏类的幼苗，火烧有利于它们存活。因为它们的根系较短，仅 2.5 cm 左右长，火烧清除地面杂物后，根易于伸入矿质土壤中吸取水分和养分。

（2）火的有害作用

一场严重的林冠火及地面火的最大冲击是破坏了自然界的生态平衡，特别是破坏了生物群和它们的错综复杂的关系。大火使大面积的森林与草地被毁，火后生长的群落的植物构成发生显著变化。大火使野生动物大批死亡，特别是体弱多病的动物，而其余的通过迁移可躲过劫难，但造成动物种群数量的下降与物种的贫乏。如 2019 年 11 月发生在澳大利亚东海岸的森林大火，持续数月，造成了近 30 亿只动物死亡或流离失所。林冠火和严重的地面火使土地表面受到侵蚀，改变了土壤的结构与化学成分，降低了土壤吸水与保水能力。毁坏的严重性取决于土壤表面的性质及降雨的数量与强度。

森林和草地燃烧过程中，作为烟中的颗粒物质的挥发，使大量的肥料丧失，尤其是氮。Hobbs 和 Gimingham（1987）证实，在高温下，氮和硫的丢失非常大，在 750℃时，丢失分别达到总量的 57% 与 36%；在 800℃火的高温时，氮与硫的丧失比在 600℃火中高 3～4 倍。

宽阔的森林和草原，净化了空气，美化了环境，给人类生活带来无比的愉快与欢乐。然而火灾破坏了森林，破坏了家园，使这一切丧失，使人类生活受到严重的影响。

2.4.2 防火管理

（1）开展生物工程防火，建立火灾阻隔系统

生物工程防火是森林防火阻隔系统的组成部分。生物工程防火即绿色防火，是指利用耐火树种（难燃烧的树种），营造防火林带。防火林带郁闭后，降低了风速，形成林内小气候，提高林内相对湿度，林下几乎无阳性杂草和灌木，因此能阻隔或抑制林火蔓延。我国南方 20 世纪 80 年代大面积营造阔叶树防火林带（取代铲草皮开设防火线），有效控制了森林火灾蔓延。北方也证实了兴安落叶松可作为良好的防火树种。

森林火灾多发生在荒山、荒地、林间空地、草地等地段。这些地段一般多阳性杂草，易干枯、易燃，常引起森林火灾。在这些地段营造防火林带，可阻隔地表火的传导，控制火灾面积，减少森林火灾。

防火林带的营造应尽量结合和利用天然的或人工的阻隔系统：河流、库渠、公路、铁路和农田等，使形成封闭式的林火阻隔网络，有效而快速地控制火蔓延。例如在美国 19 世纪中叶，耐火的橡树和白杨树林与水体和地理断面，阻止了草原大火侵入明尼苏达州的森林。

（2）开展计划烧除，加强可燃物管理

在森林生态系统中，经常轻微的地面火能使干枯的杂草减少，有利于防止林冠火的发生。计划烧除，是指在人为控制下，以低强度火消除或减少地面可燃物。一般可燃物燃点在 204～240℃之间，干枯杂草燃点在 150～200℃，耐火树种如兴安落叶松，能抵抗 280℃高温。用低强度火便能烧除杂草，而不烧伤树木。

计划烧除是在有各种阻隔系统构成的闭合圈内燃烧，必须具备良好的阻隔网络。同时需要有稳定的气候环境，一般点燃在平均气温为2℃，空气相对湿度为50%，风力小于3级时，易于控制火烧强度与火焰蔓延方向。

（3）加强防火管理

首先要制作森林防火规划。通过调查和研究，制作森林防火设施图、森林火险等级图、可燃物类型图及防火设施分布。在此基础上，开展火险预测预报，增强航空护林等工作，使森林火灾及早发现、尽早扑灭。

另外，在森林、草地中，需要对人类用火严加控制，避免人为火灾发生。

思考题

1. 生物对光周期的适应表现及其应用有哪些？
2. 生物对极端的高温和低温会产生哪些适应？
3. 物种的分布完全由温度决定吗？
4. 了解了温度对生物的影响，推测一下全球变暖过程中生物圈中的生物会产生哪些可能的变化？

讨论与自主实验设计

青蛙和小白鼠在从常温移到低温下时体温和代谢率的反应有何不同？如何验证？

数字课程学习

◎本章小结　　◎重点与难点　　◎自测题　　◎思考题解析

3

物质环境

关键词　湿生植物　中生植物　旱生植物　水生植物
鱼类的渗透压调节　陆生动物水平衡　低氧适应
土壤质地　团粒结构 腐殖质　盐碱土植物　沙生植物

水、大气、土壤是另一类生态因子，它们构成有机体生活的空间或栖息地，成为生物生存的必需条件。同时，它们又为生物体的组成需要提供了常量元素（如碳、氢、氧、磷、硫、铁、钾、钠、钙等）与微量元素（如铬、钴、氟、铝、硒、锌、碘等）。因此，这些生态因子组成了地球上的物质环境。

3.1　水的生态作用

水的生态作用表现在以下 4 个方面。①水是地球上所有有机体的内部介质，是生命物质的组成成分，没有水生命就会终止。生物体内一般含水量为 60%～80%，有的水生生物高达 90% 以上，如水母为 95%，蝌蚪为 93%，而在干旱环境中生长的地衣和一些苔藓植物其含水量仅为 6% 左右。②水是有机体生命活动的基础，生物新陈代谢及各种物质的输送都必须在水溶液中进行。因此，失水将导致生物生理上的失调，直接威胁到生物的存活。③水作为外部介质，是水生生物获得资源和栖息的场所。④陆地上水量的多少，影响到陆生生物的生长与分布。水的这些重要生物学特性主要与水的理化性质相关。

3.1.1　水的性质与存在形式

（1）水分子具有极性

水分子由具有 105° 角的氢－氧－氢组成，其形状导致有氢的一边显正电性，另一边显负电性（图 3–1），使得水分子能被吸附到带电的离子上。由于水的这种极性性质，水分子能和其他生物成分结合，也使水成为最好的溶剂，保证了各种营养物

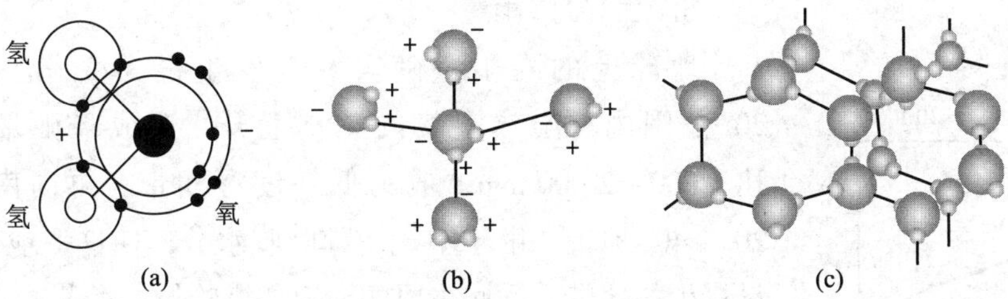

(a) (b) (c)

图 3-1 水分子示意图（引自 Smith et al.，2001）

（a）一个水分子中被结合的两个氢原子间的夹角为 105°；（b）水分子间的氢键，一个水分子中部分氢原子正电吸引另一个水分子氧原子的负电形成氢键；（c）在低于 0℃的冰中，氢键把水分子固定形成晶格

质的转运。

（2）水具有高热容量

使 1 L 水升高 1℃需要 1 kcal（1 kcal = 4.186 8 kJ）热量，而 1 L 空气需要 0.24 kcal 热，一般金属需 0.1 kcal 或更少。水的高热容量（high heat capacity）意味着水能吸收大量热，而自身升温很少，从而使水生生物免受温度的急剧变化带来的危害。

（3）水具有特殊的密度变化

水的密度随着水温的下降而增加，当降到 4℃时，水的密度最大。低于 4℃时，体积膨大，密度变小，依 3℃、2℃、1℃和 0℃顺序密度逐步减小。0℃时的液态水的密度比固态冰密度更大，因此冰漂浮在冷水之上。冬季，水从上向下结冰，冰作为绝热体阻止冰下水进一步降温，从而减少了水体的冻结，保护了水生生物的生存。

（4）水具有相变

水有 3 种形态：液态（雾、露、云、雨）、气态（构成大气湿度）和固态（霜、雪、冰雹）。水蒸发时需要吸收大量热能，当水蒸气转变成液态水或固态水时，伴随着释放大量热。液态水变成固态水时释放出溶解热，相反过程则吸收相同数量的热能。因此，在水的相变过程中，能量的消耗和释放过程为地球表面提供了大量热的转化机制，对生物系统能量利用起重要作用。

地球上海水与江河湖泊覆盖了地球表面 71% 的面积，再加上地下水、大气水与冰雪固态水，构成生物丰富的水资源。但由于 3 种形态的水随空间和时间发生很大的变化，而导致地球上水的分布不均匀。

3.1.2 陆地上水的分布

潮湿冷空气遇冷形成降雨，降雨是陆地上最重要的降水形式。当高空空气中的水蒸气达到饱和时的温度低于 0℃时，水汽直接凝固成雪降落到地面。

在地球上大部分地区，降雨量占降水量的绝大部分，而在较高纬度地区，降雪是主要水分来源之一。当地面物体夜间辐射冷却到露点温度时，空气中水汽在其表面凝结成水，形成露。露占降水量的比例虽小，但对干旱少雨的荒漠地区植物生长及动物饮水起了相当大的作用。

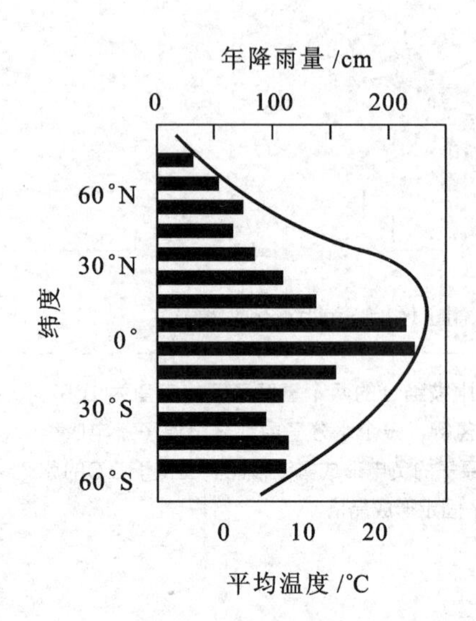

图 3-2 不同纬度平均降雨量与温度的变化（引自 Ricklefs et al.，2000）

横柱——降雨量，曲线——温度

3.1.2.1 降雨量

地球上的降雨量随着纬度发生很大变化。在赤道南北两侧 20° 范围内，湿热空气的急剧上升，造成降雨量最大，年降雨量达 1 000 ~ 2 000 mm，成为低纬度湿润带。再向南北扩展，纬度为 20° ~ 40° 地带，由于空气下降吸收水分，使这一地带成为地球上降雨量最少的地带，一些主要的沙漠如撒哈拉、大戈壁滩都位于这个带上。在南北半球 40° ~ 60° 地带，由于南北暖冷气团相交形成气旋雨，致使年降雨量超过 250 mm，成为中纬度湿润带。极地地区降水很少，成为干燥地带（图 3-2）。

陆地上降雨量的多少还受到海陆位置、地形及季节的影响。由于海洋蒸发量大，潮湿空气由海洋吹向大陆，遇冷凝结成雨。因此离海近的地区降雨量多，离海越远，降雨量越少。山脉也影响降雨分布：在迎风坡降雨量多，背风坡降雨量很少。降雨量还随季节而变化，一般夏季降雨量约占全年降雨量的一半，冬季降雨量最少。降雨的季节性特点对生物的繁殖、休眠与迁徙有很大影响。而不同的降雨方式对生物的作用是不同的，如果降雨集中在短时期内，将会出现长期干旱，如热带稀树草原的形成与温度高、降雨集中有关。

3.1.2.2 大气湿度

大气湿度（atmosphere humidity）反映了大气中气态水含量。通常用相对湿度（relative humidity）表示空气中的水汽含量，即单位容积空气中的实际水汽含量（e）与同一温度下的饱和水汽含量（E）之比，用 RH 表示相对湿度，则 $RH = e/E \times 100\%$。大气湿度也常用饱和差表示，是指某温度下的饱和水汽量与实际水汽量之差（$E-e$）。饱和差值越大，水分蒸发越快；相对湿度越大，大气越潮湿，水分蒸发越慢。在研究生物水平衡中，这是常常采用的两个指标。

相对湿度受到环境温度的影响：温度增加，相对湿度降低，温度降低，相对湿度增加。因而，相对湿度随昼夜温差的改变，出现白天相对湿度低，夜间相对湿度高。夏天相对湿度低，冬天相对湿度高。然而，相对湿度的季节变化还随各地区的具体情况而异。如我国东南季风地带，冬季受干燥大陆气流控制，夏季受湿热海洋气流影响，因而冬季干燥，夏季潮湿。

相对湿度随着地理位置而异。热带雨林带，相对湿度通常在 80% ~ 100%，而在荒漠与半荒漠地带，相对湿度低于 20%。

3.1.2.3 我国降水量的地域分布

由于我国纬度与海陆位置的差异，以及地形起伏的不同，导致各地降水总量很不相同。基本规律是从东南往西北降水逐渐减少。大致可划分出几条等雨线：华南降水量为 1 500 ~ 2 000 mm，长江流域为 1 000 ~ 1 500 mm，秦岭和淮河大约为 750 mm，从大兴安岭西坡向西，经燕山到秦岭北坡为 500 mm，黄河上中游为 250 ~ 500 mm。内蒙古西部至新疆南部为 100 mm 以下。由于降水量的地域分布不同，影响了我国生物的分布特征。

3.2 生物对水的适应

3.2.1 植物与水

3.2.1.1 陆地植物的水平衡

由于植物光合作用所需的 CO_2 只占大气组成的 0.03%，植物要获得 1 mL CO_2 必须和 3 000 mL 以上的大气交换，从而导致植物失水量增多，使植物生长需水量很大。如一株玉米一天需水 2 kg，一株树木夏季一天需水量是全株鲜叶重的 5 倍。在这么多的耗水量中，只有 1% 的水被组合到植物体内，而 99% 的水被植物蒸腾（transpiration）掉了。植物在得水（根吸水）和失水（叶蒸腾）之间保持平衡，才能维持其正常生活。因此，在根的吸水能力与叶片的蒸腾作用方面，植物对环境产生了适应性。对于陆地植物，水主要来自土壤，土壤孔隙抗重力所蓄积的水称土壤的**田间持水量**（field capacity），是土壤储水能力的上限，为植物提供可利用的水。根从土壤孔隙中吸水，根系分支的精细和程度，决定了植物是否能接近土壤的储水。在潮湿土壤上，植物生长浅根系，仅在表土下几寸的土层中，有的植物根缺乏根毛。在干燥土壤中，植物具有发达的深根系，主根可长达几米或十几米，侧根扩展范围很广，有的植物根毛发达，充分增加吸水面积，例如沙漠中的骆驼刺（旱生植物），地上部分只有几厘米，根深达到 15 m，扩展的范围达 623 m（图 3-3）。植物蒸腾失水首先是气孔蒸腾，在不同环境中生活的植物具有不同的调节气孔开闭的能力。生活在潮湿、弱光环境中的植物，在轻微失水时，就减少气孔开张度，甚至主动关闭气孔以减少失水。阳生草本植物仅在相当干燥的环境中，气孔才慢慢关闭。另外，叶子的外表覆盖有蜡质的、不易透水的角质层，能降低叶表面的蒸腾量，生活在干燥地区的植物尽量缩小叶面积以减少蒸腾量（图 3-4）。

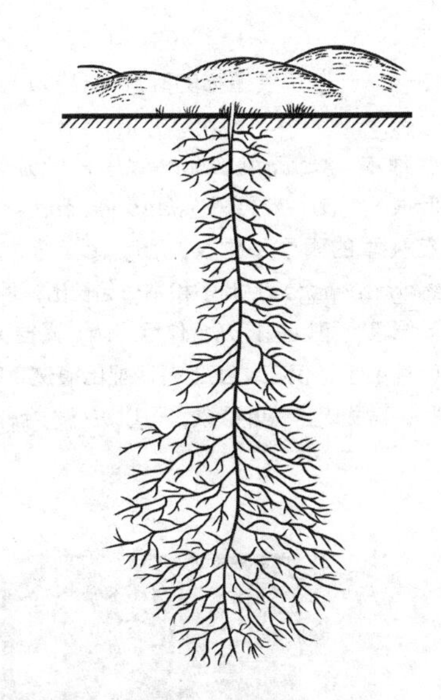

图 3-3 骆驼刺（*Alhagi pseudathagi*）地下部分（根）与地上部分（茎叶）比（引自曲仲湘等，1983）

陆生植物随生长环境的潮湿状态而分为三大类型：**湿生植物**（hygrophyte）、**中生植物**（mesophyte）和**旱生植物**（xerophyte）。各类植物形成了其自身的适应特征。如阴性湿生植物大海芋（*Alocasia macrorhiza*）生长在热带雨林下层隐蔽潮湿环境中，大气湿度大，植物蒸腾弱，容易保持水分，因此其根系极不发达。湿生植物抗旱能力小，不能忍受长时间缺水，但抗涝性很强，根部通过通气组织和茎叶的通气组织相连接，以保证根的供氧。属于这一类的植物有秋海棠、水稻、灯芯草等。

中生植物，如大多数农作物、森林树种，由于环境中水分减少，而逐步形成一套保持水分平衡的结构与功能。如根系与输导组织比湿生植物发达，保证能吸收、供应更多的水分；叶片表面有角质层，栅栏组织较整齐，防止蒸腾能力比湿生植物高。

旱生植物生长在干热草原和荒漠地区，其抗旱能力极强。旱生植物根对干旱的耐受力是成功的，根据其形态、生理特性和抗旱方式，又可划分为少浆液植物和多浆液植物。少浆液植物体内含水量极少，当失水 50% 时仍能生存（湿生和中生植物失水

图 3-4 一些荒漠植物的叶片（摄影 / 杜诚）

（a）辣木（*Moringa drouhardii*）的叶分裂成 3 ~ 4 回羽状复叶，小叶很多；（b）麻风树（*Jatropha curcas*）叶片宽大多汁液，但仅在夏季的雨季中生长几周；（c）马达加斯加龙树（*Didierea madagascariensis*）叶子和刺一起长出，但在旱季脱落，其茎皮含有叶绿素，可以进行光合作用；（d）光棍树（*Euphorbia tirucalli*）的叶片细小，仅在幼茎上有明显的痕迹，在老茎上呈不明显的鳞片状，其茎皮含有叶绿素，可以进行光合作用

图 3-5 巨柱仙人掌（*Carnegiea gigantea*）（摄影 / 钟鑫，于美国亚利桑那州索诺兰沙漠）

1% ~ 2% 就枯萎）。这类植物适应干旱环境的特点表现在叶面积缩小或仅在一年中较短时间长有叶片，以减少蒸腾量；有的植物叶片特化成针刺状或小鳞片状，以绿色茎进行光合作用（图 3–4）。叶片结构有各种改变，气孔多下陷，以减少水分的蒸腾。同时，发展了极发达的根系，可从深的地下吸水。在少浆液的植物中，由于细胞内有大量亲水胶体物质，使胞内渗透压高，能使根从含水量很少的土壤中吸收水分。在多浆液的旱生植物中，根、茎、叶薄壁组织逐渐变为储水组织，成为肉质性器官。这是由于细胞内有大量五碳糖，提高了胞汁液浓度，能增强植物的保水性能。由于体内储有水、生境中有充足的光照和温度，能在极端干旱的荒漠地带长成高大乔木，如仙人掌树高达 15 ~ 20 m，储水达 2 t，其致密的浅根网以圆形模式排列，扩展到近似树高的距离（图 3–5）。这类植物表面积与体积的比例减少，可减少蒸腾表面积。在干旱时它们中大多数失去叶片，由绿色茎代行光合作用。白天气孔关闭以减少蒸腾量，夜间气孔张开，CO_2 进入细胞内被有机酸固定。到白天光照下，CO_2 被分解出来，成为光合作用的原料。由于其代谢的特殊性，植物生长缓慢，生产量很低。

3.2.1.2 水生植物

水环境中，水显然是随意可利用的。然而，在淡水或咸淡水（如河流入海处）栖息地有一个趋向，即通过渗透作用水从环境进入植物体内。在海洋中，大量植物与它们环境是等渗的，因而不存在渗透压调节问题。然而也有些植物是低渗透性的，致使水从植物中出来进入环境与陆地植物处于相似的状态。因而对很多水生植物（aquatic plant）来说，必须具备自动调节渗透压的能力，这经常是耗能的过程。水生环境的盐度对植物分布与多度可能有重要影响，像河口这类地方，有一个从海洋到淡水栖息地的明显的盐度梯度。盐度对沿海陆地栖息地的植物分布也有重要影响。不同物种对盐度的敏感性差异很大，能耐受高盐度的植物，是由于它们的细胞质中有高浓度的适宜物质，如氨基酸、某些多糖类、一些甲基胺等。这些物质增加了渗透压，对细胞中酶系统不产生有害影响。生长在沿海沼泽地的红树林能耐受高盐浓度，是由于这类植物的根和叶子中有高浓度的脯氨酸、山梨醇、甘氨酸－甜菜苷，增加了它们的渗透压。除此之外，盐腺将盐分泌到叶子的外表面（图 3-6）；很多植物的根排除盐，明显地依赖于半渗透膜阻止盐进入。红树林植物进一步降低盐负荷是通过降低叶子的水蒸腾作用，这种适应相似于干旱环境中的植物。植物渗透压调控的精确机制还不十分清楚，通过观察发现激素在调节中具有重要作用，脱落酸（一种植物激素）启动了产生蛋白渗透的基因，提供了一些抗盐胁迫的保护剂。

图 3-6　基及树（*Carmona microphylla*）叶子的特殊盐腺分泌盐，沉淀在叶子的外表面（摄影 / 钟鑫，于海南三亚）

水体中氧浓度大大低于空气的氧浓度。一类水生植物对缺氧环境的适应，使根、茎、叶内形成一套互相连接的通气系统，如荷花，从叶片气孔进入的空气通过叶柄、茎而进入地下茎和根的气室，形成完整的开放型的通气组织，以保证地下各组织、器官对氧的需求。另一类植物具有封闭式的通气组织系统，如金鱼藻，它的通气系统不与大气直接相通，但能储存由呼吸作用释放出的 CO_2 供光合作用需要，储存由光合作用释放出的氧气供呼吸需要。由于植物体内存在大量通气组织，使植物体重减轻，增加了漂浮能力。这类水生植物长期适应于水中弱光及缺氧，使叶片细而薄，大多数叶片表皮没有角质层和蜡质层，没有气孔和绒毛，因而没有蒸腾作用。有些植物能够生长在长期水淹的沼泽地，如落羽杉（*Taxodium distichum*），它们的地下侧根向地面上长出出水呼吸根。这些根为地下根供应空气，并帮助树牢固地生长在沼泽地中（图 3-7）。

根据水生植物在水环境中的分布与生长状态的不同，又可将其分为三类。**沉水植物**（submerged plant）整株植物沉没在水下，根退化或消失，植物具有封闭式的通气组织系统，叶绿体大而多，适应水中弱光；**浮水植物**（floating plant）叶片飘浮水面，气孔分布在叶上面，机械组织不发达，不扎根（浮萍）或扎根（睡莲、眼子菜），植物体内存在大量通气组织，使植物体重减轻，增加了漂浮能力；**挺水植物**（emerged plant）的植物体大部分挺出水面的水生植物，如芦苇、菖蒲等。

3.2.1.3 植物生产力

世界森林的植物生产力往往和降雨量之间存在着相关性。因为水既是植物细胞的组成要素，又是光合作用的底物。在干燥地区，初级生产力随降雨量的增加有近似的直线

图 3-7 落羽杉（*Taxodium distichum*）的呼吸根从侧根上长出水面（摄影 / 钟鑫，于美国得克萨斯州卡多湖）

增长。而在比较潮湿的森林气候中，生产力上升到平稳阶段后不再升高。

一般来说，植物每生产 1 g 干物质，仅需 300 ~ 600 g 水，但不同植物类型需水量是不同的，具有高光合效率的 C_4 植物（如玉米、狗尾草）比 C_3 植物（如小麦、油菜）需水量少。

有些植物显示出低的生产力，它们的特征表现为潜在的蒸发蒸腾量远大于降水量，也就是说，干旱是造成低生产力的关键因素。

3.2.2 动物对水的适应

动物与植物一样，必须保持体内的水平衡才能维持生存。水生动物保持体内的水平衡（water balance）是依赖于水的渗透调节作用，陆生动物则依靠水分的摄入与排出的动态平衡，从而形成了生理的、组织形态的及行为上的适应。

3.2.2.1 水生动物

（1）鱼类的水平衡

水生动物，当它们体内溶质浓度高于环境中的时候，水将从环境中进入机体，溶质将从机体内出来进入水中，动物会“涨死”；当体内溶质浓度低于环境中时，水将从机体进入环境，盐将从环境进入机体，动物会出现“缺水”。解决这一问题的机制是靠渗透调节，渗透调节是控制生活在高渗与低渗环境中的有机体体内水平衡及溶质平衡的一种适应。

① 淡水鱼类 淡水水域的盐度为 0.002% ~ 0.05%，淡水硬骨鱼血液渗透压（冰点下降度*Δ -0.7℃）高于环境的渗透压（冰点下降度 Δ -0.02℃），属于高渗的（hypertonic）。

---

* 渗透压可以用冰点下降度来表示。1 mol 溶液冰点下降 1.86℃，表示为 Δ-1.86℃，定义为一个渗透压单位 Osm/L（渗透摩尔），即 1 Osm/L = 1 000 mOsm/L = Δ-1.86℃。例如 Δ-0.93℃，则溶液的渗透浓度为 0.93/1.86 = 0.5 Osm/L = 500 mOsm/L

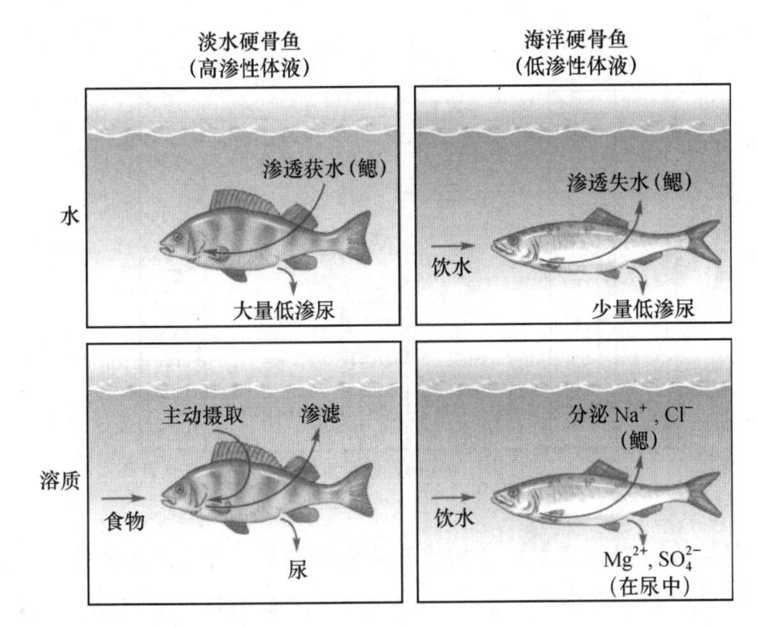

图 3-8 淡水和海洋硬骨鱼水盐代谢图解（仿 Ricklefs，2001）

因此，当鱼呼吸时，大量水流流过鳃，水通过鳃和口咽腔扩散到体内，同时体液中的盐离子通过鳃和尿可排出体外。进入体内的多余水，通过鱼的肾排出大量的低浓度尿，保持体内的水平衡（图 3–8）。因此，淡水硬骨鱼的肾发育完善，有发达的肾小球，滤过率高，一般没有膀胱，或膀胱很小。丢失的溶质可从食物中得到，而鳃能耗能主动从周围稀浓度溶液中摄取盐离子，保证了体内盐离子的平衡。鳃主动摄取盐离子的功能，主要是由分布于鱼鳃丝上皮的氯细胞中的 Na^+/K^+–ATP 酶来实现的。Na^+/K^+–ATP 酶存在于氯细胞的基底侧膜和微小管系统上，驱动各种离子转运，能量来源于 ATP 水解。

② 海洋鱼类 海水水域的盐度在 3.2%～3.8% 范围内，平均为 3.5%，冰点下降度为 Δ–1.85℃。海洋硬骨鱼血液的冰点下降度为 Δ–0.80℃，与环境渗透压相比是低渗的（hypotonic），这导致动物体内水分不断通过鳃外流，海水中盐通过鳃进入体内。海洋硬骨鱼的渗透调节需要排出多余的盐及补偿丢失的水：它们通过经常吞海水补充水分，同时排尿少，以减少失水，因而它们的肾小球退化，排出极少的低渗尿，主要是二价离子 Mg^{2+}，SO_4^{2-}；随吞海水进入体内的多余盐靠鳃排出体外（图 3–8）。海洋硬骨鱼鳃耗能主动向外排 Na^+，Cl^-，也是由 Na^+/K^+–ATP 酶来实现的。

海洋中还生活着一类软骨鱼，其血液的冰点下降度为 Δ–1.95℃，与环境相比基本上是等渗的（isotonic）。海洋软骨鱼体液中的无机盐类浓度与海洋硬骨鱼相似（图 3–9），其高渗透压的维持是依靠血液中储存大量尿素和氧化三甲胺。尿素本是蛋白质代谢废物，但在软骨鱼进化过程中，被作为有用物质利用起来。但是尿素使蛋白质和酶不稳定，氧化三甲胺正好抵消了尿素对酶的抑制作用。最大的抵消作用出现在尿素含量与氧化三甲胺含量为 2∶1 时。这个比例数字正好通常出现在海洋软骨鱼中。海洋软骨鱼血液与体液渗透压虽与环境等渗，但仍然有有力的离子调节，如血液中 Na^+ 浓度大约为海水的一半。排出体内多余 Na^+ 主要靠直肠腺，其次是肾。

③ 广盐性洄游鱼类 广盐性洄游鱼类来往于海水与淡水之间，其渗透调节具有淡水硬骨鱼与海水硬骨鱼的调节特征：依靠肾调节水，在淡水中排尿量大，在海水中排尿

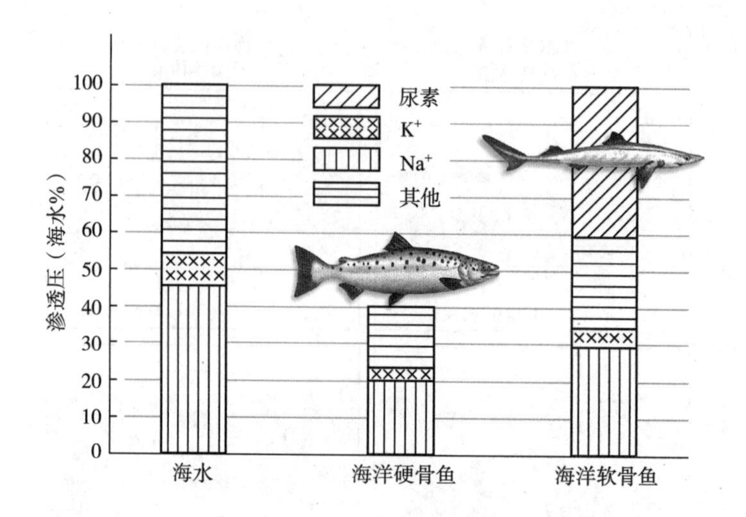

图 3-9 海洋硬骨鱼与海洋软骨鱼渗透压比较（引自 Ricklefs，2001）

量少，在海水中又大量吞水，以补充水；盐的代谢依靠鳃调节：在海水中鳃排出盐，在淡水中摄取盐。调控广盐性鱼类在海水、淡水中渗透压的激素主要有皮质醇、生长激素和促乳素。

（2）水生动物对水密度的适应

水的密度大约是空气密度的800倍，因此水的浮力很大，对水生动物起了支撑作用，使水生动物可以发展成庞大的体形及失去陆地动物的四肢，它们利用水的密度推进自己身体前移。如鳁鲸科中的蓝鲸，是已知动物中个体最大的，最大质量达150 t，身长达30 m，使陆生动物相形见绌。很多鱼具有鱼鳔，通过鱼鳔充气调节鱼体的密度。在上层水中时，鱼鳔中充气多，使鱼身体密度小，利于漂浮，当鱼下沉中层水时，鳔中气体减少，身体密度加大。

由于水的密度大，水深度每增加10 m，就增加1个标准大气压（约101 kPa），水下50 m深度的水层静水压力即为606 kPa（加水表面的101 kPa）。适应深海高压环境的鱼类，由于体内也受同样的压力，从深海提升到水面，会因压力迅速改变而死亡，它们皮肤组织的通透性很大，骨骼和肌肉不发达，没有鳔。肺呼吸动物如海豹与鲸，能在深海中潜泳是因为它们具有相适应的身体结构：它们的肋骨无胸骨附着，有的甚至无肋骨，缺少中央腱的肌膈膜斜置于胸腔内。当潜入深海中时，海水高压可把胸腔压扁，肺塌瘪，使肺泡中气体全部排出，导致血液中无溶解氮气。当从深水中迅速回到水面时，不会因为血液中溶解的大量氮气由于迅速减压而沸腾形成如同人类的潜涵病（减压病）。

（3）鱼对水中低氧的适应

水中氧来源于两方面：大气中的氧扩散到水中，水中植物营光合作用时释放出氧。水中溶解的氧浓度远低于大气中的氧浓度（表3-1），溶解氧的数量随气温升高而降低，随气体压力增加而增加。在藻类和水生植物丰富的水体中，炎热的白天植物光合作用可使水中氧达到超饱和状态，而夜间由于植物的呼吸作用可以把氧耗尽，使鱼类因缺氧而大量死亡。所以，夏季鱼灾常发生在夜间。为避免鱼灾的发生，养鱼池需控制鱼类密度。

鱼对水中低氧环境也可以产生某种程度的适应，例如溪红点鲑（*Selvelinus fortinahs*）

表 3-1 不同温度下，$p(O_2)$ 为 20.20 kPa 时，空气、蒸馏水与海水内的氧浓度 单位：mL/L

环境	温度		
	0℃	12℃	24℃
空气	209	200	192
蒸馏水	10.2	7.7	6.2
海水	8.0	6.1	4.9

驯化在不同低氧程度的水中后，对低氧耐受（hypoxia tolerance）提高，致死的氧浓度降低（图 3-10）。低氧耐受能力的提高可能是由于增加了从水中提取氧的能力，即可能增加了流过鳃的水体积。在鳗鲡、底鳉、鲤鱼等研究中表明，低氧驯化后，其血液溶氧量增加。例如鳗鲡养在 $p(O_2)$ 为 5.33 ~ 6.67 kPa 水中两周后，血液氧饱和度为 50% 时的氧分压（p_{50}）由 2.27 kPa 下降到 1.47 kPa（p_{50} 下降时，血氧结合力增加）。

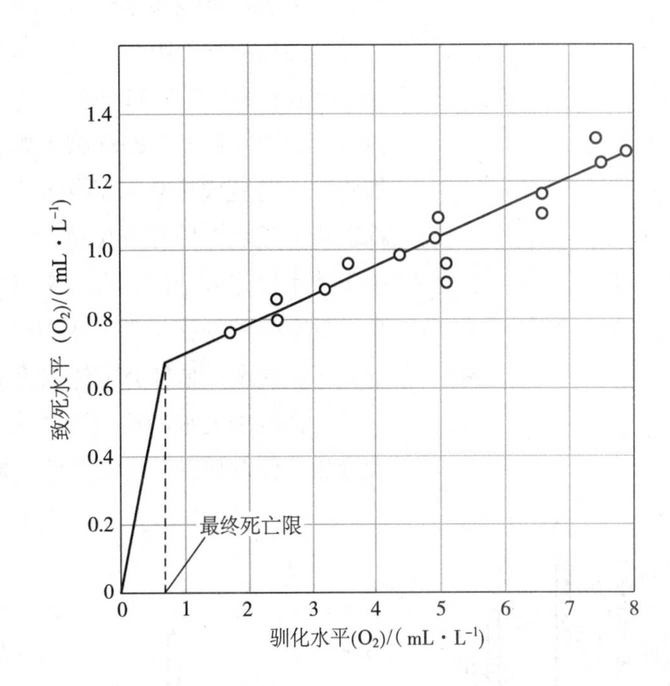

图 3-10 溪红点鲑在低氧浓度水中驯化后，氧浓度的致死水平降低（引自 Schmidt-Nielsen，1997）

有些鱼能忍受缺氧，在这种情况下，动物依赖于厌氧代谢提供能量。例如金鱼在 4℃下缺氧 12 h 后，组织中有很多乳酸与乙醇，乙醇是乳酸在厌氧代谢中形成的，通过鳃扩散到水中（表 3-2）。这可减少血液中的乳酸积累，而使鱼避免酸中毒。鲫鱼耐受缺氧的程度是惊人的，它们能生活在湖面结冰并且有硫化氢气味（由植物腐败产生）的水中 5 个半月，而体内未积累乳酸，这一定有其他代谢过程发生。

3.2.2.2 两栖动物

两栖动物的肾功能与淡水鱼的肾功能相似，而皮肤像鱼的鳃一样，能够渗透水和主动摄取无机盐离子。在淡水中时，水渗透入体内，皮肤摄取水中的盐，肾排泄稀尿。在陆地上时，蛙及蟾蜍皮肤能直接从潮湿环境中吸取水分，但在干燥环境中，由于皮肤的透水会导致机体脱水，蛙通过膀胱的表皮细胞重吸收水来保持体液。咸水两栖类只有食蟹蛙（*Rana cancrivora*），由于其体液中滞留高浓度尿素（达 480 mmol/L），使其体液渗透压比海水稍高，形成少量进入的渗透水流，比饮水有利。

表 3-2 金鱼在 4℃缺氧 12 h 后，体内乳酸与乙醇的浓度 单位：mmol/kg

	代谢浓度		
	组织乳酸	组织乙醇	水中乙醇
对照	0.18	0	0
缺氧	5.81	4.53	6.63

3.2.2.3 陆生动物

（1）陆生动物水平衡

有机体在陆地生存中面对的最严重问题之一是连续地失水（皮肤蒸发失水、呼吸失水与排泄失水），使有机体有可能因失水而干死，因而陆生动物在进化过程中形成了各种减少失水或保持水分的机制。脊椎动物羊膜卵的产生就代表了一种机制，使脊椎动物在胚胎发育过程中能阻止水的丢失，而允许脊椎动物去开拓陆地。

陆生动物要维持生存，必须使失水与得水达到动态平衡。得水的途径可通过直接饮水，或从食物所含水分中得到水。有的动物如蟑螂、蜘蛛等节肢动物通过体表可直接从较潮湿的大气中吸水。各种物质氧化产生的代谢水（如 100 g 脂肪氧化产生 110 g 水，100 g 糖类氧化产生 55 g 水），也是重要的获水途径，这对生活在荒漠中（如更格卢鼠、沙鼠）和缺水环境中的动物（如黄粉虫、拟谷盗）是重要的水源。荒漠中生活的大动物如骆驼，与荒漠中生长的树形仙人掌在水收支平衡中有相似处。当能得到水时，它们都取得大量水，储存并保持着。骆驼一次可饮水和储存水达体重的 1/3，在酷热的荒漠中不饮水可走 6 ~ 8 d，此时依赖于组织中储存的水，能忍受占体重 20% 的失水率，而自己没有受到伤害（人失水 10% ~ 12% 就接近死亡限）。但也有学者认为，骆驼并不储水，每次饮水只是补充了体内丢失的水。

动物减少失水的适应形式表现在很多方面。首先是减少呼吸失水。随着动物呼吸，大量的水分在呼吸系统潮湿的交换表面上丢失。大多数陆生动物呼吸水分的回收包含了逆流交换（countercurrent exchange）的机制，即当吸气时，空气沿着呼吸道到达肺泡的巨大表面积上，使空气变成核温时的饱和水蒸气；而呼出气在通过气管与鼻腔时，随着外周体温的逐渐降低，呼出气的水汽沿着呼吸道表面凝结成水，使水分有效地返回组织，减少呼吸失水。因此，呼出气温度越低，机体失水越少。这对生活在荒漠中的鸟兽是一种重要的节水适应机制。如荒漠中啮齿类形成狭窄的鼻腔，使鼻腔表面积增大，降温增多，失水减少；在干燥荒漠气候中的骆驼，通过逆流交换回收了呼出气全部水分的 95%。而昆虫通过气孔的开放与关闭，可使失水量相差数倍（图 3–11）。

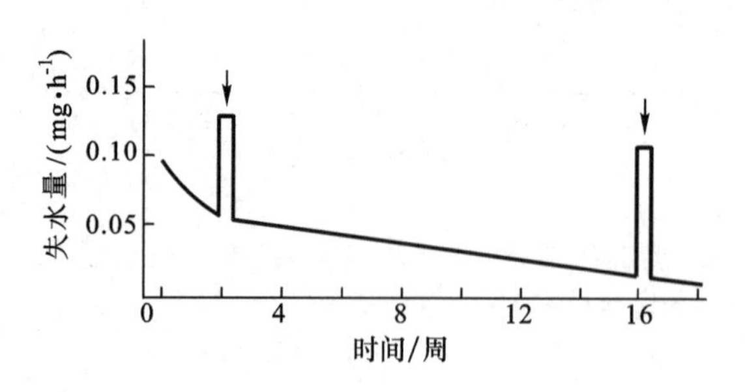

图 3-11 黄粉虫幼虫在 0 ~ 15% 相对湿度下的失水量（转引自孙儒泳，1992）

“↓”表示加入 5% CO_2，使气孔开放

其次是减少蒸发失水。栖息在干燥环境中的节肢动物体表厚厚的角质层及其上面的蜡膜，以及爬行动物体表的鳞片都阻碍体表水的蒸发。图 3–12 显示栖息在湿的、微湿的与干燥环境中龟的失水变化，表明龟生活在越干燥的环境中，丢失水分越少。兽类与鸟类皮肤也具有防止水分蒸发的作用。

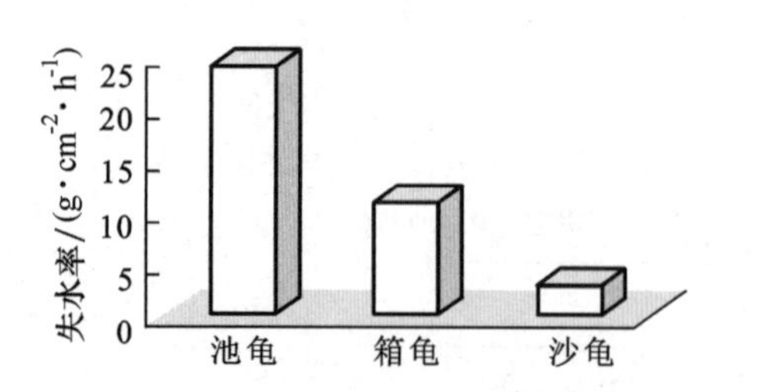

图 3-12 生活在不同环境中的龟的失水率（数据引自 Molles，1999）

池龟、箱龟与沙龟分别栖息在湿的、微湿的与干燥环境中

第三是减少排泄失水。在减少排泄失水中，哺乳动物肾的保水能力代表了另一种陆地适应性。肾通过髓袢（medullary loop）和集合管的吸水作用使尿浓缩。髓袢越长

（相应肾髓质越厚），回收水越多，尿浓缩越高。如生活在潮湿地区或水中，具短袢的猪、河狸，其尿浓度为血浆浓度的 2 倍，人为 4 倍，而生活在干旱环境中的更格卢鼠，其尿浓度为血浆浓度的 14 倍，沙鼠为 17 倍，跳鼠为 25 倍。除此之外，鸟类与爬行类的大肠和泄殖腔以及昆虫的直肠腺具重吸收水的作用。如蜥蜴由肾排出尿的 80% ~ 90% 被大肠和泄殖腔重吸收回来。兽类虽无泄殖腔，但大肠也能重吸收水，使排出粪便的含水量随所栖环境干燥程度增加而减少。

陆生动物在蛋白质代谢产物的排泄上也表现出陆地适应性。如鱼类的蛋白代谢废物主要以氨形式排出，排氨节省能量，但消耗水量大，排 1 g 氨需水 300 ~ 500 mL。而两栖类、兽类排泄尿素（urea），爬行类、鸟类及昆虫排尿酸（uric acid）。排泄 1 g 尿素与尿酸，需水量分别为 50 mL 及 10 mL，显示出排泄尿素与尿酸是对陆地环境减少失水的一种成功的适应性。

陆生动物还通过行为变化适应干旱炎热的环境，如荒漠地带的鼠类、蝉与昆虫，白天温度高而干燥时，它们待在潮湿的地洞中，夜间气温较为凉爽，它们才到地面活动觅食。在有季节性降雨的干热地区，动物会出现夏眠，如黄鼠、肺鱼，在夏眠时体温大约平均下降 5℃，代谢率也大幅度下降，从而度过干热少雨时期。昆虫的滞育也是对缺水环境的一种适应性表现。

（2）动物与湿度

动物对所栖环境的湿度（humidity）有嗜好，可通过行为选择其喜好的湿度。如鼠妇是喜湿的，在干燥环境中不停地运动，以寻找潮湿小生境。动物也可通过迁徙寻找适宜的湿度，通过夏眠和滞育躲过干旱的季节。

由于昆虫个体小，相对表面积大，水分丢失快，对空气湿度非常敏感。对喜湿的昆虫，随着相对湿度的增加，昆虫发育速度增快，生育力增高，寿命延长，死亡率下降［图 3-13(a)］。对喜旱的昆虫，有一个最适的相对湿度，在这个湿度下，昆虫的发育速度最快，生育力最高，死亡率最低，偏离最适湿度的两侧，发育速度变慢，生育力降

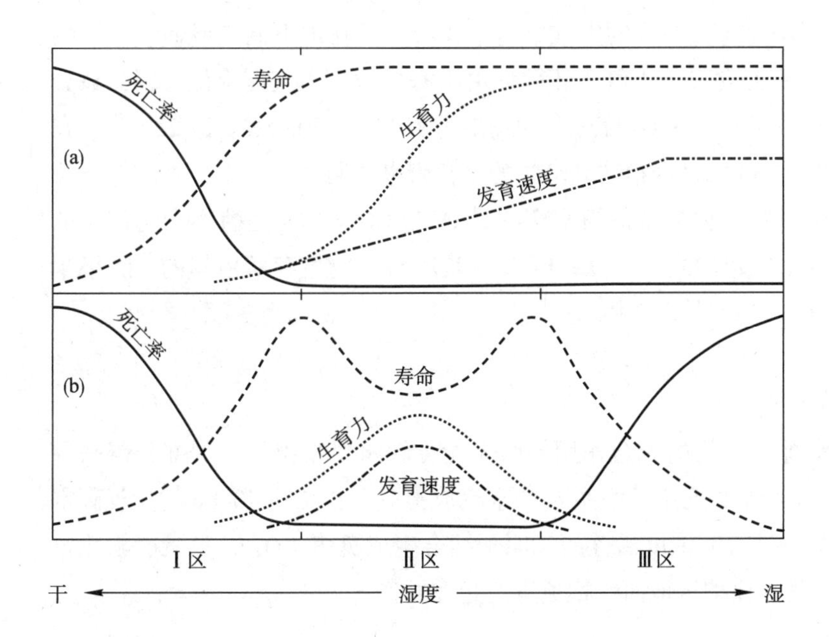

图 3-13 湿度对动物死亡率、发育速度、生育力和寿命影响的模式图（转引自孙儒泳，1987）

（a）喜湿的昆虫（b）喜旱的昆虫

低，死亡率增加。由于在最适湿度时，昆虫发育快，性成熟早，完成生活史快，故寿命也较短。稍偏离最适湿度，其寿命延长［图 3-13(b)］。例如喜旱的蝗虫，在 70% 的相对湿度下，由蛹到成虫的发育速度最快，在 37.8℃环境温度下，发育历史大约为 23 天，在此湿度下，每雌虫产卵量最高，而在此湿度下寿命也最短。相对湿度稍增加或减少，寿命会延长，但当相对湿度低于 40% 或高于 80% 时，蝗虫寿命缩短。

（3）动物与雪被

高纬度地区冬季降雪常形成稳定的积雪覆盖，这就是**雪被**（snow cover）。在雪被厚的年份，雪下生活的啮齿类越冬存活率升高，一方面雪被给它们提供温暖的筑巢场所，另一方面，为它们提供了丰富的食物（绿色植物）。雪被有良好的隔热性能。在雪厚 1 ~ 5 cm 下的土温比气温高 3 ~ 5℃，随雪被加厚，土温与气温间差异加大。因此，雪被对越冬植物有保护作用，使雪下活动的小啮齿动物如田鼠、鼩鼱易度过严酷的冬天。在食物丰富的年份，它们能在雪下繁殖后代。而雪上活动的动物则相反，过厚的雪被使动物行动不便，获食困难，往往导致鸟类和有蹄类大批死亡。

在干旱地区，雪被成了天然的蓄水库。当气温升高时，积雪融化形成灌溉系统，对植物生长起了重要作用，同时利于动物生存。

3.3 大气组成及其生态作用

大气是指从地球表面到高空 1 100 km 范围内的空气层。在大气层中，空气密度分布是不均匀的，越往高空，空气越稀薄。因而大气压随海拔高度而变化。海平面为 101.32 kPa，海拔 3 000 m 以下平均海拔每升高 300 m，大气压降低 3.33 kPa；在海拔 5 400 m 高度，气压大约降到 50.7 kPa。

大气由氮、氧、二氧化碳、氩、氦、氖、氢、氪、氙、氨、甲烷、臭氧、氧化氮及不同含量的水蒸气组成。在干燥空气中，O_2 占大气总量的 20.95%，N_2 占 78.9%，CO_2 占 0.032%。这个比例在任何海拔高度的大气中基本相似。但在地下洞穴或通气不良的环境中，空气中的 O_2 和 CO_2 含量与大气不相同。由于海拔增高大气压降低，因此氧分压也随海拔增高而降低，如海平面 O_2 分压［$p(O_2)$］为 $101.32 \times 20.95\% = 21.23$ kPa，在海拔 5 400 m 时 $p(O_2)$ 为 9.73 kPa，这给哺乳动物的生存带来威胁。

在大气组成成分中，对生物关系最为密切的是 O_2 与 CO_2。CO_2 是植物光合作用的主要原料，又是生物氧化代谢的最终产物；O_2 几乎是所有生物生存所依赖的（除极少数厌氧动物外），没有氧，动物就不能生存。

3.3.1 氧与生物

大气中的氧主要来源于植物的光合作用，由光能分解水释放出氧。少部分氧来源于大气层的光解作用，即紫外线分解大气外层的水汽放出氧。在 25 ~ 40 km 的大气高空层，紫外线促使氧分子与具有高浓度活性的氧原子结合生成臭氧（O_3），臭氧能阻止过量的紫外线到达地球表面，保护了地面生物免遭短光波的伤害。

3.3.1.1 氧与动物能量代谢（energy metabolism）

动物生存必须消耗能量，这些能量来自食物的氧化过程。由于空气密度小，黏度小，陆生动物支撑身体必须克服自身的重力，因而消耗能量比水生动物大，所需氧气量更多。例如中华鳖（*Pelodiscus sinensis*）幼鳖在陆上 28℃及 30℃下，静止代谢率分别为 134.7 及 180.0 mL $O_2\cdot kg^{-1}\cdot h^{-1}$，而在相同温度的水中，静止代谢率分别为 22.8 及 21.4 mL $O_2\cdot kg^{-1}\cdot h^{-1}$，陆生代谢是水下代谢的 5.9～8.3 倍（牛翠娟等，1998）。又如无尾两栖类的成体在陆地上生活，其单位体重的血红蛋白的量比其水中的蝌蚪高好几倍，心脏指数也大 3～4 倍。正由于空气中的氧比水中更容易获得，使陆地动物能得到足够多的氧，保证了陆生动物有高的代谢率，能进化成恒温动物。

由于陆地上氧浓度高，从海平面直到海拔 6 000 m，动物代谢率没有表现出随氧浓度而改变。但氧浓度对代谢的影响可通过极低浓度时表现出来。由于水中溶解氧少，氧成为水生动物存活的限制因子，一些鱼类耗氧量依赖于水中溶氧量而改变，如当水中 $p(O_2)$ 从 13.3 kPa 下降到 2.67 kPa 时，鲷、鲀的代谢率下降约 1/3，当水中氧浓度低于 2 kPa 时，这两种鱼就不能生存；蟾鱼从 $p(O_2)$ 为 14.7 kPa 下降到 0 时，其代谢率呈直线下降，在缺氧环境中能生存一段时间，是依赖于无氧代谢。金鱼在水中溶氧高时，耗氧量不随氧浓度变化，当水中溶氧低时，耗氧随水中氧浓度下降呈直线下降（图 3-14）。这些表明动物代谢率随环境氧浓度而改变可能是一般规律，不随氧浓度而改变的可能是一种特例。

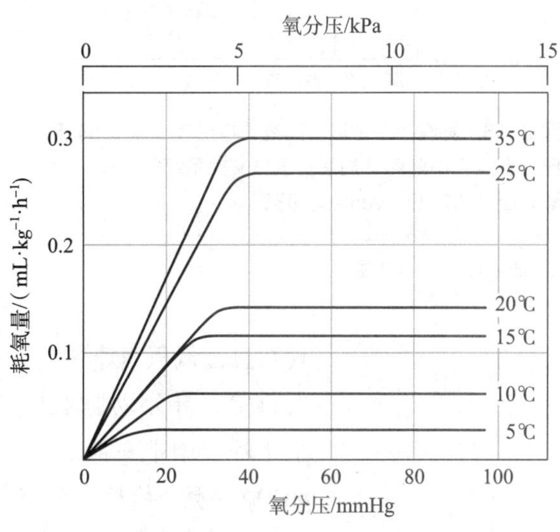

图 3-14 在低氧浓度下，金鱼的氧耗随水中氧浓度呈线性改变（引自 Schmidt-Nielsen，1997）

3.3.1.2 内温动物对高海拔的低氧适应（hypoxia adaptation）

动物体对低氧环境的适应策略，体现在一方面要解决氧的摄入和运输能力，另一方面是要提高组织和细胞对氧的充分利用能力。这就涉及呼吸、循环、神经、代谢和内分泌等各个方面。

动物红细胞中血红蛋白氧离曲线的形状和位置，表示在不同氧分压下血红蛋白对氧的亲和力，常用血氧饱和度为 50% 时的氧分压（即 p_{50}）作为血氧亲和力指标（图 3-15）。p_{50} 升高，曲线向右移，表示血红蛋白对氧的亲和力小；p_{50} 降低，曲线左移，对氧的亲和力增加。由于两栖类、爬行动物和无脊椎动物的血红蛋白在低氧环境中氧离曲线 p_{50} 降低，对氧结合的能力增加，因而高山氧分压的下降对这些外温动物的生存与分布不是重要的生态因子，而高山的湿度与食物成为限制其生存的

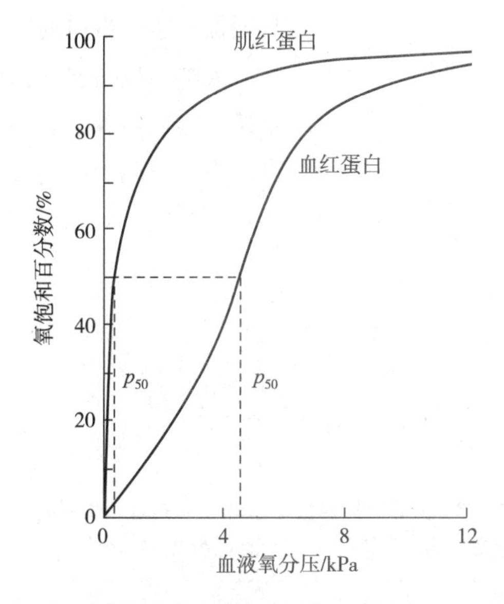

图 3-15 血红蛋白的氧离曲线，示血红蛋白的 p_{50} 比肌红蛋白的 p_{50} 大

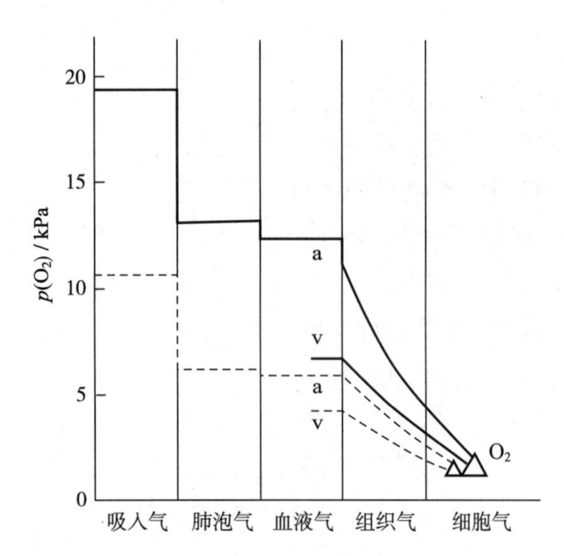

图 3-16 狗在平原地区（实线）与在 4 500 m 低压舱（虚线）中驯养 2 周后，气体交换系统各个部位的氧分压（引自 Bouverot，1985）

a：动脉血 v：静脉血

决定性的因子。但鸟兽的红细胞中含有 2,3- 二磷酸甘油酸（2,3-diphosphoglycreate，DPG），由于它的变构效应，使氧离曲线右移，p_{50} 升高，血红蛋白氧结合能力降低。随着海拔高度增加，红细胞中的 DPG 浓度增加，导致 p_{50} 升高更大，在一定海拔高度范围内，DPG 浓度随海拔增高呈线性增长。因而，低氧分压成为限制内温动物分布与生存的重要因子。

动物或人从低海拔进入高海拔后，最明显的适应性反应表现在呼吸与血液组成成分方面。图 3-16 反映了平原地区狗与在 4 500 m 驯养 2 周后气体交换系统各个部位的 $p(O_2)$ 状况。高海拔狗的气体交换系统各个部位（如从吸入气到肺泡气，从肺泡气到血液气）的氧分压差小于平原地区的狗，意味着 O_2 流动阻力比平原地区狗的要低，也表明高原上机体内 O_2 的传递能力更大，这些变化是明显的低氧适应的结果。首先是由于低氧刺激，动物产生过度通气（呼吸深度的增加），使肺泡能补充更多新鲜空气，导致气体与血液交界面上 $p(O_2)$ 升高。过度通气出现在急性低氧暴露中，并持续在长期低氧暴露中。由于过度通气，平行地增加了 CO_2 的排除，导致动脉血中 CO_2 分压［$p(CO_2)$］降低，血液偏碱，出现低碳酸血症。但由于呼吸中枢在低氧下对 CO_2 的敏感性增高，反应阈值降低，使脑中枢能在较低的 $p(CO_2)$ 刺激下维持一个较高的通气水平。在肺泡水平上，由于高海拔地区动物肺泡的通气 – 血液灌注不均匀性减少，呼气时肺泡的余气量增加，以及肺泡膜的气体弥散能力增高，有利于肺泡与循环血液间的 O_2 交换。在组织水平上，低氧刺激组织内毛细血管增生，缩短气体弥散距离，有利于给组织供氧。另外，无论是高海拔土著动物、人，或是驯化到高海拔上（3 100 ~ 5 500 m）的人、大鼠、豚鼠，其骨骼肌中的肌红蛋白浓度均增加（肌红蛋白的携氧能力远大于血红蛋白），为低氧状态下的组织提供更多氧。

人与其他哺乳动物从平原进入高海拔后，血液中的红细胞数量、血红蛋白浓度及血细胞比容将升高。图 3-17 显示，人由海拔 850 m 进入 4 540 m 高度后，这 3 项指标逐渐升高，数周后达到最大值，并维持在此高水平上。当从高海拔回到平原后，这些指标

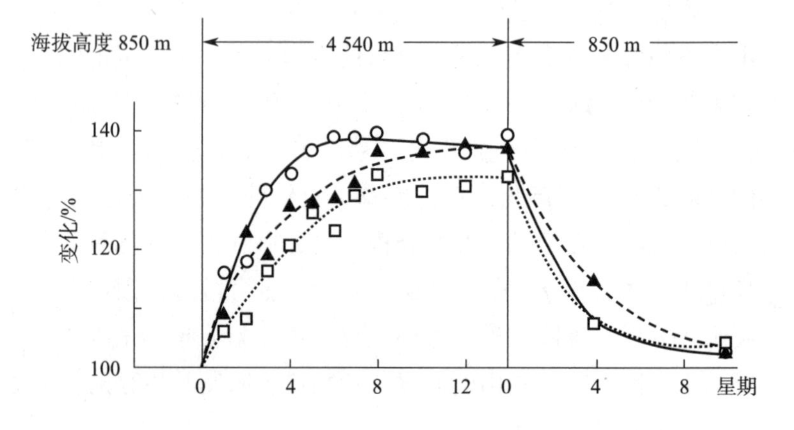

图 3-17 人暴露到海拔 4 540 m 高度数周，一些血液指标的变化过程（引自 Bouverot，1985）

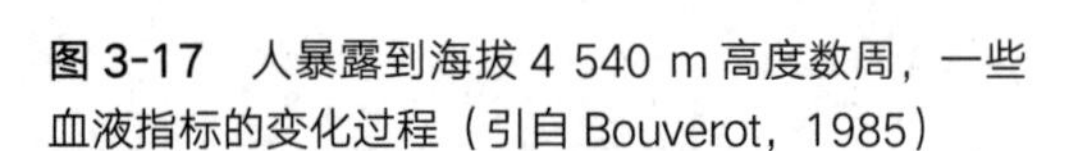

将逐渐下降，恢复到原水平。随着红细胞数量增加及血红蛋白浓度增加，血氧容量会增加，有利于动物在高原上生存。但当红细胞增加太多时，对机体也不利，因为红细胞的增多增加了血液黏度，致使血流阻力加大，导致心脏负荷增加，出现心脏肥大。急性低氧引起红细胞增多，是由于低氧刺激引起肾上腺素分泌增多，刺激储备器官脾收缩，导致红细胞的释放增加。随着持续的低氧暴露，促红细胞生成素增加，刺激骨髓造血组织，加速红细胞生成。

高山动物血象（hemogram）相同于平原动物正常值，不因海拔高度而变化。例如，生活在喜马拉雅山 5 640 m 的斑头雁（*Anser indicus*），其血细胞比容（43.9%）、红细胞数量（2.7×10^6/μL）、血红蛋白量（129 g/L）与海平面地区的斑头雁的 3 项指标（分别为 47.8%，3.0×10^6/μL，139 g/L）相近。安第斯山的高山动物，如羊驼、美洲驼和骆马，它们的血细胞比容、红细胞数量（特高，为一般动物的 2 ~ 3 倍，红细胞体积小，椭圆形）和血红蛋白的数量与低海拔地区的同类动物相似。平原哺乳动物进入高原后，血氧亲和力下降（p_{50} 升高），但高海拔动物 p_{50} 似乎低于平原动物。如玻利维亚的雁、南美鸵鸟、安第斯山的骆马与平原动物相比，血氧亲和力稍大些。美洲鹿鼠（*Peromyscus maniculatus*）从低海拔到高海拔连续分布形成对应的 10 个亚种，它们的 p_{50} 与世居的海拔高度之间有很强的负相关，即生活在海拔越高的地区，动物的 p_{50} 越低，越能适应于低氧环境。动物中血氧亲和力的这种差异主要是由遗传决定的，正如青藏高原上的动物——高原鼠兔（*Ochotona curzoniae*），在海拔 5 000 m 时，动脉血液的 p_{50} 为 12.5 kPa，高于 2 300 m 时的 p_{50} 为 9.6 kPa（杜继曾等，1982）。由于这种特性，它们才能分布在海拔 5 000 m 高原上。有关小哺乳动物适应低氧环境的分子机理，详见第 16 章 16.1.5。

3.3.1.3 植物与氧

植物与动物一样呼吸消耗氧，但植物是大气中氧的主要生产者。植物光合作用中，每呼吸 44 g CO_2，能产生 32 g O_2。白天，植物光合作用释放的氧气比呼吸作用所消耗的氧气大 20 倍。据估算，每公顷森林每日吸收 1 t CO_2，释放 0.73 t O_2；每公顷生长良好的草坪每日可吸收 0.2 t CO_2，释放 0.15 t O_2。如果成年人每人每天消耗 0.75 kg O_2，释放 0.9 kg CO_2，则城市每人需要约 10 m^2 森林或 50 m^2 草坪才能满足呼吸需要。因此植树造林是至关重要的。

3.3.2 CO_2 的生态作用

3.3.2.1 大气中 CO_2 浓度与温室效应

大气圈是 CO_2 的主要蓄库。大气中的 CO_2 来源于煤、石油等燃料的燃烧及生物呼吸和微生物的分解作用。CO_2 浓度具有日变化和年变化周期。每日午前，由于光合作用，植物顶层 CO_2 浓度达到最低值；午后随着温度升高，空气湿度降低，植物光合作用逐渐减弱，呼吸作用相应加强，空气中 CO_2 浓度增加；夜间随呼吸作用逐渐积累，CO_2 浓度达到最高值。在年周期变化中，春天因植物消耗量大，大气中 CO_2 量显著降低。

近百年来由于工业的迅速发展，大气中 CO_2 含量持续上升，至 2005 年大气中的 CO_2 含量超过 380×10^{-6}。由于大气中 CO_2 能透过太阳辐射，而不能透过地面反射的红外线，导致地面温度升高，犹如玻璃温室的热效应，称为温室效应（greenhouse effect）。Manabe 等人认为，大气中 CO_2 每增加 1%，地表平均温度升高 0.3℃。

3.3.2.2 CO_2 与植物

植物在光能作用下，同化 CO_2 与水，制造出有机物。在高产植物中，生物产量的 90% ~ 95% 是取自空气中的 CO_2，仅有 5% ~ 10% 是来自土壤。因此，CO_2 对植物生长发育具有重要作用。

各种植物利用 CO_2 的效率是不同的，C_3 植物（水稻、小麦、大豆等）在光呼吸中，线粒体呼吸作用产生的 CO_2 逸散到大气中而浪费掉，所释放的 CO_2 常达光合作用所需 CO_2 的 1/3。C_4 植物（甘蔗、玉米、高粱等）在微弱的光呼吸中，线粒体释放的 CO_2 很快被重吸收和再利用，表明 C_4 植物利用 CO_2 效率高。

空气中 CO_2 浓度是高产作物的限制因素，这是因为 CO_2 进入叶绿体内的速度慢，效率低，主要是受叶内表皮阻力和气孔阻力的影响。因此，气孔开张度是决定 CO_2 扩散速度的重要条件。

在强光照下，作物生长盛期，CO_2 不足是光合作用效率的主要限制因素，增加 CO_2 浓度能直接增加作物产量。例如，在强光照下，当空气中 CO_2 浓度从 0.03% 提高到 0.1% 左右时，小麦苗期光合作用效率可增加 1 倍多。当 CO_2 浓度低至 0.005%（即 50×10^{-6}）左右时，C_3 植物光合作用达到 CO_2 补偿点，植物的净光合作用速率等于零。因此，在温室中可增加 CO_2 浓度来提高产量。

3.4 土壤的理化性质及其对生物的影响

土壤位于陆地生态系统的底部，是一薄层由生物和气候改造的地球外壳。土壤提供了栖息地，具有营养物传递系统、再循环系统和废物处理系统。土壤是植物萌芽、支撑和腐烂的地方，又是水和营养物储存场所；是动物和微生物藏身处、排污处；是污染物质转化的重要基地。生态系统中许多重要的功能过程，就是在土壤中进行的，如分解过程和固氮作用。因此，土壤无论对植物或动物都是重要的生态因子，是人类重要的自然资源。

3.4.1 土壤的物理性质及其对生物的影响

土壤是由固体、水分和空气组成的三相复合系统。三相中，固体是不均匀的。固相中的无机部分是由一系列大小不同的无机颗粒组成，包括矿质土粒、二氧化硅、硅质黏土、金属氧化物和其他系统成分；固相中的有机部分主要包含有机物。土壤固相颗粒是土壤的物质基础，占土壤总质量的 85% 以上。土壤颗粒的组成、性质及排列形式，决定了土壤的理化性质与生物特性。

3.4.1.1 土壤质地与结构

组成土壤的各种大小颗粒按直径可分为粗砂（0.2 ~ 2.0 mm）、细砂（0.02 ~ 0.2 mm）、粉砂（0.002 ~ 0.02 mm）和黏粒（0.002 mm 以下）。这些不同大小颗粒组合的百分比，称为**土壤质地**（soil texture）。根据土壤质地，土壤可分为砂土、壤土和黏土三大类。砂土土壤颗粒较粗，土壤疏松，黏结性小，通气性能强，但蓄水性能差，易干旱，因而养料易流失，保肥性能差。壤土质地较均匀，土壤不太松，也不太黏，通气透水，是适宜农业种植的土壤。黏土土壤的颗粒组成细，质地黏重，结构致密，湿时黏，干时硬，保水保肥能力强，但透水透气性能差。土壤质地影响生物的分布与活动。如细胸金针虫多出现在黏土中，蝼蛄喜欢在湿润的含砂质较多的土壤中，沟金针虫发生在粉砂壤土和粉砂黏土中。

土壤颗粒排列形式、孔隙度及团聚体的大小和数量称为**土壤结构**（soil structure），影响了土壤中固、液、气三相比例。土壤结构可分为微团粒结构、团粒结构和比团粒结构更大的各种结构。**团粒结构**（aggregate structure）是腐殖质（humus）把矿质土粒互相黏结成 0.25～10 mm 的小团块，具有泡水不散的水稳定性特点，是土壤中最好的结构。团粒结构的土壤能统一土壤中水和空气的矛盾，因团粒内部的毛细管孔隙可保持水分，团粒之间的大孔隙可充满空气。在下雨或灌溉时，大孔隙能排出水和通气，有利于植物根系伸扎和呼吸；流入团粒内的水分被毛细管吸力所保持，有利于根系吸水。同时，团粒结构还能统一保肥和供肥的矛盾，使土壤中水、气、营养物处于协同状态，给植物的生长发育和土壤动物生存提供了良好的生活条件。无结构的和结构不良的土壤，土体坚实，通气透气性差，土壤肥力差，不利于植物根系伸扎和生长，土壤微生物和土壤动物的活动受到抑制，而这些动物在土壤形成和有机物分解中又起重要作用。

3.4.1.2 土壤水分

土壤水分（soil moisture）能直接被植物根吸收利用。土壤水分有利于矿物质养分的分解、溶解和转化，有利于土壤中有机物的分解与合成，增加了土壤养分，有利于植物吸收。此外，土壤水分能调节土壤温度，灌溉防霜冻就是此道理。

土壤水分过多或过少，对植物、土壤动物与微生物均不利。土壤水分过少时，植物受干旱威胁，并由于好气性细菌氧化过于强烈，使土壤有机质贫瘠。土壤水分过多，引起有机质的嫌气分解，产生 H_2S 及各种有机酸，对植物有毒害作用，并因根的呼吸作用和吸收作用受阻，使根系腐烂。

土壤水分影响了土壤动物的生存与分布。各种土壤动物对湿度有一定的要求，如等翅目白蚁，需要相对湿度不低于 50%，叩头虫的幼虫要求土壤空气湿度不低于 92%，当湿度不能满足时，它们在地下进行垂直移动。当土壤湿度高时，叩头虫跑到土表活动；干旱时，降到 1 m 深的土层中。因而它在春季对庄稼危害大，夏季危害小，雨季危害最大。土壤中水分过多时，可使土壤动物因缺氧而闷死。

3.4.1.3 土壤空气

土壤空气主要来自大气，但由于土壤动物、微生物和植物根系的呼吸作用和有机物的分解作用，不断消耗 O_2，产生 CO_2，再加上土壤的通气性能差，使土壤空气中的 O_2 含量和 CO_2 含量与大气有很大的差异。土壤空气的 O_2 含量一般为 10%～12%，CO_2 一般在 0.1% 左右，但这些浓度是不稳定的，随季节、昼夜和深度而变化。在积水和透气不良的情况下，土壤空气含量可降到 10% 以下，抑制植物根系呼吸，影响植物正常生理功能，动物可向土壤表层移动选择适宜的场所。

土壤中的高 CO_2，一部分以气体扩散和交换的方式不断进入地面空气层，供植物叶利用，另一部分直接为根系吸收。如果土壤中 CO_2 积累过多，达到 10%～15% 时，将会阻碍根系生长和种子发芽；若 CO_2 浓度进一步增长会阻碍根系的呼吸和吸收，甚至因呼吸窒息而死亡。

土壤中栖息着一类地下兽（fossorial mammal），它们终生在地下而不上到地面，例如鼢鼠（*Myospalax*）、鼹形鼠（*Spalax*）。它们对土壤中的低 O_2 和高 CO_2 含量产生了很好的适应性，如巴勒斯坦鼹形鼠洞穴中的 O_2 含量为 14%，CO_2 含量达 4.8%，比大气中含量高上百倍，此动物对低氧耐受力超过了至今研究过的高海拔的兽类。地下兽对低 O_2 的适应表现在血红蛋白的含量增加，血红蛋白的氧结合能力增加（p_{50} 降低），同时降低能量代谢，降低体温，以减少对氧的需求。地下兽的脑中枢对 CO_2 的敏感性降低，随着吸入气 CO_2 含量上升，呼吸通气量增加缓慢，比潜水兽和高海拔兽的增长率皆低（图 3-18）。由于通气量增加减少，大量 CO_2 在体内会导致高碳酸血症，但地下兽会通过肾调整盐离子排泄速度，以及提高血液的缓冲能力，对高 CO_2 环境产生代偿性适应。

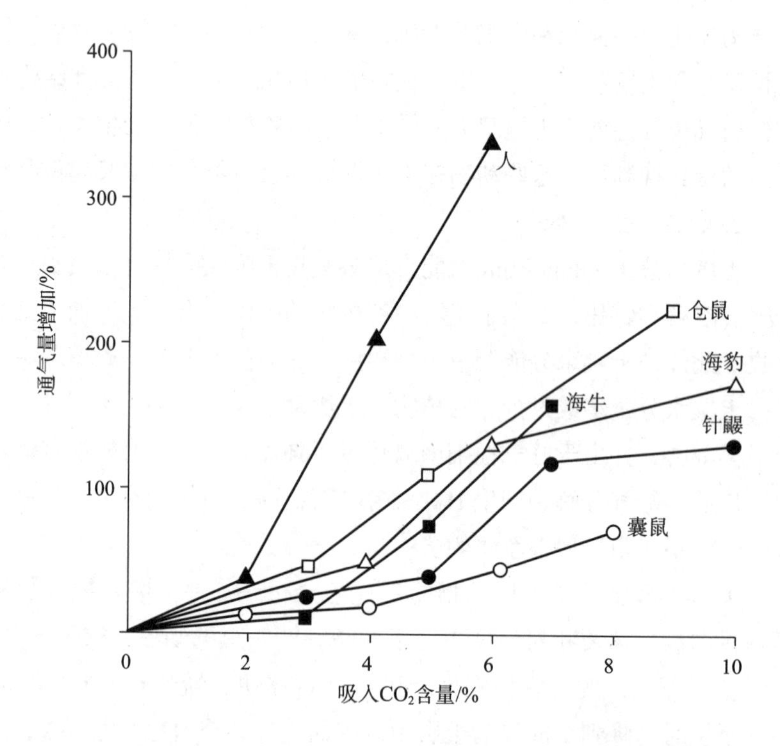

图 3-18 呼吸不同含量 CO_2 时，动物呼吸通气量的增加（引自 Bouverot，1985）

土壤通气程度影响土壤微生物的种类、数量和活动情况，进而影响植物的营养状况。通气不良，抑制土壤中好气微生物活动，减慢了有机物的分解与营养物的释放；通气过分，使有机物分解速度过快，养分释放太快，而腐殖质形成减少，不利于养分的长期供应。因而农业上要经常调节土壤通气状况，促进土壤空气与大气进行交换。

3.4.1.4 土壤温度

土壤温度（soil temperature）对植物的发育生长有密切的关系。首先，土温直接影响种子萌发和扎根出苗，如小麦和玉米发芽的最低温度分别为 12℃和 10～11℃，最适为 18℃和 24℃。同一植物在发育不同时期，对土温的要求也不相同。其次，土温影响根系的生长、呼吸和吸收性能。大多数作物在土温 10～35℃范围内，随土温增高，生长加快。这是因为土温增加，加强了根系吸收和呼吸作用，物质运输加快，细胞分裂和伸长的速度也相应加快。土温过低会影响根系的呼吸能力和吸收作用，如向日葵在土温低于 10℃时，呼吸减弱；棉花在土温 17～20℃并具丰富水的土壤中，会因根吸水减弱而萎蔫；温带植物冬季因为土温太低阻断根的代谢活动，而使根系停止生长。土温过高，也会使根系或地下储藏器官生长减弱。最后，土温影响了矿物质盐类的溶解速度、土壤气体交换、水分蒸发、土壤微生物活动以及有机质的分解，而间接影响植物的生长。

土温的变化，导致土壤动物产生行为的适应变化。大多数土壤无脊椎动物随季节变化进行垂直迁移：秋季常向土壤深层移动，春季常向土壤上层移动。而狭温性的土壤动物，在较短时间范围内也能随土温的垂直变化调整自身在土壤中的位置。

3.4.2 土壤的化学性质及其对生物的影响

土壤的化学性质决定于形成土壤的母岩的化学成分和不同地理带上土壤形成过程的特点。其中，土壤酸度是土壤很多化学性质特别是岩基状况的综合反映，对土壤的一系列肥力性质有深刻的影响。

3.4.2.1 土壤酸度

土壤酸度（soil acidity）包括酸性强度和酸度数量两方面，或称活性酸度和潜在酸度。酸性强度是指与土壤固相处于平衡的土壤溶液中的 H^+ 浓度，用 pH 表示。酸度数量是指酸的总量和缓冲性能，代表土壤所含的交换性氢、铝总量，一般用交换性酸量表示。由于土壤的酸度数量大于酸性强度，在调节土壤酸性时，应按酸度数量确定施加石灰等的用量。

土壤酸度影响矿质盐分的溶解度，从而影响植物养分的有效性。土壤酸度一般在 pH 6～7 时，养分的有效性最高（图 3-19），对植物生长最有利。在碱性土壤中，易发生 Fe、B、Cu、Mn、Zn 等的缺乏；在酸性土壤中，易产生 P、K、Ca、Mg 的缺乏；土壤酸度还通过影响微生物活动而影响养分的有效性和植物的生长。如细菌在酸性土壤中的分解作用减弱；固氮菌、根瘤菌等不能在酸性土壤中生存，使许多豆科植物的根瘤在土壤酸性增加时死亡，它们只能生长在中性土壤中。大多数维管束植物生活在土壤 pH 3.5～8.5 的范围内，但最适生长的 pH 远比此范围窄。

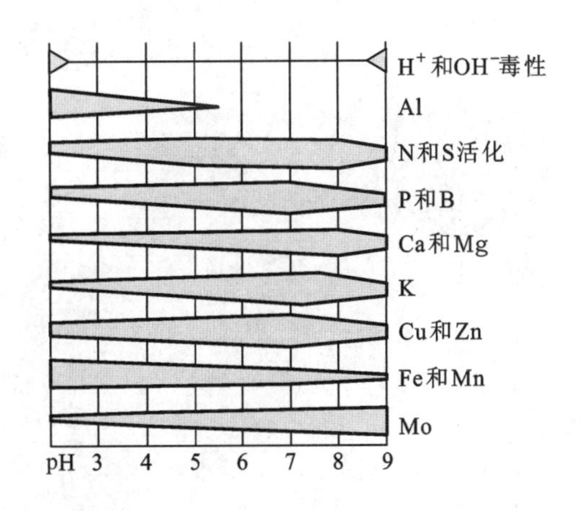

图 3-19 土壤 pH 对矿物养分的有效性影响，以带宽度表示（引自 Begon et al.，1996）

土壤酸度影响了土壤动物区系及其分布。例如，在酸性的森林灰化土和苔原沼泽中，土栖动物区系很贫乏，只有一些喜酸性的或喜弱酸性的大蚊科昆虫、金针虫、某些蚯蚓。金针虫在 pH 4.0～5.2 的土壤中数量最多。小麦吸浆虫的幼虫生活在 pH 7～11 的碱性土壤中，而不能生存在 pH 3～6 的土壤中。

3.4.2.2 土壤有机质

土壤有机质是土壤的重要组成成分，与土壤的许多属性有关，是土壤肥力的一个重要标志。土壤有机质可分成腐殖质和非腐殖质。非腐殖质是死亡动植物组织和部分分解的组织，主要是糖类和含氮化合物。腐殖质是土壤微生物分解有机质时，重新合成的具有相对稳定性的多聚体化合物，主要是胡敏酸和富里酸，占土壤有机质总量的 85% 以上。腐殖质是植物营养的重要碳源和氮源。土壤中 99% 以上的氮素是以腐殖质的形式存在的。腐殖质也为植物生长提供所需的各种矿物养料。腐殖质中的胡敏酸还是一种植物生长激素，可促进种子发芽、根系生长，增强植物代谢活动。

土壤腐殖质还是异养微生物的重要养料和能源，能活化土壤微生物。土壤微生物活动旺盛，给植物提供丰富的养料。土壤有机质的多少，又影响到土壤动物的分布与数量。在富含腐殖质的草原地带黑钙土中，土壤动物的种类和数量特别丰富，而荒漠与半荒漠地带，土壤动物种类趋于贫乏。

土壤有机质对土壤团粒结构的形成、保水、供水、通气、稳温也有重要作用，从而影响植物生长。

3.4.2.3 土壤矿质元素

地壳中有 90 多种元素，但植物生命活动所需的仅有 9 种大量元素（钾、钙、镁、硫、磷、氮、碳、氧和氢）和 7 种微量元素（铁、锰、硼、锌、铜、钼和氯）。除碳、氢、氧以外，植物所需的全部元素均来自土壤矿物质和有机质的矿物分解。在土壤中，近 98% 的养分呈束缚态，存在于矿物中或结合在有机碎屑、腐殖质或较难溶解的无机物中，构成了养分的储备源，通过风化和矿化作用，缓慢变为可利用态。溶解态的养分只占很小一部分，吸附在土壤胶体上。不同植物需要各种矿质元素的量是不同的，若浓度比例不合适将限制植物生长发育，因此可通过合理施肥改善土壤的营养状况，以达到植物增产的目的。

土壤的无机元素对动物的生长和动物的数量也有影响。例如，石灰岩区的蜗牛数量明显高于花岗岩区；生活在石灰岩区的大蜗牛（*Helix*）其壳重占体重的 35%，而生活在低钙土壤中时，其壳重仅占体重 20%。土壤钴含量低于（2 ~ 3）$\times 10^{-6}$ 时，许多反刍动物会患“虚弱症”，严重时导致死亡。含氯化钠丰富的土壤和地区，往往能吸引大量草食有蹄动物，这是因为它们必须补充大量矿质元素（图 3-20）。土壤的盐度与飞蝗的发生有一定关系：土壤盐度低于 0.5% 的地区，飞蝗常年发生，盐度在 0.7% ~ 1.2% 的地区，是飞蝗扩散和轮生的地方，盐度达 1.2% ~ 1.5% 地区，不再出现飞蝗。

图 3-20 羚牛舔食岩壁以补充矿质元素（绘图 / 黄华强）

3.4.3 土壤的生物特性

土壤的生物特性是土壤中动物、植物和微生物活动所产生的一种生物化学和生物物理学特性。从土壤发生的意义上来说，只有通过生物的活动，岩石表面的风化物才能称为土壤。

土壤中的生物种类很多。土壤微生物是土壤中重要的分解者或还原者，在土壤形成过程中起重要作用。土壤微生物主要包括细菌、放线菌、真菌、藻类和原生动物。这些微生物直接参与土壤中的物质转化，分解动植物残体，使土壤中的有机质矿质化和腐殖质化。例如，从蛋白质分解成能被植物吸收的铵盐，经过了非芽孢杆菌、真菌、氨化细菌、硝化细菌等一整套微生物的作用。此外，土壤微生物生命活动中产生的生长激素（如赤霉素）、维生素类物质（如维生素 B_1、维生素 B_6）和抗生素能促进植物生长，增强植物抗病性。某些微生物具有不同程度地抑制病毒和致病细菌、真菌的作用。土壤中某些真菌能与某些高等植物的根系形成共生根，称为菌根。植物供给菌根糖类，菌根帮助根系吸收水分和养分。总之，土壤微生物对土壤肥力起着重要作用。我国主要土类的微生物数量调查结果表明，有机质含量丰富的黑龙江地区的黑土、草甸土、西沙群岛地区的磷质灰土、某些森林土或其他植被茂盛的土壤中，微生物的数量多；而西北干旱、半干旱地区的栗钙土、棕钙土和盐碱土，以及华中、华南地区的红壤、砖红壤中，微生物数量较少。

土壤动物是最重要的土壤消费者和分解者，在土壤中有上千种动物，主要包括线虫、环虫、软体动物、节肢动物和脊椎动物。土壤动物的生命活动，影响了土壤肥力和植物的生长。土壤动物（以蚯蚓为例）在土壤中爬行、钻孔、掘土，能使土壤疏松，改善土壤空隙和通气性，同时使地表植物残体与土壤混合，加速了植物残体的腐烂。土壤动物以有机质和土壤微粒为食，其排泄物富含更多的营养物，并和有机、无机的微粒结合形成团粒，改善了土壤的结构。

总而言之，活动于土壤中的动物、扎根于土壤中的植物与众多的土壤微生物对土壤的作用，促进了成土作用，改善了土壤的物理性能，增加了土壤中的营养成分。

3.4.4 植物对土壤的适应

长期生活在不同土壤上的植物，对该种土壤产生了一定的适应特征，形成了不同的植物生态类型。根据植物对土壤酸度的反应，可以把植物划分为 3 类：酸性土植物（$pH < 6.5$）、中性土植物（pH 6.5 ~ 7.5）和碱性土植物（$pH > 7.5$）。根据植物对土壤中钙质的关系，可划分植物为钙质土植物和嫌钙植物。生活在盐碱土中的植物和风沙基质中的植物，分别归为盐碱土植物和沙生植物。

大多数植物和农作物适宜在中性土壤中生长，为中性土植物。酸性土植物只能生长在酸性或强酸性土壤中，它们不能在碱性土或钙质土上生长或生长不良，如水藓、茶树、石松等。钙质土植物生长在含有大量代换性 Ca^{2+}、Mg^{2+}，而缺乏代换性 H^+ 的钙质土或石灰性土壤上，不能生长在酸性土中。在此，我们重点介绍盐碱土植物与沙生植物的生态适应特征。

3.4.4.1 盐碱土植物

盐碱土是盐土和碱土以及各种盐化、碱化土的统称。盐土中可溶性盐含量达 1% 以上，主要是氯化钠与硫酸钠盐，土壤 pH 为中性，土壤结构未被破坏。我国内陆盐土形成是因气候干旱，地面蒸发量大，地下盐水经毛细管上升到地面。海滨盐土受海水浸渍形成。碱土主要含碳酸钠、碳酸氢钠或碳酸钾，pH 在 8.5 以上，土壤上层结构被破坏，下层常为柱状结构，通透性和耕性极差。土壤碱化是由于土壤胶体中吸附很多交换性钠而造成。我国碱土仅分布在东北、西北部分地区。

盐碱土对植物生长的危害表现在伤害了植物组织，特别是根系；由于过多盐积累引起植物代谢混乱；能引起植物生理干旱，植物易枯萎；影响植物的营养状况；使土壤的物理性质恶化，土壤结构破坏。

形态上，**盐土植物**（halic）矮小、干硬，叶子不发达，蒸腾表面缩小，气孔下陷，表皮具厚的外皮，常具灰白色绒毛。内部结构上，细胞间隙小，栅栏组织发达。有的具有肉质性叶，有特殊的贮水细胞，能使同化细胞不受高浓度盐分的伤害。生理上，盐土植物具一系列的抗盐特性。根据对过量盐类的适应特点，又可分为聚盐性植物、泌盐性植物和不透盐性植物。

聚盐性植物的原生质抗盐性特别强，能忍受6%甚至更高浓度的 NaCl 溶液。它们的细胞液浓度特别高，根部细胞的渗透压一般为 4 053 kPa，甚至可高达 7 093 ~ 10 133 kPa，所以能够吸收高浓度土壤溶液中的水分，例如盐角草、海莲子等。泌盐性植物能把根吸入的多余盐，通过茎、叶表面密布的盐腺排出来，再经风吹和雨露淋洗掉，属于这类植物的有柽柳、红砂、滨海的各种红树植物等。不透盐性植物的根细胞对盐类的透过性非常小，它们几乎不吸收或很少吸收土壤中的盐类。这类植物细胞的渗透压也很高，是由体内大量的可溶性有机物，如有机酸、糖类、氨基酸等产生的。高渗透压也提高了根从盐碱土中吸水能力，所以它们被看成是抗盐植物，蒿属、盐地紫菀、盐地凤毛菊、碱地凤毛菊等都属这一类。

3.4.4.2 沙生植物

沙生植物（psammophyte）生长在以砂粒为基质的沙区，在我国北方分布在荒漠、半荒漠、干草原和草原 4 个地带中。

沙生植物在长期自然适应过程中，形成了抗风蚀沙割、耐沙埋、抗日灼、耐干旱贫瘠等特征。当被流沙埋没时，在埋没的茎上能长出不定芽和不定根，甚至在风蚀露根时，从暴露的根系上也能长出不定芽，如绿沙竹、白刺等。它们的根系生长速度极为迅速，比地上部分生长快得多。根上具有根套，是由一层团结的砂粒形成的囊套，能保护暴露到沙面上的根免受灼热砂粒灼伤和流沙的机械伤害。

沙生植物也具有旱生植物的许多特征，如地面植被矮，主根长，侧根分布宽，以便获取水，同时起了固沙作用；植物叶片极端缩小，有的甚至退化，以减少蒸腾；有的叶具贮水细胞；有的在叶表皮下有一层没有叶绿素的细胞，积累脂质物质，能提高植物的抗热性；细胞具高渗透压，如红砂、珍珠渗透压达 5 066 kPa，梭梭可达 8 106 kPa，使根系主动吸水能力增强，提高植物的抗旱性。

有的沙生植物在特别干旱时，进入休眠，待有雨时再恢复生长。

窗口 3-1

沙生植物与沙漠化治理

我国是世界上沙漠化面积大、受风沙危害严重的国家。全国有沙漠化土地 172.12 万 km^2，占国土面积的 17.9%。土地沙化造成的地质灾害、水土流失、沙尘暴等危害严重影响着社会经济的可持续发展。利用适应沙漠区环境的乡土沙生植物固沙，是控制流沙最根本且经济有效的措施。抗风蚀沙割、耐沙埋、耐干旱贫瘠的沙生植物具有发达的深根系和侧根，且根系生长迅速，固沙作用强，可有效阻止沙漠扩张及改善沙漠土地。而且固沙植物能为沙区人畜提供燃料和饲料，恢复和改善生态环境。利用沙生植物治理沙漠通常采用以下措施：①在沙漠地区有计划地栽培沙生植物，建立人工植被或恢复天然植被，营造大型防沙阻沙林带，以阻截流沙对绿洲、交通线、城镇居民点的侵袭。一般是在沙丘迎风坡上种植低矮的灌木或草本植物，固住松散的沙粒，在背风坡的低洼地上种植高大的树木，阻止沙丘移动。②在沙漠边缘地带造防风林，以削弱沙漠地区的风力，阻止沙漠扩张。如中国科学院沙坡头沙漠研究试验站在腾格里沙漠南缘包兰铁路沿线采用草方格、“五带一体”固沙工程技术成功构建无灌溉人工固沙植被防护体系，确保了包兰铁路畅通无阻（图 C3–1）。

图 C3-1 草方格防风固沙（摄影 / 陈建伟）

思考题

1. 水生植物对水环境有何适应特点？
2. 水生动物如何适应于高盐度或低盐度的环境？
3. 陆生动物如何适应于干旱环境？
4. 动物如何适应高原低氧环境？
5. 沙生植物有哪些适应性特征？

讨论与自主实验设计

如何判断一种动物是否适应在干旱环境中生活？

数字课程学习

◎本章小结　◎重点与难点　◎自测题　◎思考题解析

藏野驴（*Equus kiang*）是典型的高原草食性野生动物，有集群习性，根据栖息地环境不同，藏野驴群几头至几百头不等（摄影 / 崔林，于西藏羌塘）

第二部分
种群生态学

种群是同一时期内一定空间中同种生物个体的集合。生命系统包含有不同的组织层次，从本部分开始，我们将在以前从未涉及过的群体水平上探讨生物与环境之间的相互关系。种群是物种存在的基本单位，是生物进化的基本单位，也是生命系统更高组织层次——生物群落的基本组成单位。在本部分，我们将探讨种群动态及其调节因素，种群的进化及物种形成，以及物种的生活史对策和种内、种间关系。

4

种群及其基本特征

关键词　种群　种群动态　种群密度　标记重捕法　内分布型
建筑学结构　初级种群参数　年龄锥体　生命表
存活曲线　内禀增长率　生殖价　种群增长模型
环境容纳量　生态入侵　种群调节理论　集合种群

4.1　种群的概念

种群（population）是在同一时期内占有一定空间的同种生物个体的集合。该定义表示种群是由同种个体组成的，占有一定的领域，是同种个体通过种内关系组成的一个统一体或系统。种群概念既可指具体的某些生物种群，如一个保护区内的熊猫种群，也可用于抽象名词如泛指所有熊猫种群。另外，种群也可指实验室内饲养或培养的一群生物，这时称为实验种群。

根据种群的定义，应该对其空间和时间划分一个界限。种群的时间界限通常是研究人员对该种群开展研究所执行的期间。有关种群的空间界限，有时非常清楚，如一个池塘中的鲤鱼或在一个岛上的蝮蛇。但是在大多数情况下，由于种群分布的空间异质性和连续性，种群分布的边界往往不明显，是生态学家根据研究目的人为划分的。因而研究种群要关注所调查区域大小的不同对研究结果所造成的影响。

种群可以由**单体生物**（unitary organism）或**构件生物**（modular organism）组成（图4–1）。在由单体生物组成的种群中，每一个体都是由一个受精卵直接发育而来，其器官、组织、各个部分的数目在整个生活周期的各阶段保持不变，形态上保持高度稳定。哺乳类、鸟类、两栖类和昆虫都是单体生物的例子。与此相对，构件生物指由一套构件组成的生物体。由构件生物组成的种群，受精卵首先发育成一结构单位，或构件，然后发育成更多的构件，形成分支结构。构件是由合子发育而来的基株之上形成的每一个与生死过程相关的可重复的结构单位，通常脱离母体可独立生长。构件发育的形式和时间是不可预测的。大多数植物、海绵、水螅和珊瑚是构件生物。高等植物通过积累构件而生长，构件通常包括叶子、芽和茎，花也是一种类型的构件。构件生物各部分之间的连接可能会死亡和腐烂，这样就形成了许多分离的个体，这些个体来自同一个受精卵并且

图 4-1 单体生物与构件生物

图中鱼类是单体生物，珊瑚由许多分支构件组成，为构件生物（摄影 / 陈建伟）

基因型相同，这样的个体被称为**无性系分株**（ramet）。

一般来说，自然种群有 3 个基本特征：① 空间特征，即种群具有一定的分布区域。② 数量特征，每单位面积（或空间）上的个体数量（即密度）是变动的。③ 遗传特征，种群具有一定的基因组成，即系一个基因库，以区别于其他物种，但基因组成同样是处于变动之中的。

种群是生态学的重要概念之一，除生态学外，进化论、遗传学、分类学和生物地理学等都使用种群这个术语。不过在进化、遗传学中 population 一词常被称作“群体”，在其他学科中有时也称“居群”或“繁群”。种群是物种存在的基本单位。在自然界中，门、纲、目、科、属等种以上分类单位都是研究者根据物种特征和在进化过程中的亲缘关系人为划分的，只有物种（species）是真实存在的。物种能否在自然界持续存在在于种群是否能不断地产生新个体以替代那些消失了的个体。物种的进化过程表现为种群基因频率从一个世代到另一个世代的变化过程。所以种群是物种在自然界中存在的基本单位，也是物种进化的基本单位。从生态学观点看，种群还是生物群落的基本组成单位，即群落是由物种的种群所组成的。

种群生态学（population ecology）研究种群的数量、分布以及种群与其栖息环境中的非生物因素及其他生物种群（如捕食者与猎物）之间的相互作用。与种群生态学有密切关系的种群遗传学研究种群的遗传过程，包括遗传变异、选择、基因流、突变和遗传漂变等。20 世纪 60 年代，很多生物学家认识到分别研究种群生态学和种群遗传学的局限性，发现种群个体数量动态和遗传特性动态有密切的关系，并力图将这两个独立的分支学科有机地整合起来，从而提出了种群生物学的概念。生态遗传学和进化生态学就是在这种思想影响下迅速发展起来的。由于两分支学科的结合，特别是近年来随着分子生物学的渗透而于 1992 年诞生的分子生态学的发展，极大地推动了人们对遗传变异的保持、物种形成、社会行为、生活史进化和协同进化等问题的研究。

4.2 种群动态

种群动态（population dynamics）研究种群数量在时间上和空间上的变动规律，即研究下列问题：① 有多少（数量和密度）？② 哪里多，哪里少（分布）？③ 怎样变动（数量变动和扩散迁移）？④ 为什么这样变动（种群调节）？

种群动态研究的基本方法有野外调查掌握资料，实验研究证实假说或进行验证，以及通过数学模型进行模拟研究并对未来动态变化做出预测。

对种群动态及影响种群数量和分布的生态因素的研究，在生物资源的合理利用、生物保护及病虫害防治等方面都有重要的应用价值。

4.2.1 种群的密度和分布

4.2.1.1 种群的大小和密度

一个**种群的大小**（population size）是一定区域内种群个体的数量，也可以是生物量或能量。种群的密度是单位面积、单位体积或单位生境中个体的数目。如潮间带每平方米岩石表面分布有 5 000 个藤壶，池塘每亩水面有 500 kg 鲤鱼，等等。不同生物种群密度变化很大，如土壤节肢动物每平方米可能有几十万只，而大型哺乳动物如鹿可能每平方千米仅有几头。在调查分析种群密度时，首先应区别单体生物和构件生物。因为个体数只能反映单体生物的种群大小，对构件生物就必须进行两个层次的数量统计，即合子产生的个体数（它与单体生物的个体数相当）和组成每个个体的构件数。对许多构件生物来说，种群的直接生态作用以构件的数量评估可能会更好。例如，一丛水稻可以从只有一根主茎到具有几个、几十个分蘖，个体的大小相差悬殊，所以在生长上计算稻丛意义不大，而计算秆数比区分主茎更有实际意义。此外，如果我们对进化个体（evolutionary individual）的数量感兴趣，就应当考虑无性系的数量。许多天然植物都是无性繁殖，个体本身就是一个无性系的"种群"，如我国南方许多地方由榕树形成的"独木林"。因此，研究植物种群动态，必须重视个体水平以下的构件组成"种群"的意义，这是植物种群与动物种群的重要区别。

4.2.1.2 种群的数量统计

研究种群动态首先要统计种群的数量。而第一步就是划分所研究种群的边界。许多生物种呈大面积连续分布，种群边界不明显，所以在实际工作中往往需要研究者根据需要自己确定种群边界。数量统计中最常用的指标是密度。在生态学文献中提到种群数量高、低，种群大小这样的名词时，如果没有指明空间单位，通常说的都是密度。密度又大体可分为绝对密度和相对密度两类。绝对密度是单位面积或空间的实有个体数，而相对密度则只是表示种群数量高低的一个相对指标。如每公顷有 10 只黄鼠是绝对密度，而每置 100 铗日捕获 10 只是相对密度，即 10% 捕获率。对于难以计数且个体数量的意义代表性不很强的构件生物如草，则常以单位面积生物量（质量）来表示其密度。

估计种群密度的方法与生物在其自然栖息地内个体数目的计数难度有关。一些植物或易于计数的动物，如树木、鹿群以及人类，可以使用**总数量调查法**（total count method)，直接计数所调查范围内生物个体的总数量。但总的来说，由于生物个体大小、形状、运动性、分布的限制性，能够全部直接计数的生物种类非常少。研究者通常运用统计学方法，通过随机取样计数种群中一小部分个体，来估测整个种群的数量。最常用的两种采样方法是**样方法**（quadrat method）和**标记重捕法**（mark-recapture method）。

样方法是在所研究种群区域范围内随机取若干大小一定的样方，计数样方中全部个体，然后将其平均数推广到整个种群来估计种群整体数量。种群密度估计是建立在样方密度基础上的，例如从 1 个 0.1 m^2 样方中甲虫的数量，可以外推出整个地区种群的数量。样方的形状限制不太大，可以是方形、长方形或圆形，但必须具有良好的代表性，并通过随机取样来保证结果可靠，同时用数理统计法来估计偏差和显著性。对一些不容易寻找或不显眼的动物，由于只能发现或捕到其中的一部分，难以计数总的数量，只能采取估计的方法如以相对密度做指标。

对不断移动位置的动物，直接计数很困难，可应用标记重捕法。在调查样地上，随机捕获一部分个体进行标记后释放，经一定期限后重捕。根据重捕取样中标记比例与样地总数中标记比例相等的假定，来估计样地中被调查动物的总数，即：

$$N : M = n : m$$

$$N = M \times n/m$$

式中：M——标记个体数

n——重捕个体数

m——重捕样中标记数

N——样地上个体总数

这种简单地通过包括一次捕获、标记，一次重捕、识别标记来估测种群大小的方法也称为 Petersen 方法或 Lincoln 方法，是由丹麦渔业学家 Petersen 在 1898 年发展运用的（图 4-2 图示了标记重捕法的原理）。应用方法非常简单。如要调查某个池塘中鱼的数量，可先随机捕获 40 条鱼打上标记，然后再将鱼放回到池塘中。几天后再次对池塘中鱼撒网捕获，假设我们这次捕获到 50 条鱼，其中 5 条是有标记的鱼，则可推算该池塘中鱼的数量为：$N = M\ (40)\ \times n\ (50)\ /m\ (5) = 400$ 条。

遗憾的是，关于随机捕捉的假设往往是不真实的，动物在被捕捉过一次后可能会变得更容易或者更难捕捉了。不合理的捕捉或标记技术也可能提高标记个体的死亡率。但现在许多设计精巧的捕捉、标记方法和统计方法已经被发展出来解决这些问题，已经可以获得一个合理的种群大小估计量。

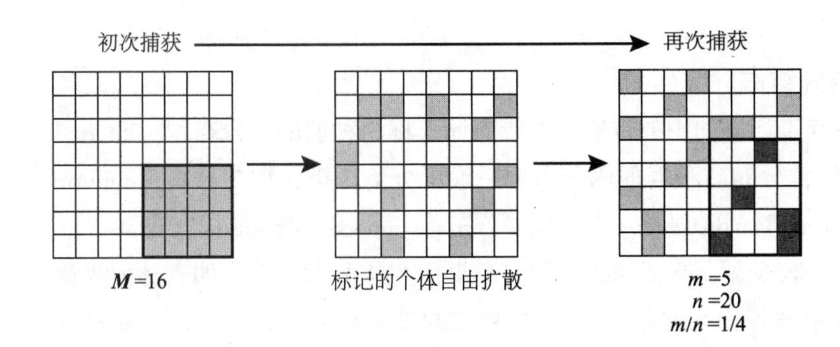

图 4-2 标记重捕法的原理

图中每个小方格代表一个个体，灰色（浅灰和深灰）代表标记个体，深灰色代表重捕样中的标记个体

窗口 4-1

鸣叫计数法判定鸟类种群数量

调查鸟类种群数量及其动态变化和影响因素，是鸟类物种保护最重要的基础研究。常规鸟类种群调查方法是样带法调查过程中记录听到的鸟叫声，估计鸟类的种群数量，往往不够精准。另一种常用的方法是给捕捉到的个体佩戴各种物理标记（脚环、翼标等），通过区分佩戴编号的标记物来区分和统计个体，但濒危鸟类往往生性隐秘、不容易捕捉和观察到，调查难度非常大，且近年来的多个研究证实，物理标记会对鸟类适合度产生影响。

基于鸟类鸣唱具有显著的个体内稳定性和个体间差异性这一特点（图 C4–1），北京师范大学郑光美院士、张雁云教授课题组在鸟类种群数量调查中发展了传统的鸣叫计数法，他们利用专业的数字录音机记录了不同强脚树莺（*Cettia fortipes*）的鸣唱，然后对所录每只个体的鸣唱参数进行测量和分析，能精准地确定每只个体独特的鸣唱特点，并首次在野外较大种群（139 只个体）中实现了基于鸣声辨别个体的实验，识别准确率达到 95% 以上（Xia et al.，2010；Xia et al.，2012）。通过鸣唱来识别鸟类，是一种非损伤、低干扰的标记方法，在濒危物种保护、生活史研究、种群数量监测等方面有着很广泛的应用前景。

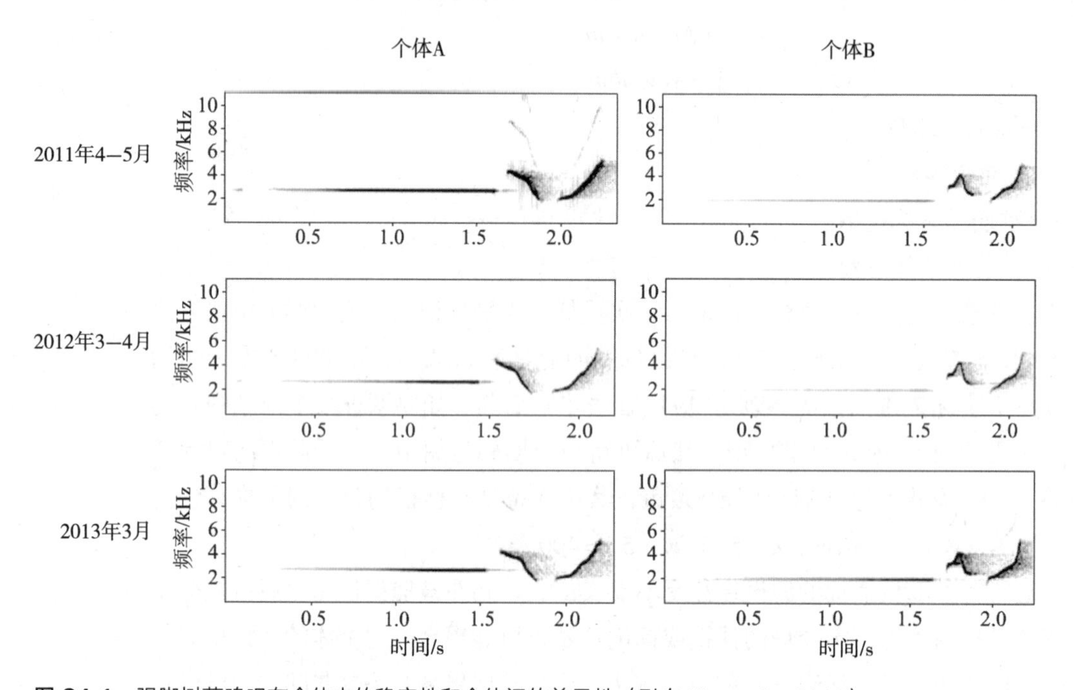

图 C4-1 强脚树莺鸣唱在个体内的稳定性和个体间的差异性（引自 Xia et al.，2010）

4.2.1.3 种群的空间结构

组成种群的个体在其生活空间中的位置状态或布局，称为种群的**内分布型**（internal distribution pattern）或简称分布。种群的内分布型一般可分为 3 类：**均匀分布**（uniform distribution）、**随机分布**（random distribution）和**成群分布**（clumped distribution）（图 4–3）。

均匀分布在自然界中较少见，形成原因主要是种群内个体间的竞争。如森林植物竞争阳光（树冠）和土壤中营养物（根际）。繁殖期鸟类的鸟巢也常常均匀分布。随机分

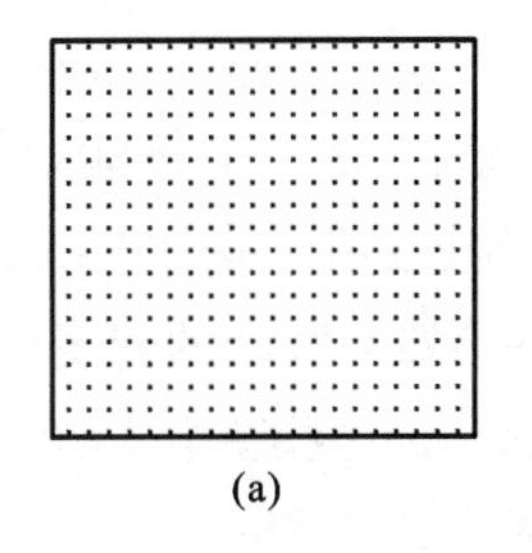
(a)

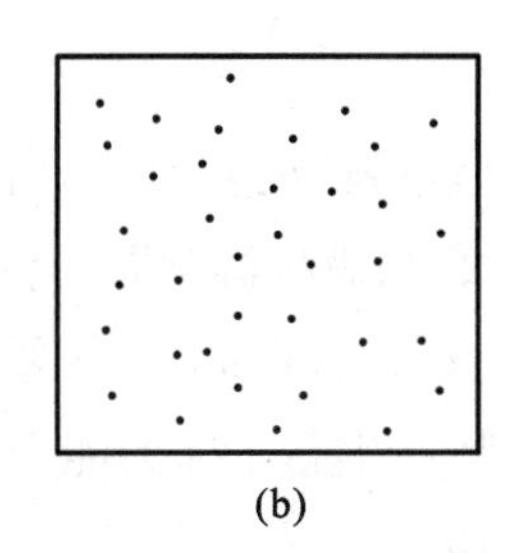
(b)

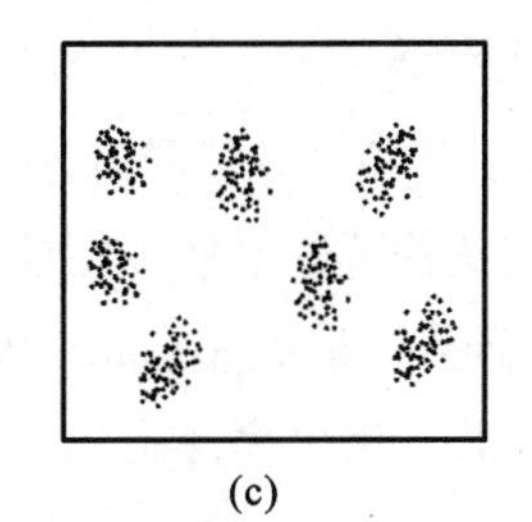
(c)

图 4-3 种群的 3 种内分布型或格局

（a）均匀分布 （b）随机分布 （c）成群分布

布指的是每一个体在种群领域中各个点上出现的机会是相等的，并且某一个体的存在不影响其他个体的分布。如面粉中黄粉虫幼虫的分布，通过实验连续多次取样，可发现其分布模式符合统计学上**泊松分布**（Poisson distribution），因而可判断其分布是随机的。这种分布模式也很少，多出现在资源分布均匀、丰富的情况下。成群分布是最常见的内分布型，其形成原因有：① 资源分布不均匀。② 植物种子传播方式以母株为扩散中心。③ 动物的集群行为。

拓展阅读
种群的分布与限制因素

最常用而简便的检验内分布型的指标是方差 / 平均数的比率，即 $S^2/\overline{m}$。把图 4-3 中的分布区分成许多小方块，进行样方取样和统计分析。如果个体是均匀分布，则各方格内个体数是相等的，标准差应该等于零，所以 $S^2/\overline{m}=0$。同样，如果小方块中个体是随机分布，则样方中个体数出现频率将符合泊松分布序列，$S^2/\overline{m}=1$。如果个体是成群分布，则样方中含很少个体数的样本，和含较多个体数的样本的出现频率将较泊松分布的期望值高，从而 $S^2/\overline{m}$ 的值明显大于 1。即：若 $S^2/\overline{m}=0$，属均匀分布；$S^2/\overline{m}=1$，属随机分布；$S^2/\overline{m}$ 明显 >1，属成群分布。其中

$$\overline{m}=\sum f(x)/n$$

$$S^2=[\sum(f(x))^2-(\sum f(x))^2/n]/(n-1)$$

式中：x——样方中某物种的个体数

f——含 x 个体样方的出现频率

n——样本总数

种群内分布型的研究是静态研究，比较适用于植物、定居或不大活动的动物，也适用于测量鼠穴、鸟巢等栖居地的空间分布。

构件生物的构件（例如地面的枝叶系统和地下根系统），其空间排列是一重要生态特征。枝叶系统的排列决定光的摄取效率，而根分支的空间分布决定水和营养物的获得。虽然枝叶系统是“搜索”光的，根系统是“逃避”干旱的，但与动物依仗活动和行为进行搜索和逃避不同，植物靠的是控制构件生长的方向。

植物重复出现的构件的空间排列，称为**建筑学结构**（architecture），它是决定植物个体与环境间相互关系和个体间相互作用的。正如一些学者指出的那样，在寻找食物、发现配偶、逃避捕食等生存竞争中，动物的行为和活动具有首要意义，而对于营固着生活的植物，执行这些功能的是构件空间排列的建筑学结构。像动物种群生态学以极大的注意力研究社会行为一样，植物种群生态学应进一步强调个体和构件的空间排列。这是植物种群生态学与动物种群生态学研究中的另一重要区别。

4.2.2 种群统计学

种群具有个体所不具备的各种群体特征。这些特征多为统计学指标，大致可分为3类。① 种群密度，它是种群的最基本特征。② 初级种群参数，包括**出生率**（natality）、**死亡率**（mortality）、**迁入**（immigration）和**迁出**（emigration），这些参数与种群的密度变化密切相关（图4–4）。出生率泛指任何生物产生新个体的能力，不论这些新个体的产生是通过分裂、出芽、卵生、胎生还是别的生产方式。**最大出生率**是理想条件（无任何生态因子的限制作用）下种群内后代个体的出生率。**实际出生率**就是一段时间内种群每个雌体实际的成功繁殖量。**特定年龄出生率**（age-specific natality）就是特定年龄组内每个雌体在单位时间内产生的后代数量。出生率的高低，与生物的性成熟速度、每次生产后代的量、每年的繁殖次数以及胚胎期、孵化期、繁殖年龄长短等有关。死亡率是在一定时间段内死亡个体的数量除以该时间段内种群的平均大小。这是一个瞬时率。同样，死亡率可分为**最低死亡率**和**生态死亡率**，前者指种群在最适环境下由于生理寿命而死亡造成的死亡率，后者是种群在特定环境下的实际死亡率。特定年龄群的**特定年龄死亡率**（age-specific mortality）是死亡个体数除以在每一时间段开始时的个体数。迁入是个体由别的种群进入领地，迁出是种群内个体离开种群的领地。③ 次级种群参数，包括**性比**（sex ratio）、**年龄结构**（age structure）和**增长率**（rate of increase）等。**种群统计学**（demography）就是种群的出生、死亡、迁移、性比、年龄结构等的统计学研究。

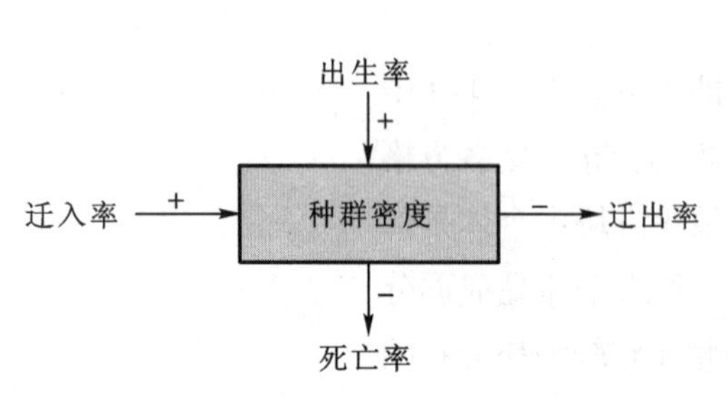

图 4-4 决定种群密度的初级种群参数及其作用

4.2.2.1 年龄、时期结构和性比

种群的年龄结构把每一年龄群个体的数量描述为一个年龄群对整个种群的比率。年龄群可以是特定分类群，如年龄或月龄，也可以是生活史期，如卵、幼虫、蛹和龄期。**年龄锥体**（age pyramid）是以不同宽度的横柱从下到上配置而成的图（图4–5），横柱从下至上的位置表示从幼年到老年的不同年龄组，宽度表示各年龄组的个体数或各年龄组在种群中所占数量的百分比。按锥体形状，年龄锥体一般有下列3种类型：① 典型金字塔形锥体［图4–5(a)］，基部宽，顶部窄，表示种群中有大量幼体，而老年个体很少，种群的出生率大于死亡率，代表增长型种群。② 钟形锥体［图4–5(b)］，锥体形状和老、中、幼个体的比例介于①型和③型种群之间，出生率和死亡率大致相平衡，年龄结构和种群大小都保持不变，代表稳定型种群。③ 壶形锥体［图4–5(c)］，锥体基部比较狭，而顶部比较宽，表示种群中幼体比例减少，而老年个体占很高比例，说明种群正处于衰老阶段，死亡率大于出生率，该类型年龄锥体代表下降型种群。

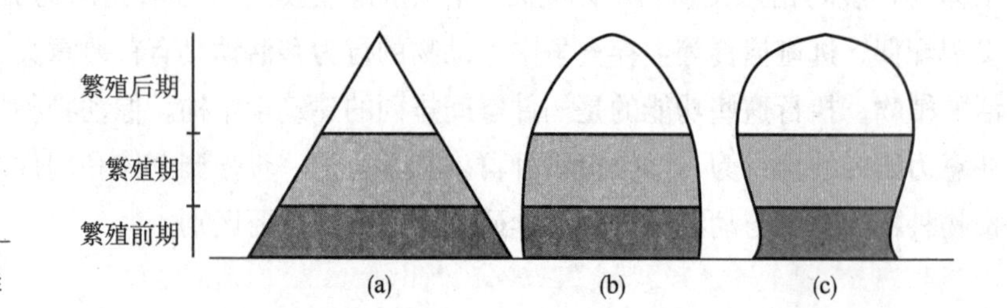

图 4-5 年龄锥体的3种基本类型

(a) 增长型种群 (b) 稳定型种群 (c) 下降型种群

种群的年龄结构对了解种群历史，分析、预测种群动态具有重要价值。图4–6为1982年河北省人口的年龄结构。由图可见，人口基本上是增长型的；0~5岁和5~10岁两个年龄组的横柱比较狭，说明1972—1982年的计划生育工作有成效；10~15岁和15~20岁年龄组横柱相当宽，说明1962—1972年计划生育的放松；35~40岁和40~45岁年龄组的减少是1937—1947年战争期间出生人口减少的结果。这表明年龄锥体可反映人口动态中各种社会和自然因素的影响。

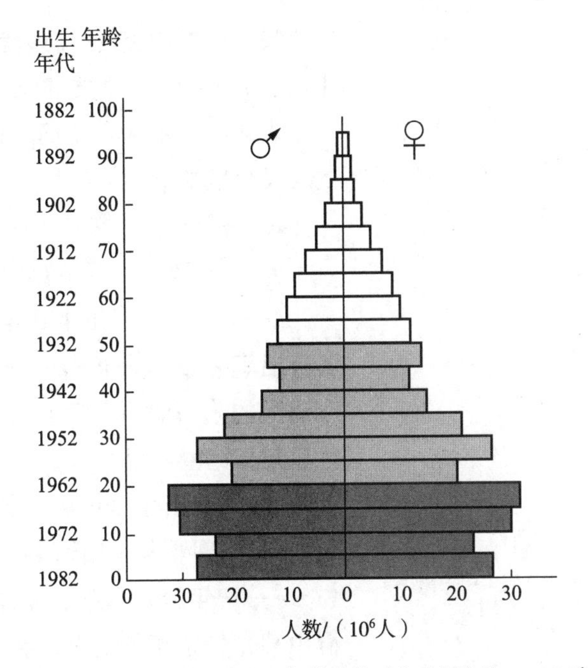

图4-6 1982年河北省人口年龄结构（仿孙儒泳等，1993）

许多生物经历离散的发育期，如昆虫幼体的龄期。利用每一时期个体的数量，即**时期结构**（stage structure），可以对种群进行有效的描述。

在许多植物种类中，年龄群结构仅能为种群提供有限的描述。因为构件生物的生长是不可预测的，与年龄没有密切关联，一些植物可能比同种同龄的其他个体长得更大。在这些情况下，**个体大小群**（size class），如质量、覆盖面积或者（树木）胸高直径（DBH），在生态学研究中可能比年龄更有效。

构件生物种群的年龄结构有个体年龄和组成个体的构件年龄两个层次。作为构件生物，植物体也有年龄结构，是由年轻的、正在生长发育和参与繁殖的部分与衰老的部分组成的。并且，叶、枝和根的活动性也随着年龄变化而变化。如施肥后，莎草（*Carex arenaria*）枝条的年龄结构会发生很大变化。尽管枝条总数量没有变化，但种群中的嫩枝占据优势，而老的枝条死亡。

性比（sex ratio）指的是种群中雌雄个体的比例。多数动物种群的性比接近1∶1。有些种群以具有生殖能力的雌性个体为主，如轮虫、枝角类等可进行孤雌生殖的动物种群。还有一种情况是雄多于雌，常见于营社会生活的昆虫种群。同一种群中性比有可能随环境条件的改变而变化，如盐生钩虾（*Gammarus salinus*）在5℃下后代中雄性为雌性的5倍，而在23℃下后代中雌性为雄性的13倍。另外，有些动物有性转变的特点，如黄鳝，幼年都是雌性，繁殖后多数转为雄性。在自然生物种群中，性比随着年龄会发生一定程度的变化。如大部分哺乳动物的种群（包括人类），在出生时的性比雄性会多一些，而到老年则雌性多一些。

4.2.2.2 生命表、存活曲线和种群增长率

（1）生命表

死亡是决定种群数量动态变化的关键因素之一。我们可以用**生命表**（life table）这种有用的工具来描述种群的死亡过程。有关死亡率的信息是通过调查不同生活时期死亡个体的数目而获得的，这些数据通过生命表来呈现和分析。**动态生命表**总结的是一组大约同时出生的个体从出生到死亡的命运，这样的一组个体称作**同生群**（cohort），这样的研究叫作**同生群分析**（cohort analysis）。还有一类生命表是根据某一特定时间对种群做

一年龄结构的调查资料而编制的，称作**静态生命表**。静态生命表一般用于难以获得动态生命表数据的情况下的补充。

表 4–1 所示为一个简单的藤壶（*Balanus glandula*）的动态生命表。表中各个参数的含义分别如下：

x——年龄，为年龄（或月龄、时期）的分段

n_x——年龄为 x 期开始时的存活个体数

l_x——种群中从出生到年龄成长到 x 期开始时存活个体所占的比率，也称为**特定年龄存活率**（age-specific survival rate）。特定年龄存活率已经被标准化为一个比值，例如刚出生的第一期的 l_x 为 1（没有死亡率发生），以后的 l_x 值是该期存活个体数与后代出生数量的比值，即 $l_x = n_x/n_0$。这使得不同时间、不同个体数目的研究结果可以进行比较

d_x——种群中个体从 x 期到 $x+1$ 期的死亡数，$d_x = n_x - n_{x+1}$

q_x——种群从 x 期到 $x+1$ 期的死亡率，$q_x = d_x/n_x$

e_x——年龄 x 期开始时的**生命期望**（life expectancy）或平均余年。生命期望就是种群中某一特定年龄的个体在未来所能存活的平均年数。T_x 和 L_x 栏一般可不列入表中，此处列入是为了计算 e_x 方便。L_x 为从 x 期到 $x+1$ 期的平均存活数，即 $L_x = (n_x + n_{x+1})/2$。T_x 则是进入 x 龄期的全部个体在进入 x 期以后的存活个体的总年数，即 $T_x = \sum L_x$。如 $T_0 = L_0 + L_1 + L_2 + L_3 + \cdots$，$T_1 = L_1 + L_2 + L_3 + \cdots$。$e_x = T_x/n_x$，$e_0$ 为种群的平均寿命。

表 4-1 藤壶的生命表（仿 Krebs，1978）

年龄 x	存活数 n_x	存活率 l_x	死亡数 d_x	死亡率 q_x	L_x	T_x	生命期望 e_x
0	142.0	1.000	80.0	0.563	102	224	1.58
1	62.0	0.437	28.0	0.452	48	122	1.97
2	34.0	0.239	14.0	0.412	27	74	2.18
3	20.0	0.141	4.5	0.225	17.75	47	2.35
4	15.5	0.109	4.5	0.290	13.25	29.25	1.89
5	11.0	0.077	4.5	0.409	8.75	16	1.45
6	6.5	0.046	4.5	0.692	4.25	7.25	1.12
7	2.0	0.014	0	0.000	2	3	1.50
8	2.0	0.014	2.0	1.000	1	1	0.50
9	0	0	—	—	0	0	—

注：$l_x = n_x/n_0$，$d_x = n_x - n_{x+1}$，$q_x = d_x/n_x$，$e_x = T_x/n_x$。

表中 l_x 这一栏是最重要的，描述了种群在各年龄段的存活率。另一重要的栏目是 q_x 栏，描述了种群死亡率随年龄而变化的过程。e_x 栏主要用于人类生命表，对保险业制定不同年龄人群的保险政策有实用价值。

编制生命表首先要将所研究的生物按年龄分段，根据生物寿命不同，一般人类、树木等可以按 5 ~ 10 年分段，鹿、羊、鸟等按 1 年分段，1 年生生物按月分段。生命表

中几个栏目的数据可根据上面公式相互推算，最常用到的是 n_x 栏。

有的生命表中除 l_x 栏外，还增加了 m_x（或 b_x）栏，用来描述种群中各年龄出生率，它指的是同生群平均每存活个体在该年龄期内所产后代数，这样的生命表称为**综合生命表**。表 4-2 所示为褐色雏蝗（*Chorthippus brunneus*）的综合生命表。卵孵化后形成一龄幼虫，然后经历一系列的龄期，在仲夏，四龄期幼虫会蜕变成成虫，到 11 月中旬，所有成体死亡，并在土壤中留下卵。n_x 与 l_x 的含义同表 4-1。d_x 是该时期内死亡的个体数占开始总卵数的比值，即一个阶段 l_x 与相邻下一个阶段 l_{x+1} 之间的差值。q_x 的值为 d_x/l_x，表示每一时期死亡个体的比率即特定年龄死亡率，同时也表示每个体死亡的可能性。q_x 值可以非常好地表明每一期死亡率的强度，但由于 q_x 值是分母不同的比率数据，因此不能将其在表的下方相加得到总的幼虫死亡率。k 值就能解决这个问题。k 值是一个时期个体数目的对数减去下一个时期个体数目的对数。因为两个对数相加相当于两个非对数数据相乘，通过将存活个体数转化为对数，并计算 k 值，我们就能将所有数值加在一起，得到总的死亡率效应（k_{total}），并且知道其在生活史各期中是如何分布的。一个生活史时期的 k 值被认为是其**致死力**（killing power）。因此，该表中雏蝗蛹期的致死力为 $0.15+0.12+0.12+0.05=0.44$，而卵期的致死力为 1.09（即卵期是造成总死亡率的主要期）。F_x 为每一时期生产的卵数，m_x 为每一期每一存活个体生产的卵数。将存活率 l_x 与生殖率 m_x 相乘，并累加起来，即得**净增殖率**（net reproductive rate）R_0（$R_0=\sum l_xm_x$），同时，R_0 还代表**种群世代净增殖率**，即同生群末每一存活个体所生产的后代总数。在一年生生物中（没有重叠世代），R_0 表示种群在整个生命表时期中增长或下降的程度。$R_0>1$，种群增长；$R_0=1$，种群稳定；$R_0<1$，种群下降。在表 4-2 中 R_0 值为 0.51，这表明此蝗虫种群已经下降。如果这种情况持续下去，蝗虫种群将迅速变小。然而，R_0 值每年都不断变化，一年的数值不能用来做长期的预测。

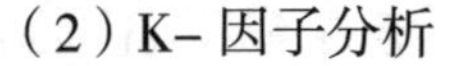
（2）K- 因子分析

根据观察连续几年的生命表系列，我们就能看出在哪一时期，死亡率对种群大小的影响最大，从而可判断哪一个**关键因子**（key factor）对死亡率 k_{total} 的影响最大，这一技

表 4-2 褐色雏蝗的综合生命表（仿 Richards and Waloff，1954）

期（x）	每期开始数量（n_x）	原同生群存活到每期开始的比率（l_x）	原同生群在每一期中死亡的比率（d_x）	死亡率（q_x）	$\lg n_x$	$\lg l_x$	$\lg n_x-\lg n_{x+1}=k_x$	每一期生产的卵数（F_x）	每一期每一存活个体生产的卵数（m_x）	每一期原来个体生产的卵数（l_xm_x）
卵（0）	44 000	1.000	0.920	0.92	4.64	0.00	1.09	—	—	—
幼龄Ⅰ（1）	3 513	0.080	0.023	0.29	3.55	−1.10	0.15	—	—	—
幼龄Ⅱ（2）	2 529	0.057	0.013	0.23	3.40	−1.24	0.12	—	—	—
幼龄Ⅲ（3）	1 922	0.044	0.011	0.25	3.28	−1.36	0.12	—	—	—
幼龄Ⅳ（4）	1 461	0.033	0.003	0.09	3.16	−1.48	0.05	—	—	—
成虫（5）	1 300	0.030	—	—	3.11	−1.52	—	22 617	17	0.51

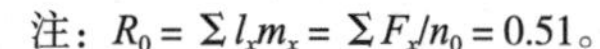
注：$R_0=\sum l_xm_x=\sum F_x/n_0=0.51$。

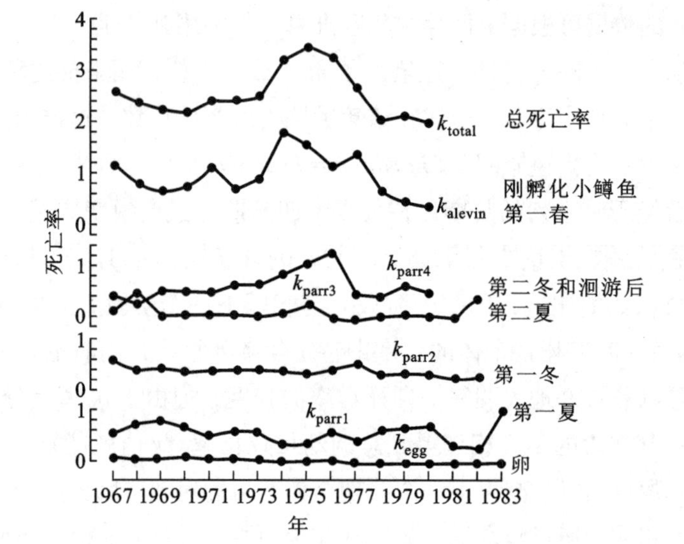

图 4-7 鳟鱼生活周期的 *k* 值（仿 Mackenzie et al.，1998）

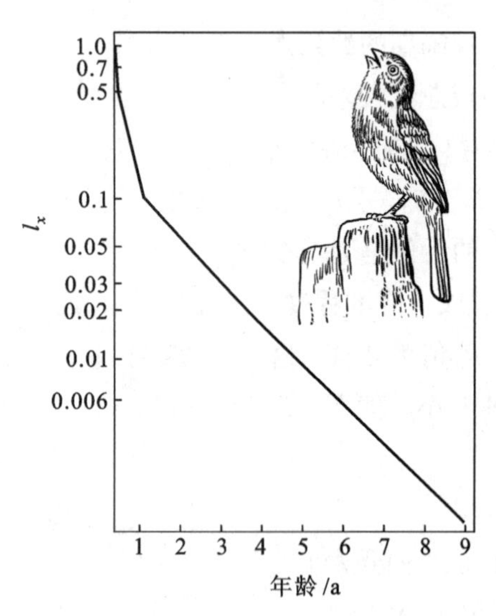

图 4-8 鸣雀（*Melospiza melodia*）的存活曲线（仿 Smith，2002）

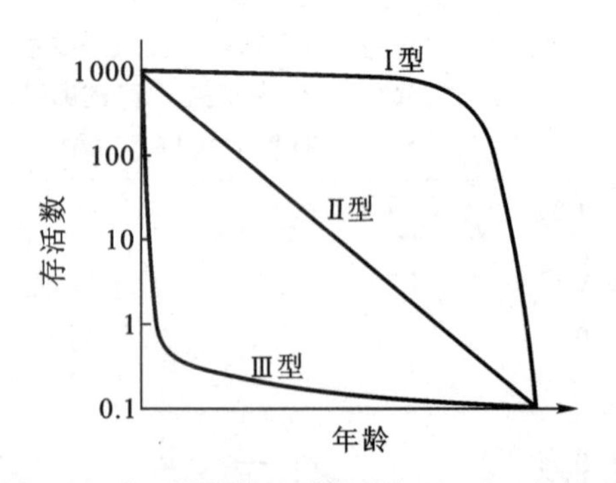

图 4-9 存活曲线的 3 种基本类型，表示初始大小为 1 000 个体的种群从出生到最大存活年龄存活个体数目的变化（仿 Krebs，1985）

术称为关键因子分析（K-factor analysis）。

图 4-7 是英国 Distrit 湖中鳟鱼（*Salmo trutta*）最初三年的数量变化。生命表是每年一次共 17 年数据的积累，并获得了生活史 6 个期中每一期的死亡率。卵孵化出小鳟鱼，小鳟鱼在发育成幼鱼之前靠卵黄囊存活数周。本图表明，小鳟鱼期的致死因子（killing factor）与总死亡率（k_{total}）之间关系十分密切。据此可得出结论，小鳟鱼阶段死亡率（k_{alevin}）的变化会引起总死亡率和种群大小的波动。

（3）存活曲线

存活率数据通常可用图表示为**存活曲线**（survivorship curve）。以 n_x 栏（或 l_x 栏）采用对数标尺对 x 栏作图即可获得如图 4-8 的存活曲线。

存活曲线直观地表达了同生群的存活过程。为了方便不同动物的比较，横轴的年龄可以各年龄期占总存活年限的百分数来表示。

一般可将存活曲线分为如下 3 种基本类型（图 4-9）：

Ⅰ型：曲线凸型，表示幼体存活率高，而老年个体死亡率高，在接近生理寿命前只有少数个体死亡。如大型哺乳动物和人的存活曲线。

Ⅱ型：曲线呈对角线型，表示在整个生活期中，有一个较稳定的死亡率。如一些鸟类中出现的模式。图 4-8 所示的存活曲线就是一个较为典型的鸟类存活曲线。在出生后很短的一段时间内，幼体死亡率很高，呈现Ⅲ型模式，但 1 年后死亡率趋于稳定，为Ⅱ型模式。

Ⅲ型：曲线凹型，表示幼体死亡率很高，如产卵鱼类、贝类和松树的存活模式。

实际生活的大部分生物种群的存活曲线不是典型的存活曲线，但可表现出接近某种类型或中间型。大多数野生动物种群的存活曲线类型在Ⅱ型和Ⅲ型之间变化，而大多数植物种群的存活曲线则接近Ⅲ型。伊藤（1980）在其《比较生态学》一书中认为随着动物进化从海洋进入陆地的过程，动物的产仔数量也按上述顺序减少，促使存活曲线由Ⅲ型向Ⅱ型和Ⅰ型进化。

（4）种群增长率 r 和内禀增长率 r_m

种群的实际增长率称为自然增长率，用 r 来表示。自然增长率可由出生率和死亡率相减来计算出。世代的净增殖率 R_0 虽是很有用的参数，但由于各种生物的平均世代时间并不相等，进行种间比较时 R_0 的可比性并不强，而种群增长率 r 则显得更有应用价值。r 可按下式计算：

$$r = \ln R_0 / T$$

式中：T——世代时间（generation time），它是指种群中子代从母体出生到子代再产子的平均时间。用生命表资料可估计出世代时间的近似值，即 $T = (\sum x l_x m_x) / (\sum l_x m_x)$

在长期观察某种群动态时，r 值的变化是很有用的指标。但是，由于自然界的环境条件处于经常的变化之中，导致我们所观测的种群实际增长率也是不断变化的。为了进行比较，人们经常在实验室不受限制的条件下观察种群的内禀增长率（intrinsic rate of increase）r_m。按 Andrewartha 的定义，r_m 是具有稳定年龄结构的种群，在食物不受限制、同种其他个体的密度维持在最适水平，环境中没有天敌，并在某一特定的温度、湿度、光照和食物等的环境条件组配下，种群的最大瞬时增长率。因为实验条件并不一定是“最理想的”，所以由实验测定的 r_m 值不会是固定不变的。如表 4-3 所示，马蕊等（2004）在 20℃，其他水质条件适宜的情况下观测了不同食物浓度对方形臂尾轮虫（*Brachionus quadridentatus*）种群内禀增长率的影响，发现在食物浓度为 2.0×10^6 cell/mL 下轮虫种群增长率趋于最大，从而为水产养殖中轮虫培养提供了较适宜的培养用食物浓度的信息。

表 4-3 不同食物浓度下方形臂尾轮虫种群的内禀增长率

	食物浓度 / （cell · mL^{-1}）						
	0.1×10^6	0.5×10^6	1.0×10^6	2.0×10^6	4.0×10^6	8.0×10^6	12×10^6
净生殖率（R_0）	5.12	12.10	12.69	16.54	16.22	16.23	13.58
世代时间（T）	101.91	105.54	90.25	84.62	85.17	85.16	96.00
内禀增长率（r_m）	0.016 0	0.023 6	0.028 2	0.033 2	0.032 7	0.032 7	0.027 2

从 $r = \ln R_0/T$ 式来看，r 随 R_0 增大而变大，随 T 增大而变小。据此式，控制种群数量有两条途径：① 降低 R_0 值，即降低世代净增殖率；② 增大 T 值，可以通过推迟首次生殖时间来达到。

（5）生殖价（reproductive value）V_x

利用综合生命表除了可以计算世代净增殖率 R_0 和种群增长率 r，还可以计算出另一个有用的参数 V_x，称为生殖价，用来描述某一年龄的雌体平均能对未来种群增长所做的贡献。计算公式如下：

$$V_x = \sum_{t=x}^{w} \frac{l_t}{l_x} m_x$$

式中：V_x——x 龄雌体的生殖价

x——估计生殖价时雌体的年龄

t——x 龄以后的年龄

w——最后一次生殖的年龄

根据该定义，雌体在年龄为 0 时的生殖价即等同于世代净增殖率 R_0。而雌体在年龄为 x 时的生殖价可分为现在的出生率与未来期望的出生率两部分，现在的出生率可直接用 m_x 表示，未来期望的出生率是以后各龄的存活率与出生率乘积的综合，即：

$$V_x = m_x + \sum_{t=x+1}^{w} \frac{l_t}{l_x} m_t$$

生殖价是衡量种群内个体繁殖力和存活力的一个综合指标，因而对生活史性状的进化非常重要。自然选择对具有高生殖价的年龄组作用更强。如果捕食者选择捕猎具有高生殖价的个体，则会对猎物种群数量产生更大的影响。

4.2.3 种群的增长模型

数学模型是用来描述现实系统或其性质的一个抽象的、简化的数学结构。人们用数学模型来揭示系统的内在机制和对系统行为进行预测。种群动态模型研究是理论生态学的主要研究内容，对种群生态学做出了重要贡献。在模型研究中，人们最感兴趣的不是特定公式的数学细节，而是模型的结构：哪些因素决定种群的大小？哪些参数决定种群对自然和人为干扰的反应速度等？

4.2.3.1 与密度无关的种群增长模型

难点讲解
种群增长模型

一个以内禀增长率增长的种群，其种群数目将以指数方式增加。只有在种群不受资源限制的情况下，这种现象才会发生。尽管种群数量增长很快，但种群增长率不变，不受种群自身密度变化的影响。这类指数生长称为**非密度制约种群增长**（density-independent growth）或种群的无限增长。与密度无关的种群增长又可分为两类。如果种群各个世代不相重叠，如许多一年生植物和昆虫，其种群增长是不连续的，称为离散增长，一般用差分方程描述；如果种群的各个世代彼此重叠，如人和多数兽类，其种群增长是连续的，可用微分方程描述。

（1）与密度无关的种群离散增长模型

最简单的种群离散增长模型由下式表示：

$$N_{t+1} = \lambda N_t$$

式中：N_t——t 世代种群大小

N_{t+1}——$t+1$ 世代种群大小

λ——种群的周限增长率

在该模型所设定的条件下，λ 实际上与种群经过一个世代后的净生殖率 R_0 等同。

如果种群以 λ 速率年复一年地增长，即：

$$N_1=\lambda N_0;\ N_2=\lambda N_1=\lambda^2N_0;\ N_3=\lambda N_2=\lambda^3N_0;\cdots;\ N_t=N_0\lambda^t$$

将方程式 $N_t=N_0\lambda^t$ 两侧取对数，即得：

$$\lg N_t=\lg N_0+t\lg\lambda$$

这是直线方程 $y=a+bx$ 的形式。因此，以 $\lg N_t$ 对 t 作图，就能得到一条直线，其中 $\lg N_0$ 是截距，$\lg\lambda$ 是斜率。

周限增长率 λ 是种群离散增长模型中的重要参数，$\lambda=N_{t+1}/N_t>1$，种群上升；$\lambda=1$，种群稳定；$0<\lambda<1$，种群下降；$\lambda=0$，雌体没有繁殖，种群在下一代灭亡。

（2）与密度无关的种群连续增长模型

大多数种群的繁殖都要延续一段时间并且有世代重叠，就是说在任何时候，种群中都存在不同年龄的个体。这种情况要以一个连续型种群模型来描述，涉及微分方程。假定在很短的时间 dt 内种群的瞬时出生率为 b，死亡率为 d，种群大小为 N，则在无限环境中种群的瞬时增长率 $r=b-d$，它与种群密度无关。即：

$$dN/dt=(b-d)N=rN$$

其积分式为：

$$N_t=N_0e^{rt}$$

例如，初始种群 $N_0=100$，r 为 0.5，则一年后的种群数量为 $100\ e^{0.5}=165$，二年后为 $100\ e^{1.0}=272$，三年后为 $100\ e^{1.5}=448$。

以种群大小 N_t 对时间 t 作图，得到种群的增长曲线，显然曲线呈“J”形，但如以 $\lg N_t$ 对 t 作图，则变为直线（图 4–10）。

r 是一种**瞬时增长率**（instantaneous rate of increase），$r>0$，种群上升；$r=0$，种群稳定；$r<0$，种群下降。

我们可以根据上述指数增长模型来估测非密度制约性种群的数量加倍时间。根据 $N_t=N_0e^{rt}$，当种群数量加倍时，$N_t=2N_0$，因而：

$$e^{rt}=2\ \text{或}\ \ln2=rt,\ t=0.693\ 15/r$$

即种群数量翻一番所需要的时间长度为 $0.693\ 15/r$。

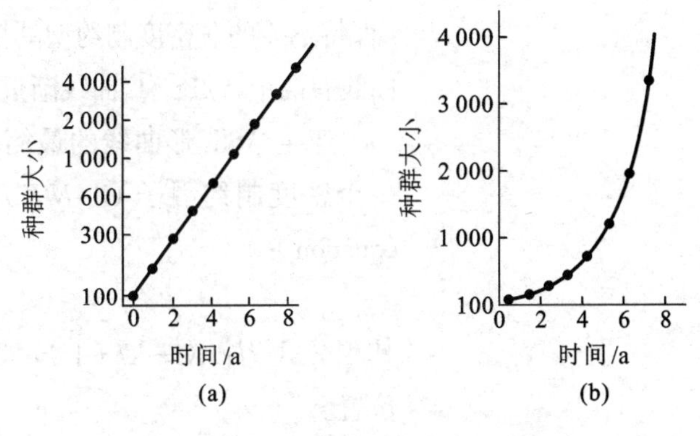

图 4-10 与密度无关的种群连续增长曲线（仿 Krebs，1978）

（a）对数标尺 （b）算数标尺

$N_0=100$，$r=0.5$

4.2.3.2 与密度有关的种群增长模型

因为环境是有限的，生物本身也是有限的，所以大多数种群的“J”形生长都是暂时的，一般仅发生在早期阶段，密度很低，资源丰富的情况下。而随着密度增大，资源缺乏，代谢产物积累等，环境压力势必会影响到种群的增长率 r，使 r 值降低。图 4–11 所示为用不同方式培养酵母细胞时酵母实验种群的增长曲线。每 3 h 换一次培养基代表种群增长所需营养物资源基本不受限制时的状况，显然此时的种群增长曲线为呈“J”形的指数增长。随更换培养液的时间延长，种群增长逐渐受到资源限制，增长曲线也渐渐由“J”形变为“S”形，这就是下面我们要介绍的种群在有限环境下的增长曲线。

受自身密度影响的种群增长称为**密度制约种群增长**（density-dependent growth）或种群的有限增长。种群的有限增长同样分为离散的和连续的两类。下面介绍常见的连续增长模型。

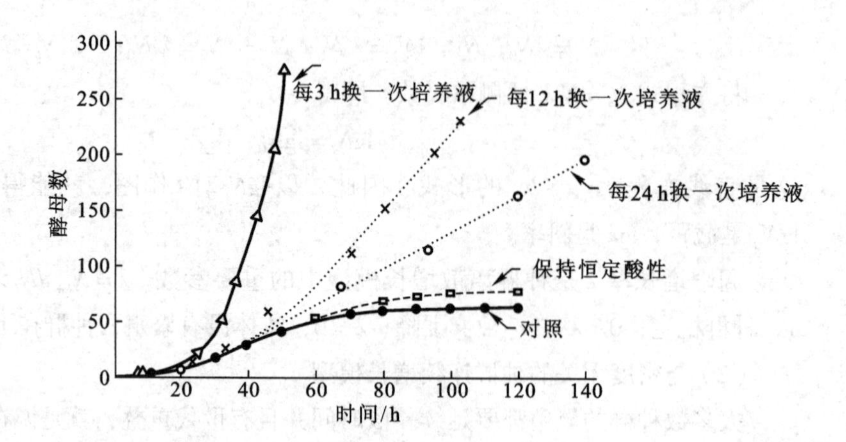

图 4-11 酵母（*Saccharomyces cerevisiae*）种群的增长曲线（仿 Kormondy，1996）

与密度有关的种群连续增长模型，比与密度无关的种群连续增长模型增加了两点假设：① 有一个**环境容纳量**（carrying capacity）（通常以 K 表示），当 $N_t=K$ 时，种群为零增长，即 $dN/dt=0$。② 增长率随密度上升而降低的变化是按比例的。最简单的是每增加一个个体，就产生 $1/K$ 的抑制影响。换句话说，假设某一空间仅能容纳 K 个个体，每一个体利用了 $1/K$ 的空间，N 个体利用了 N/K 空间，而可供种群继续增长的"剩余空间"，就只有（$1-N/K$）了。按此两点假设，密度制约导致 r 随着密度增加而降低，这与 r 保持不变的非密度制约型的情况相反，种群增长不再是"J"形，而是"S"形。"S"形曲线有两个特点：① 曲线渐近于 K 值，即平衡密度。② 曲线上升是平滑的（图 4-12）。

产生"S"形曲线的最简单的数学模型可以解释并描述为上述指数增长方程乘上一个密度制约因子（$1-N/K$），就得到生态学发展史上著名的**逻辑斯谛方程**（logistic equation）：

$$dN/dt=rN\,(1-N/K)$$

其积分式为：$N_t=K/(1+e^{a-rt})$，式中参数 a 的值取决于 N_0，表示曲线对原点的相对位置。

在种群增长早期阶段，种群大小 N 很小，N/K 值也很小，因此 $1-N/K$ 接近于 1，所以抑制效应可以忽略不计，种群增长实质上为 rN，呈几何增长。然而，当 N 变大时，

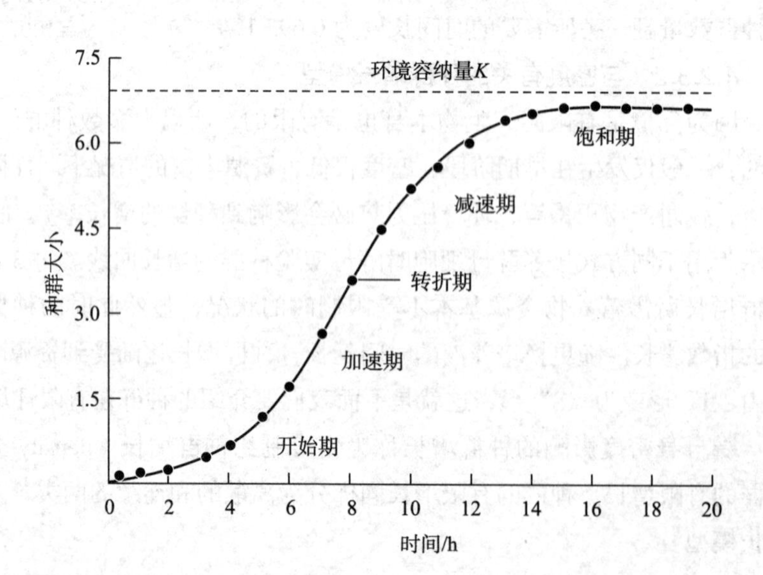

图 4-12 种群在有限环境下的连续增长模型图（仿 Kendeigh，1974）

抑制效应增加，直到当 $N = K$ 时，$(1 - N/K)$ 变成了 $(1 - K/K)$，等于 0，这时种群的增长为零，种群达到了一个稳定的大小不变的平衡状态。

逻辑斯谛曲线常划分为 5 个时期：① 开始期，也可称潜伏期，种群个体数很少，密度增长缓慢。② 加速期，随个体数增加，密度增长逐渐加快。③ 转折期，当个体数达到饱和密度一半（即 $K/2$）时，密度增长最快。④ 减速期，个体数超过 $K/2$ 以后，密度增长逐渐变慢。⑤ 饱和期，种群个体数达到 K 值而饱和（图 4-12）。

图 4-13 所示曲线为绵羊种群和草履虫种群增长的实际例子，曲线基本呈"S"形，且表明当环境发生波动时，种群数量也会发生波动。请注意两种群都有稍微超过种群密度平衡值的时期，这主要是因为密度对 r 的作用有一个时滞，在简单的逻辑斯谛方程中，这一点没有加以考虑。

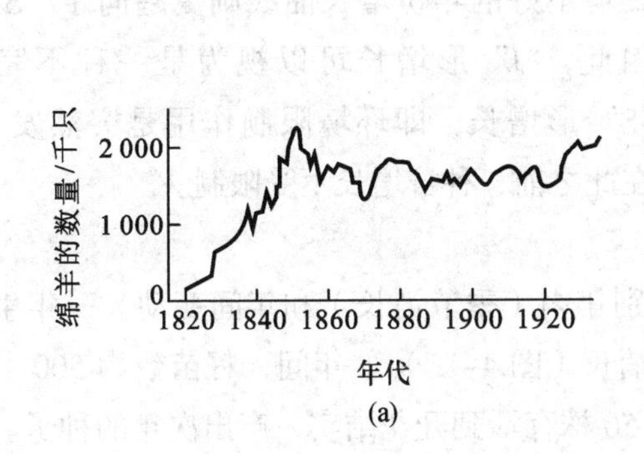

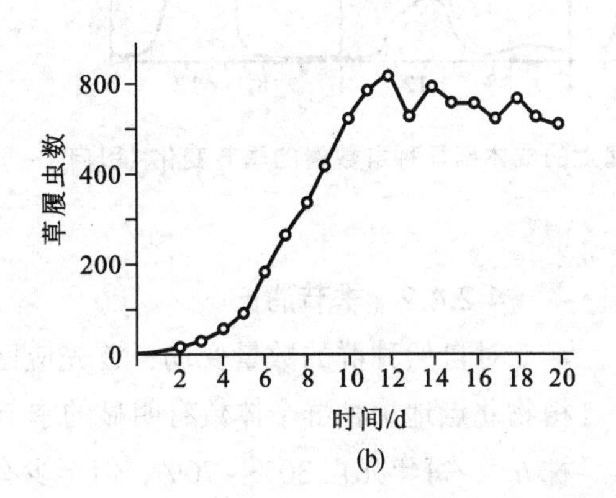

图 4-13 所观察到的实际种群的增长

（a）塔斯马尼亚绵羊 （b）草履虫

逻辑斯谛方程中的两个参数 r 和 K，均具有重要的生物学意义。r 表示种群的增长能力，K 是环境容纳量，即物种在特定环境中的平衡密度。但应注意 K 同其他生态学特征一样，也是随环境条件（资源量）的改变而改变的。另外，瞬时增长率 r 的倒数 $T_R = 1/r$ 也是一个有用的参数，称为**自然反应时间**（natural response time）。r 越大，种群增长越快，T_R 越小，表示种群受到干扰后返回平衡状态所需要的时间越短，反之越长。T_R 是度量种群受到干扰后返回平衡状态所需时间长短的一个重要参数。

逻辑斯谛方程的重要意义体现在以下几方面：① 是许多两个相互作用种群增长模型的基础。② 是渔业、牧业、林业等领域确定最大持续产量的主要模型。③ 模型中两个参数 r 和 K，已成为生物进化对策理论中的重要概念。

4.2.4 自然种群的数量变动

野外种群不可能长期地、连续地增长。只有在一种生物被引入或占据某些新栖息地后，才出现由少数个体开始而装满"空"环境的种群增长。种群经过增长和建立后，既可出现不规则的或规则的（周期性的）波动，也可能较长期地保持相对稳定。许多种类有时会出现骤然的数量猛增，即大发生，随后又是大崩溃。有时种群数量会出现长时期的下降，称为衰落，甚至灭亡。

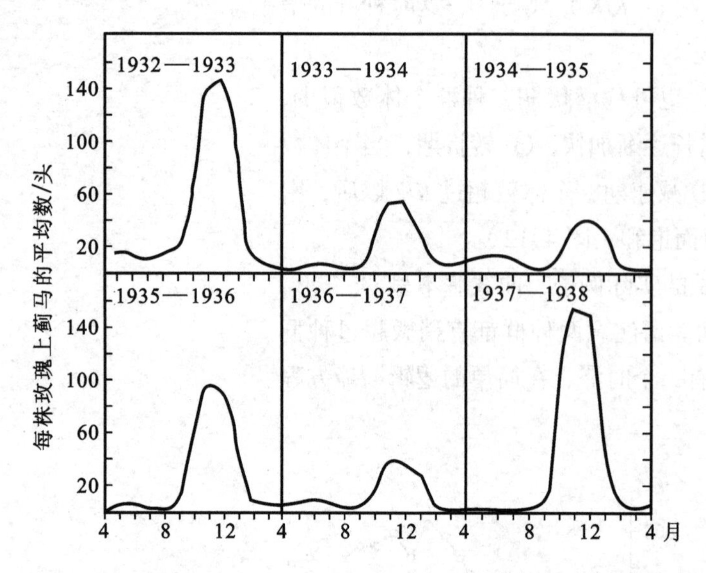

图 4-14 生活在玫瑰上的成体蓟马种群数量的季节变化（引自 Odum，1971）

4.2.4.1 种群增长

自然种群数量变动中，“J” 形和 “S” 形增长均可见到，常常还表现为两类增长型之间的中间过渡型。在图 4-13 中我们已看到绵羊引入澳大利亚塔斯马尼亚岛以后的种群增长曲线，增长初期显出一个 “S” 形曲线，以后做不规律的波动。总的说来符合 “S” 形增长的自然种群不多。图 4-14 表示的是一种生活在玫瑰上的蓟马种群数量的年度和季节变化。在环境较好的年份种群数量迅速增加，直到生长季节结束才停止，表现出 “J” 形增长，以后密度下降。在环境不好的年份增长曲线则更趋向于 “S” 形。因此，“J” 形增长可以视为是一种不完全的 “S” 形增长，即环境限制作用是突然发生的，在此之前，种群增长不受限制。

4.2.4.2 季节消长

对自然种群的数量变动，首先应区别年内（季节消长）和年间变动。一年生草本植物北点地梅种群个体数有明显的季节消长（图 4–15）。8 年间，籽苗数为 500 ~ 1 000 株 /m^2，每年死亡 30% ~ 70%，但至少有 50 株存活到开花结实，产出次年的种子。各年间成株数变动不大，但有逐渐减少的趋势。

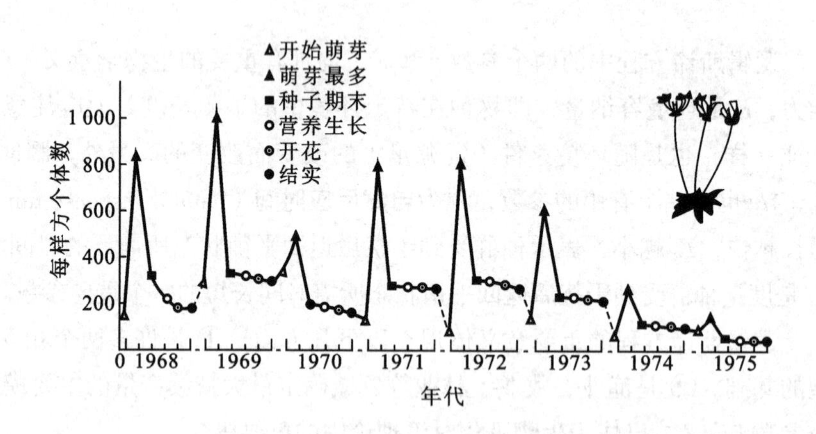

图 4-15 北点地梅 8 年间的种群数量变动（仿 Begon，1986）

棉花重要害虫棉盲蝽是一年多次繁殖、世代彼此重叠的种类。根据丁岩钦在陕西关中棉区 8 年调查结果，其种群各年的季节消长有不同表现，随气候条件而变化，可分为 4 种类型：① 中峰型，在干旱年份出现，蕾铃两期受害均较轻。② 双峰型，在涝年出现，蕾铃两期都受严重危害。③ 前峰型，在先涝后旱年份出现，蕾铃期受害严重。④ 后峰型，在先旱后涝年份出现，铃期危害严重（图 4–16）。因此，掌握气象数据是预报棉盲蝽季节消长和防治的关键。

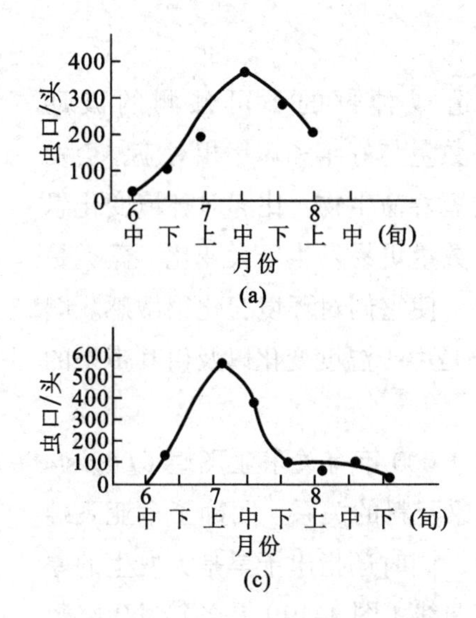

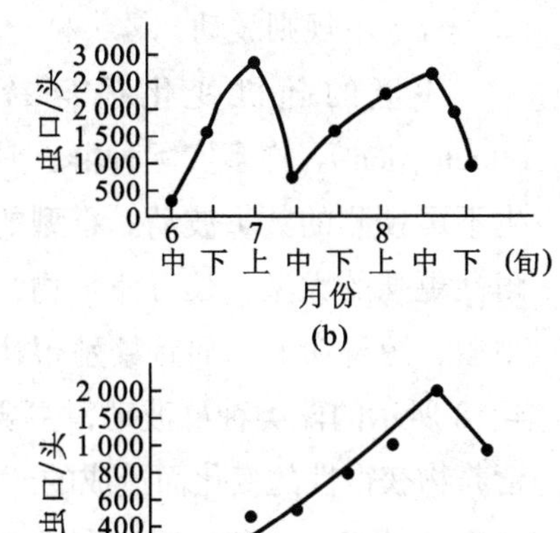

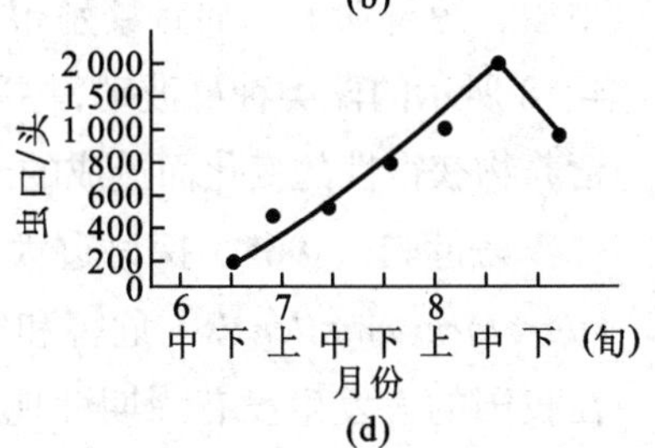

图 4-16 陕西关中棉区棉盲蝽种群数量的季节消长（仿丁岩钦，1964）

（a）中峰型（1959 年）（b）双峰型（1956 年）
（c）前峰型（1961 年）（d）后峰型（1957 年）

4.2.4.3 种群的波动

大多数真实的种群不会或完全不在平衡密度保持很长时间，而是动态的和不断变化的。因为以下几个原因，种群可能在环境容纳量附近波动：①环境的随机变化，因为随着环境条件如天气的变化，环境容纳量就会相应变化。② 时滞或称为延缓的密度制约，在密度变化和密度对出生率和死亡率影响之间导入一个时滞，在理论种群中很容易产生波动。种群可以超过环境容纳量，然后表现出缓慢的减幅振荡直到稳定在平衡密度［图 4–17(a)］。③ 过度补偿性密度制约，即当种群数量密度上升到一定数量时，存活个体数目将下降。密度制约只有在一定条件下才会稳定。如果没有过度补偿性密度制约，种群将平稳地到达环境容纳量，不会产生振荡。当密度制约变得过度补偿时，减幅振荡和种群周期就会发生［图 4–17(b)］。这些稳定极限环在每个环中间有一个固定的时间间隔，并且振幅不随着时间变化而减弱。如果与高的繁殖率相结合，极端过度补偿会导致混沌波动，没有了固定间隔和固定的振幅［图 4–17(c)］。混沌动态看起来是随机的，但实际上是受确定性因素控制的，因其发生是可以预测的。混沌系统不同于随机系统——混沌发生在一定的极限内，所以种群在某种程度上是被调节的。但是，混沌的结果是不可预测的。由于起始环境的很小差异，两个系统甚至可能到达非常不同的平衡点。

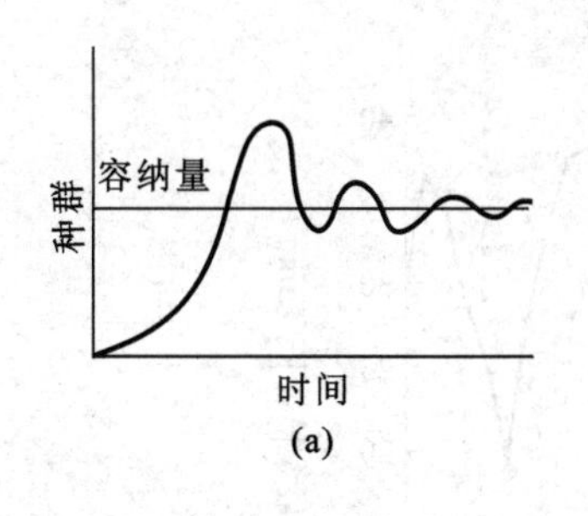

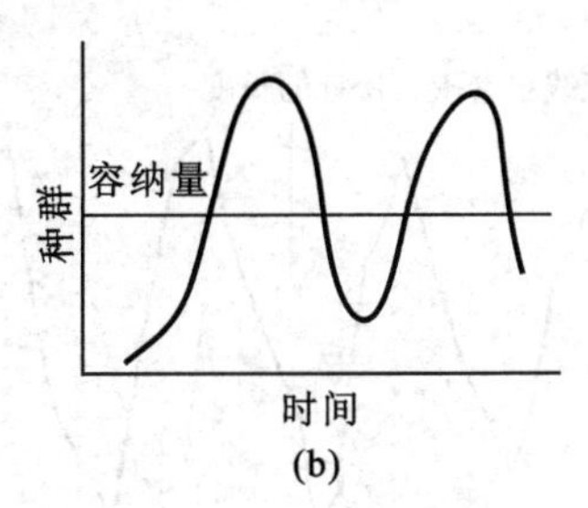

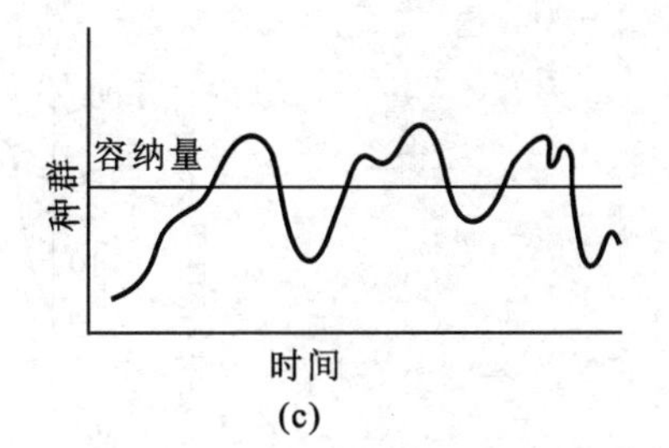

图 4-17 种群波动（仿 Mackenzie et al., 1998）

（a）减幅振荡 （b）稳定极限周期 （c）混沌动态

（1）不规则波动

环境的随机变化很容易造成种群的不可预测的波动（fluctuation）。许多实际种群，其数量与好年和坏年相对应，会发生不可预测的数量波动。小型的短寿命生物，比起对环境变化忍耐性更强的大型、长寿命生物，数量更易发生巨大变化。藻类是小型、短寿命的，而且繁殖很快，使它们对环境变化很敏感。图4-18所示的藻类种群波动，主要是由于温度变化以及由其带来的营养物获得性的变化而造成的。

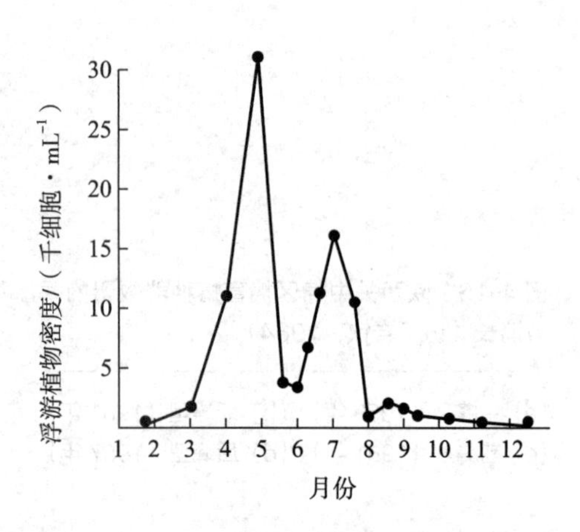

图 4-18 Wisconsin 绿湾中藻类数量随环境的变化（仿 Mackenzie et al.，1998）

马世骏（1965）探讨过大约 1 000 年有关东亚飞蝗（*Locusta migratoria manilensis*）危害和气象资料的关系，明确了东亚飞蝗在我国的大发生没有周期性现象，同时还指出干旱是大发生的原因。1913—1961 年东亚飞蝗动态曲线（图 4-19）是各年发生级数变化序列图。在对东亚飞蝗生态学深入研究的基础上，我国飞蝗防治工作取得了重大成就，基本控制了蝗灾。

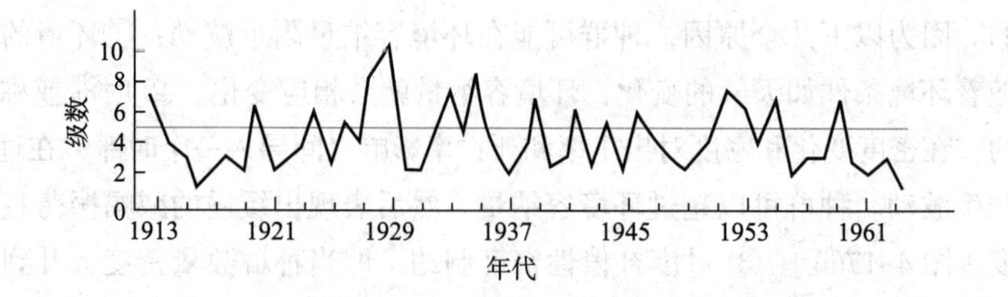

图 4-19 1913—1961 年东亚飞蝗洪泽湖蝗区的种群动态曲线（引自马世骏，1965）

（2）周期性波动

在一些情况下，捕食或食草作用导致的延缓的密度制约会造成种群的周期性波动。灰线小卷蛾（larch bud moth）生活在瑞士森林中。在春天，随着落叶松的生长，灰线小卷蛾的幼虫同时出现。幼虫的吞食对松树的生理有一定的影响，减小松针大小，致使来年幼虫食物的质量下降（图 4-20）。高密度幼虫使松树来年质量变差，因此导致灰线小卷蛾种群下降。低的幼虫数量使松树得到恢复，反过来随着食物质量提高，幼虫数量又有所增加。

另一个有关捕食者和被捕食者种群周期性波动的典型例子是加拿大猞猁（*Lynx*

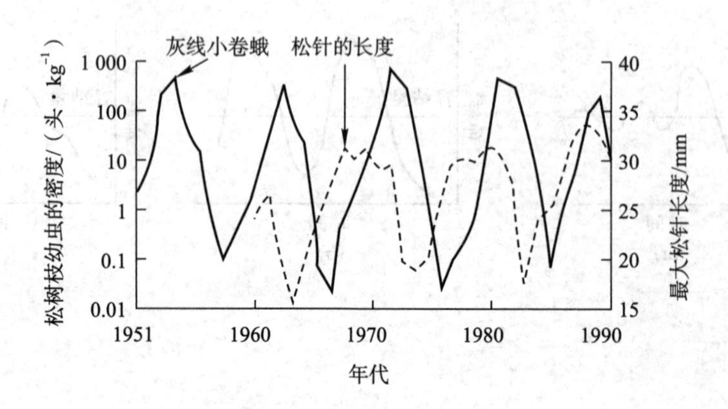

图 4-20 灰线小卷蛾响应松树质量（松针长度）的周期（仿 Mackenzie et al.，1998）

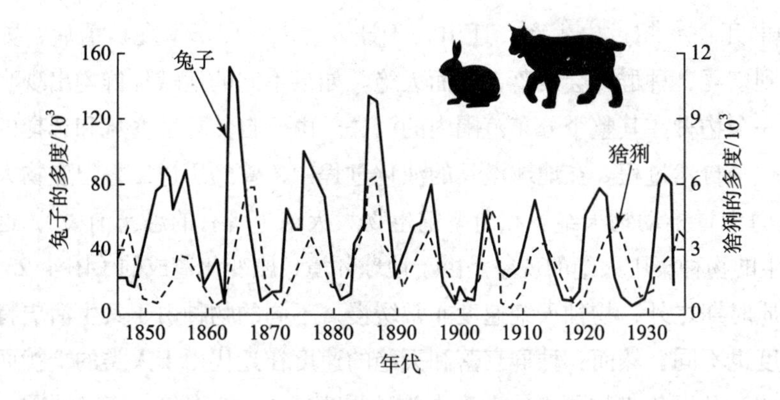

图 4-21 捕食者（加拿大猞猁）与猎物（美洲兔）数量的周期变化（仿 Relyea and Ricklefs，2018）

数据来源于对哈德逊湾公司毛皮收购记录的分析（Maclulich，1937）

canadensis）与美洲兔（*Lepus americanus*）的周期（图 4–21）。在这个例子中，高数量的猞猁使美洲兔种群数量受到抑制，这在以后几年，反过来又使猞猁数量减少，美洲兔数量再次上升，形成了一个大约 10 年的周期。然而，与灰线小卷蛾一样，美洲兔所吃的植物也影响这个周期。当美洲兔数量增加时，植物叶组织的质量变差，这就会降低美洲兔的生殖潜力。因此，美洲兔 – 猞猁种群的周期最好认为是 3 个组分相互作用的结果：植物、兔和猞猁。

4.2.4.4 种群的暴发

具不规则或周期性波动的生物都可能出现种群的暴发（outbreak）。最著名的暴发见于害虫和害鼠，如蝗灾、鼠灾。随着水体污染和富营养化程度的加深，近几年我国海域经常发生赤潮。赤潮是水中一些浮游生物（如腰鞭毛藻、裸甲藻等）暴发性繁殖引起水色异常的现象，赤潮发生后常造成大量水生生物死亡。

4.2.4.5 种群平衡

种群较长期地维持在几乎同一水平上，称为种群平衡（equilibrium）。大型有蹄类、肉食动物等多数一年只产一仔，寿命长，种群数量一般是很稳定的。另外，一些蜻蜓成虫和具良好种内调节机制的社会性昆虫（如红蚁、黄墩蚁），其数量也是十分稳定的。

4.2.4.6 种群的衰落和灭绝

当种群长久处于不利条件下（人类过捕或栖息地被破坏），其数量会出现持久性下降，即种群衰落（decline），甚至灭绝（extinction）。个体大、出生率低、生长慢、成熟晚的生物，最易出现这种情况。图 4–22 表示的就是鲸种群由于人类的极端捕捞而种群衰落的现象。

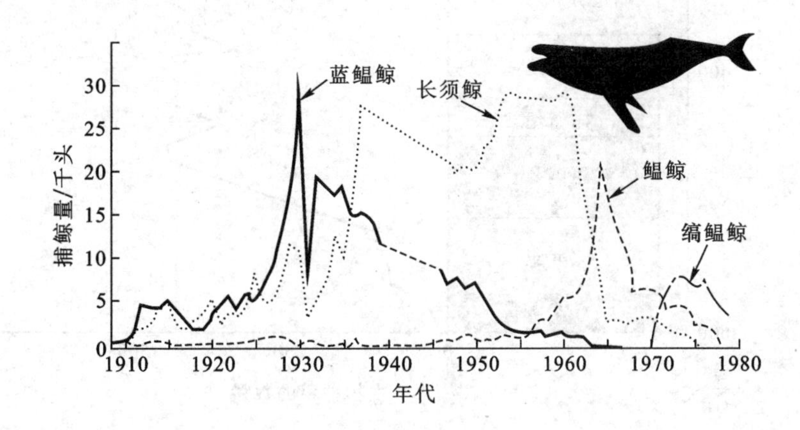

图 4-22 南半球鲸渔获量的变化（仿 Mackenzie et al.，1998）

当一个地域种群死亡率超过出生率，迁出大于迁入，$R_0 < 1$，r 呈现负值后，如果这种趋势长期得不到恢复，种群就会衰落，进而灭绝。如果不同的地域种群均出现衰落状态，则最终导致一个物种在其整个分布范围内的消失。由于自然环境变化和选择的作用，物种的灭绝是一个自然过程。在地球漫长的演化过程中，曾经历过二叠纪生物大灭绝（其中90%的浅海无脊椎动物灭绝）和白垩纪生物大灭绝（所有的恐龙消失），这种在某个地质时期发生的物种集中灭绝的现象是由于地球环境急剧变化造成的（图4-23）。

除这些特殊地质时期之外，物种灭绝速度非常缓慢，不同的物种由于其生活史特性的不同，消亡的速度也不同。然而，种群衰落和灭绝的速度在近代由于人类的干扰而大大加快了，研究表明近几百年来物种灭绝速度人为地提高了1 000多倍。究其原因，不仅是人类的过度捕杀，更严重的是野生动物的栖息地被破坏，剥夺了物种生存的条件。种群的持续生存，不仅需要有保护良好的栖息环境，而且要有足够的数量达到最低种群密度。因为过低的数量会因近亲繁殖而使种群的生育力和生活力衰退。保护生物学研究的一个热点问题，就是进行下降种群的生存力分析，判断最小可存活种群（minimum viable population），即种群以一定概率存活一定时间的最小种群的大小。

4.2.5 生态入侵

由于人类有意识或无意识地把某种生物带入适宜其栖息和繁衍的地区，其种群不断扩大，分布区逐步稳定地扩展，这种过程称为生态入侵（ecological invasion）或生物入

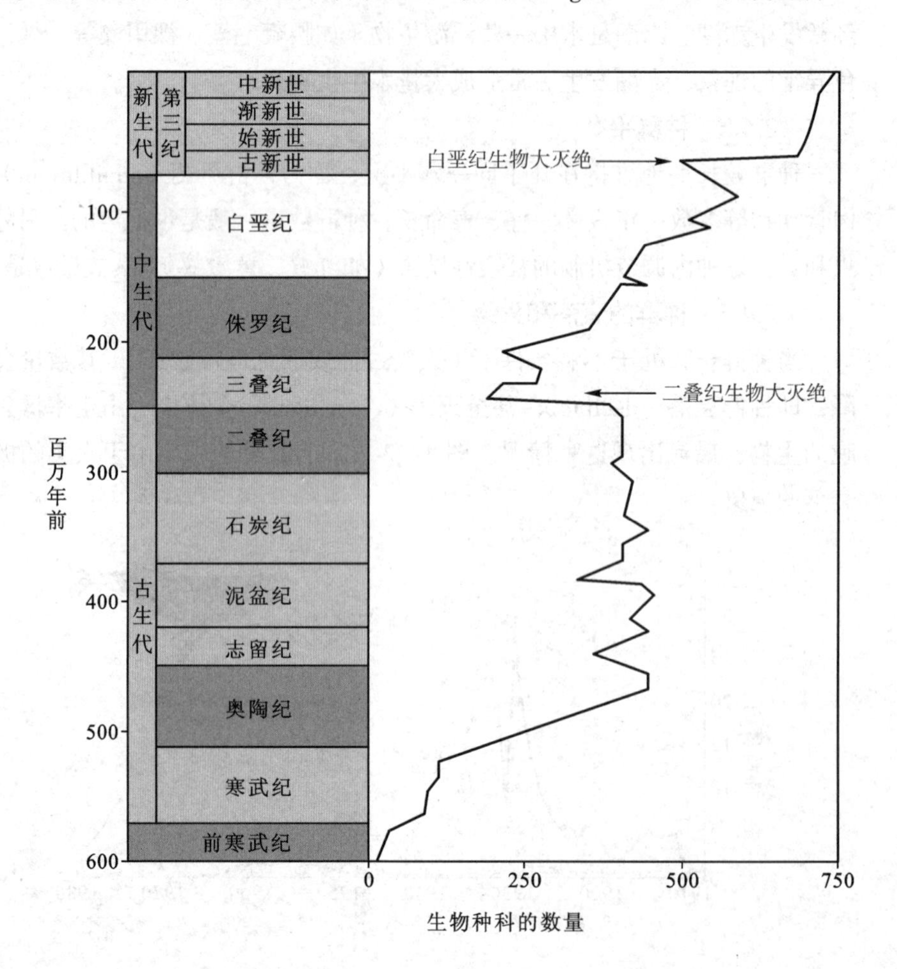

图 4-23 不同地质年代生物种灭绝历史
（引自 Smith and Smith，2003）

侵（bioinvasion）。如紫茎泽兰（*Ageratina adenophora*）（图 4-24），原产墨西哥，新中国成立前由缅甸、越南进入我国云南，现已蔓延到北纬 25°33′ 地区，并向东扩展到广西、贵州境内。紫茎泽兰可以入侵各种生态环境，其生命力非常旺盛，根系分泌释放的化学物质和腐烂的枝叶能抑制其他物种的种子萌发和幼苗生长，因此常连接成片，发展成单种优势群落，导致本地植物群落的衰退和消失。其对土壤肥力吸收力强，该草入侵农田后可使农作物减产 3%～18%。据昆明市环保局 2006 年报告，在该市紫茎泽兰分布及危害面积已达 271 215 hm^2，占昆明市国土总面积的 12.9%。

图 4-24　我国大面积入侵的紫茎泽兰（摄影 / 严靖）

判定入侵物种的关键是其改变了原有生态系统的结构、功能并造成危害。其取代本地物种，降低物种多样性，改变本地物种生境，导致原有生态系统的破坏或消失。外来物种成功入侵往往需要经过引进、入侵、建立和传播等几个主要阶段。外来物种入侵成活后，通常有一个较长的滞后阶段，之后才会暴发性扩展。据初步统计，我国已知外来归化植物超过 900 种（Yan et al.，2019），初步确定为外来入侵植物的有 160 种（马金双和李惠如，2018）。其中危害较大的有紫茎泽兰、薇甘菊、空心莲子草（水花生）、豚草、毒麦、互花米草、飞机草、凤眼莲（水葫芦）和假高粱等。初步确定为外来入侵动物的约有 40 种，其中危害较大的有蔗扁蛾、湿地松粉蚧、松树线虫、强大小蠹、美国白蛾、非洲大蜗牛、福寿螺和牛蛙等。

4.3 种群调节

种群的数量变动是互相矛盾的两组过程——出生和死亡、迁入和迁出——相互作用的综合结果。因此，所有影响上述 4 个因素的因子都会影响种群的数量变动，决定种群数量变动过程的是各种因子的综合作用。如果这些因子对种群出生率、死亡率等参数产生的影响在各水平种群密度下都是均一的，即其所产生的影响与种群本身的密度无关，

窗口 4-2

互花米草入侵及其机制与防治研究

互花米草（*Spartina alterniflora*）为禾本科植物，原产北美洲与南美洲大西洋沿岸，现广泛分布于非洲、欧洲、大洋洲和亚洲的海岸带盐沼湿地，是全球性入侵植物。中国自 1979 年引入以来，互花米草已在东海岸滩涂广泛入侵（图 C4-2），因此 2013 年被列入《国家重点管理外来入侵物种名录》。

互花米草的成功入侵是其独特的生物学特性和人类活动共同作用的结果。互花米草为 C_4 植物，光合作用能力强；耐盐耐淹能力强；根际和凋落物具有较高的固氮活性，可形成自我维持的高营养环境。人为引种、大规模围垦和湿地富营养化等干扰则进一步增加了互花米草入侵的机会。互花米草入侵后显著改变了入侵地的生物多样性和生态系统功能；在中国长江口等地，互花米草入侵后不但排斥土著植物海三棱藨草（*Scirpus × mariqueter*）和芦苇（*Phragmites australis*）等，还导致了鸟类、昆虫、鱼类和底栖动物等功能群结构的改变，从而影响盐沼生态系统的功能（Li et al.，2009）。

互花米草的治理措施主要包括物理控制、化学控制、生物防治、生态替代以及综合控制法。常用的物理控制方法包括拔除、挖掘、火烧、刈割、碾埋、遮盖、水淹等。化学控制中常用除草剂有高效盖草能和灭草烟两种，一个生长季内连续喷施 2 ~ 3 次，可较好地杀灭活体植株。生物防治可考虑利用原产地的玉黍螺（*Littoraria irrorata*）和光蝉（*Prokelisia marginata*）等天敌，但引入天敌具有生态风险，其可行性仍需进一步研究。生物替代法主要是改造生境后种植有经济或生态价值的土著植物如芦苇、海三棱藨草等进行生态位替代，该方法在长江口已得到成功实践。综合控制法是指应用以上某一方法中的一种或多种措施进行综合调控。如在上海崇明东滩，利用“刈割 + 淹水 + 生物替代”的综合控制措施，已成功控制了 24.2 km^2 的互花米草入侵种群，在我国东海岸取得了良好的示范效果（Ju et al.，2017）。

（图、文由复旦大学李博教授提供）

图 C4-2 互花米草形态及入侵状况

（a）植株（无性苗）（b）叶片盐霜 （c）根及根状茎 （d）花序 （e）侵占光滩（长江口）（f）入侵红树林（广西北海）

则称为非密度制约因子（density-independent factor）。许多灾难性环境变化如洪水、火灾、严寒等都可直接导致生物种群密度下降，这种数量下降与密度无关。例如，春天的霜冻会损坏植物的花蕊，导致种子减产，从而使翌年新生植物数量下降。一般来说，环境的季节或年变化通常会使种群数量出现不规则的波动。与以上因素相反，有些因素对种群初级参数产生的影响与种群本身的密度密切相关，如食物、空间等资源因素，当种群密度达到很高时，这些因素的不足会加剧种群内个体之间的竞争作用，从而导致种群增长率的下降。这些因素对种群的作用大小决定于种群密度的高低，称为密度制约因子（density-dependent factor）。如我们上节看到的种群“S”形的增长曲线，环境容纳量这一概念预示在种群增长率与环境资源可获得性之间存在着一个负反馈，决定环境容纳量的诸因素构成种群的密度制约因子。当然，密度依存种群调节的机制并不仅仅限于资源的可获得性，一些因素如流行病中寄生物的传播也与宿主密度密切相关，从而呈现随种群密度而变化的作用结果。总之，有关种群数量动态的影响因素很复杂，为了解释种群数量变动的机制，生态学家提出了许多不同的学说。

4.3.1 外源性种群调节理论

外源性种群调节理论强调外因，认为种群数量变动主要是外部因素的作用。该理论又分为非密度制约的气候学派和密度制约的生物学派。由于这两大学派所强调的种群调节的观点不同，对各种野外证据的看法也有差异，导致了20世纪50年代的种群调节大论战。

4.3.1.1 非密度制约的气候学派

最早提出气候是决定昆虫种群密度的是以色列的Bodenheimer（1928）。他认为天气条件通过影响昆虫的发育和存活来决定种群密度，证明昆虫早期死亡率的85%~90%是由于天气条件不良而引起的。气候学派多以昆虫为研究对象，认为生物种群主要是受对种群增长有利的气候的短暂所限制。因此，种群从来就没有足够的时间增殖到环境容纳量所允许的数量水平，不会产生食物竞争。

4.3.1.2 密度制约的生物学派

作为对立面，生物学派主张捕食、寄生和竞争等生物过程对种群调节起决定作用。澳大利亚生物学家Nicholson是生物学派的代表。他虽然承认非密度制约因子对种群动态有作用，但认为这些因子仅仅是破坏性的，而不是调节性的。假设一个昆虫种群每世代增加100倍，而气候变化消灭了98%，那么该种群仍然要每世代增加一倍。但如果存在一种昆虫的寄生虫，其作用随昆虫密度的变化而消灭了另外的1%，这样种群数量便得以调节并能保持稳定。在这种情况下，寄生造成的死亡率虽小，却是种群数量的调节因子。

Smith支持Nicholson的观点，认为种群是围绕一个“特征密度”而变化的，而特征密度本身也在变化。他将种群与海洋相比，海平面有一个普遍的高度，但是连续不断因潮汐和波浪而变化。Smith实际上强调了平衡密度的思想。

生物学派中还有些学者强调食物因素对种群调节的作用。Lack（1954）通过对鸟类种群动态的分析，认为种群调节的原因可能有3个：食物的短缺、捕食和疾病，而其中食物是决定性的。Pitelka（1964）与Schultz（1964）提出了**营养物恢复学说**

(nutrient recovery hypothesis)(图 4–25)。他们发现在阿拉斯加荒漠上，旅鼠(*Lemmus trimucronatus*)的周期性数量变动是植食动物与植被间交互作用所导致的。在旅鼠数量很高的年份，食物资源被大量消耗，植被量减少，食物的质和量下降，幼鼠因营养条件恶化而大量死亡，种群数量下降。植被受其营养因素的恢复及土壤可利用性所调节，植被的质和量逐步恢复，旅鼠种群数量再度回升，周期为 3 ~ 4 年。种群的调节取决于食物的量，也取决于食物的质。

也有学者对气候学派和生物学派的激烈论战提出折中的观点。如 A. Milne 既承认密度制约因子对种群调节的决定作用，也承认非密度制约因子对种群数量的重要影响。他把种群数量动态分成 3 个区：极高数量、普通数量和极低数量。在对物种有利的典型环境中，种群数量最高，密度制约因子决定种群的数量；在环境极为恶劣的条件下，非密度制约因子左右种群数量变动。折中观点认为气候学派和生物学派的争论反映了他们工作地区环境条件的不同。

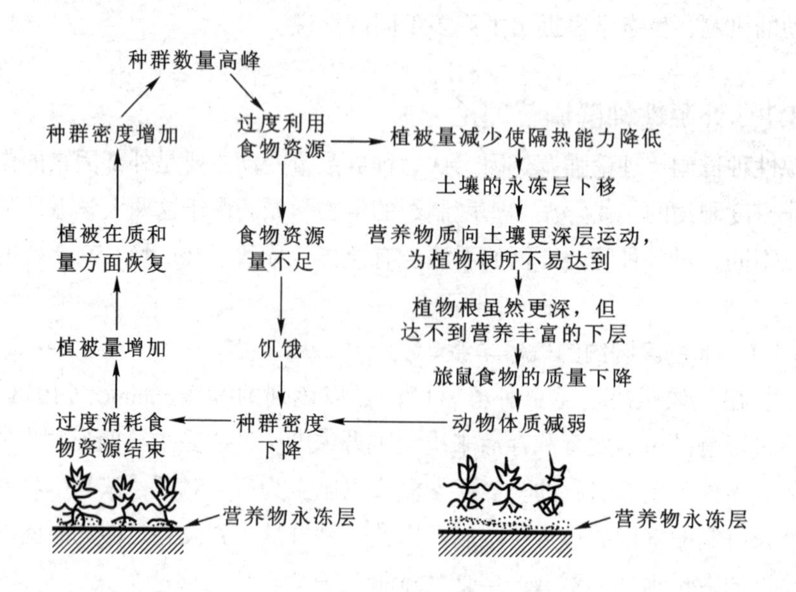

图 4-25 营养物恢复学说图解(仿 Price，1975)

4.3.2 内源性自动调节理论

主张内源性自动调节的学者将研究焦点放在动物种群内部，强调种内成员的异质性，特别是各个体之间的相互关系在行为、生理和遗传特性上的反映。他们认为种群自身的密度变化影响本种群的出生率、死亡率、生长、成熟、迁移等种群参数，种群调节是各物种所具有的适应性特征，这种特征对种内成员整体来说，经受自然选择，能带来进化上的利益。自动调节学派按其强调点不同又可分为行为调节学说、内分泌调节学说和遗传调节学说。

4.3.2.1 行为调节——温 - 爱德华(Wyune-Edwards)学说

英国生态学家 Wyune–Edwards 注意了动物的社群行为型的复杂情况及其进化系列，认为社群行为是一种调节种群密度的机制。社群等级、领域性等行为可能是一种传递有关种群数量的信息，特别是关于资源与种群数量关系的信息。通过这两种社群行为可把动物消耗于竞争食物、空间和繁殖权利的能量减到最少，使食物供应和繁殖场所等在种群内得到合理分配，并限制了环境中动物的数量，使资源不至于消耗殆尽。当种群密度超过一定限度时，领域的占领者要产生抵抗，不让新个体进来，种群中就会产生一部分“游荡者”或“剩余部分”，它们不能繁殖，由于缺乏保护条件也最易受捕食者、疾病、不良天气条件所侵害，死亡率较高。种内这样划分社群等级（具领域部分和剩余部分），限制了种群的增长，并且这种作用是密度制约的，即随着种群密度本身而变化其调节作用的强弱。

4.3.2.2 内分泌调节——克里斯琴（Christian）学说

内分泌调节学说是由 Christian 在 1950 年提出的，用来解释某些哺乳动物的周期性数量变动。Christian 在某些啮齿类大发生后数量剧烈下降时期，研究了许多鼠尸。结果没有发现大规模流行的病原体，却发现下列共有的特征：低血糖，肝萎缩，脂肪沉积，肾上腺肥大，淋巴组织退化等，与动物适应性综合征的衰竭期一致。据此他认为，当种群数量上升时，种内个体经受的社群压力增加，加强了对中枢神经系统的刺激，影响了脑垂体和肾上腺的功能，使促生殖激素分泌减少和促肾上腺皮质激素增加。生长激素的减少使生长和代谢发生障碍，有的个体可能因低血糖休克而直接死亡，多数可能对抵抗疾病和外界不利环境的能力降低，这些都使种群的死亡率增加。另外，肾上腺皮质的增生和皮质素分泌的增进，同样会使机体抵抗力减弱，同时相应性激素分泌减少，生殖受到抑制，出生率降低，子宫内胚胎死亡率增加，育幼情况不佳，幼体抵抗力降低。这样，种群增长由于这些生理反馈机制而得到停止或抑制，这样又使社群压力降低。这就是种群内分泌调节的主要机制。该学说主要适用于兽类，对其他动物类群是否适用尚不清楚。

4.3.2.3 种群遗传调节——奇蒂（Chitty）学说

英国遗传学家 Ford（1931）第一个提出在种群调节中遗传结构变化的重要意义。他认为，当种群密度增加，死亡率降低时，自然选择压力比较松弛，结果种群内变异性增加，许多遗传型较差的个体存活下来。当条件回到正常的时候，这些低质个体由于自然选择压力增加而被淘汰，于是降低了种群内部的变异性。因此，Ford 认为，种群数量的增加，通过自然选择压力和遗传组成的改变，必然为种群数量的减少铺平了道路。

Chitty 提出了种群遗传调节学说。他认为种群中具有的遗传多型是遗传调节学说的基础。假定最简单的遗传两型现象，有一型具有较低的进攻性行为，繁殖力较高，更适于低密度；另一型进攻性行为高，繁殖力较低，可能有外迁倾向，更适于高密度。当种群数量较低并处于上升期时，自然选择有利于低密度型，种群繁殖力增高，个体间比较能相互容忍。这些特点促使种群数量的上升。但是，当种群数量上升到很高的时候，自然选择转而有利于高密度型，个体间进攻性加强，死亡率增加，繁殖率下降，有些个体可能外迁，从而使种群密度降低。显然，在遗传调节学说中也吸收了有关行为、扩散等因素在种群调节中的作用的一些结论。

4.4 集合种群动态

在生态学历史上，总会或多或少地提及种群与群落的空间结构，但过去人们对“空间”在构成生态模式和塑造生态过程中所起的作用却认识不足。随着生态学的发展和自然生境片段化的加剧，人们意识到生境的丧失和破碎意味着空间结构必然在某种程度上影响越来越多的物种的种群动态。近年来集合种群（又称异质种群或复合种群）的概念正逐渐引起人们的注意和重视。集合种群指的是局域种群通过某种程度的个体迁移而连接在一起的区域种群。该概念已广泛应用于景观生态学、理论生态学和保护生物学等领域，而且集合种群理论及其观点与模型正在害虫防治、动物保护等实践领域发挥着越来越大的作用。

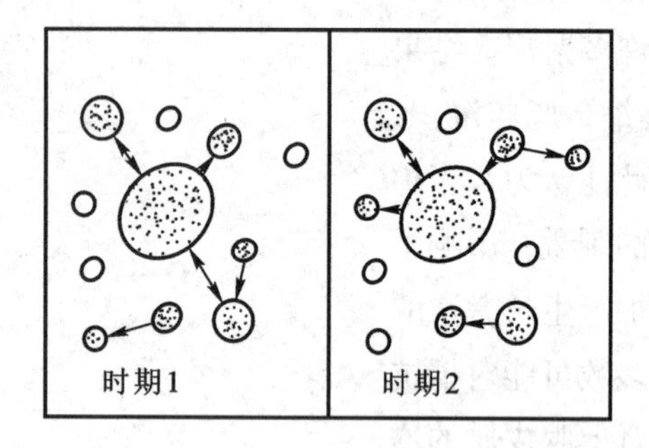

图 4-26 集合种群及其动态模式图（仿 Krebs，2000）

圆圈代表生境斑块，点儿代表生物个体，箭头表示个体在斑块间的迁移。随着时间推移，集合种群整体的数量变化小于各局域种群的数量变化

4.4.1 集合种群的概念和术语

集合种群（metapopulation）所描述的是生境斑块中**局域种群**（local population）的集合，这些局域种群在空间上存在隔离，彼此间通过个体扩散而相互联系。因此，也有人将集合种群称为一个种群的种群（a population of populations）（Hanski，1991），即集合种群是种群的概念在一个更高层次上的抽象和概括。图 4-26 表示的是一个集合种群的模式图。分布在相互隔离的斑块上的小种群为局域种群。局域种群的数量可能由于出生、死亡、迁入、迁出等原因变动很大，也可能灭绝。在一个区域内所有的局域种群构成一个集合种群。在这个集合种群内部各局域种群通过相互的迁移彼此联系。因此，尽管各局域种群数量变动很大，甚至灭绝，但从集合种群整体上来看，种群数量可能比较稳定。因为来自其他局域种群的新个体可能会迁入灭亡种群所占据的斑块。注意集合种群指的是生境斑块中的局域种群的集合，而不是生境斑块的集合。局域种群指的是同一个种的，并且以很高的概率相互作用的个体的集合。**斑块**（patch）指的是局域种群所占据的空间区域。Hanski（1991）将生态学上的“空间”划分了 3 个空间尺度，即**局域尺度**（local scale）、**集合种群尺度**（metapopulation scale）和**地理尺度**（geographical scale）（表 4-4）。

拓展阅读
扩散与迁移

因为一般情形下这些尺度并不是离散而是连续的，所以局域种群的边界也是需考虑的一个问题。如果整个生境是由离散的生境斑块所构成，那么局域种群的边界自然是清晰的。如果局域种群是被人为隔开的，而不是由生境斑块的边界所确定的，则很少能观察到一个真正的集合种群动态所应该具备的特征。

Hanski（2000）建议一个典型的集合种群，应满足下列 4 个标准：① 适宜的生境以离散的斑块形式存在；这些斑块可被局域繁殖种群（local breeding population）占据。② 即使是最大的局域种群也有灭绝风险存在。③ 生境斑块不可过于隔离而阻碍了重新

表 4-4 生态学研究的 3 个空间尺度

局域尺度	个体在这一尺度内完成取食和繁殖等活动
集合种群尺度	在该尺度内，扩散个体在不同的局域种群之间迁移
地理尺度	一个物种所占据的整个地理区域，一般个体不会扩散出该区域

侵占的发生。④ 各个局域种群的动态不能完全同步。如果局域种群的动态完全同步，那么集合种群不会比灭绝风险最小的局域种群续存更长时间。要判断一组局域种群是否为一个集合种群，我们必须要知道这些局域种群中的一些种群会在生态时间内灭绝，并且某一局域种群灭绝后会有一些个体从邻近种群中迁移过来而重新占领该斑块。

集合种群的概念是由 Levins 在 1970 年首先提出的，他强调一个集合种群随着时间变化所表现出来的行为。如同在经典种群生态学中将种群定义为一个一定时间内具有相互作用的同种个体的集合一样，一个集合种群可被看作是一个在一定时间内具有相互作用的局域种群的集合。在这里所谓一定时间是指因为每一局域种群都有可能随机灭绝，所以特定局域种群之间的相互作用或联系在时间上总是有限的。集合种群动态特征表现为局域种群的连续周转、局域绝灭和再侵占。周转（turnover）指的是局域种群的灭绝以及从现存局域种群中扩散出的个体在尚未被占据的生境斑块内建立起新的局域种群的过程。一个集合种群在任意时刻的大小是以在这一时刻已被占据的生境斑块的比例或者是数量来测度的。因此，**集合种群动态是指被占据生境斑块的比例随时间变化的过程**。

4.4.2 集合种群理论的意义与应用

集合种群理论模型的重要应用是做出预测。不过，一般种群通常预测的是种群达到平衡时的密度即种群大小，而集合种群预测的是该集合种群的灭绝风险或维持时间。其中的一些预测对景观管理和自然保护有很大的潜在使用价值。如 Levins 建立集合种群模型的动因之一是解决大范围的害虫防治问题。他对该问题的研究所得的最重要的结果之一，是种群的多度（在这里以 p 值的大小作为测度）将随着局域种群灭绝率的瞬间变异度的增加而减小。根据这一结果，Levins 建议一种害虫的防治措施应当在充分大的范围内同步使用。可惜人们对集合种群这一非常重要的性质忽视了 20 多年。近些年人们才发现 Levins 的观点对保护生物学理论的发展和应用也有非常重要的意义。

图 4–27 是 Hanski（1994，1995）在对芬兰 Aland Archipelago 岛上的庆网蛱蝶集合种群进行研究时发现的结果：小斑块面积倾向于支持小的局域种群，这些小局域种群有较高的局域灭绝风险。隔离程度大的斑块比隔离程度小的生境斑块再被侵占的概率低。因此可预测，在某一给定时刻，生境斑块被占领的概率随斑块面积的减小以及和现存局域种群隔离程度的增加而下降。在生存于破碎景观中的物种身上，经常可见到上述效

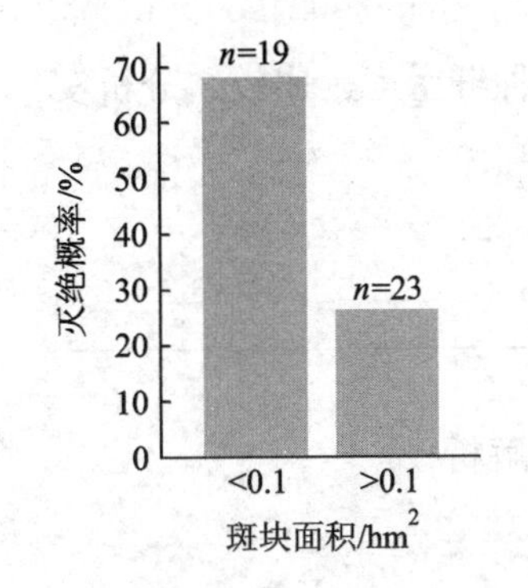

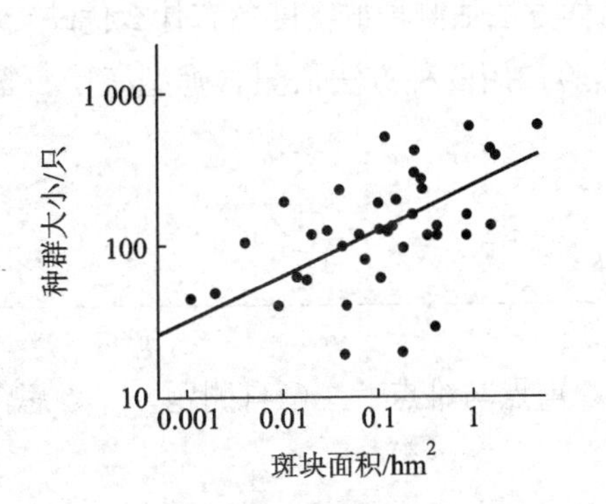

图 4-27 芬兰 Aland Archipelago 岛上的庆网蛱蝶集合种群 3 年来灭绝概率与斑块面积的关系（仿 Krebs，2001）

小斑块上的局域种群更容易灭绝，而且小斑块上的局域种群更小

应，从而可给景观管理提供许多启示。

随着生物赖以生存的生境的破碎化程度越来越高，集合种群的观点越来越受到保护生物学家的关注。集合种群理论在保护生物学中将主要涉及生境破碎化的种群动态和遗传进化的结局，以及自然保护区的设计原理。许多以前是连续分布的种由于生境破碎化而转变为集合种群。研究这样的种的种群动态是为了提出一些适当的管理方法以保证其不会灭绝。一般说来，一个在刚刚破碎化的栖息地中生存的种通常还不具备一个集合种群的功能，因为这时个体也许只有很弱的迁移能力，因而这样的种很容易灭绝。Brawn（1971）对山顶小哺乳类的研究表明，对于总的灭绝过程来说，绝大多数的种是在缓慢地下降。对于这种情况，有效的管理可以提供人工迁移以防止种的灭绝。在这里集合种群模型的作用是非常明显的。

长期以来，关于 SLOSS（single large or several small）的争论，即保护计划是应该建立一个大的保护区还是建立几个相互联系的小保护区的争论，其关键就是一个集合种群的问题。但是当保护的目的不仅仅是为了一个或几个种，而是在整体上考虑物种多样性的保护时，则必须要考虑集合群落的问题。有关这方面的研究已有相当的进展（蒋志刚等，2000）。

思考题

1. 什么是种群？种群有哪些重要的群体特征？
2. 什么是生命表？通过综合生命表可得到哪些有用的参数？
3. 试说明我国计划生育政策的种群生态学基础。
4. 设在 0.5 mL 培养液中放 5 个草履虫，每天计数培养液中种群数量，其后 4 天的结果为 20、137、319、369，请用逻辑斯谛曲线拟合，并求出种群增长方程。
5. 1992 年中国人口大约为 12 亿，出生率为 2.2%，死亡率为 0.7%，其每年的增长率为多少？以该增长率增长，种群的加倍时间是何时？
6. 有关种群调节理论有哪些学派？各学派所强调的种群调节机制是什么？
7. 什么是集合种群？集合种群与我们通常所说的种群有何区别？

讨论与自主实验设计

1. 标记重捕法与样方法估测种群密度各有什么优缺点？
2. 请设计一个实验，用两种方法估测岩礁型海岸石鳖的种群密度，比较、分析实验结果并讨论。

数字课程学习

◎本章小结　◎重点与难点　◎自测题　◎思考题解析

5

生物种及其变异与进化

关键词　基因型　表型　进化　基因库　哈迪－温伯格定律　变异　地理变异　渐变群　局域适应　生态型　适合度　自然选择　遗传漂变　建立者效应　物种形成　基因流　适应辐射

种群的遗传结构、进化机制和物种形成的研究是紧密结合种群遗传学的当前种群生态学研究的另一主要方面。种内个体的基因型及表型的构成，反映了种群的质的特征，并与其数量动态密切相关。如果种群内个体多数带有有利基因，生理上适应环境能力较强，则个体存活能力较强，产生后代较多，种群数量易于上升。反之，种群数量的上升会改变选择压力，导致种群基因型和表型频率的变化。所以种群的数量与质量变化是种群动态过程的两个方面，两者相辅相成，互为补充。

种群内个体可相互交配，共有一个基因库。其基因按一定规律，从上一代传递给下一代。种群内每一个体的基因组合称为**基因型**（genotype）。遗传基因的表达与环境共同作用决定个体的**表型**（phenotype）（直接观察所感受到的生物的结构和功能）。在世代传递过程中，亲代并不能把每一个体的基因型传递给子代，传给子代的只是不同频率的基因。基因频率会受到突变、选择、漂变、迁移等因素的影响而发生变化。物种的**进化**（evolution）过程，即表现为基因频率从一个世代到另一个世代的连续变化过程。新物种形成是进化过程中的决定性阶段。种群是遗传单位，也是进化单位。

5.1　物种的概念

有生命的自然界万物以物种（species）的形式存在，我们对生物多样性的认识就是从认识物种开始的。物种的概念在生命科学发展的各个时期都有争论，目前尚无统一的概念。

传统的生物学家如林奈认识到自然界种的真实存在，并且以形态标准和繁殖标准来识别种。林奈认为，物种是由形态相似的个体组成，同种个体可自由交配，并能产生可育的后代，异种杂交则不育。但林奈种的概念与现代生物学种的概念有一个根本区别，即其认为物种是不变的、独立的，种间没有亲缘关系。传统的分类学家多以形态特征的相似作为区分物种的依据。

达尔文打破了物种不变的观点，认为一个物种可变为另一物种，种间存在不同程度的亲缘关系。但他过分强调个体差异和种间的连续性，把物种看作人为的分类单位，认为物种是为了方便起见任意地用来表示一群亲缘关系密切的个体的。

近代物种概念认为生物种是由一些具有一定的形态和遗传相似性的种群构成的，属于一个种的种群之间，以及同种所有的个体成员之间的形态与遗传的相似性大于它们与其他物种成员的相似性。该概念把种内个体间的差异性看作是真实的存在，而种内个体的共性是统计学的抽象。但其同时又承认种与种之间差异的真实性。

因为绝大多数物种在表型上易于识别和区分，现代生物分类学家在只对现在存活的生物进行分门别类，而不考虑物种在时间上的延续和进化时间时，仍将形态特征作为识别物种的主要依据。使用该方法区别物种的标准往往有人为决定的倾向。如聚类分析可得到一系列不同等级的聚类群，可究竟把种的界限划在哪个等级上，则只能人为决定。另外，有些姊妹种形态非常相似，但它们之间不能杂交产生可育后代。如热带蜗牛（*Partula*）有两种类型，这两种类型除壳螺旋的方向不同外其余都相同，壳卷方向相对的蜗牛不能交配。目前普遍接受的关于物种的标准，是 Mayr（1982）提出的生物学种的概念："物种是由许多群体组成的生殖单元（与其他单元生殖上隔离），它在自然界中占有一定的生境位置。"这里所说的不同物种间存在生殖隔离，是指在自然状况下而言的。如许多鱼类或植物在饲养或栽培时都能杂交，并产生能育的后代，但在自然界里却不能交换基因。

生物学概念的物种与分类学阶元的物种有时不同。尽管生殖隔离是种间不连续性的根本原因，因而也是区分物种的可靠标准，但在分类实践中很难应用。另外，生殖隔离的标准不能应用于无性生殖的生物。如果我们分类的对象不仅是现代生存的生物，也包括地质历史上生存过的生物，因为物种是随着时间而进化改变的，所以必须涉及时间尺度，因而古生物学家也需要不同于生物学的物种概念。

综上所述，尽管给物种下一个在理论上有道理、实际应用上又方便的定义很困难，但可以肯定生物种有以下一些特点：

（1）物种不是按任意给定的特征划分的逻辑的类，而是由内聚因素（生殖、遗传、生态、行为、相互识别系统等）联系起来的个体的集合。物种是自然界真实的存在，不同于种以上的分类范畴如科、目、纲等，后者是人为根据某些内在特征划分的。

（2）物种是一个可随时间进化改变的个体的集合。同种个体共有遗传基因库，并与其他物种生殖隔离，使种群保持相对稳定的基因库，抵消了有性生殖带来的遗传不稳定性。组成物种的种群是进化的单位。生殖隔离和进化是导致物种之间表型分异的原因。而物种的分异是生物对环境异质性的应答，使不同物种适应不同的局部环境。

（3）物种是生态系统中的功能单位。不同物种因其不同的适应特征而在生态系统中占有不同的生态位。因此，物种是维持生态系统能流、物流和信息流的关键。

5.2 种群的遗传、变异与自然选择

5.2.1 基因、基因库和基因频率

生物体的遗传信息由 DNA 组成的染色体所携带。在二倍体（diploid）生物中，染色体来自配对双方。这些同源（homologous）染色体的一条来自母亲，一条来自父亲。每一条染色体上都带有叫作基因（gene）的遗传单位，基因是带有可产生特定蛋白的遗传密码的 DNA 片段。基因是成对结构，由两个等位基因（allele）构成，每一等位基因来自一条同源染色体。这些等位基因可以相同或不同。等位基因在染色体上占据的位置叫作基因座（locus，loci 是复数）。二倍体生物个体在每个基因座上有两个等位基因（相同或不同）。在一个基因座上有两个相同等位基因的个体叫作在该基因座是纯合的（homozygous），如果等位基因是不同的就称个体是杂合的（heterozygous）。如果个体是杂合的，其表型可能处于两种纯合子的中间状况。在这种情况下两个等位基因都得到表达，称作共显性的（codominant）。通常只有一个等位基因在表型中得到表达，在这种情况下表达的等位基因对另一基因是显性的（dominant）。个体所携带的非显性或隐性（recessive）基因不影响表型。当然，该基因可被传给后代，而且如没有与另一显性基因一起遗传给后代的话，还可能得到表达（图 5-1）。许多性状没有这种简单的基因控制，而是由在许多基因座上的许多基因甚至是在不同染色体上的基因控制的。这些性状是多基因的（polygenic）。如人的身高就是多基因性状。反之，一个基因也影响许多性状。

种群内所有个体基因的总和构成种群的基因库（gene pool）。彼此隔离没有杂交的种群具有隔离的基因库。个体所携带的基因随着死亡或迁出从基因库丢失，通过突变或迁入使新基因进入基因库。如果在染色体一个基因座上有两对或多对等位基因，则该基因库属于多型的。

决定特定性状的同源染色体上的基因组合称为基因型（genotype）。种群内每个基因型所占的比率为基因型频率（genotypic frequency）。在种群中不同基因所占的比例即为基因频率（gene frequency）。假设二倍体个体染色体某一座位上有一对等位基因 A、a，

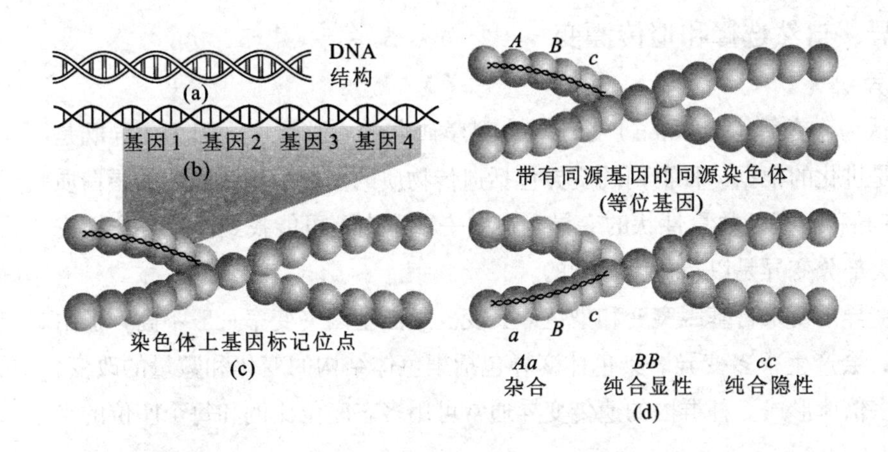

图 5-1 基因图解（引自 Smith and Smith，2002）

（a）DNA 的双螺旋结构 （b）基因是带有可产生特定功能蛋白的遗传密码的 DNA 片段 （c）基因包含在染色体中 （d）配对的同源染色体在细胞中成对存在，使得分布其上的同一座位的基因也成对存在，为等位基因。如果两个等位基因对性状的影响完全相同，则该座位是纯合的，如不同则该座位是杂合的

是从亲代 *AA* 和 *aa* 个体传递而来，二者随机交配构成 F_1，则 F_1 代的基因型为 *Aa*，杂种后代 *Aa* 与 *Aa* 杂交，构成 F_2 代的基因型为 *AA*、*Aa*、*aa*。最初种群 *AA* 和 *aa* 各占一半，基因型比例是 *AA* 50%，*Aa* 0，*aa* 50%，根据孟德尔遗传规律，随机交配后 F_2 代的基因型频率分别是 *AA* 25%，*Aa* 50%，*aa* 25%。子代所产生配子的基因频率是：

$$A = 25\% + 1/2\ (50\%) = 50\% \quad a = 1/2\ (50\%) + 25\% = 50\%$$

亲代和子代的两种配子的基因频率完全一样。

哈迪 - 温伯格定律（Hardy-Weinberg law，简称为哈温定律）是指在一个巨大的、个体交配完全随机、没有其他因素的干扰（如突变、选择、迁移、漂变等）的种群中，基因频率和基因型频率将世代保持稳定不变。这种状态称为种群的遗传平衡状态。

在上例中，如果种群经过若干随机交配的世代后成为一个数量很大的种群，且周围没有干扰基因平衡因素的存在，假定种群数量为 *N*，具有 *AA*、*Aa*、*aa* 3 种基因型的个体数分别为 n_1、n_2、n_3，则 3 种基因型的频率分别是：

AA 基因型频率： $x\ (\%) = n_1/N$

Aa 基因型频率： $y\ (\%) = n_2/N$

aa 基因型频率： $z\ (\%) = n_3/N$

$$x + y + z = 100\%$$

由于种群中 *A* 基因的基因数为 $2n_1$（*AA* 基因型）$+ n_2$（*Aa* 基因型），则种群中 *A* 基因的基因频率 *p* 为：$p = (2n_1 + n_2)/2N$

同样，种群中 *a* 基因的基因频率 *q* 为： $q = (2n_3 + n_2)/2N$

$$p + q = 100\%$$

按照哈温定律，在本例中，基因 *A* 和 *a* 的频率将一直保持在 50%、50%，基因型频率 *AA* 25%，*Aa* 50%，*aa* 25% 在种群足够大，随机交配，没有其他因素干扰的情况下也将世世代代保持不变。

满足遗传平衡的种群通常具有如下特点：① 交配完全随机；② 没有基因突变发生；③ 种群充分大，随机事件导致的基因频率的变化小到可以忽略不计；④ 没有新基因的迁入；⑤ 所有的基因型都有相同的适合度，即每个个体对后代的遗传贡献相等。只有这几方面条件都存在的情况下遗传平衡才能维持，在自然界中同时满足上述几种条件似乎很难，这从另一方面告诉我们在自然种群中进化变化发生的潜力是巨大的。

5.2.2 变异、自然选择和遗传漂变

5.2.2.1 变异

进化生物学认为，变异（variation）处于生命科学研究的心脏地位，因为变异既是进化的产物，又是进化的根据。种群内的变异包括遗传物质的变异、基因表达的蛋白质（特别是酶）的变异和表型的数量性状的变异。在同一种群内不可能找到两个各方面完全相同的个体。大部分变异是以遗传为基础的。

遗传物质的变异主要来自基因突变和染色体突变。虽然基因突变率一般不高，但由于基因重组作用，会产生很多变异。染色体变异包括染色体结构的变化和数量的改变，如染色体畸变和多倍体形成。种群内的遗传变异通常可用多态座位比例和每个座位的平

均杂合性来度量。蛋白质（特别是酶）是大多数基因座位编码的产物，已知自然种群中存在大量蛋白质和酶的多态性。当前估计种群和物种内的遗传变异通常采用**凝胶电泳**（gel electrophoresis）技术识别与特定等位基因相关联的同工酶（isozyme），或者是自身含有等位基因的DNA，来判定多态基因座比例和每个基因座平均杂合性。用电泳法已研究了许多物种，变异程度都很高。脊椎动物普遍比无脊椎动物多态性略低，小地方群体的物种或已知近交的物种杂合程度降低。当然，变异并不限于通过电泳研究的编码酶的基因座，现代DNA序列分析技术已揭示特定DNA序列在自然种群中有丰富的变异。利用各种分子生物学技术来检测基因或基因型的变异已广泛应用于种群遗传学、进化学及物种多样性保护等领域，如通过检测濒危物种种群内个体间特定DNA序列变异判断其近交程度（图5-2）。

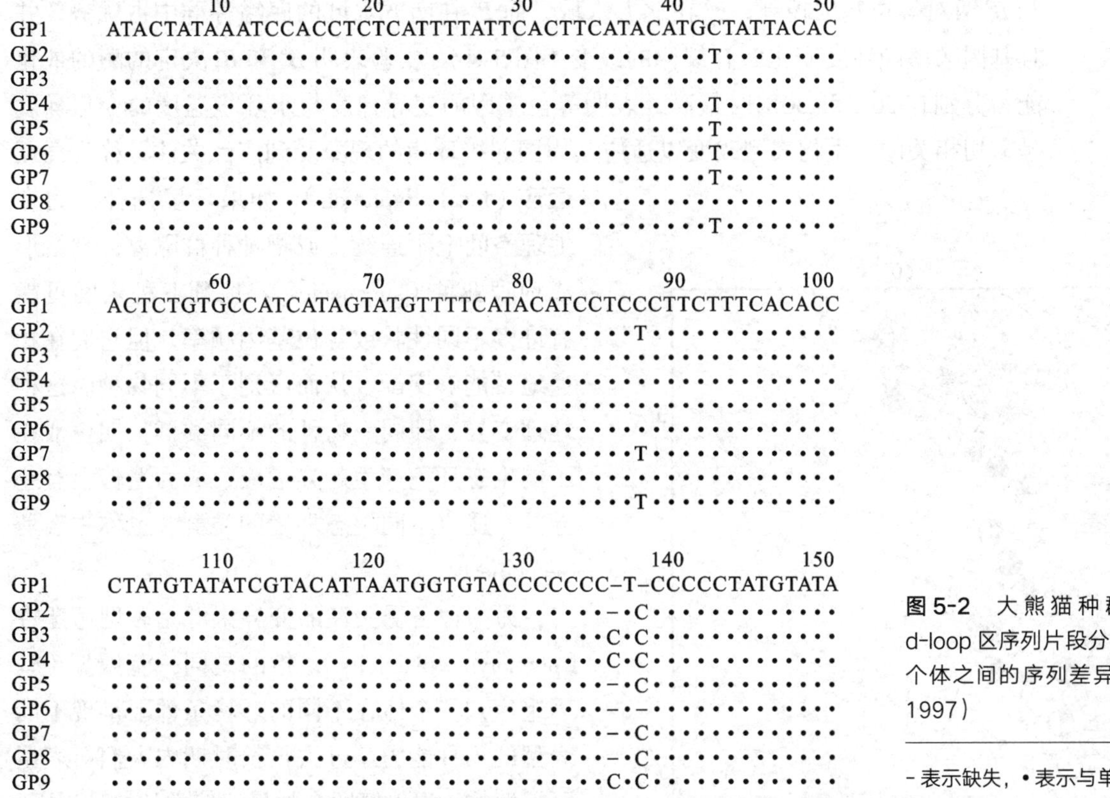

图5-2 大熊猫种群内线粒体DNA d-loop区序列片段分析，示不同单倍型个体之间的序列差异（引自张亚平等，1997）

- 表示缺失，• 表示与单倍型1的碱基相同

另一种我们可直接观察到的种内变异是个体在形态、结构和功能等方面即**表型**（phenotype）性状的差异。如同一种花，经常可呈现多种颜色。这是因为在种群中许多等位基因的存在导致一种群中一种以上的表型，这种现象叫作**多态现象**（polymorphism）。植物毒性的多态现象很普遍。巢菜和车轴草在叶子被破坏时产生氰化物的能力不同。美国黄松（*Pinus ponderosa*）个体携带的黑松白轮盾蚧数量变化很大，可能由于植物单萜（烯）的类型与含量不同。达尔文曾发现欧洲樱草（*Primula vulgaris*）花的结构有两种类型：一种花柱很长，伸出花冠之外，叫针式型；一种花柱很短，在花冠中部，叫线式型。它们的雄蕊等长，分布在花冠顶部。这种多态现象有利

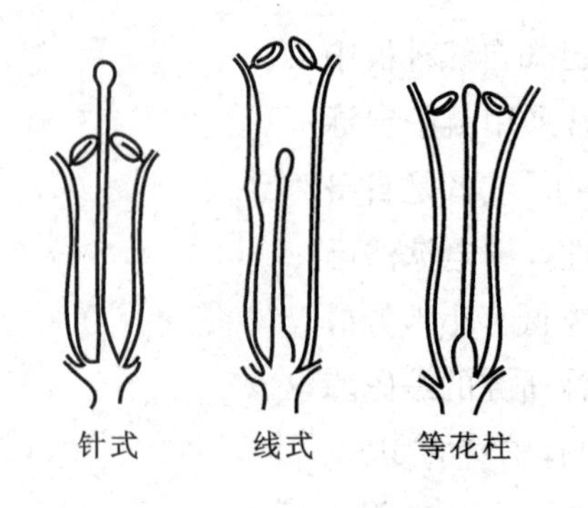

图 5-3 3 种花式模式图（仿郑师章等，1994）

于异花传粉，提高结果率。遗传学研究表明这种区别是一对等位基因差异所致。后人发现在一些地方还存在另一种花柱与花药在同一水平的等花柱型花（图 5-3），有利于自花授粉，为另一对基因所控制。3 种花式在不同地域的种群中以不同的频率存在。这与环境条件的自然选择密切相关。

广布种的形态、生理、行为和生态特征往往在不同地区有显著的差异，称为**地理变异**（geographical variation）。地理变异反映了物种种群对环境选择压力空间变化的反应。如果环境选择压力在地理空间上连续变化，则导致种群基因频率或表型的渐变，表型特征或等位基因频率逐渐改变的种群叫**渐变群**（cline）。如分布于北美大西洋沿岸的底鳉（*Fundulus heteroclitus*），研究发现其乳酸脱氢酶活力由 B^a 和 B^b 两对等位基因控制。B^b 在北方水域，而 B^a 在南方水域的底鳉种群中占优势，并且基因频率随纬度变化做有规律的改变（图 5-4）。实验表明 B^b 和 B^a 决定的酶的催化能力分别在 20℃和 30℃时最高，表明等位基因的变异梯度与水环境温度的变化梯度是密切相关的。生物表型改变以适应其周围邻接环境的现象受到广泛关注，称为**局域适应**（local adaptation）。如果环境选择压力在地理空间上不连续，或物种种群隔离，则会形成**地理亚种**（subspecies）。地理亚种之间可能有许多不同性状或等位基因频率，但它们在相遇地带能够交配，从而区别于不同物种。这种地理变异，即同一物种的不同类群长期生活在不同生态环境产生趋异适应，成为遗传上有差异的，适应不同生态环境的类群，也称**生态型**（ecotype）。

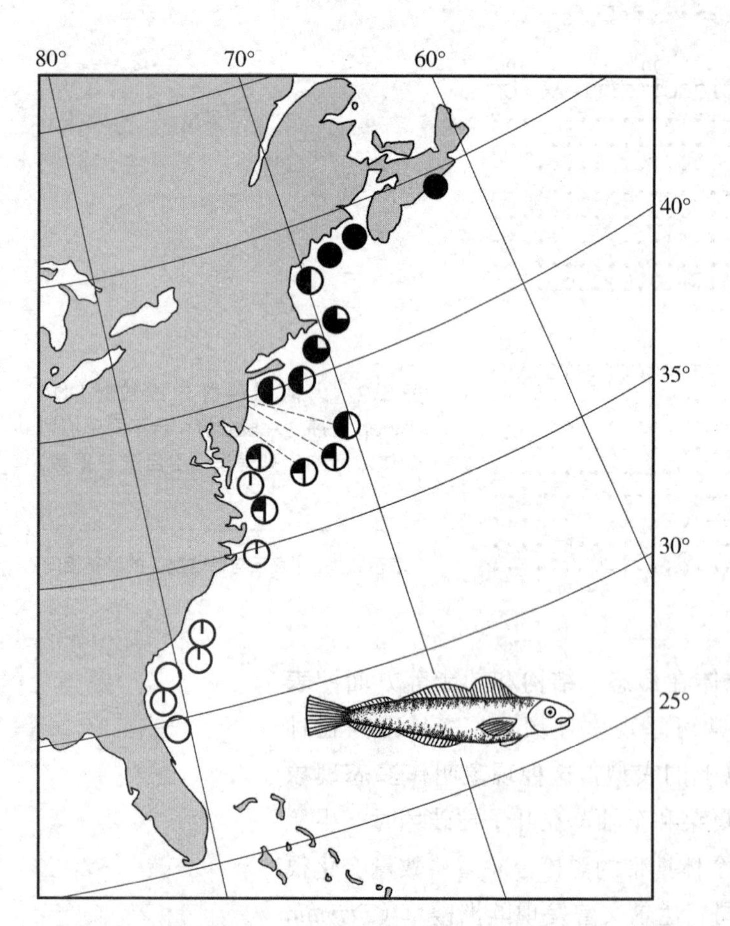

图 5-4 底鳉乳酸脱氢酶 *B* 等位基因的渐变群（仿 Ehrlich，1987）

图中圆圈内黑色部分表示 B^b 基因频率，白色部分表示 B^a 基因频率

另一种备受关注的变异来源是**表型可塑性**（phenotypic plasticity），指的是同一基因型（基因组序列）个体在不同的环境条件下呈现不同表型的一种能力。过去很长时期内人们对表型可塑性的认识仅停留在数量遗传学的统计层面，伴随着分子生物学实验技术的进步及生态基因组学（ecological genomics）研究的深入发展，人们发现由一个相同基因型发育而来的表型变异非常普遍且机制复杂，影响后代表型的不仅有基因，还有表观遗传修饰、配子 / 胚胎内部环境（包括来自母体的除基因以外的如卵细胞质所携带的信息）、胚胎 / 幼体的外部生长环境等，都可能对后代个体的表型产生重要影响。而且，不仅生物个体自身所处的环境，其亲代

所处的环境也可能影响后代表型。人们把母体经历的环境或自身的表型在遗传因素之外对后代表型所产生的影响称为**母体效应**（maternal effect）。如生活在捕食压力大的环境下的萼花臂尾轮虫（*Brachionus calyciflorus*）母体所产后代大部分身体后端带有长长的侧棘刺，而生活在无捕食压力生境下的母体所产后代则几乎不长侧棘刺，侧棘刺长度与该种轮虫是否能顺利逃避捕食密切相关（Li and niu，2018）。表型可塑性导致的表型变异可发生在外部形态、内部结构、发育、生理、生长以及行为、生活史等各种表型性状上，有些性状可能直接影响生物的适应性，进而影响种群动态和自然选择。现在，一般认为表型可塑性和遗传分化（包括生态分化）是生物适应异质生境的两种主要方式。

5.2.2.2 自然选择

变异是**自然选择**（natural selection）的基础。选择就是对有差别的存活能力和生殖能力的选择。如果个体或群体之间没有形态、生理、行为和生态特征上的差异或区别，也就没有在存活能力和生育能力上的不同，自然选择过程也就没有基础。如果不同基因型的个体具有相同的存活和生育能力，就没有自然选择，这样的基因型之间，称为选择是中性的。而且，如果不同基因型个体在存活能力和生育能力上有区别，但其区别与基因没有联系，自然选择同样不能出现。自然选择只能出现在具有不同存活和生育能力的、遗传上不同的基因型个体之间。也就是说，无论何时，当各基因型个体在适合度上存在差异时，自然选择就起了作用。**适合度**（fitness）以基因型个体的平均生殖力乘以存活率算出，如果以 W 表示适合度，m 表示基因型个体生育力，l 表示基因型个体存活率，则 $W=ml$。适合度是分析估计生物所具有的各种特征的适应性，及其在进化过程中继续往后代传递的能力的常用指标。某一基因型个体的适合度实际上就是它下一代的平均后裔数。适合度高的，在基因库中的基因频率将随世代而增大，反之，适合度低的，将随世代而减少。如果等位基因库中有一个是隐性致死基因，则自然选择将逐渐地从基因库中淘汰这些致死性基因。通过自然选择作用，生物种群的基因型和表型频率发生变化，最终导致生物对环境的适应。

表示自然选择强度的指标是**选择系数**（selective coefficient）。选择系数（s）= 1－相对适合度（w）。假设某种群分别含有 A_1A_1、A_1A_2 和 A_2A_2 基因型个体，其适合度分别为 $W_{11}=2$，$W_{12}=1$ 和 $W_{22}=0.5$，则以种群中最大适合度为分母，各个基因型的相对适合度为：

$$w_{11}=W_{11}/W_{11}=1,\quad w_{12}=W_{12}/W_{11}=0.5,\quad w_{22}=W_{22}/W_{11}=0.25$$

然后找出 w 间的最大差值，即为选择系数，上例中，$s=1-0.25=0.75$。

5.2.2.3 遗传漂变

遗传漂变（genetic drift）是基因频率的随机变化，仅偶然出现，在小种群中更明显。种群中经历显著的遗传漂变的基因频率，可观察到其随时间“漂离”起始值。由于这种变化是随机的，不受自然选择的影响，频率会呈现无方向性变化，增加、减少或上下波动。基因频率的随机变化会使种群中某些基因频率增加，而某些基因频率减少或丧失，从而导致小种群中遗传变异随时间而减少。

漂变的发生是由于偶然性对基因由一代向下一代转移时的影响。并不是所有的个体都交配，也不是所有个体生产的配子都能贡献于繁殖。那些确实形成后代的配子，其所携带的基因频率，也许不能代表其双亲。在大种群中，这些被称作取样效应的问题，可以互相抵消；如果一对父母的后代不足以代表其等位基因，另一对父母的后代则可能过量地代表了其等位基因。在小种群中似乎就不能这样，结果子代种群的基因频率就会不同于亲代种群。这些随机变化可以使等位基因从种群中完全丢失，以至在座位上仅留下一个基因。像这些连续固定（fixation）活动会导致遗传变异从种群中逐渐丧失（图 5-5）。随机死亡具有与上面所述同样的作用；存活者的基因型可能不能代表死亡发生前的种群，并且这些不同于前种群的基因会传递到下一代。死亡的这种作用可以解释为什么遗传漂变在无性繁殖种群中也会明显。

遗传漂变的强度决定于种群大小，种群越大，遗传漂变越弱；种群越小，遗传漂变越强。种群大小的倒数（$1/N$），通常用作遗传漂变强度的指标。

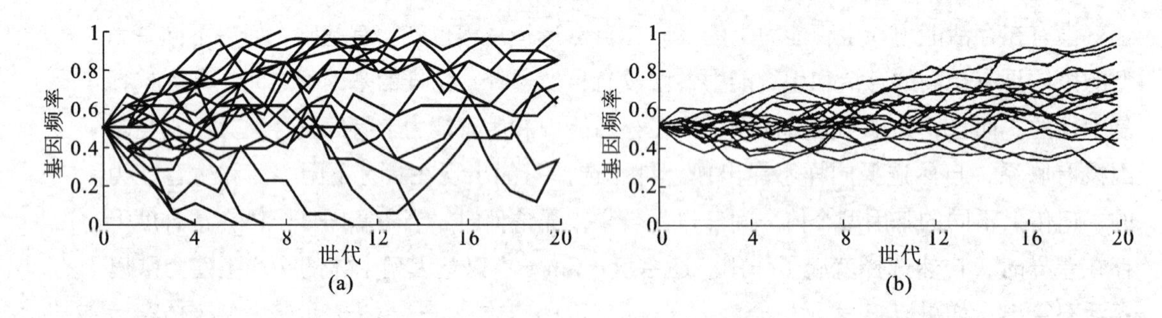

图 5-5 对一个双等位基因座位进行的 20 次重复遗传漂变模拟（仿 Mackenzie et al.，2000）

起始基因频率为 0.5。在小种群（a），基因频率的巨大波动导致等位基因的固定（其频率变为 1.0）和纯合。在大种群（b）中波动受到抑制，较少发生遗传变异的固定和丧失

窗口 5-1

生境破碎化的生态后果

生境破碎化受到关注的主要原因之一是破碎的生境会大大降低生物种群的大小，从而使自然种群中的遗传变异由于遗传漂变的作用而丧失。生活在墨西哥的奇瓦瓦云杉（*Picea chihuahuana*）由于气候变暖等因素的影响，分布区向北部、高海拔地区大大缩小。美国与墨西哥科学家利用等位酶电泳技术，对种群数量从 17 ~ 2 441 个体的 7 个奇瓦瓦云杉地域种群进行了遗传多样性分析，结果发现种群遗传多样性与其数量大小显著正相关（Ledig et al.，1997）。澳大利亚生态学家 R. Frankham（1996）对比分析了 202 个不同种类生物的岛屿种群与其同种大陆种群的遗传多样性，发现其中 165 个大陆种群具有较高的遗传变异，说明生活在隔离环境中的通常种群较小的岛屿种群一般遗传多样性也较低。芬兰科学家 I. Saccheri（1998）对 Glanville 豹纹蝶（*Melitaea cinxia*）的研究则发现小种群中近亲交配导致的杂合性降低对种群的灭绝概率具有显著影响。杂合性低的雌体存活率、其所产卵的孵化率也较低，而且幼体较小，难以度过冬季休眠期。这些因素决定了由低遗传变异（低杂合性）个体组成的种群具有较高的灭绝概率。

自然选择和遗传漂变是两种**进化动力**（evolutionary force）。对自然选择强度和遗传漂变强度的一个粗略的比较方法是：如果选择强度 s 大于遗传漂变强度，且大 10 倍或更多，则在多数情况下，可对遗传漂变忽略不计，反之亦然。

5.2.3 遗传瓶颈和建立者效应

5.2.3.1 遗传瓶颈

如果一个种群在某一时期由于环境灾难或过捕等原因数量急剧下降，就称其经过了**瓶颈**（bottle neck）。这会伴随基因频率的变化和总遗传变异的下降（图 5–6）。图 5–6(a) 表示种群经过瓶颈然后恢复过程中种群数量随时间的变化。

经过瓶颈后，如果种群一直很小，则由于遗传漂变作用，其遗传变异会迅速降低，最后可能致使种群灭绝。另一方面，种群数量在经过瓶颈后也可能逐步恢复［图 5–6(a)］。北方象海豹（*Mirounga angustirostris*）是经历过瓶颈的种群中最极端的例子。其数量在 19 世纪 90 年代由于过捕减到 20 头。现在又增长到 30 000 多头。研究表明该种遗传变异水平非常低，在调查的 24 个基因座中仅固定了一个等位基因。遗传变异一旦从种群中消失，就只能通过突变再次积累（会需要许多代），或通过与一个遗传性不同的种群混合。

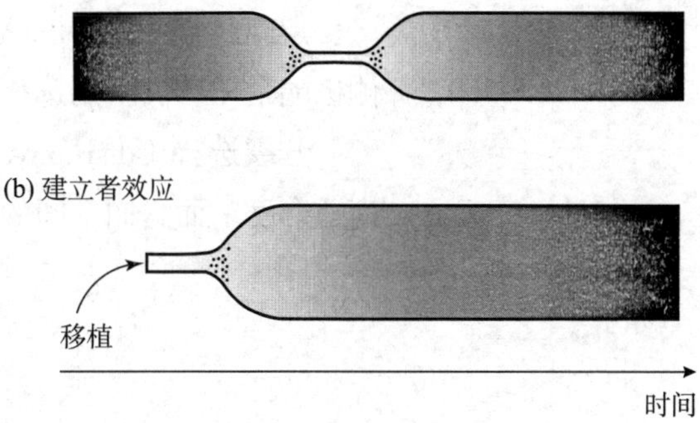

图 5-6 种群大小随时间的变化，由阴影带宽度的变化来表示（仿 Mackenzie et al.，2000）

（a）种群数量急速下降时遗传瓶颈发生，由阴影带变窄来表示（阴影的亮度变化表示遗传变异的下降和后来通过突变积累而逐渐增加）（b）由少数个体建立的种群，呈现相似的初始遗传变异的缺乏

5.2.3.2 建立者效应

以一个或几个个体为基础就可能在空白生境中建立一个新种群［图 5–6（b）］。遗传变异和特定基因在新种群中的呈现将完全依赖这少数几个移植者的基因型，从而产生**建立者种群**（founder population）。由于取样误差，新隔离的移植种群的基因库不久便会和母种群相分歧，而且由于两者所处地域不同，各有不同的选择压力，使建立者种群与母种群的差异越来越大。此种现象称为**建立者效应**（founder effect）。在极端情况下，一个新种群的建立可能来自一个怀孕雌体或单个可自交的植物种子。如果移植者带有在母种群中很稀少的等位基因，则该稀少基因在建立者种群中会变得很普通。一个典型的例子来自人类。南非的布尔人主要是来自 1652 年上岸的一船 20 个移民的后代。最初的移民中有一个荷兰男性，带有遗传性舞蹈病基因，今天布尔人中该基因的高发病率就源于这种建立者效应。

5.2.4 表型的自然选择模型

当某些表型性状的差异平均起来能造成存活率或生殖率上一致性的差异时，就出现了选择的机会。当一个群体中出现能够提高个体生存力或繁殖力的突变时，具有该基因的个体将比其他个体留下更多的子代，而突变基因最终在整个群体中扩散。这种选择被称为**正选择**（positive selection）；当群体中出现有害基因时，携带该基因的个体会因为生存力或繁殖力降低而从群体中淘汰，称为负选择（negative selection），也叫净化选择（purifying selection）。正选择是表型的适应性进化的基础，其自然选择模式大致可分为 3 类：

稳定选择（stabilizing selection）：当环境条件对处于种群的数量性状正态分布线中间的个体是最适时，选择淘汰两侧极端个体，属于稳定选择（图 5–7）。如对人类初生死亡率的统计表明，出生体重平均 3.3 kg 的初生儿死亡率最低，偏离该体重的两侧极端体重死亡率最高。

定向选择（directional selection）：如果表型与适合度的关系是单向型的，选择对一侧极端个体有利，则选择属定向型（图 5–7）。大部分人工选择属于这类。

分裂选择（disruptive selection）：如果种群的数量性状正态分布线两侧的表型具有高适合度，而它们中间的表型适合度低，则选择是分裂的或歧化的（图 5–7）。

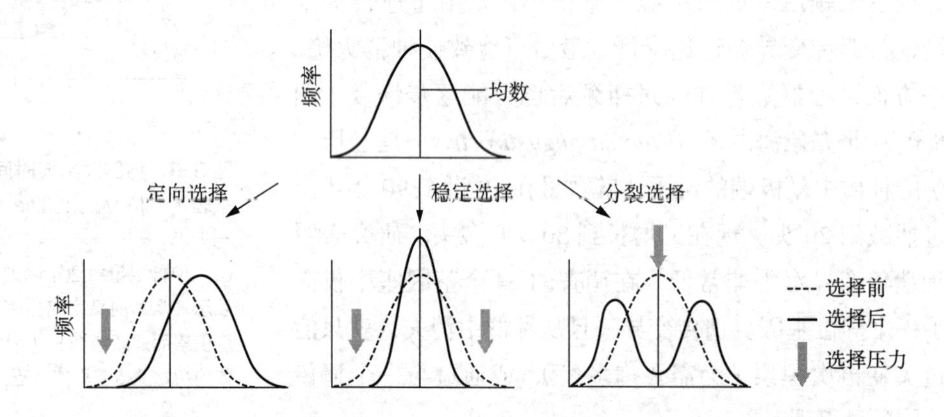

图 5-7 表型特征的 3 类选择

选择的结果形成了生物的适应性。但应注意适应性并不是创造出“最好”的表型，这是因为自然选择只是对现有表型的选择，而现有表型不一定包括最好的。另外，因为环境和种群基因库是经常变化的，所以任何适应也都是相对的。

达尔文所指的自然选择是个体选择，很多生态学家认为，自然选择不仅局限于个体。除个体单位外，可能还有下列几个生物学单位的选择：

配子选择（gamete selection）：选择对基因频率的影响发生在配子上，称为配子选择。如植物的花粉，生长快速的花粉管有更多的机会使卵受精，如果这种性状由基因控制，则选择就会起作用影响基因频率。

亲缘选择（或称亲属选择，kin selection）：如果个体的行为有利于其亲属的存活能力和生育能力的提高，并且亲属个体具有同样的基因，则可出现亲缘选择。亲缘选择对种群的社会结构有重要影响。

群体选择（group selection）：一个物种种群如果可以分割为彼此多少不相连续的小群，自然选择可在小群间发生，称为群体选择。有关群体选择是否存在，目前尚有争论。

性选择（sexual selection）：动物在繁殖期经常为获得交配权而通过某些表型性状或行为进行竞争，如雄鸟、雄鱼具有美丽的色彩，雄鹿有发达的角等。由于竞争获胜者能优先获得交配机会，从而使这些有利于繁殖竞争的性状被选择而在后代中强化发展。

有关遗传漂变，瓶颈效应和自然选择对种群遗传多样性的影响，我们在本书第六部分 16.2.1.3 还有一些详细介绍。

5.3 物种形成

物种形成（speciation）是指由已有的物种通过各种进化机制进化出新物种的过程。了解物种形成的机理是深入认识物种多样性产生及维持的关键所在，物种形成研究已成为进化生物学、生态基因组学、生物多样性科学等相关领域探究的核心科学问题之一。

5.3.1 物种形成及其过程

选择性进化的关键阶段是形成新物种，即物种形成。上面我们已介绍过生物种的概念，根据这一普遍持有的概念，种是一组可以相互杂交的自然种群，它们与其他种群组间具有生殖隔离。种内个体享有共同基因库。**基因流**（gene flow）描述的是基因在种群内通过相互杂交、扩散和迁移进行的运动。基因在种群间流动的水平越大，种群就会越均匀，或普遍相似。受限制的基因流使种群间发生分化，因为每个种群中都会或多或少地独立发生适应和遗传漂变。在物种间不发生基因流，因为它们是彼此生殖隔离的，没有相互杂交。目前广为学者们接受的**地理物种形成学说**（geographical theory of speciation）将物种形成过程大致分为 3 个步骤：

（1）地理隔离　通常由于地理屏障将两个种群隔离开，阻碍了种群间个体交换，使种群间基因流受阻。

（2）独立进化　两个彼此隔离的种群适应于各自的特定环境而分别独立进化。

（3）生殖隔离机制的建立　两种群间产生生殖隔离机制，即使两种群内个体有机会再次相遇，彼此间也不再发生基因流，因而形成两个种，物种形成过程完成。

生物种由**生殖隔离机制**（reproductive isolation mechanism）来保持。生殖隔离机制是阻止种间基因流动，致使生境非常相近的种保持其独特性的任何特性。这些机制列在表 5–1 中。

表 5-1 Dobzhansky 的生殖隔离机制分类（仿 Mackenzie et al.，2000）

1. 交配前或合子前隔离机制阻止杂合子形成
（a）生态或生境隔离　相关种群生活在相同综合地域的不同生境中，如欧洲蚊（*Anopheles labrancuiae*）生活在半咸水中，而五斑按蚊（*A. maculipennis*）生活在流动的淡水中
（b）季节或时间隔离　交配或花期发生在不同的季节。例如，发现辐射松（*Pinus radiata*）和加州沼松（*P. muricata*）在加利福尼亚非常接近，但其授粉期不同
（c）性隔离　不同种间性的相互吸引力很弱或缺乏，如在欧洲蟋蟀（*Ephippiger*）中，雌性对同种雄性发出的求偶鸣叫模式显出很强的选择性
（d）机械隔离　生殖器或花的部分的物理性不响应阻止了交配或花粉转移，如一些蜻蛉具有非常复杂的生殖器来防止异种交配

续表

（e）不同传粉者隔离　在开花植物中，相关种可能特化吸引不同的传粉者，例如，雄蜂通过与仿蜂花“交配”来为蜂兰花授粉。不同种的蜂兰花模拟不同种的蜂，使得不可能交叉受精
（f）配子隔离　在体外受精的生物中，雌雄配子可能不互相吸引。在体内受精的生物中，一种的配子或胚胎在另一种的物理环境中不能生存
2. 交配后或合子隔离机制降低杂合体的生存力或繁殖力
（g）杂种不存活　杂合体存活力降低或不能存活。在北美蟋蟀中，*Gryllus pennsylvanniccus* 雄性和 *G. firmus* 雌性之间的交配不能产生任何后代
（h）杂种不育　杂种 F_1 代的一种性别或两种性别不能生产功能性配子，如马和驴的杂种后代骡子
（i）杂种受损　F_2 代或回交杂种后代存活力或繁殖力降低

隔离机制没必要完全，生物种要保持为一个物种也没必要完全隔离。例如，尽管 *Gryllus pennsylvanniccus* 雄性和 *G. firmus* 雌性之间的交配不成功（表 5-1），反过来 *G. firmus* 雄性与 *G. pennsylvanniccus* 雌性间的交配则生产可存活的杂交后代。土壤类型的生态分离帮助这些种彼此独立。在北美豹蛙 *Rana pipiens* 和 *R. palustris* 之间，生态、季节和地理隔离的混合作用保证了种间的生殖隔离。

自然选择是物种形成的主导因素（Darwin，1859）。Rundle 和 Nosil（2005）提出

窗口 5-2

肉食起源的大熊猫以竹子为食的奥秘

大熊猫有一个特殊的特征：基本以各种竹子为食。大熊猫属熊科，仍然保留着很多肉食性祖先的特征，如尖锐的犬牙，简单的胃和较短的肠道。与高蛋白、高能量、高营养、易消化的肉食相比，植物性食物通常营养价值低，且含有大量难消化的纤维素类物质甚至是有毒性的次生代谢物质。肉食性起源的大熊猫缺乏植食性动物那么好的植物消化能力，他们又是怎么依靠比肉食营养贫乏且能值低的竹子来满足日常生命活动需要的呢？

中国科学院魏辅文院士团队经过长期艰苦的系统研究，终于揭开了这个问题的谜底。与牛、斑马、狗等动物相比，大熊猫体表温度低，可有效减少身体散热耗能；身体一些器官小，日常运动相对少，可减少能量消耗。用双标水法观测大熊猫日能量消耗，发现可比一般哺乳类动物低 3～4 成。而这种低能耗与其体内低甲状腺素水平相呼应，源自与甲状腺素合成相关的 *DUOX2* 基因的一个碱基的突变（图 C5-1）。

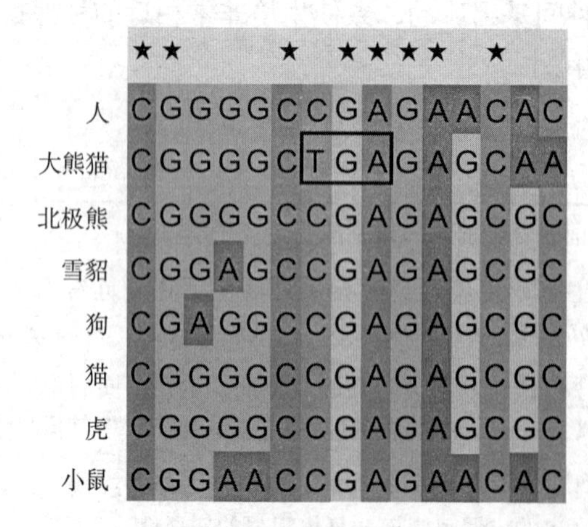

图 C5-1　大熊猫 *DUOX2* 基因的遗传变异（引自 Nie et al., 2015）

生态学物种形成（ecological speciation）的概念，认为物种形成的机制是基于生态学的**歧化选择**（divergent selection）导致群体之间基因流障碍形成的过程。Schluter（2009）认为自然选择导致物种形成的机制主要包括生态学物种形成和突变主导的物种形成（mutation-order speciation），后者强调不同群体在相同的选择压力下，由于进化出不同的适应机制而产生了生殖隔离。尽管在两种机制中自然选择都会促进与适应相关的基因在各自的群体中固定下来，但群体间的分化方向明显不同。在生态学物种形成过程中，选择压力会促进群体间产生分化，而在后者，群体间分化是个随机过程（Schluter and Conte，2009）。

5.3.2 物种形成的方式

物种形成的方式，一般可分为 3 类。

5.3.2.1 异域性物种形成

与原来种由于地理隔离而进化形成新种，为**异域性物种形成**（allopatric speciation）[图 5-8(a)]。在图 5-8(a) 中用圆圈表示的种的分布区被一个屏障如新的山脉或河流改道再次分开。两个亚种群之间的基因流被阻断，各自独立发生进化。自然选择可能选择屏障两端不同的基因型，随机的遗传漂变和突变会带来差异。随着时间延续，差异会达到这样的程度，即使两个种群再次相遇，它们也不再能相互交配，物种形成完成。

异域性物种形成又可分为两类，一类是通过大范围地理分隔使两种群独立进化造成的物种形成，多发生在分布范围很大，食性不专，采取 K 对策的猫科、犬科等大型食肉兽和鸟类中，通常要经历很长时间才能形成新物种。另一类异域性物种形成方式发生在处于种分布区极端边缘的小种群中，比如在主种群响应气候变化分布区紧缩的时候，少数个体会从原种群中分离出去。隔离种群会受到建立者效应的影响，遗传上不同于原来种群。小的非典型种群与极端环境条件的混合作用可通过随机的遗传漂变和强烈的自然选择发生迅速而广泛的遗传重组，独立进化而成新种。这种新种形成方式多见于啮齿类、昆虫等属于 r 对策的种类。如维多利亚湖丽鱼（*Haplochromis*）的物种分化被认为是由于流入该湖的河流排水模式发生变化，导致小建立者种群的隔离而发生的。很小的变化，例如，雄性的婚姻色和求爱行为的变化导致了多达 170 个生殖隔离物种的形成（Takuno et al.，2019）。

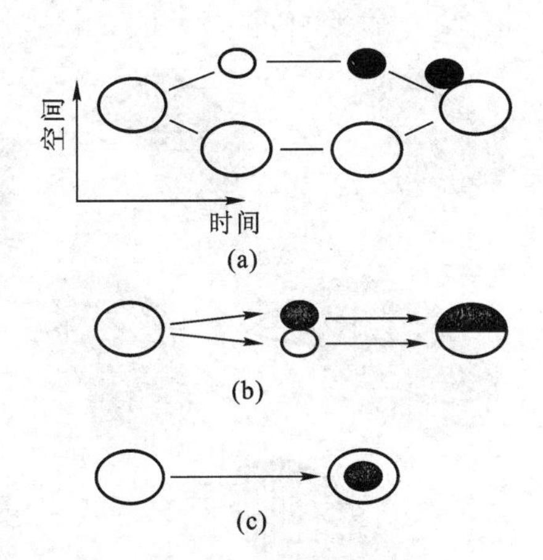

图 5-8 不同物种形成模型所需的隔离的程度和类型（仿 Mackenzie et al.，2000）

（a）异域性物种形成：新种来自与原来种群的地理隔离 （b）邻域性物种形成：新物种形成在相邻种群 （c）同域性物种形成：新种从原来种群分布区内出现

5.3.2.2 邻域性物种形成

邻域性物种形成（parapatric speciation）发生在分布区相邻 [图 5-8(b)]，仅有部分地理隔离的种群。在物种形成过程中它们可以通过一条公共的分界线相遇。占据很大地理区域的物种在其分布区内的不同地点，可能适应不同的环境（如气候）条件，使种群内的次群分化、独立，虽没出现地理屏障，也能成为基因流动的障碍而逐渐分化出新种。例如，银鸥（*Larus argentatus*）是环球分布种（ring species），其分布在一块很大地理面积内。向西从英国到北美，其外表逐渐变化，但还可认出是银鸥。在更西面的西伯利亚它开始看上去像较小的小黑背鸥（*Larus fuscus*）。从西伯利亚到俄罗斯西部再到北欧它逐渐变得更像小黑背鸥。环的末端在欧洲相遇，两个地理极端显示两个很好的生物学种。邻域性物种形成多见于活动性少的生物，如植物、鼹鼠、无翅昆虫等。

5.3.2.3 同域性物种形成

同域性物种形成（sympatric speciation）发生在分化种群没有地理隔离的情况下。理论上，在物种形成过程中所有的个体都能相遇［图 5-8(c)］。该模型通常需要宿主选择差异、食物选择差异或生境选择差异来阻止新种被基因流淹没。

同域性物种形成是否存在尚有争议。在理论上，当种群中存在多型以适应两个不同的生境或生态位时就可以发生。如果两种形态对其生境有所选择就能发生生殖隔离。这在自然选择中已有一些证据。例如，苹果巢蛾（*Yponomeuta padella*）的毛虫以苹果和山楂树为食。雌蛾喜欢将卵产在其长大的类型的树上，毛虫也喜欢在其母亲生长的植物上摄食，成体蛾喜欢与同类型植物上的个体交配。苹果和山楂类型不完全隔离，但可能代表同域性物种形成过程中的中间点。

图 5-9 来自共同祖先，适应不同生活方式的达尔文雀

树栖种类：1. 小树雀 2. 中树雀 3. 大树雀 4. 红树林树雀 5. 科岛雀 6. 植食树雀 7. 莺雀 8. 拟鸮树雀
地栖种类：9. 大地雀 10. 中地雀 11. 小地雀 12. 仙人掌地雀 13. 大仙人掌地雀 14. 尖喙地雀

一个不容争辩的同域性物种生成的例子是植物通过多倍体（polyploid）发生的。多倍体是整个染色体组的自发复制，致使个体中原来染色体数成倍增加。多倍体在植物中很常见，通常形成更大、生命力更强的形态。多倍体在动物中通常不能存活，尽管有一些鱼类和两栖类是多倍体。多倍体植物与原来种群在性上不再兼容，但能建立一个占据不同生境的独特种群。大米草（*Spartina townsendii*）是来源于 *S. anglica* 的多倍体。它比原来植物生命力更强，在英国占据了大面积沙丘地域。

除易于通过自发形成多倍体而产生新种外，植物物种形成的另一重要特点是比动物易于产生杂种后代，杂交能育性高。而且，有些杂种如三倍体杂种虽然不能进行有性繁殖，但可通过营养体繁殖而广泛分布。

岛屿物种形成的特点是由于和大陆隔离，往往易于形成适应于当地的特有种。如在加拉帕戈斯（Galapagos）群岛和科科斯（Cocos）岛上生活着十余种达尔文雀。在一亿年前，其祖先由南美大陆迁移而来。由于当地无竞争对手和天敌，繁殖很快并分布到各岛，各自适应当地环境，逐渐进化形成独立的物种（图 5–9）。这些种形态相似，有的生活在树上食虫，有的食种子和果实，有的生活在地面上。像这种由一个共同的祖先起源，在进化过程中分化成许多类型，适应于各种生活方式的现象，叫作适应辐射（adaptive radiation）。当然，适应辐射并不仅在岛屿上出现。生物进化史上曾发生过多次适应辐射。脊椎动物由水域进入陆地后（在4.0亿～3.5亿年前），开始了脊椎动物的一次大的适应辐射。由于陆地上没有大的与之竞争的动物，选择压力低，登陆的脊椎动物纷纷占领各自的栖息地而迅速发展。适应辐射常发生在开拓新的生活环境时。当一个物种进入一个新的自然环境之后，由于新环境提供了多种多样可供生存的条件，于是种群向多个方向进入，分别适应不同的生态条件，出现栖息地、食物等的分化。在不同环境选择压力之下，它们最终发展成各不相同的新物种。

拓展阅读
达尔文与达尔文雀

思考题

1. 怎样理解生物种的概念？
2. 为什么说种群是进化的基本单位？
3. 什么是表型可塑性？
4. 为了确定某一物种在一些性状上的地理变异是由自然选择还是遗传漂变引起的，应该得到哪些证据？
5. 经历过遗传瓶颈的种群有哪些特点？
6. 植物以及岛屿的物种分化有何特点？

讨论与自主实验设计

建立者效应在物种形成过程中起怎样的作用？如何辨别建立者效应？

数字课程学习

◎本章小结　◎重点与难点　◎自测题　◎思考题解析

6 生活史对策

关键词　生活史对策　权衡　生殖努力　r 对策　K 对策
生殖价　两面下注理论　CSR 三角形

生物的生活史（life history）是指其从出生到死亡所经历的全部过程。生活史的关键组分包括身体大小（body size）、生长率（growth rate）、繁殖（reproduction）和寿命（longevity）。生物在其漫长的进化过程中，分化出多种多样的生物。不同种类的生物生活史类型存在巨大变异。一些种类能活成百上千年，如红豆杉（*Taxus baccata*）；一些个体，如象、鲸和加利福尼亚红杉（*Sequoia sempervirens*）身体巨大；而另一些种类如轮虫，寿命很短（仅几天）且身体微小。一些种类如大马哈鱼，一生仅繁殖一次，而许多动物如大型兽类一生可繁殖许多次。真菌或远洋鱼类生产许多小型后代，而另一些生物种类生产后代数量虽少，但个体较大（如伏翼蝠，仅生产两个后代，幼体出生时体重达母体生产后体重的 50%）。有关这些变异是如何进化而来的问题，是生态学的一个关键。

生物在生存斗争中获得的生存对策，称为生态对策（bionomic strategy），或生活史对策（life history strategy）。生物在进化过程中形成了多种生活史对策，如生殖对策、取食对策、迁移对策、体型大小对策等等，下面我们介绍一些重要的生活史对策。

6.1　能量分配与权衡

一个理想的具高度适应性的假定生物体应该具备可使繁殖力达到最大的一切特征：在出生后短期内达到大型的成体大小，生产许多大个体后代并长寿。但是，这种“达尔文魔鬼”（Darwinian demons）是不存在的，由于可获取能量的生理限制，分配给生活史一个方面的能量不能再用于另一个方面。生物不可能使其生活史的每一组分都这样达到最大，而必须在不同生活史组分间进行“权衡”（trade-off）。权衡是两个生活史

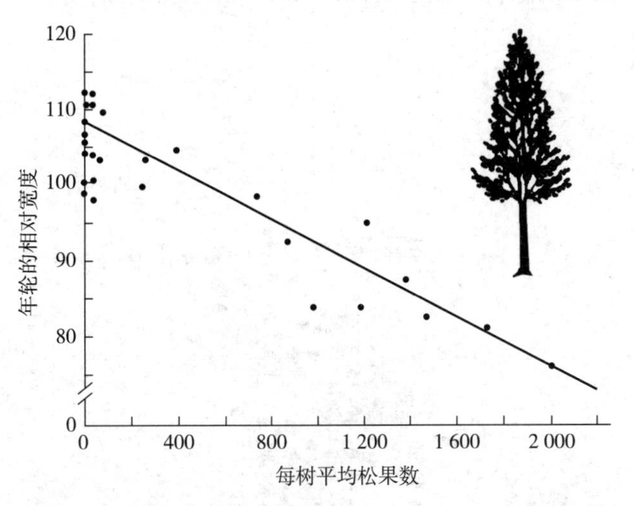

图 6-1 花旗松（*Pseudotsuga menziesii*）生长与繁殖输出之间的权衡（仿 Mackenzie et al.，2000）

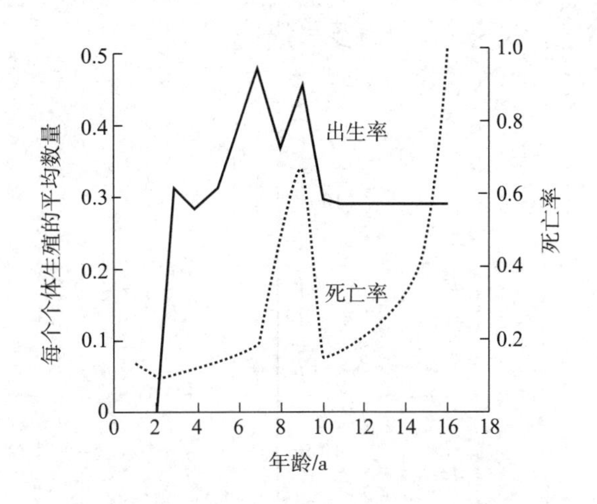

图 6-2 马鹿生殖率提高导致死亡率增大（仿郑师章等，1994）

性状之间的负相关关系。如生长和繁殖间能量输出的权衡在许多温带树种中都可见到。图 6–1 所示为花旗松（*Pseudotsuga menziesii*）生长率（以年轮的相对宽度表示）与繁殖力（以每树平均松果数表示）之间的关系，二者呈明显负相关。这种生殖代价存在于众多生物中。

在马鹿中，产奶雌鹿（带有幼崽）的死亡率明显高于不育雌鹿（没幼崽），表明生存与繁殖力之间的权衡（图 6–2）。不繁殖的雌鼠妇（*Armadillium vulgare*）比繁殖雌体分配于生长的能量多 3 倍。许多多年生园林植物，如果去掉种子头以阻止其分配资源给繁殖，则该植物存活力和未来花的生产力都会提高。在繁殖中，生物可以选择能量分配（energy allocation）的方式。资源或许分配给一次大批繁殖——单次生殖（semelparity），或更均匀地随时间分开分配——多次生殖（iteroparity）。同样的能量分配，可生产许多小型后代，或者少量较大型的后代。生物为增加繁殖力而花费的能量，称为**生殖努力**（reproductive effort），包括分配给生殖后代的能量、时间、承担的风险和亲体关怀。

6.2 体型效应

体型大小是生物体最明显的表面性状，是生物的遗传特征，它强烈影响到生物的生活史对策。一般来说，物种个体体型大小与其寿命有很强的正相关关系（图 6–3），并与内禀增长率有同样强的负相关关系（图 6–4）。Southwood（1976）提出一种可能解释，认为随着生物个体体型变小，使其单位质量的代谢率升高，能耗大，所以寿命缩短。反过来生命周期的缩短，必将导致生殖时期的不足，从而只有提高内禀增长率来加以补偿。当然，这种解释不能包括所有情况。另外，从生存角度看，体型大、寿命长的个体在异质环境中更有可能保持它的调节功能不变，种内和种间竞争力会更强。而小个体物种由于寿命短，世代更新快，可产生更多的遗传异质性后代，增大生态适应幅度，使进化速度更快。

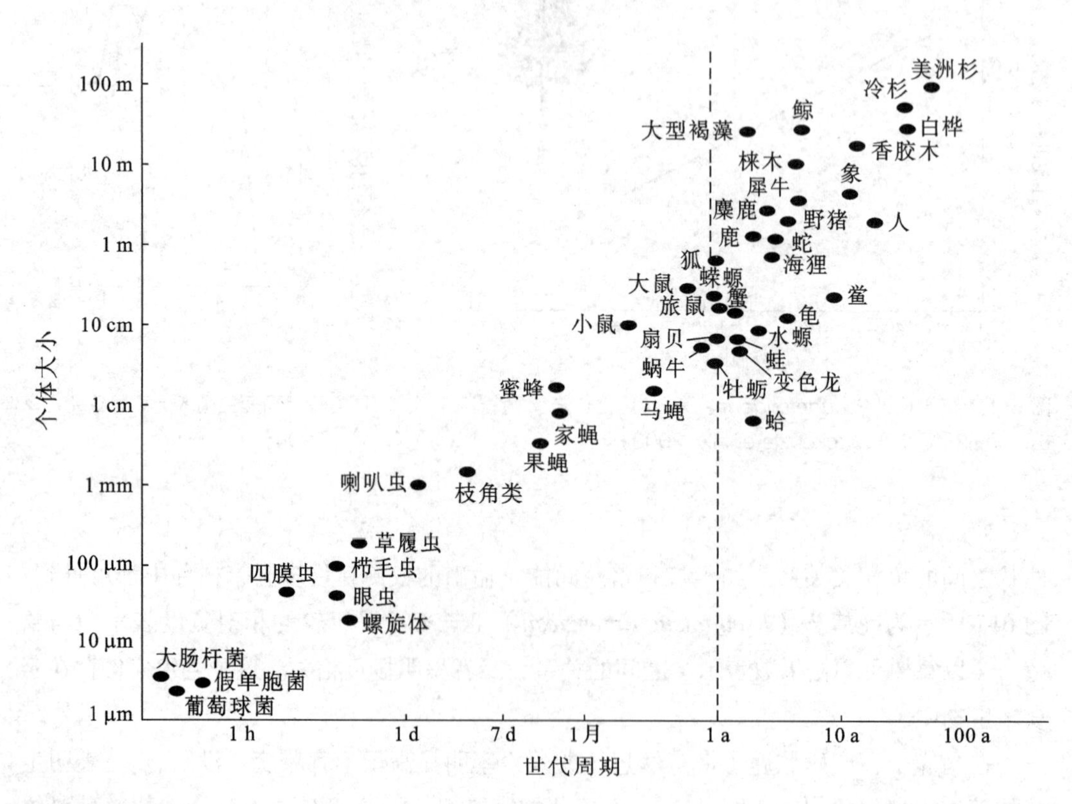

图6-3 个体大小与世代周期的关系（仿郑师章等，1994）

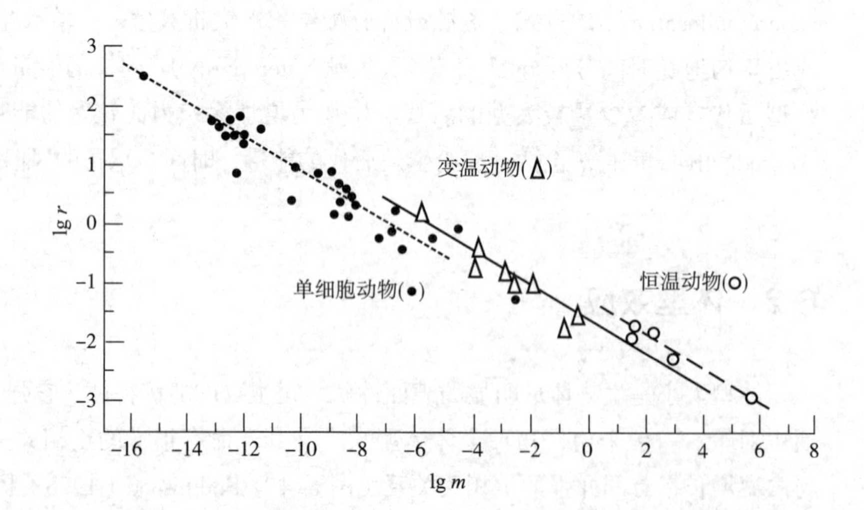

图6-4 个体质量与种群内禀增长率的关系（仿郑师章等，1994）

m为个体质量，单位为g；r为内禀增长率，单位为d^{-1}

6.3 生殖对策

6.3.1 子代个体大小、数量与适合度

由于生物获得能量受到自身生理和环境限制，其在不同生活史性状上如何分配能量体现了生物的生活史对策。上面我们看到生物在自身身体大小的投资上有不同的策略。大量研究表明，生物在所产后代（种子、卵或幼体）体型大小与数量之间也存在着明显的权衡（Turner and Trexler，1998），即母体一定的繁殖分配可以产生少量的大个体后代，或者产生大量的小个体后代。所产后代的数量及体积大小变异在物种多样性丰富的鱼类里差异非常明显。如海洋中生活的鲭鲨每次仅产 1～2 只大型幼体，而翻车鲀一窝可产 6 亿个小型卵。Turner 和 Trexler（1998）观测了镖鲈属（*Etheostoma*）鱼类体大小、卵数和卵大小等性状之间的关系，发现母体鱼体积越大，所产卵数量越多；而所产卵体积越大，数量越少（图 6–5）。然而，初生时后代大小与其后期个体适合度之间的关系可能更关键。Sinervo（1990）通过去除卵黄改变了西方强棱蜥（*Sceloporus occidentalis*）的子代大小，使其比未做处理的卵孵化的子代体型小。结果发现这些较小的子代冲刺速度较慢，这意味着逃避捕食的能力降低，因此适合度降低。

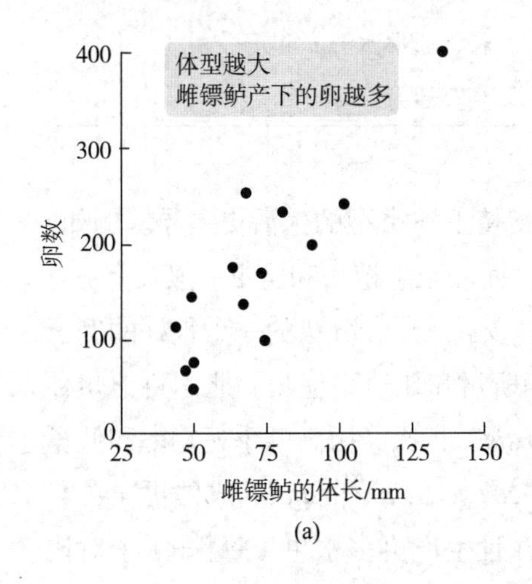

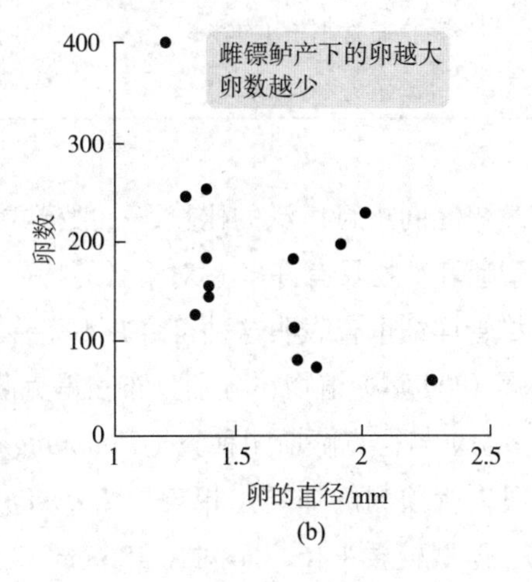

图 6-5 雌镖鲈的体型大小与卵数间的关系（a）；卵大小与卵数间的关系（b）（引自孙振君，2019）

6.3.2 r 对策和 K 对策

英国鸟类学家 Lack（1954）在研究鸟类生殖率进化问题时提出：每一种鸟的产卵数，有以保证其幼鸟存活率最大为目标的倾向。成体大小相似的物种，如果产小型卵，其生育力就高，但由此导致的高能量消费必然会降低其对保护和关怀幼鸟的投资。也就是说，在进化过程中，动物面临着两种相反的，可供选择的进化对策。一种是低生育力的，亲体有良好的育幼行为；另一种是高生育力的，没有亲代抚育（parental care）的行为。

MacArthur 和 Wilson（1967）推进了 Lack 的思想，将生物按栖息环境和进化对策分为 r 对策（r–strategy）者和 K 对策（K–strategy）者两大类，前者属于 r 选择（r–selection），

后者属于 K 选择（K–selection）。E. Pianka（1970）又把 r/K 选择思想进行了更详细、深入的表达，统称为 r 选择和 K 选择理论。该理论认为 r 对策种类是在不稳定环境中进化的，因而使种群增长率 r 最大。K 对策种类是在接近环境容纳量 K 的稳定环境中进化的，因而适应竞争。这样，r 对策种类具有所有使种群增长率最大化的特征：快速发育，小型成体，数量多而个体小的后代，高的繁殖能量分配和短的世代周期。与此相反，K 对策种类具有使种群竞争能力最大化的特征：慢速发育，大型成体，数量少但体型大的后代，低繁殖能量分配和长的世代周期。表 6–1 比较了 r 选择和 K 选择的有关特征。

表 6-1 r 选择和 K 选择相关特征的比较

	r 选择	K 选择
气候	多变，难以预测、不确定	稳定，可预测，较确定
死亡	常是灾难性的，无规律，非密度制约	比较有规律，受密度制约
存活	存活曲线Ⅲ型，幼体存活率低	存活曲线Ⅰ、Ⅱ型，幼体存活率高
种群大小	时间上变动大，不稳定，通常低于环境容纳量 K 值	时间上稳定，密度临近环境容纳量 K 值
种内、种间竞争	多变，通常不紧张	经常保持紧张
选择倾向	发育快，增长力高，提早生育，体型小，单次生殖	发育缓慢，竞争力高，延迟生育，体型大，多次生殖
寿命	短，通常小于 1 年	长，通常大于 1 年
最终结果	高繁殖力	高存活力

在不同分类单元间进行广泛的比较，一般模式支持上述类型的生活史差异。例如，森林树木和大型哺乳动物具有许多 K 对策者的特征，而一年生植物和昆虫一般具有 r 对策者的特征，尽管详细审查表明这种符合并不完善。支持 r/K 二分法的一个很好的例子来自两种香蒲属（*Typha*）植物，分别分布在得克萨斯州和北达科他州。北达科他州种类（*T. angustifolia*）与得克萨斯州种类（*T. domingensis*）相比经历高冬季死亡率和低竞争。正如 r/K 理论所预测的那样，相较于 *T. domingensis*，*T. angustifolia* 成熟更早（44 天对比 70 天），体型较矮（162 cm 对比 186 cm），并且生产更多水果（每株 41 个对比 8 个）。但是，也有许多事例不支持 r/K 二分法。例如，在所有大小相似的动物中，蚜虫具有最高的种群增长率（表明它们是 r 对策者），却生育较大型的后代（一个 K 对策者特征）。现在一般不认为 r/K 理论是错误的，而认为这是一种特殊情况，被具有更广预测能力的更好的模型所包含。

r 对策和 K 对策在进化过程中各有其优缺点。K 对策种群竞争性强，数量较稳定，一般稳定在 K 附近，大量死亡或导致生境退化的可能性较小。但一旦受危害造成种群数量下降，由于其低 r 值，种群恢复会比较困难。大熊猫、大象、虎等都属此类，在动物保护中应特别注意。相反，r 对策者死亡率甚高，但高 r 值使其种群能迅速恢复，而且高扩散能力还可使其迅速离开恶化生境，在其他地方建立新的种群。r 对策者的高死亡率、高运动性和连续地面临新局面，更有利于形成新物种。

6.3.3 生殖价和生殖效率

所有生物都不得不在分配给当前繁殖（current reproduction）的能量和分配给存活的能量之间进行权衡，而后者与未来繁殖（future reproduction）相关联。x 龄个体的生殖价（reproductive value）（V_x）是该个体马上要生产的后代数量（当前繁殖输出），加上那些预期的以后的生命过程中要生产的后代数量（未来繁殖输出）（请参考本书 4.2.2.2 相关内容）。进化预期使个体传递给下一世代的总后代数最大，换句话说，使个体出生时的生殖价最大。因此，生殖价为比较不同的生活史提供了一条进化的有关途径。如果未来生命期望低，分配给当前繁殖的能量应该高，而如果剩下的预期寿命很长，分配给当前繁殖的能量应该较低。个体的生殖价必然会在出生后升高，并随年龄老化降低（图 6-6）。

个体间生殖价的差异提供了一个强有力的生活史对策预报器。如滨螺（*Littorina saxatilis*）在两种不同环境中采用不同的生活史。这两种不同的环境是：① 不能动的岩石表面间的狭窄裂缝环境，和② 能动的大石块表面。裂缝种群与大石块种群生活在非常不同的环境中。裂缝是高度掩蔽的环境，保护滨螺免遭波浪和捕食者的危害，但空间有限，使竞争加剧。而能动的大石块可以碾碎小个体螺，为有危险的环境。这些不同导致了生活史分歧：裂缝种群具有薄壳，个体较小，生殖型小，有高繁殖能量分配并生产少量的大型后代。与此相反，大石块种群具有厚壳，个体大，生殖型大，繁殖能量分配低并产许多小型后代。注意两种状态都符合 r/K 二分法。裂缝种群显示 r 选择特征而大石块种群显示 K 选择特征，除后代的数量和大小显示相反的特征外。这些模式可通过比较两种环境下不同大小螺的生殖价来解释（图 6-7）。大石块对具有结实外壳的大型成体有利（需要多分配能量给生长，少给繁殖，与 K 选择特征一致），但小个体被移动的大石块随机杀死，所以最好的解决办法是生产许多后代，这样后代体型必然小，与 r 选择的特征一致。另一方面，裂缝有利于迅速生长到一个小型成体大小（裂缝太小不能容纳大型成体），并且更多分配能量给繁殖，符合 r 选择的特征，但对空间的强烈竞争使大型幼体有利，具一个 K 选择特征。

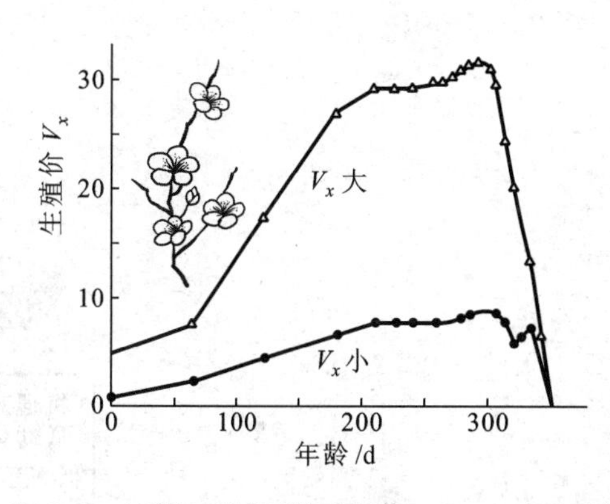

图 6-6 大型和小型小天蓝绣球（*Phlox drummondi*）生殖价随年龄的变化（仿 Mackenzie et al.，2000）

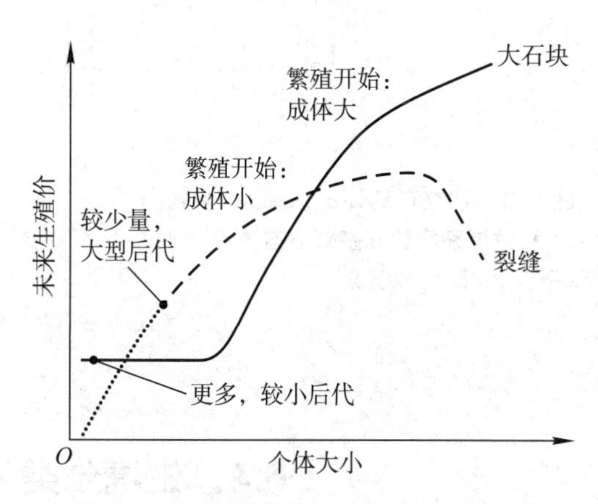

图 6-7 在大石块和裂缝环境中未来生殖价和螺体大小的关系（仿 Mackenzie et al.，2000）

该模式预示两种环境间观察到的生活史特性的不同

生殖效率也是生殖对策的一个主要问题。生物是通过提高后代的质量与投入能量的比值来达到提高生殖效率的目的。如一年生蚊母草是生长在池塘中的。在春天，池塘中心部分是一种相对稳定的环境，竞争相当激烈，因此蚊母草产生较少的但是较重的种子，以便能迅速萌发。与此相反，在池塘周围，由于环境较不稳定，它们则产生数量较多，质量较轻的种子，以便增加从不良的池塘环境中逃出的机会（Linhart，1974）。

6.3.4 机遇、平衡和周期性生活史对策

K. Winemiller 和 K. Rose（1992）在对鱼类生活史对策的研究过程中，提出以描述种群动态的一些参数为基础来划分不同的生活史类型。他们所关注的参数是成活率特别是幼体成活率 l_x、繁殖力或生产的后代数量 m_x 和世代时间或性成熟时的年龄 α。该模型从权衡（trade-off）的概念出发，认为生物在繁殖力、成活率和性成熟年龄之间存在权衡。分别以这 3 个参数为轴，他们在一个三维空间对鱼类的生活史变异进行了划分（图 6–8）。据此，鱼类的生活史分别被划分为机遇对策（opportunistic strategy）、平衡对策（equilibrium strategy）和周期性对策（periodic strategy）。机遇对策表现为低的幼体成活率、少数的后代数量和早的性成熟，使得种群在不断变化且变化不可预期的生境中具有最大的拓殖能力。应该注意的是尽管机遇对策者绝对的繁殖力较低，但在其能量收支中用于繁殖的能量比例还是很高的。平衡对策者幼体成活率较高，后代数量低，性成熟晚。周期性对策者个体大，产大量小卵，性成熟晚。通过这种方式，周期性对策者可在其较长的生命过程中，充分利用难得遇到的对后代生长和存活有利的时期，获得繁殖成功。

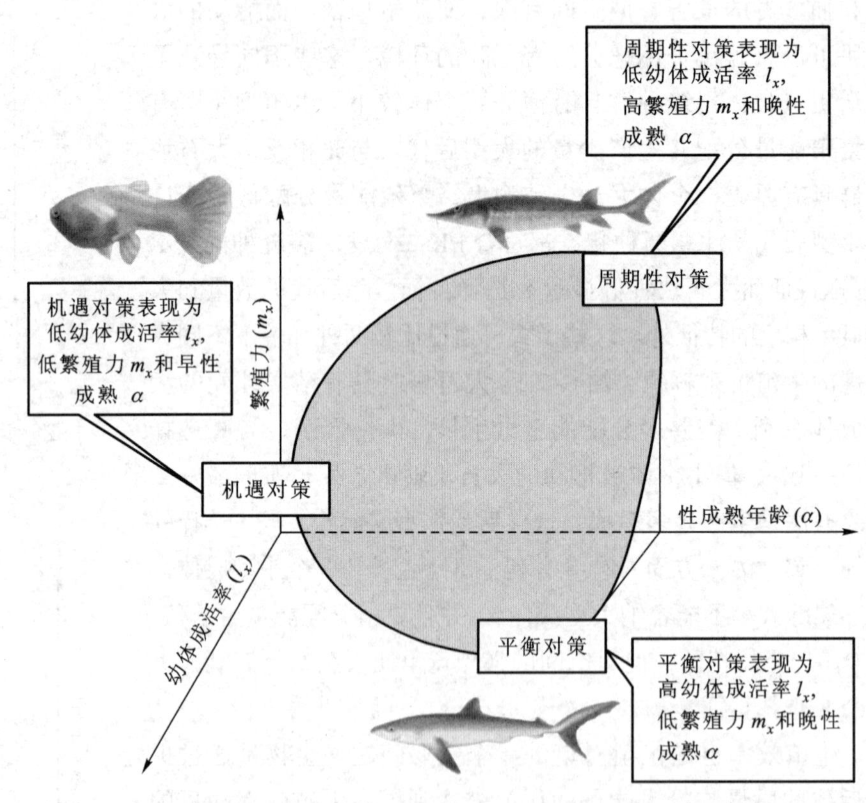

图 6-8 建立在幼体成活率 l_x、繁殖力 m_x 和性成熟年龄 α 基础上的生活史分类（引自 Molles，2002）

6.4 生境分类与植物的生活史对策

除上面提到的 r 对策和 K 对策概念外，人们还提出了多种划分生境的方案以试图建立一种连接生境与生活史的模式。这些分类方案必须能够划分所有生境，并且要从正在

讨论的生物的角度出发来分类。因为一个生境是均质性还是异质性的，是良好还是恶劣的，会因所讨论的生物的不同而不同。

例如，可将生境划分为导致高繁殖付出（高 -CR）的生境和导致低繁殖付出（低 -CR）的生境。在高 -CR 生境（那里竞争激烈，或对小型成体捕食严重），任何由于繁殖而导致的生长下降都会使未来繁殖付出高代价。因此可预期，在高 -CR 生境中生活的物种，其繁殖会在达到一个适度的身体大小以后才开始。与此相反，在低 -CR 生境（此处竞争弱，大型个体处在较强的捕食压力下，或死亡率很高而且是随机的），推迟繁殖没有任何优势。

"两面下注"（"bet-hedging"）理论根据对生活史不同组分（出生率、幼体死亡率、成体死亡率等）的影响来比较不同生境。如果成体死亡率与幼体死亡率相比相对稳定，可预期成体会"保卫其赌注"，在很长一段时期内生产后代（也就是多次生殖），而如果幼体死亡率低于成体，则其分配给繁殖的能量就应该高，后代一次全部产出（单次生殖）。

Grime 的 CSR 三角形是对植物生活史的三途径划分，这比 r/K 二分法应用更广些。J. P. Grime（1977，1979）提出环境变异导致植物生活史对策的发展，其中影响植物选择压力的两个最重要的因素是干扰强度和胁迫强度。为此，Grime 使用两个轴，一轴代表生境干扰（或稳定性）程度，另一轴代表生境对植物的平均严峻度，将植物的潜在生境分为 4 种类型：

① 低严峻度，低干扰。② 低严峻度，高干扰。③高严峻度，低干扰。④ 高严峻度，高干扰。生物在高严峻度、高干扰生境，如活跃的火山和高移动性的沙丘，是不能生活的。除此之外，另外 3 种生境的每一种都支持特定的生活史对策（图 6-9）。低严峻度、低干扰生境支持成体间竞争能力最大化的**竞争对策**（competitive strategy，C 对策）；低严峻度、高干扰生境支持高繁殖率、这是杂草种类特有的**杂草对策**（ruderal strategy，R 对策）；高严峻度、低干扰生境，如沙漠，支持**胁迫忍耐对策**（stress-tolerance strategy，S 对策）。

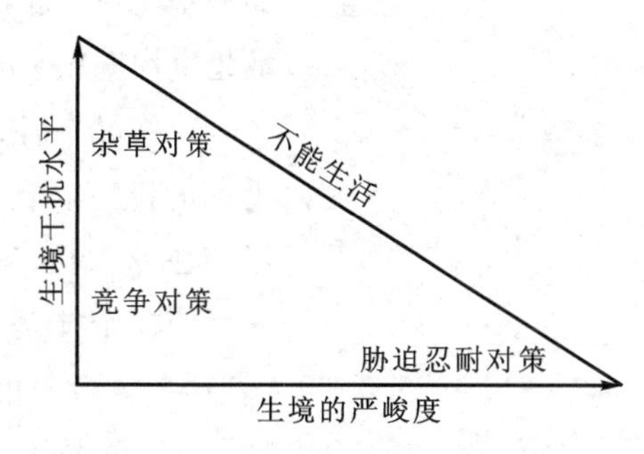

图 6-9 Grime 的 CSR 生境和植物生活史分类法（仿 Mackenzie，2000）

以上介绍的几种生活史对策很难相互对应，主要是由于从事生活史研究的生态学家所研究的生物类群非常不同。提出 r 对策、K 对策的 MacArthur 等主要研究鸟类和昆虫，Grime 的按生境划分的生活史对策主要针对植物，而 Winemiller 和 Rose 的工作主要建立在鱼类生活史研究的基础上。有关生活史对策的理论与实验研究很多，在生物资源保护与利用及进化生态学研究中发挥着重要作用。

6.5 滞育和休眠

如果当前环境苛刻，而未来环境预期会更好，生物可能进入发育暂时延缓的**休眠**（dormancy）状态。休眠可能仅发生一次，如通常在植物种子中所观察到的那样；或可能重复发生，如许多温带和极地哺乳动物在冬季所发生的那样。昆虫的休眠，称作

滞育（diapause），是较常见的现象。如褐色雏蝗（*Chorthippus parallelus*）的卵期可以抵抗低于零度的环境，而其他发育期在这种环境下就会被冻死。雏蝗卵只有在4℃以下90天后才能继续发育，这种滞育使蝗虫在时间上从秋季“迁移”到了春季，从而躲过严冬。许多温带哺乳动物，如马鹿，通过推迟胚胎的植入，可使幼崽在最适宜存活和获得食物的时间出生。打破种子的休眠通常需要环境条件（温度、水分、氧气）的结合。如果环境条件不适宜，种子可能就会作为**种子库**（seed bank）的一部分而留在土中一段时间。有些种子如睡莲的种子可在库中存活成百上千年。另外，缓步类动物，在发育的任何阶段都可以发生一种称作**潜生现象**（cryptobiosis）的休眠，动物可以在这种状态下存活许多年。一些鸟类和哺乳动物，在其不活动期间，可通过临时将体温降到接近环境温度来节约能量。这种**蛰伏**（torpor）可作为日周期的一部分发生，如发生在蜂鸟、蝙蝠和鼠中的那样，也可能持续较长时间。响应冷环境的深度蛰伏叫作**冬眠**（hibernation），冬眠通常的特征是心率和总代谢降低，核心体温低于10℃。冬眠哺乳动物，如刺猬（*Erinaceus europeaus*）和美洲旱獭（*Marmota monax*）通常在夏末大量摄食，积累脂肪，作为冬季用的能量。一些种类的鸟和哺乳动物，可以通过类似于冬眠的夏季休眠来渡过沙漠长期的高温和类似的生境，这种休眠叫作**夏眠**（estivation）。

6.6　迁移

生物也可通过迁移到另一地点来躲避当地恶劣的环境。在休眠和迁移之间有明显的相似性，前者使生物在时间上越过一段不利的时期，而后者是使生物在空间上移到更适宜的地点。**迁徙**（migration）是方向性运动，如家燕（*Hirundo rustica*）从欧洲到非洲的秋季飞行。相反，**扩散**（dispersal）是离开出生或繁殖地的非方向性运动。可认为扩散是生物进化来的一种用来躲避种内竞争，以及避免近亲繁殖的方法。

迁移可在各种时间尺度上发生，从日周期和潮汐周期的往返旅行到年周期或更长周期的都有。迁移可包括惊人水平的投资。例如，北极燕鸥（*Sterna paradisaea*）每年的往返旅行，从北极的繁殖地到夏季栖息地的南极大陆，总行程约32 000 km。迁移可依据个体是否做①反复的往返旅行，②单次往返旅行，或③单程旅行而分成3种（表6–2）。反复的往返旅行或许是最普通的迁移形式，作为许多种类日或季节行为模式的一部分而发生。但是，许多迁移种类一生中仅做一次完全的往返旅行。这些种类在离开其出生地的地方生长，在死之前要回到出生地繁殖一次。鳗鲡和洄游性鲑鱼都是这样的例子。一种不太普遍的迁移是单程旅行，在这种迁移中一个世代向某一方向运动，下一世代再返回来。这种迁移最有代表性的例子是斑蝶（*Danaus plexippus*）。这种蝶于秋季从加拿大南部和美国北部飞到墨西哥的一些限定地域，这些个体在美国的最南部开始下一世代。以后的世代逐渐北移直到晚夏，再发生南迁。

表 6-2 不同迁移模式

迁移种类	生境 1	生境 2
反复往返旅行		
海洋浮游动物	海表面（晚上）	深水（白天）
蝙蝠	栖息地（白天）	取食地（晚上）
多种鸟类	取食地（白天）	栖息地（晚上）
蛙，蟾蜍	水中（繁殖期）	陆地
驯鹿	苔原（夏季）	森林（冬季）
单次往返旅行		
鳗鲡（*Anguilla anguilla* 在欧洲，*A. rostrata* 在北美）	欧洲和北美的河流与池塘（生长）	马尾藻海（繁殖）
太平洋鲑	美国河流（繁殖）	太平洋（生长）
蝴蝶、蜻蜓等	幼体生境	成体生境
单程旅行		
斑蝶	墨西哥	北美和加拿大
大西洋赤蛱蝶，苎麻赤蛱蝶	南欧洲	英国

6.7 复杂的生活周期

许多种生物具有复杂的生活周期，在生活周期中，或个体的**形态学性状**（morphological form）根本不同，或世代（generation）间存在根本不同。个体生活史中的形态学变化叫作变态（metamorphosis），如完全变态的昆虫（甲虫、蝴蝶和蛾、蝇等），这些昆虫幼虫形态与成体完全不同（如毛虫 / 蝴蝶），再如两栖类（蝌蚪 / 青蛙）。世代间变化也可能包括形态转换，如在许多“宿主交替”的蚜虫和真菌性锈菌（这些种类在一个植物宿主上的有性繁殖世代与在另一个植物宿主上的一些无性世代交替进行）中所发生的那样。形态转换也发生在许多在宿主间移动的动物寄生物中。在植物中（在蕨类植物和苔藓类植物最明显），这种世代间变化包括染色体组成从单倍体到二倍体的变化。

生物为什么要进化这些复杂的生活史对策呢？有人认为复杂的生活周期是不稳定和失调的，因为生物在适应不同环境的过程中必须做进化妥协。人们已提出一些假说来说明生活周期复杂性的适应优势。如扩散与生长间的权衡被用来说明许多海洋无脊椎动物如藤壶的生活周期。藤壶幼体适应扩散，但不能充分生长，直到它们变态为不动型。同样的假说可应用于蝴蝶和毛虫，只是成体和幼体的作用颠倒过来。一种更普遍应用的设想是复杂的生活周期使**生境利用最优化**（optimization in habitat utilization）。随着生境的季节变化，或个体随生长需求的变化，最佳生活史对策也会发生变化。如蚜虫在春季摄食生长快的木本植物，而在早夏，当木本植物停止生长后则进行宿主转换，取食草本植物。

6.8 衰老

生物体变老后身体恶化，繁殖力、精力和存活力降低，这是不可避免的，尽管恶化在某些种类发生在数天后，而在另一些种类可能发生在几百年后。为什么衰老后身体会恶化呢？对这一问题有两个水平的答案。在机械水平（mechanistic level）上，由于化学毒物，如高反应性自由基和自然辐射的影响，使细胞机器崩溃，从而引起衰老。但是，这不可能是完全的原因，因为衰老的发生随生物种类不同变化很大，表明进化影响可能决定衰老。有两种竞争性的衰老进化模型：①**突变积累**（mutation-accumulation）和②**拮抗性多效**（antagonistic pleiotropy）。突变积累模型所描述的是：任何突变基因的选择压力都随年龄增加而下降，因为早期表达的"坏基因"对表型产生影响，可能会显著降低个体的存活或繁殖输出，从而影响其适合度。这样，种群会通过选择，有效地去除早期表达的"坏基因"。但晚期表达的有害基因可能会在种群中更持久地保持，因为年龄较大时才对表型产生影响的突变基因对个体适合度贡献已经很小。拮抗性多效模型描述的是那些对早期繁殖有利，却对生命晚期有恶劣影响的基因。如马鹿（*Cervus elaphus*）的一个与提早繁殖和高繁殖力相关的基因就与低存活力相关。在果蝇（*Drosophila melanogaster*）中，对高存活力的选择使早期繁殖力降低（支持拮抗性多效）；但沿提高早期繁殖力这条线上的相反选择，并不会颠倒出增加对胁迫的抵抗力，表明使个体易受胁迫影响的恶性基因，在人工选择的最初回合中被清除，这支持了突变积累模型。因而似乎两种过程都有发生。这样，使一种生物寿命延长的自然选择，可能会影响一系列生活史参数。

思考题

1. 什么是生活史？其包含哪些重要组分？
2. 什么是生活史对策？K 对策和 r 对策各有哪些特点？
3. 什么是两面下注理论？

讨论与自主实验设计

设计实验，观测某个物种在特定生境下的生活史对策。你会观测哪些指标？

数字课程学习

◎本章小结　◎重点与难点　◎自测题　◎思考题解析

7

种内与种间关系

关键词　最后产量恒值法则　-3/2 自疏法则　Fisher 性比理论　婚配制度　领域　社会等级　他感作用　集群　竞争　竞争排斥原理　似然竞争　竞争释放　性状替换　生态位　捕食　红皇后假说　食草　寄生　协同进化　互利共生

种内个体间或物种间的相互作用可根据相互作用的机制和影响来分类。主要的种内相互作用是**竞争**（competition）、**自相残杀**（cannibalism）、**性别关系**（sexual relationship）、**领域性**（territoriality）、**社会等级**（social hierarchy）、**集群**（colonial）等，而主要的种间相互作用是竞争、**捕食**（predation）、**寄生**（parasitism）和**互利共生**（mutualism）（表 7–1）。应注意根据表 7–1 中定义，草食者或者属于捕食者（如角马），或者属于寄生者（如蚜虫）。**拟寄生**（parasitoidism）是一种寄生的形式，发生在一些昆虫种类（主要是寄生蜂和寄生蝇），拟寄生者在宿主体上或体内产卵，通常引起宿主死亡。

表 7-1　种内个体间与物种间相互关系的分类

	种间相互作用（种间的）	同种个体间相互作用（种内的）
利用同样有限资源，导致适合度降低	竞争	竞争
摄食另一个体的全部或部分	捕食	自相残杀
个体紧密关联生活，具有互惠利益	互利共生	利他主义或互利共生
个体紧密关联生活，宿主付出代价	寄生	寄生[a]

a：种内寄生相对稀少，可能与互利共生难以区别，特别在个体相互关联的情况下。

偶尔，种间相互作用对一方没有影响，而对另一方或有益（**偏利共生**，commensualism），或有害（**偏害共生**，amensualism）。不管是否存在承受恶性影响的物种，以相互作用的影响是正（+）、负（–）还是中性（0）为基础划分相互作用可能会更方便（表 7–2）。

表 7-2 根据影响结果对种间相互作用进行的分类

相互作用的类型	物种 A 的反应	物种 B 的反应
竞争	–	–
捕食	+	–
寄生	+	–
中性	0	0
偏害共生	0	–
偏利共生	0	+
互利共生	+	+

7.1 种内关系

存在于生物种群内部个体间的相互关系称为**种内关系**（intraspecific relationship）。同种个体间发生的竞争称为**种内竞争**（intraspecific competition）。由于同种个体通常分享共同资源，种内竞争可能会很激烈。不过，种内资源需求可能存在年龄差异，如欧鳊（*Abramia brama*），一种淡水鱼，其幼鱼摄食小的浮游动物，而成鱼以大型底栖无脊椎动物为食；或存在性别差异，例如，大多数雄鸟的食饵大小比雌鸟的要小，说明不同性别间选择食饵大小有差异。对资源利用的普遍重叠程度意味着种内竞争是生态学的一种主要影响力。通过降低拥挤种群个体的适合度，它既可影响基础过程如繁殖力和死亡率，进而调节种群大小，还可使个体产生行为适应来克服或应付竞争，如**扩散**（dispersal）和**领域性**（territoriality）。因此，对种内关系，我们不能单看形势和表面。从个体看，种内竞争可能是有害的，但对整个种群而言，因淘汰了较弱的个体，保存了较强的个体，种内竞争可能有利于种群的进化与繁荣。对生物种内关系的研究，应既重视个体水平，也重视群体水平的研究。

7.1.1 密度效应

植物种群内个体间的竞争，主要表现为个体间的密度效应，反映在个体产量和死亡率上。因为植物不能像动物那样逃避密集和环境不良的情况，其表现只是在良好情况下可能枝繁叶茂，而高密度下可能枝叶少，构件数少。已发现植物的密度效应有两个特殊的规律。

7.1.1.1 最后产量恒值法则（law of constant final yield）

Donald（1951）对三叶草（*Trifolium subterraneum*）密度与产量的关系做了一系列研究后发现，不管初始播种密度如何，在一定范围内，当条件相同时，植物的最后产量差不多总是一样的。图 7–1 表示单位面积上三叶草的干物质产量与播种密度的关系。从图 7–1(a) 可知只是在密度很低的情况下产量随播种密度增加，当密度超过 2.5×10^3 个 /m^2 后最终产量不再随播种密度而变化。由图 7–1(b) 可知，从萌芽初期到 181 天，都呈现出产量随密度恒定的规律。

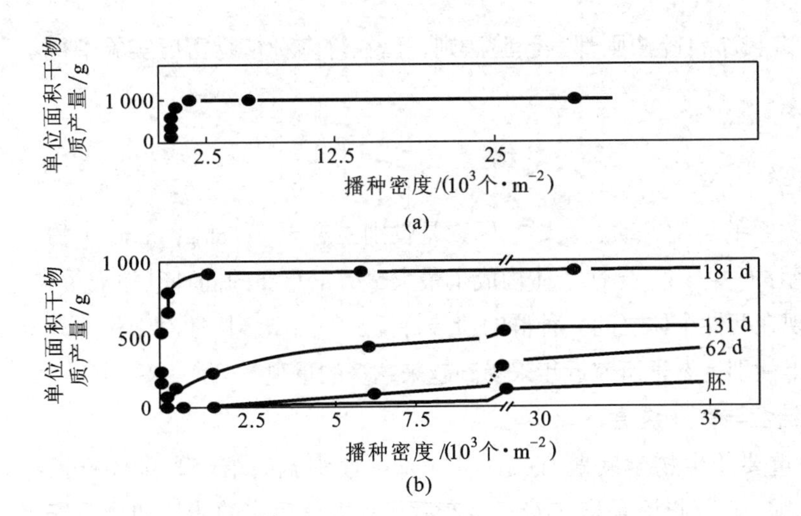

图 7-1 三叶草每单位面积干物质产量与播种密度之间的关系（仿李博等，2000）

（a）开花后的三叶草 （b）在不同发育阶段上的三叶草

最后产量恒值法则可用下式表示：

$$Y=\overline{W}\times d=K_i$$

式中：$\overline{W}$——植物个体平均质量

d——密度

Y——单位面积产量

K_i——常数

最后产量恒值法则的原因为：在高密度情况下，植株之间对光、水、营养物等资源的竞争十分激烈。在资源有限时，植株的生长率降低，个体变小。

7.1.1.2 -3/2 自疏法则（-3/2 self-thinning rule）

随着播种密度的提高，种内竞争不仅影响到植株生长发育的速度，也影响到植株的存活率。同样在年龄相等的固着性动物群体中，竞争个体不能逃避，竞争结果典型的也是使较少量的较大个体存活下来。这一过程叫作自疏（self-thinning）。自疏导致密度与生物个体大小之间的关系，该关系在双对数图上具有典型的 –3/2 斜率（图 7–2）。该现象是 K. Yoda 及其同事在 1963 年报道的，后经 White 和 Harper（1970）提供了更多例证，这种关系叫作 Yoda–3/2 自疏法则，简称 –3/2 自疏法则。而且已在大量的植物和固着性动物如藤壶和贻贝中发现。该法则可用下式表示：

$$\overline{W}=C\times d^{-3/2}$$

两边取对数，得：

$$\lg\overline{W}=\lg C-3/2\lg d$$

式中：$\overline{W}$——植物个体平均质量

d——密度

C——常数

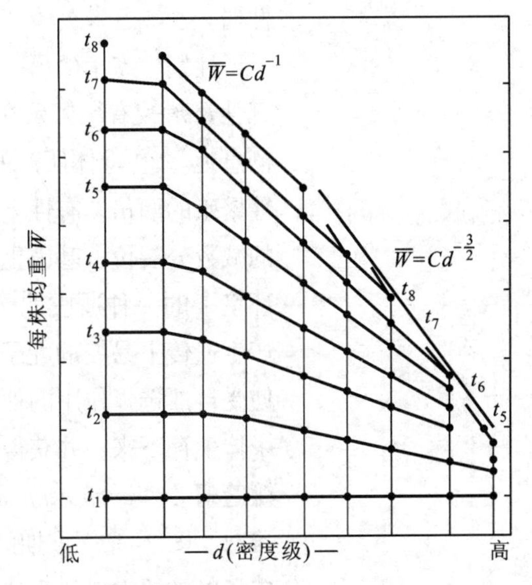

图 7-2 植物密度与大小之间的关系，表明 Yoda-3/2 自疏法则（仿李博等，2000）

该模式表明，在一个生长的自疏种群中，质量增加比密度减少更快。不过，斜率的精确值随种不同可能会有一些变化。最终产量恒值法则和 –3/2 自疏法则都是经验法则，已在许多种植物密度实验中得到证实（White 等，1980）。

7.1.2 性别生态学

研究物种内部性别关系的类型、动态及影响因素是**性别生态学**（ecology of sex）的内容。因为在营有性繁殖的种群内，异性个体构成了最大量、最重要的同种其他成员，故种内相互作用首先表现在两性个体之间。种群的遗传特征及基因型多样性对于种群数量动态的重要意义，使得性别生态学研究近年来受到越来越多的重视。

7.1.2.1 两性细胞结合与有性繁殖

性别生态学与两个重要的生物学问题有关，其一是两性细胞的结合和**亲代投资**（parental investment）问题，亲代投资是指花费于生产后代和抚育后代的能量和物质资源。两性细胞的结合有自体受精和异体受精两种方式。自体受精指雌雄配子由同一个体产生。兼备产生雌雄配子的动植物是**雌雄同体**（hermaphrodite）的，但雌雄同体的并不一定都是自体受精的。如某些植物像报春花（*Primula vera*）虽然是**自交亲和性**（self-compatibility）的，但主要营异体受精。自交亲和性可以视为是防止缺少异体受精的一种保险措施。另一种极端是：某些植物有花，但从不开（是**闭花受精**，cleistogamous），仅能通过自体受精而生殖。自体受精和雌雄同体对于生活在密度很低和配偶相遇很少的边缘生境里的生物，可能是有利的。如植物那样的固着生物，没有能力去主动寻找配偶，能生产雌雄两性配子和具有自体受精潜力显然是有好处的。

一个物种可能采取一种或多种受精策略。堇菜（*Viola*）对日照长度变化反应，在春季会结出可让昆虫授粉的花，而在夏季结不开的、闭花受精的花。这可能是对随季节进程而降低对昆虫的可见度和授粉成效的一种适应。一种蜗牛（*Rumina*），在自然界中是典型的自体受精者；而另一种白唇的陆生蜗牛（*Triodopsis albolabris*），只在被隔离数月以后才自体受精，然后产生后代，这些后代比通过异体受精而产生的后代适应性弱。

性别生态学的另一个重要课题是寻找为什么大多数生物都营有性繁殖的答案。因为无性繁殖较有性繁殖在进化选择上有下列重要优越性：① 可迅速增殖，占领暂时性新栖息地。② 母体所产的后代都带有母本的整个基因组，因此给下代复制的基因组是有性繁殖的两倍。有性繁殖要在进化选择上处于有利地位，必须使之获得利益超过所偿付的减数分裂价、基因重组价和交配价。一般认为，有性繁殖是对生存在多变和易遭不测环境下的一种适应性。因为有性繁殖混合或**重组**（recombine）了双亲的基因组，导致产生遗传上易变的配子，并转而产生遗传上易变的后代（图 7–3）。遗传新物质的产生，使受自然选择作用的种群的遗传变异保持高水平，使种群在不良环境下至少能保证少数个体生存下来，并获得繁殖后代的机会。蚜虫的生活周期复杂，包括有性和无性期。长镰管蚜（*Drepanosiphum platanoides*）的生活周期中，春夏季有一个孤雌生殖期，只有雌蚜（图 7–4），该期的创立者雌蚜营无性繁殖，生产活的雌性后代。这种生殖模式对应了以悬铃木树汁为食物的供应丰富和增长时期。相反，当秋季食物供应减少，气候条件变坏时，蚜虫生产雄虫，进入有性期，并重组其基因组和产卵，这在理论上可以使创

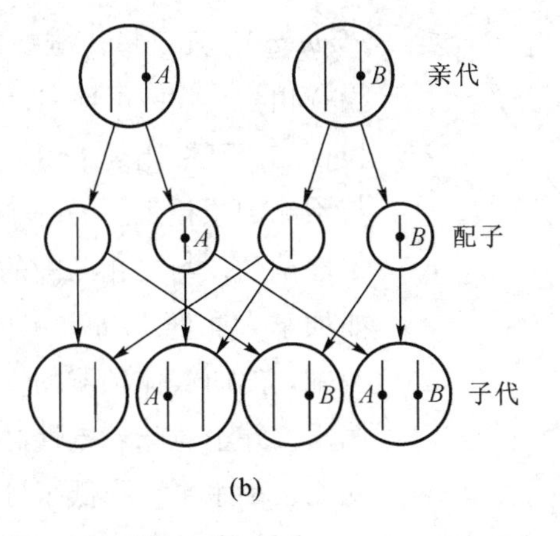

图 7-3 无性繁殖（a）和有性繁殖（b）的遗传结果（仿 Mackenzie et al.，2000）

无性繁殖的后代是亲体的完全复制，携带相同的基因（A，B）。有性繁殖产生遗传上多变的后代，携带来自双亲的基因的不同组合

立者的雌性后代在冬季的存活机遇最高，并为以后世代作出贡献。水生的蓝绿藻在湖泊的营养物含量很低时进入有性期，产出囊胞，沉到池塘或湖泊底部休眠，直到触发其生长的时期到来。这个例子说明，性是避开不利条件的部分机制。

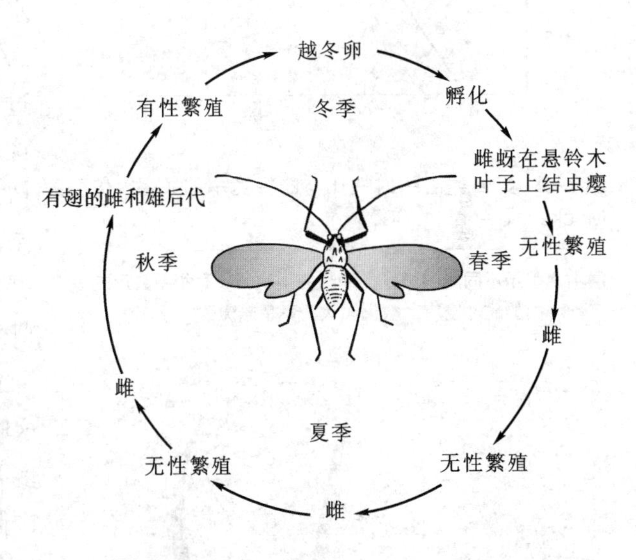

图 7-4 长镰管蚜的生活周期，表示春夏季的无性繁殖和秋季的有性繁殖（仿 Mackenzie et al.，2000）

关于有性繁殖的优越性及其产生机制，至今仍是生态学家注意而未圆满解决的课题。美国生态学家 T. H. Hamilton（1980）提出了一种假说：营有性繁殖的物种之间的竞争和捕食者 – 猎物间相互作用是使有性繁殖持续保持的重要因素。例如，病原生物在生存竞争过程中不断进攻遗传上一致的宿主种群并将其淘汰，而只有那些具不断变化的、进行有性繁殖的基因型的宿主能存活下来；宿主的多型又进而使病原体生物同样也进行有性繁殖，这样才能使病原体生物保持进攻多变型宿主的能力。这就是说，物种间的病原体 – 宿主相互作用成了性别关系进化的一个主要因素。

7.1.2.2 性比

性比（sex ratio）通常以种群中雄体对雌体的相对数来表示，如雌雄个体数相等，性比即为 1∶1（性比也可以用雄体占种群总数的比例来表示，如雌雄数相等，其比例为 0.5）。大多数生物种群的性比倾向于 1∶1，这种倾向的进化原因叫作 **Fisher 性比理论**（Fisher's sex ratio theory），该理论认为：假如雄比雌少，每个雄体将与多个雌体交配并产出许多后代，因此雄性适合度将比雌性的高。如果是相反的情况，雌体数少，那么雌性适合度将超过雄性。由此我们可以预期，任何性比上的偏离都会被进化所纠正。如果母体偏向于生产性别较少的后代，母体的适合度就比较高。这就是**稀少型有利**（rare type advantage）的例子。Fisher 性比理论认为，雌雄两性应该有**相等投资**（equal investment），这是稀少型有利的结果。

但是，如果一个性别的个体对母体要求的投资比另一性别更高，那么亲代的相等投资将导致"便宜"的性别有更多的后代数。例如一种独居的条蜂（*Anthophora*

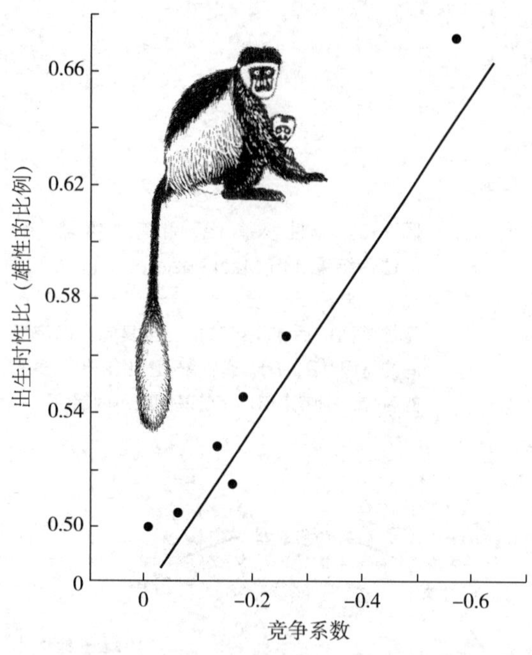

图 7-5 灵长类出生时性比与雌性竞争的关系（仿 Mackenzie et al.，2000）

图中点表示不同属的灵长类动物的平均值；竞争系数反映了种群内的雌性密度，数值越大，竞争越激烈

图 7-6 藏羚（*Pantholops hodgsonii*）的性二型现象（绘图 / 黄华强）

雄藏羚体型更大，头上长有一对长角，发情季节面孔变黑，而雌性没有这些特征

abrupta），其雌蜂比雄蜂重 58 %。如果母蜂对雌雄后裔的投资相等，我们可预期，从卵孵化出的雄性数将高出 58%，换言之，其性比是 1.58∶1。实际观察到的性比是 1.63∶1，与预测的很接近。另一个例子是哺乳类出生时的性比一般雄性偏高，与之相匹配的是雄性幼体死亡率高于雌性。例如加拿大驼鹿（*Alces alces*）的胚胎性比是 1.13∶1，略为偏雄。然而成体种群的性比明显地偏雌。出生时资源分配偏雄，并不意味着雄性必然获得更多的资源。雄性提高了的死亡率水平，降低了雄性在出生后所获得母体投入的机会，例如乳汁和保护，因而减少了母体对雄仔的平均投入水平。

另外，有些物种在出生时性比偏离，其原因是雌体通过产生数量不等的雌雄后代，使其生殖成效最大化。在许多灵长类动物中，雄仔从母体家区向外扩散，而雌仔留在区内。因为在拥挤的条件下，雌体间的局域资源竞争（local resource competition）很紧张，因而产出雄仔并离开家区是很有利的，这样可使生殖成效有更高的提高机遇（图 7–5）。在同胞姐妹间存在交配竞争的情况下，母体如果产同样数量雄仔和雌仔就会形成浪费，因而性比偏于雌，这叫作局域交配竞争（local mate competition），该现象在许多无脊椎动物中出现。有一种螨（*Adactylidium*），其性比是 1 雄对 6～9 雌。异乎寻常的是雄螨在子宫内与其同胞姐妹交配，然后在它出生前死去。

7.1.2.3 性选择

雌雄不仅在生殖器官结构上有区别，而且常常在行为、大小和许多形态特征上有差异。如雄孔雀的尾、雄翠鸟的鸣啭、雄鹿或公羚羊的角等许多次生性征，都是**性选择**（sexual selection）的产物（图 7–6）。性选择是由于配偶竞争中生殖成效区别所引起的。在两性间对于后代投入的差别越大，为接近高投入性别（一般是雌性）者，低投入性别（一般是雄性）者之间的竞争也就越激烈；高投入性别者的更加挑剔，必然可从低投入性别者那里获得更好的出价。简言之，雄性应该是有进攻性的，雌性应该是挑剔性的。

由此可见，性选择可能通过两条途径而产生，即通过同性成员间的配偶竞争（**性内选择**，intrasexual selection），或通过偏爱异性的某个独特特征（**性间选择**，intersexual selection），或者两条途径兼而有之。一方面，性内选择可以解释打斗武器的发生，如雄性哺乳动物的鹿角、洞角、獠牙、大犬齿。另一方面，性间选择对极乐鸟、孔雀等雄鸟的明显无用的身体构件，如奢侈的尾和头羽等提供了解释。雌体对于这类特征的喜好又是怎样产生的呢？**让步赛理论**（handicap theory）认为，拥有质量好的大尾（或其他奢侈的特征），表明拥有者必须有好的基因，而弱个体不可能忍受这种能量消耗，也加大了奢侈特征者被捕食的敏感性。可供选择的 Fisher **私奔模型**（Fisher's runaway model）认为，雄性这种**诱惑性**（epigamic）特征开始被恣意的雌性所选择，并将继续进化，如果雌性基因对挑选特征（如选大尾的）编码，雄性也会对该特征（如尾的大小）编码。

7.1.2.4 植物的性别系统

大多数植物种的个体雌雄同花，一朵花同时具有雄蕊和雌蕊。另一些植物种的个体具有雌雄两类花，雄花产生花粉，雌花产生胚珠，属同株异花（如玉米、南瓜等）。有些植物为雌雄异株，雌花和雄花分别长在不同的植株上（如银杏等），只有这类植物的雌性植株和雄性植株与动物中的雌体和雄体相当。此外，多年生草本三叶南星（*Arisaema triphylum*）在个体尚小时不开花，随着个体长大先有雄花，长到更大时才有雌花。

在植物界中，雌雄异株相当稀少，大约只占有花植物的 5%。雌雄异株多出现在热带具肉质果实的多年生植物。多数生物学家认为，雌雄异株能减少同系交配的概率，具有异型杂交的优越性。此外，雌雄异株实际上是回避两性间竞争的对策，增加了两性利用不同资源的能力，也减少了食种子动物的压力。另一个环境压力由脊椎动物传粉造成。例如，藤露兜树（*Freycinetia reineckei*）的植株多数为雌雄异株，只有含单性花的穗状花序，但偶然也出现雌雄同株的植株，具含雌雄两性花的花序（图 7-7）。藤露兜树的传粉动物为沙蒙狐蝠（*Pteropus samoensis*）和同绿辉椋鸟（*Aplonis atrifuscus*），它们在采食有甜味的肉质苞片时，对雄花和两性花的危害比雌花大（由于雌花结构上与雄花不同），雄花序、两性花序和雌花序受破坏的百分数分别为 96%、69% 和 6%。当狐蝠在雌雄异株上采食时，雄花序虽然被破坏了，但花粉黏着在狐蝠面部，再转到雌花序采食就使后者授粉，同时对后者危害不大。相反，当狐蝠在雌雄同株的植株上采食时，通常破坏大部或所有雌小花。因为两性花序中雌小花存活率不高，所以产生两性花序的雌雄同株个体在进化选择上处于劣势，而雌雄异株个体将成为适者而生存下来，藤露兜树沿雌雄异株方向而进化。

藤露兜树的例子说明了植物性别系统的进化选择中环境因素影响的复杂性及其研究的困难。与高等动物相比，植物性别的特点是其多样性和易变性。从种到科、目，往往同一分类单元中，可有一系列的类型。同一属或科的植物种，有的自花授粉，有的异型杂交，而进化中已形成的防止自花授粉的方式也很多。虽然对植物性别系统的研究报道不少，但为学者广为接受的通则还不多。阐明决定植物性别系统的环境因素，至今仍是生态学研究的重要课题。

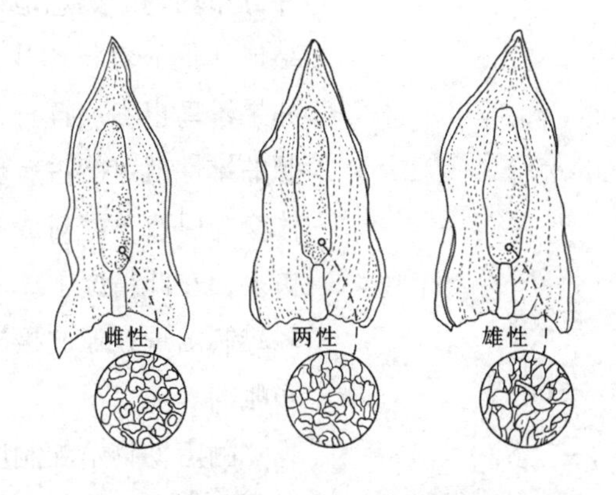

图 7-7 藤露兜树花的构造图（仿李博等，2000）

7.1.2.5 动物的婚配制度

（1）婚配制度的定义和进化

婚配制度（mating system）是指种群内婚配的各种类型，包括配偶的数目，配偶持续时间，以及对后代的抚育等。

因为雌配子大，雄配子小，所以每次婚配中雌性的投资大于雄性，加上后代抚育的亲代投资（通常由雌性负担），雌雄繁殖投资的不平衡性就更明显。再者，雄性通常可多次与雌性交配，每次投资较小，所以雌性较雄性更加关心交配的成功率，对于交配的选择也较雄性精细。美国生态学家 Wilson 根据雌雄两性在婚配中这种投资不平衡性提出：高等动物最常见的婚配制度是一雄多雌制，而一雄一雌的单配制则是由原始的一雄多雌的多配制进化而来的。

（2）婚配制度的类型

婚配制度按配偶数可分为单配制和多配制，后者又分一雄多雌制、一雌多雄制和混交制。**单配制**（monogamy）出现在一雄与一雌结成配偶对，或者只在生殖季节，或者保持到有一个死亡。单配制在鸟类中很常见，如天鹅、丹顶鹤等。但哺乳类中单配制的不多，狐、鼬与河狸属此类。**一雄多雌制**（polygyny）是最普遍的婚配制度。一雄多雌出现在一个雄体与数个或许多雌体交配时。如海狗营集群生活，繁殖期雄兽先到达繁殖地，并争夺和保护领域，雌兽到达较晚。一只雄兽独占雌兽少则 3 只，多至 40 余只。**一雌多雄制**（polyandry），即由一个雌体为中心的与多个雄体形成的交配群体，在任何动物类群中都不多见。典型的例子有距翅水雉（*Jacana spinosa*），其雌鸟可与若干只雄鸟交配，在不同地方产卵。雌鸟比雄鸟大，更具进攻性，可协助雄鸟保护领域。雄鸟负担孵窝和育雏工作，而雌鸟对卵和幼雏则很少照料。雌性个体具有多次产卵能力，是一种对捕食者掠夺其卵和幼雏的适应。混交制是指无论雌雄都可以与一个或更多的异性交配，而不形成相对固定的婚配关系。

（3）决定婚配制度类型的环境因素

决定动物婚配制度的主要生态因素可能是资源的分布，主要是食物和营巢地在空间和时间上的分布情况。举例说，如果有一种鸟，占据一片具有高质食物（如昆虫）资源并分布均匀的栖息地，雄鸟在栖息地中各有其良好领域，那么雌鸟寻找没有配偶的雄鸟结成伴侣显然将比找已有配偶的雄鸟有利。也就是说，选择有利于形成单配制。而且，如果雄鸟也参加抚育，单配制将比一雄多雌制有利。如果资源分布不均匀，占据较多资源的雄性就可能占有更多雌性，或当一个雌体能依靠自身养育后代，雄体就能与其他雌体交配以改善配对成效。在极其严酷的环境下，可能抚育后代的要求比双亲所能给予的更多，在此情况下，一雌多雄制可能是最有效的对策。观察结果支持了这种格局：一雌多雄制出现在亚北极冻原的鸻科鸟类，而在生产力很高的芦苇床内生活的芦苇莺是一雄多雌的。

测定动物婚配制度的研究方法主要是用无线电遥测和多次标志重捕技术，以及行为学观测。现在分子生物学亲子鉴定技术也被应用到婚配制度的鉴别上，已在许多哺乳动物和鸟类研究中得到应用（Fang，1994）。

7.1.3　领域和社会等级

领域（territory）是指由个体、家庭或其他社群（social group）单位所占据的，并积极保卫不让同种其他成员侵入的空间。动物保卫领域的方式很多，如以鸣叫、气味标志或特异的姿势向入侵者宣告其领域范围；或威胁、直接进攻驱赶入侵者等，称为领域行为（territorial behavior）。具领域性（territoriality）的种类在脊椎动物中最多，尤其是鸟兽。但有些节肢动物也具领域性。动物的领域行为有利于减少同一社群内部成员之间或相邻社群间的争斗，维护社群稳定，并保证社群成员有一定的食物资源、隐蔽和繁殖的场所，从而获得配偶和养育后代。

动物领域的大小随领域的功能、动物身体大小、食性、种群密度大小等因素而变化，在大量研究基础上，总结出以下几条规律：

（1）领域面积随其占有者的体重而扩大（图 7-8），领域大小必须以能保证供应足够的食物资源为前提，动物越大，需要资源越多，领域面积也就越大。

（2）领域面积受食物品质的影响，食肉动物的领域面积较同样体重的食草动物大，且体重越大，这种差别也越大（图 7-8）。原因是食肉动物获取食物更困难，需要消耗更多的能量，包括追击和捕杀。

（3）领域面积和行为往往随生活史，尤其是繁殖节律而变化。例如鸟类一般在营巢期领域行为表现最强烈，面积也大。

社会等级（social hierarchy）是指动物种群中各个动物的地位具有一定顺序的等级现象。等级形成的基础是支配行为，或称支配－从属（dominant-submissive）关系。例如，鸡群中存在彼此啄击现象，经过啄击形成等级，有些个体成为优势者，其他成为从属者。等级稳定下来后，低级的一般表示妥协和顺从，但有时也通过再次格斗而改变顺序等级。等级稳定的鸡群往往生长快，产蛋也多，其原因是不稳定鸡群中个体间经常的相互格斗要消耗很多能量，这是社会等级制在进化选择中保留下来的合理性的解释。社会等级的优越性还包括优势个体在食物、栖息场所、配偶选择中均有优先权，这样保证了种内强者首先获得交配和产后代的机会，从物种种群整体而言，有利于种族的保存和延续。社会等级制在动物界中相当普遍，包括许多鱼类、爬行类、鸟类和兽类。

领域性和社会等级是两类重要的社会性行为，与种群调节有密切联系。美国生态学家 V.C. Wyhne-Edwards 提出的种群行为调节学说的基础就是这种社会性行为与种群数量的关系。当动物数量上升到很高时，全部最适的栖息地被优势个体占满。随着密度增

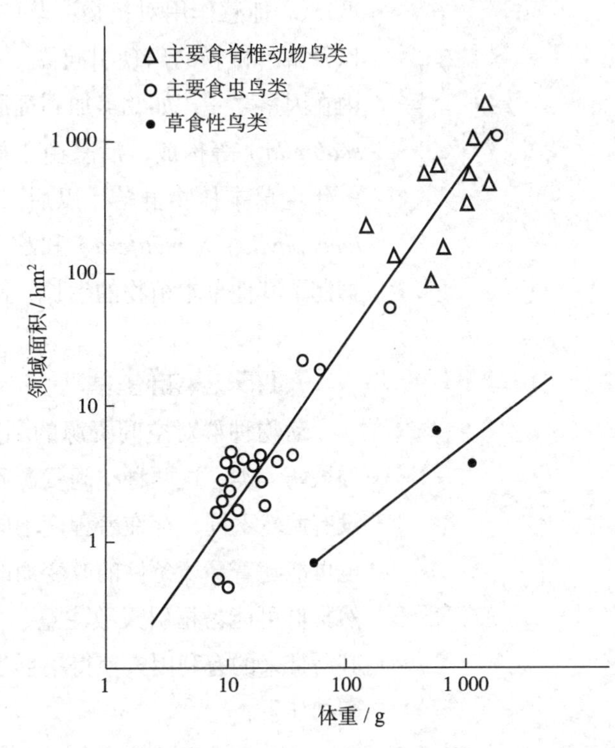

图 7-8　鸟类领域面积与体重、食性的关系（仿孙儒泳等，1993）

高，没有领域或配偶的从属个体的比例也会增加，它们最易受不良天气和天敌的危害，这部分比例的增加意味着种群死亡率上升，出生率下降，限制了种群的增长。相反，当种群密度下降时，种群死亡率降低，出生率上升，促进了种群的增长。

7.1.4 他感作用

他感作用（allelopathy）也称作异株克生，通常指一种植物通过向体外分泌代谢过程中的化学物质，对其他植物产生直接或间接的影响。这种作用是生存斗争的一种特殊形式，种间、种内关系都有此现象。如北美的黑胡桃（*Juglans nigra*），抑制离树干 25 m 范围内植物的生长，彻底杀死许多植物。其根抽提物含有化学苯醌，可杀死紫花苜蓿和番茄类植物；加利福尼亚灌木鼠尾草（*Salvia lleucophylla*）生产挥发性松脂，似乎可抑制田间竞争者。实验小室内长在鼠尾草叶子旁边的黄瓜秧苗茎干的伸展只有不长在其叶子旁边的对照的 8%。在香蒲（*Typha latifolia*），发生种内竞争性异株克生，群丛中心枝叶枯萎。

他感作用中植物的分泌物称作克生物质，对克生物质的提取、分离和鉴定已做了许多工作。如已发现香桃木属（*Myrtus*）、桉树属（*Eucalyptus*）和臭椿属（*Ailanthus*）的叶均有分泌物，其成分主要是酚类物质，如对羟基苯甲酸、香草酸等，它们对亚麻的生长具有明显的抑制作用。

他感作用具有如下几方面重要的生态学意义：① 对农林业生产和管理具有重要意义。如农业的歇地现象就是由于他感作用使某些作物不宜连作造成的。早稻就是一例，其根系分泌对羟基肉桂酸，对早稻幼苗起强烈的抑制作用，连作时则长势不好，产量降低。② 他感作用对植物群落的种类组成有重要影响，是造成种类成分对群落的选择性以及某种植物的出现引起另一类消退的主要原因之一。③ 是引起植物群落演替的重要内在因素之一，如北美加利福尼亚的草原，原来由针茅（*Stipa patahra*）和早熟禾（*Poa scabrella*）等构成，后来由于放牧、烧荒等原因逐渐变成了由野燕麦和毛雀麦构成的一年生草本植物群落，以后又由于生长在这种群落周围的芳香性鼠尾草灌木（*Salvia lencophylla*，*S. melifera*）和蒿（*Artemisia colifornica*）的叶子分泌有樟脑等萜烯类物质，抑制了其他草本植物的生长，进而逐渐取代了一年生草本植物群落。

7.1.5 集群生活

动物种群对空间资源的利用方式可分为分散利用领域和集群（colonial）共同利用领域两大类。这两种空间资源利用方式与物种的形态、生理、生态特征密切相关，之间没有截然不同，存在着程度不同的众多过渡类型。而且在同一种动物，其资源利用方式也可能随着环境条件的改变而改变。对动物集群影响最大的两个因素是食物和天敌。虽然集群可能易招引天敌注意，加剧个体间的资源竞争，易于流行传染病，但另一方面，其所带来的有利因素使得集群生活成为许多动物的重要适应特征。集群的生态学意义可归纳如下：

（1）有利于改变小气候条件。如南极企鹅在繁殖地的集群可改变群内温度和风速，减少身体散热。鱼类在集群条件下比个体活动时对有毒物质的抗御能力增强。

（2）集群利于取食。如狼群、狮群分工合作，围捕猎物。集群共栖鸟类一起寻找好的觅食地点，可缩短觅食时间。

（3）集群利于共同防御天敌。如斑马集群共同防御凶猛天敌捕猎。

（4）有利于动物繁殖和抚育幼体。繁殖期集群有利于动物寻找配偶，有些雌兽群内个体间可相互协作照顾幼体。

（5）集群易进行迁移或迁徙。如飞蝗的群居相的形成。

集群生活对种群有利有弊，而集群的程度意味着种群密度的高低和拥挤程度。在种群增长一节我们知道种群密度增加到一定程度后，就会抑制种群增长率，使死亡率上升［图 7-9(a)］。美国生态学家 Warder C. Allee 首先在研究中注意到，对有些动物种类，种群密度在一定水平以下时，随密度增加，种群存活率上升，死亡率下降，增长率优于过低密度下的种群。也即种群过密（overcrowding）或过疏（undercrowding）都是不利的，都可能对种群增长产生抑制性影响，动物种群有一个最适的种群密度。这一现象被称为阿利规律（Allee's law），如图 7-9(b) 所示。

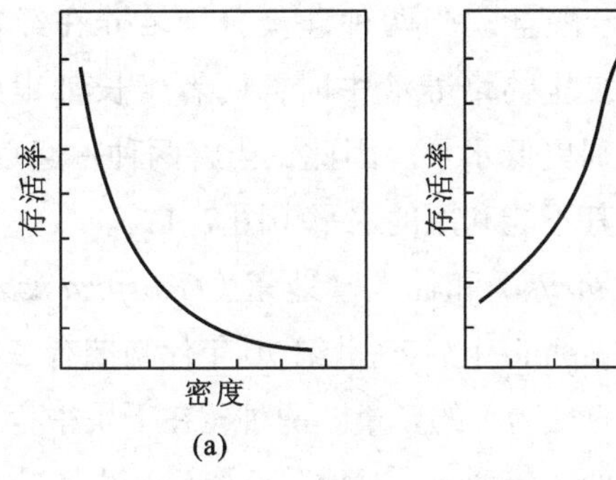

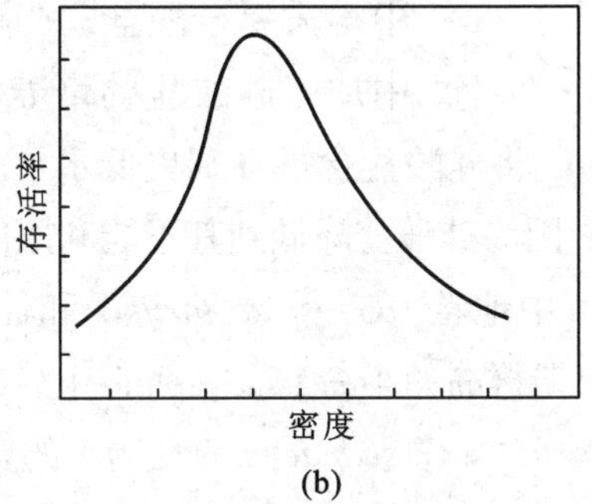

图 7-9　某些动物种群存活率与密度负相关（a），而有些动物种群在中等密度下种群最有利，过密或过疏都有害（b）（仿 Odum，1971）

7.2 种间关系

种间关系包括竞争、捕食、互利共生等，是构成生物群落的基础。所以种间关系的研究是种群生态学与群落生态学之间的界面，其研究内容主要包括两个方面：① 两个或多个物种在种群动态上的相互影响，即相互动态（codynamics）。② 彼此在进化过程和方向上的相互作用，即协同进化（coevolution）。

7.2.1 种间竞争

种间竞争（interspecific competition）是指两物种或更多物种共同利用同样的有限资源时而产生的相互竞争作用。种间竞争的结果常是不对称的，即一方取得优势，而另一方被抑制甚至被消灭。竞争的能力取决于种的生态习性、生活型和生态幅等。

7.2.1.1 种间竞争的典型实例与高斯假说

（1）1934 年，苏联生态学家高斯（Gause，1934）以原生动物双小核草履虫（*Paramecium aurelia*）和大草履虫（*P. caudatum*）为竞争对手，观察在分类和生态习性上都很接近的这两物种的竞争结果。当分别在酵母介质中培养时，双小核草履虫比大

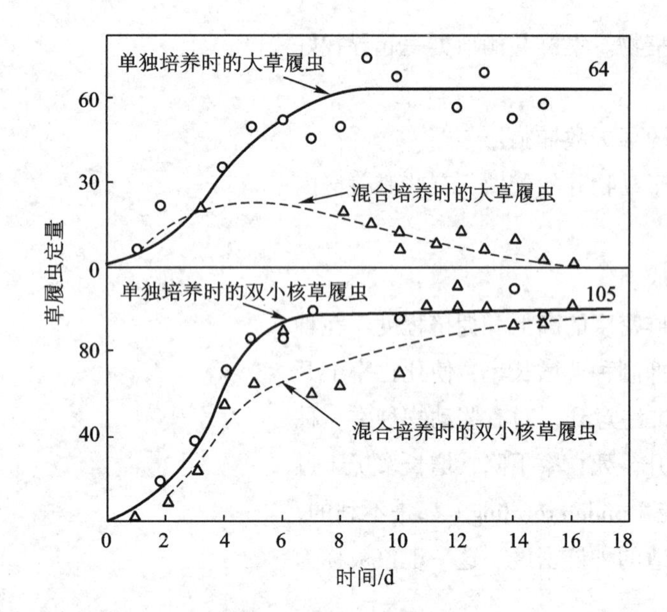

图 7-10 双小核草履虫（*Paramecium aurelia*）和大草履虫（*P. caudatum*）单独与混合培养时的种群动态（引自孙儒泳，2001）

草履虫增长快。当把两种加入同一培养器中时，双小核草履虫在混合物中占优势，最后大草履虫死亡消失（图 7-10）。

然而，在 Gause 将双小核草履虫与另一种袋状草履虫（*P. bursaria*）放在一起培养时，却形成了共存的结局。共存中两种草履虫的密度都低于单独培养，所以这是一种竞争中的共存。仔细观察发现，双小核草履虫多生活于培养试管的中、上部，主要以细菌为食，而袋状草履虫生活于底部，以酵母为食。这说明两个竞争种间出现了食性和栖息环境的分化。

（2）Tilman 等研究了两种淡水硅藻——星杆藻（*Asterionella formosa*）和针杆藻（*Synedra ulna*）之间的竞争。硅藻是单细胞藻类，具有一个特征性的、一般很复杂的硅酸盐外壳。因此所有的硅藻在生长过程中均需要硅酸盐。当两种硅藻分别培养在经常向其中加入硅酸盐的培养液中时，两者生长都很好。但是，*Synedra* 比 *Asterionella* 将硅酸盐含量降到更低水平。因此，当将两种一起培养时，*Asterionella* 很快被排斥，因为硅酸盐降低到其不能利用的水平（图 7-11）。

（3）两种达尔文雀，中地雀（*Geospiza fortis*）和仙人掌地雀（*Geospiza scandens*）之间的竞争。在加拉帕戈斯群岛的小岛 Isla Daphne 上，20 世纪 70 年代晚期有一次干旱大幅度降低了种子（*G. fortis* 和 *G. scandens* 的食物）的产量。两种雀在干旱中存活了下来，但改变了食物，*G. fortis* 集中取食小的仙人掌种子，而 *G. scandens* 选择较大的种子。这是竞争通过生态位转换（niche shift）导致共存的例子。

（4）藤壶（*Balanus balanoides*）和小藤壶（*Chthamalus stellatus*）的种间竞争。在西北欧洲，这两种一般共同生活在同一岩礁型海岸，但大多数小藤壶成体生活在岸上较高处，而藤壶成体在较低处。幼体小藤壶一般在海岸较低处固着，但显然不能存活。在

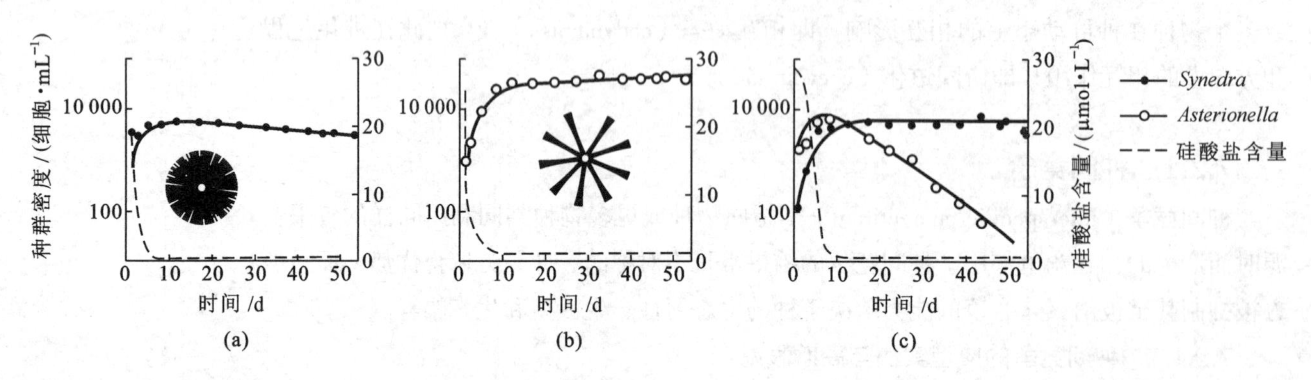

图 7-11 两种硅藻之间的竞争（仿 Mackenzie et al.，2000）

（a）只有 *Synedra* （b）只有 *Asterionella* （c）两种在一起
虚线表示培养液中硅酸盐含量

一次实验中，幼体小藤壶被保护起来，使其不被藤壶个体窒息，它们存活、生长得很好。但是，在较高地带，小藤壶不必竞争，因为藤壶不能在干燥环境中生存。这样，所观察到的分布模式是由于竞争和环境耐受力的共同作用（图 7–12）。

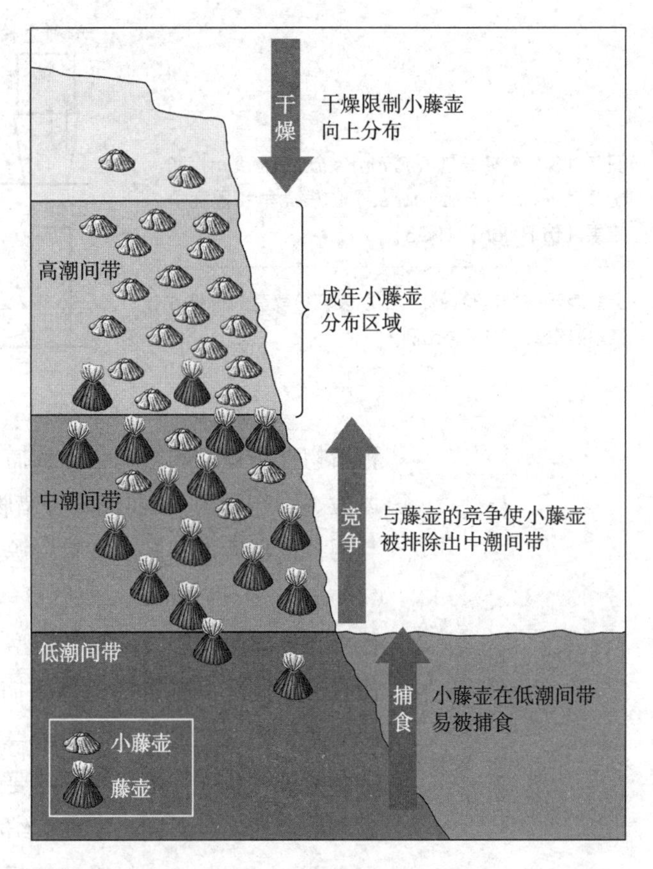

图 7-12 藤壶（*Balanus balanoides*）和小藤壶（*Chthamalus stellatus*）的种间竞争（仿 Molles，2016）

Gause 以草履虫竞争实验为基础提出了**高斯假说**（Gause's hypothesis），后人将其发展为**竞争排斥原理**（principle of competitive exclusion）。其内容如下：在一个稳定的环境内，两个以上受资源限制的，但具有相同资源利用方式的物种，不能长期共存在一起，也即完全的竞争者不能共存。

7.2.1.2 竞争类型及其一般特征

竞争有两种作用方式，或通过损耗有限的资源发生竞争（**利用性竞争**，exploitation competition），而个体不直接相互作用，或通过竞争个体间直接的相互作用（**干扰性竞争**，interference competition）开展竞争。上面所举的竞争实例都属于利用性竞争。干扰性竞争也很常见。最明显的例子是动物为了竞争领域或食物进行的打斗。狮子会在较小的食肉动物杀死猎物后到来并取代它。物理性打斗也在较小等级发生——许多姬蜂寄生蜂种类幼体具有大的下颚，它们会用下颚与进入其毛虫宿主内的其他幼体战斗到死。另外，他感作用也是一种典型的相互干扰性竞争。还有一些竞争种类相互捕食，如杂拟谷盗（*Tribolium confusum*）和赤拟谷盗（*T. castaneum*），二者不仅竞争食物，还相互吃对方的卵直接干扰。另有一些竞争性捕食者通过扰乱猎物而彼此干扰，使它们难于捕捉。这种现象发生于在内湾泥滩上寻找无脊椎动物如蠕虫、等足类和虾为食的涉禽中。这样可强迫一些个体离开食物最丰富的地点，到更边缘的环境中去。在干扰性相互作用中“失败者”适合度的降低可能由于受伤，可能由于死亡，也可能由于缺乏可获资源。

竞争结果的不对称性是种间竞争的一个共同特点。一个体的竞争代价常远高于另一个体。竞争杀死失败者是很普通的，或通过掠夺资源（使它们丧失资源）或通过干扰（直接杀伤或毒害它们）。**竞争不对称**（competive asymmetry）的例子大大超过对称性结果的例子。种间竞争的另一个共同特点是对一种资源的竞争，能影响对另一种资源的竞争结果。例如，植物间的竞争，冠层中占优势的植物，减少了竞争对手进行光合作用所需的阳光辐射。这种对阳光的竞争也影响植物根部吸收营养物质和水分的能力。也就是说，在植物的种间竞争中，根竞争与冠竞争之间有相互作用（图 7–13）。

两种捕食者如果利用共同的食物资源，一种捕食者会通过对共同资源的利用降低另一种捕食者的资源可利用性，从而对后者产生妨碍（副作用），二者之间发生资源利用型竞争。如果是两种猎物（两种作为食物资源的生物）被同一种捕食者所捕食，由于一

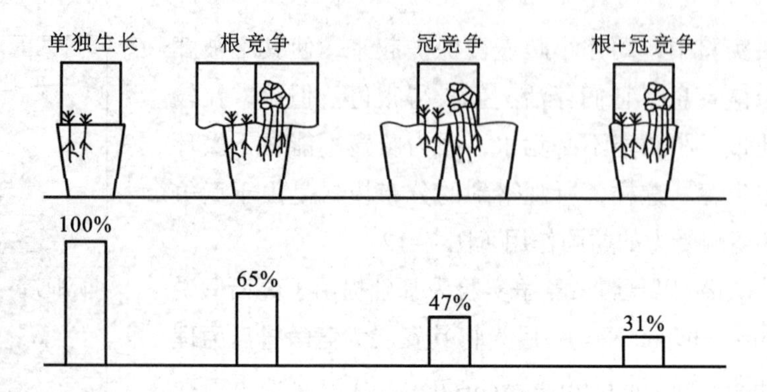

图 7-13 车轴草（*Trifolium subttcraneum*）和粉苞苣（*Chondrilla juncea*）的根竞争和冠竞争结果（仿 Bejon，1996）

上图表示的是实验设计，下图表示粉苞苣的干重占其单独生长时的干重比例

种猎物种群数量的增加会导致捕食者种群个体数量增加，从而增大另一种猎物被捕食的风险（副作用），从而使两种猎物以共同的捕食者为中介产生相互影响，这种相互影响与两种捕食者以共同的食物资源为中介产生的资源利用型竞争结果相似，称为似然竞争（apparent competition）。似然竞争的概念是由美国生态学家 Holt（1977，1984）提出的，他用简单而有说服力的数学模型说明减小被捕食的风险将有利于共存发生。猎物种通过使自己不同于其他种而逃避被捕食的风险，即产生逃避捕食的生态位分化而达到共存。似然竞争的概念提醒我们在考察物种竞争共存的原因时不要仅从资源利用的角度沿食物链营养级“从上往下”看，还要从逃避捕食的角度“从下往上”看。似然竞争可与资源竞争结合在一起共同决定群落结构。

7.2.1.3 Lotka-Volterra 模型

难点讲解
种间竞争模型

Lotka–Volterra 的种间竞争模型是逻辑斯谛模型的延伸。设 N_1 和 N_2 分别为两物种的种群数量，K_1、K_2、r_1 和 r_2 分别为这两物种种群的环境容纳量和种群增长率。按逻辑斯谛模型，

$$dN_1/dt = r_1N_1(1 - N_1/K_1)$$

如前所述，$(1 - N/K)$ 项可理解为尚未利用的“剩余空间”项，而 N/K 是“已利用空间项”。当两物种竞争或共同利用空间时，已利用空间项除 N_1 外还要加上 N_2，即：

$$dN_1/dt = r_1N_1(1 - N_1/K_1 - \alpha N_2/K_1) \quad (1)$$

其中 α 为竞争系数，它表示每个 N_2 个体所占的空间相当于 α 个 N_1 个体。举例说，N_2 个体大，消耗的食物相当于 10 个 N_1 个体，则 α 为 10。显然，竞争系数 α 可以表示每个 N_2 对于 N_1 所产生的竞争抑制效应。同样，对于物种 2：

$$dN_2/dt = r_2N_2(1 - N_2/K_2 - \beta N_1/K_2) \quad (2)$$

β 为物种 1 对物种 2 的竞争系数。方程式（1）和（2）即为 Lotka–Volterra 的种间竞争模型。

两物种的竞争结局从理论上讲可有以下 3 种：① 种 1 胜而种 2 被排除。② 种 2 胜而种 1 被排除。③ 两种共存。Lotka–Volterra 种间竞争模型的行为可说明获得各种竞争结局的条件。图 7–14(a) 和 (b) 分别表示物种 1 和 2 处于平衡状态即 $dN_1/dt = 0$、$dN_2/dt = 0$ 时的条件。在 (a) 图中，最极端的两种平衡是① 全部空间被 N_1 所占，即 $N_1 = K_1$，$N_2 = 0$；② 全部空间被 N_2 所占，即 $N_1 = 0$，$N_2 = K_1/\alpha$。连接这两个端点，即代表了所有的平衡条件。在对角线以下和以左 N_1 增长，以上和以右 N_1 下降。同样

(b) 图中对角线以下和以左 N_2 增长，以上和以右 N_2 下降。将图 7–14(a) 和 (b) 相互叠合起来，就可得到下列 4 种不同的结局，其结果取决于 K_1、K_2、K_1/α 和 K_2/β 的相对大小（图 7–15）。

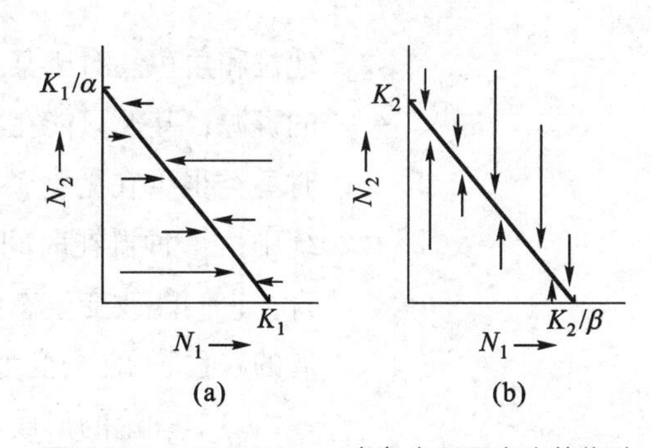

图 7-14 Lotka-Volterra 竞争方程所产生的物种 1 和物种 2 的平衡线（仿 Begon et al.，1986）

箭头表示种群增长的方向

（a）物种 1 的平衡线：在该斜线的左下侧，物种 1 的种群数量增多；斜线的右上侧，物种 1 的种群数量下降。（b）物种 2 的平衡线

（a）当 $K_1 > K_2/\beta$，$K_2 < K_1/\alpha$ 时，N_1 取胜，N_2 被排除。直观地说，在 $K_2 - K_2/\beta$ 线右面 N_2 已超过环境容纳量而停止生长，而 N_1 能继续生长，因此结果是 N_1 取胜。

（b）当 $K_2 > K_1/\alpha$，$K_1 < K_2/\beta$ 时情况与上相反，N_2 取胜，N_1 被排除。

（c）当 $K_1 > K_2/\beta$，$K_2 > K_1/\alpha$ 时，两条对角线相交，出现平衡点，但这样的平衡是不稳定的。

（d）当 $K_1 < K_2/\beta$，$K_2 < K_1/\alpha$ 时，两条对角线相交，出现平衡点，平衡点是稳定的。

$1/K_1$ 和 $1/K_2$ 两个值，可分别作为种 1 和种 2 的种内竞争强度指标。因为在一个空间中，如果能“装下”更多的同种个体（即 K_1 值越大），则其种内竞争就会相对地越小（即 $1/K_1$ 值越小）。同样道理，β/K_2 值可作为物种 1 对物种 2 的种间竞争强度，α/K_1 值可作为物种 2 对物种 1 的种间竞争强度。这样，竞争的结局取决于种间竞争和种内竞争的相对大小。如果某物种的种间竞争强度大，而种内竞争强度小，则该物种取胜，反之被排除。将上面（a）和（b）两种情况分别取倒数可知（a）情况下 N_1 种内竞争强度小，种间竞争强度大，而 N_2 相反，所以 N_1 取胜，N_2 被排除。

在（c）情况下，取倒数得：$1/K_1 < \beta/K_2$，$1/K_2 < \alpha/K_1$，两物种都是种内竞争强度小，种间竞争强度大，都有可能取胜，因而出现不稳定的平衡。情况（d）与（c）相反，两物种都是种内竞争强度大，种间竞争强度小，彼此都不能排挤掉对方，从而出现稳定的平衡，即共存的局面。

7.2.1.4 生态位理论

生态位（niche）是生态学中的一个重要概念，指物种在生物群落或生态系统中的

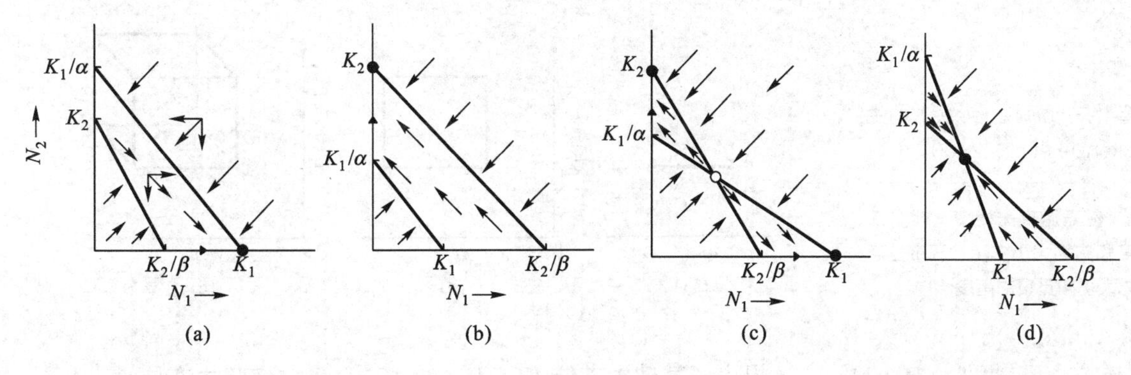

图 7-15 Lotka-Volterra 竞争模型的行为所产生的 4 种可能结局（仿 Begon et al.，1986）

● 表示竞争结局；○ 表示不稳定的平衡点

（a）N_1 取胜，N_2 被排除 （b）N_2 取胜，N_1 被排除 （c）不稳定共存 （d）稳定共存

地位和角色。对于某一生物种群来说，其只能生活在一定环境条件范围内，并利用特定的资源，甚至只能在特殊时间里在该环境中出现（例如，食虫的蝙蝠是夜间活动的，当时鸟类很少在觅食）。这些因子的交叉情况描述了生态位。生态位主要指在自然生态系统中一个种群在时间、空间上的位置及其与相关种群之间的功能关系。随着有机体发育，它们能改变生态位，例如，蟾蜍（*Bufo bufo*）在变态前占据水体环境（是藻类和碎屑的取食者），当变为成体时它们成为陆生的和食虫的。

（1）理论的形成与发展

生态位理论经历了一个形成与发展的过程。J. Grinnell（1917）最早在生态学中使用生态位的概念，用来表示划分环境的空间单位和一个物种在环境中的地位。他认为生态位是一个种所占有的微环境，强调的是**空间生态位**（spatial niche）的概念。C. Elton（1927）将生态位看作是"物种在生物群落或生态系统中的地位与功能作用"。他强调的是物种之间的营养关系，实际上指的是**营养生态位**（trophic niche）。G. E. Hutchinson（1957）提出***n*维生态位**（*n*–dimensional niche）的概念，使生态位理论取得明显进展。假设影响有机体的每个条件，和有机体能够利用的每个资源都可被当作一个轴或维（dimension），在此轴或维上，可以定义有机体将出现的一个范围。同时考虑一系列这样的维，就可以得到有机体生态位的一个增强了的定义图。举例说，苍头燕雀（*Fringilla coelebs*）能耐受的温度范围与许多别的种互相重叠。然而，如果考虑猎物大小和觅食高度是更多的维，我们就能把苍头燕雀的生态位与其他许多种的生态位区分开来（图 7–16）。图 7–17 用二维表示了灰蓝蚋莺（*Polioptila caerulea*）的生态位。把影响有机体的资源和条件分别作为每一个维（虽然难以测量或通过图形来表示）而加进来在理论上是可能的，并导出一个明确划定的生态位——"*n* 维超体积"（*n* 在此是轴数）生态位。简单的理论提示，这个全面划定的生态位对一个种（甚至于一个种的某个生活阶段），预期都是独一无二的，虽然最近的研究表明，在动态或斑块环境中不一定都是这样。*n* 维超体积理论在实践中有一个弱点，即不可能确定是否全部维都已经被考虑了，尽管如此，它仍是一个非常有用的概念。

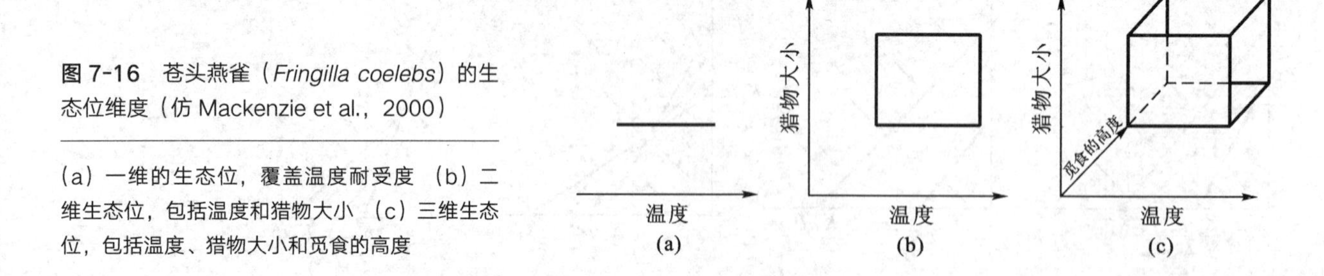

图 7-16 苍头燕雀（*Fringilla coelebs*）的生态位维度（仿 Mackenzie et al.，2000）

（a）一维的生态位，覆盖温度耐受度 （b）二维生态位，包括温度和猎物大小 （c）三维生态位，包括温度、猎物大小和觅食的高度

另外，Hutchinson 还提出了**基础生态位**（fundamental niche）与**实际生态位**（realized niche）的概念。一个物种能够占据的生态位空间，是受竞争和捕食强度所影响的。一般来说，没有竞争和捕食的胁迫，物种能够在更广的条件和资源范围内得到繁荣。这种潜在的生态位空间就是基础生态位，即物种所能栖息的，理论上的最大空间。然而，物种暴露在竞争者和捕食者面前是很正常的事，很少有物种能全部占据基础生态位，一物

种实际占有的生态位空间叫作实际生态位。

竞争对于基础生态位的影响可以用一个经典的实验来说明：植物生态学家 Tansley 研究了两种拉拉藤（*Galium*），*G. saxatile* 生长在酸性土壤中，而 *G. pumilium* 则生长在石灰性土壤中。当单独生长时，两个种在两类土壤中都能繁荣，但当两个种在一起生长时，在酸性土壤中 *G. pumilium* 被排斥，而 *G. saxatile* 在石灰性土壤中被排斥。显然，竞争影响了被观察到的实际生态位。另一个例子见图 7–18，美国 3 种蝙蝠觅食时间的格局说明这些动物的实际时间生态位也是由于种间相互作用所造成的。

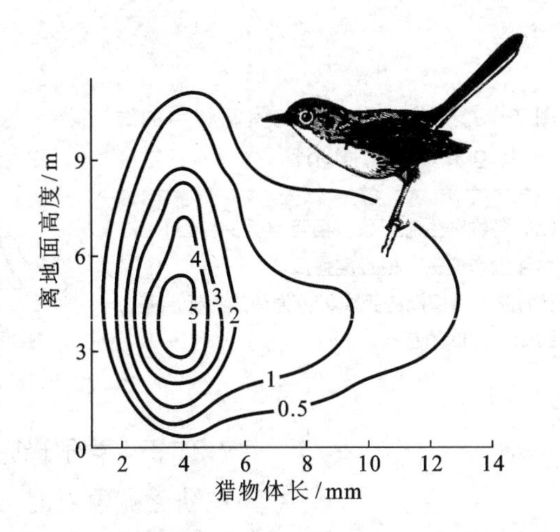

图 7-17 灰蓝蚋莺（*Polioptila caerulea*）的觅食生态位（仿 Mackenzie et al.，2000）

生态位按其在加州橡树林中觅食的高度和猎物大小而定，图中曲线上的数字表示适合度

还应该指出的是互利共生也影响有机体的实际生态位，但它与捕食者和竞争者不同，互利共生者的存在倾向于扩大实际生态位，而不是缩小它。比较极端的情况是专性互利共生，如许多兰科植物种与其真菌菌根的互利共生，单个种的生态位是不存在的，因为兰如果没有菌根就不可能生长。

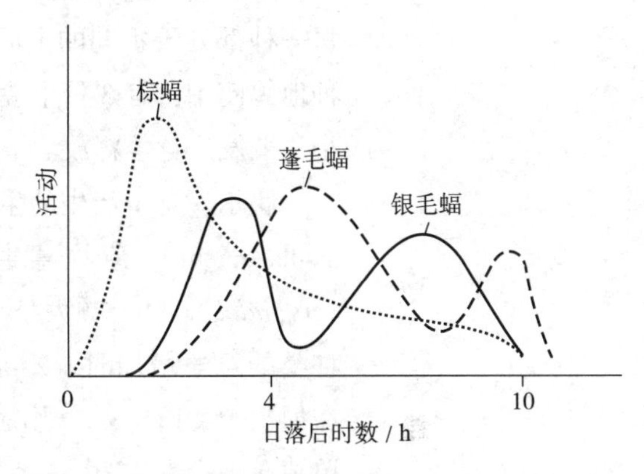

图 7-18 艾奥瓦州林地蝙蝠的觅食活动（仿 Mackenzie et al.，2000）

美国学者 R. H. Whittaker（1970）认为，生态位是每个种在一定生境的群落中都有不同于其他种的自己的时间、空间位置，也包括在生物群落中的功能地位，并指出生态位的概念与生境和分布区的概念是不同的。生境是指生物生存的周围环境，分布区是指种分布的地理范围，生态位则说明在一个生物群落中某个种群的功能地位。

（2）生态位分化

生物在某一生态位维度上的分布，如图 7–19 所示，常呈正态分布。这种曲线称为资源利用曲线，它表示物种具有的喜好位置及其散布在喜好位置周围的变异度。如图 7–19(a) 中各物种的生态位狭，相互重叠少，$d > w$，表示物种之间的种间竞争小；图 7–19(b) 中各物种的生态位宽，相互重叠多，$d < w$，表示种间竞争大。

比较两个或多个物种的资源利用曲线，就能分析生态位的重叠和分离状况，探讨竞争与进化的关系。如果两个种的资源利用曲线完全分开，那么还有某些未被利用的资源。扩充利用范围的物种将在进化中获得好处；同时，生态位狭的物种内激烈的种内竞争更将促使其扩展资源利用范围。因此，进化将导致两物种的生态位靠近，重叠增加，种间竞争加剧。另一方面，生态位越接近，重叠越多，种间竞争也就越激烈，将导致一物种灭亡或生态位分离。总之，种内竞争促使两物种生态位接近，种间竞争又促使两竞争物种生态位分开，这是两个相反的进化方向。那么 物种要共存，需要多少生态位分化呢？竞争物种在资源利用分化上的临界阈值叫作极限相似性（limiting similarity）。在图 7–19 中，d 表示两物种在资源谱中的喜好位置之间的距离，w 表示每一物种在喜好位置周围的变异度。May 等（1974）的分析结果表明，$d/w = 1$ 可大致作为极限相似性。

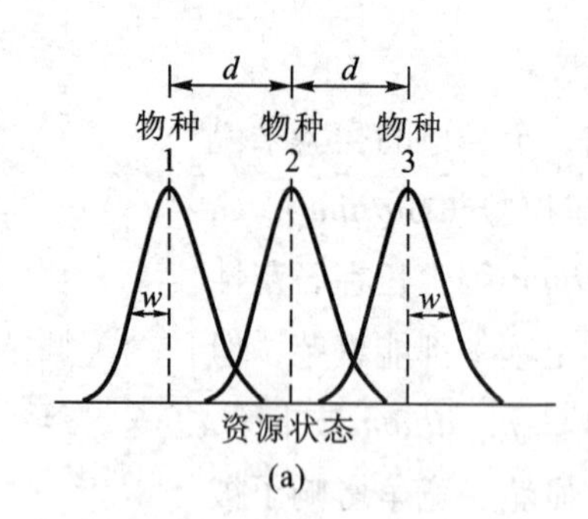

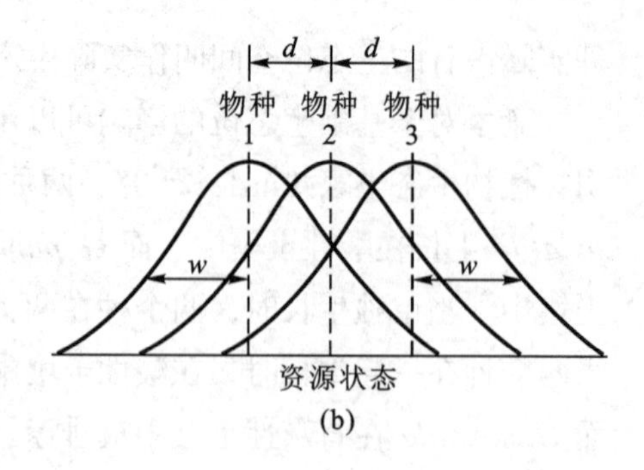

图 7-19 3个共存物种的资源利用曲线（仿 Begon et al.，1986）

（a）各物种生态位狭，相互重叠少 （b）各物种生态位宽，相互重叠多
d 为曲线峰值间的距离；*w* 为曲线的标准差，即偏离均值的距离

7.2.1.5 竞争释放和性状替换

在缺乏竞争者时，物种会扩张其实际生态位。这种**竞争释放**（competitive release）可认为是在野外竞争作用的证据。例如，在北以色列，两种沙鼠 *Gerbillus allenbyi* 和 *Meriones tristrami* 在一定范围内重叠。在重叠处，*G. allenbyi* 只出现在非沙性土中，而在只有 *G. allenbyi* 的地方它既占据沙性也占据非沙性土。在没有 *M. tristrami* 的情况下，*G. allenbyi* 似乎能够扩张其实际生态位。

竞争释放也发生在新几内亚岛上的地鸽中。在新几内亚的大岛上，发现 3 种地鸽，每一种都处于不同的生境（沿岸灌木、次生林和雨林）。在只有一种地鸽的小岛上，该种地鸽使用所有 3 种生境。可以得出结论即竞争导致新几内亚岛上的生态位分化，但在小岛上发生竞争释放。

偶尔，竞争产生的生态位收缩会导致形态性状发生变化，叫作**性状替换**（character displacement）。应注意生态位转换也发生行为和生理变化。如收获蚁（*Veromessor pergandei*），其下颚大小与食种子的竞争蚂蚁的数量呈负相关。这表明当来自其他蚂蚁种类的竞争增加时，*V. pergandei* 变得更特化，集中摄食体积更小的一些种子。另外，在加拉帕戈斯群岛，当两种达尔文雀中地雀（*Geospiza fortis*）和小地雀（*G. fuliginosa*）单独在岛上发生时，它们具有相似的喙大小，而当它们共同发生时，*G. fuliginosa* 的喙比 *G. fortis* 的要小得多（图 7-20）。在自然种群中，进化时间尺度上的竞争导致生态位分化，表现为性状替换，作用是减少种间竞争。

7.2.1.6 种间竞争与空间和时间异质性

自然环境在结构上不是恒定或均匀的，而是许多在质量和资源水平上变化很大的生境的拼缀，在时间和空间上都是这样。一些斑块的发生是暂时的和不可预测的。环境在时间和空间上的高度异质性使得个体或物种间的竞争“战斗”，可能在还没有决出胜负或达到平衡之前就由于环境变化而发生了变化，从而使竞争持续并多样化。因而，异质性在生态多样性的发展过程中起着非常重要的作用。

竞争者之间经常变化的竞争平衡最初是作为对“浮游生物悖论”（the paradox of the plankton）现象的解释而提出的。该现象指的是在海上层结构简单的生境中持续存在大量浮游生物种类。日周期性和季节性持续变化的环境，伴随着温度、光、氧气和营养物的变化，会排斥达成任何种间平衡。

在许多环境中会不可预测地产生断层（gap），起因于极端天气或死亡。断层产生后，最先进入这些断层的个体通常是那些竞争力较弱但扩散力强的个体。在正常情

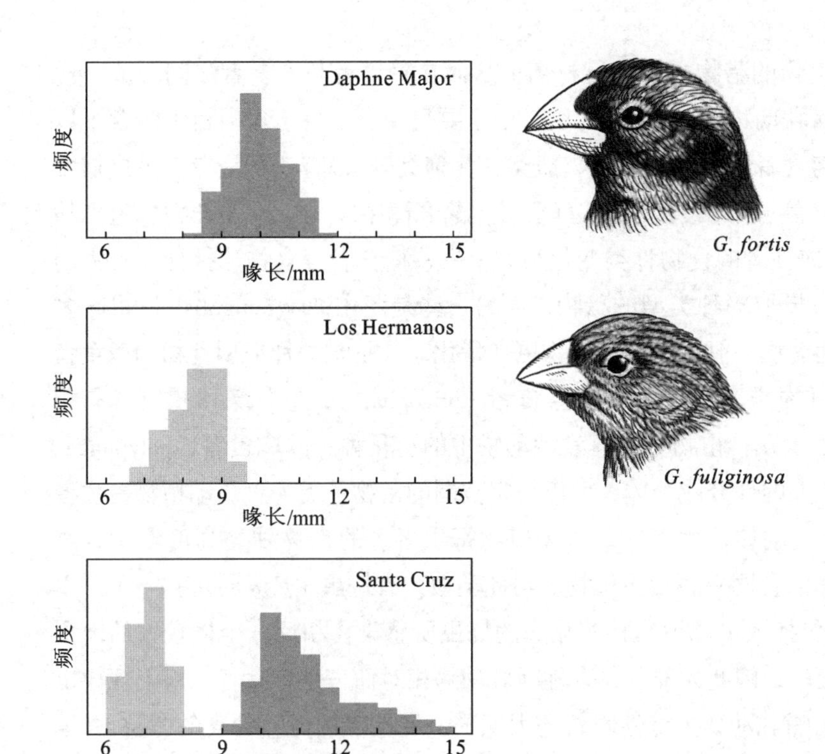

图7-20 两种达尔文雀 *Geospiza fortis* 和 *G. fuliginosa* 喙长度的性状替换现象（仿 Grant，1986）

在 Daphne Major 岛上仅有 *G. fortis*；在 Los Hermanos 岛上仅有 *G. fuliginosa*。两种地雀在 Santa Cruz 岛上共存时，二者的喙长都变得较单独存在时更特化，共存的两种群中喙长重叠的个体数大大减少

况下，它们易被较强的竞争者打败。如生长在美国华盛顿海岸上的海棕榈（*Postelsia palmaeformis*）和贻贝（*Mytilis californicus*）。海棕榈是一年生种类，其必须每年重新占领赤裸的岩石。在被强风暴摧毁的地点经常形成断层，两种共存，而在相对不被扰乱的地点，贻贝占优势。在斑块生境中，许多情况下竞争优势者取决于哪个个体最先站在该地点上，即**优先权**（priority）效果。这对动植物都适用。在许多领域性动物中，存在占有者优势，领域所有者为保护领域进行的战斗，趋向于比竞争者希望夺取领域而进行的战斗更顽强。在植物中，最先在某地点生长的种类会击败后来者，即使前者在短兵相接的竞争中是较弱的竞争者。所以，在不可预测的环境中反复地殖民有利于共存。

7.2.2 捕食作用

捕食（predation）可定义为一种生物摄取其他种生物个体的全部或部分为食，前者称为**捕食者**（predator），后者称为猎物或被食者（prey）。捕食广泛的定义包括①典型的捕食，它们在袭击猎物后迅速杀死而食之。②食草，它们逐渐地杀死对象生物（或不杀死），且只消费对象个体的一部分。③寄生，它们与单一对象个体（宿主）有密切关系，通常生活在宿主的组织中。捕食者也可分为以植物组织为食的**食草动物**（herbivore）、以动物组织为食的**食肉动物**（carnivore）以及以动植物两者为食的**杂食动物**（omnivore）。同时，两种类型的猎物都有保护自己的身体结构设置（如椰子或乌龟的厚壳）和对策。植物主要利用**化学防御**（chemical defense），如在体内贮存有毒次生性化合物来逃避捕食；而被捕食者动物则形成了一系列行为**对策**（behavioral strategy）来防御捕食者。一方面，不同的捕食对策需要在不动的、但具备化学防御的猎物，与能动而行为复杂的但是美味的猎物之间进行权衡，从而在草食者与肉食者之间形成了进化趋异。上述现象在哺乳动物中很突出，其12个主要目中有1目（食肉目）包含了以其他哺乳动物为食的肉食者（猫类、犬类、熊类、鬣狗类等），有3目是专性昆虫捕食者（蝙蝠、鼩鼱、食蚁兽），6目几乎全是草食者（象、海牛、马、反刍动物、兔和啮齿动物）。另一方面，捕食者的食物种类变化很大。一些捕食者是食物选择性非常强的**特化种**（specialist），仅摄取一种类型的猎物，而另一些是**泛化种**（generalist），可吃多种类型的猎物。草食性动物一般比肉食性动物更加特化，或是吃一种类型食物的**单食者**（monophage），或是以少数几种食物为食的**寡食者**（oligophage），它们集中摄食具有相似防御性化学物质的很少几种植物。而草食性动物中的泛化种（或**广食者**，polyphage）可通过避免取食毒性更大的部分或个体，而以一定范围的植物种类为食。动植物**寄生者**（parasite）都是特化种。例如，大多数蚜虫（植物寄生者）的食物种类高度集中，约550种英国蚜虫的80%取食同一属宿主植物。与此类似，有蛲虫（*Enterobius* sp.）寄生的13种灵长目宿主（包括人）都被一种特化了的蛲虫所感染。相反，个体较大的肉食者和食草者一般食谱较广，因此大部分草食性哺乳动物相对而言是广食者。以上规律也有例外，既有单食性的哺乳动物（专性吃竹的大熊猫，专性以桉树叶为食的考拉），也有广食性的寄生者（如桃蚜，可寄生在500多种植物上）。

7.2.2.1 捕食者与猎物

（1）捕食者与猎物的协同进化

捕食者与猎物的相互关系是经过长期的协同进化，逐步形成的。捕食者进化了一整套适应性特征，如锐齿、利爪、尖喙、毒牙等工具，诱饵追击、集体围猎等方式，以更有力地捕食猎物。另一方面，猎物也形成了一系列行为对策，如**保护色**（protective color）、**警戒色**（warning coloration）、**拟态**（mimicry）、假死、快跑、集体抵御及报警鸣叫等以逃避被捕食。自然选择对于捕食者在于提高发现、捕获和取食猎物的效率，而对于猎物在于提高逃避、被捕食的效率，显然这两种选择是对立的。捕食者为了存活下去必须在选择的作用下变得更精明，更有捕猎技巧，而猎物种群要避免被消灭的危险也必须选择进化更有利于逃避捕食的性状，二者之间的性状进化如同开展一场**军备竞赛**（arm race）。Ehrlich和Raven（1964）最早将这种进化方式定义为**协同进化**（co-evolution）。Jazen（1980）将协同进化定义为：一个物种的性状作为对另一物种性状的反应而进化，而后一物种的这一性状本身又是作为对前一物种性状的反应而进化的。进化生物学家van Vallen提出描述捕食者与猎物之间协同进化关系的**红皇后假说**（red queen hypothesis）。因为在著名的童话小说《爱丽丝漫游奇境记》中有一幕，当爱丽丝处在一个所有景物都在运动着的花园时，她惊奇地发现，不管她自己跑得有多快，她周围的景物对她来说都是静止不动的。这时红皇后说话了："看到了吧，你尽自己最大的力量奔跑，只能使自己停留在原地。"与此类似，猎物种群必须不断进化出新的对付捕食者的性状对策，才能保证自己种群维持平衡不被灭绝，反过来对捕食者也一样，这就是二者的协同进化。

在捕食者-猎物关系的协同进化过程中，常会见到一种重要倾向，即"副作用"倾向于减弱。在自然界中，捕食者将猎物种群捕食殆尽的事例很少，精明的捕食者大都不捕食正当繁殖年龄的猎物个体，因为这会降低猎物种群的生产力。被食者往往是猎物种群中老年或体弱患病、遗传特性较差的个体，捕食作用为猎物种群淘汰了劣质，从而防止了疾病的传播及不利的遗传因素的延续。人类利用生物资源，从某种意义上讲也要作“精明的捕食者”，不要过分消灭猎物，不然会导致许多生物资源灭绝。

（2）Lotka–Volterra 捕食者 – 猎物模型

Lotka–Volterra 捕食者 – 猎物模型是一个简单然而有价值的模型。该模型做了以下简单化假设：① 相互关系中仅有一种捕食者与一种猎物。② 如果捕食者数量下降到某一阈值以下，猎物种数量就上升，而捕食者数量如果增多，猎物种数量就下降，反之，如果猎物数量上升到某一阈值，捕食者数量就增多，而猎物种数量如果很少，捕食者数量就下降。③ 猎物种群在没有捕食者存在的情况下按指数增长，捕食者种群在没有猎物的条件下按指数减少。即：$dN/dt = r_1N$，$dP/dt = -r_2P$，其中 N 和 P 分别为猎物和捕食者密度，r_1 为猎物种群增长率，$-r_2$ 为捕食者的死亡率，t 为时间。

当二者共存于一个有限空间内，猎物种群增长因捕食而降低，其降低程度决定于：① N 和 P，因二者决定捕食者与猎物的相遇频度。② 捕食者发现和进攻猎物的效率 ε，即平均每一捕食者捕杀猎物的常数。因此猎物方程为，

$$dN/dt = r_1N - \varepsilon PN \quad (1)$$

同样，捕食者种群将依赖于猎物而增长，设 θ 为捕食者利用猎物而转变为更多捕食者的捕食常数，则捕食者方程为

$$dP/dt = -r_2P + \theta PN \quad (2)$$

方程（1）和（2）即为**捕食者 – 猎物模型**（Lotka–Volterra model of predator-prey interactions）。

图 7–21(a) 表示猎物种群的零生长线捕食者的临界密度。猎物的零增长，即 $dN/dt = 0$ 时，$r_1N = \varepsilon PN$ 或 $P = r_1/\varepsilon$。因为 r_1 和 ε 均是常数，所以猎物零生长线（即捕食者的临界密度线）是一条直线。当捕食者种群超过该密度，则猎物种群由被捕食导致的死亡率超过出生率，N 减少，反之 N 增加。同样，图 7–21(b) 表示捕食者种群的零生长线，这时 $N = r_2/\theta$，是临界猎物密度。当猎物种群低于该密度，捕食者种群会因为饥饿而数量下降，反之，数量上升。

将以上两条零生长线与猎物和捕食者的数量变化结合起来，就得到猎物和捕食者共同的瞬时数量变化［图 7–21(c) 和 (d)］。几乎不管捕食者和猎物的起始数量如何（只要两者数量大于零），就会出现一个循环模式：猎物数量上升，紧跟着捕食者数量也上升，而后者数量的上升会减少前者数量，最后导致后者数量也下降。这样，猎物数量又开始上升，循环再次开始。注意图 7–21 所示的循环模式代表单一结果，不同的起始数量会导致不同量级的循环。另外，模型预言的周期性振荡对外界干扰很敏感，外界环境改变会导致循环量级的改变。

（3）自然界中捕食者对猎物种群大小的影响

捕食者是否真能够调节其猎物种群的大小呢？目前有两种主要观点：① 任一捕食者的作用，只占猎物种总死亡率的很小一部分，因此去除捕食者对猎物种仅有微弱影响。如许多捕食者捕食田鼠，蛇仅是捕食者之一，所以去除蛇对田鼠种群数量影响不大。② 捕食者只是利用了对象种中超出环境所能支持的部分个体，所以对最终猎物种

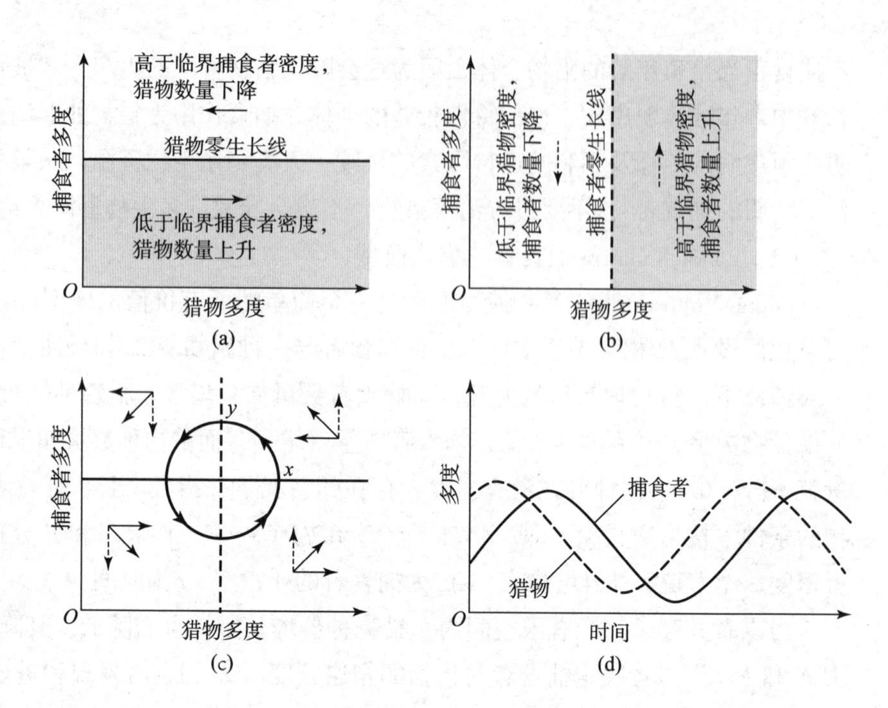

图 7-21 Lotka-Volterra 捕食者 - 猎物模型（仿 Mackenzie et al.，2000）

(a) 猎物零生长线 (b) 捕食者零生长线 (c) 结合两零生长线得出捕食者与猎物的共同瞬时变化（实线箭头，猎物数量变化；虚线箭头，捕食者数量变化）。最大猎物数量发生在 x 而最大捕食者数量发生在 y (d) (c) 中所示捕食者与猎物数量对时间（为横轴）作图的双循环

群大小没有影响。这可由英国 Wytham Wood 在杀虫剂使用禁止后雀鹰（*Accipiter misus*）对大山雀（*Parus major*）的捕食增加来证明。由雀鹰捕食导致的死亡率从 1% 以下上升到了 30% 多，但大山雀数量却没有减少，可能因为巢穴不足才是限制大山雀种群大小的关键因子。猎取斑尾林鸽（*Columba palumbus*）的人为例子也可以证明上述观点：猎取活动降低了越冬死亡率（可能因为减少了食物短缺时的竞争），但对鸽子净数量没有影响。

但是，也存在表明捕食者对猎物数量有明显影响的大量证据。最有代表性的是向热带岛屿上引入捕食者后所导致的多次种群灭绝。例如，太平洋关岛上引入林蛇后，有 10 种土著鸟消失或数量大大下降。在这些例子中猎物种劣势很大，因为其没有被捕食的进化历史，也就没有发展相应的反捕食对策。然而，当猎物种长期处于捕食者的捕获之下时，捕食的影响力也会很大（表 7–3）。当限制捕食者种群的主要因素不是猎物数量，而是其他因素，如巢址或领域的可获性时，捕食者对猎物数量的调节似乎影响不大。

表 7-3 捕食对猎物数量影响的一些例子

实验	结果
将鸭捕食者（狐狸、浣熊、獾和条纹鼬）从营巢区域除去	鸭营巢密度增加 300%，筑巢成功率增加 50%
一些区域去除狐狸，另一些区域去除小型食肉动物	北美野兔数量在去除狐狸的情况下增加 300%，但在去除小型食肉动物的情况下数量没有变化
澳洲野犬的控制和排除	10 多种中型哺乳动物数量增加，野猪数量大增

（4）捕食者的捕食对策与食物选择

捕食者寻找食物的觅食行为（foraging behavior）是动物最基本的行为，为动物生存和生长繁殖所必需。通过摄取食物，动物获得能量，而在获取食物的觅食过程中，动物要消耗能量。自然选择总是要使动物通过觅食获取的净收益最大，即动物觅食的效率最高，才能使其生存和繁殖的机会增加。摄取何种食物，取食多少食物，在何时、何地寻觅食物等问题是决定动物觅食收益与支出的关键。**觅食对策**（foraging strategy）就是动物为获得最大的觅食效率而采取的各种方法和措施。一个**最佳觅食对策**（optimal foraging strategy）应使动物在单位捕食时间或单位捕食努力所获得的能量最大，这取决于两个方面，即最佳捕食效率和最佳食物。MacArthur 和 Pianka（1966）最先对动物的最佳觅食对策开展了研究，他们指出：①**搜寻者**（searcher）食谱倾向于广谱化。如果动物在觅食过程中需要花大量时间搜寻猎物，而处理、吃掉猎物的时间则相对很短，这样的捕食者即为搜寻者。如以土壤动物为食的鸟类，吃掉一条虫对它来说不需要花费多少力气，却可以获得一定的能量，所以它们会通过拓宽所摄食的虫的种类来缩短觅食时间，实现能量最大摄入。②**处理者**（handler）的食谱倾向于特化。处理者是指那些在觅食过程中往往需要花费大量时间来处理猎物的捕食者，如狮子。他们一般生活在经常有猎物出没的地方，不需要花很长时间去搜寻，处理猎物的时间却很长，特别是在猎捕过程中要消耗大量的能量，所以狮子不得不选择那些老、小、病的猎物个体作为食物。也就是说，处理者必须通过选择食物，使自己在单位处理时间内的能量回报率最高，从而倾向于成为专性捕食者。③在其他条件相同时，生活于生产力较低的生境中的捕食者比高生产力生境中的捕食者倾向于食谱更宽。④觅食过程中，捕食者将拒绝利润低的（每单位处理时间获得的能量值很小）食物，不论该种食物在环境中的丰富度有多大。

一些野外实验的观测结果为人们了解动物在自然界的取食情况提供了证据。Davies（1977）观测了白鹡鸰（*Motacilla alba*）对粪蝇的捕食行为，发现这种鸟明显倾向于捕食中等大小的猎物［图 7-22(a)］，所选择猎物的大小与其能够最有效处理猎物的大小密切相关［图 7-22(b)］。白鹡鸰不捕食过小的猎物，这样的猎物虽然易于捕食，但不能获得充足的能量，而过大的猎物则要花费太多的时间和努力去捕食。

7.2.2.2 食草作用

食草（herbivory）是广义捕食的一种类型。其特点是植物不能逃避被食，而动物对植物的危害只是使部分机体受损害，留下的部分能够再生。

（1）食草对植物的危害及植物的补偿作用

植物被“捕食”而受损害的程度随损害部位、植物发育阶段的不同而异。如吃叶、采花和果实、破坏根系等，其后果各不相同。在生长季早期栎叶被损害会大大减少木材量，而在生长季较晚时叶子受损害对木材产量可能影响不大。另外，植物并不是完全被动地受损害，而是发展了各种补偿机制。如植物的一些枝叶受损害后其自然落叶会减少，整株的光合率可能加强。如果在繁殖期受害，比如大豆，能以增加种子粒重来补偿豆荚的损失。另外，动物啃食也可能刺激单位叶面积光合率的提高。

（2）植物的防卫反应

植物主要以两种方式来保护自己免遭捕食：① 毒性与差的味道（化学防御）和 ② 防御结构（物理防御）。在植物中已发现成千上万种有毒次生性化合物，如马利筋中的强心苷、白车轴草中的氰化物、烟草中的尼古丁、卷心菜中的芥末油。一些次生性化

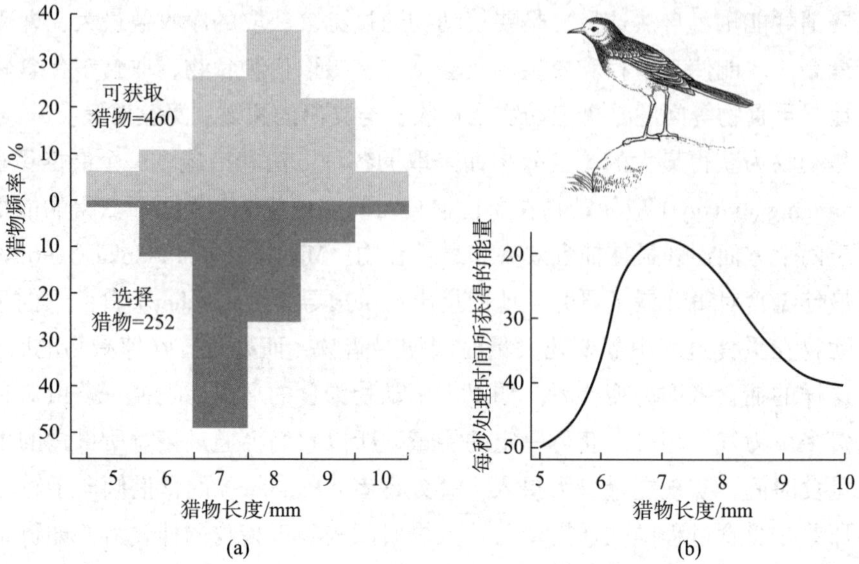

图 7-22 白鹡鸰在自然界的取食情况（仿 Smith and Smith，2002）

（a）白鹡鸰（*Motacilla alba*）明显倾向于捕食中等大小的猎物，其所取食的猎物组成与可获得的猎物组成相差明显（b）白鹡鸰选择最适大小的猎物使自己在单位处理时间所获得的能量最大

合物无毒，但会降低植物的食物价值。如多种木本植物的成熟叶子中所含的单宁，与蛋白质结合，使其难以被捕食者肠道吸收。同样，番茄植物产生蛋白酶抑制因子，可抑制草食者肠道中的蛋白酶。被食草动物脱过叶子的植物，其次生化合物水平会提高。这种防御诱导表明资源分配的最优化。这样，橡树（*Quercus robur*）树冠 25% 的脱叶使剩余叶上的采叶蛾幼虫死亡率大大增加。防御结构在各种水平上都存在，从叶表面可陷住昆虫及其他无脊椎动物的微小绒毛（经常带钩或具有黏性分泌液），到大型钩、倒钩和刺［如荨麻（*Urtica dioca*），犬蔷薇（*Rosa canina*），冬青树（*Ilex aquifolium*）和金合欢属（*Acacia*）植物］，这些主要阻止哺乳类食草动物。上述防御结构可在脱叶的植物中被诱导出来。

（3）植物与食草动物种群的相互动态

植物 – 食草动物系统也称为**放牧系统**（grazing system）。在放牧系统中，食草者与植物之间具有复杂的相互关系，简单认为食草动物的牧食会降低草场生产力是错误的。如在乌克兰草原上，曾保存 500 hm^2 原始的针茅草原，禁止人们放牧。若干年后，那里长满杂草，变成不能放牧的地方。其原因是针茅的繁茂生长阻碍了其嫩枝发芽并大量死亡，使草原演变成了杂草草地。放牧活动能调节植物的种间关系，使牧场植被保持一定的稳定性。但是，过度放牧也会破坏草原群落。McNaughton 曾提出一个模型，用以说明有蹄类放牧与植被生产力之间的关系（图 7–23）。

图 7–23 表明，在放牧系统中，食草动物的采食活动在一定范围内能刺激植物净生产力的提高，超过此范围净生产力开始降低，然后，随着放牧强度的增加，就会逐渐出现严重过度放牧的情形。该模型对牧场管理者具有重要意义。

Caughley（1976）曾提出一个植物 – 食草动物相互作用放牧系统的种群相互动态模型，其基本思想与 Lotka–Volterra 的捕食者 – 猎物模型相同，但后者是以指数增长描述猎物增长的，而 Caughley 是以逻辑斯谛方程描述植物种群增长的。图 7–24 是图形所模拟出的植物和食草动物两个种群的相互动态过程。

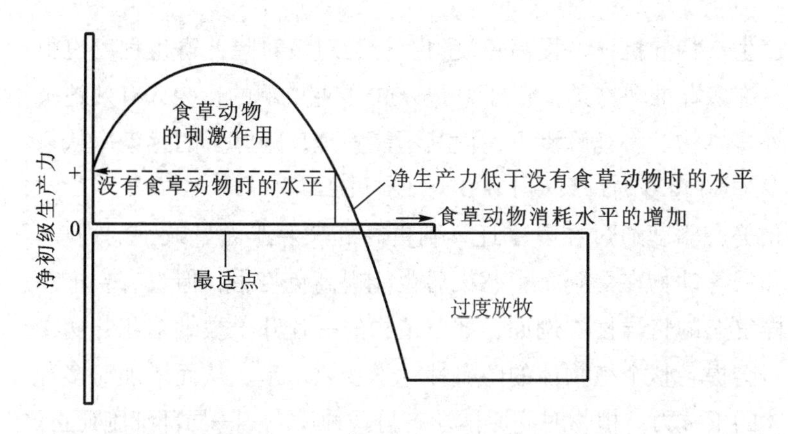

图 7-23 食草动物的食草作用对植物净生产量影响的模型（仿孙儒泳等，1993）

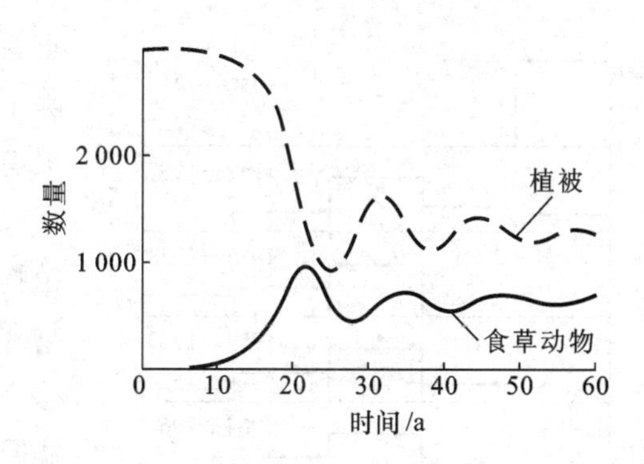

图 7-24 植物 - 食草动物种群相互动态模型（仿 Krebs，1985）

7.2.3 寄生作用

寄生（parasitism）是指一个种（寄生物）寄居于另一个种（宿主）的体内或体表，靠宿主体液、组织或已消化物质获取营养而生存。寄生物可以分为两大类：①**微寄生物**（microparasite），在宿主体内或表面繁殖。②**大寄生物**（macroparasite），在宿主体内或表面生长，但不繁殖。主要的微寄生物有病毒、细菌、真菌和原生动物。动植物的大寄生物主要是无脊椎动物。在动物中，寄生蠕虫（helminth worm）特别重要，而昆虫是植物的主要大寄生物（特别是蝴蝶和蛾的幼虫以及甲虫），尽管其他植物（如槲寄生）也可能重要。应注意寄生物的身体大小并不总是决定它们是微寄生物还是大寄生物的决定因素。比如，蚜虫是植物的微寄生物（在植物表面繁殖），而真菌可能是昆虫和植物的大寄生物，它们在宿主死去前不繁殖。**拟寄生物**（parasitoid）（也称作重寄生物），包括一大类昆虫大寄生物（主要是寄生蜂和蝇），它们在昆虫宿主身上或体内产卵，通常导致宿主死亡。大多数寄生物是食生物者（biotroph），仅在活组织上生活，但一些寄生物在其宿主死后仍能继续存活在宿主上，如丝光绿蝇（*Lucilia cuprina*）和引起植物幼苗腐烂的植物真菌（*Pythium*）。这些称作**食尸动物**（necrophage）。

7.2.3.1 寄生物与宿主的相互适应与协同进化

一方面，由于宿主组织环境多数稳定少变，所以许多寄生动物的神经系统和感官系统都退化。但使物种保持持续的关键是转换宿主个体，只有强大的繁殖力和相应发达的生殖器官才能保证对宿主的入侵和感染，加上寄生生活的营养条件一般较自由生活个体好，充分保证了寄生物繁殖力的提高。蛔虫等产大量卵就是例证。寄生物一般有复杂的生活史，许多种寄生物在其生活史中不得不转换 2 甚至 3 种宿主。通常，与不同的宿主相关，有一套不同的形态。在大多数情况下，性仅产生在初级宿主，如果繁殖发生在其他宿主身上，则是无性繁殖。

另一方面，宿主被寄生物感染后会发生强烈的反应。如脊椎动物被微寄生物感染后会产生强烈的免疫反应，这种反应有两种明显成分：① 细胞免疫反应，吞噬细胞（如白细胞——T 淋巴细胞）攻击并吞没病原体细胞。② 以特定蛋白（或抗体）的生产为基础，由 B 淋巴细胞结合到病原体表面。如果再次遭遇同样病原体（或抗原），免疫记忆

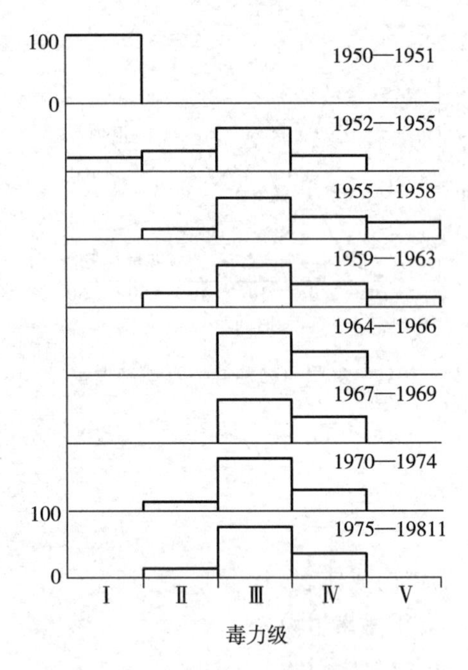

图 7-25 黏液瘤病毒毒力等级的变化（仿 Begon，1996）

会快速生产特异抗体，提高免疫力。行为对策对降低寄生程度也很重要。许多脊椎动物具备整理（preening）毛或羽的行为，有效地去除了外寄生物。将鸡喙剥下，使其不能整理，则虱子的感染率从每只鸡少于 50 个变为每只鸡 1 600 个。

北美产驯鹿通过在夏季迁移到更高处来躲避大量蚊子的进攻。植物和低等动物在受到寄生感染后也能提高免疫力，但没有脊椎动物那样复杂的特异性。例如，烟草植物的一片叶子被烟草花叶病毒感染，会提高整个植物体的防御性化学物质水平，从而增加对多种病原体的抵抗力。植物对病原体还有另一种反应——局部细胞死亡。烟草叶子被烟草花叶病毒感染后，植物会杀死感染部细胞，这样夺走寄生物的食物资源。同样，寄生有蚜虫瘿的黑杨（*Populus nigra*）叶子，其脱落比未感染叶提前很长时间。

寄生物与宿主的协同进化，常常使有害的“副作用”减弱，甚至演变为互利共生的关系。如引进澳大利亚的穴兔造成农牧业的巨大危害后引入黏液瘤病毒才将危害防止住。图 7-25 是病毒毒力在 1950—1981 年的变化，表示了由高毒力逐渐降为中等毒力，并相当持久地保持比较稳定的状态。病原体毒力降低与宿主抗性的增加是平行发展的。

7.2.3.2 寄生物与宿主种群相互动态

拓展阅读
寄生、感染和传染病

寄生物与宿主种群相互动态在某种程度上与捕食者和猎物的相互作用相似。宿主密度的增加加剧了寄生物与宿主的接触，为寄生物广泛扩散和传播创造了有利条件，使宿主种群发生流行病并大量死亡。脊椎动物宿主中许多微寄生物疾病会提高免疫力，使易感种群的减小，疾病的传染力降低。然而，随着新的易感宿主加入种群（如新个体出生），传染病的感染力会再次增加。因此，这种传染病有循环的趋势，新的易感个体增加时上升，免疫水平上升时下降（图 7-26）。

与典型捕食者类似，寄生物可能会使宿主种群产生循环。如实验室菜豆象（*Callosobruchus chinensis*）种群被拟寄生蜂（*Heterospilus prodopidus*）感染时就会发生循环。被线虫寄生的苏格兰雷鸟种群（*Lagopus lagopus*）可观察到循环，但未被线虫寄生的种群则没有循环（图 7-27）。

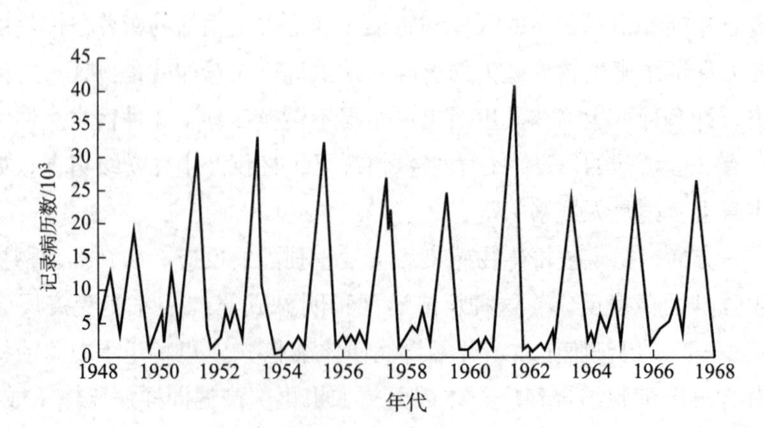

图 7-26 20 年间英格兰和威尔士麻疹传染力循环（仿 Mackenzie et al.，2000）

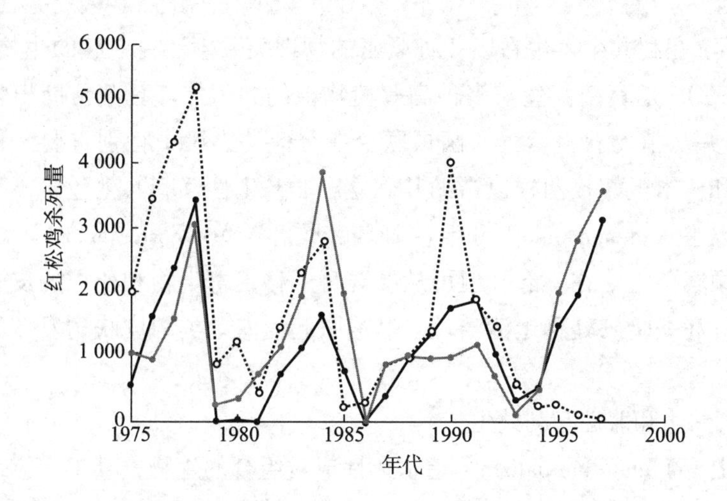

图 7-27 苏格兰被细小毛圆线虫（*Trichostrongylus tenuis*）寄生的3个红松鸡（*Lagopus lagopus*）种群的循环（仿 Mackenzie et al.，2000）

未被寄生种群不显示循环

7.2.3.3 社会性寄生物

社会性寄生物不像真寄生物那样摄取宿主组织，而是通过强迫其宿主动物为其提供食物或其他利益而获利，如鸟类的**巢寄生**（brood parasitism）。**种内巢寄生**（intraspecific brood parasitism）可发现于一些种类，特别在鸭中很普遍。寄生雌体在其他个体巢中产下一些卵后，宿主雌体的典型反应是减少自身随后的产卵数量。**种间巢寄生**（interspecific brood parasitism）典型的物种包括大杜鹃（*Cuculus canorus*）和北美的褐头牛鹂（*Molothrus ater*），它们将蛋下在其他种鸟的巢中。杜鹃鸟在宿主巢中下一个蛋，并将宿主巢中原来的一个蛋扔掉，从而保持窝中卵数量。社会性寄生在蚂蚁和寄生蜂中也很普遍。一些种类，如蚂蚁（*Lasius regina*），具有工蚁，可以饲育其幼体，但它们可能强迫其他种来担当这一工作。另一些专性寄生物，没有工蚁，完全依赖其他种来饲育其幼体。在这两种实例中，通常都是寄生物蚁王侵袭其他蚁巢并杀死或控制土著蚁王而发生殖民霸占。土著工蚁继续为其窝中幼体提供食物和服务，而寄生物蚁王向窝中加入了其自己的卵。

7.2.4 共生作用

寄生物与其宿主生活在一起，从宿主身上获取资源利益。二者之间的协同进化关系到一定程度，由于宿主对这种寄生关系的开拓进化，有可能使这种寄生变得对双方都有利，两个物种互相依存着生活。这时两物种的相互作用即由寄生转变为共生。

7.2.4.1 偏利共生

两个不同物种的个体间发生一种对一方有利的关系，称为偏利共生（commensalism）。如附生植物与被附生植物之间的关系就是一种典型的偏利共生。附生植物如地衣、苔藓等借助于被附生植物支撑自己，可获取更多的光照和空间资源。几种高度特化的鲫属（*Echeneis*）鱼类，头顶的前背鳍转化为由横叶叠成的卵形吸盘，以此牢固地吸附在鲨鱼和其他大型鱼类身上，借以移动并获取食物，也是偏利共生的典型例子。

7.2.4.2 互利共生

互利共生（mutualism）是不同种两个体间一种互惠关系，可增加双方的适合度。

共生性（symbiotic）互利共生发生在以一种紧密的物理关系生活在一起的生物体之间。如**菌根**（mycorrhiza），是真菌菌丝与多种高等植物根的共生体。真菌帮助植物吸收营养（特别是磷），并从植物获得营养。菌根联合在贫瘠的土壤中特别重要，在实践中现已普遍在灌木和树木上嫁接菌根以帮助其确立。非共生性互利共生包含不生活在一起的种类。如清洁鱼（cleaner fish）和清洁虾与"顾客"鱼（costomer fish）之间的关系。清洁鱼不与顾客鱼生活在一起，但可从顾客身上移走寄生物和死亡的皮肤并以此为食。在巴哈马群岛一暗礁处移走清洁鱼，迅速引起一些鱼类的皮肤病发作和增加死亡率。

（1）专性互利共生和兼性互利共生

专性互利共生（obligate mutualism）指永久性成对组合的生物，其中一方或双方不可能独立生活。如地衣（lichen）是真菌 - 藻类共生体，由菌丝垫和包在其中的一薄层光合成藻类或蓝色细菌的细胞组成。真菌保护藻类免遭干旱和阳光辐射，而藻类提供菌丝光合成产物。这样地衣可在真菌和藻类都不能独立存活的极端环境中茁壮成长。珊瑚由珊瑚虫和具有光合作用能力的微藻组成的互利共生体，后者为前者提供糖。珊瑚虫是肉食性滤食动物，但浮游动物仅提供其日能量需要的10%，大部分能量由其藻类共生者提供。大多数共生体是专性互利共生，还有一些非共生体的互利共生也是专性的，如蘑菇与耕作蚁的互利共生，蘑菇和耕作蚁都不能离开对方而生存。

互利共生现象的多数属于**兼性互利共生**（facultative mutualism），共生者可能不互相依赖着共存，仅是机会性互利共生。通常，这种关系不包括两种间紧密的成对关系，而是散开的，包含有不同的物种间混合在内。例如，蜜蜂会访问当季许多种正在开花的植物，而这些植物中有许多会受到多种昆虫授粉者的访问。植物与固氮菌之间的关系，如豆类（豌豆）和根瘤菌（*Rhizobium*）之间所发生的关系是兼性的（图 7-28）。在贫氮土壤中，豆类从在其根部形成结节的细菌的固氮活动中获得很大收益。但是，当土壤中氮水平较高时，植物在没有该菌的情况下也能很好生长。

图 7-28 豆类根与根瘤菌（*Rhizobium*）的共生
（仿 Smith and Smith，2002）

细菌从植物根获取碳，同时为植物提供氮

（2）传粉和种子散布

自然界中植物与动物之间最为普遍的互利共生存在于有花植物与传粉动物之间。为了与种群中其他个体交换基因，异交（outcrossing）植物需要将其花粉转移到另一同种植物的柱头上，并接受同种植物个体的花粉。对生长在地域广阔，植物种类稀少且均一的场所的植物种类来说，可以进行风授粉，就像在草地和松林所发生的那样。但是，大多数开花的双子叶植物，依靠传粉者（pollinator），可能是昆虫、鸟、蝙蝠或小型哺乳动物在植物间传递花粉。通常，传粉者通过接受花蜜（一种富含氨基酸的糖汁）、油或花粉自身为食来获益。一些植物 - 传粉者关系包含紧密的配对相互作用，两种互相依赖，如丝兰仙人掌与丝兰蛾，以及无花果树与无花果寄生蜂之间的关系。雄性长舌花蜂是兰花传粉者，其传粉时不接受食物，而接受雄性可转化成性信息素的复杂的化合物。但是，大多数植物－传粉者的关系比上述的更松散，每一传粉者用来收获花蜜和花粉的植物都有一个范围，该范围在整个季节中随可获得的花的种类变化而改变。另一类动－植物之间的互利共生见于种子散布。气流可非常有效地散布很小的种子，但大型种子仅能靠水流散布（如椰树种子的传播），或靠动物散布。啮齿动物、蝙蝠、鸟类和蚂蚁都是重要的种子传播者。一些特化的种子传播者是种子采食者，它们摄食种子，但通过掉落或贮存和丢失种子可帮助种子散布。尽管这种种子丢失可能是偶然性的，这种关系对双方还是相互有益的。另一些种子传播者包括食水果动物，它们摄食新鲜水果，但排除或去除种子，如生活在新热带区的尾皮蝠（*Uroderma bilobatum*）（图 7-29）。热带森林中 75% 的树种生产新鲜水果，其种子由动物散布。植物进化了这些富含能量的水果作为“报酬”来吸引食水果动物的注意。食水果动物－植物的关系通常是松散的，一些不同动物种类可取食一种植物的水果。应该注意，某些动物散布种子（如埋在哺乳动物毛中的刺果）对动物没有利益，不是互利共生。

图 7-29 生活在新热带区的尾皮蝠（*Uroderma bilobatum*）是热带森林中重要的种子传播者（引自 Smith and Smith，2002）

（3）防御性互利共生

防御性互利共生（defensive mutualism）为其中一方提供对捕食者或竞争者的防御。一些草本植物，包括普通的多年生黑麦草（*Lolium perenne*）与麦角菌（*Clavicips*）之间有互利共生关系，真菌或者生长在植物组织内或生长在叶子表面，产生具有很强毒性的植物碱，保护草免受食草者和食种子者的危害。蚂蚁－植物互利共生很普遍。许多种植物在树干或叶子上有叫作外花蜜腺（extrafloral nectaries）的特化腺体为蚂蚁提供食物源，该腺体分泌富含蛋白和糖的液体。在许多种金合欢树中，蚂蚁也通过住在树的空刺中得到物理保护。蚂蚁为其宿主提供对抗食草者的很强的防御，有力地进攻任何入侵者，在某些情况下还可以通过去除周围植物来限制竞争。实验把蚂蚁从金合欢树上移走，这些树受到食草动物取食水平大大提高，证明了蚂蚁的保护效果。在与蚂蚁具有兼性互利共生关系的金合欢种类中，没有蚂蚁的植物个体含有高水平的防御性次生化合物，而那些住有蚂蚁的植物对这些化合物的投入水平却很低。这进一步表明了蚂蚁作为威慑食草者的价值。

（4）动物组织或细胞内的共生性互利共生

住在其动物伙伴的肠内或细胞内的共生者普遍存在。反刍动物（鹿和牛）拥有多室胃，在其中发生细菌和原生动物的发酵作用。在一些以木为食的白蚁中，必需的分解酶——纤维素酶，由生活在特化了的肠构造内的细菌共生体提供。白蚁通过摄食自身粪便——食粪（refecation）使其从食物中获取能量的效率最大。一些白蚁还拥有可固定空气中氮的细菌（如豆类和其他植物那样），这是一个有价值的利益，因为木中氮含量很低。细胞内细菌共生体发生在一些昆虫类群，包括蚜虫和蟑螂，这些细菌可通过合成必需氨基酸帮助氮代谢。这些细菌共生体已和其宿主紧密地协同进化了。

近年来，随着人们对内温动物肠道菌群的功能作用认识的加深，对肠道菌这一共生在内温动物肠道内的微生物群落的研究越来越受到研究者的关注。有益、健康的肠道菌群有利于肠道对水、营养物质的吸收，合成多种动物生长发育必需的维生素，还能利用蛋白质残渣合成必需氨基酸，如天冬门氨酸、苯丙氨酸等，有利于提高宿主免疫力。中科院动物所王德华研究员团队近年来以小哺乳动物为研究对象，揭示了肠道菌群在动物冷适应性产热、能量代谢、体温调节和认知方面的功能作用。他们阐明了肠道菌群介导聚群行为产热的能量节省机理（Zhang et al.，2018）；发现动物的食粪行为通过维持肠道微生物稳态调节宿主能量平衡、神经功能和认知行为（Bo et al.，2020）以及肠道菌群紊乱导致甲亢引起的代谢升高（Khakisahneh et al.，2021），阐明了肠道菌群与宿主内分泌系统相互作用对体温调节的重要作用。

（5）互利共生和进化

互利共生的进化可能发生在不同的情况下，或来自寄生物 - 宿主或捕食者 - 猎物之间的关系，或发生在没有协作或相互利益的紧密共栖者之间。例如昆虫传粉，可能起始于昆虫从风散布花上偷花粉。然后双方的进化变化（协同进化）使双方从这种关系中获益。这样，在植物 - 传粉者关系中，增强的传粉成功的优势产生出吸引昆虫的花（鲜艳的颜色、香味、花蜜）。但是，互利共生也可能“恶化”为一方对另一方利益非平衡的剥削——寄生。例如，许多兰花不为其传粉者提供任何奖励，而是通过气味、形状和色彩模式来模仿昆虫雌体以诱使昆虫落到花上（特别是蜜蜂和黄蜂）。这是互利共生关系进化变为寄生关系的一个例子。

现已普遍接受真核细胞的来源包括原核共生体的思想。线粒体（mitochondrion）（所有高等生物细胞的动力室，在这里发生有氧呼吸，产生 ATP）和叶绿体（chloroplast）（所有植物光合作用单位）都来自自由生活的原核生物，含有环状 DNA 基因组和其他细菌的特征。

? 思考题

1. 种内与种间关系有哪些基本类型？
2. 密度效应有哪些普遍规律？
3. 何为红皇后假说？生物进行有性繁殖有什么好处？
4. 领域行为和社会等级有何适应意义？
5. 什么是他感作用？有何生态学意义？
6. 什么是竞争排斥原理？举例说明两物种共存或排斥的条件。
7. 什么是竞争释放和性状替换？
8. 什么是生态位？画图比较说明两物种种内、种间竞争的强弱与生态位分化的关系。
9. 谈谈捕食者对猎物种群数量的影响。
10. 怎样管理好草原？

11. 谈谈寄生者与宿主的协同进化。
12. 共生有哪些类型？

讨论与自主实验设计

想想如何用你学过的种间关系原理有效地进行生物防治？

数字课程学习

◎本章小结　◎重点与难点　◎自测题　◎思考题解析

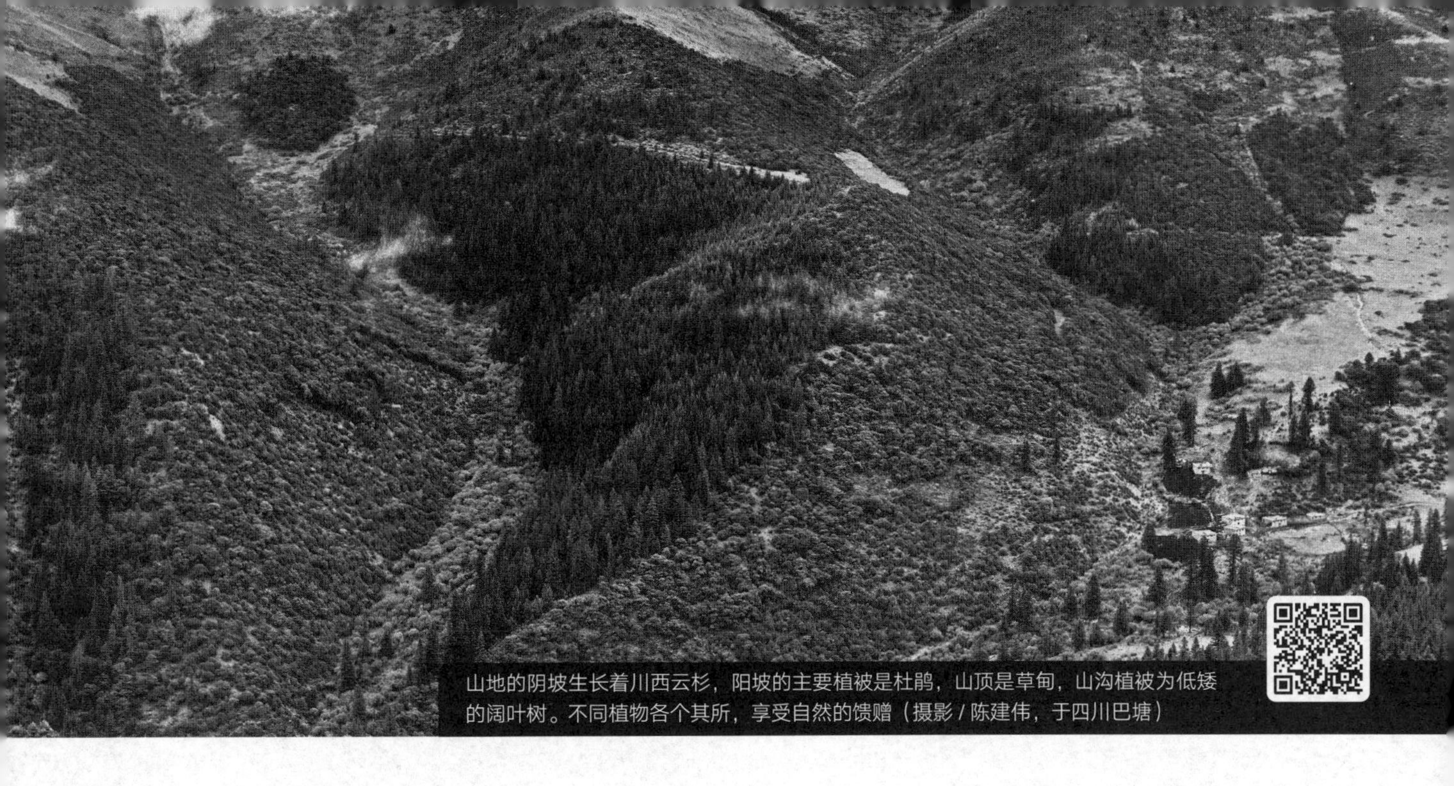
山地的阴坡生长着川西云杉，阳坡的主要植被是杜鹃，山顶是草甸，山沟植被为低矮的阔叶树。不同植物各个其所，享受自然的馈赠（摄影 / 陈建伟，于四川巴塘）

第三部分

群落生态学

生物群落是在相同时间聚集在同一地段上的各物种种群的集合。正是生物群落在地貌类型繁多的地球表面上有规律地分布，才导致地球生机盎然，花鸟鱼虫各享欢乐。

8

群落的组成与结构

关键词　群落　优势种　建群种　伴生种　盖度　多度　群落结构
生活型　层片　群落交错区　边缘效应　生物多样性
中度干扰假说

8.1　生物群落

8.1.1　生物群落的概念

生物群落（biocoenosis），简称**群落**（community），是指一定时间内居住在一定空间范围内的生物种群的集合。群落这一概念最初来自植物生态学的研究。由于不同生态学家研究的对象与采用的研究方法不同，导致对群落概念的认识也有所不同。德国博物学家亚历山大·冯·洪堡（Alexander von Humboldt）在周游考察了世界许多地方之后，撰写了关于植被如何随着海拔、气候、土壤和其他因子变化而变化的综合专著——《植物地理学随笔》（1807），创立了植物地理学。在书中，他揭示了植物分布与气候条件之间相互关系的规律，并指出每个群落都有其特定的外貌，它是群落对生境因素的综合反应。1895年，丹麦植物学家瓦尔明（E. Warming）在他的经典著作《植物生态学》一书中，将群落定义为"一定的种所组成的天然群聚即群落"。1908年以生态学家B. H. Сукачев为代表的俄国学派对群落的定义为：植物群落是"不同植物有机体的特定结合，在这种结合下，存在植物之间以及植物与环境之间的相互影响"。一些动物学家也注意到了不同动物种群的群聚现象。1911年，谢尔福德（V. E. Shelford）对生物群落下的定义为"具一致的种类组成且外貌一致的生物聚集体"。后来美国著名生态学家奥德姆（E. P. Odum）于1957年在他的《生态学基础》一书中，对这一定义做了补充，他认为除种类组成与外貌一致外，还"具有一定的营养结构和代谢格局"，"它是一个结构单元"，"是生态系统中具有生命的部分"。群落包括植物、动物和微生物等各个物种的种群，共同组成生态系统中有生命的部分。

目前生物群落可定义为：在相同时间聚集在同一地段上的各物种种群的集合。

应当注意的是，在这个定义中，首先强调了时间的概念，其次是空间的概念，即相同的地段。因为在相同的地段上，随着时间的推移，群落从种类组成到结构都会发生变化，所以生物群落一定是指在某一时间段内的群落。还应当注意，物种在群落中的分布不是杂乱无章的，而是有序的，这是群落中各种群之间以及种群与环境之间相互作用、相互制约而形成的。

1902年，瑞士学者C. Schroter首次提出了**群落生态学**（synecology）的概念，他认为，群落生态学是研究群落与环境相互关系的科学。1910年，在比利时布鲁塞尔召开的第三届国际植物学会议上正式决定采纳了群落生态学这个科学名称。

对于群落生态学的研究以植物群落研究得最多，也最深入。群落学的许多原理大都来自植物群落学的研究。**植物群落学**（phytocoenology）也叫**地植物学**（geobotany）或**植被生态学**（ecology of vegetation）。植物群落学这个名称是瑞士学者H. Gams（1918）在他的《植被研究的主要问题》著作中首次提出的。植物群落学主要研究植物群落的结构、功能、形成、发展以及与所处环境的相互关系。目前对植物群落的研究已经形成比较完整的理论体系。由于动物生活的移动性特征，使得动物群落的研究比植物群落困难，所以动物群落学研究晚于植物群落学。但是如果没有后来动物群落生态学家的参加，有关生态锥体、营养级间能量传递效率等原理的发现是不可能的；同时，如捕食、食草、竞争、寄生等许多重要生态学原理也由动物生态学研究开始；对近代群落生态学做出重要贡献的一些原理，如中度干扰说对形成群落结构的意义、竞争压力对物种多样性的影响等都与动物群落学的发展分不开。因此，最有成效的群落生态学研究，应该是对动物、植物以及微生物群落研究的有机结合。近代的食物网理论、生态系统的能量流动与物质循环等规律，都是这种整体研究的结果。

8.1.2 群落的基本特征

生物群落作为种群与生态系统之间的一个生物集合体，具有自己独有的许多特征，这是它有别于种群和生态系统的根本所在。其基本特征如下：

（1）具有一定的种类组成

任何一个生物群落都是由一定的动物、植物和微生物种群组成。不同的种类组成构成不同的群落类型，如热带雨林的种类组成与温带落叶阔叶林的种类组成就完全不同。因此，种类组成是区别不同群落的首要特征。而一个群落中种类成分以及每个种个体数量的多少，则是度量群落多样性的基础。

（2）群落中各物种之间是相互联系的

生物群落并非种群的简单集合。哪些种群能够组合在一起构成群落，主要取决于两个条件：其一是必须共同适应它们所处的无机环境，其二是它们内部的相互关系必须取得协调与平衡。而且物种之间的相互关系还随着群落的不断发展而不断发展和完善。例如假定在一块新近形成的裸地上，一个生物群落开始了从无到有的发展过程。绿色植物的繁殖体在传播因子的作用下传播到了该裸地上，只要繁殖体能够适应裸地的环境条件，它便开始了在裸地上的定居过程，成为首批定居成功的先锋植物。随着定居成功植物的增多以及先锋植物的繁殖，裸地上植物密度逐渐增大，空间变小，同种与不同种植物之间开始发生相互关系。这种关系主要表现在对生存空间的争夺、阳光的获取、营养物质的利用、排泄物或分泌物的彼此影响。在种间竞争中获胜的植物成为最早的群落成员，竞争失败者便被淘汰出群落。随着植物群落的形成与发展，各种动物种群也随之形成与发展，它们不但需要以适当的植物作为食物来源（直接的或间接的），而且需要植物群落为它们提供栖息、活动、繁殖与避敌的场所。微生物参与到群落中来也经历着近似的历程，不同生物群落中微生物的种类组成及数量关系不同便是证明。

（3）群落具有自己的内部环境

群落与其环境是不可分割的。任何一个群落在形成过程中，生物不仅对环境具有适应作用，而且同时生物对环境也具有巨大的改造作用。随着群落发育到成熟阶段，群落的内部环境也发育成熟。群落内的环境，如温度、湿度、光照等都不同于群落外部。不同的群落，其群落环境存在明显的差异。

（4）具有一定的结构

每一个生物群落都具有自己的结构，其结构表现在空间上的成层性（包括地上和地下）、物种之间的营养结构以及时间上的季相变化等。群落类型不同，其结构也不同。热带雨林群落的结构最复杂，而北极冻原群落的结构最简单。

（5）具有一定的动态特征

任何一个生物群落都有它的发生、发展、成熟（即顶极阶段）和衰败与灭亡阶段。因此，生物群落就像一个生物个体一样，在它的一生中都处于不断的发展变化之中，表现出动态的特征。例如一个刚封山育林的山体，目前的群落状况与50年后的群落状况在许多方面必然存在明显的差异。

（6）具有一定的分布范围

每一生物群落都分布在特定的地段或特定的生境上，不同群落的生境和分布范围不同。无论从全球范围还是从区域角度讲，不同的生物群落都有自己的分布区域。

（7）具有边界特征

群落具有边界，只不过有的边界清晰，有的边界不清晰。在自然条件下，如果环境梯度变化较陡，或者环境梯度突然中断（如地势变化较陡的山地的垂直带，陆地环境与水生环境的交界处，像池塘、湖泊、岛屿等），那么分布在这样环境条件下的群落就具有明显的边界，可以清楚地加以区分；而处于环境梯度连续缓慢变化（如草甸草原和典型草原之间的过渡带、典型草原与荒漠草原之间的过渡带等）地段上的群落，则不具有明显的边界。但在多数情况下，不同群落之间都存在过渡带，被称为**群落交错区**，又称**生态过渡带**（ecotone），并导致明显的**边缘效应**（edge effect）。

（8）群落中各物种不具有同等的群落学重要性

在一个群落中，有些物种对群落的结构、功能以及稳定性具有重大的贡献，而有些物种却处于次要的和附属的地位，不具有重要的贡献。因此，根据它们在群落中的地位和作用，物种可以被分为优势种、建群种、亚优势种、伴生种以及偶见种等。所以群落中的物种不具有同等的重要性。

8.1.3 对群落性质的两种对立观点

在生态学界，对于群落的性质问题，一直存在着两派决然对立的观点，通常被称为机体论学派和个体论学派。

（1）机体论学派

机体论学派（organismic school）的代表人物是美国生态学家F. E. Clements（1916，1928），他将植物群落比拟为一个生物有机体，看成是一个自然单位。他认为任何一个植物群落都要经历一个从先锋阶段（pioneer stage）到相对稳定的顶极阶段（climax stage）的演替过程。如果时间充足的话，森林区的一片沼泽最终会演替为森林群落。这个演替过程类似于一个有机体的生活史。因此，群落像一个有机体一样，有诞生、生长、成熟和死亡的不同发育阶段，而这些不同的发育阶段，可以解释成一个有机体的不同发育时期。他指出这种比拟是真实的，因为每一个顶极群落被破坏后，都能够重复通过基本上是同样形式的发展阶段而再达到顶极群落阶段。

此外，Warming（1909）、Braun-Blanquet（1928，1932）和Nichols（1917）将植物群落比拟为一个种，把植物群落的分类看作和有机体的分类相似。因此，植物群落是植被分类的基本单位，正像物种是有机体分类的基本单位一样。而Tansley（1920）认为：和一个有机体的严密结构相比，在植物群落中，有些种群是独立的，它们在别的群落中也能很好地生长发育，相反有些种群却具有强烈的依附性，即只能在某一群落中而不能在其他的群落中存在。因此，他强调，植物群落在许多方面表现为整体性，应作为整体来研究。这种见解以后就发展成他的生态系统概念。另外，动物生态学家Elton与Möbius也支持机体论的观点。

（2）个体论学派

个体论学派（individualistic school）的代表人物之一是H. A. Gleason，他（1926）认为将群落与有机体相比拟是欠妥的。因为群落的存在依赖于特定的生境与不同物种的组合，但是环境条件在空间与时间上都是不断变化的，故群落并不具有明显的边界。环境的连续变化使人们无法划分出一个个独立的群落实体，群落只是科学家为了研究方便而抽象出来的一个概念。前苏联的R. G. Ramensky和美国的R. H. Whittaker均持类似观点。他们用梯度分析与排序等定量方法研究植被，证明群落并不是一个个分离的有明显边界的实体，多数情况下是在空间和时间上连续的一个系列。

个体论学派反对将群落比拟为有机体的依据是：如果将植物群落看成一个有机体，那么它与生物有机体之间存在着很大的差异。第一，生物有机体的死亡必然引起器官死亡，而组成群落的种群不会因植物群落的衰亡而消失；第二，植物群落的发育过程不像有机体发生在同一体内，它表现在物种的更替与种群数量的消长方面；第三，与生物有机体不同，植物群落不可能在不同生境条件下繁殖并保持其一致性；第四，相同物种的个体之间在遗传上密切相关，但是在同一群落类型之间却无遗传上的任何联系。上述这些方面都是将群落比拟为生物有机体所固有的缺陷。

群落组织的机体论概念和个体论概念，预测了生态梯度和地理梯度上物种的不同分布格局。机体论认为，属于一个群落的物种相互紧密联系，这表明，每个物种的分布与作为整体的群落的分布的生态限制是一致的。生态学家称这种群落组织观点为封闭群落。个体论认为在一个特定群落中，每个物种与其共存物种都是独立分布的，这样的开放群落没有自然边界，所以，这些成员物种可能独立地将分布范围扩展到其他群落中。

开放群落和封闭群落的观点在自然界中都有其正确性。在两种情况下，可以观察到群落间的清晰界线。第一种情况发生在物理环境突然改变时。如水生群落和陆地群落间的过渡区，明显的土壤类型间的过渡，以及山体北坡和南坡的过渡。第二种情况则发生在一个物种或某种生活型在环境中占优势时，其分布范围的边缘决定其他许多物种的分布界线。

以上两派观点的争论并未结束，因研究区域与对象不同而各持己见。但是其研究都推动了生态学的发展。如从机体论观点出发，建立了群落演替单顶极学说和相应的植被研究方法，以及发展了多顶极学说以及生态系统理论，成为现代生态系统研究的理论基石和方法论的基础；从种系分类观点出发，构成了法瑞学派植被研究的理论和方法的精髓。从个体论观点出发，建立了梯度分析的理论与方法，为威斯康星学派的形成奠定了理论基础。

还有一些学者认为，两派学者都未能包括全部真理，并提出目前已经到了停止争论的时刻了。这些学者认为，现实的自然群落，可能处于自个体论所认为的到机体论所认为的连续谱中的任何一点，或称 Gleason–Clements 轴中的任何一点。

窗口 8-1

群落构建的生态位理论和中性理论

群落形成和维持的过程称为群落构建。对群落构建的认识存在两种的观点。其一认为在群落的形成和维持中，共存物种间的生态位分化占主导地位，其二是认为随机扩散是决定性因素，前者是**生态位理论**（niche theory），后者是**中性理论**（neutral theory）。

生态位理论认为：群落构建是物种的筛选过程，环境条件和生物间的相互作用是多个嵌套的筛子，群落构建就是将区域物种库中的物种经过这些筛子的过滤，只有那些具有特定形状、能为环境筛子选定的物种才能进入局域群落。

局域植物群落的组成既取决于环境因素的作用，同时又受制于物种间的相互作用。这个过程导致机能相似的物种被筛入相同生态位，使群落内各物种特征趋同。同时群落内物种间的相互作用使得特征过于相似的物种发生竞争和排斥。从而使得各物种间的相似性受限，即所谓“群落共存种间的极限相似性”，这个过程导致了群落物种的特征趋异。

环境筛选和物种极限相似性这两个相反的作用力，共同组成群落构建的两个基本驱动力，形成并维持群落组成的生物多样性。

中性理论认为：在群落构建中起主导作用的是随机过程。群落中性理论是分子进化中性理论在宏观层次上的推广。种群数量遗传学认为在等位基因上发生的突变绝大多数是中性的，不受环境选择的作用，大多数进化结果都是来自中性等位基因在遗传漂变中的随机固定。

群落中性理论的两个基本假设：其一，个体水平的生态等价性，即群落中相同营养级所有个体在生态上是等价的，在群落动态中，所有个体具有相同的出生、死亡、迁入和迁出概率，甚至物种形成概率。其二，群落的饱和性，即群落动态是一个随机的零和（zero-sum）过程，就是说群落中某个个体死亡或迁出马上会伴随着另外一个随机个体的出现以填充其空缺，这样群落大小不变，景观中每个局域群落都是饱和的。

8.2 群落的种类组成

8.2.1 种类组成的性质分析

种类组成是决定群落性质最重要的因素，也是鉴别不同群落类型的基本特征。群落学研究一般从分析种类组成开始。为了得到一份完整的生物种类名单（如高等植物名录或动物名录），对植物群落而言，通常采用最小面积的方法来统计一个群落或一个地区的植物种类名录。现以植物群落为例来具体阐述。

要统计一个植物群落的种类组成，首先要在植物群落内选择样地。样地是指能够反映植物群落基本特征的一定地段。样地选择的标准为种类成分的分布要均匀一致，群落结构要完整，层次要分明，生境条件要一致（尤其是地形和土壤），即最能反映该群落生境特点的地段。样地要设在群落中心的典型部分，避免选在两个群落类型的过渡地带。样地要用显著的实物标记，以便明确观察范围。

在选择的样地内，设置抽样样方。通常采用最小面积的方法设置样方。所谓最小面积，是指基本上能够表现出某群落类型植物种类的最小面积。如果抽样面积太大，会花费很大的财力、人力与时间等；如果抽样面积太小，则不可能完全反映组成群落的物种情况。通常以绘制种 - 面积曲线来确定最小面积的大小。具体做法是：逐渐扩大植物样方面积，随着样方面积的增大，样方内植物的种数也在增加，但当物种增加到一定程度时，曲线则有明显变缓的趋势，即新物种的增加已经很少。通常把曲线陡度开始变缓处所对应的面积，称为最小面积（S_0）（图 8–1）。

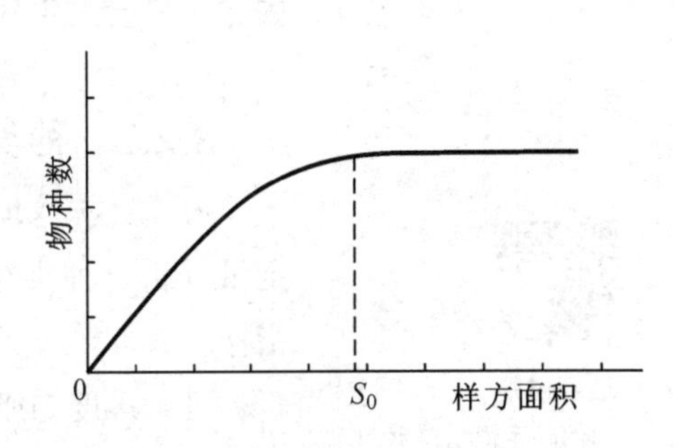

图 8-1　种 - 面积曲线示意图

通常，组成群落的种类越丰富，其最小面积越大。最小面积如我国云南西双版纳的热带雨林为 2 500 m^2，北方针叶林为 400 m^2，落叶阔叶林为 100 m^2，草原灌丛为 25 ~ 100 m^2，草原为 1 ~ 4 m^2 等。

植物种类不同，群落的类型和结构不相同，种群在群落中的地位和作用也不相同。因此，可以根据各个种在群落中的作用而划分群落成员型。植物群落研究中，常用的群落成员型有以下几类：

（1）优势种和建群种

对群落结构和群落环境的形成有明显控制作用的植物种称为**优势种**（dominant species），它们通常是那些个体数量多、投影盖度大、生物量高、体积较大、生活能力较强的植物种类。群落的不同层次可以有各自的优势种，如森林群落中，乔木层、灌木层、草本层和地被层分别存在各自的优势种，其中乔木层的优势种，即优势层的优势种常称为**建群种**（constructive species）。如果群落中的建群种只有一个，则称为“单建群种群落”或“单优种群落”；如果具有两个或两个以上同等重要的建群种，则称为“共建种群落”或“共优种群落”。热带森林几乎全是共建种群落，北方森林和草原则多为单建群种群落，但有时也存在共建群种群落。

（2）亚优势种

亚优势种（subdominant species）指个体数量与作用都次于优势种，但在决定群落性质和控制群落环境方面仍起着一定作用的植物种。在复层群落中，它通常居于下层，如大针茅草原中的小半灌木冷蒿就是亚优势种。

（3）伴生种

伴生种（companion species）为群落的常见种类，它与优势种相伴存在，但对群落环境的影响不起主要作用。

（4）偶见种

偶见种（accidental species，incidental species，casual species）可能偶然地由人们带入或随着某种条件的改变而侵入群落中，也可能是衰退中的残遗种。它们在群落中出现频率很低，个体数量也十分稀少。但是有些偶见种的出现具有生态指示意义，有的还可作为地方性特征种来看待。

由此可见，在一个植物群落中，不同植物种的地位和作用以及对群落的贡献是不相同的。如果把群落中的优势种去除，必然导致群落性质和环境的变化；但若将非优势种去除，只会发生较小的或不明显的变化。

8.2.2　种类组成的数量特征

难点讲解
如何确定植物群落的种类组成

为了更深入地研究植物群落，在查清了它的种类组成之后，还需要对种类组成进行定量分析，种类组成的数量特征是近代群落分析技术的基础。数量特征包括以下几种指标。

（1）多度与密度

多度（abundance）是对植物群落中物种个体数目多少的一种估测指标，多用于植物群落的野外调查中。在野外调查时，当群落中一些植物种类的数量无法计数统计时，如一些灌丛种类和具有分蘖特性的禾草类植物等，多度是一个很好的度量方法，它可以度量不同种类间个体数量相对多少的方法。有关多度的划分，目前国内外尚无统一的标准，我国多采用德鲁提（Drude）的七级制多度，即：

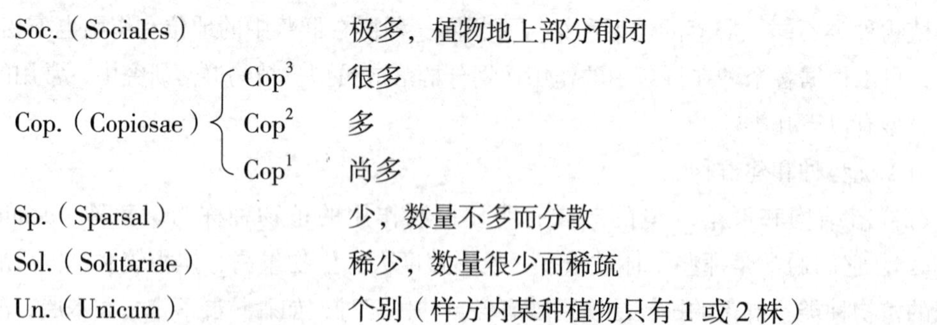

Soc.（Sociales）		极多，植物地上部分郁闭
Cop.（Copiosae）	Cop^3	很多
	Cop^2	多
	Cop^1	尚多
Sp.（Sparsal）		少，数量不多而分散
Sol.（Solitariae）		稀少，数量很少而稀疏
Un.（Unicum）		个别（样方内某种植物只有1或2株）

密度（density）是单位面积或单位空间上的一个实测数据。相对密度（relative density）是指样地内某一种植物的个体数占全部植物种个体数的百分比。某一物种的密度占群落中密度最高的物种密度的百分比被称为密度比（density ratio）。

（2）盖度

盖度（coverage）是指植物体地上部分的垂直投影面积占样地面积的百分比，又称投影盖度。盖度是群落结构的一个重要指标，因为它不仅反映了植物所占有的水平空间的大小，而且还反映了植物之间的相互关系。通常以百分比来表示盖度，而林业上常用郁闭度表示林木层的盖度。

盖度可以分为种盖度（分盖度）、层盖度（种组盖度）、总盖度（群落盖度）。通常，分盖度或层盖度之和大于总盖度，这是由于植物枝叶互相重叠而造成的。群落中某一物种的分盖度占所有分盖度之和的百分比，即为该物种的相对盖度。某一物种的盖度占盖度最大物种的盖度的百分比称为**盖度比**（cover ratio）。基盖度是指植物基部的覆盖面积。对于草原群落，常以离地面 1 英寸（2.54 cm）高度的断面积计算；而对森林群落，则以树木胸高（1.3 m 处）断面积计算。基盖度也称真盖度。乔木的基盖度称为**显著度**（dominant）。

（3）频度

频度（frequency）是指群落中某种植物出现的样方数占整个样方数的百分比。频度这个概念，早在 1825 年就有人提出，后来 Raunkiaer 的工作对此影响最大。Raunkiaer 在研究欧洲草地群落中，用 1/10 m^2 的小样圈任意投掷，将小样圈内的所有植物种类加以记录，然后计算每种植物出现的次数与样圈总数之比，得到各个种的频度。Raunkiaer 根据 8 000 多种植物的频度统计，于 1934 年编制了一个标准频度图解（frequency diagram）（图 8-2），提出了著名的 **Raunkiaer 频度定律**（law of frequency）。

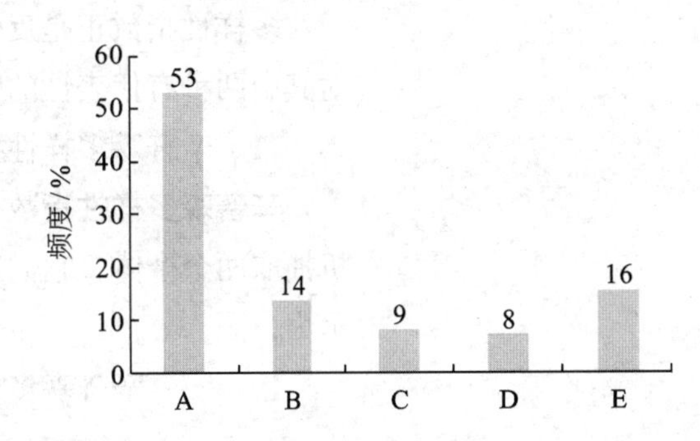

图 8-2 Raunkiaer 的标准频度图解

图 8-2 中，凡频度在 1%～20% 的植物种归入 A 级，21%～40% 者为 B 级，41%～60% 者为 C 级，61%～80% 者为 D 级，80%～100% 者为 E 级。从图 8-2 中可看出：频度属于 A 级的植物种类占 53%，属于 B 级者有 14%，C 级有 9%，D 级有 8%，E 级有 16%，这样按其所占比例的大小，五个频度级的关系是：A > B > C ≥ D < E。这就是 Raunkiaer 频度定律。这个定律说明：在一个种类分布比较均匀一致的群落中，属于 A 级频度的种类占大多数，B、C 和 D 级频度的种类较少，E 级频度的植物是群落中的优势种和建群种，其数目也较多，所以占有的比例也较高。这个规律符合群落中低频度种的数目较高频度种的数目多的事实。事实证明，Raunkiaer 频度定律基本上适合于任何稳定性较高而种类分布比较均匀的群落。群落的均匀性与 A 级和 E 级的大小成正比，E 级愈高，群落的均匀性愈大；如若 B、C、D 级的比例增高时，说明群落中种的分布不均匀，一般情况下，暗示着植被分化和演替的趋势。

（4）重要值

重要值（importance value）是 J. T. Curtis 和 R. P. McIntosh（1951）在研究森林群落时首次提出的，它是某个种在群落中的地位和作用的综合数量指标。因为它简单、明确，所以近年来得到普遍采用。计算公式如下：

重要值 =（相对密度 + 相对频度 + 相对优势度）/300

上式用于草原群落时，相对密度可用相对高度代替，而相对优势度可用相对盖度代替：

重要值 =（相对高度 + 相对频度 + 相对盖度）/300

8.2.3　物种多样性指数

生物多样性（biodiversity）是指生物中的多样化和变异性以及物种生境的生态复杂性，它包括植物、动物和微生物的所有种及其组成的群落和生态系统。生物多样性可以分为遗传多样性、物种多样性和生态系统多样性 3 个层次。遗传多样性指地球上生物个体中所包含的遗传信息之总和；物种多样性是指地球上生物有机体的多样化；生态系统多样性涉及的是生物圈中生物群落、生境与生态过程的多样化。

物种多样性具有两种含义：其一是种的数目或**丰富度**（species richness），它是指一个群落或生境中物种数目的多寡；其二是种的**均匀度**（species evenness 或 equitability），它是指一个群落或生境中全部物种个体数目的分配状况，它反映的是各物种个体数目分配的均匀程度。

多样性指数正是反映丰富度和均匀度的综合指标。测定多样性的公式很多，这里仅对其中两种有代表性的作一说明。

（1）辛普森多样性指数

辛普森多样性指数（Simpson's diversity index）是基于在一个无限大小的群落中，随机抽取两个个体，它们属于同一物种的概率是多少这样的假设而推导出来的。用公式表示为：

辛普森多样性指数 = 随机取样的两个个体属于不同种的概率

= 1– 随机取样的两个个体属于同种的概率

假设种 i 的个体数占群落中总个体的比例为 P_i，那么，随机取种 i 两个个体的联合概率就为 P_i^2。如果我们将群落中全部种的概率合起来，就可得到辛普森指数 D，即

$$D = 1 - \sum_{i=1}^{S} P_i^2$$

式中：S——物种数目

由于取样的总体是一个无限总体，P_i 的真值是未知的，所以它的最大必然估计量是：

$$P_i = N_i/N$$

即
$$1 - \sum_{i=1}^{S} P_i^2 = 1 - \sum_{i=1}^{S} (N_i/N)^2$$

于是辛普森指数为：

$$D = 1 - \sum_{i=1}^{S} P_i^2 = 1 - \sum_{i=1}^{S} (N_i/N)^2$$

式中：N_i——种 i 的个体数

N——群落中全部物种的个体数

例如，甲群落中有 A、B 两个物种，A、B 两个种的个体数分别为 99 和 1，而乙群落中也只有 A、B 两个物种，A、B 两个种的个体数均为 50，按辛普森多样性指数计算，甲、乙两群落种的多样性指数分别为：

$$D_1 = 1 - \sum_{i=1}^{2} (N_i/N)^2 = 1 - [(99/100)^2 + (1/100)^2] = 0.0198$$

$$D_2 = 1 - \sum_{i=1}^{2}(N_i/N)^2 = 1 - [(50/100)^2 + (50/100)^2] = 0.5000$$

从计算结果可以看出，乙群落的多样性高于甲群落。造成这两个群落多样性差异的主要原因是甲群落中两个物种分布不均匀。从丰富度来看，两个群落是一样的，但均匀度不同。

（2）香农－维纳多样性指数

香农－维纳多样性指数（Shannon–Wiener's diversity index）是用来描述种的个体出现的紊乱和不确定性。不确定性越高，多样性也就越高。其计算公式为：

$$H = -\sum_{i=1}^{S} P_i \log_2 P_i$$

式中：S——物种数目

P_i——属于种 i 的个体在全部个体中的比例

H——物种的多样性指数

公式中对数的底可取 2、e 和 10，但单位不同，分别为 nit、bit 和 dit。若仍以上述甲、乙两群落为例计算，则

$$H_1 = -\sum_{i=1}^{2} P_i \log_2 P_i = -(0.99 \times \log_2 0.99 + 0.01 \times \log_2 0.01) = 0.081\ \text{nit}$$

$$H_2 = -\sum_{i=1}^{2} P_i \log_2 P_i = -(0.50 \times \log_2 0.50 + 0.50 \times \log_2 0.50) = 1.00\ \text{nit}$$

由此可见，乙群落的多样性更高一些，这与用辛普森多样性指数计算的结果是一致的。

香农－维纳多样性指数包含两个因素：其一是种类数目，其二是种类中个体分配

窗口 8-2

不同多样性测度指标

在不同空间尺度范围内，区分清楚不同的多样性测度指标是十分有用的。通常多样性测度可以分为 3 个范畴：α 多样性、β 多样性和 γ 多样性。

α 多样性是在栖息地或群落中的物种多样性，其计算方法正如上面所叙述的一样。

β 多样性是度量在地区尺度上物种组成沿着某个梯度方向从一个群落到另一个群落的变化率。它可以定义为沿着某一环境梯度物种替代的程度或速率、物种周转率、生物变化速度等。β 多样性还反映了不同群落间物种组成的差异，不同群落或某环境梯度上不同点之间的共有种越少，β 多样性越大。测度群落 β 多样性的重要意义在于：① 它可以反映生境变化的程度或指示生境被物种分割的程度。② β 多样性的高低可以用来比较不同地点的生境多样性。③ β 多样性与 α 多样性一起构成了群落或生态系统总体多样性或一定地段的生物异质性。β 多样性的计算方法也有很多。

γ 多样性反映的是最广阔的地理尺度，指一个地区或许多地区内穿过一系列的群落的物种多样性。

上的均匀性（evenness）。种类数目越多，多样性越大；同样，种类之间个体分配的均匀性增加，也会使多样性提高。

当群落中有 S 个物种，每一物种恰好只有一个个体时，H 达到最大，即

$$H_{max} = -S\left[1/S \times \log_2(1/S)\right] = \log_2 S$$

当全部个体为一个物种时，多样性最小，即

$$H_{min} = -S/S \times \log_2(S/S) = 0$$

因此，我们可以定义下面两个公式：

均匀度： $E = H/H_{max}$

其中 H 为实际观察的种类多样性，H_{max} 为最大的种类多样性。

不均匀性： $R = (H_{max} - H)/(H_{max} - H_{min})$

R 取值为 0 ~ 1。

8.2.4 物种多样性在空间上的变化规律

（1）多样性随纬度的变化

物种多样性有随纬度增高而逐渐降低的趋势。基本上在陆地、海洋和淡水环境，都有类似趋势，有充分的数据可以证明这一点。但是也有例外，如企鹅和海豹在极地种类最多，而针叶树和姬蜂在温带物种最丰富。

（2）多样性随海拔的变化

无论是低纬度的山地还是高纬度的山地，也无论海洋气候下的山地还是大陆性气候下的山地，物种多样性随海拔升高而逐渐降低。

（3）在海洋或淡水水体，物种多样性有随深度增加而降低的趋势

这是因为阳光在进入水体后，被大量吸收与散射，水的深度越深，光线越弱，绿色植物无法进行光合作用，因此多样性降低。在大型湖泊中，温度低、含氧量少、黑暗的深水层，其水生生物种类明显低于浅水区。同样，海洋中植物分布也仅限于光线能透过的光亮区，一般很少超过 30 m。

8.2.5 解释物种多样性空间变化规律的各种学说

为什么物种多样性随纬度增高而逐渐降低，随海拔升高也逐渐降低呢？对此有不同的学说给予了解释。

（1）进化时间学说

许多事实证明：热带群落由于比较古老、进化时间长，而且在地质年代中环境条件稳定，很少遭受灾害性气候变化（如冰期），群落有足够的时间发展到高多样化的程度，所以多样性较高。相反，温带和极地群落从地质年代上讲比较年轻，遭受灾难性气候变化较多，所以多样性较低。

（2）生态时间学说

由于物种分布区的扩大需要一定的时间。因此物种从多样性高的热带扩展到多样性低的温带需要足够的时间，而且还需要畅通的道路，但是有的物种在传播途中可能被某些障碍（如高山、江河等）所阻挡，因此温带地区的群落与热带的相比，其物种是未充

分饱和的。例如牛背鹭就是从非洲经南美而扩展到北美的。

（3）空间异质性学说

事实证明，从高纬度的寒带到低纬度的热带，环境的复杂性增加，即空间异质性程度增加。而空间异质性程度越高，提供的生境类型越多，导致动植物群落的复杂性越高，从而物种多样性也越大。支持这种学说的证据如群落的垂直结构越复杂，那里的鸟类、昆虫、植物等的种类就越丰富。

（4）气候稳定学说

在生物进化的地质年代中，地球上唯有热带的气候是最稳定的，所以，通过自然选择，那里出现了大量狭生态位和特化的种类，故物种多样性高。而在高纬度地区，由于气候不稳定，自然选择有利于具广适应性的生物，所以物种多样性小于低纬度地区。

（5）竞争学说

在物理环境严酷的地区，例如极地和温带，自然选择主要受物理因素控制，但在气候温和而稳定的热带地区，生物之间的竞争则成为进化和生态位分化的主要动力。由于生态位分化，热带动植物要求的生境往往很狭隘，其食性也较特化，物种之间的生态位重叠也比较多。因此，热带动植物较温带的常有更精细的适应性。

（6）捕食学说

由于捕食者的存在，将被食者的种群数量压到较低水平，从而减轻了被食者的种间竞争。竞争的减弱允许有更多的被食者种的共存。较丰富的种群又支持了更多的捕食者种类，因此捕食者的存在可以促进物种多样性的提高。Paine 在具岩石底的潮间带去除了顶级捕食动物（海星），使物种由 15 种降为 8 种，实验证实了捕食者在维持群落多样性中的作用。

（7）生产力学说

如果其他条件相等，群落的生产力越高，生产的食物越多，通过食物网的能流量越大，物种多样性就越高。这个学说从理论上讲是合理的，但现有实际资料有的不支持此学说。例如对丹麦和印度湖泊的枝角类种数与初级生产关系调查结果说明了相反的关系：初级生产力越高，枝角类多样性越低。

上述 7 种学说，实际上包括 6 个因素，即时间、空间、气候、竞争、捕食和生产力。这些因素可能同时影响着群落的物种多样性，并且彼此之间相互作用。各学说之间往往难以截然分开，更可能的是在不同生物群落类型中，各因素及其组合在决定物种多样性中具不同程度的作用。

8.2.6 种间关联

在一个群落中，如果两个种一块出现的次数高于期望值，它们就具有正关联。正关联可能是因一个种依赖于另一个种而存在，或两者受生物的和非生物的环境因子影响而生长在一起；如果两个种共同出现的次数低于期望值，则它们具负关联。负关联则是由于空间排挤、竞争、他感作用，或不同的环境要求而引起。

种间是否关联，常采用**关联系数**（association coefficient）来表示。计算前要先列出 2×2 列联表，它的一般形式为：

		种B		
		+	−	
种A	+	a	b	$a+b$
	−	c	d	$c+d$
		$a+c$	$b+d$	n

表中 a 是两个种均出现的样方数，b 和 c 是仅出现一个种的样方数，d 是两个种均不出现的样方数。如果两物种是正关联的，那么绝大多数样方为 a 和 d 型；如果属负关联，则为 b 和 c 型；如果是没有关联的，则 a、b、c、d 各型出现概率相等，即完全是随机的。

关联系数常用下列公式计算：

$$V=\frac{(ad-bc)}{\sqrt{(a+b)(c+d)(a+c)(b+d)}}$$

其数值变化范围是从 −1～1。然后按统计学的 χ^2 检验法检验所求得关联系数的显著性。

在群落中，随着种数的增加，种对的数目会按 $s(s-1)/2$ 方程迅速增加，式中 s 是种数。为了说明各种对之间是否关联以及它们之间的关联程度，常利用各种相关系数、距离系数或信息指数来叙述一个种的数量指标对另一个种或某一环境因子的定量关系，计算结果可用半矩阵或星系图（constellation diagam）表示。

在自然界中，绝对的正关联可能只出现在某些寄生物与单一宿主之间以及完全取食于一种植物的单食性昆虫之间。但是大多数物种的生存只是部分地依存于另一物种，像昆虫取食若干种植物，捕食者取食若干种猎物。因此部分依存关系是自然群落中最常见的，并且其出现频率仅次于无相互作用的。同样，竞争排斥也是群落中少数物种间的关联类型。

Whittaker 认为：群落中全部物种间的相互作用，其类型的分布将是正态曲线，即大部分物种间关系都处于中点附近，没有相互作用，而少数物种间关系处于曲线两端（必然的正关联和必然的排斥）。如果真实的情况确是这样，那么种间相互作用还不足以把全部物种有机地结合成一个“客观实体”（群落）。这就是说，从关联分析来看，群落的性质更接近于一个连续分布的系列，即个体论学派所主张的观点。

8.3 群落的结构

8.3.1 群落的结构单元

群落空间结构取决于两个要素，即群落中各物种的生活型及相同生活型的物种所组成的层片，它们可看作群落的结构单元。

8.3.1.1 生活型

生活型（life form）是生物对外界环境适应的外部表现形式，同一生活型的生物，不但体态相似，而且在适应特点上也是相似的。植物生活型的研究工作较多。对植物而言，其生活型是植物对综合环境条件的长期适应，而在外貌上反映出来的植物类型。它的形成是植物对相同环境条件趋同适应的结果。

在同一类生活型中，常常包括了在分类系统上地位不同的许多植物种，因为不论各种植物在系统分类上的位置如何，只要它们对某一类环境具有相同（或相似）的适应方式和途径，并在外貌上具有相似的特征，它们就都属于同一类生活型。例如，生活于非洲、北美洲、大洋洲和亚洲的许多荒漠植物，虽然它们可能属于不同的科，却都发展了叶子细小的特征。细叶是一种减少热负荷和蒸腾失水量的适应。A. F. W. Shimper 在 1903 年发现了这一植物地理规律，即在世界不同地区的相似环境区域重复地出现相似的生长型植物。

自从 19 世纪 A. von Humboldt（1806）根据植物外貌特征进行植物生活型的分类以来，其后又有一些学者建立了各种植物生活型分类系统，其中应用最广的是丹麦植物学家 C. Raunkiaer 的生活型分类系统。该系统以简单、易于掌握和应用为其特点。以温度、湿度、水分（以雨量表示）作为揭示生活型的基本因素，以植物体在度过生活不利时期（冬季严寒、夏季干旱等）时对恶劣条件的适应方式作为分类的基础。具体的是以休眠或复苏芽所处位置的高低和保护的方式为依据，把高等植物划分为五大生活型类群（图 8–3）。在各类群之下，再按照植物体的高度、芽有无芽鳞保护、落叶或常绿、茎的特点以及旱生形态与肉质性等特征，细分为较小的类群。

① **高位芽植物**（phanerophyte），其芽或顶端嫩枝位于离地面 25 cm 以上的较高处的枝条上。如乔木、灌木和一些生长在热带潮湿气候条件下的草本等。

② **地上芽植物**（chamaephyte），其芽或顶端嫩枝位于地表或很接近地表处，一般都不高出土表 20 ~ 30 cm，因而它们受土表的残落物保护，在冬季地表积雪地区也受积雪的保护。

③ **地面芽植物**（hemicryptophyte），在不利季节，植物体地上部分死亡，只是被土壤和残落物保护的地下部分仍然活着，并在地面处有芽。

④ **地下芽植物**（geophyte），又称隐芽植物（cryptophyte），渡过恶劣环境的芽埋在土表以下，或位于水体中。

⑤ **一年生植物**（therophyte），是只能在良好季节中生长的植物，它们以种子的形式渡过不良季节。

统计某个地区或某个植物群落内各类生活型的数量对比关系称为生活型谱。通过生活型谱可以分析一个地区或某一植物群落中植物与生境（特别是气候）的关系。

制定生活型谱的方法，首先是弄清整个地区（或群落）的全部植物种类，列出植物名录，确定每种植物的生活型，然后把同一生活型的种类归到一起。按下列公式求算：

某一生活型的百分率 =（该地区该生活型的植物种数 / 该地区全部植物的种数）× 100%

从各个不同地区或各个不同群落的生活型谱的比较，可以看出各个地区或群落的环境特点，特别是对于植物有重要作用的气候特点（表 8–1）。

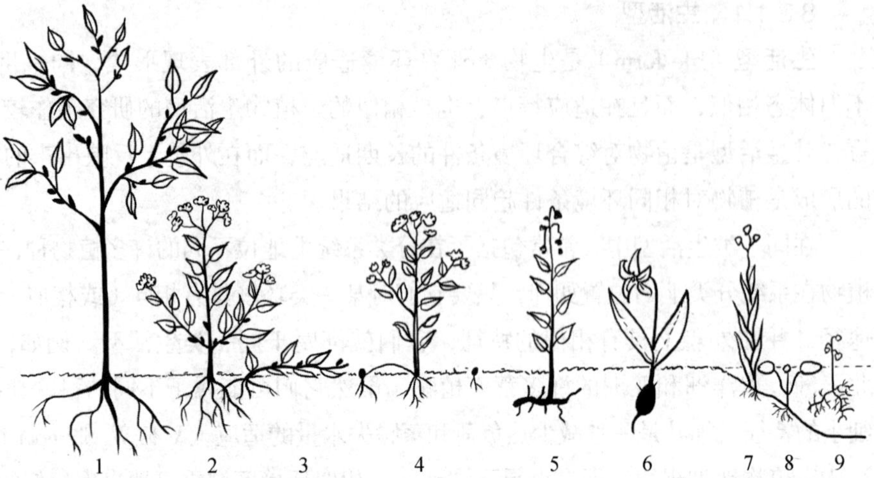

图 8-3 Raunkiaer 生活型图解（引自孙儒泳等，1993）

1. 高位芽植物 2，3. 地上芽植物
4. 地面芽植物 5~9. 地下芽植物
图中黑色部分为多年生，非黑色部分当年枯死

表 8-1 各个不同气候区的生活型谱（引自曲仲湘等，1983）

生活型谱	每一类在植物区系组成中的百分率 /%				
	高位芽植物	地上芽植物	地面芽植物	地下芽植物	一年生植物
热带地区（塞舌尔群岛）	61	6	12	5	16
北极地区（斯匹次卑尔根岛）	1	22	60	15	2
沙漠地区（利比亚沙漠）	12	21	20	5	42
温带地区（丹麦）	7	3	50	22	18
地中海地区（意大利）	12	6	29	11	42

从表 8-1 可看出，在不同的气候区域，生活型的类别组成不同。在潮湿的热带地区，植物的主要生活型是高位芽植物，以乔木和灌木占绝大多数；在干燥炎热的沙漠地区和草原地区，以一年生植物最多；在温带和北极地区，以地面芽植物占多数。

8.3.1.2 层片

层片（synusium）也是群落结构的基本单位之一，这一术语最初由瑞士植物学家 H. Gams（1918）提出。层片是指由相同生活型或相似生态要求的种组成的机能群落（functional community）。群落的不同层片是由属于不同生活型的不同种的个体组成。例如，针阔叶混交林主要由 5 类基本的层片所构成：第一类是常绿针叶乔木层片，组成成分主要是松属（*Pinus*）、云杉属（*Picea*）、冷杉属（*Abies*）等植物；第二类层片是落叶阔叶乔木层片，主要组成成分有槭属（*Acer*）、椴属（*Tilia*）、桦属（*Betula*）、杨属（*Populus*）、榆属（*Ulmus*）等；第三类是落叶灌木层片；第四类是多年生草本植物层片；第五类是苔藓地衣层片。

8.3.2 群落的垂直结构

群落的垂直结构最直观的就是它的成层性。成层性是植物群落结构的基本特征之一，也是野外调查植被时首先观察到的特征。成层现象不仅表现在地面上，而且也表现在地下。通常热带雨林群落的结构最为复杂，仅其乔木层和灌木层就可各分为2~3个层次。而相比之下寒带针叶林群落的结构就比较简单，只有一个乔木层，一个灌木层，一个草本层。草本植物群落的结构就更为简单了。一般说来，温带阔叶林地上成层现象最明显。

乔木的地上成层结构在林业上称为林相。从林相来看，森林可分为单层林和复层林。复层林又可分为双层林和多层林。树干、树枝和枝叶上的苔藓、地衣等附生植物、藤本植物以及攀缘植物，由于很难将它们划分到某一层次中，因此通常将其称为层间植物或层外植物。

对群落地下分层的研究，一般多在草本植物间进行。主要是研究植物根系分布的深度和幅度。地下成层性通常分为浅层、中层和深层，研究草原时重视根系的研究。一般说来草原根系的特点是：地下部分较密集，根系多分布在5~10 cm处；气候干旱，根系也随着加深；丛生禾草根系的总长度较长，而杂草类的根较重，并有耐牧性。

成层现象是群落中各种群之间以及种群与环境之间相互竞争和相互选择的结果。它不仅缓解了植物之间争夺阳光、空间、水分和矿质营养（地下成层）的矛盾，而且由于植物在空间上的成层排列，扩大了植物利用环境的范围，提高了同化功能的强度和效率。成层现象愈复杂，即群落结构愈复杂，植物对环境利用愈充分，提供的有机物质也就愈多。各层之间在利用和改造环境中，具有层的互补作用。群落成层性的复杂程度，也是对生态环境的一种良好的指示。一般在良好的生态条件下，成层构造复杂，而在极端的生态条件下，成层构造简单，如极地的苔原群落就十分简单。因此，依据群落成层性的复杂程度，可以对生境条件作出诊断。

生物群落中动物的分层现象也很普遍。动物之所以有分层现象，主要与食物有关，其次还与不同层次的微气候有关。如在欧亚大陆北方针叶林区，在地被层和草本层中，栖息着两栖类、爬行类、鸟类和兽类；在森林的灌木层和幼树层中，栖息着莺、苇莺和花鼠等；在森林的中层栖息着山雀、啄木鸟、松鼠和貂等；而在树冠层则栖息着柳莺、交嘴雀和戴菊等。但是应该指出，许多动物可同时利用几个层次，但总有一个最喜好的层次。

水域中，某些水生动物也有分层现象。比如湖泊和海洋的浮游动物即表现出明显的垂直分层现象。影响浮游动物垂直分布的原因主要是阳光、温度、食物和含氧量等。多数浮游动物一般是趋向弱光的，因此，它们白天多分布在较深的水层，而在夜间则上升到表层活动。此外，在不同季节也会因光照条件的不同而引起垂直分布的变化。

8.3.3 群落的水平结构

植物群落的结构特征，不仅表现在垂直方向上，而且也表现在水平方向上。植物群落水平结构的主要特征就是它的**镶嵌性**（mosaic）。镶嵌性是植物个体在水平方向上的分布不均匀造成的，从而形成了许多小群落（microcoenose）。导致这种水平方向上的复杂的镶嵌性的原因，主要有三个方面。其一是亲代的扩散分布习性，如以风力传播种子的植物，分布可能广泛，而种子较重或明显地依靠无性繁殖的植物，则在母株周围呈群聚状。再如昆虫产卵的选择性，由卵块孵化出来的幼体经常集中在一些较适宜于生长的生境。其二是环境的异质性，由于生态因子分布的不均匀性，如小地形和微地形的变化，土壤湿度和盐渍化程度的差异，群落内部环境的不一致，动物活动以及人类的影响等等。其三是种间相互关系的作用。植食性动物明显依赖于它所取食植物的分布，处在同一营养级的动物，常因竞争食物而相互排斥。植物与植物之间、植物与动物之间，同样有这类相互吸引或相互排斥的相互关系。相互吸引而趋向于同时出现时，称正关联关系，反之称负关联关系。

分布的不均匀性也受到植物种的生物学特性、种间的相互关系以及群落环境的差异等因素制约。如一个种在某个群落成单茎生长，但在另一个群落中又可能成丛或成堆、成斑块生长。林冠下光照的不均匀性，对林下植物的分布就有密切影响。在光照强的地方，生长着较多的阳性植物，如郁闭林冠中的林窗处；而在光照强度弱的地方，只生长着少量的耐阴植物，如郁闭的热带雨林下的草本植物。总之，群落环境的异质性越高，群落的水平结构就越复杂。群落的水平结构就如同在一个绿色的地毯上镶嵌了许多五颜六色的宝石一样。绿色的地毯就是某一植物群落类型，而五颜六色的宝石就是由不同生态因子引起而形成的不同小群落，正是它们构成了植物群落的水平结构。

地形和土壤条件的不均匀性引起植物在同一群落中镶嵌分布的现象更为普遍，有时这两个因素相互影响，共同对层片的水平配置起作用。有时在地形条件不发生变化的情况下，仅仅由于土壤基质的差异，以及由此而引起的土壤紧实度、土壤湿度、土层的厚度、砾石的含量等因素的不同，同样会导致层片不均匀分布。

8.3.4 群落的时间结构

如果说植物种类组成在空间上的配置构成了群落的垂直结构和水平结构的话，那么不同植物种类的生命活动在时间上的差异，就导致了结构部分在时间上的相互更替，形成了群落的时间结构。这是因为光、温度和湿度等很多环境因子有明显的时间节律（如昼夜节律、季节节律），受这些因子的影响，群落的组成与结构也随时间序列发生有规律的变化，这就是群落的时间结构。在某一时期，某些植物种类在群落生命活动中起主要作用；而在另一时期，则是另一些植物种类在群落生命活动中起主要作用。如在早春开花的植物，在早春来临时开始萌发、开花、结实，到了夏季其生活周期已经结束，而另一些植物种类则达到生命活动的高峰。所以在一个复杂的群落中，植物生长、发育的异时性会很明显地反映在群落结构的变化上。因此，周期性就是植物群落在不同季节和不同年份内其外貌按一定顺序变化的过程，它是植物群落特征的另一种表现。植物群落的外貌在不同季节是不同的，故把群落季节性的外貌称之为季相。如北方的落叶阔叶林，在春季开始抽出新叶，夏季形成茂密的绿色林冠，秋季树叶一片枯黄，到了冬季则树叶全部落地，呈现出明显的四个季相。植物生长期的长短、复杂的物候现象是植物在自然选择过程中适应周期性变化着的生态环境的结果，它是生态 - 生物学特性的具体体现。

时间的成层性在不同的群落类型有不同的表现。温带阔叶林的时间层片表现最为明显，群落结构的周期性特点也最为突出。以落叶阔叶林中的草本植物为例，在这里存在着两个在时间上明显特化的结构：春季的类短命植物层片和夏季长营养期植物层片。前者多由侧金盏花（*Adonis*）、顶冰花（*Gagea*）、银莲花（*Anemone*）和紫堇（*Corydalis*）等属的一些植物组成。当它们的生命活动处于高峰，大量开花的时候，大多数夏季草本植物则刚刚开始营养生长，灌木仅仅开始萌动，而乔木依然处在冬眠状态。但当森林披满绿叶的时候，早春植物顿然消失，营养期结束，地上部分死亡，以根茎和鳞茎的方式休眠，等待翌年春季的再生。随着早春植物的消失，夏季长营养期草本植物层片开始大量生长，并占据了早春植物的空间。这个变化，就称为季相变化。

这种以时间因素为转移的层片更新现象，同样是草甸、草原和荒漠等植物群落的普遍现象。因而，群落中时间性层片的形成，应该看作是植物群落的结构部分。在生境的利用方面起着互相补充的作用，达到了对时间因素的充分利用。

草原群落中动物的季节性变化也十分明显。如大多数典型的草原鸟类，在冬季都向南方迁移；高鼻羚羊等有蹄类在这时也向南方迁移，到雪被较少、食物比较充足的地区去；旱獭、黄鼠、大跳鼠、仓鼠等典型的草原啮齿类到冬季则进入冬眠，而有些种类在炎热的夏季进入夏眠。此外，动物贮藏食物的现象也很普遍，如生活在蒙古草原上的达乌尔鼠兔，冬季在洞口附近积藏着成堆的干草。所有这一切，都是草原动物季节性活动的显著特征，也是它们对环境的良好适应。

8.3.5 群落交错区与边缘效应

群落交错区（ecotone），又称生态过渡带，是两个或多个群落之间（或生态地带之间）的过渡区域。如森林和草原之间有一森林草原地带，软海底与硬海底的两个海洋群落之间也存在过渡带，两个不同森林类型之间或两个草本群落之间也都存在交错区。此外，像城乡交接带、干湿交替带、水陆交接带、农牧交错带、沙漠边缘带等也都属于生态过渡带。群落交错区的形状与大小各不相同。过渡带有的宽，有的窄；有的是逐渐过渡的，有的变化突然。群落的边缘有的是持久性的，有的在不断变化。

群落交错区是一个交叉地带或种群竞争的紧张地带。在这里，群落中种的数目及一些种群密度比相邻群落大。群落交错区种的数目及一些种的密度增大的趋势被称为**边缘效应**（edge effect）。如我国大兴安岭森林边缘，具有呈狭带状分布的林缘草甸，每平方米的植物种数达 30 种以上，明显高于其内侧的森林群落与外侧的草原群落。美国伊利诺伊州森林内部的鸟仅有 14 种，但在林缘地带达 22 种。一块草甸在耕作前，40 万 m^2 面积上有 48 对鸟，而在草甸中进行条带状耕作后增加到 93 对（Good et al.，1943）。

目前，人类活动正在大范围地改变着自然环境，形成许多交错区或者说过渡带，如城市的发展、工矿的建设、土地的开发均使原有景观的界面发生变化。过渡带可以控制不同系统之间能量、物质与信息的流通。因此，有人提出要重点研究生态系统边界对生物多样性、能流、物质流及信息流的影响，生态过渡带对全球性气候、土地利用、污染物的反应及敏感性，以及在变化的环境中怎样对生态过渡带加以管理。联合国环境问题科学委员会（SCOPE）甚至制订了一项专门研究生态过渡带的研究计划。

随着对生态过渡带研究的不断深入，人们对生态过渡带的认识也有所不同。但是国际上对生态过渡带仍有一个大致统一的认识，即生态过渡带是指在生态系统中，处于两种或两种以上的物质体系、能量体系、结构体系、功能体系之间所形成的界面，以及围绕该界面向外延伸的过渡带。生态过渡带具有 3 个主要的特征：首先，它是多种要素的联合作用和转换区，各要素相互作用强烈，常是非线性现象显示区和突变发生区，也常是生物多样性较高的区域；其次，这里的生态环境抗干扰能力弱，对外力的阻抗相对较低，界面区生态环境一旦遭到破坏，恢复原状的可能性很小；最后，这里的生态环境的变化速度快，空间迁移能力强，因而也造成生态环境恢复的困难。

8.4 群落组织——影响群落结构的因素

8.4.1 生物因素

生物群落结构总体上是对环境条件的生态适应，但在其形成过程中，生物因素起着重要作用，其中作用最大的是竞争与捕食。

8.4.1.1 竞争对生物群落结构的影响

由于竞争导致生态位的分化，因此，竞争在生物群落结构的形成中起着重要作用。例如 MacArthur 在研究北美针叶林中 5 种林莺的分布时，发现它们在树的不同部位取食，这是一种资源分隔现象，可以解释为因竞争而产生的共存。Pyke（1982）研究了美国科罗拉多州熊蜂的吻长（是对被采蜜花大小的适应性特征），发现每一调查地点，熊蜂群落的优势种包括一个长吻种、一个短吻种和一个中长吻种。他还进一步进行了去除试验，当移去某一种，其余种很快扩大资源利用范围，在原来不“喜好”的但由于去除种放空的花上采蜜。由此可见，物种之间的竞争，对群落的物种组成与分布有很大影响，进而影响群落的结构。

群落中的种间竞争出现在生态位比较接近的种类之间。通常将群落中以同一方式利用共同资源的物种集团，称为同资源种团（guild）。同资源种团内的种间竞争十分激烈，它们占有同一功能地位，是等价种。如果一个种由于某种原因从群落中消失，别的种就可能取而代之，这对竞争和群落结构进行实验研究是有利的。同资源种团作为群落的亚结构单位，比只从营养级划分更为深入，所以一些学者认为同资源种团的研究是群落生态学研究中一个吸引人而有希望的研究方向。

关键种（keystone species）对群落具有重要的和不相称的影响。关键种就像是一个拱形门的中央处，移去它就会导致结构的坍塌。在这种情况下，会引起其他物种的灭绝和多度的大变化。关键种不一定是食物链最顶端的物种。传粉的昆虫在维持群落结构中扮演着关键性的作用，因而传粉昆虫可以被认为是关键种。只要关键种从群落中消逝，就能对群落结构造成重大影响。

目前，生态学家们不会怀疑竞争在影响群落结构形成中的作用，也不会认为群落中所有物种都是由种间竞争而联结起来的。但是在影响群落结构特点的因素中，竞争起多大作用呢？在什么条件下其作用大？在什么条件下其作用小？对这些问题最直接的回答，可能是在自然群落中进行引种和去除试验，观察其他种的反应。例如，在 Arizona 荒漠中有一种更格卢鼠和 3 种囊鼠共存，这些鼠类在栖息的小生境和食性上彼此有区别。当去除一种，另3种中每种的小生境就明显扩大。Schöener 曾和 Connell 等分别总结过文献中报道的这类试验（分别达164例和72例），平均有90%例证证明有种间竞争，表明自然群落中种间竞争是相当普遍的。分析结果还表明，海洋生物间有种间竞争的例数较陆地生物多，大型生物间较小型生物多；而植食性昆虫之间的种间竞争比例甚小（41%），其原因是绿色植物到处都较为丰富。

高等植物的竞争与生态位分化和共存的研究有相当难度，因为植物是自养生物，都需要光、CO_2、水和营养物。Tilman 的研究是一重要进展，他以两种植物竞争两种资源的结局的分布范围（对 $ZNGL_A$ 和 $ZNGL_B$ 线的位置），确定其胜败或共存。图8-4(a) 表明了 A + B 两物种的共存区范围（以两种资源供应率为坐标轴的图上）。当5种植物竞争两种资源时，其结局就多样了，除有 A + B，B + C，C + D，…共存的范围外，还有一个区5种可以同时共存［图8-4(b) 中虚线圈内］，这表明仅对两种资源的竞争，5种植物（甚至更多种）都是能共存的。由此可见，许多种植物在竞争少数相同资源中能够共存是有根据的。Tilman 的研究结果是一种解释，另一种解释是在一个生境中各种生态因素并不是均匀分布的，空间的异质性是物种共存的另一根据。

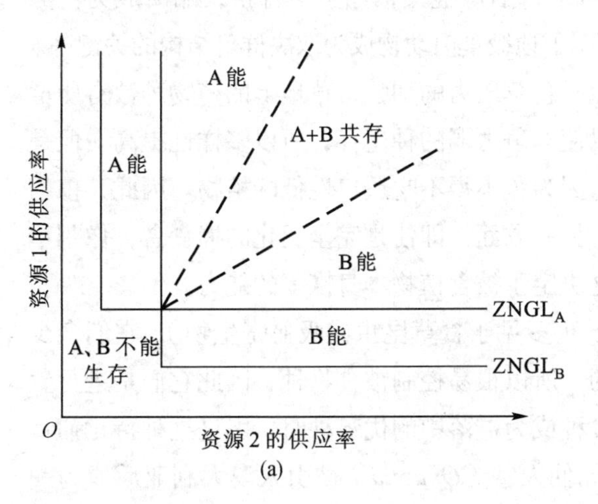

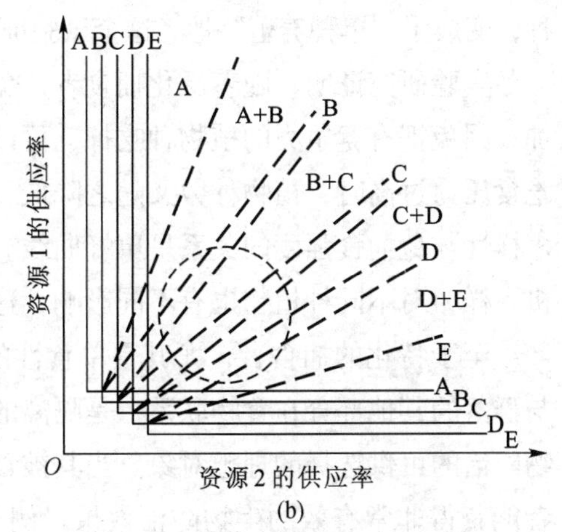

图 8-4 Tilman 模型（引自孙儒泳等，1993）

（a）两种植物竞争两种资源的 Tilman 模型的各种结局
（b）5种植物竞争两种资源的 Tilman 模型的各种结局（虚线圈内5种植物能共存）

8.4.1.2 捕食对生物群落结构的影响

捕食对形成生物群落结构的作用，视捕食者是泛化种还是特化种而异。

具选择性的捕食者对群落结构的影响与泛化捕食者不同。如果被选择的喜食种属于优势种，则捕食能提高多样性。例如，潮间带常见的滨螺（*Littorina littorea*）是捕食者，吃很多藻类，尤其喜食小型绿藻如浒苔。图8-5表示随着滨螺捕食压力的增加，藻类种数也增加，捕食作用提高了物种多样性，其原因是藻类把竞争力强的浒苔的生物量大大压低了。这就是说，如果没有滨螺，浒苔占了优势，藻类多样性就会降低。但是，如果捕食者喜食的是竞争上占劣势的种类，则结果相反，捕食降低了多样性。

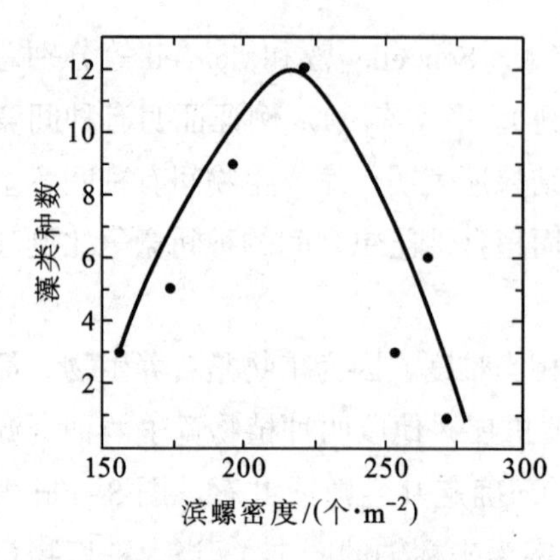

图 8-5 藻类种数与滨螺密度的关系（引自孙儒泳等，1993）

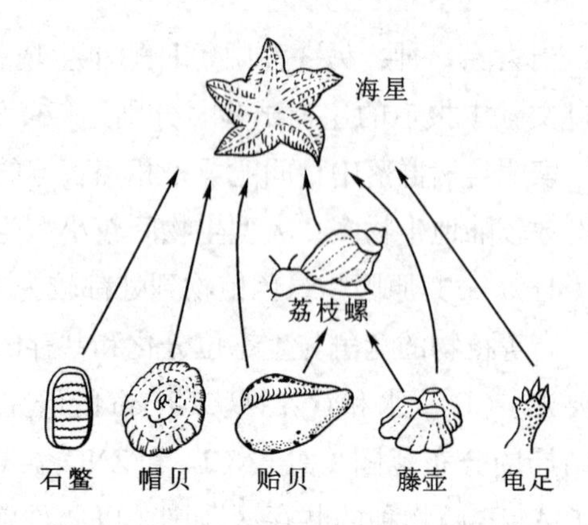

图 8-6 Paine 的岩石海岸群落（引自孙儒泳等，1993）

Paine（1966）在岩底潮间带群落中去除海星的试验，是顶级食肉动物对群落影响的首次实验研究。图 8-6 表示该群落中一些重要的种类及其食物联系，海星以藤壶、贻贝、石鳖等为食。Paine 在一 8 m × 2 m 的试验样地中连续数年把所有海星都去除掉，结果在几个月后，样地中藤壶成了优势种，以后藤壶又被贻贝所排挤，贻贝成为优势种，变成了“单种养殖”地。这个试验证明了顶级食肉动物成为取决群落结构的关键种。

实验研究证明，随着泛化捕食者（兔）食草压力的加强，草地上的植物种数有所增加，因兔把有竞争力的植物种吃掉，可以使竞争力弱的种生存，所以多样性提高。但是吃食压力过高时，植物种数又随之降低，因为兔不得不吃适口性低的植物。因此，植物多样性与兔捕食强度的关系呈单峰曲线。另一方面，即使是完全泛化的捕食者，像割草机一样，对不同种植物也有不同影响，这决定于被食植物本身恢复的能力。

至于特化的捕食者，尤其是单食性的（多见于食草昆虫或吸血寄生物），它们多少与群落的其他部分在食物联系上是隔离的，所以很易控制被食物种，因此它们是进行生物防治的可供选择的理想对象。当其被食种成为群落中的优势种时，引进这种特化捕食者能获得非常有效的生物防治效果。例如仙人掌（*Opuntia*）被引入澳大利亚后成为一大危害，大量有用土地被仙人掌所覆盖，在 1925 年引入其特化的捕食蛾（*Cactoblastic cactorum*）后才使危害得到控制。

寄生物和疾病对于群落结构的影响通常在它们大发生或猖獗时可以显示出来。例如，由于疟疾、禽痘等对鸟类致病的病原体被偶然带入夏威夷群岛，使当地接近一半的鸟类灭亡。北美的驼鹿（*Alces alces*）的分布区变化与寄生性线虫（*Pneumostrongylus tenuis*）有关。

8.4.2 干扰对群落结构的影响

干扰（disturbance）是指任何一种自然作用力，如火、风、洪水、酷寒和流行病等。这些干扰本身虽不能使生物多样性增加，但却可以提供新物种在受干扰地点定居的机会。

干扰是自然界的普遍现象，就其字面含义而言，是指平静地中断，对正常过程的打扰或妨碍。

干扰的强度是依据计算一个特定受损（死亡或减少）生物量或受损种群所占的比例。

干扰的强度至少受三种因素的影响：自然力的大小、生物的形态和生理特征，以及生物所在基底的性质。

干扰的频度是指在一个特定的时间间隔内所发生的干扰的平均数。

干扰的频度和干扰的强度有时是很难分开的。在同一个地点所发生的干扰之间的间隔时间越长，频度就越低，在此期间所积累的生物量就越多，而干扰的强度可能比较高。生物群落不断经受着各种随机变化的事件，正如 Clement 指出的："即使是最稳定的群丛也不完全处于平衡状态，凡是发生次生演替的地方都受到干扰的影响。"他们当时把干扰视为扰乱了顶极群落的稳定性，使演替离开了正常轨道。近代多数生态学家认为干扰是一种有意义的生态现象，它引起群落的非平衡特性，强调了干扰在形成群落结构和动态中的作用。同时，自然界到处都存在人类活动，诸如农业、林业、狩猎、施肥、污染等，这些活动对于自然群落的结构发生重大影响。

（1）干扰与群落的断层

干扰造成在连续群落中出现断层（gap）是非常普遍的现象。森林中的断层可能由大风、雷电、砍伐、火烧等原因引起，从而形成斑块大小不一的林窗；草地群落的干扰包括放牧、动物挖掘、践踏等。

干扰造成群落的断层以后，有的在没有继续干扰的条件下会逐渐地恢复，但断层也可能被周围群落的任何一个种侵入和占有，并发展为优势者，哪一种是优胜者完全取决于随机因素，这可称为对断层的抽彩式竞争。

（2）断层的抽彩式竞争

抽彩式竞争（lottery competition）出现在这样的条件下：①群落中具有许多入侵断层能力相等和耐受断层中物理环境能力相等的物种。②这些物种中任何一种在其生活史过程中能阻止后入侵的其他物种的再入侵。在这两个条件下，对断层的种间竞争结果完全取决于随机因素，即先入侵的种取胜，至少在其一生之中为胜利者。当断层的占领者死亡时，断层再次成为空白，哪一种占有和入侵又是随机的。当群落由于各种原因不断地形成新的断层，时而这一种"中彩"，时而那一种"中彩"，那么群落整体就有更多的物种可以共存，群落的多样性将明显提高。

例如澳大利亚的大堡礁，其珊瑚礁中鱼类就特别丰富，大堡礁的南部有 900 种，北部达 1 500 种，而礁中每一直径 3 m 左右的礁块中，可生活 50 种以上的鱼类。对如此高的鱼类多样性，只以食物资源分隔是难以解释得通的，实际上许多鱼的食性是很接近的。在这样的群落中，具有空的生活空间成为关键因素。据一个观察所得，有三种热带鱼（*Eupomacentrus apicalis*、*Plectroglyphidodon lacrymatus* 和 *Pomacentrus wardi*）个体所占据的 120 个小空间（珊瑚礁中的空隙地）里，在原有领主死亡后再被取代的领主种完全是随机的，没有具规律性的领主演替。由此可见，在此群落中高多样性的维持主要取决于生存空间的供给，并且占有的领主是不可预测的，任何一种都可能在某时和某一空间中取胜。高多样性决定于对断层的抽彩式竞争。

再如 Crubb（1977）曾对英国白垩土草地（chalk grassland）进行研究，发现每一小断层一出现，很快便被一籽苗所占，哪一种籽苗成功是随机的，因为大部分植物种的种子需要相同的发芽条件。

（3）断层与小演替

有些群落所形成的断层，其物种的更替是可预测的，有规律性的。新打开的断层常常被扩散能力强的一个或几个先锋种所入侵。由于它们的活动，改变了环境条件，促进了演替中期种入侵，最后为顶极种所替代。在这种情况下，多样性开始较低，演替中期增加，但到顶极期往往稍有降低。与抽彩式竞争不同的另一点是，参加小演替各阶段的一般都有许多种，而抽彩式竞争只有一个建群种。

（4）断层形成的频率

断层形成的频率影响物种多样性，据此 Connell 等于 1978 年提出了**中度干扰假说**（intermediate disturbance hypothesis），即中等程度的干扰能维持高多样性。其理由是：① 在一次干扰后少数先锋种入侵断层，如果干扰频繁，则先锋种不能发展到演替中期，使多样性较低。② 如果干扰间隔期很长，使演替过程能发展到顶极期，多样性也不很高。③ 只有中等干扰程度使多样性维持最高水平，它允许更多的物种入侵和定居。

图 8-5 介绍了藻类种数与滨螺密度的关系，表明了中等的滨螺密度下，藻类的多样性最高，这里捕食对藻类群落的影响与干扰是相似的，实际上中度干扰假说也是在研究潮间带群落时首次提出的。

Sousa 曾利用在底质为砾石的潮间带进行实验研究，对中度干扰假说加以证明。潮间带经常受波浪干扰，较小的砾石受到的波浪干扰而移动的频率明显地比较大的砾石频繁，因此砾石的大小可以作为受干扰频率的指标。Sousa 通过刮掉砾石表面的生物，为海藻的再殖提供了空的基底。结果发现，较小的砾石只能支持群落演替早期出现的绿藻（*Ulva*）和藤壶，平均每块砾石 1.7 种；大砾石的优势种是演替后期的红藻（*Gigartina canaliculata*）（平均 2.5 种）；中等大小的砾石则支持最多样的藻类群落，包括几种红藻（平均 3.7 种）；结果证明中度干扰下多样性最高。Sousa 进一步把砾石以水泥黏合，从而波浪不能推动它们，结果表明藻类多样性不是砾石大小的函数，而纯粹取决于波浪干扰下砾石移动的频率。

草地在经受动物挖掘活动后也出现断层，对其干扰频率与断层演替关系的研究，同样证明了中度干扰假说的预测。

上述例子充分表明干扰对于群落结构形成过程的重大影响。

（5）干扰理论与生态管理

干扰理论对应用领域有重要价值。如要保护自然界生物的多样性，就不要简单地排除干扰，因为中度干扰能增加多样性。实际上，干扰可能是产生多样性的最有力手段之一。冰河期的反复多次“干扰”，大陆的多次断开和岛屿的形成，是物种形成和多样性增加的重要动力。同样，群落中不断出现断层、新的演替、斑块状的镶嵌等等，都可能是产生和维持生态多样性的有力手段。这样的思想应在自然保护、农业、林业和野生动物管理等方面起重要作用。例如，斑块状的森林砍伐可能增加物种多样性，但斑块的最佳大小要进一步研究决定；农业实践本身就包括人类的反复干扰。各种除草剂的应用对控制杂草多样性起何种作用？不同强度和频率的森林火灾对森林的生物多样性保护起什么作用？它与森林中引进鹿类有何异同？用什么方法来测度各类干扰的“创造力”？看来人类已进入全面了解多数群落都存在的偶然事件和“危险”事件作用的时候了。

8.4.3 空间异质性与群落结构

群落的环境不是均匀一致的，空间异质性（spatial heterogeneity）的程度越高，意味着有更加多样的小生境，能允许更多的物种共存。

（1）非生物环境的空间异质性

Harman研究了淡水软体动物与空间异质性的相关性，他以水体底质的类型数作为空间异质性的指标，得到了正的相关关系：底质类型越多，淡水软体动物种数越多。植物群落研究中大量资料说明，在土壤和地形变化频繁的地段，群落含有更多的植物种，而平坦同质土壤的群落多样性低。

（2）植物空间异质性

MacArthur等曾研究鸟类多样性与植物物种多样性和取食高度多样性之间的关系。取食高度多样性是对植物垂直分布中分层和均匀性的测度。层次多，各层次具更茂密的枝叶表示取食高度多样性高。结果发现，鸟类多样性与植物种数的相关，不如与取食高度多样性相关紧密。因此，根据森林层次和各层枝叶茂盛度来预测鸟类多样性是有可能的，对于鸟类生活，植被的分层结构比物种组成更为重要。

在草地和灌丛群落中，垂直结构对鸟类多样性就不如森林群落重要，而水平结构，即镶嵌性或斑块性（patchiness）就可能起决定作用。

8.4.4 岛屿与群落结构

岛屿由于与大陆隔离，生物学家常把岛屿作为研究进化论和生态学问题的天然实验室或微宇宙，例如达尔文对加拉帕戈斯群岛的研究及MacArthur对岛屿生态学的研究等。

（1）岛屿的物种数－面积关系

岛屿上（或一个地区中）物种数目会随着岛屿面积的增加而增加，最初增加十分迅速，当物种接近该生境所能承受的最大数量时，增加将逐渐停止。物种数目的对数与面积对数的坐标图显示的是一个线性关系（图8–7）。对于海洋岛屿和生境岛屿来说，这些双对数坐标图直线的斜率，大多在0.24～0.34之间。对于连续生境内的亚区域，斜率接近0.1。随着面积增加，物种多样性增加的效果在岛屿上要比连续生境内明显。

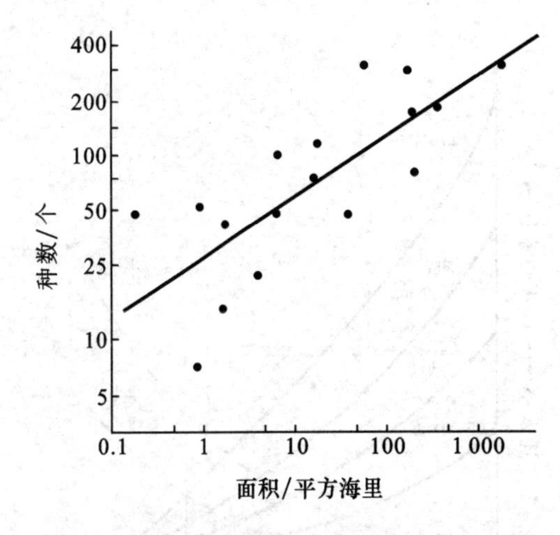

图8-7 加拉帕戈斯群岛的陆地植物种数与岛面积的关系（引自孙儒泳等，1993）

岛屿的物种数－面积关系，可用下述方程描述：

$$S = CA^{Z}$$

或取对数

$$\lg S = \lg C + Z(\lg A)$$

式中：S——种数

A——面积

Z 和 C——两个常数，Z 表示物种数 - 面积关系中回归的斜率，C 表示单位面积物种数的常数

图 8-7 所示加拉帕戈斯群岛的关系式为：

$$S = 28.6A^{0.32}$$

广义而言，湖泊受陆地包围，也就是陆“海”中的岛，热带地区山的顶部是低纬度的岛，成片岩石、一类植被或土壤中的另一类土壤和植被斑块、封闭林冠中由于倒木形成的“断层”，都可视为“岛”。根据研究，这类“岛”中的物种数 - 面积关系同样可以用上述方程进行描述。岛屿面积越大种数越多，称为岛屿效应（island effect），因为岛屿处于隔离状态，其迁入和迁出的强度低于周围连续的大陆。Lack 还认为，大岛具有较多物种数是含有较多生境的简单反映，即生境多样性导致物种多样性。

岛屿效应说明岛屿对形成群落结构过程的重要影响。

（2）MacArthur 的平衡说

岛屿上的物种数取决于物种迁入和灭亡的平衡；并且这是一种动态平衡，不断地有物种灭亡，也不断地有同种或别种的迁入而替代补偿灭亡的物种。平衡说可用图 8-8 说明，以迁入率曲线为例，当岛上无留居种时，任何迁入个体都是新的，因而迁入率高。随着留居种数加大，种的迁入率就下降。当种源库（即大陆上的种）所有种在岛上都有时，迁入率为零。灭亡率则相反，留居种数越多，灭亡率也越高。当迁入物种的数目增加时，到达岛屿的迁入来的物种的数目会随着时间的推移而减少。相反，当物种之间的竞争变强时，灭绝的速率会增加。当灭绝和迁入的速率达到相等时，物种的数目就处于平衡稳定状态。迁入率多大还取决于岛的远近和大小，近而大的岛，其迁入率高，远而小的岛，迁入率低。同样，灭亡率也受岛的大小的影响。

将迁入率曲线和灭亡率曲线叠在一起，其交叉点上的种数（S^*），即为该岛上预测的物种数。从图 8-8 中可以看出：岛屿面积越大且距离大陆越近的岛屿，其留居物种的数目最多；而岛屿面积越小且距离大陆越远的岛屿，其留居物种的数目最少。因此，根据平衡说，可预测下列 4 点：① 岛屿上的物种数不随时间而变化。② 这是一种动态平衡，即灭亡种不断地被新迁入的种所替代。③ 大岛比小岛能“供养”更多的种。④ 随岛距大陆的距离由近到远，平衡点的物种数不断降低。

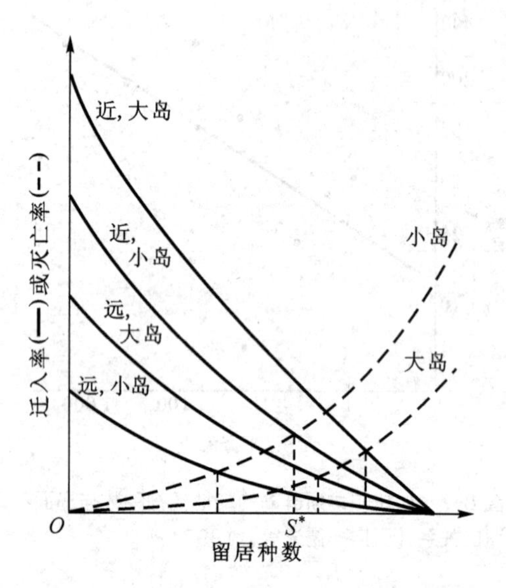

图 8-8 MacArthur 的岛屿生物地理平衡说（引自孙儒泳等，1993）

大小和远近岛上的物种迁入率和死亡率（S^* 示平衡的种数）

（3）岛屿和集合种群

由于人类活动的影响，自然生境正日益片段化。**集合种群**（metapopulation）理论现在被普遍用来解释片段化生境的种群动态。一个集合种群是由含有通过迁入和迁出交换个体的许多种群组成。这种研究途径要比完全隔离的岛屿模型更为现实，因为种群的维持依靠的是个体在斑块之间的移动，而不是来自一个大的单一的种子库源的移植。与岛屿不同，生境斑块是镶嵌在景观板块之中的。周围的景观能够影响斑块的特性和阻止生物个体在斑块之间的移动。如果景观具有廊道（corridor）或

绿道（greenway）的话，集合种群之间的物种移动将会很便利。

（4）岛屿群落的进化

岛屿与大陆是隔离的，根据物种形成学说，隔离是形成新物种的重要机制之一。因此，如 Williamson 所言，岛屿的物种进化较迁入快，而在大陆，迁入较进化快。不过有几点需要说明，第一，生物的迁移和扩散能力是不相同的，所以对于某一分类群是岛屿，而对另一类群，相当于大陆，实际上，大陆也是四面围海的“岛”。第二，离大陆遥远的岛屿上，特有种（即只见于该地的种）可能比较多，尤其是扩散能力弱的分类单元更有可能。第三，岛屿群落有可能是物种未饱和的，其原因可能是进化的历史较短，不足以发展到群落饱和的阶段。

以上各点都说明岛屿对于群落结构形成过程的重大影响。

（5）岛屿生态与自然保护

自然保护区在某种意义上讲，是受其周围生境“海洋”所包围的岛屿，因此岛屿生态理论对自然保护区的设计具有指导意义。

一般说来，保护区面积越大，越能支持和“供养”更多的物种；面积小，支持的种数也少。但有两点需要说明：① 建立保护区意味着出现了边缘生境，如森林开发为农田后建立的森林保护区。② 对于某些种类而言，在小保护区比大保护区可能生活得更好。

在同样面积下，一个大保护区好还是若干小保护区好，这取决于：① 若每一小保护区支持的都是相同的一些种，那么大保护区能支持更多种。② 从传播流行病而言，隔离的小保护区有更好的防止传播作用。③ 如果在一个相当异质的区域中建立保护区，多个小保护区能提高空间异质性，有利于保护物种多样性。④ 对密度低、增长率慢的大型动物，为了保护其遗传特性，较大的保护区是必需的。保护区过小，种群数量过低，可能由于近交使遗传特征退化，也易于因遗传漂变而丢失优良特征。

在各个小保护区之间的廊道，对于保护是很有帮助的，因为它能减少被保护物种灭亡的风险，而且细长的保护区，有利于物种的迁入。但在设计和建立保护区时，最重要的是要深入掌握被保护物种的生态学特性。

8.4.5 一个物种丰富度的简单模型

物种丰富度的模型可以帮助我们理解影响群落结构形成的因素，图 8–9 为物种丰富度的简单模型。

图 8–9 中，设 R 代表一维资源连续体，其长度代表群落的有效资源范围，群落中每一物种只能利用 R 的一部分。n 表示某个种的生态位宽度，$\bar{n}$ 表示群落中物种的平均生态位宽度，$\bar{\sigma}$ 表示平均生态位重叠。模型的目的是阐明群落所含物种数多少的原因。

① 设 $\bar{n}$ 和 $\bar{\sigma}$ 是一定值，那么 R 值越大（代表资源范围大），群落将含有更多的种数［比较图 8–9(a) 的两个 R 连续体］。如前所述，当群落中竞争占重要作用和因出现资源分隔而共存时，这个结论是正确的。竞争在群落中不起重要作用的场合，也可以认为该结论是合理的，即可供物种生存的有效资源范围越广，可共存的种数也越多，无论种间有无相互作用都是正确的。

② 设 R 是一定值，那么 $\bar{n}$ 越小（表示种在利用资源上越分化，生态位越狭），群

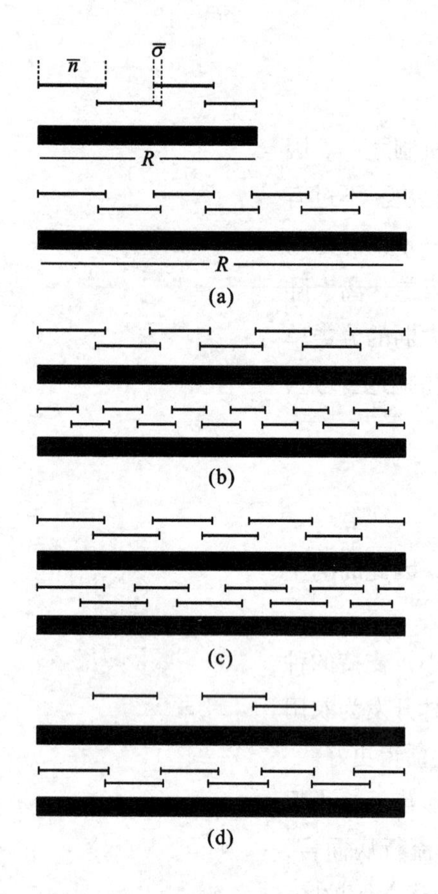

图 8-9 物种丰富度的简单模型（引自孙儒泳等，1993）

落中将有更高的物种丰富度［图 8-9(b)］。

③ 设 R 是一定值，那么 $\bar{\sigma}$ 越大（表示物种间利用资源中重叠利用多），群落将含有更多的种数［图 8-9(c)］。

④ 设 R 是一定值，群落的饱和度越高，就越能含有更多的物种数；相反，群落中有一部分资源未被利用，所含种数也就越少。

有这个模型作为基础，我们可以再讨论前述影响形成群落结构的诸因素。

如果某一群落属于种间竞争起重要作用的群落，那么其资源就可能被利用得更加完全。在此情况下，物种丰富度将取决于有效资源范围的大小［图 8-9(a)］、种特化程度的高低［图 8-9(b)］及允许生态位重叠的程度［图 8-9(c)］。

捕食对于群落结构具有各种影响：首先捕食者可能消灭某些猎物种，群落因而出现未充分利用的资源，使饱和度小，种数少［图 8-9(d)］；其次捕食使一些种的数量长久低于环境容纳量，降低了种间竞争强度，允许更多生态位重叠，就有更多物种共存［图 8-9(c)］。

岛屿代表一种“发育不全”的群落，其原因是：①面积小，资源范围减少［图 8-9(a)］。②面积小，物种被消灭的风险大，反映在群落饱和度低上［图 8-9(d)］。③能在岛上生活的物种有可能尚未迁入岛中。

这个简单模型，形象地说明了捕食、竞争和岛屿三方面对于群落结构形成过程的重要影响。

8.4.6 平衡说和非平衡说

对群落结构形成的看法，有两种对立的观点，即平衡说（equilibrium theory）和非平衡说（non-equilibrium theory）。

平衡说认为，共同生活在同一群落中的物种处于一种稳定状态。其中心思想是：共同生活的种群通过竞争、捕食和互利共生等种间相互作用而形成相互牵制的整体，导致生物群落具有全局稳定性特点；在稳定状态下群落的物种组成和各种群数量都变化不大；群落实际上出现的变化是由环境的变化，即所谓的干扰所引起的。总之，平衡说把生物群落视为存在于不断变化着的物理环境中的稳定实体。

平衡说提出较早，可追溯到 Elton（1927），他认为群落中种群的数量不断变化，但其原因是环境的变动，如严冬和旋风；并可由一种种群传给另一种种群，如被食者的种群变动导致捕食者的种群变动。如果环境停止变动，群落将停在稳定状态。MacArthur 在研究岛屿生物地理学中提出的平衡说认为，群落的物种数是一常数，这是迁入和灭绝之间的平衡所取得的。因此构成群落的物种是在不断变化之中，而种数则保持稳定，是动态平衡。

非平衡说认为，组成群落的物种始终处在不断变化之中，自然界中的群落不存在全局稳定性，有的只是群落的抵抗性（群落抵抗外界干扰的能力）和恢复性（群落在受干扰后恢复到原来状态的能力）。非平衡说的重要依据就是中度干扰理论。

Huston（1979）的干扰对竞争结局的研究可以说明非平衡说。Lotka-Volterra 的竞争排斥律可以被证明，但必须在稳定而均匀环境中，并且有足够时间，才能使一物种挤掉另一物种，或通过生态位分化而共存。但在现实中环境是不断变化的，种间竞争强度和条件有利于哪一种都在变化之中，这可能就是自然群落中竞争排斥直接证据有限的原因。

图 8-10 说明：（a）如果环境条件稳定，其持续时间足以使一物种排斥另一物种。（b）如果环境条件有改变，并且相隔时间较长，在有利于 S_1 时（第一种情况），S_2 被排除；反之，S_1 被排除（第二种情况）。（c）如果环境变化比较频繁，一种不足以排斥另一种，则可以出现交替升降而得到在动态中共存的局面。例如在海洋和湖泊中通常有很丰富的浮游植物种类，只用资源分隔和捕食影响来说明这种高多样性是难以使人信服的，但这些水体的光、温、营养物质等物理环境变化很快，可以天计，甚至小时计，因此在竞争排斥过程中出现多次中断，从而达到共存。

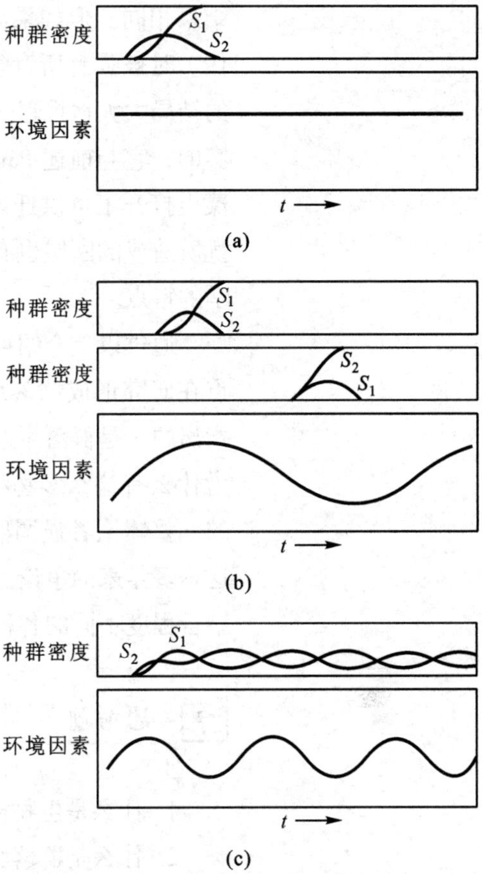

图 8-10　两种种间竞争结局与环境变化的关系（引自孙儒泳等，1993）

（a）环境稳定并有利于 S_1　（b）环境变化相隔时间长，有时有利于 S_1，有时有利于 S_2　（c）环境变化较频繁

Huston 还以数学模型研究了干扰频率对于由 6 个种组成的群落的竞争影响。他分高频、中频和没有干扰三级。其结果是：① 在没有干扰时，较短时间就出现竞争排斥的结局。② 在中频干扰时，竞争排斥过程变得很慢，多样性最高，并且持续时间较长。③ 在高频干扰下，多样性较中频时降低，其原因是种群在受到干扰而密度下降后，在下一干扰前还不足以恢复。这项研究支持了 Connell 的中度干扰假说。

平衡说和非平衡说除对干扰的作用强调不同外，一个根本区别是：平衡说的注意焦点是系统处于平衡点时的性质，而对于时间和变异性注意不足；而非平衡说则把注意焦点放在离开平衡点时系统的行为变化过程，特别强调时间和变异性。当然，认为现实自然群落有一个精确调节的平衡点这种看法是幼稚的，这也不是平衡说学派所认为的。平衡说学派认为，群落系统有向平衡点发展的趋势，但有或大或小的波动。因此，平衡说与非平衡说的区别在于干扰对群落重要作用认识上的区别。

另一重要区别是把群落视为封闭系统还是开放系统。Lotka-Volterra 的竞争模型把两物种竞争视为封闭系统，结局是一种使另一种灭绝。开放系统的模型包括一组小室（模拟群落中的斑块性，斑块间可以有迁移存在），相互竞争中可能有一种灭绝，也可能由一小室迁入另一小室。模型研究证明：当系统被分为小室以后，哪怕是少数简单的小室，由于小室间高水平的连通性（connectedness），使达到平衡的时间大为延长。

Caswell（1978）以 3 个物种系统进行模型研究，系统中有一种捕食者和两种猎物，猎物间存在种间竞争。他把“群落”分成 50 个小室，室间可以迁移。模拟结果是，在这样的开放系统中，3 个物种共存 1 000 世代，直到模拟试验结束。模拟重复 10 次，其结果相同。但如果没有捕食者，竞争力弱的那一种在平均64代（10次，从53代到80代）时被强者所竞争排斥而灭亡。Caswell模型表明，开放的、非平衡系统使竞争排斥的结局大大地推迟，几乎到竞争物种无限共存的局面。模型的结构在生物学上是相当现实的，它与前述Paine所进行的以海星为优势的群落很相似。海星的捕食为竞争力低的藻类打开了可供迁入的“小室”。在自然群落中，不仅是捕食者有此作用，各种物理干扰所造成的断层也有类似的效应。重视干扰和空间异质性的重大作用，是当代群落生态学的特点。

通过以上介绍可以看到，早期的群落结构研究是描述性的，而近代的群落生态学焦点在研究形成群落结构的机制，研究方法上强调了实验和模型研究，正如Schöener所指出的，是群落生态学的机制性研究途径。群落生态学中最令人感兴趣的问题是群落中为什么有这么多物种，为什么它们像现在这样分布着，以及它们是怎样发生相互作用的。整体论者强调群落整体性，平衡性；个体论强调群落性质取决于个体，非平衡性，这是多年来的争论。较有说服力的观点是把现实群落看作连续体中种间相互作用和紧密结合程度不同的各种可能阶段。

思考题

1. 什么是生物群落？它有哪些主要特征？
2. 什么是群落交错区？它的主要特征有哪些？
3. 何谓生活型？如何编制一地区的生活型谱？
4. 影响群落结构的因素有哪些？
5. Raunkiaer频度定律说明了什么问题？
6. 层次与层片有何异同？
7. 群落结构的时空格局及其生态意义是什么？
8. 现代群落学与经典群落学的强调点有哪些区别？
9. 重要的群落多样性指数有哪些？如何估计？
10. 多样性随哪些条件而变化？为什么热带地区生物群落的多样性高于温带和极地？

讨论与自主实验设计

1. 请设计一个实验方案，比较研究某一地区人工林和天然次生林群落的组成与结构差异。

2. 请以某一山脉中同一海拔的南北坡植物群落为例，研究分析环境因子对群落的组成及性质的影响。

数字课程学习

◎本章小结　◎重点与难点　◎自测题　◎思考题解析

9

群落的动态

关键词　群落动态　先锋植物　定居　演替　原生演替　次生演替　进展演替　演替系列　演替理论　演替顶极　单顶极学说　多顶极学说　顶极－格局假说

生物群落的动态（dynamics）包括3方面的内容，即群落的内部动态（包括季节变化与年际变化）、群落的演替和地球上生物群落的进化。本章着重谈前两个问题。

9.1　生物群落的内部动态

生物群落的内部动态主要包括季节变化与年际变化。由于群落的季节变化在第8章群落的时间结构一节中进行了详细的论述，这里就不再赘述了。下面主要介绍生物群落的年际变化。

生物群落的年变化是指在不同年度之间，生物群落常有的明显变动。但是这种变动只限于群落内部的变化，不产生群落的更替现象，通常将这种变动称为波动（fluctuation）。群落的波动多数是由群落所在地区气候条件的不规则变动引起的，其特点是群落区系成分的相对稳定性、群落数量特征变化的不定性以及变化的可逆性。在波动中，群落在生产量、各成分的数量比例、优势种的重要值以及物质和能量的平衡方面，也会发生相应的变化。

根据群落变化的形式，可将波动划分为以下3种类型：

（1）不明显波动：其特点是群落各成员的数量关系变化很小，群落外貌和结构基本保持不变。这种波动可能出现在不同年份的气象、水文状况差不多一致的情况下。

（2）摆动性波动：其特点是群落成分在个体数量和生产量方面的短期波动（1～5年），它与群落优势种的逐年交替有关。例如在乌克兰草原上，遇干旱年份，旱生植物（针茅、落草及羊茅等）占优势，草原兔尾鼠（*Lagurus lagurus*）和社田鼠（*Microtus socialis*）也繁盛起来；而在气温较高且降水较丰富的年份，群落以中生植物占优势，同时喜湿性动物如普通田鼠与林姬鼠增多。

（3）偏途性波动：这是气候和水分条件的长期偏离而引起一个或几个优势种明显变更的结果。通过群落的自我调节作用，群落还可恢复到接近原来的状态。这种波动的时期可能较长（5～10年）。例如草原看麦娘占优势的群落可能在缺水时转变为匐枝毛茛占优势的群落，以后又会恢复到草原看麦娘占优势的状态。

不同的生物群落具有不同的波动性特点。一般说来，木本植物占优势的群落较草本植物占优势的稳定一些，常绿木本群落要比落叶木本群落稳定一些。在一个群落内部，许多定性特征（如种类组成、种间关系、分层现象等）较定量特征（如密度、盖度、生物量等）稳定一些，成熟的群落较发育中的群落稳定。

不同的气候带内，群落的波动性不同，环境条件越是严酷，群落的波动性越大。如我国北方较湿润的草甸草原地上产量的年度波动为20%，典型草原达40%，干旱的荒漠草原则达50%。不但产量存在年际波动，而且种类组成也存在年际变化。

这里需要指出的是，虽然群落波动具有可逆性，但这种可逆是不完全的。一个生物群落经过波动之后的复原，通常不是完全恢复到原来的状态，而只是向平衡状态靠近。群落中各种生物生命活动的产物总是有一个积累过程，土壤就是这些产物的一个主要积累场所。这种量上的积累到一定程度就会发生质的变化，从而引起群落的演替，即群落基本性质的改变。

9.2 生物群落的演替

9.2.1 演替的概念

9.2.1.1 群落的形成

任何一个植物群落都不会静止不变，而是随着时间的进程，处于不断变化和发展之中。植物群落的**演替**（succession）是指在植物群落发展变化过程中，由低级到高级，由简单到复杂，一个阶段接着一个阶段，一个群落代替另一个群落自然演变的现象。

植物群落的形成，可以从裸露的地面上开始，也可以从已有的另一个群落中开始。但是任何一个群落在其形成过程中，至少要有植物的传播、植物的定居和植物之间的竞争这3个方面的条件和作用。

裸地的存在是群落形成的最初条件和场所之一。没有植物生长的地段即为裸地（或称荒原）。通常裸地可以分为两类：**原生裸地**（primary bare land）和**次生裸地**（secondary bare land）。原生裸地是指从来没有植物覆盖的地面，或者是原来存在过植被，但被彻底消灭了（包括原有植被下的土壤）的地段，如冰川的移动、火山喷发的岩浆冷却后形成的地段等造成的裸地。次生裸地是指原有植被虽已不存在，但原有植被下的土壤条件基本保留，甚至还有曾经生长在此的种子或其他繁殖体的地段，这类情况如森林砍伐、火烧等造成的裸地。一般将发生在原生裸地上的演替称为**原生演替**（primary succession），发生在次生裸地上的演替称为**次生演替**（secondary succession）。

植物的繁殖体主要指孢子、种子、鳞茎、根状茎以及能够繁殖的植物体的任何部分（如某些种类的叶）。繁殖体的传播过程被称为植物的**迁移**（migration）或**入侵**（invasion）。它是群落形成的首要条件，也是植物群落变化和演替的主要基础。植物繁殖体的传播首先取决于繁殖体的**可动性**（activity），也就是繁殖体对迁移的适应性。这种适应性取决于繁殖体自身质量、体积，有无特殊的构造，如翅、冠毛、刺钩等。具有可动性的植物繁殖体在传播动力如风、动物、水和自身等的作用下，能够传播到远方，例如杨树的种子可以借助风而传播。有些植物的繁殖体能进行主动扩散，如水金凤的果实在成熟时，会自动炸裂，将种子弹射向四周，有的依靠根茎外向蔓延等。

生物扩散到一个新区后，定居成功的可能性随扩散距离下降，随新区域的适应性增加。最迅速定居成功的是扩散能力很强，对环境条件忍受幅度大的物种。通常低等植物（如地衣、苔藓）和杂草具备这些特征，有开拓新区的能力。一般地，在原生裸地上最初形成的只能是地衣群落，在次生裸地上，最先形成苔藓群落或杂草群落。因此称这些植物为群落的先锋植物。**先锋植物**（pioneer plant）指群落演替中最先出现的植物。先锋植物具有生长快、种子产量大、较高的扩散能力等特点，但不适应相互遮阴和根际竞争，所以很容易被后来的种群排挤掉。

定居（ecesis）就是植物繁殖体到达新地点后，开始发芽、生长和繁殖的过程。我们经常观察到这样的情况：植物繁殖体到达新的地点后，有的不能发芽，有的能够发芽但不能生长，或是生长了但不能繁殖。只有当一个种的个体在新的地点上能够繁殖时，才能算是定居的过程完成了。

随着裸地上首批先锋植物定居的成功，以及后来定居种类和个体数量的增加，裸地上植物个体之间以及种与种之间，便开始了对光、水、营养和空气等空间与营养物质的**竞争**（competition）。一部分植物生长良好，可能发展成为优势种，而另外一些植物则退为伴生种，甚至逐渐消失。最终各物种之间形成了相互制约的关系，从而形成了稳定的群落。

生物群落演替的例子在自然界中随处可见。例如美国东南部农田弃耕后恢复演替，就是一种次生演替。演替开始于一块次生裸地，土壤中还残留着农作物及农田杂草的种子和其他繁殖体。弃耕后的第一年内，首先出现的是飞蓬占优势的先锋群落；第二年，飞蓬的优势让位于紫菀，并且群落中出现了相当多的须芒草个体；第三年，须芒草即取代了紫菀而在群落中占据优势地位。此后，随着时间的推移，出现了牧草和灌木共占优势的群落，并维持到大约弃耕后 20 年的时间。接着是针叶林侵入到群落中并逐步占据优势，形成松林群落，这一阶段将延续到弃耕后的 100 年左右。后来是栎 – 山核桃群落取代松林群落，这便是当地成熟、稳定的群落类型。

在这个演替过程中，繁殖鸟类的变化和优势植物的取代顺序相平行。鸟类种群数量最急剧的变化发生在优势植物的生活型改变的时候（从草本、灌木、针叶树到阔叶树）。没有哪一种植物或动物能在演替开始到末尾始终存在于群落中，各个物种的繁盛期都不相同。虽然植物是引起变化的最重要的生物，但是群落中的鸟类也不是完全被动的。灌木和阔叶树阶段的主要优势植物，借助于鸟类和其他动物将种子传播到新的地区。

美国密执安湖（Lake Michigan）沙丘上群落的演替，是一种典型的原生演替。沙丘是湖水退却后逐渐暴露出来的。因此，沙丘上的基质条件是原生裸地性质的，从未被任何生物群落占据过。湖水退却过程中，不同时期形成的陆生群落沿湖边向外围的方向上形成一个演替系列。著名的植物群落学家 H. C. Cowles（1899）进行了最早的植物演替研究，动物群落学家 Shelford（1913）进行了动物演替研究。以后，Olson（1958）重新研究了沙丘演替系列，并提供了有关演替过程和速度的有用数据。

沙丘上的先锋群落由一些先锋植物（包括 *Ammophila*、*Agropyron*、沙柳等）和无脊椎动物（如虎甲、穴蛛、蝗虫等）构成。随着沙丘暴露时间的加长，它上面的先锋群落依次为桧柏松林、黑栎林、栎－山核桃林所取代，最后发展为稳定的山毛榉－槭树林群落。群落演替开始于极端干燥的沙丘之上，最后形成次冷湿的群落环境，形成富有深厚腐殖质的土壤，土壤中出现了蜗牛和蚯蚓。在此发展过程中，不同演替阶段上群落中的动物种群是不一样的。少数动物可以跨越两个或 3 个演替阶段，更多的则是只存留一个阶段便消失了。

整个演替过程进行得十分缓慢。据 Olson（1958）估计，从裸露的沙丘到稳定的森林群落（山毛榉－槭树林），大约经历了 1 000 年。

对植物群落演替的理解有两种观点：一种是广义的理解，它包括植物群落的一些变化，如植物群落的形成、季节变化、年际变化以及植物群落的演替等，这种理解称为动态；另一种理解是狭义的，指的是地点相同时间不同，植物群落的出现与消失，最后形成顶极群落的过程，多数学者对演替的理解是狭义的。

9.2.1.2 群落的发育

群落发育是指一个群落开始形成到被另一个群落代替的过程。一般可分为三个阶段，即群落发育的初期、盛期和末期。当群落变化迅速时，群落的形成和发育很难划出一个明显的界限。

（1）发育初期

群落发育初期的特征为物种组成结构不稳定，每种动植物的个体数量变化很大，由于植物建群种在群落发育中的动态变化，影响到其他植物以及动物的生存与发育；群落结构不稳定，植物的层次分化不明显，每一层的植物种类在不断变化；群落特有的植物在形成的变动中，特点不突出。

（2）发育盛期

群落发育到盛期时，群落的物种组成结构已基本稳定，物种多样性高，群落结构已经定型，层次分化良好，表现出明显的自身特点，群落的内部环境稳定。

（3）发育末期

群落内由于郁闭度增加，通风透光性能减弱，温湿度改变，枯枝落叶层加厚，土壤的理化性质发生变化，这些因素的变化，使群落内部环境发生改变，逐渐不利于该群落内的物种生长，为新的能适应这种新生境的物种的迁入和定居创造了有利的条件。此时，物种成分又开始不稳定，群落的结构和环境特点逐渐减弱，这样就开始了另一个群落发展的初期阶段。通常要到一个群落的发育盛期，前一个群落的特点才会完全消失。

9.2.2 演替的类型

生物群落的演替类型，不同学者所依据的原则不同。因此，划分的演替类型也不同，主要有以下几类。

（1）按照演替发生的时间进程可以分为 3 种（Ramensky，1938）

① 快速演替：即在时间不长的几年内发生的演替。如地鼠类的洞穴、草原撂荒地上的演替，在这种情况下很快可以恢复成原有的植被。但是要以撂荒地面积不大和种子传播来源就近为条件，否则草原撂荒地的恢复过程就可能延续达几十年。

② 长期演替：延续的时间较长，几十年或有时几百年。云杉林被采伐后的恢复演替可作为长期演替的实例。

③ 世纪演替：延续时间相当长久，一般以地质年代计算。常伴随气候的历史变迁或地貌的大规模改造而发生。

（2）按照引起演替的主导因素划分的演替类型（Сукачев，1942，1950，1954）

① 群落发生演替（群落发生）：这种演替在原生裸地上或次生裸地上容易见到。首先由先锋植物开始侵入，以后先锋植物又被其他植物所取代。因此，植物群落发生乃是"植物长满土地的过程，植物之间为空间、为获得生活资料而斗争的过程以及各种植物共居的过程，各种植物之间相互关系形成的过程"。

② 内因生态演替或内因动态演替：这种演替是环境变化所决定的，而这种环境的变化是植物群落种类成分（主要是建群种）生命活动的结果，植物群落改变了生态环境。因而，植物群落本身也发生变化。也就是说，内因生态演替的产生，取决于植物群落所特有的、又决定群落发展的那些内部矛盾。在这种情况下，往往是植物所创造的群落环境对自己的生长发育不良，而为其他植物的更新创造了有利的生态环境。

③ 外因生态演替或外因动态演替：这种演替也是由于环境条件的变化所造成的，但不是指植物群落种类成分的生命活动造成的，而是指外界环境因素。如火成演替、气候性的演替、土壤性的演替、动物性的演替、人为演替（森林砍伐、割草、放牧、开荒等直接影响植被而引起的演替）等。

（3）按照基质的性质划分的演替类型

美国学者 W. B. McDougall（1935，1949）按照基质划分的植物群落演替类型为：① 水生演替系列（hydrosere）；② 旱生演替系列（xerosere）。

（4）按群落代谢特征划分的演替类型

按群落代谢特征可划分为有自养性演替和异养性演替。自养性演替中，光合作用所固定的生物量积累越来越多，例如由裸岩→地衣→苔藓→草本→灌木→乔木的演替过程。异养性演替如出现在有机污染的水体，由于细菌和真菌分解特别强，有机物质是随演替而减少的。图 9–1 的对

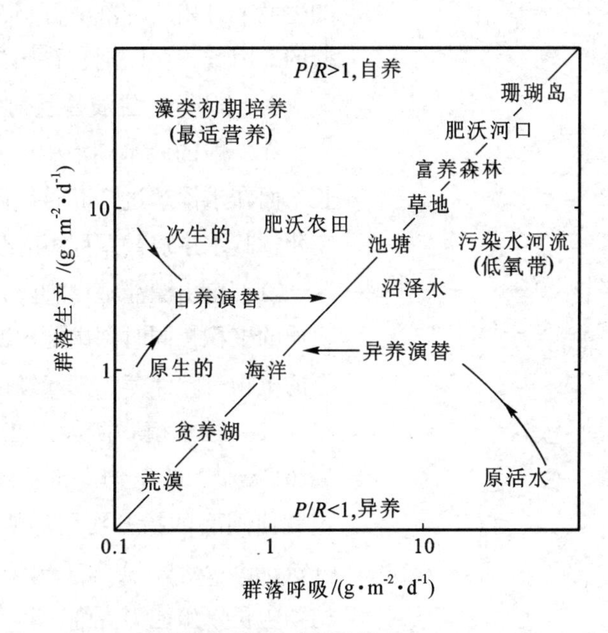

图 9-1 按群落代谢特征分类（仿 Odum，1971）

对角线左侧为自养性演替，右侧为异养性演替

角线代表群落生产（P）与群落呼吸（R）相等；对角线左侧是 $P>R$，属自养性演替；右侧 $P<R$，属异养性演替。因此，P/R 比率是表示群落演替方向的良好指示，也是表示污染程度的指标。

多数群落的演替具有一定的方向性，但也有一些群落有周期性的变化，即由一个类型转变为另一个类型，然后又回到原有类型，称为周期性演替。例如石楠群落，其优势植物是石楠，在逐渐老化以后为石蕊（一种地衣）所入侵，石蕊死亡后出现裸露的土壤，于是熊果入侵，以后石楠又重新取而代之，如此循环往复。

（5）我国植物生态学家刘慎谔教授（1959）把演替划分为时间演替、空间演替和植被类型发生演替

拓展阅读
植物生态学家刘慎谔

① 时间演替：是“地点相同，而时间不同”发生的演替，或称群落发生系列。这种理解是大多数学者所理解的演替。一般的演替都是指时间演替。

② 空间演替：是“时间相同，地点不同”的演替。这种理解是大多数学者所理解的植被类型的分布或生态系列。同时刘慎谔认为演替是一个顺序，空间演替是植物群落在空间上的分布，也是一个顺序。因此，不叫分布，而称为演替或称生态序列。

③ 植被类型发生演替：其实质也是时间演替，但不是现在的植被的演替，而是从古时（指地质时期的第三纪后期到第四纪）到现在的植被的演替，这是历史植被演替。

9.2.3 演替系列

生物群落的演替过程，从植物的定居开始，到形成稳定的植物群落为止，这个过程叫作演替系列。而我们将演替系列中的每一个明显的步骤，称为演替阶段或演替时期。

通常对原生演替系列的描述都是采用从岩石表面开始的旱生演替和从湖底开始的水生演替。这是因为岩石表面和湖底代表了两类极端类型：一个极干，一个多水。在这样的生境上开始的群落演替，在其早期阶段的群落中，植物生活型的组成几乎到处都是一样的。因此，可以把它看作为一个模式来加以描叙。

9.2.3.1 水生演替系列

在一般的淡水湖泊中，只有在水深 5 ~ 7 m 以内的湖底，才有较大型的水生植物生长，而在水深超过 7 m 时，便是水底的原生裸地了。因此，根据淡水湖泊中湖底的深浅变化，其水生演替系列（hydrosere）将有以下的演替阶段。

（1）自由漂浮植物阶段：此阶段中，植物是漂浮生长的，其死亡残体将增加湖底有机质的聚积，同时湖岸雨水冲刷而带来的矿物质微粒的沉积也逐渐提高了湖底。这类漂浮的植物有：浮萍、满江红以及一些藻类植物等。

（2）沉水植物阶段：在水深 5 ~ 7 m 处，湖底裸地上最先出现的先锋植物是轮藻属（*Chara*）的植物。轮藻属植物的生物量相对较大，使湖底有机质积累较快，自然也就使湖底的抬升作用加快。当水深至 2 ~ 4 m 时，金鱼藻（*Cerotophyllum*）、眼子菜（*Potamogeton*）、黑藻（*Hydrilla*）、茨藻（*Najas*）等高等水生植物开始大量出现，这些植物生长繁殖能力更强，垫高湖底的作用也就更强了。

（3）浮叶根生植物阶段：随着湖底的日益变浅，浮叶根生植物开始出现，如莲、睡莲等。这些植物一方面由于其自身生物量较大，残体对进一步抬升湖底有很大的作用，

另一方面由于这些植物叶片漂浮在水面，当它们密集时，就使得水下光照条件很差，不利于水下沉水植物的生长，迫使沉水植物向较深的湖底转移，这样又起到了抬升湖底的作用。

（4）直立水生植物阶段：浮叶根生植物使湖底大大变浅，为直立水生植物的出现创造了良好的条件。最终直立水生植物，如芦苇、香蒲、泽泻等取代了浮叶根生植物。这些植物的根茎极为茂密，常纠缠交织在一起，使湖底迅速抬高，而且有的地方甚至可以形成一些浮岛。原来被水淹没的土地开始露出水面与大气接触，生境开始具有陆生植物生境的特点。

（5）湿生草本植物阶段：新从湖中抬升出来的地面，不仅含有丰富的有机质而且还含有近于饱和的土壤水分。喜湿生的沼泽植物开始定居在这种生境上，如莎草科和禾本科中的一些湿生性种类。若此地带气候干旱，则这个阶段不会持续太长，很快旱生草类将随着生境中水分的大量丧失而取代湿生草类。若该地区适于森林的发展，则该群落将会继续向森林方向进行演替。

（6）木本植物阶段：在湿生草本植物群落中，最先出现的木本植物是灌木。而后随着树木的侵入，便逐渐形成了森林，其湿生生境也最终改变成中生生境。

由此看来，水生演替系列就是湖泊填平的过程。这个过程是从湖泊的周围向湖泊中央顺序发生的。因此，比较容易观察到，在从湖岸到湖心的不同距离处，分布着演替系列中不同阶段的群落环带。每一带都为次一带的“进攻”准备了土壤条件。

9.2.3.2 旱生演替系列

旱生演替系列（xerosere）是从环境条件极端恶劣的岩石表面或砂地上开始的，包括以下几个演替阶段。

（1）地衣植物群落阶段：岩石表面无土壤，光照强，温度变化大，贫瘠而干燥。在这样的环境条件下，最先出现的是地衣，而且是壳状地衣。地衣分泌的有机酸腐蚀了坚硬的岩石表面，再加之物理和化学风化作用，坚硬的岩石表面出现了一些小颗粒，在地衣残体的作用下，该细小颗粒有了有机的成分。其后，叶状地衣和枝状地衣继续作用岩石表层，使岩石表层更加松软，岩石碎粒中有机质也逐渐增多。此时，地衣植物群落创造的较好的环境，反而不适合它自身的生存了，但却为较高等的植物类群创造了生存条件。

（2）苔藓植物群落阶段：在地衣群落发展的后期，开始出现了苔藓植物。苔藓植物与地衣相似，能够忍受极端干旱的环境。苔藓植物的残体比地衣大得多，苔藓的生长可以积累更多的腐殖质，同时对岩石表面的改造作用更加强烈。岩石颗粒变得更细小，松软层更厚，为土壤的发育和形成创造了更好的条件。

（3）草本植物群落阶段：群落演替继续向前发展，一些耐旱的植物种类开始侵入，如禾本科、菊科、蔷薇科等中的一些植物。种子植物对环境的改造作用更加强烈，小气候和土壤条件更有利于植物的生长。若气候允许，该演替系列可以向木本群落方向演替。

（4）灌木群落阶段：草本群落发展到一定程度时，一些喜阳的灌木开始出现。它们常与高草混生，形成“高草灌木群落”。其后灌木数量大量增加，成为以灌木为优势的群落。

（5）乔木群落阶段：灌木群落发展到一定时期，为乔木的生存提供了良好的环境，喜阳的树木开始增多。随着时间的推移，逐渐就形成了森林。最后形成与当地大气候相适应的乔木群落，形成了地带性植被即顶极群落。

应该指出的是，在旱生演替系列中，地衣和苔藓植物阶段所需时间最长，草本植物群落到灌木阶段所需时间较短，而到了森林阶段，其演替的速度又开始放慢。

由此可以看出，旱生演替系列就是植物长满裸地的过程，是群落中各种群之间相互关系的形成过程，也是群落环境的形成过程，只有在各种矛盾都达到统一时，才能从一个裸地上形成一个稳定的群落，到达与该地区环境相适应的顶极群落。

在植物群落的形成过程中，土壤的发育和形成与植物的进化是协同发展的，不能说先有土壤，后有植物的进化，或先有植物的进化才有土壤的形成，二者是协同发展，土壤由岩石到土壤母岩，最后发育为土壤，植物则从低等类群进化到高等类群。

9.2.4 控制演替的几种主要因素

为什么会发生演替呢？生物群落的演替是群落内部关系（包括种内和种间关系）与外界环境中各种生态因子综合作用的结果。到目前为止，人们对于演替的机制了解得还不够。要搞清演替过程中每一步发生的原因以及有效地预测演替的方向和速度，还有大量的工作要做。归结起来，控制演替的几种主要因素如下：

① 环境不断变化。这种变化包括外界因子的变化以及群落本身对环境作用而引起的环境的变化。这些变化给某些植物的繁殖提供有利条件，而对另一些植物种则可能产生不利的条件。对于动物来说，植物群落成为它们取食、营巢、繁殖的场所。不同的动物对这种场所的需求是不同的。当植物群落环境变得不适宜它们生存的时候，它们便迁移出去另找新的合适生境；与此同时，又会有一些动物从别的群落迁来找新的栖居地。因此，每当植物群落的性质发生变化的时候，居住在其中的动物区系实际上也在作适当的调整，使得整个生物群落内部的动物和植物又以新的联系方式统一起来。

② 植物繁殖体的散布，即植物本身不断进行繁殖和迁移。

③ 植物之间直接或间接的相互作用，使它们之间不断相互影响，种间关系不断发生变化。

④ 在群落的种类组成中，新的植物分类单位（如种、亚种、生态型）不断发生。

⑤ 人类活动的影响，这一因素在目前起着巨大的作用，如森林采伐、人为火烧、过度放牧、割草、开荒、修建水库或工厂等，由于环境的污染甚至导致某些生物种的灭绝。

因此，群落与环境之间以及植物与植物之间经常处于相互矛盾的状态中，这些矛盾导致适于这个环境的植物生存下来，不适应的被淘汰出去，因而使群落不断地进行演替。

9.2.5 演替方向

生物群落的演替，若按其演替方向，可分为**进展演替**（progressive succession）和**退化演替或称逆行演替**（retrogressive succession）。

进展演替是指随着演替的进行，生物群落的结构和种类成分由简单到复杂，群落对环境的利用由不充分到充分，群落生产力由低到逐步增高，群落逐渐发展为中生化，生物群落对外界环境的改造逐渐强烈。

而退化演替的进程则与进展演替相反，它导致生物群落结构简单化，不能充分利用环境，生产力逐渐下降，不能充分利用地面，群落旱生化，对外界环境的改造轻微。

例如某个区域植物群落的演替，若从稀疏的植被逐渐演变为森林群落，则为进展演替。而当条件发生改变时，森林群落演变为稀疏的植被，则为逆行演替。封山育林往往导致进展演替，而过度放牧与乱砍滥伐森林常会导致退化演替。通常退化演替在人类的影响下是短暂的，而在气候的影响下，则是在巨大的范围内进行。

9.2.6 演替过程的理论模型

在群落演替研究过程中，存在两种不同的观点。一是经典的演替观，二是个体论演替观。

经典的演替观有两个基本点：① 每一演替阶段的群落明显不同于下一阶段的群落。② 前一阶段群落中物种的活动促进了下一阶段物种的建立。但是在一些对自然群落演替研究中并未证实这两个基本点。例如在 Hubbard Brook 生态研究站森林砍伐后的演替研究表明：全部演替阶段中的繁殖体（包括种子、籽苗和活根等），在演替开始时都已经存在于该地，而演替过程仅仅是这些初始植物组成的展开（生活史）。演替过程中，各阶段的优势种虽有变化，各物种相对重要性也在改变，但绝大多数参加演替过程的物种都在未砍伐的森林中是存在着的，或者是活动状态，或者是休眠状态。大量埋在土中的种子，许多可存活百年以上。导致对经典演替观批评的另一原因是许多演替早期物种抑制后来物种的发展。例如弃耕田的早期植物改变了土壤的化学环境，抑制后来物种的生长发育，在一些森林中去掉先锋树种促进了演替后期树种的出现和生长。同样，认为杂草的生长毁灭了其自身繁荣而使演替向前推进的看法是明显错误的。每一物种所表现的生存特征是自然选择的结果，指向于保留更多的后裔。

个体论演替观的提倡者 Egler 在 1952 年就提出过初始物种组成是决定群落演替后来优势种的假说。20 世纪 70 年代以来，由于很多实验和观察证据，才使个体论演替观再度兴旺起来。当代的演替观强调个体生活史特征、物种对策、以种群为中心和各种干扰对演替的作用。究竟演替的途径是单向性的，还是多途径的？初始物种组成对后来物种的作用如何？演替的机制如何？这些是当代演替观的活跃领域。

Connell 和 Slatyer 在 1977 年总结演替理论中，认为机会种对开始建立群落有重要作用，并提出了 3 种可能的和可检验的模型，即促进模型、抑制模型和耐受模型（图 9-2）。

（1）促进模型

相当于 Clements 的经典演替观，物种替代是由于先来物种改变了环境条件，使它不利于自身生存，而促进了后来其他物种的繁荣，因此物种替代有顺序性、可预测性和具方向性。

（2）抑制模型

该学说是 Egler（1954）提出来的，他认为演替具有很强的异源性，因为任何一个

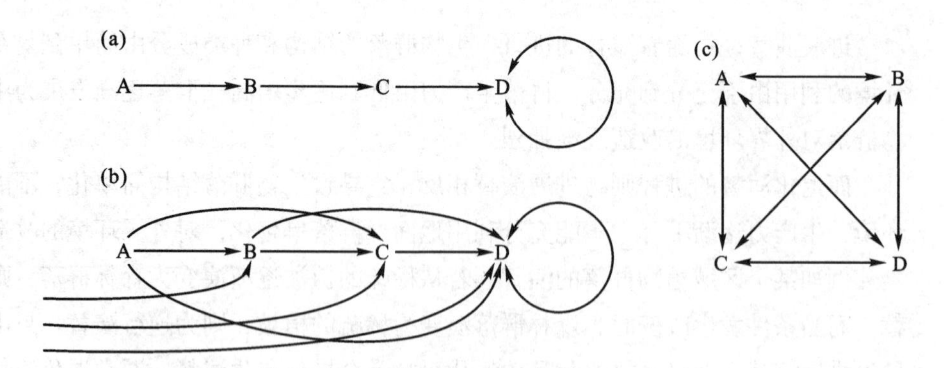

图 9-2 3类演替模型（仿 Krebs, 1985）

（a）促进模型 （b）抑制模型 （c）耐受模型。A、B、C、D 代表 4 个物种，箭头表示被替代

地点的演替都取决于哪些植物种首先到达那里。植物种的取代不一定是有序的，每一个种都试图排挤和压制任何新来的定居者，使演替带有较强的个体性。演替并不一定总是朝着顶极群落的方向发展，所以演替的详细途径是难以预测的。该学说认为演替通常是由个体较小、生长较快、寿命较短的种发展为个体较大、生长较慢、寿命较长的种。显然，这种替代过程是种间的，而不是群落间的，因而演替系列是连续的而不是离散的。这一学说也被称作初始植物区系学说（initial floristic theory）。

（3）耐受模型

该模型是由 Conell 和 Slatyer 于 1977 年提出来的。介于促进模型和抑制模型之间。耐受理论认为，早期演替物种先锋种的存在并不重要，任何种都可以开始演替。植物替代伴随着环境资源的递减，较能忍受有限资源的物种将会取代其他种。演替就是靠这些种的侵入和原来定居物种的逐渐减少而进行的，主要取决于初始条件。

上述 3 类模型的共同点是，演替中的先锋物种最先出现，它们具有生长快、种子产量大、有较高的扩散能力等特点。这类易扩散和移植的物种一般对相互遮阴和根间竞争的环境是不易适应的，所以在 3 种模型中，早期进入物种都是比较易于被挤掉的。

上述 3 种模型的区别表明，重要的是演替的机制，即物种替代的机制，是促进或抑制，还是现存物种对替代影响不大，而演替机制取决于物种间的竞争能力。

除上述 3 种模型外，还有以下几种演替理论：

（1）适应对策演替理论（adapting strategy theory）

该理论是 Grime（1989）提出来的，他通过对植物适应对策的详细研究，在传统 r 对策和 K 对策基础上，提出了植物的 3 种基本对策：R 对策种，适应于临时性资源丰富的环境；C 对策种，生存于资源一直处于丰富状态下的生境中，竞争力强，称为竞争种；S 对策种，适应于资源贫瘠的生境，忍耐恶劣环境的能力强，叫作耐胁迫种（stress tolerent species）。Grime（1988）提出，R–C–S 对策模型反映了某一地点某一时刻存在的植被是胁迫强度、干扰和竞争之间平衡的结果。该学说认为，次生演替过程中的物种对策格局是有规律的，是可以预测的。该学说对从物种的生活史、适应对策方面理解演替过程做出了新的贡献。该理论提出来的时间不长，但到目前为止，已表现出强大的生命力，许多学者试图从实验研究中论证这一学说。

（2）资源比率理论（resource ratio hypothesis）

该理论是 Tilman（1985）基于植物资源竞争理论而提出来的。该理论认为，一个种在限制性资源比率为某一值时表现为强竞争者，而当限制性资源比率改变时，因为种的竞争能力不同，组成群落的植物种也随之改变。因此，演替是通过资源的变化而引起竞争关系变化而实现的。该理论与促进作用学说有很大相似之处。

（3）**等级演替理论**（hierarchical succession theory）

该理论是Piclett等（1987）提出来的，他们以此理论为基础，提出一个关于演替原因和机制的等级概念框架，称为原因等级系统（causal hierarchy）。该理论包含3个层次：第一是演替的一般性原因，即裸地的可利用性，物种对裸地利用能力的差异，物种对不同裸地的适应能力；第二是将以上的基本原因分解为不同的生态过程，比如裸地可利用性取决于干扰的频率和程度，种对裸地的利用能力取决于种的繁殖体生产力、传播能力、萌发和生长能力等；第三个层次是最详细的机制水平，包括立地－种的因素和行为及其相互作用，这些相互作用是演替的本质。这一理论较详细地分析了演替的原因，并考虑了大部分因素，它有利于演替分析结果的解释。

9.2.7 演替顶极学说

演替的**顶极学说**（climax theory）是英美学派提出来的。任何一类演替系列，虽然发展速度不同，最终结果总是达到稳定阶段的植被，这个终点称为演替顶极或顶极群落。因此**演替顶极**（climax）是指每一个演替系列都是由先锋阶段开始，经过不同的演替阶段，到达中生状态的最终演替阶段。近几十年来，演替的顶极学说得到不断的修正、补充和发展。有关演替顶极理论主要有3种，即单顶极学说、多顶极学说和顶极－格局假说。

（1）单顶极学说

单顶极学说（monoclimax theory）在20世纪初就已经基本形成。这个学说的首创人是H. C. Cowles和F. E. Clements（1916）。

Clements认为，在任何一个地区内，一般的演替系列的终点取决于该地区的气候性质，主要表现在顶极群落的优势种能够很好地适应于地区的气候条件，这样的群落称之为气候顶极群落。只要气候不急剧变化，只要没有人类活动和动物的显著影响，或其他入侵方式的发生，它们便一直存在，而且不可能出现任何新的优势植物。一个气候区只有一个潜在的气候顶极群落，这一区域之内的任何一种生境，如果给予充分长的时间，最终都能发展到该地区的顶极群落。也就是说，在同一气候区内，无论演替初期的条件多么不同，植被总是趋向于减轻极端情况而朝向顶极方向发展，从而使得生境适合于更多的植物生长。于是，旱生的生境逐渐变得中生一些，而水生的生境逐渐变得干燥一些。演替可以从千差万别的生境上开始，先锋群落可能极不相同，但在演替过程中植物群落间的差异会逐渐缩小，逐渐趋向一致。因而，无论水生型的生境，还是旱生型的生境，最终都趋向于中生型的生境，并均会发展成为一个相对稳定的**气候顶极**（climatic climax）。

关于演替的方向，Clements认为：在自然状态下，演替总是向前发展的，即进展演替，而不可能是后退的退化演替。

单顶极学说提出以来，在世界各国特别是英美等国引起了强烈反响，得到了不少学者的支持。但也有人提出了批评意见，甚至持否定态度。他们认为，只有在排水良好、地形平缓、人为影响较小的地带性生境上才能出现气候顶极。另外，从地质年代来看，气候也并非永远不变，有时极端性的气候影响很大，例如1930年美国大平原大旱，引起群落的变更，直到现在还未完全恢复原来真正草原植被的面目。此外，植物群落的变化往往落后于气候的变化，残遗群落的存在即可说明这一事实，例如内蒙古毛乌素沙区的黑格兰（*Rhamnus erythroxylon*）灌丛就是由晚更新世早期的森林植被残遗下来的。

（2）多顶极学说

多顶极学说（polyclimax theory）由英国的 A. G. Tansley 于1954年提出。该学说认为：如果一个群落在某种生境中基本稳定，能自行繁殖并结束它的演替过程，就可看作顶极群落。在一个气候区域内，群落演替的最终结果，不一定都汇集于一个共同的气候顶极终点。除了气候顶极之外，还可有**土壤顶极**（edaphic climax）、**地形顶极**（topographic climax）、**火烧顶极**（fire climax）、**动物顶极**（zootic climax）；同时还可存在一些复合型的顶极，如**地形－土壤顶极**（topoedaphic climax）和**火烧－动物顶极**（fire-zootic climax）等。一般在地带性生境上是气候顶极，在别的生境上可能是其他类型的顶极。这样一来，一个植物群落只要在某一种或几种环境因子的作用下在较长时间内保持稳定状态，都可认为是顶极群落，它和环境之间达到了较好的协调。

由此可见，不论是单顶极论还是多顶极论，都承认顶极群落是经过单向变化而达到稳定状态的群落；而顶极群落在时间上的变化和空间上的分布，都是和生境相适应的。两者的不同点在于：① 单顶极学说认为，只有气候才是演替的决定因素，其他因素都是第二位的，但可以阻止群落向气候顶极发展；多顶极学说则认为，除气候以外的其他因素，也可以决定顶极的形成。② 单顶极学说认为，在一个气候区域内，所有群落都有趋同性的发展，最终形成气候顶极；而多顶极学说不认为所有群落最后都会趋于一个顶极。

（3）顶极－格局假说

顶极－格局假说（climax-pattern hypothesis）由 Whittaker 于1953年提出，实际是多顶极的一个变型，也称种群格局顶极理论（population pattern climax theory）。该假说认为，在任何一个区域内，环境因子都是连续不断地变化的。随着环境梯度的变化，各种类型的顶极群落，如气候顶极、土壤顶极、地形顶极、火烧顶极等，不是截然呈离散状态，而是连续变化的，因而形成连续的**顶极类型**（continuous climax type），构成一个顶极群落连续变化的格局。在这个格局中，分布最广泛且通常位于格局中心的顶极群落，叫作**优势顶极**（prevailing climax），它是最能反映该地区气候特征的顶极群落，相当于单顶极论的气候顶极。

顶极群落的组成由许多因素决定，如土壤养分、湿度、坡度和光照等。火是许多顶极群落的重要特征。火有利于抗火烧物种，而排除掉没有火烧情况下可以成为优势种的物种。例如美国大海湾沿岸和南大西洋沿岸的广阔南部松林，就是靠周期性火烧维持的。松树已能忍受灼烧，而橡树和其他阔叶树种会被烧死，有一些松树的种子甚至只有经过林下火烧的加热，才能从球果中脱落。火烧之后，松树幼苗在没有其他林下种类竞争的条件下得以迅速生长。

牧食压力同样能改变顶极群落。强烈牧食可能使草地变成灌丛，食草动物可能使多年生草本消亡或受到严重的抑制，并使得不适合做饲料的灌木等种类侵入。许多食草动物都是选择性牧食的，这样抑制了适口性好的植物，而使不被取食的竞争者繁盛起来。在非洲平原上，由于每种动物利用不同的草本植物，所以不同有蹄类食草动物的先后取食，形成了贯穿一个区域的有规律的物种演替。

思考题

1. 原生裸地与次生裸地有什么不同？
2. 什么是定居？
3. 简述研究群落波动的意义。
4. 说明水生演替系列和旱生演替系列的过程。
5. 比较个体论演替观与经典的演替观。
6. 什么是演替顶极？单顶极学说与多顶极学说有什么异同点？
7. 你认为应该怎样研究演替？

讨论与自主实验设计

设计一个实验，研究某一地区天然次生林的种群结构和演替趋势。

数字课程学习

◎本章小结　◎重点与难点　◎自测题　◎思考题解析

10 群落的分类与排序

关键词　植物群落分类　植被型组　植被型　群系　群丛
植物群落排序　间接排序　主成分分析　除趋势对应分析
典范对应分析　直接排序

10.1 群落分类

所谓分类，就是对实体（或属性）集合按其属性（或实体）数据所反映的相似关系把它们分成组，使同组内的成员尽量相似，而不同组的成员尽量相异。不同的分类方法只是进行此项工作的不同实现过程。

对生物群落的认识及其分类方法，存在两条途径。早期的一批植物生态学家，如俄国的 B. H. Сукачев（1910）、美国的 F. E. Clements（1916，1928）和法国的 Braun-Blanquet（1928，1932）认为群落类型是自然单位，它们和有机体一样具有明确的边界，而且与其他群落是间断的、可分的，因此可以像物种那样进行分类。这一途径被称为**群丛单位理论**（association unit theory）或机体论。

另外一种观点被称为个体论，认为群落是连续的，没有明确的边界，它不过是不同种群的组合，而种群是独立的。早在 20 世纪初，Л. Г. Раменскии 就提出这样的观点。1926 年，H. A. Gleason 发表了《植物群丛的个体概念》，这一观点的影响迅速扩大，并受到 Whittaker（1956，1960）与 McIntosh（1967）等人的支持。他们认为早期的群落分类都是选择了有代表性的典型样地，如果不是取样典型，将会发现大多数群落之间（边界）是模糊不清和有过渡的。不连续的极端情况也有，它们是发生在不连续的生境上，如地形、母质、土壤条件的突然改变，或人为的砍伐、火烧等的影响；在通常情况下，生境与群落都是连续的。因此他们认为应采取生境梯度分析的方法，即排序（ordination）来研究连续群落变化，而不是采取分类的方法。

实践证明，生物群落的存在既有连续性的一面，又有间断性的一面。虽然排序适于揭示群落的连续性，分类适于揭示群落的间断性，但是如果排序的结果构成若干点集的话，也可达到分类的目的，同时如果分类允许重叠的话，也可以反映群落的连续性。因此两种方法都同样能反映群落的连续性或间断性，只不过是各自有所侧重，如果能将二者结合使用，也许效果更好。

生物群落分类是生态学研究领域中争论最多的问题之一。由于不同国家或地区的研究对象、研究方法和对群落实体的看法不同，其分类原则和分类系统有很大差别，甚至成为不同学派的重要特色。由于陆地植物群落的分类研究最丰富，以下着重介绍陆地植物群落的分类。

植物群落的分类工作早已开始，一般可区分为人为的和自然的分类。最简单的植物群落分类是根据群落外貌来划分的，如森林、草地、灌丛等。这种分类简单易懂，但是这种分类太粗糙了，不利于更进一步的研究。人为分类是依据一种或几种事物的特性而进行的，或依据事物对人类的实用价值进行分类。这种方法在科学上普遍应用，特别是应用科学，如将森林划分为用材林、防护林、水土保持林等，将草原划分为割草场和放牧场等。自然分类是依据亲缘关系，反映事物内部关系的分类。但是，完整反映群落内在关系的自然分类，直到目前还没有诞生，这主要由于植物群落学中的许多问题还没有弄清，分类的原则、方法和系统还没有统一。然而，生态学研究追求的是自然分类。在已问世的各家自然分类系统中，有的以植物区系组成为其分类的基础，有的以群落-生态外貌为基础，有的以优势度为其分类的基础，有的以群落动态为其分类的基础，还有的以群落结构为其分类的基础等。因为有时它们是交织在一起的，所以不易把它们截然分开。但不管哪种分类，都承认要以植物群落本身的特征作为分类依据，并十分注意群落的生态关系，因为按研究对象本身特征的分类要比任何其他分类更自然。

10.1.1 植物群落分类的单位

植物群落分类的基本单位是**群丛**（association），这一概念最初由德国科学家洪堡于1806年提出。此外，**群系**（formation）和**植被型**（vegetation type）也是植物群落分类的单位。由于各学派都拥有自己的植物群落分类系统，而它们在原则上是显然不同的。因此，导致各派在植物群落分类单位的理解和侧重点上有所差异。英美学派的分类原则是采用优势种原则，把群系作为分类的最大单位。法瑞学派的分类系统原则是建立在群落植物区系的亲缘关系基础上，并考虑到植物群落其他方面的特征。北欧学派的分类系统是以基群丛作为基本单位，基群丛是指“至少每层中具有恒有的优势种（恒有种）真正一致的种类组成的稳定的植物群落”。前苏联学派的分类系统是以群丛、群系、植被型为主要单位，并在各单位之间采用了一些辅助单位，如群丛组、群丛纲、群系组、群系纲等。中国植被分类系统受前苏联学派的影响较大，以植被型、群系、群丛为基本分类单位。在各基本分类单位之上，各设一辅助单位，在其下也各设立一亚级辅助单位。下面着重介绍中国植被的分类原则、系统和单位。

我国地域辽阔，植被复杂，从森林、草原到荒漠，从热带雨林到寒温带针叶林和山地苔原，以及青藏高原这样世界独一无二的大面积的高寒植被。因此，除赤道雨林外，地球上绝大多数的植被类型在我国均可以找到，这是任何其他国家所不能比拟的。所以从这一点上说，完成如此复杂的中国植被的分类工作本身，就是对世界植被研究的重要贡献。

我国生态学家在《中国植被》（1980）一书中，参照国外一些植物学派的分类原则和方法，采用了“群落生态”原则，即以群落本身的综合特征作为分类依据，群落的种类组成、外貌和结构、地理分布、动态演替等特征及其生态环境在不同的等级中均做了相应的反映。

主要分类单位分3级：植被型（高级单位）、群系（中级单位）和群丛（基本单位）。每一等级之上和之下又各设一个辅助单位和补充单位。高级单位的分类依据侧重于外貌、结构和生态地理特征，中级和中级以下的单位则侧重于种类组成。其系统如下：

植被型组（vegetation type group）
　植被型（vegetation type）
　　植被亚型（vegetation subtype）
　　　群系组（formation group）
　　　　群系（formation）
　　　　　亚群系（subformation）
　　　　　　群丛组（association group）
　　　　　　　群丛（association）
　　　　　　　　亚群丛（subassociation）

植被型组　凡建群种生活型相近而且群落外貌相似的植物群落联合为植被型组。这里的生活型是指较高级的生活型，如针叶林、阔叶林、草地、荒漠等。

植被型　在植被型组内，把建群种生活型（一级或二级）相同或相似，同时对水热条件的生态关系一致的植物群落联合为植被型，如寒温性针叶林、落叶阔叶林、温带草原、热带荒漠等。

植被亚型　植被亚型是植被型的辅助单位。在植被型内根据优势层片或指示层片的差异来划分亚型。这种层片结构的差异一般是由于气候亚带的差异或一定的地貌、机制条件的差异而引起的。例如温带草原可分为3个亚型：草甸草原（半湿润）、典型草原（半干旱）和荒漠草原（干旱）。

群系组　群系组是在植被型或亚型范围内，根据建群种亲缘关系近似（同属或相近属）、生活型（三级和四级）近似或生境相近而划分的。如草甸草原亚型可分为丛生禾草草甸草原、根茎禾草草甸草原和杂类草草甸草原。

群系　凡是建群种或共建种相同的植物群落联合为群系。例如，凡是以大针茅为建群种的任何群落都可归为大针茅群系，与此类似的还有落叶松（*Larix gmelini*）群系、羊草（*Leymus chinensis*）群系、红沙（*Reaumuria soongorica*）荒漠群系等等。如果群落具共建种，则称共建种群系，如落叶松、白桦（*Betula platyphylla*）混交林。

亚群系　在生态幅度比较广的群系内，根据次优势层片及其反映的生境条件的差异而划分亚群系。如羊草草原群系可划出：羊草＋中生杂类草草原（也叫羊草草甸草原），生长于森林草原带的显域生境或典型草原带的沟谷，黑钙土和暗栗钙土；羊草＋旱生丛生禾草草原（也叫羊草典型草原），生于典型草原带的显域生境，栗钙土；羊草＋盐中生杂类草草原（也叫羊草盐湿草原），生于轻度盐渍化湿地，碱化栗钙土、碱化草甸土和柱状碱土。

对于大多数群系来讲，不需要划分亚群系。

群丛组　凡是层片结构相似，而且优势层片与次优势层片的优势种或共优种相同的植物群落联合为群丛组。如在羊草＋丛生禾草亚群系中，羊草＋大针茅草原和羊草＋丛生小禾草就是两个不同的群丛组。

群丛　群丛是植物群落分类的基本单位，相当于植物分类中的种。凡是层片结构相同，各层片的优势种或共优种相同的植物群落联合为群丛。如羊草＋大针茅这一群丛组内，羊草＋大针茅＋黄囊苔（*Carex korshinskyi*）草原和羊草＋大针茅＋柴胡（*Bupleurum scorzonerifolium*）草原都是不同的群丛。

亚群丛　在群丛范围内，由于生态条件的某些差异，或因发育年龄上的差异，往往不可避免地在区系成分、层片配置、动态变化等方面出现若干细微的变化。亚群丛就是用来反映这种群丛内部的分化和差异的，是群丛内部的生态－动态变型。

根据上述系统，中国生态学家于1980年完成了《中国植被》一书和中国植被图的制作。中国植被分为10个植被型组、29个植被型、560多个群系，群丛则不计其数。10个植被型组为：针叶林、阔叶林、灌草和灌草丛、草原和稀树干草原、荒漠（包括肉质刺灌丛）、冻原、高山稀疏植被、草甸、沼泽、水生植被。29个植被型为：寒温性针叶林、温性针叶林、温性针阔叶混交林、暖温性针叶林、热性针叶林、落叶阔叶林、常绿落叶阔叶混交林、常绿阔叶林、硬叶常绿阔叶林、季雨林、雨林、珊瑚岛常绿林、红树林、竹林、常绿针叶灌丛、常绿草叶灌丛、落叶阔叶灌丛、常绿阔叶灌丛、灌草丛、草原、稀树干草原、荒漠、肉质刺灌丛、高山冻原、高山垫状植被、高山流石滩稀疏植被、草甸、沼泽、水生植被。《中国植被》一书系统地总结了我国长期积累的植被资料，它是我国植物群落学工作者辛勤劳动的集体成果，凝结着老一辈生态学家的智慧与汗水。

10.1.2　植物群落的命名

植物群落的命名，就是给表征每个群落分类单位的群落定以名称。精确的名称是非常重要和有意义的。

群丛的命名方法：凡是已确定的群丛应正式命名，我国习惯于采用联名法，即将各个层中的建群种或优势种和生态指示种的学名按顺序排列。在前面冠以Ass.（association的缩写），不同层之间的优势种以“–”相连。如Ass. *Larix gmelini–Rhododendron dahurica–Phyrola incarnata*（即落叶松－杜鹃－红花鹿蹄草群丛）。从该名称可知，该群丛乔木层、灌木层和草本层的优势种分别是兴安落叶松、杜鹃和红花鹿蹄草。

如果某一层具共优种，这时用“＋”相连。如Ass. *Larix gmelini–Rhododendron dahurica–Phyrola incarnata* ＋ *Carex* sp.。

单优势种的群落，就直接用优势种命名，如以马尾松为单优势种的群丛为马尾松群丛，即Ass. *Pinus massoniana* 或写成 *Pinus massoniana* Association。

当最上层的植物不是群落的建群种，而是伴生种或景观植物，这时用“<”来表示层间关系［或用“||”或“( )”］。如Ass. *Caragana microphlla* <（或||）*Stipa grandis*-

Cleistogenes squarrasa–Artemisia frigida 或 Ass.（*Caragana microphlla*）*Stipa grandis-Cleistogenes squarrasa*。

在对草本植物群落命名时，我们习惯上用“+”来连接各亚层的优势种，而不用“–”。如 Ass. *Caragana microphlla* < *Stipa grandis* + *Cleistogenes squarrasa* + *Artemisia frigida*。

群丛组的命名方式与群丛相似，只是将同一群丛组中各个群丛间差异性最大的一层除去，例如具有相同灌木层（胡枝子），不同草本层的蒙古栎林所组成的群丛组。可命名为蒙古栎 – 胡枝子群丛组，即 Gr. Ass. *Quercus mongolica–Lespedeza bicolor* 或写成 *Quercus mongolica–Lespedeza bicolor* Group Association。

群系的命名依据是只取建群种的名称，如东北草原以羊草为建群种组成的群系，称为羊草群系，即 Form. *Leymus chinense*。如果该群系的优势种是两个以上，那么优势种中间用“+”号连接，如两广地区常见的锥 + 厚壳桂群系，即 Form. *Castanopsis chinensis* + *Cryptocarya chinensis*。

英美学派在群落命名时，常常只列举优势种的属名，并在同一层两个以上优势种中间用“–”号连接，而不是用“+”号连接，这意味着同一层中的两个或两个以上的优势种在群落中的优势度大致相同。

群系以上高级单位不是以优势种来命名，一般均以群落外貌 – 生态学的方法，如针叶乔木群落群系组，针叶木本群落群系纲，木本植被型等。

10.1.3 法瑞学派和英美学派的群落分类简介

法瑞学派的代表人物是 Braun–Blanquet，他于 1928 年提出了一个植物区系 – 结构分类系统（floristic-structural classification），被称为群落分类中的归并法（agglomerative method）。这是一个影响比较大而且在欧洲许多国家被广泛承认和采用的系统。该系统的特点是以植物区系为基础，从基本分类单位到最高级单位，都是以群落的种类组成为依据。

该学派的分类过程是通过排列群丛表（association table）来实现的。首先在野外做大量的样方，样方数据一般只取多度 – 盖度级和群集度。然后通过排表，找出特征种、区别种，从而达到分类的目的。

英美学派是根据群落动态发生演替原则的概念来进行群落分类的，其代表人物是 Clements 和 Tansley。有人将该系统称为动态分类系统（dynamic classification）。他们对演替的顶极群落和未达到顶极的演替系列群落在分类时处理的方法是不同的，因此他们建立了两个平行的分类系统（顶极群落和演替系列群落），因而称该系统为双轨制分类系统。

10.1.4 群落的数量分类

20 世纪自然科学中的许多学科（如数学、物理、化学等）都向生物学渗透，各种边缘学科相继兴起，脱颖而出。由于 20 世纪 40 年代电子计算机的产生，用数学的方法解决生态学中复杂的分类问题成为可能。生态学数量分类的研究是从 20 世纪 50 年代开始的，由于计算工作量大，等到 20 世纪 60 年代电子计算机普遍应用之后，它才迅速地发展起来，许多具有不同观点的传统学派，如法瑞学派、英美学派等，都进行数量分类的研究，并用它去验证原来传统分类的结果。目前，在国外生态学研究中已广泛采用数量分析的方法，每年都发表大量的文章，出了不少专著，并不断涌现新的方法，近年来我国也开展了这方面的研究，并取得了一定的成绩。数量分类的方法在很多书上均有介绍，一般过程是首先将生物概念数量化，包括分类运算单位的确定，属性的编码（code），原始数据的标准化等；然后以数学方法实现分类运算，如相似系数计算（包括距离系数、信息系数）、聚类分析、信息分类、模糊分类等，其共同点是把相似的单位归在一起，而把性质不同的群落分开。

10.2 群落排序

10.2.1 群落排序的概念

排序一词最早由 Ramansky 于 1930 年提出，他当时用的德文 ordnung 一词。后经澳大利亚学者 Goodall（1954）把它译为英文 ordination。所谓排序，就是把一个地区内所调查的群落样地，按照相似度（similarity）来排定各样地的位序，从而分析各样地之间及其与生境之间的相互关系。

排序基本上是一个几何问题，即把实体作为点在以属性为坐标轴的 P 维空间中（P 个属性）按其相似关系把它们排列出来。简单地说，要按属性去排序实体，这叫**正分析**（normal analysis）或 **Q 分析**（Q analysis）。排序也可有**逆分析**（inverse analysis）或叫 **R 分析**（R analysis），即按实体去排序属性。

为了简化数据，排序时首先要降低空间的维数，即减少坐标轴的数目。如果可以用一个轴（即一维）的坐标来描述实体，则实体点就排在一条直线上；用两个轴（二维）的坐标描述实体，点就排在平面上，都是很直观的。如果用三个轴（三维）的坐标，也可勉强表现在平面的图形上，一旦超过三维就无法表示成直观的图形。因此，排序总是力图用二、三维的图形去表示实体，以便于直观地了解实体点的排列。但是，排序的方法应该使得由降维引起的信息损失尽量少，即发生最小的畸变。

通过排序可以显示出实体在属性空间中位置的相对关系和变化的趋势。如果它们构成分离的若干点集，也可达到分类的目的；结合其他生态学知识，还可以用来研究演替过程，找出演替的客观数量指标。如果我们既用物种组成的数据，又用环境因素的数据去排序同一实体集合，从两者的变化趋势，容易揭示出植物种与环境因素的关系，从而提出生态解释的假设。特别是，可以同时用这两类不同性质的属性（种类组成及环境）一起去排序实体，更能找出两者的关系。

10.2.2 群落排序的类型

目前已经建立了许多排序方法，不同方法差异很大。Whittaker 曾把排序方法分为两类。利用环境因素的排序称为**直接排序**（direct ordination），又称为**直接梯度分析**（direct gradiant analysis）或者**梯度分析**（gradiant analysis），即以群落生境或其中某一生态因子的变化排定样地生境的位序；另一类排序是群落排序，是用植物群落本身属性（如种的出现与否，种的频度、盖度等等）排定群落样地的位序，称为**间接排序**（indirect ordination），又称**间接梯度分析**（indirect gradiant analysis）或者**组成分析**（compositional analysis）。

排序的方法很多，如加权平均排序、极点排序、梯度分析、主成分分析、典范主成分分析主坐标分析、除趋势对应分析和典范对应分析等。

10.2.2.1 间接梯度分析

植物群落学的理论与方法由于间接梯度分析技术的出现而得到较大促进。其特点为通过分析植物种及其群落自身特征对环境的反应而客观地求得其在一定环境梯度上的排序与分类。这一分析技术由于各种复杂的多元分析方法，尤其是计算机软硬件的飞跃发展而成为可能并日臻完善。在20世纪70年代后期至80年代初期，一系列先进的多元分析方法及其对应的计算机程序等的纷纷问世，使这一方法达到鼎盛时期。自20世纪80年代中期以后，植物群落学的分析开始了一个新的阶段，即群落排序与分类的“环境解释”（environmental interpretation）。这是一个与梯度分析和分类相继承和深化的分析步骤。环境解释过程客观和定量地把植物群落的分布格局与环境资料进行比较和联系起来。它不仅给出植物群落类型及其梯度的物理原因，并且赋予它们以数量指标，不仅可据此建立群落及其梯度的空间分布模型，并可为植被的经营管理和开发利用提供数据。

间接梯度分析较早使用的是极点排序。其后，主成分分析（principal components analysis，PCA）问世，它具有严格的数学基础，是所有近代排序方法中用得最多的一种。目前所用的排序方法有20多种，由于篇幅限制，不能详细介绍。**极点排序法**（polar ordination）是20世纪50年代中期由美国Wisconsin学派创立的，该方法是Bray和Curtis（1957）首先创立的，也称Bray-Curtis方法。这是一种多维排序方法，样地排列结果使得它们的位置直接接近于相似性的程度，并使样地的成簇倾向得以用几何图形表示出来。这一方法在20世纪50年代后期曾得到广泛的应用，到了20世纪60年代，在数学上较严格的主成分分析等排序方法建立后，它被现代化的方法所代替。但一些研究结果认为，它人为地选择坐标轴更能适合非线性数据的情况，加之计算简单，所以不少人仍在用这种方法。具体方法可参考阳含熙等著的《植物群落数量分类的研究》。

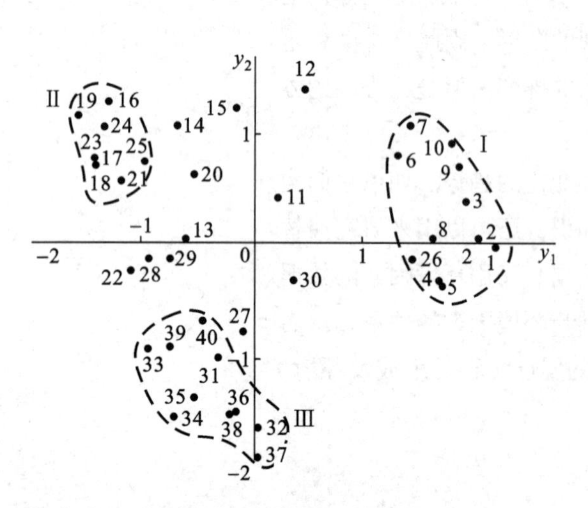

图10-1 内蒙古呼盟羊草草原40个样方的二维排序（占总信息的44.3%）（引自阳含熙，1981）

而主成分分析就是将一个综合考虑许多性状（例如P个）的问题（P各属性就是P维空间），在尽量少损失原有信息的前提下，找出1~3个主成分，然后将各个实体在一个2~3维的空间中表示出来，从而达到直观明了地排序实体的目的。例如阳含熙（1981）曾对内蒙古呼盟羊草草原40个样方、32个植物种的调查数据进行了PCA排序，其结果的二维排序图形如图10-1所示。从图10-1中可见，样方大致分为3个集团。按照常规的定性方法，这40个样方可分为3个群丛组，第1～10号样方是半湿润草甸草原群丛组，第16～25号样方是半干旱典型草原群丛组，第31～40号样方是盐湿草原群丛组，其余10个样方是这三者的过渡类型。该排序图中3个样方集团除个别样方外与原分析完全一致，而集团外的零散样方正是它们之间的过渡类型。

将这32个种中前3个主成分负荷量较大的13个种的负荷量列出，如表10–1。这3个主成分占了总信息量的50.7%。

表10-1 13种主要植物对前3个主成分的负荷量表

种	第一主成分	第二主成分	第三主成分	h^2
贝加尔针茅	2.17	1.36	0.01	6.56
羊草	–1.66	0.93	–0.89	4.41
糙隐子草	–1.92	1.43	1.12	6.99
日阴蒿	2.60	0.80	–0.09	7.40
寸草苔	–2.24	–0.05	–0.13	5.03
裂叶蒿	2.31	0.42	–0.30	5.60
山野豌豆	1.89	0.66	–0.08	4.01
细叶白头翁	2.24	0.84	0.04	5.72
展枝唐松草	2.27	–0.39	–0.05	5.31
冷蒿	–1.65	0.90	0.74	4.08
阿尔泰狗娃花	–1.69	1.52	–0.77	5.76
柴胡	0.33	1.90	0.50	3.97
碱蒿	–0.42	–1.81	0.80	4.09
⋮	⋮	⋮	⋮	⋮
特征值（λ）	61.85	34.35	14.10	110.30
总信息百分比/%	28.4	15.9	6.4	50.7

从图10–1可以看出：半湿润草甸草原群丛组Ⅰ全在第一主成分y_1的右边，而半干旱典型草原群丛组Ⅱ几乎全在左边，说明它们的分划主要是第一主成分y_1的作用。从表10–1可知，对y_1作用最大的是日阴蒿（负荷量为2.60）。半干旱典型草原群丛组与盐湿草原群丛组，分列在第二主成分的上半部和下半部分，说明它们的划分主要是依据第二主成分。由此，对第二主成分正相关最大的是柴胡（负荷量为1.90），负相关最大的是碱蒿（负荷量为–1.81），这两个种通常不同时出现，柴胡只在半干旱生境出现，碱蒿只在盐化生境中出现。

从上面的例子可以看出：由于找到的主成分是各性状的综合效应，往往不能直接给出生态学意义的解释，还要从所研究问题的专业知识范围内去探索，PCA方法本身并不能说明它。

大量的应用证明PCA法是一种非常有效的排序方法，它既适用于数量数据，也可用于二元数据，在许多应用中，往往只取前二三个主成分就可以反映原数据离差的40%～90%。但是，它也存在以下两方面的不足。第一，PCA 只适用于原数据构成线性点集的情况。对于分离的点集，PCA 的结果还有助于形象地分类样方点。但对非线性的点集，诸如马蹄形的，PCA 却无能为力。此时可以先缩小数据范围，使数据在小范围内大致是线性的，或者进行平方根变换或其他变换使数据转换成线性的。很多人发现 PCA 对非线性数据的适应力是很弱的。第二，如果原始数据对各性状的方差大致相等，而且性状的相关又很小，就找不到明显的主成分，此时取少量主成分所占的信息比例较低。

在植被的生态间接梯度分析中，常采用 DCA（detrended correspondence analysis），即无倾向（消拱）对应分析的排序方法，该方法有效地克服了普通对应分析、主成分分析（PCA）中的“拱形”（或马蹄形）现象，有利于从群落数据中提取由真实环境因子变化而引起的群落结构变化。在群落分类上，TWINSPAN（两维指示种分类）方法得到了广泛的应用，该方法是将群落数据作排序，提取分辨种（differential species）和指示种，然后进行二分切割似的分类。例如，娄安如（1998）运用 DCA 排序和 TWINSPAN 等级制分类及其典范对应分析（CCA）阐明了新疆天山山脉中段植物群落的分布格局（图 10-2）。进一步对天山山脉中段南、北坡植物群落进行 DCA 分析，研究发现，从大的宏观尺度上看，其类型与分布主要由降水量和温度所决定，而在中小尺度范围上，植物群落的分布与类型却与土壤湿度和土壤养分密切相关。该结果较好地解释了天山山脉中段内部，在地形地貌基本一致的情况下，植物群落类型分异很大的原因。

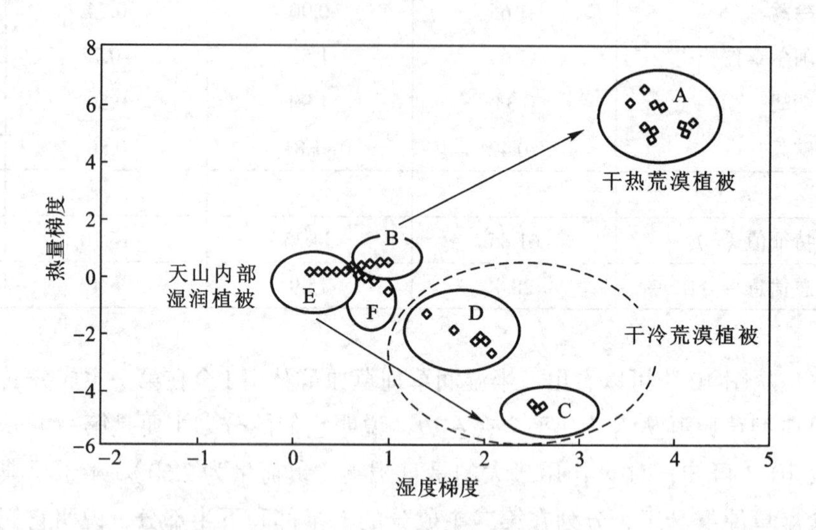

图 10-2 天山山脉中段植物群落的 DCA 二维分布图

如图 10-2 所示，天山山脉中段山地植物群落在 DCA 排序下，沿着湿度梯度和热量梯度两个方向，清晰地显示出了一个中心两个极点的分布模式。即以天山山脉中段内部湿润区植被类型（各类山地草甸和雪岭云杉林）为中心，向天山北坡经山地草原植被到山地蒿属荒漠和假木贼荒漠过渡的干冷极点分布模式，向天山南坡经山地灌丛草原到山地砾质盐爪爪荒漠发展的干热极点分布模式。这一点正好与天山中段的地形及其与之对应的气候分布相吻合。

目前已有的生态数量分析软件大致可以分为两大类：其一为静态的生物群落与环境

因子的空间分布及其相关分析；其二为生态系统的动态建模。静态群落分析著名的程序有 CEP（cornell ecological programs），DISCRIM，CANOCO 和 MULVA-4 等。CEP 中包括著名的 DECORANA 和 TWINSPAN，DECORANA 即为 DCA 消拱对应分析。CANOCO 是一种典范排序分析，它包括了典范对应分析（canonical correspondence analysis）、主成分分析和对应分析 3 种基本的排序分析，并能在每一种分析中加入消拱（detrending）选择，是当前排序分析中功能较全的程序。MULVA-4 是一套较为完善的多元分析程序包，其中包括 PCA 分析、CA 分析、常规聚类和辨识等分析。

10.2.2.2 直接梯度分析

直接梯度分析也有许多方法。这里首先介绍的是 Whittaker 于 1956 年创造的一种较简单的排序方法，它适用于植被变化明显取决于生境因素的情况。

Whittaker 沿坡向垂直方向设置一系列的 50 m × 20 m 的样带作为研究样地，将坡向从深谷到南坡分为 5 级，称为湿度梯度，实际上这是一个综合指标，不仅土壤水分不同，其他生境因素也有变化。然后他将每一样带中的树种按对土壤湿度的适应性分为 4 等，对每一等级依次指定一个数字，它们是中生 0、亚中生 1、亚旱生 2 和旱生 3。例如糖槭为中生，铁杉为亚中生，红栎为亚旱生，松为旱生等等。假若在某一林带内有 10 株糖槭、15 株铁杉、20 株红栎，55 株松树，则此林带的一个土壤湿度的数量指标，是各数字等级的加权平均数，为（10 × 0 + 15 × 1 + 20 × 2 + 55 × 3）/100 = 2.2。

他用这种湿度指标为横坐标，再用样带的海拔高度为纵坐标，将各个样带排序在一个二维图形中（图 10-3）。

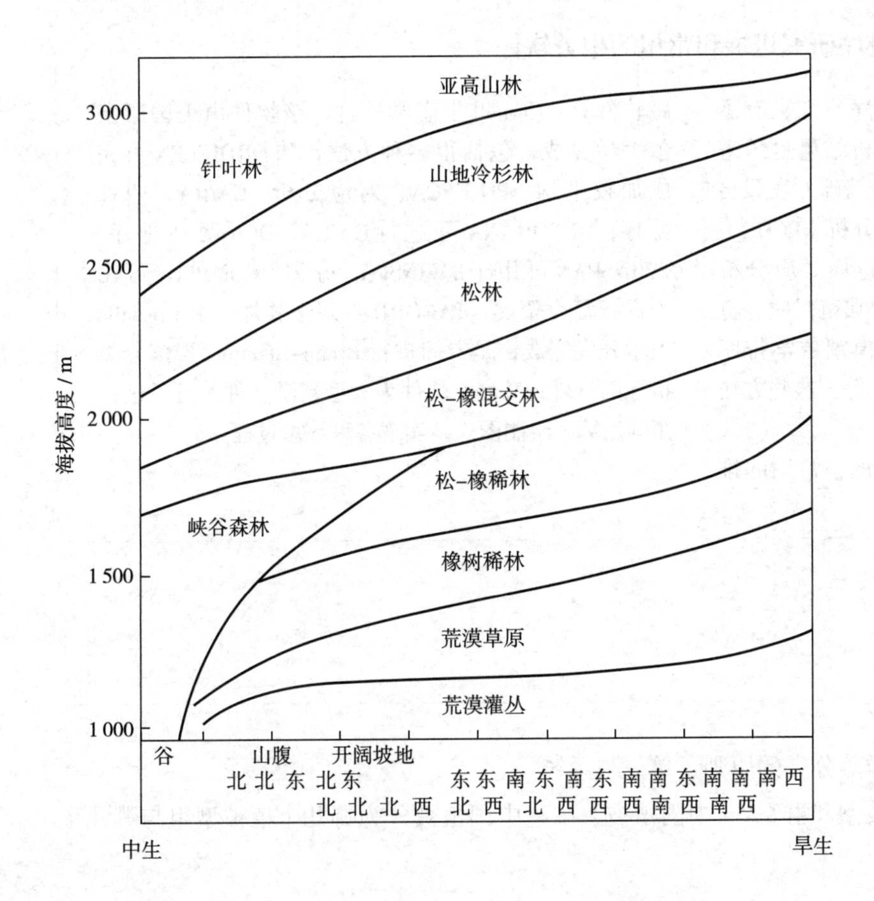

图 10-3 美国圣卡塔利娜山脉植被分布图（引自孙儒泳等，1993）

20世纪50年代，生态学家对分类与排序的优劣问题，曾进行过激烈的争论。当时有一种看法：排序（当时主要是极点排序）以差异最大的林分为坐标轴的端点，夸大了植被的连续性；而分类则引向群落的明显间断。因此认为对间断群落宜用分类，而对连续群落宜用排序。随着群落排序和分类的发展，学者普遍认为，排序不仅可以反映植被的连续性，也能分划成明显间断的单位；同时分类如允许重叠的话，也一样可以反映植被的连续性；可以说二者都同样能反映数据本身所固有的连续或间断的性质，只不过各有侧重而已。在排序的基础上再行分类效果会更好。

最后还应指出一点：所有数量方法都是启发性的，它们只能告诉我们如何分类或排序，并不能证明应该如何分类。换言之，它们只能提出假设，而不能检验和证实假说。因而对于数量分类的结果不能认定它的结论一定是正确的，而还需用其他证据来验证。最重要的是用生态学专业知识去进行解释和判断。因此我们不能认为数量分类将完全取代传统分类。有人指出数量分类与传统分类结合研究，效果最佳，两者是互相补充，互相促进的。传统分类积累了丰富的经验，数量分类方法借助电子计算机，以数学方法处理大量数据是有很大优越性的，有利于揭示其中的规律，并由此提出一些解释性的假说。因此，数量分类与传统分类很好地结合，在完成生态学的目标过程中，能够起到更好的作用。

窗口 10-1

排序研究进展和常用的相关软件

随着计算机技术的发展，群落排序研究也有了迅速的发展，分析方法多种多样，分析结果也越来越符合实际。如在主成分分析（PCA）基础上发展出了典范主成分分析（CPCA）和主坐标分析（PCOC），在对应分析（CA）基础上衍生出除趋势对应分析（DCA）、典范对应分析（CCA）、除趋势典范对应分析（DCCA）、协惯量分析（COIA），以及模糊数学排序（FSO）、自组织神经网络排序（SOFM）等。这些方法获得了大量的推广和应用。

排序通常都是通过排序软件完成的，常用的排序软件有：Cornell 生态学软件，该软件由美国康奈尔大学完成，包括很多种方法，如 ORDIFLEX 可完成加权平均、PO、PCA、对应分析（CA/RA）四种排序；DECORANA 可进行 CA/RA、DCA 两种排序；TWINSPAN 可用于 TWINSPAN 分类；COMPLUS 可用于进行复合聚类；TABORD 生态学软件，由 Uppsalla 大学开发完成，是专门进行 Braun–Blanquet 群落分类指标的软件；Matlab 软件为大型数学软件，可以进行矩阵运算、绘制图表，实现各种计算过程。

思考题

1. 试述中国群落分类的原则、单位与系统。

2. 什么是植被型和群系？《中国植被》中将中国植被分为哪几个植被型组与哪几个植被型？

3. 植被型、群系和群丛是如何命名的？
4. 什么是排序？排序方法可分为哪两类，各有什么特点？

讨论与自主实验设计

请设计一个实验方案，探讨某一地区不同植物群落的空间分布与环境之间的相互关系。

数字课程学习

◎本章小结　◎重点与难点　◎自测题　◎思考题解析

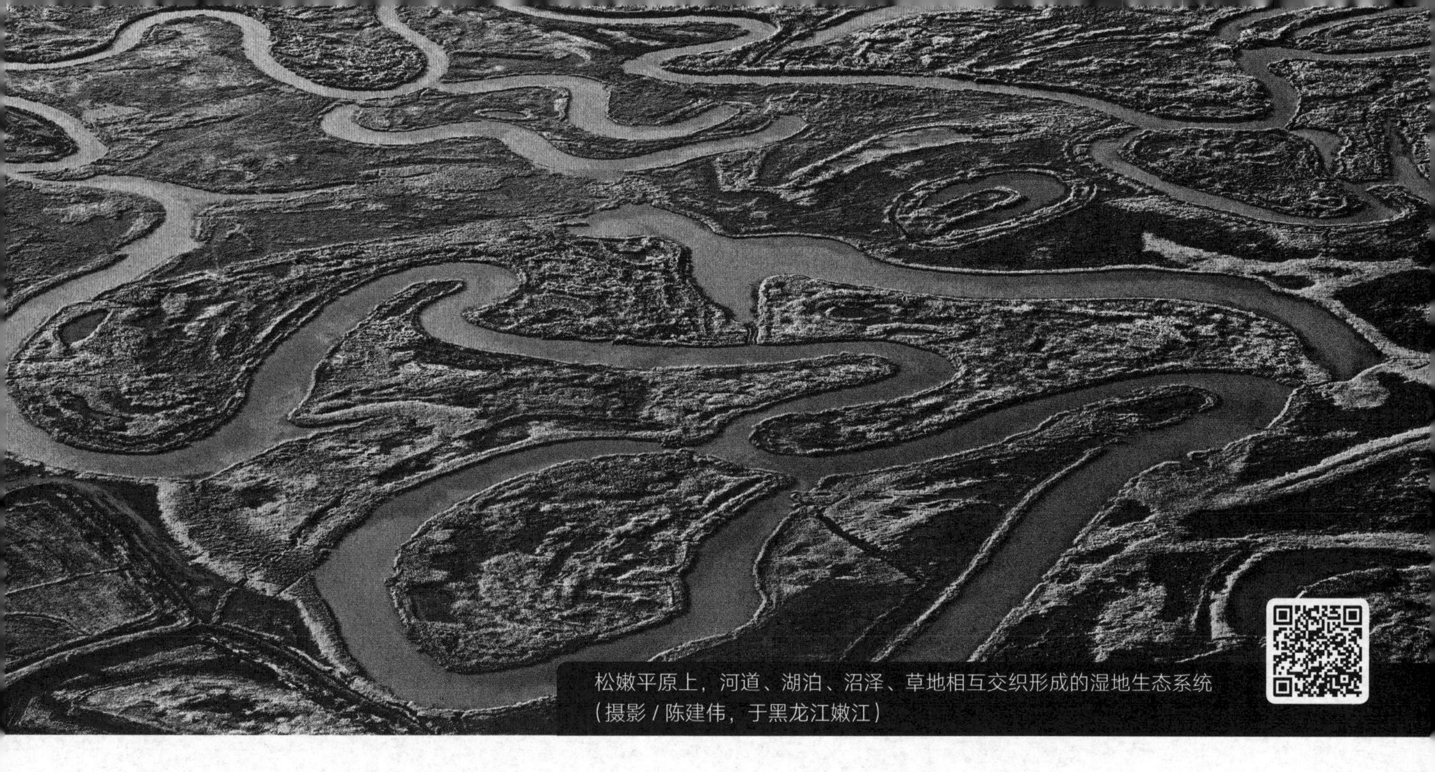

松嫩平原上，河道、湖泊、沼泽、草地相互交织形成的湿地生态系统（摄影 / 陈建伟，于黑龙江嫩江）

第四部分

生态系统生态学

人类赖以生存的自然生态系统是复杂的、自适应的、具有负反馈机制的自调节系统，其研究对于人类持续生存有重大意义。生态系统是生物群落与其环境之间由于不断地进行物质循环和能量流动过程而形成的统一整体。在本部分，我们将了解生态系统的组成结构、能量流动、物质循环过程及其影响因素，并认识地球上主要的陆地生态系统。

11

生态系统的一般特征

关键词 生态系统 生产者 消费者 分解者 食物链 食物网 营养级 生态效率 生态锥体 能量锥体 生物量锥体 数量锥体

11.1 生态系统的基本概念

英国学者 A. G. Tansley（1936）首先提出了**生态系统**（ecosystem）的概念，生态系统就是在一定空间中共同栖居着的所有生物（即生物群落）与其环境之间由于不断地进行物质循环和能量流动过程而形成的统一整体。地球上的森林、草原、荒漠、湿地、海洋、湖泊、河流等，不仅它们的外貌有区别，生物组成也各有其特点，并且其中生物和非生物构成了一个相互作用、物质不断地循环、能量不停地流动的生态系统。生态系统是具有一定物理空间的有机体与其相互作用的非生物环境构成的生物集合体。

系统（system）是指彼此间相互作用、相互依赖的事物有规律地联合的集合体，是有序的整体。一般认为，构成系统至少要有 3 个条件：① 系统是由许多成分组成的。② 各成分间不是孤立的，而是彼此互相联系、互相作用的。③ 系统具有独立的、特定的功能。Tansley 最初提出生态系统这一概念时描述到："更基本的概念是……完整的系统（物理学上所谓的系统），它不仅包括生物复合体，而且还包括人们称为环境的全部物理因素的复合体……我们不能把生物从其特定的、形成物理系统的环境中分隔开来……这种系统是地球表面上自然界的基本单位……这些生态系统有各种各样的大小和种类。"因此，生态系统这个术语的产生，主要在于强调一定地域中各种生物相互之间、它们与环境之间功能上的统一性。生态系统主要是功能上的单位，而不是生物学中分类学的单位。苏联生态学家苏卡乔夫（V. N. Sukachev）（1944）所说的**生物地理群落**（biogeocoenosis）的基本含义与生态系统的概念相同。生态系统思想的产生不是偶然的，而是有其一定的历史背景。

在应用生态系统概念时，对其范围和大小并没有严格的限制，小至动物有机体内消化管中的微生态系统，大至各大洲的森林、荒漠等生物群落型，甚至整个地球上的生物圈或生态圈，其范围和边界是随研究问题的特征而定。例如，池塘的能流、核降尘、杀虫剂残留、酸雨、全球气候变化对生态系统的影响等，其空间尺度的变化很大，相差若干数量级。同样研究的时间尺度也很不一致。

生态系统是当代生态学中最重要的概念之一。纵观生态学的发展史说明，这门科学的研究重心，是由自然历史转到动物的种群生态学和植物的群落生态学，然后转到生态系统的研究。

生态系统包括生物群落及其无机环境，它强调的是系统中各个成员的相互作用，所以几乎是无所不包的生态网络。近年来，无论是国内还是国外，又把自然生态系统进一步扩展为包括经济系统和社会系统的复合生态系统。

生态系统是生态学上的一个主要结构和功能单位。生态系统是一个动态系统，内部具有自我调节的能力，具有能量流动、物质循环和信息传递三大功能，这些也就构成了生态系统生态学研究的主要内容。近几十年来生态系统研究成为生态学主流，它与人类社会的持续发展有密切关系。因为人类赖以生存的地球环境、人口、生物资源已经受到严重威胁，温室效应、臭氧层破坏、酸雨、全球性气候变化等当前人类社会最为关心的问题已经影响了地球这个生命维持系统的持续存在。地球上大部分自然生态系统本来就有维持稳定、持久，物种间协调共存等的特点，这是长期进化的结果。向自然生态系统寻找这些建立持续性生态系统性的机制，给人类科学地管理好地球以启示，是研究生态系统规律的主要目的。另一方面，生态系统的概念和原理，已经为许多学科和许多实践领域所接受，诸如生态学与经济学的密切结合和生态经济学的形成与发展、生态系统服务和生态系统管理的提出、农业上的农业生态系统、环保中的生态评价、生态管理和风险性估计、濒危物种和生物多样性保护、大工程建设和自然改造大规划的生态预评……并对生态学家提出进一步要求，发展有关生态系统的理论。20 世纪 60 年代开始的 IBP（国际生物学计划）和以后的 MAB（人与生物圈）、SCOPE（环境问题科学委员会）、IGBP（国际地圈生物圈计划）、GCTE（全球变化与陆地生态系统研究）等国际合作研究规划，世界自然保护联盟（IUCN）及其生态系统管理委员会（CEM）等相继出现，所有这些使生态学从生物学中的一个分支学科上升到举世瞩目的地位，并发展成一门独立的生态科学；而生态学的主流也由种群生态学和群落生态学转移到生态系统生态学。

11.2 生态系统的组成与结构

生态系统包括下列 4 种主要组成成分，我们以草地和池塘作为实例来说明（图 11–1）。

（1）非生物环境

非生物环境（abiotic environment）包括参加物质循环的无机元素和化合物（如 C、N、CO_2、O_2、Ca、P、K），联系生物和非生物成分的有机物质（如蛋白质、糖类、脂质和腐殖质等），气候或其他物理条件（如温度、降水、压力等）。

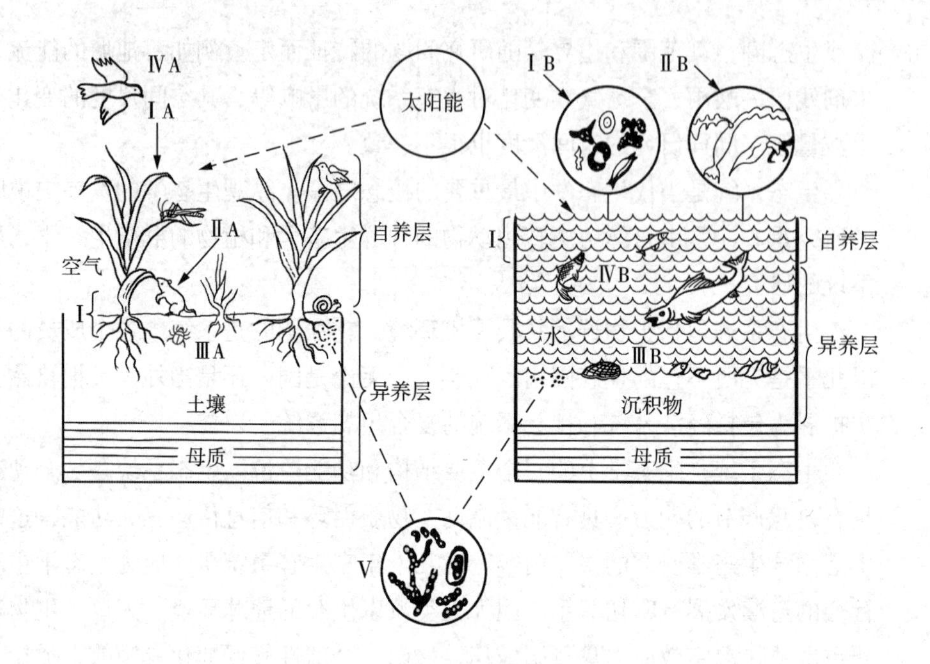

图 11-1 陆地生态系统（草地）和水生生态系统（池塘）营养结构的比较（仿 Odum，1983）

Ⅰ. 自养生物：ⅠA. 草本植物，ⅠB. 浮游植物 Ⅱ. 食草动物：ⅡA. 食草性昆虫和哺乳动物，ⅡB. 浮游动物 Ⅲ. 食碎屑动物：ⅢA. 陆地土壤无脊椎动物，ⅢB. 水中底栖无脊椎动物 Ⅳ. 食肉动物：ⅣA. 陆地鸟类和其他，ⅣB. 水中鱼类 Ⅴ. 食腐生物、细菌和真菌

（2）生产者

生产者（producer）是能以简单的无机物制造食物的**自养生物**（autotroph），包括绿色植物、蓝藻和光合细菌。它们可以通过光合作用把水和二氧化碳等无机物质合成为糖类等有机物质，并把太阳能转化成了化学能，储存在合成的有机物中。生产者生产的有机物质不仅为自身的生存、生长等提供了营养物和能量，更为消费者和分解者的生存提供了能量。对于淡水池塘来说，生产者主要分为两类。

① 有根的植物或漂浮植物：通常只生活于浅水中。

② 体型小的浮游植物：主要是藻类，分布在光线能够透入的水层中。一般用肉眼看不到。但对水池来讲，比有根植物更重要，是有机物质的主要制造者。因此，池塘中几乎一切生命都依赖它们。

（3）消费者

所谓**消费者**（consumer）是针对生产者而言，即它们不能从无机物质制造有机物质，而是直接或间接地依赖于生产者所制造的有机物质，因此属于**异养生物**（heterotroph）。

消费者按其营养方式上的不同又可分为 3 类。

① **食草动物**（herbivore）：是直接以植物体为营养的动物。在池塘中有两大类，即浮游动物和某些底栖动物，后者如环节动物，它们直接依赖生产者而生存。草地上的食草动物，如一些食草性昆虫和食草性哺乳动物。食草动物可以统称为**一级消费者**（primary consumer）。

② **食肉动物**（carnivore）：即以食草动物为食者。如，池塘中某些以浮游动物为食的鱼类，在草地上也有以食草动物为食的捕食性鸟兽。以食草性动物为食的食肉动物，可以统称为**二级消费者**（secondary consumer）。

③ **顶级食肉动物**（top carnivore）：即以食肉动物为食者，如池塘中的黑鱼或鳜鱼、

草地上的鹰隼等猛禽。它们可统称为**三级消费者**（tertiary consumer）。

（4）分解者

分解者（decomposer）是异养生物，其作用是把动植物体的复杂有机物分解为生产者能重新利用的简单的化合物，并释放出能量，其作用正与生产者相反。分解者在生态系统中的作用是极为重要的，如果没有它们，动植物尸体将会堆积成灾，物质不能循环，生态系统将毁灭。分解作用不是一类生物所能完成的，往往有一系列复杂的过程，各个阶段由不同的生物去完成。池塘中的分解者有两类：一类是细菌和真菌，另一类是蟹、软体动物和蠕虫等无脊椎动物。草地中也有生活在枯枝落叶和土壤上层的细菌和真菌，还有蚯蚓、螨等无脊椎动物，它们也在进行着分解作用。

从一个陆地生态系统（草地）和一个水生生态系统（池塘）的比较中，我们可以看到，尽管它们的外貌和物种的组成很不相同，但就营养方式来说，同样可以划分为生产者、消费者和分解者，这三者是生态系统中的**生物成分**（biotic component），加上非生物成分，就是组成生态系统的四大基本成分。有的学者把非生物成分再分为三类，即参加物质循环的无机物质、联系生物和非生物的有机物质、气候状况，如此，组成生态系统的就有六大基本成分了。

地球上生态系统虽然有很多类型，但通过上面对池塘和草地生态系统的比较，可以看到生态系统的一般特征。图 11–2 可以代表生态系统结构的一般性模型，模型包括 3 个亚系统，即生产者亚系统、消费者亚系统和分解者亚系统。图中还表示了系统组成成分间的主要相互作用。生产者通过光合作用合成复杂的有机物质，使生产者植物的生物量（包括个体生长和数量）增加，所以称为生产过程。消费者摄食植物已经制造好的有机物质（包括直接取食植物和间接取食食植动物和食肉动物），通过消化、吸收并再合成为自身所需的有机物质，增加动物的生产量，所以也是一种生产过程，所不同的是生产者是自养的，消费者是异养的。一般把自养生物的生产过程称为**初级生产**（primary production，或第一性生产），其提供的生产力称为**初级生产力**（primary productivity），而把异养生物再生产过程称为**次级生产**（secondary production，或第二性生产），提供的生产力称**次级生产力**（secondary productivity）。分解者的主要功能与光合作用相反，把复杂的有机物质分解为简单的无机物，可称为分解过程。生产者、消费者和分解者 3 个亚系统，加上无机的环境系统（图中简化为无机营养物和 CO_2），都是生态系统维持其生命活动所必不可少的成分。由生产者、消费者和分解者这 3 个亚系统的生物成员与非生物环境成分间通过能流和物流而形成的高层次的生物学系统，是一个物种间、生物与环境间协调共生，能维持持续生存和相对稳定的系统。它是地球上生物与环境、生物与生物长期共同进化的结果。向自然生态系统

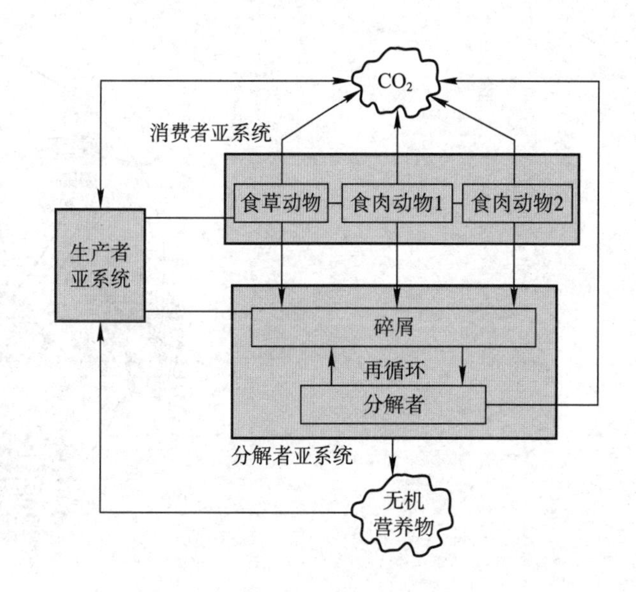

图 11-2 生态系统结构的一般性模型（仿 Anderson，1981）

粗线包围的 3 个灰色大方块表示 3 个亚系统，连线和箭头表示系统成分间物质传递的主要途径。有机物质库以方块表示，无机物质库以不规则块表示

寻找这些协调共生、持续生存和相对稳定的机制，能给人类科学地管理好地球——这个人类生存的支持系统以启示，达到持续发展的目的。

11.3 食物链和食物网

生产者所固定的能量和物质，通过一系列取食和被食的关系而在生态系统中传递，各种生物按其取食和被食的关系而排列的链状顺序称为食物链（food chain）。水体生态系统中的食物链如：浮游植物→浮游动物→食草性鱼类→食肉性鱼类。比较长的食物链如：植物→蝴蝶→蜻蜓→蛙→蛇→鹰；草→蝗虫→蛙→蛇→鹰；较短的食物链如草→兔→狐。食物链是生态系统中能量流动的渠道。

生态系统中的食物链彼此交错连接，形成一个网状结构，这就是食物网（food web）。图 11–3 是一个陆地生态系统的部分食物网。一个复杂的食物网是使生态系统保持稳定的重要条件。食物网越复杂，生态系统抵抗外力干扰的能力就越强，食物网越简单，生态系统就越容易发生波动和毁灭。

如“草→兔→狼”，就没有“草→兔 + 其他食草动物→狼”稳定，更没有“草→兔 + 其他食草动物→狼 + 其他食肉动物”稳定。

DDT 等杀虫剂通过食物链的逐步浓缩，能充分说明生态系统食物网和物流研究的理论和实践意义。有一个报告中，DDT 在海水中含量为 5.0×10^{-11}，浮游植物含

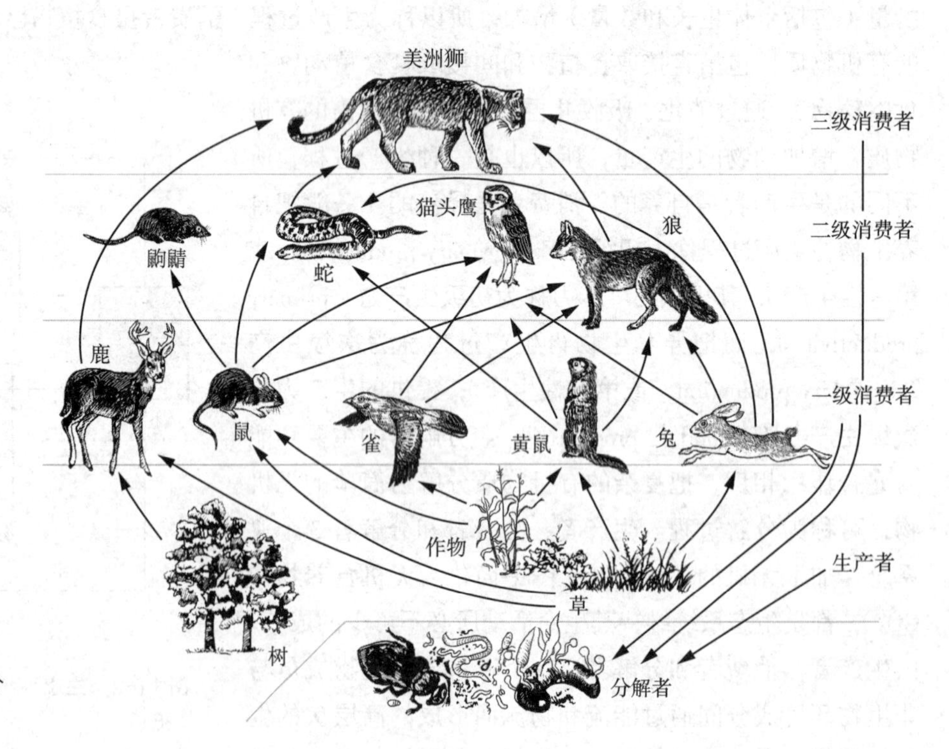

图 11-3 一个陆地生态系统的部分食物网

4.0×10^{-8}，蛤中为 4.2×10^{-7}，到银鸥达 7.6×10^{-5}，相较其在海水中的浓度扩大了百万倍，这个作用称为**生物放大**（biomagnification）。营养级越高，积累剂量越大。

生态系统中的食物链不是固定不变的，它不仅在进化历史上有改变，在短时间内也有改变。动物在个体发育的不同阶段里，食物的改变（如蛙）就会引起食物链的改变。动物食性的季节性特点，多食性动物，或在不同年份中，由于自然界食物条件改变而引起主要食物组成变化等，都能使食物网的结构有所变化。因此，食物链往往具有暂时的性质，只有在生物群落组成中成为核心的、数量上占优势的种类，食物联系才是比较稳定的。

一般地说，具有复杂食物网的生态系统，一种生物的消失不致引起整个生态系统的失调，但食物网简单的系统，尤其是在生态系统功能上起关键作用的种，一旦消失或受严重破坏，就可能引起这个系统的剧烈波动。例如，如果构成苔原生态系统食物链基础的地衣，因大气中二氧化硫含量的超标，就会导致生产力毁灭性破坏，整个系统遭灾。

食物网中生物之间的相互制约和调控的途径通常有两种，即①**上行控制**（bottom-up control）：处于低营养级的生物密度、生物量等决定了较高营养级生物的规模和发展，这种由较低营养级对较高营养级生物在资源上的控制现象称为上行控制。②**下行控制**（top-down control）：较低营养级的种群结构依赖于较高营养级生物捕食能力的大小，这种由较高营养级对较低营养级生物在捕食上的制约现象称为下行控制。

上行控制和下行控制在任何一个完整的生态系统中都存在。简单的或不成熟的生态系统，主要受上行控制所决定。如北极地区的地衣和苔藓的数量决定了驯鹿种群的大小和发展速度。复杂的或成熟的生态系统，主要表现为下行控制。如热带地区很多植物在动物的取食过程中，依赖动物传粉和散布繁殖体，如果没有动物的这种活动，植物的发展就会受到严重影响。

生态系统中，食物链有三种类型，即

① **捕食食物链**（grazing food chain） 以食草动物吃植物的活体开始为起点的食物链。如：青草→蝗虫→蛙→蛇→鹰；青草→野兔→狐狸→狼。

② **碎屑食物链**（detrital food chain） 以分解动植物尸体或粪便中的有机物质颗粒开始为起点的食物链。如：碎食物→碎食物消费者→小型食肉动物→大型食肉动物。

③ **寄生食物链**（parasitic chain） 由宿主和寄生物构成的食物链。如：哺乳动物或鸟类→跳蚤→原生动物→细菌→病毒。生态系统中的寄生物和食腐动物形成辅助食物链。许多寄生物有复杂生活史，与生态系统中其他生物的食物关系尤其复杂，有的寄生物还有超寄生，组成寄生食物链。

陆地生态系统中，净初级生产量只有很少一部分通向捕食食物链；只在某些水生生态系统中，捕食食物链才会成为能量流动的主要渠道；陆地和浅水生态系统中，能量流动是以碎屑食物链为主。

窗口 11-1

食物网的研究

食物链一词是英国动物生态学家埃尔顿（Charles Elton）于 1927 年首次提出的。他指出物种之间由于营养关系构成一个复杂的相互联系的食物环，后被称为食物链，生态系统中的食物链彼此交错连接，形成一个网状结构，构成食物网。此后，食物链的研究在两个方向上得到快速发展。其一是营养级联效应（trophic cascading effect）及其应用。营养级联效应指生态系统中的物质和能量沿着食物链传递，捕食者通过直接改变猎物的密度或行为而间接地影响猎物食物资源的现象。该方向起始于美国生态学家林德曼营养级概念的提出（1942）。营养级联效应普遍存在于森林、草地、水体等不同类型的生态系统中，是生物群落影响生态系统功能的一种主要机制。即营养级联效应就是在多营养级的食物网或食物链中，改变某一营养级而对不相邻营养级产生间接作用的一种效应，这种效应是通过相邻营养级的相互作用传递实现的，它可以改变食物网内一个种群、营养级，甚至整个群落的物种多度、生物量和生产力。其二是基于数学模型的食物网拓扑结构构件和功能解释。无论是营养级联效应还是食物网结构的研究，大部分研究仍以现象描述和参数定量为主，实证研究比较缺乏。

生态学家将自然生态系统复杂的物种作用关系抽象为概念图解，特别是对营养级的划分和应用，有助于完整理解生态系统的结构和功能关系。食物网结构研究从最早的文字描述，到概念图解，历经多种特征参数的刻画和规律探索，发展到目前的定量分析。网络分析手段的引入已经揭示了自然生态系统中的食物网结构非随机性，并确定了不同类型食物网的结构特征与稳定性的关系。

11.4 营养级和生态锥体

食物链和食物网是物种和物种之间的营养关系，这种关系错综复杂，无法用图解的方法完全表示，为了便于进行定量的能流和物质循环研究，生态学家提出了营养级（trophic level）的概念。一个营养级是指处于食物链某一环节上的所有生物种的总和。例如，作为生产者的绿色植物和所有自养生物都位于食物链的起点，共同构成第一营养级。所有以生产者（主要是绿色植物）为食的动物都属于第二营养级，即食草动物营养级。第三营养级包括所有以植食动物为食的食肉动物。以此类推，还可以有第四营养级（即二级食肉动物营养级）和第五营养级。

生态系统中的能流是单向的，通过各个营养级的能量是逐级减少的，减少的原因是：① 各营养级消费者不可能百分之百地利用前一营养级的生物量，总有一部分会自然死亡和被分解者所利用。② 各营养级的同化率也不是百分之百的，总有一部分变成排泄物而留于环境中，为分解者所利用。③ 各营养级生物要维持自身的生命活动，总要消耗一部分能量，这部分能量变成热能而耗散掉，这一点很重要。生物群落及在其中的各种生物之所以能维持有序的状态，就得依赖于这些能量的消耗。这就是说，生态系统要维持正常的功能，就必须有永恒不断的太阳能的输入，用以平衡各营养级生物维持生命活动的消耗，只要这个输入中断，生态系统便会丧失其功能。

由于能流在通过各营养级时会急剧地减少，所以食物链就不可能太长，生态系统中的营养级一般只有四、五级，很少有超过六级的。营养级的位置越高，归属于这个营养级的生物种类和数量就越少。离基本能源越近的营养级，其中的生物受到取食和捕食的压力也越大，因而这些生物的种类和数量也就越多，生殖能力也越强。

能量通过营养级逐级减少，如果把通过各营养级的能流量，由低到高画成图，就成为一个金字塔形，称为**能量锥体**（pyramid of energy）[图 11–4(c)]。同样如果以生物量或个体数目来表示，就能得到**生物量锥体**（pyramid of biomass）[图 11–4(a)(b)] 和**数量锥体**（pyramid of numbers）[图 11–4(d)]。3 类锥体合称为**生态锥体**或**生态金字塔**（ecological pyramid）。

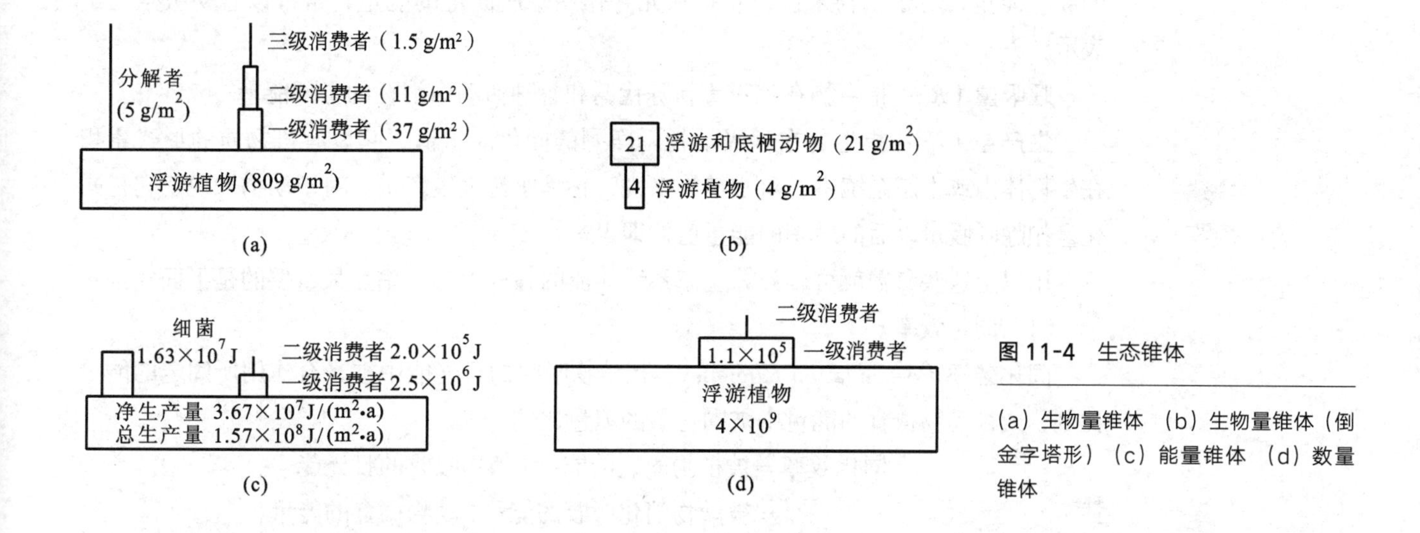

图 11-4 生态锥体

(a) 生物量锥体 (b) 生物量锥体（倒金字塔形）(c) 能量锥体 (d) 数量锥体

一般说来，能量锥体最能保持金字塔形，而生物量锥体有时有倒置的情况。例如，海洋生态系统中，生产者（浮游植物）的个体很小，生活史很短，根据某一时刻调查的生物量，常低于浮游动物的生物量。这样，按上法绘制的生物量锥体就倒置过来。当然，这并不是说在生产者环节流过的能量要比在消费者环节流过的少，而是由于浮游植物个体小，代谢快，生命短，某一时刻的现存量反而要比浮游动物少，但一年中的总能流量还是较浮游动物多。数量锥体倒置的情况就更多一些，如果消费者个体小而生产者个体大，如昆虫和树木，昆虫的个体数量就多于树木。同样，对于寄生者来说，寄生者的数量也往往多于宿主，这样就会使锥体的这些环节倒置过来。但能量锥体则不可能出现倒置的情形。

11.5 生态效率

生态效率是指各种能流参数中的任何一个参数在营养级之间或营养级内部的比值关系。

在生产力生态学研究中，估计各个环节的能量传递效率是很有用的。能流过程中各个不同点上能量之比值，可以称为传递效率（transfer efficiency）。Odum 曾称之为生态效率，但一般把林德曼效率称为生态效率。由于对生态效率曾经给过不少定义，而且名词比较混乱，Kozlovsky（1969）曾加以评述，提出最重要的几个，并说明其相互关系。

为了便于比较，首先要对能流参数加以明确。其次要指出的是，生态效率是无维的，在不同营养级间各个能量参数应该以相同的单位来表示。

摄食量（I）：表示一个生物所摄取的能量。对于植物来说，它代表光合作用所吸收的日光能；对于动物来说，它代表动物吃进的食物的能量。

同化量（A）：对于动物来说，它是消化后吸收的能量，对分解者是指从细胞外的吸收能量；对于植物来说，它指在光合作用中所固定的能量，常常以总初级生产量表示。

呼吸量（R）：指生物在呼吸等新陈代谢和各种活动中消耗的全部能量。

生产量（P）：指生物在呼吸消耗后净剩的同化能量值，它以有机物质的形式累积在生物体内或生态系统中。对于植物来说，它是净初级生产量。对于动物来说，它是同化量扣除呼吸量以后的净剩的能量值，即 $P = A - R$。

用以上这些参数就可以计算生态系统能流的各种生态效率。最重要的是下面 3 个：

（1）同化效率

同化效率（assimilation efficiency）指植物吸收的日光能中被光合作用所固定的能量比例，或被动物摄食的能量中被同化了的能量比例。

同化效率 = 被植物固定的能量 / 植物吸收的日光能

或 = 被动物消化吸收的能量 / 动物摄食的能量

即 $$A_e = A_n / I_n$$

式中：n——营养级数

（2）生产效率

生产效率（production efficiency）指形成新生物量的生产能量占同化能量的百分比。

生产效率 = n 营养级的净生产量 /n 营养级的同化能量

即 $$P_e = P_n / A_n$$

有时人们还分别使用组织生长效率（即前面所指的生长效率）和生态生长效率，则

生态生长效率 = n 营养级的净生产量 /n 营养级的摄入能量

（3）消费效率

消费效率（consumption efficiency）指 $n+1$ 营养级消费（即摄食）的能量占 n 营养级净生产能量的比例。

消费效率 = $n+1$ 营养级的消费能量 /n 营养级的净生产量

即 $$C_e = I_{n+1} / P_n$$

所谓**林德曼效率**（Lindeman's efficiency），是指 $n+1$ 营养级所获得的能量占 n 营养级获得能量之比，这是林德曼在其经典能流研究中提出的，它相当于同化效率、生产效率和消费效率的乘积，即

林德曼效率 =（$n+1$）营养级摄取的食物 /n 营养级摄取的食物

$$L_e=\frac{I_{n+1}}{I_n}=\frac{A_n}{I_n}\times\frac{P_n}{A_n}\times\frac{I_{n+1}}{P_n}$$

也有学者把营养级间的同化能量比值，即 A_{n+1}/A_n 视为标准效率（Krebs，1985）。

林德曼（R. L. Lindeman，1915—1942）美国生态学家。1940 年林德曼在耶鲁大学从事研究工作其间发表了关于赛达伯格湖的研究报告——《一个老年湖泊营养循环动力学的季节性》。他指出生态系统中能量与物质的流动在不同的营养级之间存在的定量关系，是维持所有生态系统稳定的重要因素。1942 年林德曼的《生态学中的营养动力论》发表。林德曼以数学方式定量地表达了群落中营养级的相互作用，建立了养分循环的理论模型，标志着生态学开始从定性走向定量。

因此，林德曼发现能量一个营养级到另一个营养级的转换效率约为 10%，因此这一规律也被称为“十分之一定律”或者“百分之十定律”，即在营养结构中，营养总是从较低层次向较高层次转化，转化效率相当低，大约只有 10% 的能量能够从较低层次向相邻的较高层次转化，其余 90% 的能量都散失掉了。

难点讲解
林德曼效率

11.6 生态系统的反馈调节和生态平衡

自然生态系统几乎都属于开放系统，只有人工建立的完全封闭的宇宙舱生态系统才可归属于封闭系统。开放系统［图 11-5(a)］必须依赖于外界环境的输入，如果输入一旦停止，系统也就失去了功能。开放系统如果具有调节其功能的**反馈机制**（feedback mechanism），该系统就成为**控制论系统**（cybernetic system）［图 11-5(b)］。所谓反馈，就是系统的输出变成了决定系统未来功能的输入；一个系统，如果其状态能够决定输入，就说明它有反馈机制的存在。图 11-5(b) 就是 (a) 加进了反馈环以后变成了控制论系统。要使反馈系统能起控制作用，系统应具有某个理想的状态或置位点，系统就能围绕置位点而进行调节。图 11-5(c) 表示具有一个置位点的控制论系统。

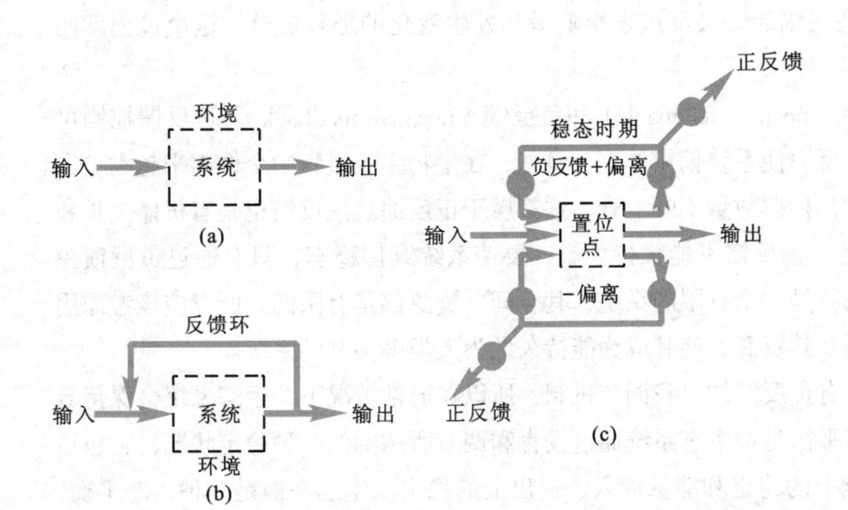

图 11-5 开放系统（仿 Smith，1980）

(a) 开放系统，表示系统的输入和输出 (b) 具有一个反馈环的系统，使系统成为控制论系统 (c) 具有一个置位点的控制论系统

窗口 11-2

生态系统生态学的发展简介

生态系统生态学早期的研究对象主要是空间上均质的各类生态系统。主要研究生态系统的组成要素、结构与功能、发展与演替、物质与能量流动及人为影响与调控机制等。1936 年 Tansley 首先提出生态系统一词，并强调了生态系统中无机成分与有机成分以及生物有机体之间物质交换的重要性。生态学家们不断地对生态系统理论进行完善。Elton（1927）从动物的食性以及其他生物捕食的关系明确了动物在群落中的地位，在食物链中物质从一种生物向另一种生物转移，这为今天认识生态系统中的物质循环提供了基本框架。Brige 和 Juday 在 20 世纪 40 年代开始关注初级生产力，并提出营养动力学的概念。Lindeman（1942 年）揭示了营养物质的移动规律，创建了营养动态模型，成为生态系统能量流动研究的奠基者，提出了著名的“十分之一法则”。Odum（1969）提出了大小不同的组织层次谱系，进一步把生态系统的概念系统化，丰富了生态系统的研究内涵，他将整体论观点和系统论方法引入生态系统研究中，从而使生态学研究发生了深刻变化，并对人类社会的生存与发展产生了深远的影响。1959 年他出版的 *Fundamentals of Ecology* 著作，被认为是生态学从传统向现代的时代转换。Ricklefs（1973）在其 *Ecology* 一书中，描述了生态系统中物质循环和能量流动的基本格局，阐明了生态系统中生物与非生物成分之间相互作用和相互依赖的关系。Golley（1961，1993）曾开展弃耕地生态系统的营养结构及能量流方面的研究，深入揭示了生态系统能流的渠道是食物链，能量在沿着各营养级流动时是逐渐减少的。自 20 世纪后期以后，全球环境变化和人类活动已经开始改变着生态系统的格局和过程，人类活动对生态系统施加的影响在某些方面甚至超过了自然因素。生态系统生态学研究重点也开始向景观、流域、区域、洲际乃至全球尺度扩展，不仅研究生态系统内部的植物、动物和微生物等生物要素和大气、水分、碳、氮等非生物要素的动态过程及其相互作用关系，还要关注区域尺度上生态系统空间格局的变化及其环境效应，不同层次生态系统之间的相互作用，生态系统与外部环境、社会经济系统之间的动态平衡关系，人为与自然环境变化驱动下生态系统的稳定与非稳定的状态变化，生态系统的可持续性及其影响因素等。采用生态系统途径解决生态环境问题的理念将生态系统生态学带入了一个新的发展阶段，以网络化的生态观测、联网控制试验和定量遥感技术迅速发展，推动了多尺度生态系统观测和实验研究。

因此，当生态系统中某一成分发生变化的时候，它必然会引起其他成分出现一系列的响应变化，这些变化最终又反过来影响最初发生变化的那种成分，这个过程就叫反馈。

反馈分为**正反馈**（positive feedback）和**负反馈**（negative feedback）。负反馈控制可使系统保持稳定，正反馈使系统偏离加剧。例如，在生物生长过程中个体越来越大，在种群持续增长过程中，种群数量不断上升，这都属于正反馈。正反馈也是有机体生长和存活所必需的。但是，正反馈不能维持稳态，要使系统维持稳态，只有通过负反馈控制。因为地球和生物圈是一个有限的系统，其空间、资源都是有限的，所以应该考虑用负反馈来管理生物圈及其资源，使其成为能持久地为人类谋福利的系统。

由于生态系统具有负反馈的自我调节机制，所以在通常情况下，生态系统会保持自身的生态平衡。生态平衡是指生态系统通过发育和调节所达到的一种稳定状况，它包括结构上的稳定、功能上的稳定和能量输入、输出上的稳定。生态平衡是一种动态平衡，因为能量流动和物质循环总在不间断地进行，生物个体也在不断地进行更新。在自然条件下，生态系统总是朝着种类多样化、结构复杂化和功能完善化的方向发展，直到使生态系统达到成熟的最稳定状态为止。

当生态系统达到动态平衡的最稳定状态时，它能够自我调节和维持自己的正常功能，并能在很大程度上克服和消除外来的干扰，保持自身的稳定性。有人把生态系统比喻为弹簧，它能忍受一定的外来压力，压力一旦解除就又恢复原初的稳定状态，这实质上就是生态系统的反馈调节。但是，生态系统的这种自我调节功能是有一定限度的，当外来干扰因素，如火山爆发、地震、泥石流、雷击火烧、人类修建大型工程、排放有毒物质、喷洒大量农药、人为引入或消灭某些生物等超过一定限度的时候，生态系统自我调节功能本身就会受到损害，从而引起生态失调，甚至导致发生生态危机。生态危机是指由于人类盲目活动而导致局部地区甚至整个生物圈结构和功能的失衡，从而威胁到人类的生存。生态平衡失调的初期往往不容易被人类所觉察，如果一旦发展到出现生态危机，就很难在短期内恢复平衡。为了正确处理人和自然的关系，我们必须认识到整个人类赖以生存的自然界和生物圈是一个高度复杂的具有自我调节功能的生态系统，保持这个生态系统结构和功能的稳定是人类生存和发展的基础。因此，人类的活动除了要讲究经济效益和社会效益外，还必须特别注意生态效益和生态后果，以便在改造自然的同时能基本保持生物圈的稳定和平衡。

思考题

1. 生态系统有哪些主要组成成分？它们如何构成生态系统？
2. 什么是食物链、食物网和营养级？生态锥体是如何形成的？
3. 说明同化效率、生产效率、消费效率和林德曼效率的关系。
4. 什么是负反馈调节？它对维护生态平衡有什么指导意义？

讨论与自主实验设计

请设计一个调查方案，分析某一蔬菜温室中人工生态系统的组成。

数字课程学习

◎本章小结　◎重点与难点　◎自测题　◎思考题解析

12

生态系统中的能量流动

关键词　初级生产力　净初级生产力　呼吸量　生物量　现存量
次级生产量　同化效率　生产效率　分解指数　能流分析

12.1　生态系统中的初级生产

12.1.1　初级生产的基本概念

生态系统中的能量流动开始于绿色植物的光合作用对于太阳能的固定。因为这是生态系统中第一次能量固定，所以植物所固定的太阳能或所制造的有机物质称为初级生产量或第一性生产量（primary production）。

在初级生产过程中，植物固定的能量有一部分被植物自己的呼吸消耗掉，剩下的可用于植物生长和生殖，这部分生产量称为净初级生产量（net primary production）。而包括呼吸消耗在内的全部生产量，称为总初级生产量（gross primary production）。总初级生产量（GPP）、呼吸所消耗的能量（R）和净初级生产量（NPP）3者之间的关系是：

$$\mathrm{GPP} = \mathrm{NPP} + R$$

$$\mathrm{NPP} = \mathrm{GPP} - R$$

净初级生产量是可提供生态系统中其他生物（主要是各种动物和人）利用的能量。生产量通常用每年每平方米所生产的有机物质干重［$g/(m^2 \cdot a)$］或每年每平方米所固定的能量值［$J/(m^2 \cdot a)$］表示。所以初级生产量也可称为初级生产力，它们的计算单位是完全一样的，但在强调“率”的概念时，应当使用生产力。生产量和生物量（biomass）是两个不同的概念，生产量含有速率的概念，是指单位时间单位面积上的有机物质生产量，而生物量是指在某一定时刻调查时单位面积上积存的有机物质，单位是干重 g/m^2 或 J/m^2。

12.1.2 地球上初级生产力的分布

按 Whittaker（1975）估计，全球陆地净初级生产总量为年产 115×10^9 t 干物质，海洋的为 55×10^9 t 干物质。海洋约占地球表面的 2/3，但净初级生产量只占 1/3。在海洋中，珊瑚礁和海藻床是高生产量的，年产干物质超过 2 000 g/m²；河口湾由于有河流的辅助能量输入，上涌流区域也能从海底带来额外营养物质，它们的净生产量比较高，但是所占面积不大。占海洋面积最大的大洋区，其净生产量相当低，年平均仅 125 g/m²，被称为海洋荒漠，这是海洋净初级生产总量只占全球的 1/3 左右的原因。在海洋中，由河口湾向大陆架到大洋区，单位面积净初级生产量和生物量有趋于降低的明显趋势。在陆地上，湿地（沼泽和盐沼）生产量是最高的，年平均可超过 2 500 g/m²；热带雨林生产量也是很高的，平均 2 200 g/（m²·a）。由热带雨林向温带常绿林、落叶林、北方针叶林、稀树草原、温带草原、寒漠和荒漠依次减少（图 12–1）。

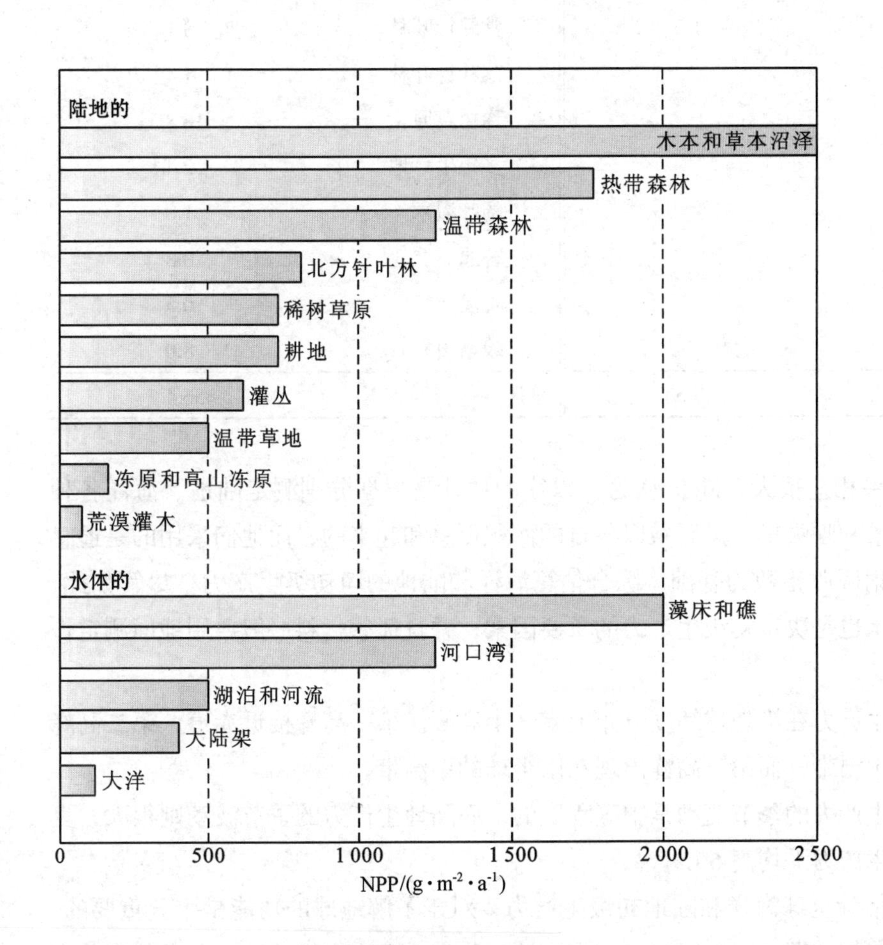

图 12-1 地球上各种生态系统净初级生产力（仿 Ricklefs，2001）

Field（1998）以卫星遥感资料为基础，估计了全球净初级生产力。其估计公式是：

$$NPP = APAR \times \varepsilon$$

APAR 为光合吸收活性辐射（absorbed photosynthetically active solar radiation），ε 为平均光利用效率。他们估计的全球净初级生产力是 104.9×10^{15} g/a，其中，海洋净初级生产力占 46.2%（48.5×10^{15} g/a），陆地的占 53.8%（56.4×10^{15} g/a）（表 12–1）。

表 12-1 生物圈主要生态系统净初级生产力（引自 Field，1998） 单位：10^{15} g/a

海洋 NPP		陆地 NPP	
按季节划分		按季节划分	
4—6 月	11.9	4—6 月	15.7
7—9 月	13.0	7—9 月	18.0
10—12 月	12.3	10—12 月	11.5
1—3 月	11.3	1—3 月	11.2
按生物地理划分		按生态系统类型划分	
贫营养	11.0	热带雨林	17.8
中营养	27.4	落叶阔叶林	1.5
富营养	9.1	针阔混交林	3.1
大型水生植物	1.0	常绿针叶林	3.1
		落叶针叶林	1.4
		稀树草原	16.8
		多年生草地	2.4
		阔叶灌木	1.0
		苔原	0.8
		荒漠	0.5
		栽培田	8.0
总计	48.5	总计	56.4

两个估计结果相差很大，Field 认为，以往的估计是根据分别测定陆地、海洋各种生态系统的生物量和呼吸量，然后乘以各自的面积再总和起来的，而他们采用的是遥感资料，以日光辐射吸收指数为基础，综合估算海洋和陆地的净初级生产力。尽管如此，除了日光以外，水也是决定初级生产力的重要因素；并且遥感资料一般要用地面测定作验证。

全球净初级生产力在沿地球纬度分布上有 3 个高峰。第一高峰接近赤道，第二高峰出现在北半球的中温带，而第三高峰出现在南半球的中温带。

海洋净初级生产力的季节变动是中等程度的，而陆地生产力的季节波动则很大，夏季比冬季净初级生产力平均高 60%。

综合研究和估计全球海洋和陆地初级生产力，对于了解地球的功能是十分重要的，因为它是碳和营养物动态的中心问题，与生物地球化学循环有密切关系，并且与当前人类关心的全球气候变化也有联系。

生态系统的初级生产量还随群落的演替而变化。早期由于植物生物量很低，初级生产量不高；随时间推移，生物量渐渐增加，生产量也提高；一般森林在叶面积指数达到 4 时，净初级生产量最高；但当生态系统发育成熟或演替达到顶极时，虽然生物量接近最大，系统由于保持在动态平衡中，净生产量反而最小。由此可见，从经济效益考虑，利用再生资源的生产量，让生态系统保持在“青壮年期”是最有利可图的，不过从持续发展和保护生态着眼，人类还需从多目标间做合理的权衡。

水体和陆地生态系统的生产量都有垂直变化，例如森林，一般乔木层最高，灌木层次之，草被层更低，而地下部分反映了同样情况。水体也有类似的规律，不过水面由于阳光直射，生产量不是最高，生产量随水深的变化与水的透明度有关。

12.1.3 初级生产的生产效率

对初级生产的生产效率的估计，可以一个最适条件下的光合效率为例（表 12–2），如在热带一个无云的白天，或温带仲夏的一天，太阳辐射的最大输入量可达 2.9×10^7 J/（$m^2 \cdot d$）。扣除约 55% 属紫外和红外辐射的能量，再减去一部分被反射的能量，真正能为光合作用所利用的就只占辐射能的 40.5%，再除去非活性吸收（不足以引起光合作用机制中电子的传递）和不稳定的中间产物，能形成糖的能量约为 2.7×10^6 J/（$m^2 \cdot d$），相当于 120 g/（$m^2 \cdot d$）的有机物质，这是最大光合效率的估计值，约占总辐射能的 9%。但实际测定的最大光合效率的值只有 54 g/（$m^2 \cdot d$），接近理论值的 1/2，大多数生态系统的净初级生产量的实测值都远远较此为低。由此可见，净初级生产力不是受光合作用固有的转化光能的能力所限制，而是受其他生态因素所限制。

表 12-2 最适条件下初级生产的效率估计（改自 McNaughton and Wolf，1979）

输入			损失		
	能量 /（$J \cdot m^{-2} \cdot d^{-1}$）	百分率 / %		能量 /（$J \cdot m^{-2} \cdot d^{-1}$）	百分率 / %
日光能	2.9×10^7	100			
可见光	1.3×10^7	44.8	可见光以外	1.6×10^7	55.2
被吸收	9.9×10^6	40.5	反射	1.3×10^6	4.5
光化中间产物	8.0×10^6	28.4	非活性吸收	3.4×10^6	12.1
糖类（GPP）	2.7×10^6	9.1	不稳定中间产物	5.4×10^6	19.3
净生产量（NPP）	2.0×10^6	6.8	呼吸消耗（R）	6.7×10^5	2.3

表 12–3 为两个陆地生态系统和两个水域生态系统的初级生产效率的研究实例。人工栽培的玉米田的日光能利用效率为 1.6%，呼吸消耗约占总初级生产量的 23.4%；荒地的日光能利用效率（1.2%）比玉米田低，但其呼吸消耗（15.1%）也更低。虽然荒地的总初级生产效率比人类经营的玉米田低，但是它把总初级生产量转化为净初级生产量的比例却比较高。

两个湖泊生态系统的总初级生产效率（分别为 0.4% 和 0.1%）要比上述两个陆地生态系统的（分别为 1.2% 和 1.6%）低得多，这种差别主要是因为入射日光能是按到达湖面的入射量计算的，当日光穿过水层到达实际进行光合作用地点的时候，已经损失了相当大的一部分能量。两个湖泊生态系统的实际总初级生产效率应当比表中 Lindeman（1942）所计算的高，应当是 1% ~ 3%。另一方面，两个湖泊中植物的呼吸消耗（分别占总初级生产量的 22.3% 和 21.0%）和玉米田（23.4%）大致相等，但却

表 12-3 4 个生态系统的初级生产效率的比较

	玉米田（Transeau，1926）	荒地（Golley，1960）	Meadota 湖（Lindeman，1942）	Cedar Bog 湖（Lindeman，1942）
总初级生产量 / 总入射日光能	1.6%	1.2%	0.4%	0.1%
呼吸消耗 / 总初级生产量	23.4%	15.1%	22.3%	21.0%
净初级生产量 / 总初级生产量	76.6%	84.9%	77.7%	79.0%

明显高于荒地（15.1%）。

从 20 世纪 40 年代以来，对各生态系统的初级生产效率所作的大量研究表明，在自然条件下，总初级生产效率很难超过 3%，虽然人类精心管理的农业生态系统中曾经有过 6%～8% 的记录；一般说来，在富饶肥沃的地区总初级生产效率可以达到 1%～2%；而在贫瘠荒凉的地区大约只有 0.1%。就全球平均来说，大概是 0.2%～0.5%。

12.1.4 初级生产量的限制因素

12.1.4.1 陆地生态系统

光、CO_2、水和营养物质是初级生产量的基本资源，温度是影响光合效率的主要因素，而食草动物的捕食会减少光合作用生物量（图 12-2）。

一般情况下植物有充分的可利用的光辐射，但并不是说不会成为限制因素，例如冠层下的叶子接受光辐射可能不足，白天中有时光辐射低于最适光合强度，对 C_4 植物可能达不到光辐射的饱和强度。水最易成为限制因子，各地区降水量与初级生产量有最密切的关系。在干旱地区，植物的净初级生产量几乎与降水量有线性关系。温度与初级生产量的关系比较复杂：温度上升，总光合速率升高，但超过最适温度则又转为下降；而呼吸率随温度上升而呈指数上升；其结果是净生产量与温度呈驼背状曲线。

潜在蒸散（potential evapotranspiration，PET）指数是反映在特定辐射、温度、湿度和风速条件下蒸发到大气中水量的一个指标，而 PEP-PPT（mm/a）（PPT 为年降水量）值则可反映缺水程度，因而能表示温度和降水等条件的联合作用。遥感是测定生态系统初级生产量的一种新技术，可同时测定大面积陆地区域，在近代生态学研究中得到推广应用。根据遥感测得近红外和可见光光谱数据而计算出来的 NDVI 指数（normalized differential vegetation index，归一化植被差异指数）提供了植物光合作用吸收有效辐射的一个定量指标，与文献报道的各种陆地生态系统地面净初级生产量是符合的。营养物质是植物生产力的基本资源，其中最重要的是 N、P、K。对各种生态系统施加氮肥都能增加初级生产量。近年研究还发现一普遍规律，即地面净初级生产量与植物光合作用中氮

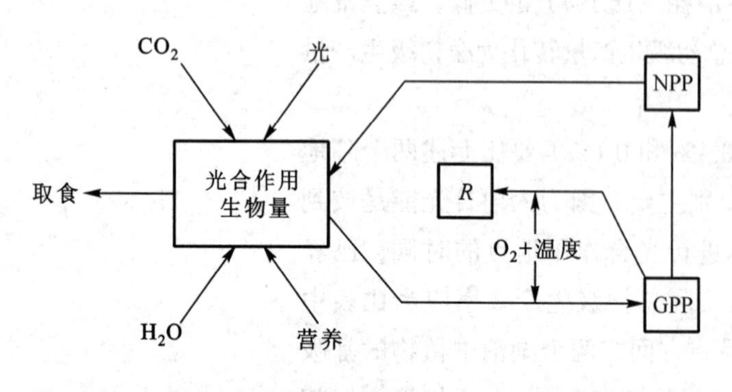

图 12-2 初级生产量的限制因素图解（仿 McNaughton，1973）

的最高积聚量呈密切的正相关。

12.4.1.2 水域生态系统

光是影响水体初级生产力的最重要的因子。莱塞尔（Ryther，1956）提出预测海洋初级生产力的公式：

$$P=\frac{R}{k}\times C\times 3.7$$

式中：P——浮游植物的净初级生产力

R——相对光合率

k——光强度随水深度而减弱的衰变系数

C——水中的叶绿素含量

这个公式表明，海洋浮游植物的净初级生产力，取决于太阳的日总辐射量、水中的叶绿素含量和光强度随水深度而减弱的衰变系数。实践证明这个公式的应用范围是比较广的。水中的叶绿素含量是一个重要因子，营养物质的多寡是限制浮游植物生物量（其中包括叶绿素）的原因。在营养物质中，最重要的是 N 和 P，有时还包括 Fe，这可以通过施肥试验获得直接证明。马尾藻海位于大西洋的亚热带部分，是世界海洋中水质最清晰透明的海区，其上层水所含的营养物质极低。但施肥试验证明施加 Fe 能明显地刺激马尾藻海水中的初级生产量大幅度提高，但为期却甚短。

决定淡水生态系统初级生产量的限制因素，主要是营养物质、光和食草动物的捕食。营养物质中，最重要的是 N 和 P。国际生物学计划（IBP）研究提供的数据表明，世界湖泊的初级生产量与 P 的含量相关最密切。小型池塘与陆地生态系统接触之边际相对较大，外来的有机物质输入也高；浅水又能生长有根高等植物，因此以浮游植物生产的有机物相对较低。大而深的湖泊则相反，主要以浮游植物生产的有机物为主。营养物质对淡水生态系统初级生产量的决定意义，这也通过施肥试验得到证明。

12.1.5 初级生产量的测定方法

（1）收获量测定法

用于陆地生态系统。定期收割植被，干燥到质量不变，然后以每年每平方米的干物质质量来表示。取样测定干物质的热当量，并将生物量换算为 $J/(m^2\cdot a)$。为了使结果更精确，要在整个生长季中多次取样，并测定各个物种所占的比重。在应用时，有时只测定植物的地上部分，有时还测地下根的部分。

（2）氧气测定法

多用于水生生态系统，即黑白瓶法。用 3 个玻璃瓶，其中一个用黑胶布包上，再包以铅箔。从待测的水体深度取水，保留一瓶（初始瓶 IB）以测定水中原来溶氧量。将另一对黑白瓶沉入取水样深度，经过 24 h 或其他适宜时间，取出进行溶氧测定。根据初始瓶（IB）、黑瓶（DB）、白瓶（LB）溶氧量，即可求得

净初级生产量 = LB − IB

呼吸量 = IB − DB

总初级生产量 = LB − DB

昼夜氧曲线法是黑白瓶方法的变型。每隔 2～3 h 测定一次水体的溶氧量和水温，作成昼夜氧曲线。白天由于水中自养生物的光合作用，溶氧量逐渐上升；夜间由于全部好氧生物的呼吸而溶氧量逐渐减少。这样，就能根据溶氧的昼夜变化，来分析水体群落的代谢情况。因为水中溶氧量还随温度而改变，因此必须对实际观察的昼夜氧曲线进行校正。

（3）CO_2 测定法

用塑料帐将群落的一部分罩住，测定进入和抽出的空气中 CO_2 含量。如黑白瓶方法比较水中溶 O_2 量那样，本方法也要用暗罩和透明罩，也可用夜间无光条件下的 CO_2 增加量来估计呼吸量。测定空气中 CO_2 含量的仪器是红外气体分析仪，或用经典的 KOH 吸收法。

（4）放射性标记物测定法

把放射性 ^{14}C 以碳酸盐（$^{14}CO_3^{2-}$）的形式，放入含有自然水体浮游植物的样瓶中，沉入水中经过短时间培养，滤出浮游植物，干燥后在计数器中测定放射活性，然后通过计算，确定光合作用固定的碳量。因为浮游植物在暗中也能吸收 ^{14}C，因此还要用“暗呼吸”作校正。

（5）叶绿素测定法

通过薄膜将自然水进行过滤，然后用丙酮提取，将丙酮提出物在分光光度计中测量光吸收，再通过计算，转化为每平方米含叶绿素多少克。叶绿素测定法最初应用于海洋和其他水体，较用 ^{14}C 和氧测定方法简便，花的时间也较少。

有很多新的测定技术正在发展，包括海岸区彩色扫描仪、高分辨率辐射计、专题制图仪的应用，以及利用卫星遥感估算叶绿素含量等。

12.2 生态系统中的次级生产

12.2.1 次级生产过程

净初级生产量是生产者以上各营养级所需能量的唯一来源。从理论上讲，净初级生产量可以全部被异养生物所利用，转化为次级生产量（如动物的肉、蛋、奶、毛皮、骨骼、血液、蹄、角以及各种内脏器官等）；但实际上，任何一个生态系统中的净初级生产量都可能流失到这个生态系统以外的地方去。还有很多植物生长在动物所达不到的地方，因此也无法被利用。总之，对动物来说，初级生产量或因得不到、或因不可食、或因动物种群密度低等原因，总有相当一部分未被利用。即使是被动物吃进体内的植物，也有一部分通过动物的消化管排出体外。例如，蝗虫只能消化它们吃进食物的 30%，其余 70% 将以粪便形式排出体外，供食腐动物和分解者利用。食物被消化吸收的程度依动物的种类而大不相同。尿是排泄过程的产物，但由于测定技术上的困难，常与粪便合并测定，即排出体外的粪尿能量。在被同化的能量中，有一部分用于动物的呼吸代谢和生命的维持。这一部分能最终将以热的形式消散掉，剩下的那部分才能用于动物各器官组织的生长和繁殖新的个体，这就是我们所说的次级生产量。当一个种群的出生率最高和个体生长速度最快的时候，也就是这个种群次级生产量最高的时候，这时往往也是自然界初级生产量最高的时候。但这种重合并不是碰巧发生的，而是自然选择长期起作用的结果，因为次级生产量是靠消耗初级生产量而得到的。

次级生产量的一般生产过程可以概括于下面的图解中：

食物种群 =
- 动物得到的
  - 动物吃进的
    - 被同化的
      - 净次级生产量
        - 被更高营养级取食
        - 未被取食
      - 呼吸代谢
    - 未同化的
  - 动物未吃进的
- 动物未得到的

上述图解是一个普适模型。它可应用于任何一种动物，包括食草动物和食肉动物。对食草动物来说，食物种群是指植物（净初级生产量），对食肉动物来说，食物种群是指动物（净次级生产量）。食肉动物捕到猎物后往往不是全部吃下去，而是剩下毛皮、骨头和内脏等。所以能量从一个营养级传递到下一个营养级时往往损失很大。对一个动物种群来说，其能量收支情况可以用下列公式表示：

$$C = A + F$$

式中：C——动物从外界摄食的能量

A——被同化能量

F——粪尿能量

A 项又可分解如下：

$$A = P + R$$

式中：P——净生产量

R——呼吸能量

综合上述两式可以得到：

$$P = C - F - R$$

12.2.2 次级生产量的测定

（1）按同化量和呼吸量估计生产量

即 $P = A - R$；按摄食量扣除粪尿量估计同化量，即 $A = C - F$。

测定动物摄食量可在实验室内或野外进行，按 24 h 的饲养投放食物量减去剩余量求得。摄食食物的热量用热量计测定。在测定摄食量的试验中，同时可测定粪尿量。用呼吸仪测定耗 O_2 量或 CO_2 排出量，转为热量，即呼吸能量。上述的测定通常是在个体的水平上进行，因此，要与种群数量、性比、年龄结构等特征结合起来，才能估计出动物种群的净生产量。

（2）按生物量变化测定次级生产力

$$P = P_g + P_r$$

式中：P_r——生殖后代的生产量

P_g——个体增重的部分

图 12-3 说明了利用种群个体生长和出生的资料来计算动物的净生产量。在这个假想的种群中，净生产量等于种群中个体的生长和出生之和：

净生产量 = 生长 + 出生 = 20 + 10 + 10 + 10 + 10 + 30−10−10 = 70（生物量单位）

此外，我们也可以用另一种方式来计算净生产量，即：净生产量 = 生物量变化 + 死亡损失 = 30 + 40 = 70（生物量单位）。因为死亡和迁出是净生产量的一部分，所以不应该将其忽略不计。

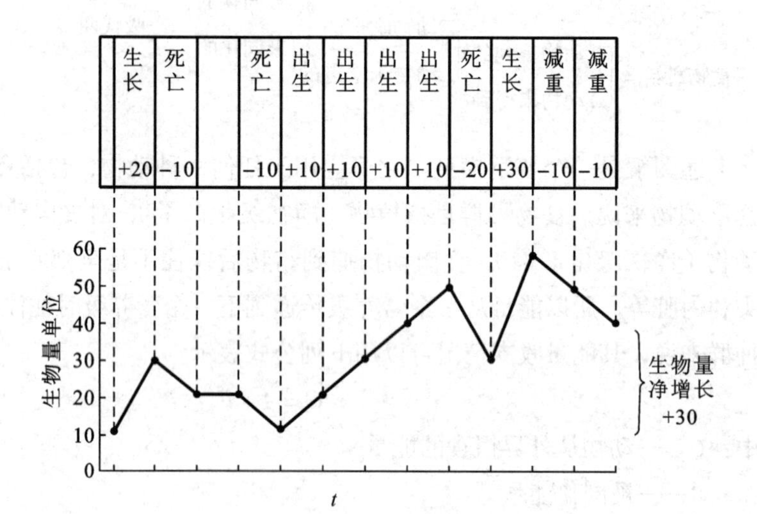

图 12-3 在一个特定时间内生物量的净变化是生长、生殖（增加）和死亡、迁出（减少）的结果（仿 Krebs，1985）

12.2.3 次级生产的生态效率

如前章所指出，林德曼效率是消费效率、同化效率与生产效率的乘积，这是营养级间的能量传递效率。

（1）消费效率

各种生态系统中的食草动物利用或消费植物净初级生产量效率是不相同的，具有一定的适应意义，在生态系统物种间协同进化上具有其合理性（表 12-4）。

表 12-4 几种生态系统中食草动物利用植物净生产量的比例（引自 Krebs，1978）

生态系统类型	主要植物及其特征	被捕食百分比 /%
成熟落叶林	乔木，大量非光合生物量，世代时间长，种群增长率低	1.2 ~ 2.5
1 ~ 7 年弃耕田	一年生草本，种群增长率中等	12
非洲草原	多年生草本，少量非光合生物量，种群增长率高	28 ~ 60
人工管理牧场	多年生草本，少量非光合生物量，种群增长率高	30 ~ 45
海洋	浮游植物，种群增长率高，世代短	60 ~ 99

这些资料可以说明：① 植物种群增长率高、世代短、更新快，其消费效率就较高。② 草本植物的支持组织比木本植物的少，能提供更多的净初级生产量为食草动物所

利用。③ 小型的浮游植物的消费者（浮游动物）密度很大，利用净初级生产量比例最高。

如果生态系统中的食草动物将植物生产量全部吃光，那么，它们就必将全部饿死，原因是再没有植物来进行光合作用了。同样道理，植物种群的增长率越高，种群更新得越快，食草动物就能更多地利用植物的初级生产量。由此可见，上述结果是植物－食草动物的系统协同进化而形成的，它具有重要的适应意义。同理，人类在利用草地作为放牧牛羊的牧场时，不能片面地追求牛羊的生产量而忽视牧场中草本植物的状况。草场中草本植物质量的降低，就预示着未来牛羊生产量的降低。

对于食肉动物利用其猎物的消费效率，现有资料尚少。脊椎动物捕食者可能消费其脊椎动物猎物的50%～100%的净生产量，但对无脊椎动物仅有5%上下；无脊椎动物捕食者可消费无脊椎动物猎物25%的净生产量。但这些都是较粗略的估计。

（2）同化效率

同化效率在食草动物和碎食动物较低，而食肉动物较高。在食草动物所吃的植物中，含有一些难消化的物质，因此，通过消化管排遗出去的食物是很多的。食肉动物吃的是动物的组织，其营养价值较高，但食肉动物在捕食时往往要消耗许多能量。因此，就净生长效率而言，食肉动物反而比食草动物低。这就是说，食肉动物的呼吸或维持消耗量较大。此外，在人工饲养条件（或在动物园中），由于动物的活动减少，净生长效率也往往高于野生动物。采用填鸭式喂食和限制活动的饲养方法常被作为促进快速生长和提高净生长效率的措施。

（3）生产效率

生产效率随动物类群而异，一般说来，无脊椎动物有高的生产效率，为30%～40%（呼吸丢失能量较少，因而能将更多的同化能量转变为生长能量），外温性脊椎动物居中，约10%，而内温性脊椎动物很低，仅1%～2%，它们为维持恒定体温而消耗很多已同化能量。因此，动物的生产效率与呼吸消耗呈明显的负相关。表12-5是7类动物的平均生产效率。个体最小的内温性脊椎动物（如鼩鼱），其生产效率是动物中最低的；而原生动物等个体小、寿命短、种群周转快，具有最高的生产效率。

Lindeman的研究结果是营养级间的能量传递效率大约为10%，后人曾经称为“十

表12-5 各类群动物和生产效率（仿Begon，1996）

类群	生产效率（P/A）
食虫兽	0.86
鸟	1.29
小哺乳类	1.51
其他兽类	3.14
鱼和社会性昆虫	9.77
无脊椎动物（昆虫除外）	25.0
非社会昆虫	40.7

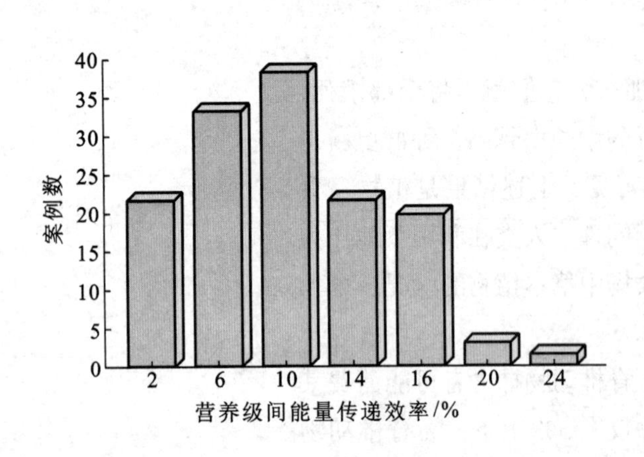

图 12-4　水生生态系统营养级间能量传递效率（Pauly and Christensen，1995；转引自 Townsend et al.，2000）

分之一法则"。但是在生物界不可能有如此精确的能量传递效率。Pauly 和 Christensen（1995）根据 40 个水生群落的能量传递研究，总结出营养级间能量传递效率的变化范围是 2%～24%，平均 10.13%（图 12–4）。十分之一法则说明，每通过一个营养级，其有效能量大约为前一营养级的 1/10。这就是说，食物链越长，消耗于营养级的能量就越多。从这个意义上讲，人如果直接以植物为食品，就比以吃植物的动物（如牛肉）为食品，可以供养多 10 倍的人口。世界粮农组织统计，富国人均直接谷物消耗低于穷国，但以肉乳蛋品为食品的粮食间接消耗量高于贫国数倍。缩短食物链的例子在自然界也有所见，如巨大的须鲸以最小的甲壳类为食。

12.3　生态系统中的分解

12.3.1　分解过程的性质

生态系统的分解（decomposition）是死有机物质的逐步降解过程。分解时，无机元素从有机物质中释放出来，称为矿化，它与光合作用时无机营养元素的固定正好是相反的过程。从能量而言，分解与光合也是相反的过程，前者是放能，后者是贮能。

从名字上讲，分解作用很简单，实际上是一个很复杂的过程，它包括碎裂、异化和淋溶 3 个过程的综合。由于物理的和生物的作用，把尸体分解为颗粒状的碎屑称为碎裂；有机物质在酶的作用下分解，从聚合体变成单体，例如由纤维素变成葡萄糖，进而成为矿物成分，称为异化；淋溶则是可溶性物质被水所淋洗出，是一种纯物理过程。在尸体分解中，这 3 个过程是交叉进行、相互影响的。所以分解者亚系统实际上是一个很复杂的食物网，包括食肉动物、食草动物、寄生生物和少数生产者。图 12–5 就是森林枯枝落叶层中的一部分食物网，包括千足虫、甲形螨、蟋蟀、弹尾目等食草动物，它们又供养食肉动物。

当植物叶还在生长时，微生物已经开始分解作用：活植物体产生各种分泌物、渗出物，还有雨水的淋溶，提供植物叶、根表面微生物区系的丰富营养。枯枝落叶一旦落到地面，就为细菌、放线菌、真菌等微生物所进攻。活的动物机体在其生活中也有各种分泌物、脱落物（如蜕皮、掉毛等）和排出的粪便，它们又受各种分解者所进攻。分解过程还因许多无脊椎动物的摄食而加速，它们吞食角质，破坏软组织、穿成孔，使微生物更易侵入。食碎屑的也包括千足虫（马陆、蜈蚣等）、蚯蚓、弹尾目动物等，它们的活动使叶等有机残物暴露面积增加十余倍。因为这些食碎屑动物的同化效率很低，大量的未经消化吸收的有机物通过消化管而排出，很易为微生物分解者所利用。从这个意义上讲，大部分动物既是消费者，又是分解者。

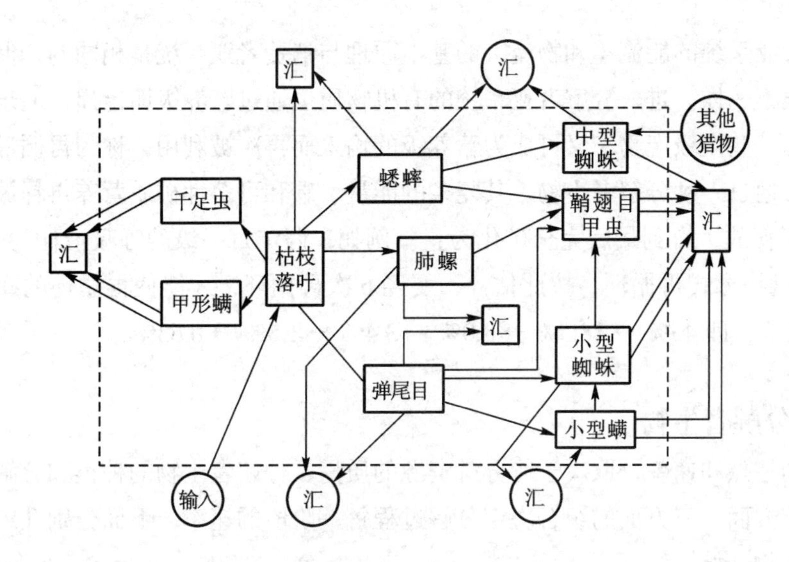

图 12-5 森林落叶层中的部分食物网（仿 Smith，1980）

分解过程是由一系列阶段所组成的，从开始分解后，物理的和生物的复杂性一般随时间进展而增加，分解者生物的多样性也相应增加。这些生物中有些具特异性，只分解某一类物质，另一些无特异性，对整个分解过程起作用。随分解过程的进展，分解速率逐渐降低，待分解的有机物质的多样性也降低，直到最后只有矿物元素存在。最不易分解的是腐殖质（humus），它主要来源于木质。腐殖质是一种无构造、暗色、化学结构复杂的物质，其基本成分是胡敏素（humin）。在灰壤中腐殖质保留时间平均达 250 ± 60 年，而在黑钙土中保留 870 ± 50 年。在没有受过翻乱的有机土壤中，这种顺时序的阶段性可以从土壤剖面的层次上反映出来（表 12–6）。植物的残落物落到土表，从土壤表层的枯枝落叶到下面的矿质层，随着土壤层次的加深，死有机物质不断地为新的分解生物群落所分解着，各层次的理化条件不同，有机物质的结构和复杂性也有顺序地改变。微生物呼吸率随深度的逐渐降低，反映了被分解资源的相应变化。但水体系统底泥中分解过程的这种时序变化一般不易观察到。

表 12-6 松林土壤各层次的耗氧率变化（引自 Anderson，1981）

层次	特点	有机质含量 /%	耗氧率 / ($\mu L \cdot h^{-1}$)	
			每千克土	每克有机物
O0（L）	枯枝落叶	98.5	473.20	481.20
O1（F1）	发酵层	98.1	280.00	285.60
O2（F2）	发酵层	89.3	49.04	54.92
O3（H）	腐殖质	54.6	16.18	29.66
A1	淋溶层	17.2	2.66	15.54
A2	淋溶层	0.9	0.90	47.76
B1	淀积层	10.6	1.96	18.38
B2	淀积层	5.2	0.58	11.32
C	矿物层	1.4	0.28	19.26

虽然分解者亚系统的能流（和物流）的基本原理与消费者亚系统是相同的，但其营养动态面貌则很不一样。进入分解者亚系统的有机物质也通过营养级而传递，但未利用物质、排出物和一些次级产物，又可成为营养级的输入而再次被利用，称为再循环。这样，有机物质每通过一种分解者生物，其复杂的能量、碳和可溶性矿质营养再释放一部分，如此一步步释放，直到最后完全矿化为止。例如，假定每一级的呼吸消耗为 57%，而 43% 以死有机物形式再循环，按此估计，要经 6 次再循环，才能使再循环的净生产量降低到 1% 以下，即 43% → 18.5% → 8.0% → 3.4% → 1.5% → 0.63%。

12.3.2 分解者生物

分解过程的特点和速率，取决于待分解资源的质量、分解者生物的种类和分解时的理化环境条件三方面。三方面的组合决定分解过程每一阶段的速率。下面分别介绍这三者，从分解者生物开始。

12.3.2.1 细菌和真菌

动植物尸体的分解过程，一般从细菌和真菌的入侵开始，它们利用其可溶性物质，主要是氨基酸和糖类，但它们通常缺少分解纤维素、木质素、几丁质等结构物质的酶类。例如青霉属、毛霉属和根霉属的种类多能在分解早期迅速增殖，与许多种细菌在一起，能在新的有机残物上爆发性增长。

细菌和真菌成为有效的分解者，主要依赖于生长型和营养方式两类适应。

（1）生长型

微生物主要有群体生长和丝状生长两类生长型。前者如酵母和细菌，后者如真菌和放线菌。丝状生长能穿透和入侵有机质深部，例如许多真菌能形成穿孔的菌丝，机械地穿入难以处理的待分解资源，甚至只用酶作用难以分解的纤维素，真菌菌丝体也能分开其弱的氢键。丝状生长的另一适应意义是使营养物质在被菌丝体打成众多微小空隙的土壤中移动方便，从而使最易限制真菌代谢的营养物质得到良好供应。营养物质的位移一般在数微米间，但有些分解木质素的真菌，如担子菌，它所形成的根状菌束，可传送数米之远。

丝状生长有利于穿入，但所需时间较长，单细胞微生物的群体生长则适应于在短时间内迅速地利用表面微生境。此外，细菌细胞的体积小，有利于侵入微小的孔隙和腔，因此适于利用颗粒状有机质。

虽然微生物的扩散能力有限（除孢子以外），但其营养增殖的适应范围很广。利用极端环境增殖、休眠、扩散等许多生态特征，都是适应于分解的有利特征，各种微生物类群还发展了不同对策。

（2）营养方式

微生物通过分泌细胞外酶，把底物分解为简单的分子状态，然后再吸收。这种营养方式与消费者动物有很大不同：动物要摄食，消耗很多能量，其利用效率很低。因此，微生物的分解过程是很节能的营养方式。大多数真菌具分解木质素和纤维素的酶，它们能分解植物性的死有机物质；而细菌中只有少数具有此种能力。但在缺氧和一些极端环境中只有细菌能起分解作用。所以细菌和真菌在一起，就能利用自然界中绝大多数有机物质和许多人工合成的有机物。

12.3.2.2 动物

通常根据身体大小把陆地生态系统的分解者分为 4 个类群（图 12-6）：①**微型土壤动物**（microfauna），体长在 100 μm 以下，包括原生动物、线虫、轮虫、最小的弹尾目昆虫和蜱螨，它们都不能碎裂枯枝落叶，属黏附类型。②**中型土壤动物**（mesofauna），体长 100 μm ~ 2 mm，包括弹尾目、蜱螨、线蚓、双翅目幼虫和小型甲虫，大部分都能进攻新落下的枯叶，但对碎裂的贡献不大，对分解的作用主要是调节微生物种群的大小和对大型动物粪便进行处理和加工。只有白蚁，由于其消化管中的共生微生物，能直

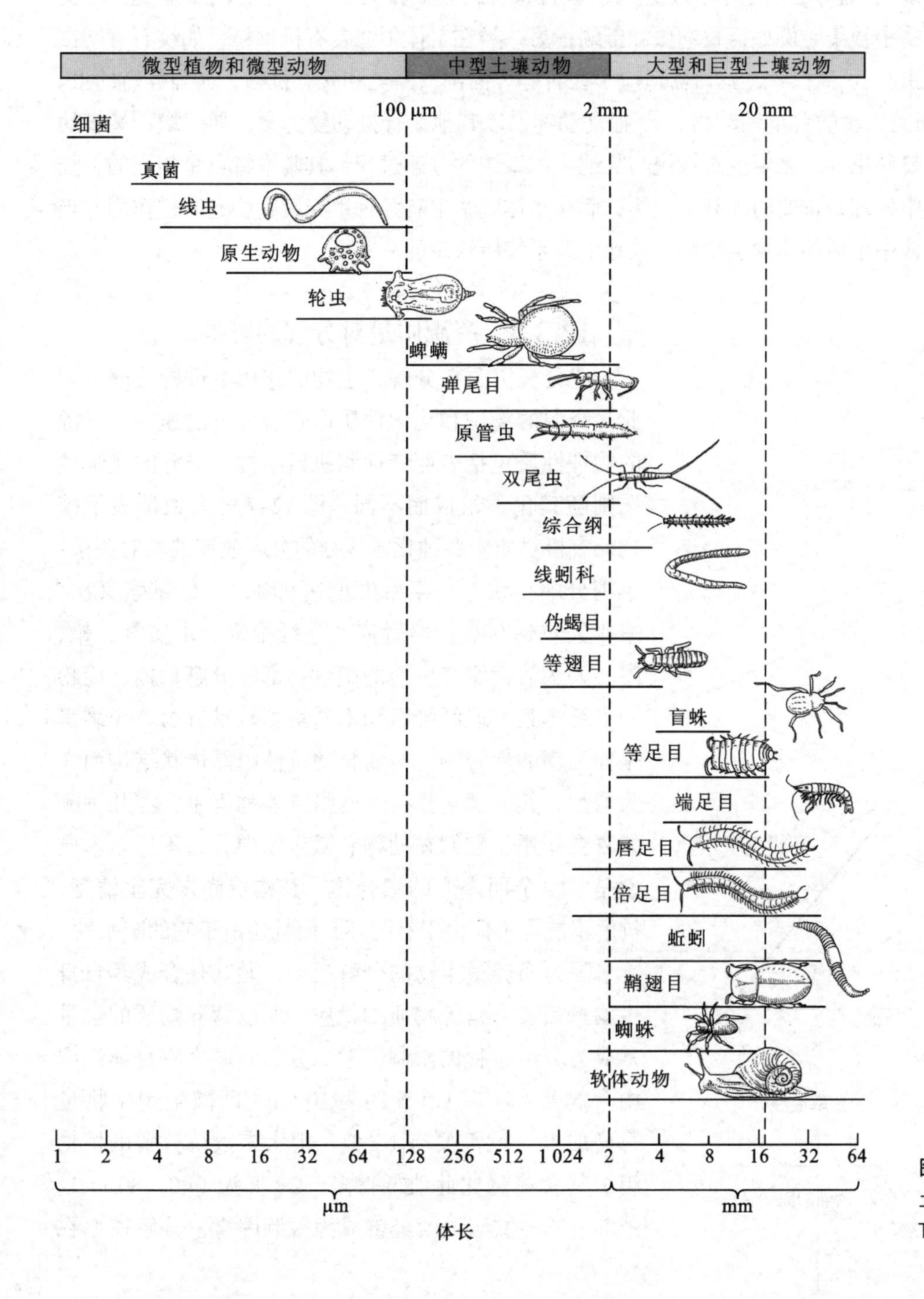

图 12-6 陆地分解者食物网的土壤动物按体型大小的分类（仿 Townsend et al.，2000）

接影响系统的能流和物流。③**大型土壤动物**（macrofauna，2 ~ 20 mm）和**巨型土壤动物**（megafauna，> 20 mm），包括食枯枝落叶的节肢动物，如千足虫、等足目和端足目动物、蛞蝓、蜗牛、较大的蚯蚓，是碎裂植物残叶和翻动土壤的主力。因而对分解和土壤结构有明显影响。

一般通过埋放装有残落物的网袋以观察土壤动物的分解作用。网袋具有不同孔径，允许不同大小的土壤动物出入，从而可估计小型、中型和大型土壤动物对分解的相对作用，并观察受异化、淋溶和碎裂 3 个基本过程所导致的残落物失重量。

水生生态系统的分解者动物通常按其功能可分为下列几类：① 碎裂者，如石蝇幼虫等，以落入河流中的树叶为食。② 颗粒状有机物质搜集者，可分为两个亚类，一类从沉积物中搜集，例如摇蚊幼虫和颤蚓；另一类在水体中滤食有机颗粒，如纹石蛾幼虫和蚋幼虫。③ 刮食者，其口器适应于在石砾表面刮取藻类和死有机物，如扁蜉蝣幼虫。④ 以藻类为食的食草性动物。⑤ 捕食动物，以其他无脊椎动物为食，如蚂蟥、蜻蜓幼虫和泥蛉幼虫等。水生生态系统与陆地生态系统的分解过程，其基本特点是相同的，陆地土壤中蚯蚓是重要的碎裂者生物，而在水体底物中有各种甲壳纲生物起同样作用。当然，水体中生活的滤食生物则是陆地生态系统所缺少的。

12.3.3 资源质量对分解的影响

待分解资源在分解者生物的作用下进行分解，因此，资源的物理和化学性质影响着分解的速率。资源的物理性质包括表面特性和机械结构，资源的化学性质则随其化学组成而不同。图 12–7 可大致地表示植物死有机物质中各种化学成分的分解速率的相对关系：单糖分解很快，一年后失重达 99%；半纤维素其次，一年失重达 90%；然后依次为纤维素、木质素、蜡、酚。大多数营腐养生活的微生物都能分解单糖、淀粉和半纤维素，但纤维素和木质素则较难分解。纤维素是葡萄糖的聚合物，对酶解的抗性因晶体状结构而大为增加，其分解包括打开网络结构和解聚，需几种酶的复合作用，它们在动物和微生物中分布不广。木质素是一复杂而多变的聚合体，其构造尚未完全清楚，抗解聚能力不仅由于有酚环，而且还由于它的疏水性。

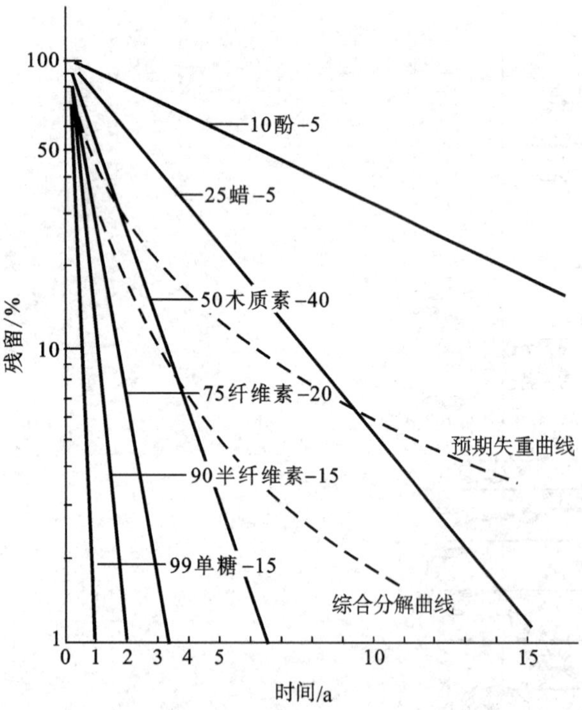

图 12-7 植物枯枝落叶中各种化学成分的分解曲线
（仿 Anderson，1981）

各成分前的数字表示每年质量减少率（%），后面的数字表示各成分质量占枯枝落叶原质量的质量分数（%）

因为腐养微生物的分解活动，尤其是合成其自身生物量需要有营养物质的供应，所以营养物质的含量常成为分解过程的限制因素。分解者微生物身体组织中含 N 量高，其 C : N 约为 10 : 1，即微生物生物量每增加 10 g 就需要有 1 g 氮。但大多数待分解的植物组织其含 N 量比此值低得多，C : N 为（40 ~ 80）: 1。因此，N 的供应量就经常成为限制因素，分解速率在很大程度上取决于N的供应。而待分解资源的C∶N比，常可作为生物降解性能的测度指标。最适C∶N比是（25～30）∶1。当然，其他营养成分的缺少也会影响分解速率。农业实践中早已高度评价了C∶N的重要意义。

12.3.4 理化环境对分解的影响

一般说来，温度高、湿度大的地带，其土壤中的分解速率高，而低温和干燥的地带，其分解速率低，因而土壤中易积累有机物质。图12-8说明由湿热的热带森林经温带森林到寒冷的冻原，其有机物分解率随纬度增高而降低，而有机物的积累过程则随纬度升高而增高的一般趋势。图中也说明由湿热热带森林到干热的热带荒漠，分解率迅速降低。除温度和湿度条件以外，各类分解生物的相对作用对分解率地带性变化也有重要影响。热带土壤中，除微生物分解外，无脊椎动物也是分解者亚系统的重要成员，其对分解活动的贡献明显地高于温带和寒带，并且起主要作用的是大型土壤动物。相反，在寒带和冻原土壤中多小型土壤动物，它们对分解过程的贡献甚小，土壤有机物的积累主要取决于低温等理化环境因素。

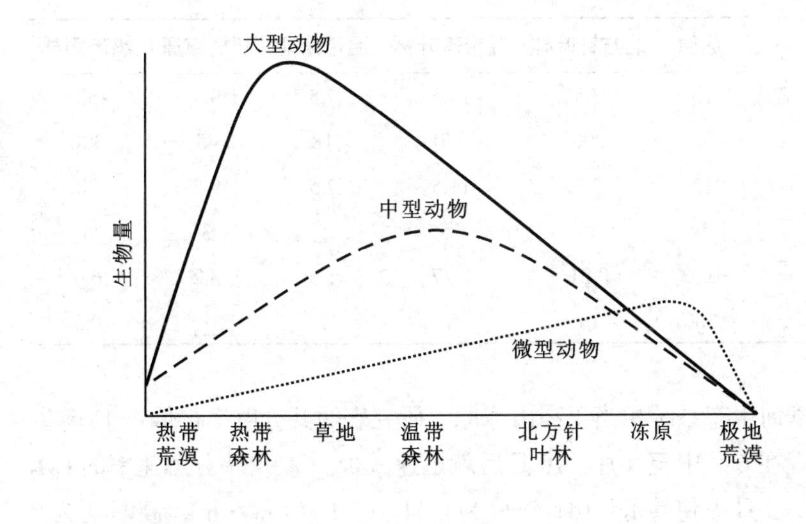

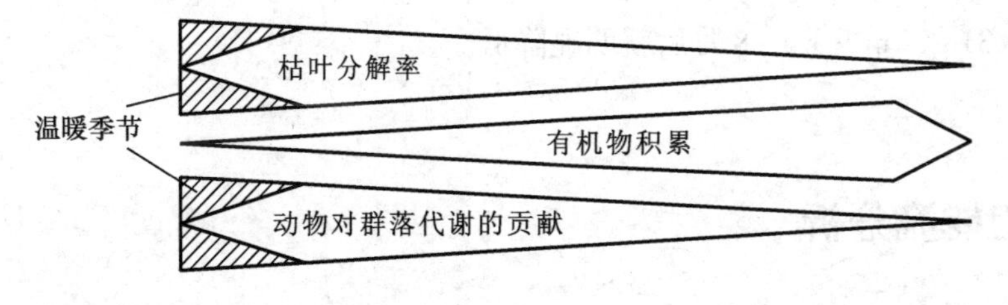

图12-8 分解速率和土壤有机物积累率随纬度而变化的规律以及大、中、微型土壤动物区系的相对作用（仿Swift，1979）

在同一气候带内局部地方也有区别，它可能取决于该地的土壤类型和待分解资源的特点。例如受水浸泡的沼泽土壤，由于水泡和缺氧，抑制微生物活动，分解速率极低，有机物质积累量很大，这是沼泽土可供开发有机肥料和生物能源的原因。

一个表示生态系统分解特征的有用指标是：

$$K = I/X$$

式中：K——分解指数

I——死有机物输入年总量

X——系统中死有机物质总量（现存量）

因为要分开土壤中活根和死根很不容易，所以可以用地面残落物输入量（I_L）与地面枯枝落叶现存量（X_L）之比来计算 K_L。例如，湿热的热带雨林，K_L 往往大于 1，这是因为年分解量高于输入量。温带草地的 K_L 高于温带落叶林，甚至与热带雨林接近，这是因为禾本草类的枯枝落叶量也高，其木质素含量和酚的含量都较落叶林的低，所以分解率高。K 值的倒数能反映分解所需的时间，例如 $3/K_L$ 和 $5/K_L$ 分别代表 95% 和 99%。枯枝落叶分解的时间。

Whittaker（1975）曾对 6 类生态系统的分解过程进行比较（表 12–7），大致能反映上述地带性规律。每年输入的枯枝落叶量要达到 95%（相当于 $3/K_L$）的分解，在冻原需要 100 年，北方针叶林为 14 年，温带落叶林 4 年，而热带雨林仅需 1/2 年。热带雨林虽然年枯枝落叶量高达 30 t/（hm^2 · a），但由于分解快，其现存量有限；相反，冻原的枯枝落叶年产量仅为 1.5 t/（hm^2 · a），但其现存量高达 44 t/hm^2。

表 12-7 各生态系统类型的分解特点比较（仿 Swift，1979）

	冻原	北方针叶林	温带落叶林	温带草地	稀树草原	热带雨林
净初级生产量 /（$t \cdot hm^{-2} \cdot a^{-1}$）	1.5	7.5	11.5	7.5	9.5	50
生物量 /（$t \cdot hm^{-2}$）	10	200	350	18	45	300
枯叶输入 /（$t \cdot hm^{-2} \cdot a^{-1}$）	1.5	7.5	11.5	7.5	9.5	30
枯叶现存量 /（$t \cdot hm^{-2}$）	44	35	15	5	3	5
K_L/a^{-1}	0.03	0.21	0.77	1.5	3.2	6.0
分解达 $3/K_L$ 的时间 /a	100	14	4	2	1	0.5

青藏高原的高寒草甸生态系统相当于高山冻原，研究表明其分解率很低：① 微生物分解者种群高峰出现在 6 月中至 9 月，10 月后就迅速减少。② 反映分解速率的 CO_2 释放量或土壤呼吸率，5 月中旬甚低，CO_2 释放为 0.04 ~ 0.11 g/（m^2 · h），高峰期为 7 月到 8 月末，为 0.19 ~ 0.31 g/（m^2 · h）；8 月后就明显降低。

12.4 生态系统的能流分析

12.4.1 研究能量传递规律的热力学定律

能量是生态系统的动力，是一切生命活动的基础。一切生命活动都伴随能量的变化，没有能量的转化，也就没有生命和生态系统。生态系统的重要功能之一就是能量流动，而热力学就是研究能量传递规律和能量形式转换规律的科学。

能量在生态系统内的传递和转化规律服从热力学的两个定律。热力学第一定律可以表述如下："在自然界发生的所有现象中，能量既不能消失也不能凭空产生，它只能以严格的当量比例由一种形式转变为另一种形式。"因此热力学第一定律又称为能量守恒定律。依据这个定律可知，一个体系的能量发生变化，环境的能量也必定发生相应的变化，如果体系的能量增加，环境的能量就要减少，反之亦然。对生态系统来说也是如此，例如，光合作用生成物所含有的能量多于光合作用反应物所含有的能量，生态系统通过光合作用所增加的能量等于环境中太阳辐射所减少的能量，但总能量不变，所不同的是太阳能转化为潜能输入了生态系统，表现为生态系统对太阳能的固定。

热力学第二定律是对能量传递和转化的一个重要概括，通俗地说就是：在封闭系统中，一切过程都伴随着能量的改变，在能量的传递和转化过程中，除了一部分可以继续传递和作功的能量（自由能）外，总有一部分不能继续传递和做功，而以热的形式消散，这部分能量使系统的熵和无序性增加。对生态系统来说，当能量以食物的形式在生物之间传递时，食物中相当一部分能量被降解为热而消散掉（使熵增加），其余则用于合成新的组织作为潜能贮存下来。所以动物在利用食物中的潜能时常把大部分转化成了热，只把一小部分转化为新的潜能。因此能量在生物之间每传递一次，一大部分的能量就被降解为热而损失掉，这也就是为什么食物链的环节和营养级数一般不会多于 5 ~ 6 个以及能量金字塔必定呈尖塔形的热力学解释。

开放系统（同外界有物质和能量交换的系统）与封闭系统的性质不同，它倾向于保持较高的自由能而使熵较小，只要不断有物质和能量输入和不断排出熵，开放系统便可维持一种稳定的平衡状态。生命、生态系统和生物圈都是维持在一种稳定状态的开放系统。低熵的维持是借助于不断地把高效能量降解为低效能量来实现的。在生态系统中，由复杂的生物量结构所规定的"有序"是靠不断"排掉无序"的总群落呼吸来维持的。热力学定律与生态学的关系是明显的，各种各样的生命表现都伴随着能量的传递和转化，像生长、自我复制和有机物质的合成这些生命的基本过程都离不开能量的传递和转化，否则就不会有生命和生态系统，总之，生态系统与其能源太阳的关系，生态系统内生产者与消费者之间、捕食者与猎物之间的关系都受热力学基本规律的制约和控制，正如这些规律控制着非生物系统一样。热力学定律决定着生态系统利用能量的限度。事实上，生态系统利用能量的效率很低，虽然对能量在生态系统中的传递效率说法不一，但最大的观测值是 30%。一般说来，从供体到受体的一次能量传递只能有 5% ~ 20% 的可利用能量被利用，这就使能量的传递次数受到限制，同时这种限制也必然反映在复杂生态系统的结构上（如食物链的环节数和营养级的级数等）。

12.4.2 食物链层次上的能流分析

对生态系统中的能量流动进行研究可以在种群、食物链和生态系统三个层次上进行，所获资料可以互相补充，有助于了解生态系统的功能。

在食物链层次上进行能流分析是把每一个物种都作为能量从生产者到顶位消费者移动过程中的一个环节，当能量沿着一个食物链在几个物种间流动时，测定食物链每一个环节上的能量值，就可提供生态系统内一系列特定点上能流的详细和准确资料。1960 年，F. B. Golley 在密歇根荒地对一个由植物、田鼠和鼬 3 个环节组成的食物链进行了能

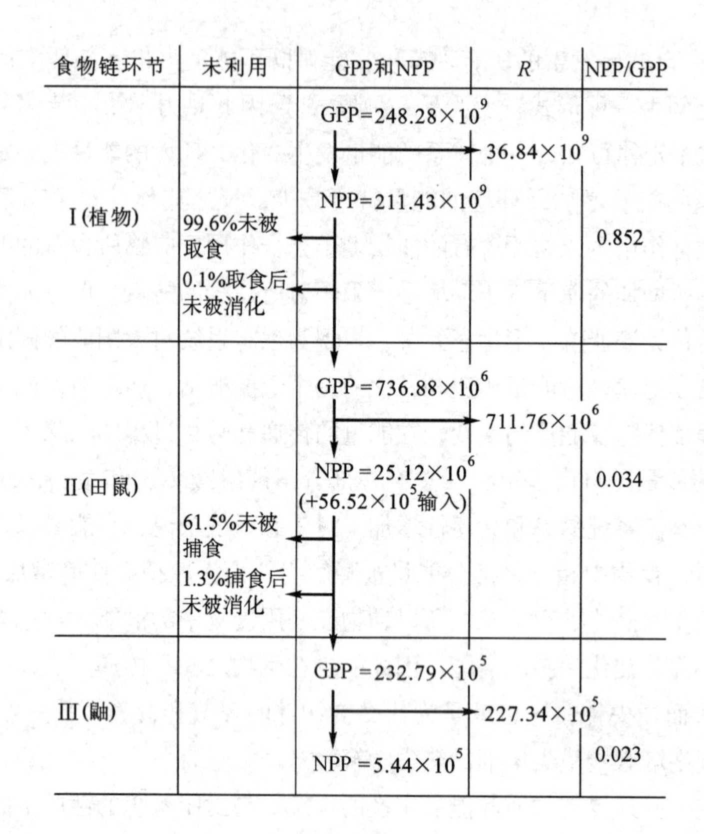

图 12-9 食物链层次上的能流分析（仿 Golley，1960）

单位：J/(hm^2·a)

流分析（图 12–9）。从图中可以看到，食物链每个环节的净生产量只有很少一部分被利用。例如 99.7% 的植物没有被田鼠利用，其中包括未被取食的（99.6%）和取食后未消化的（0.1%），而田鼠本身又有 62.8%（包括从外地迁入的个体）没有被食肉动物鼬所利用，其中包括捕食后未消化的 1.3%。能流过程中能量损失的另一个重要方面是生物的呼吸消耗（R），植物的呼吸消耗比较少，只占总初级生产量的 15%，但田鼠和鼬的呼吸消耗相当高，分别占总同化能量的 97% 和 98%，这就是说，被同化能量的绝大部分都以热的形式消散掉了，而只有很小一部分被转化成了净次级生产量。由于能量在沿着食物链从一种生物到另一种生物的流动过程中，未被利用的能量和通过呼吸以热的形式消散的能量损失极大，致使鼬的数量不可能很多，因此鼬的潜在捕食者（如猫头鹰）即使能够存在的话，也要在该地区以外的大范围内捕食才能维持其种群的延续。

最后应当指出的是，Golley 所研究的食物链中的能量损失，有相当一部分是被该食物链以外的其他生物取食了，据估计，仅昆虫就吃掉了该荒地植物生产量的 24%。另外，在这样的生态系统中，能量的输入和输出是经常发生的，当动物种群密度太大时，一些个体就会离开荒地去寻找其他的食物，这也是一种能量损失。另一方面，能量输入也是经常发生的，据估算，每年从外地迁入该荒地的鼬为 5.7×10^4 J/（hm^2·a）。

12.4.3 生态系统层次上的能流分析

在生态系统层次上分析能量流动，是把每个物种都归属于一个特定的营养级中（依据该物种主要食性），然后精确地测定每一个营养级能量的输入值和输出值，这种分析目前多见于水生生态系统，因为水生生态系统边界明确，便于计算能量和物质的输入量和输出量，整个系统封闭性较强，与周围环境的物质和能量交换量小，内环境比较稳定，生态因子变化幅度小。由于上述种种原因，水生生态系统（湖泊、河流、溪流、泉等）常被生态学家作为研究生态系统能流的对象。下面我们举几个生态系统能流研究的实例。

（1）银泉的能流分析

1957年，H. T. Odum对美国佛罗里达州的银泉（Silver Spring）进行了能流分析，图12–10是银泉的能流分析图，从图中可以看出：当能量从一个营养级流向另一个营养级，其数量急剧减少，原因是生物呼吸的能量消耗和有相当数量的净初级生产量（57%）没有被消费者利用，而是通向分解者被分解了。由于能量在流动过程中的急剧减少，以致到第四个营养级的能量已经很少了，该营养级只有少数的鱼和龟，它们的数量已经不足以再维持第五个营养级的存在了。Odum对银泉能流的研究要比Lindeman 1942年对赛达伯格湖的研究要深入细致得多。他首先是依据植物的光合作用效率来确定植物吸收了多少太阳辐射能，并以此作为研究初级生产量的基础，而不像通常那样是依据总入射日光能；其次，他计算了来自各条支流和陆地的有机物质补给，并把它作为一种能量输入加以处理；更重要的是他把分解者呼吸代谢所消耗的能量也包括在能流模式中，他虽然没有分别计算每一个营养级通向分解者的能量多少，但他估算了通向分解

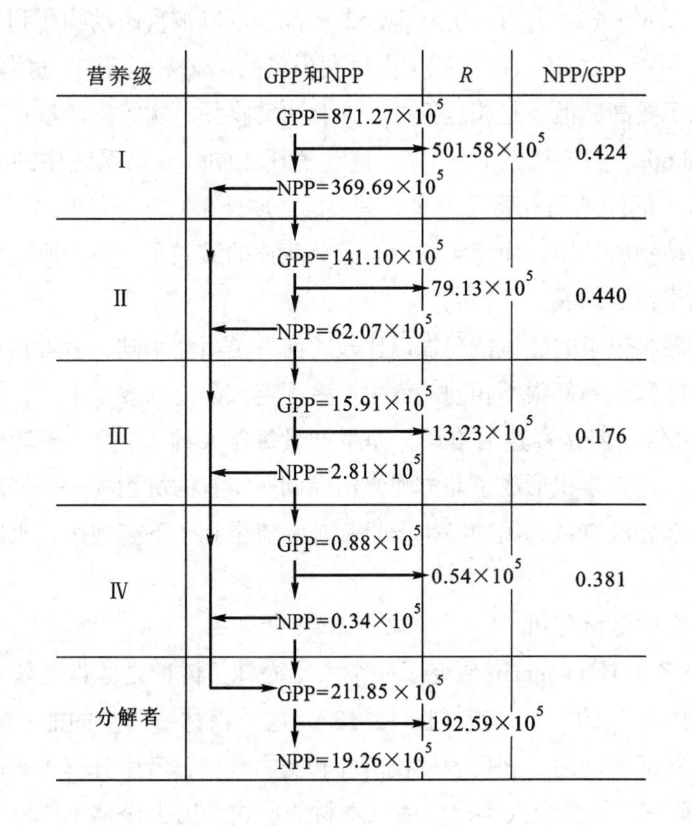

图12-10 银泉的能流分析（引自H. T. Odum，1957）

单位：J/（m^2·a）

者的总能量是 2.12×10^7 J/（m^2·a）。

（2）赛达伯格湖的能流分析

从图12–11中可以看出，赛达伯格（Cedar Bog）湖的总初级生产量是464.7 J/（cm^2·a），能量的固定效率大约是0.1%（464.7/497 693.3）。在生产者所固定的能量中有

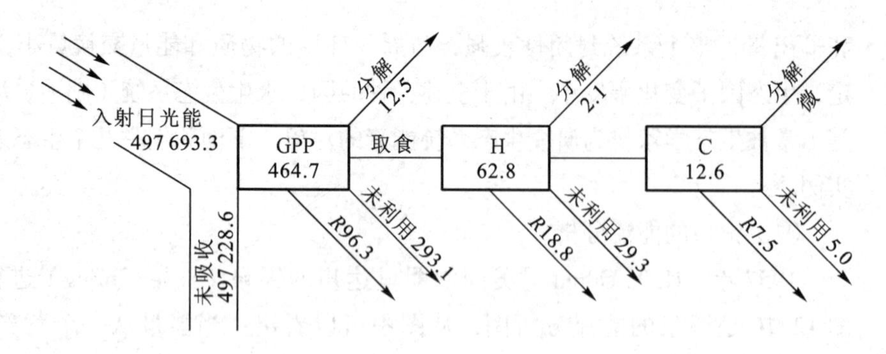

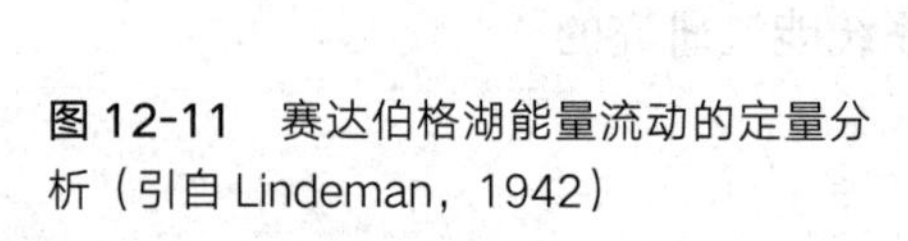
图 12-11 赛达伯格湖能量流动的定量分析（引自 Lindeman，1942）

GPP 为总初级生产量；H 为食草动物；C 为食肉动物；*R* 为呼吸量。单位：J/（cm^2·a）

21%［96.3 J/（cm^2·a）］是被生产者自己的呼吸代谢消耗掉了，被食草动物吃掉的只有 62.8 J/（cm^2·a）（约占净初级生产量的 17%），被分解者分解的只有 12.6 J/（cm^2·a）（占净初级生产量的 3.4%）。其余没有被利用的净初级生产量竟多达 293.1 J/（cm^2·a）（占净初级生产量的 79.5%），这些未被利用的生产量终都沉到湖底形成了植物有机质沉积物。显然，赛达伯格湖中没有被动物利用的净初级生产量要比被利用的多。

在被动物利用的能量中，大约有 18.8 J/（cm^2·a）（占食草动物次级生产量的 30%）用在食草动物自身的呼吸代谢（比植物呼吸代谢所消耗的能量百分比要高，植物为 21%），其余的 44 J/（cm^2·a）（占 70%）从理论上讲都是可以被食肉动物所利用，但是实际上食肉动物只利用了 12.6 J/（cm^2·a）（占可利用量的 28.6%）。这个利用率虽然比净初级生产量的利用率要高，但还是相当低的。在食肉动物的总次级生产量中，呼吸代谢活动大约要消耗掉 60%［7.5 J/（cm^2·a）］，这种消耗比同一生态系统中的食草动物（30%）和植物（21%）的同类消耗要高得多。其余的 40%［5.0 J/（cm^2·a）］大都没有被更高营养级的食肉动物所利用，而每年被分解者分解掉的又微乎其微，所以大部分都作为动物有机残体沉积到了湖底。

如果把赛达伯格湖和银泉的能流情况加以比较（前者是沼泽水湖，后者是清泉水），它们能流的规模、速率和效率都很不相同。就生产者固定太阳能的效率来说，银泉至少要比赛达伯格湖高 10 倍，但是赛达伯格湖，净生产量每年大约 1/3 被分解者分解，其余部分则沉积到湖底，逐年累积形成了北方泥炭沼泽湖所特有的沉积物——泥炭。与此相反，在银泉中，大部分没有被利用的净生产量都被水流带到了下游地区，水底的沉积物很少。

（3）森林生态系统的能流分析

1962 年，英国学者 J. D. Ovington 研究了一个人工松林（树种是苏格兰松）从栽培后的第 17～35 年这 18 年间的能流情况（图 12–12）。这个森林所固定的能量有相当大的部分是沿着碎屑食物链流动的，表现为枯枝落叶和倒木被分解者所分解（约占净初级生产量的 38%）；还有一部分是经人类砍伐后以木材的形式移出了松林（约占净初级生产量的 24%）；而沿着捕食食物链流动的能量微乎其微。可见，动物在森林生态系统能流过程中所起的作用是很小的。木材占砍伐的净初级生产量的 70%，另占净初级生产量的 30% 的树根实际上没有被利用，而是又还给了森林。

同样，在新罕布尔州的 Hubbard Brook 森林实验站，康奈尔大学的 G. Likens 和耶鲁

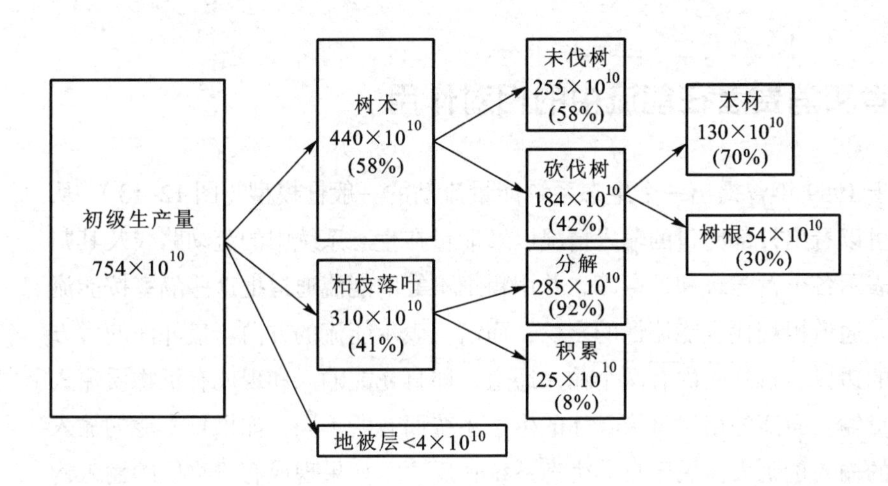

图 12-12 一个栽培松林 18 年间的能流分析（引自 Ovington，1962）

单位：J/hm^2

大学的 F. Herbert 及其同事研究过一个以槭树、山毛榉和桦树为主要树种的森林，初级生产量是 1.96×10^7 J/（m^2 · a），其中有 75% 沿碎屑食物链和捕食食物链流走，其中沿碎屑食物链流动的能量占绝大多数（约占净初级生产量的 74%），而沿捕食食物链流动的能量则非常少（约占净初级生产量的 1%）。因此，这些有机残屑就一年一年地堆积在森林的底层，形成了很厚的枯枝落叶层。

12.4.4 异养生态系统的能流分析

上面介绍的几个生态系统都是直接依靠太阳能的输入来维持其功能的，这种自然生态系统的特点是靠绿色植物固定太阳能，称为自养生态系统。另一种类型的生态系统，可以不依靠或基本上不依靠太阳能的输入而主要依靠其他生态系统所生产的有机物输入来维持自身的生存，称为异养生态系统。根泉（Root Spring）是一个小的浅水泉，直径 2 m。水深 10 ~ 20 cm，John Teal 曾研究过这个小生态系统的能量流动。经过计算他发现：在平均 1.28×10^7 J/（m^2 · a）的能量总输入中，靠光合作用固定的只有 2.96×10^6 J/（m^2 · a），其余的 9.83×10^6 J/（m^2 · a）都是从陆地输入的植物残屑（即各种陆生植物残体）。在总计 1.28×10^7 J/（m^2 · a）的能量输入中，以残屑为食的食草动物大约要吃掉 9.62×10^6 J/（m^2 · a）（占能量总输入的 75%），其余的则沉积在根泉泉底。我国茂密的热带原始森林中的各种泉水也大都属于异养生态系统类型。

1968 年，Lawrebce Tilly 还研究过另外一个异养生态系统——锥泉（Cone Spring）。他发现：输入锥泉的植物残屑大都属于三种开花植物。在锥泉中只能找到吃植物残屑的食草动物，而没有吃活植物的动物。锥泉的能量总收入是 3.98×10^7 J/（m^2 · a），其中有 9.97×10^6 J/（m^2 · a）（占 25%）被吃残屑的动物吃掉；另有 1.42×10^7 J/（m^2 · a）（占 36%）被分解者分解；剩下的 1.56×10^7 J/（m^2 · a）（占 39%）则输出到锥泉周围的沼泽中去，并在那里积存起来。在锥泉生态系统中，以植物残屑为食的动物只不过是能流链条中的一个中间环节，它们本身又是食肉动物的食物，因此还供养着一个食肉动物种群。

12.5 分解者和消费者在能流中的相对作用

E. P. Odum 于 1959 年曾提出一个生态系统能量流动的一般性模型（图 12-13）。从这个模型中我们可以看出外部能量的输入情况以及能量在生态系统中的流动路线及其归宿。图中的方框表示各个营养级和贮存库，并用粗细不等的能流通道把这些隔室按能流的路线连接起来。通道粗细代表能流量的多少，而箭头表示能流的方向。最外面的大方框表示生态系统的边界。自外向内有两个输入通道，即日光能输入和现成有机物质输入通道。这两个能量输入通道的粗细将依具体的生态系统而有所不同，如果日光能的输入量大于有机物质的输入量则大体属于自养生态系统；反之，如果现成有机物质的输入构成该生态系统能量来源的主流，则被认为是异养生态系统。大方框自内向外有 3 个能量

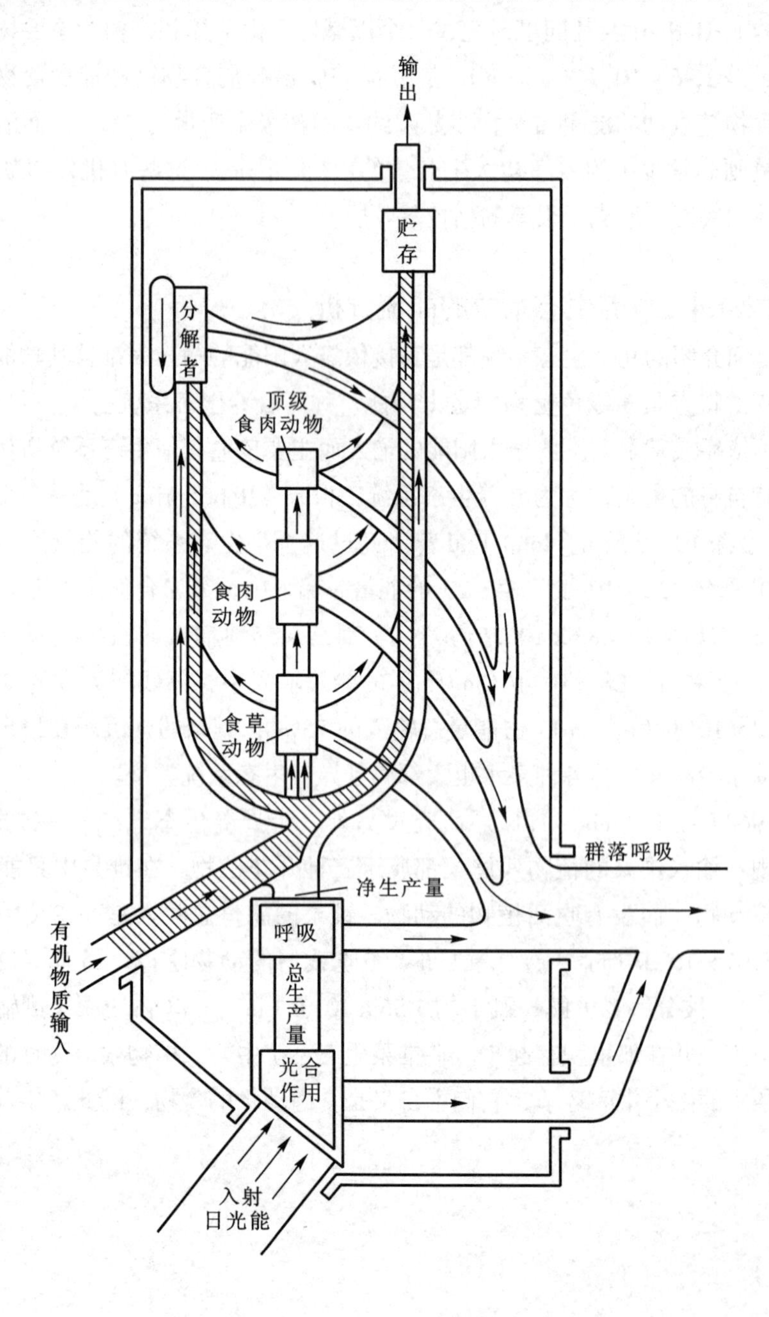

图 12-13 一个生态系统能流的一般性模型
（引自 E. P. Odum，1959）

输出通道，即在光合作用中没有被固定的日光能、生态系统中生物的呼吸以及现成有机物质的流失。根据这个能流模型的一般图式，生态学家在研究生态系统时就可以根据建模的需要着手收集资料，最后建立一个适于这个生态系统的具体能流模型。

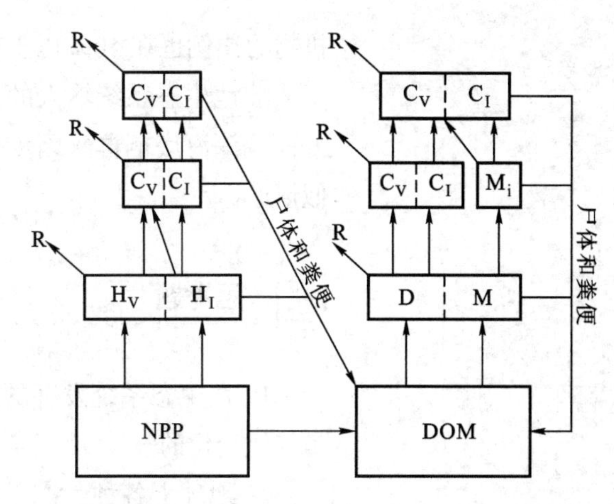

图 12-14　陆地生态系统营养结构和能流的一般性模型（仿 Townsend et al.，2000）

H. 食草动物　C. 食肉动物　V. 脊椎动物　I. 无脊椎动物　D. 食碎屑者　M. 微生物　M_i. 食微生物者　NPP. 净初级生产量　DOM. 死有机物质　R. 呼吸作用

Heal 和 MacLean（1975）在比较陆地生态系统次级生产力研究中提出一个更具代表的生态系统能流模型（图 12-14）。模型左右两半分别代表消费者和分解者两个亚系统，前者以消费活的生物体为主，属于牧食食物链；并且分为无脊椎动物和脊椎动物两条。后者以分解死有机物质为主，属于碎食食物链，也分为**食碎屑者**（detritivore）和**食微生物者**（microbivore）两条。此外，进入分解者亚系统的能量，不仅通过呼吸而消耗，而且还有再成为死有机物质而再循环的途径。正因为这样，分解者亚系统的能流比消费者能流的保守性更强（更为节约）。加上许多生态系统的净初级生产量大部分进入分解者亚系统，所以分解者亚系统的食物链常常比消费者亚系统的更长、更复杂、有更多的现存生物量。

测定生态系统全部分室的、完整的生态系统能流研究并不多，而且已有的研究对于分解者亚系统又常常被忽视，所以许多早期的教科书对于生态系统能流特点的叙述常有缺点。虽然目前要进行比较和总结还有困难，但是提出一些最一般的特点还是有可能的。图 12-15 比较了 4 类生态系统的能流特点：① 几乎每一类生态系统，由初级生产者所固定的能量，其主要流经的途径是分解者亚系统，包括由呼吸失热也是分解者亚系统明显高于消费者亚系统。② 只有以浮游生物为优势的水生群落［图 12-15(c)］食活食的消费者亚系统在能流过程中有重要作用，其同化效率也比较高；即使如此，由于异养性的细菌密度很高，它们依赖于浮游植物细胞分泌的溶解状态有机物，所以消费死有

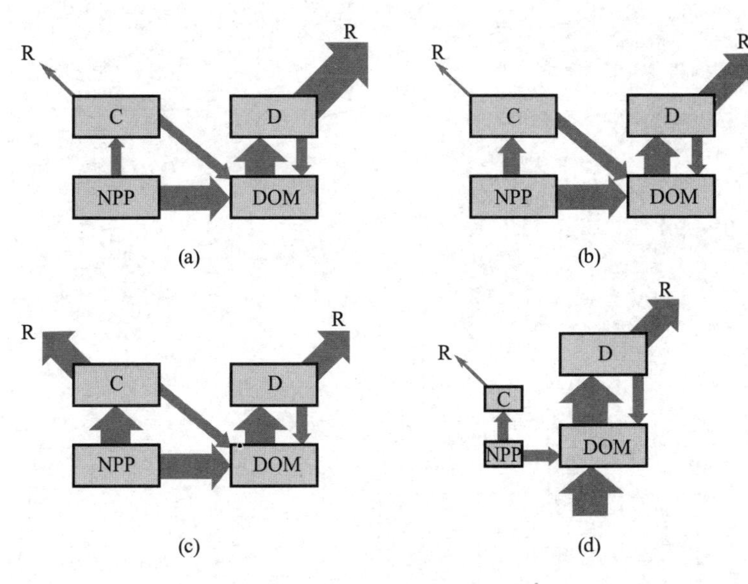

图 12-15　不同类型生态系统的能流特征比较（仿 Townsend et al.，2000）

（a）森林　（b）草地　（c）以浮游生物为优势的海洋或湖泊　（d）河流或小池塘

NPP. 净初级生产量　DOM. 死有机物质　C. 消费者亚系统　D. 分解者亚系统　R. 呼吸作用

机物的比例也在 50% 以上。③ 对于河流和小池塘 [图 12–15(d)]，由于大部分能量来源于从陆地生态系统输入的死有机物，所以通过消费者亚系统的能流量是很少的；在这方面，深海底栖群落因为无光合作用，能量主要来源于上层水体的“碎屑雨”也有类似情形。

思考题

1. 在生态系统发育的各阶段中，生物量、总初级生产量、呼吸量和净初级生产量是如何变化的？

2. 地球上各种生态系统的总初级生产量占总入射日光能的比率都不高，那么初级生产量的限制因素有哪些？试比较水域和陆地两大类生态系统。

3. 测定初级生产量的方法有哪些？

4. 概括生态系统次级生产过程的一般模式。

5. 怎样估计次级生产量？

6. 分解过程的特点和速率取决于哪些因素？

7. 自养生态系统和异养生态系统的区别有哪些？

8. 试说明吃活食的牧食食物链与吃碎食的碎食食物链的特点。

讨论与自主实验设计

请以某一农田生态系统为例，设计一个实验方案，完成该农田生态系统的能量投入与产出的分析。

数字课程学习

◎本章小结　◎重点与难点　◎自测题　◎思考题解析

13

生态系统的物质循环

关键词　物质循环　全球生物地球化学循环　水循环　气体型循环
沉积型循环　碳循环　全球变暖　碳中和　氮循环
磷循环　硫循环

13.1　物质循环的一般特征

能量流动和物质循环是生态系统的两大基本功能。生态系统的能量来源于太阳，而生命必需物质（各种元素）的最初来源是岩石或地壳。物质循环具有下面几个特点。

物质循环和能量流动总是肩并肩地相伴而发生的。例如光合作用在把二氧化碳和水合成为葡萄糖时，同时也就固定了能量，即把日光能转化为葡萄糖内贮存的化学能；呼吸作用在把葡萄糖分解为二氧化碳和水时，同时也就释放出其中的化学能。但是，能量流动与物质循环也有一个重要区别，即生物固定的日光能量流过生态系统通常只有一次，并且逐渐地以热的形式耗散，而物质在生态系统的生物成员中能被反复地利用。换言之，当同化过程把以无机形式存在的营养元素合成为具有高能含量的有机化学物或异化过程在分解这些高能含量的有机化学物时释放出能量的时候，被初级生产过程固定的能量在通过生态系统各种生物成员时逐渐地减少和以热能的形式耗散，而生命元素则可以被生态系统的生物成员反复多次地利用。图 13-1 描述了物质循环与能量流动的这种相互关系。

能量一旦转化为热，它就不能再被有机体用于做功或作为合成生物量的燃料了。热耗散到大气中以后就不能再循环。地球上生命之所以能够持续地存在，正是由于太阳辐射每天都提供着新鲜的可用能量。营养物则与太阳辐射的能量不同，其供应是改变的。营养元素在进入活生物体后，就会降低对于生态系统其余成分的供应。如果固定在植物及其消费者机体内的营养元素没有被最后分解掉，那么为生命所必需的营养物，其供应将会耗尽，地球上各种生态系统将会充满尸体，生命也将终止。因此，分解者系统在营养物循环中是起主要作用的。

人们在研究生态系统物质循环过程及其规律中，经常要用由一组分室（或称库，

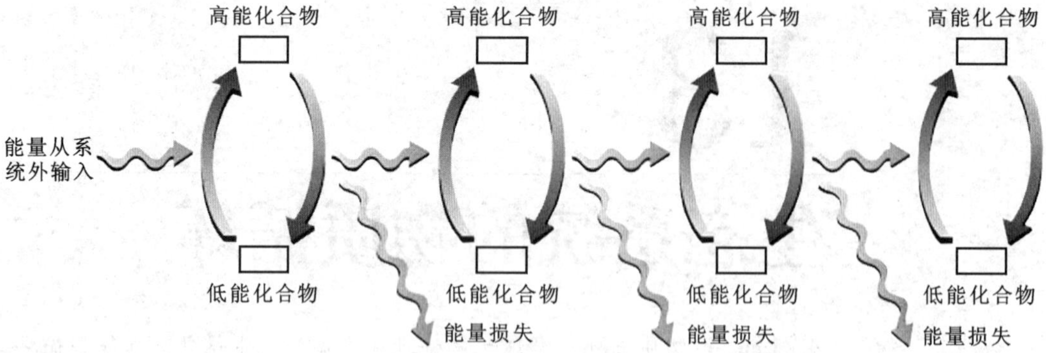

图 13-1 生态系统中能量流动与物质循环的相互关系（仿 Ricklefs and Miller，1997）

pool）所组成的模型进行模拟。每一次生物化学转变都有一个或多个元素从一种状态转变为另一种状态，我们可以把生态系统中元素的各种状态，看作不同的分室，而元素的进出分室，就好比物理和生物过程改变了元素的状态。例如光合作用把碳从无机碳分室转移到有机碳分室，呼吸作用使其回到无机分室。这样的生态系统分室模型还可以有层次结构，即分室中有亚分室。例如无机碳分室可以包括大气中二氧化碳、水中溶解碳和沉积物中碳酸钙和碳酸氢钙等亚分室；有机碳分室可以有自养生物、动物、微生物和碎屑等亚分室。当一种生物吃另一种时，它们使碳元素在分室之间转移。

元素在分室之间的移动速率很不相同，在某些分室间元素流动的速度很快，另一些分室则很慢，有时还进入不易离开的分室，如含有大量有机碳的煤和石油，长久地离开了生态系统的元素，只有像火山活动、地壳上升和人类开采后才能再次回到快速循环的状态。

对生物元素循环研究通常从两个尺度上进行，即全球循环和局域循环。全球循环，即**全球生物地球化学循环**（global biogeochemical cycle），代表了各种生态系统局域事件的总和。为了更好了解全球循环，首先介绍某个局域生态系统的元素循环，它也有利于了解分室模型的作用。图 13-2 是一个具有 3 个分室的湖泊生态系统磷循环的示意图。其中 x_1、x_2、x_3 分别代表水分室、植物和食草动物中的磷含量，以 mg 为单位；y 代表分室之间磷的流动，其单位是 mg/d，称为流通率（flux rate，或通量率）。例如 y_{12} 表示由 x_1 向 x_2 的流通率，而 y_{21} 表示由 x_2 向 x_1 的流通率。a 和 z 分别代表向系统的输入和系统向外的输出。图 13-2(b) 所表示的是当磷输入率稳定在 100 mg/d 的平衡点时，各库的含量和库间的流通率。

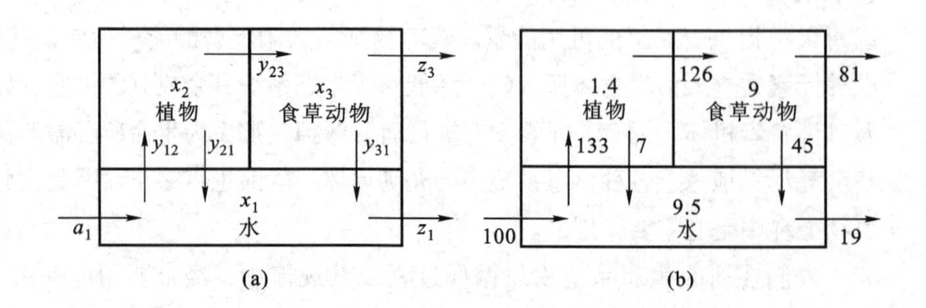

图 13-2 一个具有植物、食草动物和水 3 个分室的湖泊生态系统磷循环的示意模型（仿 Krebs，2001）

从这个例子说明，生态系统物质循环分室模型的两个基本概念就是分室（库）和流通率，至于分室的多少，可以随研究者的目的而设置。各种局域生态系统在物质循环上也不是完全封闭的，营养物可以通过气候的、地质的和生物的种种过程而彼此联系。全球生物地球化学循环是从全球尺度对物质循环的大尺度研究，它对于深入分析人类活动对全球气候变化的影响有十分重要的意义，特别是全球碳循环尤为如此。

全球生物地球化学循环分为三大类型，即水循环、气体型循环和沉积型循环。在气体型循环中，大气和海洋是主要贮存库，有气体形式的分子参与循环过程，如氧、二氧化碳、氮等循环。而参与沉积型循环的物质，其分子和化合物没有气体形态，并主要通过岩石风化和沉积物分解成为生态系统可利用的营养物质，如磷、钙、钠、镁等。气体型循环和沉积型循环都受太阳能所驱动，并都依托于水循环。

13.2 全球水循环

水是生态系统中生命必需元素得以不断运动的介质，没有水循环也就没有生物地化循环。水也是地质侵蚀的动因，一个地方侵蚀，另一个地方沉积，都要通过水循环。因此，了解水循环是理解生态系统物质循环的基础。

海洋是水的主要来源，太阳辐射使水蒸发并进入大气，风推动大气中水蒸气的移动和分布，并以降水形式落到海洋和大陆。大陆上的水可能暂时地贮存于土壤、湖泊、河流和冰川中，或者通过蒸发、蒸腾进入大气，或以液态经过河流和地下水最后返回海洋。

水循环分为大循环和小循环两种类型。大循环是指海陆间的水循环，即从海洋蒸发出来的水蒸气，随气流上升到空中，又被气流带到陆地上空，凝结为雨、雪、雹等落到地面，这些水分一部分返回大气，其余部分成为地面径流或地下潜流等，最终回归海洋。这种海洋和陆地之间水的往复运动过程，称为水分的大循环。水分的小循环是指在陆地或海洋上，水分由陆地或海洋表面蒸发，上升到空中，由于海拔升高，温度降低，水汽凝结为雨雪等再落到陆地或海洋上。环境中水的循环是大、小循环交织在一起的，并在全球范围内和在地球上各个地区不停地进行着。

图 13-3 表示**全球水循环**（global water cycle）中主要库含量和流通率。地球表面的总水量大约为 1.4×10^9 km^3，其中大约有 97% 包含在海洋库中。其余的库含量如下：

两极冰盖	29 000 000 km^3
地下水	8 000 000 km^3
湖泊河流	100 000 km^3
土壤水分	100 000 km^3
大气中水	13 000 km^3
生物体中水	1 000 km^3

从流通率而言，陆地的降水量为 111 000 km^3/a，超过了蒸发–蒸腾量（71 000 km^3/a），超过量达到 40 000 km^3/a。相反，海洋的蒸发量（425 000 km^3/a）却超过降水量

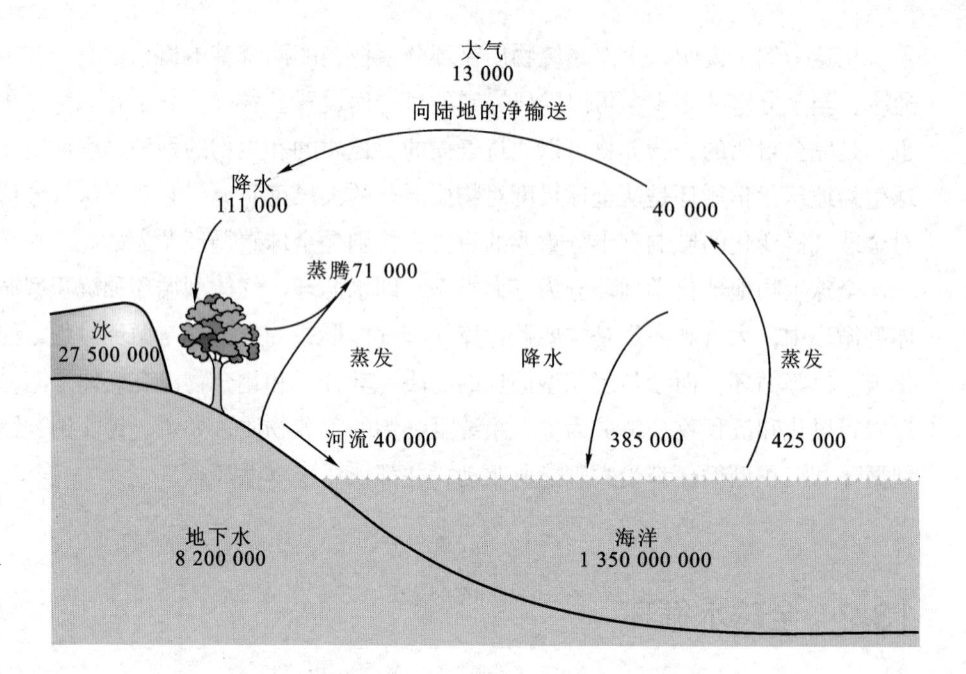

图 13-3 全球水循环（仿 Ricklefs and Miller，1999）

库含量以 km^3 为单位，流通率单位是 km^3/a。图中不包括岩石圈中的含水量

（385 000 km^3/a）40 000 km^3/a。许多海洋蒸发的水分被风带到大陆上空，以降水落到地面，并最后流回到海洋，这就是说，从海洋到陆地的大气水分（40 000 km^3/a）通过到海洋的径流而得到平衡。

根据估计，大气中水蒸气含量（即库大小）相当于平均有 2.5 cm 水均匀地覆盖在地球表面上，而每年进入大气或从大气输出的水流通率相当于每年 65 cm 的覆盖厚度。从这两个数字，我们就可以估计出水在大气中的平均滞留时间大约为 0.04 年（2.5/65），即大约是两周。

从陆地（包括土壤、湖泊和河流的水）到达海洋的水与大气库水含量是相等的，但是它们所含有的总水量是大气的万倍，因此，水在地球表面的滞留时间同样是大气的万倍，即大约是 2 800 年。

人类活动可能影响全球水循环，从而改变局域的水源。森林砍伐、农业活动、湿地开发、河流改道、建坝，以及影响局域蒸发、蒸腾和降水的种种活动，都可能改变全球的和局域的水循环。

13.3 碳循环

碳循环研究的重要意义在于：① 碳是构成生物有机体的最重要元素，因此，生态系统碳循环研究成了系统能量流动的核心问题。② 人类活动通过化石燃料的大规模使用，从而造成对于碳循环的重大影响，可能是当代气候变化的重要原因。

碳循环包括的主要过程是：① 生物的同化过程和异化过程，主要是光合作用和呼吸作用。② 大气和海洋之间的二氧化碳交换。③ 碳酸盐的沉淀作用。

图 13-4 表示了**全球碳循环**（global carbon cycle）。碳库主要包括大气中的二氧化

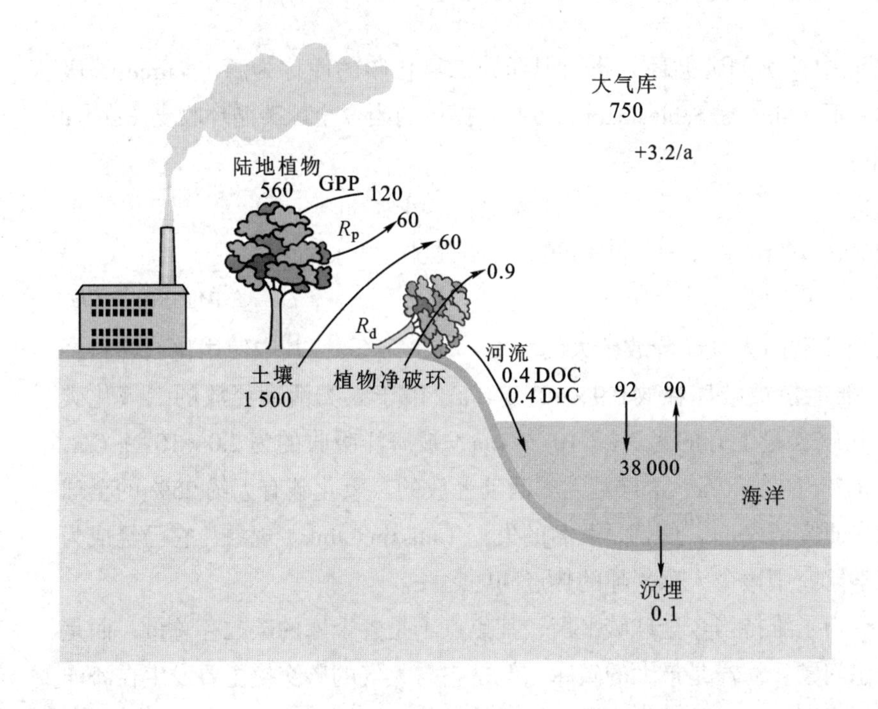

图 13-4 全球碳循环（Schlesinger，1997；转引自 Krebs，2001）

库含量以 10^{15} g C 为单位，流通率以 10^{15} g C/a 为单位；GPP 为总初级生产率，R_p 为生产者的呼吸率，R_d 为破坏植被的呼吸率；DOC 为溶解的有机碳，DIC 为溶解的无机碳

碳、海洋中的无机碳和生物机体中的有机碳。根据 Schlesinger（1997）估计，最大的碳库是海洋（$38\,000 \times 10^{15}$ g C），它大约是大气（750×10^{15} g C）中的 50.7 倍，而陆地植物的含碳量（560×10^{15} g C）略低于大气。最重要的碳流通率是大气与海洋之间的碳交换（90×10^{15} g C/a 和 92×10^{15} g C/a）和大气与陆地植物之间的交换（120×10^{15} g C/a 和 60×10^{15} g C/a）。碳在大气中的平均滞留时间大约是 5 年。

大气中的二氧化碳含量是有变化的。根据南极冰芯中气泡分析的结果，在最后一次冰河期（20 000～50 000 年前）的大气二氧化碳的体积分数为 $180 \times 10^{-6} \sim 200 \times 10^{-6}$，而公元 900—1750 年间的平均值是 $270 \times 10^{-6} \sim 280 \times 10^{-6}$，但是从 1750 年工业革命开始以后，大气二氧化碳体积分数连续而迅速地上升（图 13-5），这显然是与工业革命后人类使用化石燃料的急骤增加有关。大气二氧化碳含量除了有长期上升趋势以外，还显示有规律的季节变化：夏季下降，冬季上升。其原因可能是人类的化石燃料使用量的季节差异和植物光合作用二氧化碳利用量的季节差异。

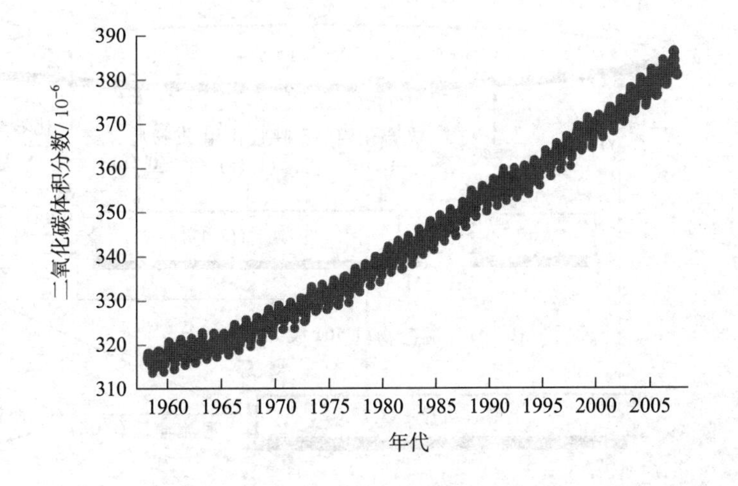

图 13-5 大气二氧化碳含量的变化（引自 Krebs，2014）

在元素循环研究中，例如碳循环，我们把释放二氧化碳的库称为源（source），吸收二氧化碳的库称为汇（sink）。Schlesinger（1997）提供的当今全球碳循环收支（global carbon budget）如下：

净释放量			碳循环的净变化						
化石燃料	+	陆地植被破坏	=	大气中含量上升	+	海洋吸收	+	未知的汇	
6.0		0.9		3.2		2.0		1.7	（单位：10^{15} g C/a）

这就是说，人类活动向大气净释放碳大约为 6.9×10^{15} g C/a，其中使用化石燃料释放 6.0×10^{15} g C/a，陆地植被破坏释放 0.9×10^{15} g C/a。由于人类活动释放的二氧化碳中，导致大气二氧化碳含量上升的为 3.2×10^{15} g C/a，被海洋吸收的为 2.0×10^{15} g C/a，未知去处的汇达到 1.7×10^{15} g C/a。这样，人类活动释放的二氧化碳有大约 25% 的全球碳流的汇是科学尚未研究清楚的，这就是著名的失汇（missing sink）现象，它已经成为当今生态系统生态学研究中最令人感兴趣的热点问题之一。

我们应该清楚，为了维持当今全球碳平衡，其焦点不是各个库的碳贮存总量，而是每年碳的去处和动态问题。海洋是最大的碳库，但是它与大气的碳交换主要发生在海洋表层，而海洋表层与深层水之间的碳交换是很缓慢的。荒漠土壤的碳酸盐的含碳量比全部陆地植物还要高，但是荒漠土壤与大气之间也几乎没有碳的交换。最近有学者注意到陆地植被作为二氧化碳汇的意义。如果说大气二氧化碳增高像“肥料”一样能够提高陆地植物的生产量，并且其速度足够快，也许全球碳循环的失汇现象能从这里找到答案。这促进了人们开展植物群落对于大气二氧化碳上升响应的研究。有许多科学家投入了研究，以确定全球碳循环各种流通率的极限，确定作为二氧化碳的源和汇的各种局域生态系统的碳流。

方精云等（2000）在《全球生态学》一书中阐述的对于中国陆地生态系统碳循环的研究。在碳循环各个构成元素分析的基础上，提出了中国陆地生态系统碳循环模式（图 13–6）。他们把生态系统的碳收入和碳支出的差值定义为生态系统的净生产量（net ecosystem production，NEP），那么 NEP 若为正值，则表明生态系统是 CO_2 的汇，相反，则表明生态系统是一个 CO_2 的源。

① 不考虑人类活动的作用，仅考虑与生物圈有关的自然因素……中国植被是一个

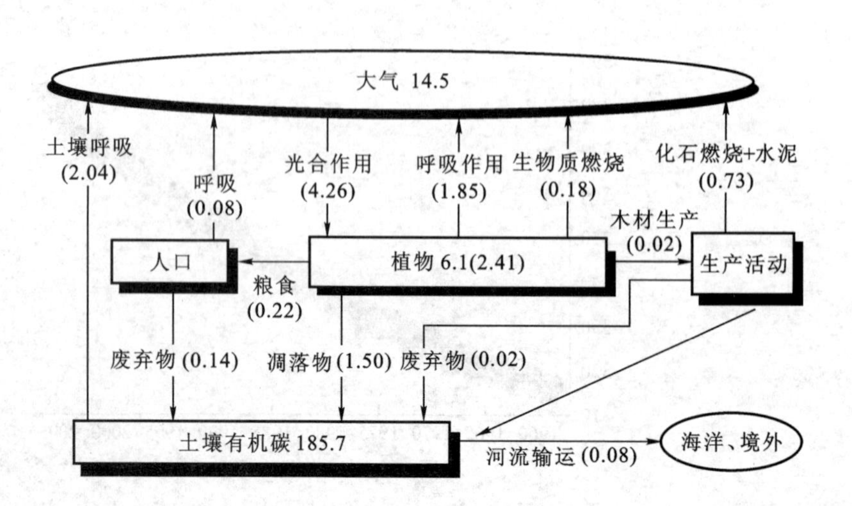

图 13-6 中国陆地生态系统的碳循环（以 1991 年为基础）（仿方精云等，2000）

加括号者为年变化量（单位：10^9 t C/a），未加括号者为库存量（单位：10^9 t C）

窗口 13-1

世界各国对全球气候变暖的应对

1992年6月，在巴西里约热内卢举行了“地球首脑会议”，也叫“联合国环境与发展大会”或“里约会议”。会上通过了《联合国气候变化框架公约》。

《联合国气候变化框架公约》是世界上第一个为全面控制二氧化碳等温室气体排放，以应对全球气候变暖给人类经济和社会带来不利影响的国际公约，也是国际社会在对付全球气候变化问题上进行国际合作的一个基本框架。

《联合国气候变化框架公约》里程碑意义的贡献就是提出了“共同但有区别的责任”的原则。要求发达国家应该在20世纪末把排放恢复到1990年的水准，但并没有提出减排的具体指标。因此对各国并没有什么约束力，事实上也没有多少国家实行。

1997年12月，在日本京都，各国经过艰苦卓绝的谈判，通过了《京都议定书》。《京都议定书》实际上延续了《联合国气候变化框架公约》的宗旨“共同但有区别的责任”，并在“有区别”这一点上提出了具体要求。而且还引入了市场机制，要排放，超标部分可以花钱购买，堪称历史首创。

2005年2月16日，《京都议定书》正式执行。但是在实施过程中，由于各国利益不同，积极性差别很大。

2007年12月，来自《联合国气候变化框架公约》的192个缔约方以及《京都议定书》176个缔约方万余名代表在印尼巴厘岛召开了联合国气候变化大会，但美国与欧盟、发达国家与发展中国家之间由于立场上的重大差异，导致最终通过的“巴厘路线图”的决议只是强调了“紧迫性”，甚至删除了减排的具体目标，基本上没什么约束力。

2009年12月，哥本哈根世界气候大会召开。哥本哈根气候大会最终仅发表了一份不具法律约束力的《哥本哈根协议》，提出要把未来的全球升温控制在2℃以内。

2015年12月12日《巴黎气候变化协定》（简称《巴黎协定》）在第21届联合国气候变化大会（巴黎气候大会）上通过，于2016年4月22日在美国纽约联合国大厦签署，于2016年11月4日起正式实施。《巴黎协定》是已经到期的《京都议定书》的后续。

但是2017年6月1日，时任美国总统特朗普在华盛顿正式宣布退出《巴黎协定》。2021年美国拜登政府选择重新加入。

2020年9月22日，习近平主席在第75届联合国大会一般性辩论会上郑重提出“应对气候变化《巴黎协定》代表了全球绿色低碳转型的大方向，是保护地球家园需要采取的最低限度行动，各国必须迈出决定性步伐。中国将提高国家自主贡献力度，采取更加有力的政策和措施，二氧化碳排放力争于2030年前达到峰值，努力争取2060年前实现碳中和。”

我国提出碳达峰、碳中和的奋斗目标，这就要求加快调整优化产业结构、能源结构，以及大力发展新能源。各个国家应根据《联合国气候变化框架公约》《京都议定书》和《巴黎协定》，坚持公平，即坚持“共同但有区别的责任”和“各自能力原则”来实现低排放发展。

2021年11月第26届联合国气候变化大会（COP26）在英国格拉斯哥闭幕，各缔约方经过艰难的谈判，最终对《巴黎协定》实施细则达成共识。

拓展阅读

什么是碳中和（carbon neutrality）?

CO_2 汇，它每年吸收 0.37×10^9 t C 的碳量，相当于 1.36×10^9 t C/a 的 CO_2。

② 考虑化石燃料的燃烧和生产以及生物质燃烧等人为因素……每年向大气排放的碳量为 0.62×10^9 t C，相当于 2.27×10^9 t C/a 的 CO_2。

这就是说，在仅考虑中国植被生态系统的 CO_2 收支平衡时，中国陆地生态系统起着一个大气 CO_2 汇的作用……如果考虑人为影响等因素，中国陆地生态系统则起着 CO_2 源的作用……作为源，中国大陆每年向大气层中释放的 CO_2 占全球总释放量的 6.4%。如果从国土面积考虑，该值是全球平均的 1 ~ 2 倍，但若从人口总数考虑，中国所释放的 CO_2 比全球平均要小得多。

13.4 氮循环

氮是蛋白质的基本组成成分，是一切生物结构的原料。虽然大气中有 79% 的氮，但一般生物不能直接利用，必须通过固氮作用将氮与氧结合成为硝酸盐和亚硝酸盐，或者与氢结合形成氨以后，植物才能利用。

图 13-7 是全球氮循环（global nitrogen cycle）。大气是最大的氮库（3.9×10^{21} g N），土壤和陆地植物的氮库比较小（3.5×10^{15} 和 95×10^{15} ~ 140×10^{15} g N）。天然固氮包括生物固氮和闪电等高能固氮，生物固氮大约为 140×10^{12} g N/a，而闪电固氮接近 3×10^{12} g N/a。当代人工固氮率已经接近或超过了天然固氮。人工固氮包括氮肥生产（大约 80×10^{12} g N/a）和使用化石燃料释放（20×10^{12} g N/a）。每年这些固定的氮通过河流运输进入海洋的大约 36×10^{12} g N，陆地植物吸收利用 1 200×10^{12} g N/a，还有陆地生态系统的反硝化作用估计在 12×10^{12} ~ 233×10^{12} g N/a，特别是湿地，可能占其中一半

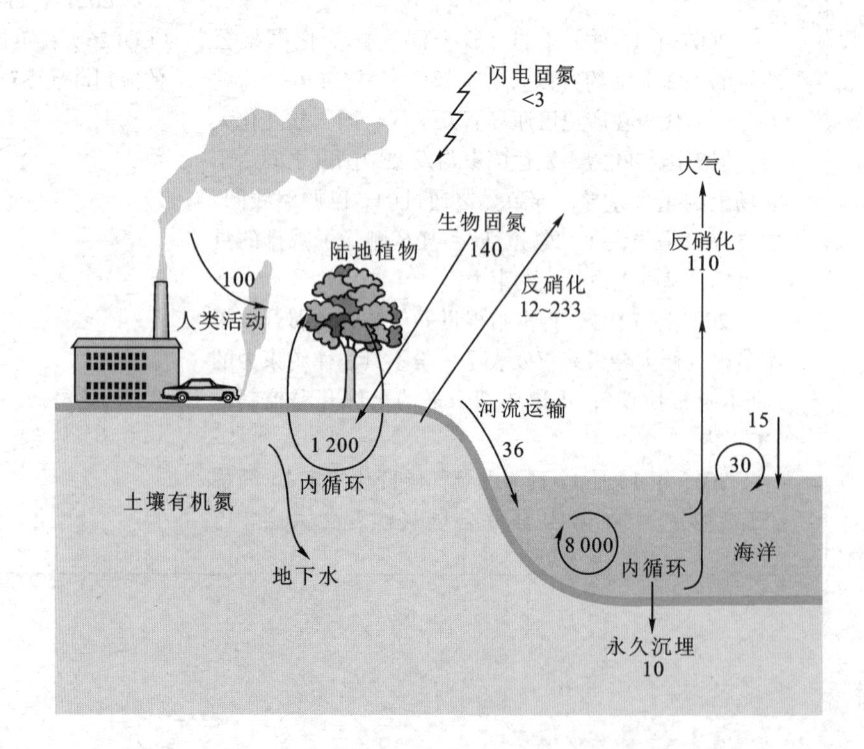

图 13-7 全球氮循环（Schlesinger，1997；转引自方精云等，2000）

单位：10^{12} g N/a

以上。生物物质的燃烧可以释放 N_2 到大气高达 50×10^{12} g N/a。海洋除接受陆地输入的氮以外，通过降水接受 30×10^{12} g N/a，生物固氮 15×10^{12} g N/a。通过海洋反硝化返回大气的大约 110×10^{12} g N/a，沉埋于海底达 10×10^{12} g N/a。海洋是个巨大的无机氮库，可以达到 570×10^{15} g N，但是它沉埋于海底，长久离开了生物循环。

氮循环是一个复杂的过程，包括有许多种类的微生物参加。

固氮作用（nitrogen fixation） 参加的包括营自由生活的自生固氮菌（*Azotobacter*），共生在豆科植物根瘤和其他一些植物的根瘤菌（*Rhizobium*），蓝细菌（*Cyanobacteria*）。固氮是一个需要能量的过程，自生固氮菌通过氧化有机碎屑获得能量，根瘤菌通过共生的植物提供能量，而蓝细菌利用光合作用固定的能量。固氮作用的重要意义在于：① 在全球尺度上平衡反硝化作用。② 在像熔岩流过和冰河退出后的缺氮环境里，最初的入侵者就属于固氮生物，所以固氮作用在局域尺度上也是很重要的。③ 大气中的氮只有通过固氮作用才能进入生物循环。

氨化作用（ammonification） 氨化作用是蛋白质通过水解降解为氨基酸，然后氨基酸中的碳（不是氮）被氧化而释放出氨（NH_3）的过程。植物通过同化无机氮进入蛋白质，只有蛋白质才能通过各个营养级。

硝化作用（nitrification） 硝化作用是氨的氧化过程。其第一步是通过土壤中的亚硝化毛杆菌（*Nitrosomonas*）或海洋中的亚硝化球菌（*Nitrosococcus*），把氨转化为亚硝酸盐（NO_2^-）；然后进一步由土壤中的硝化杆菌（*Nitrobacter*）或海洋中的硝化球菌（*Nitrococcus*）氧化为硝酸盐（NO_3^-）。

反硝化作用（denitrification） 第一步是把硝酸盐还原为亚硝酸盐，释放 NO。这出现在陆地上有渍水和缺氧的土壤中，或水体生态系统底部的沉积物中，它由异养类细菌，例如假单胞杆菌（*Pseudomonas*）所完成；然后亚硝酸盐进一步还原产生 N_2O 和分子氮（N_2），两者都是气体。

人工固氮对于养活世界上不断增加的人口做了重大贡献，同时，它也通过全球氮循环带来了不少不良后果，其中有些是威胁人类在地球上持续生存的生态问题。大量有活性的含氮化合物进入土壤和各种水体以后对于环境产生的影响，其范围可能从局域卫生到全球变化，深至地下水，高达同温层。

水体硝酸盐（NO_3^-）含量对于生物是危险的，例如，它可以引起"蓝婴病"（blue baby disease）。硝酸盐在消化管中可以转化为亚硝酸盐，后者是有毒的，它与血红蛋白相结合形成正铁血红蛋白，导致红细胞运输氧功能的损失，婴儿皮肤因缺氧而呈蓝色，尤其是在眼和口部，"蓝婴病"即由此而得名。这种病还可能与皮肤病和一些癌有联系。硝酸盐是高溶解性的，容易从土壤淋洗出来，污染地下水和地表水，在使用化肥过多的农田区是一个严重问题，至少已经有了 30 余年历史。

流入池塘、湖泊、河流、海湾的化肥氮造成水体富营养化，藻类和蓝细菌种群大爆发，其死体分解过程中大量掠夺其他生物所必需的氧，造成鱼类、贝类大规模死亡。海洋和海湾的富营养化称为赤潮，某些赤潮藻类还形成毒素，引起如记忆丧失、肾和肝的疾病。造成水体富营养化和赤潮的原因，除过多的氮以外，还有磷，两者经常是共同起作用的。

可溶性硝酸盐能够流到相当远的距离以外，加上含氮化合物能保持很久，因此很容易造成可耕土壤的酸化（含硫化合物也是酸化的原因）。土壤酸化会提高微量元素流失，并增加作为重要饮水来源的地下水的重金属含量。

一般说来，氮污染使土壤和水体的生物多样性下降。

过多地使用化肥不仅污染土壤和水体，还能把一氧化二氮（又称笑气）送入大气。一氧化二氮是由于细菌作用于土壤中硝酸盐而生成的，它在大气中含量虽然不高，但有两个过程值得重视：① 它在同温层中与氧反应，破坏臭氧，从而增加大气中的紫外辐射。② 它在对流层作为温室气体，促进气候变暖。一氧化二氮在大气中的寿命可以超过 1 个世纪，每个分子吸收地球反射能量的能力要比二氧化碳分子高大约 200 倍。此外，大气中的含氮化合物在日光作用下，对于光化烟雾的形成起促进作用；含氮化合物还与二氧化硫在一起形成酸雨，酸雨增多使水体酸化加速，引起长期的渔获量下降；而陆地土壤的酸化使陆地和水体生态系统中的植物和动物多样性减少。

人类从合成氮肥中获得巨大好处，但人类没有能预见其对于环境的不良后果；即使到现在，人类对于这些不良后果的关注仍然不足，远不如对大气二氧化碳含量上升的关注。进一步重视其不良后果，并加强科学研究是当前全球生态学的重要任务。

13.5 磷循环

虽然生物有机体的磷含量仅占体重 1% 左右，但是磷是构成核酸、细胞膜、能量传递系统和骨骼的重要成分。因为磷在水体中通常下沉，所以它也是限制水体生态系统生产力的重要因素。磷在土壤内也只有在 pH 6 ~ 7 时才可以被生物所利用。

图 13–8 表示全球磷循环（global phosphorus cycle）。因为磷在生态系统中缺乏氧化 – 还原反应，所以一般情况下磷不以气体成分参与循环。虽然土壤和海洋库的磷总量相当大，但是能为生物所利用的量却很有限。生物与土壤之间的磷流通率约为 200×10^{12} g P/a，生物与海水间的磷流通率为 $50 \times 10^{12} \sim 120 \times 10^{12}$ g P/a。全球磷循环的最主要途径是磷从陆地土壤库通过河流运输到海洋，达到 21×10^{12} g P/a。磷从海洋再返回陆地是十分困难的，海洋中的磷大部分以钙盐的形式而沉淀，因此长期地离开循环而

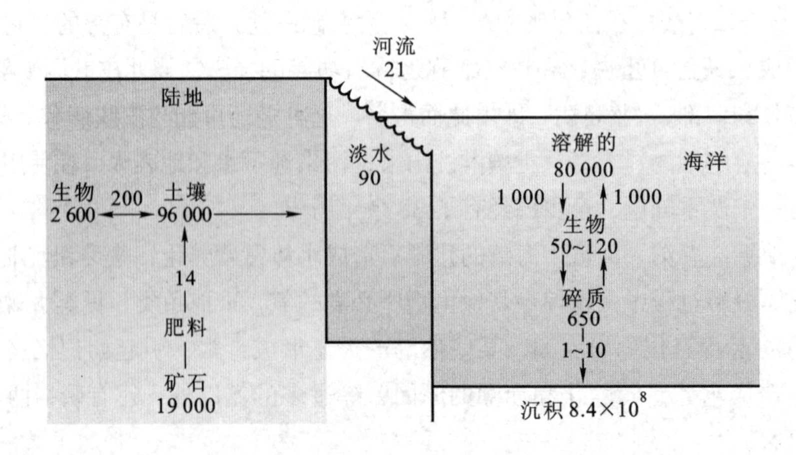

图 13-8 全球磷循环（仿 Ricklefs and Miller，1999）

库含量以 10^{12} g P 为单位，流通率以 10^{12} g P/a 为单位

沉积起来。一般的水体上层往往缺乏磷，而深层为磷所饱和。

由此可见，磷循环是不完全的循环，有很多磷在海洋沉积起来。人类开采磷矿和鸟粪（秘鲁海岸有数量惊人的鸟粪）以补其不足。另一方面，磷与氮一起，成为水体富营养化的重要原因。

磷化氢能否产生于自然环境中是一个有争论的问题，庄亚辉等在北京地区研究了大气中磷化氢释放源和季节变化，其结果对于世界范围内该气体的释放具有一定的参考价值（方精云等，2000）。

13.6 硫循环

硫是蛋白质和氨基酸的基本成分，对于大多数生物的生命至关重要。人类使用化石燃料大大改变了硫循环，其影响远大于对碳和氮，最明显的就是酸雨。硫在自然界中有 8 种状态，从 −2 到 +6 价。其中最重要的有 3 种，即元素硫、+4 价的亚硫酸盐和 +6 价的硫酸盐。

硫循环是一个复杂的元素循环，既属沉积型，也属气体型。它包括长期的沉积相，即束缚在有机和无机沉积中的硫，通过风化和分解而释放，以盐溶液的形式进入陆地和水体生态系统。还有的硫以气态参加循环。

图 13-9 表示**全球硫循环**（global sulphur cycle）。硫从陆地进入大气有 4 条途径：火山爆发释放硫，平均达到 5×10^{12} g S/a；由沙尘带入大气的硫约为 8×10^{12} g S/a；化石燃料释放（50 ~ 100）$\times10^{12}$ g S/a，平均 90×10^{12} g S/a；森林火灾和湿地等陆地生态系统释放 4×10^{12} g S/a。大气中的硫大部分以干沉降和降水形式返回陆地，约 90×10^{12} g S/a，剩下的约 20×10^{12} g S/a 被风传输到海洋。另外也有 4×10^{12} g S/a 的硫经大气传输到陆地。

人类活动深刻影响着河流中硫的运输，当代从河流输到海洋的硫通量可达

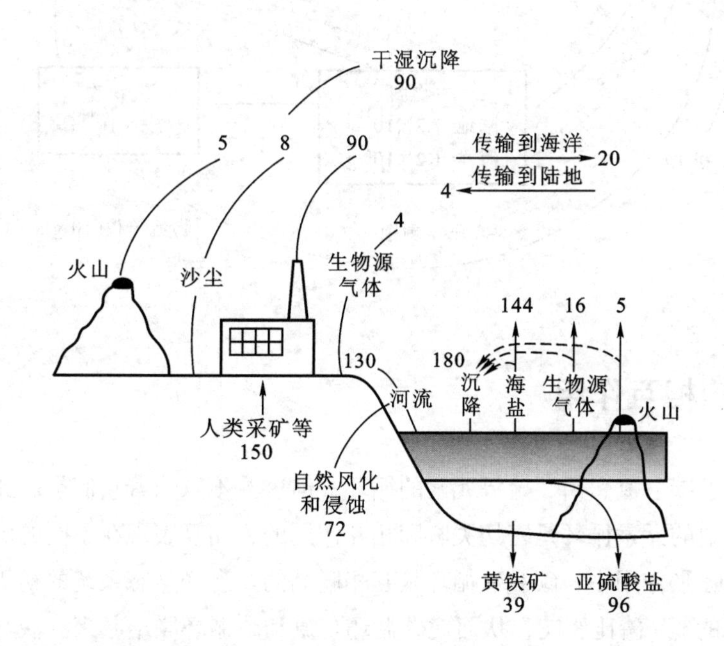

图 13-9 全球硫循环（Schlesinger，1997；转引自方精云，2000）

库含量以 10^{12} g S 为单位，流通率以 10^{12} g S/a 为单位

130×10^{12} g S/a，是工业革命前的 2 倍。

硫从海洋进入大气的，包括以海盐形式进入的为 144×10^{12} g S/a，生物产生的 16×10^{12} g S/a，海底火山产生的 5×10^{12} g S/a。海洋吸收的硫通量 180×10^{12} g S/a。

全球硫循环的定量还有较大的不确定性，一些参数有待于进一步修正。

13.7 其他元素的循环

生命必需元素的生物地球化学循环的基本思路同样适用于重金属、有毒化学物和放射性核素在生态系统中的迁移和转化。这里仅以镉循环为例。

镉中毒的典型病征是肾功能破坏，引发尿蛋白症、糖尿病；进入肺呼吸道引起肺炎、肺气肿；还有贫血、骨骼软化。大气、土壤、河湖中都有一定量镉污染物输入。图 13-10 表示镉的全球循环。由废物处理和施用肥料输入到陆地的镉可以达到 1.4×10^{9} g/a，大多数是通过人类活动得到的。镉每年由陆地生物引起的迁移和转化的量并不大，通过人体的镉流量一般并不高，但是在局部地方的陆地生态系统中，例如冶炼厂的周围，大气中的镉有时会超过 500 ng/m^3，表土也可超过 500 μg/g，附近的动植物体内含镉量也有增高现象。

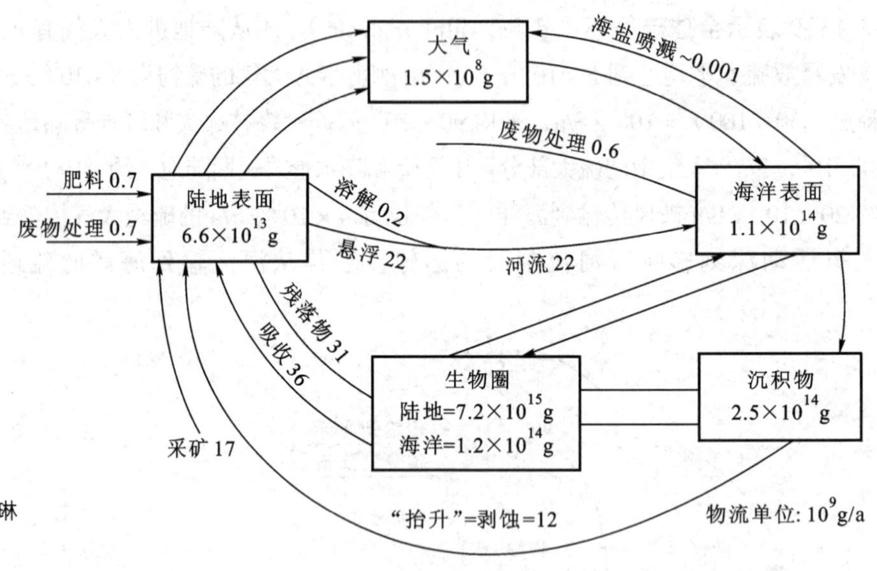

图 13-10 镉的全球循环（仿许嘉琳等，1995）

13.8 元素循环的相互作用

虽然我们分别介绍了碳、氮、磷、硫等元素的循环，但这并不意味着它们是彼此独立的，实际上，自然界中的元素循环是密切关联和相互作用的，而且表现在不同的层次上。例如在光合作用和呼吸作用中，碳和氧循环是互相联结的。海洋生态系统的初级生产的速率受到浮游植物的氮 / 磷比影响，从而使碳循环与氮和磷循环联结起来。淡水生态系统中磷的有效性也受到底部沉积物中的硝酸盐和氧多少的间接影响。正由于这些联结，人类对于碳、氮和磷循环的干预，将会使这些元素的生物地化循环变得很复杂，并且，其后果又常常是难以预测的。又如，由于大气二氧化碳含量的增加，可能使光合作用速率上升，全球气候变暖，并伴随着出现光强度的减弱和土壤湿度的降低。植物在生理上对于二氧化碳含量的反应，又与对温度的反应强烈相关，同时还受到氮的有效性所约束……由此可见，要了解人类活动导致全球营养元素循环的后果，我们就必须充分了解这些元素循环的彼此相互作用；而正是这方面，我们的知识还十分有限，人类必须进一步加强生态学研究，特别是在进入 21 世纪后。

思考题

1. 如何以分室模型的方法研究元素循环？
2. 比较气体型和沉积型两类循环的特点。
3. 全球碳循环包括哪些重要的生物的和非生物的过程？
4. 全球碳循环与全球气候变化有什么重要联系？
5. 氮循环的复杂性在哪里？对人工固氮的正反两方面后果做一个评价。
6. 试讨论元素循环之间的相互作用，说明其研究意义。

讨论与自主实验设计

请以某一农田生态系统为例，设计一个实验方案，完成该农田生态系统碳元素的输入与输出情况。

数字课程学习

◎本章小结　◎重点与难点　◎自测题　◎思考题解析

14 地球上生态系统的主要类型及其分布

关键词　植被　地带性植被　非地带性植被　水平地带性　经度地带性　纬度地带性　垂直地带性　热带雨林　针叶林　常绿阔叶林　落叶阔叶林　草原　荒漠　冻原　青藏高原植被

因受地理位置、气候、地形、土壤等因素的影响，地球上的生态系统是多种多样的。首先可分出水生生态系统（海洋生态系统与淡水生态系统）和陆地生态系统。由于植物群落是地球上生态系统中的主要类型，而且其在陆地生态系统中的分布又遵循一定的规律，所以本章重点介绍陆地生态系统。

14.1 陆地生态系统分布的基本规律

前苏联学者道库恰耶夫在研究土壤的基础上，首先阐明了自然地带性是一种世界现象，并表现为水平分布和垂直分布，比如气候带、土壤带和植被带。同时，他还指出地带性是自然界各种现象相互作用的结果，其中气候条件起着支配作用，而气候又因地球本身自转和绕太阳转动发生变化。

覆盖一个地区的植物群落的总体叫作这个地区的植被（vegetation）。地球表面的任何地区总生长着许多植物（个别地区除外），它们形成各种群落，如森林、草原、荒漠、冻原、草甸、沼泽群落等等。它们总起来就称作该地区的植被。覆盖整个地球表面的植物群落，则称为地球植被。一个地区出现什么植被，主要取决于该地区的气候和土壤条件。但从全球看，气候条件的影响更为重要。地球植被分布的模式，基本上是由气候，特别是水热组合状况决定的。每种气候下都有它特有的植被类型。这一点将在本章第 4 节的世界主要陆地生态系统的类型及其分布中做详细介绍。

14.1.1 陆地生态系统水平分布的基本规律

地球表面的水热条件等环境要素，沿纬度或经度方向发生递变，从而引起植被也沿纬度或经度方向呈水平更替的现象，称为植被分布的水平地带性。植被分布的水平地带性是地球表面植被分布的基本规律之一。

14.1.1.1 植被分布的纬度地带性与经度地带性

沿纬度方向有规律地更替的植被分布，称为植被分布的**纬度地带性**。植被在陆地上的分布，主要取决于气候条件，特别是其中的热量和水分条件，以及二者的组合状况。由于太阳辐射提供给地球的热量有从南到北的规律性差异，因而形成不同的气候带，如热带、亚热带、温带、寒带等。与此相应，植被也形成带状分布，在北半球从低纬度到高纬度依次出现热带雨林、亚热带常绿阔叶林、温带落叶阔叶林、寒温带针叶林和寒带冻原。

以水分条件为主导因素，引起植被分布由沿海向内陆发生更替，这种分布格式，称为经向地带性。它和纬向地带性统称为水平地带性。由于海陆分布、大气环流和大地形等综合作用的结果，从沿海到内陆降水量逐步减少，因此，在同一热量带，各地水分条件不同，植被分布也发生明显的变化。例如，我国温带地区，在沿海空气湿润，降水量大，分布落叶阔叶林；离海较远的地区，降水减少，旱季加长，分布着草原植被；到了内陆，降水量更少，气候极端干旱，分布着荒漠植被。

每一地区既具有地带性植被，也具有非地带性植被。所谓**地带性植被**就是指分布在“显域地境”上的植被类型。而显域地境系指具有壤质土或黏质土的（非砂土）、非盐渍化的、排水良好的（不积水）平地或坡地。显域地境上的植被能最充分地反映一个地区的气候特点，所以它是地带性植被。比如我国落叶阔叶林就是温带气候下的地带性植被，常绿阔叶林是亚热带气候下的地带性植被，热带雨林是热带高温高湿气候下的地带性植被。

非地带性植被或隐域植被的分布不是固定在某一植被带，而是出现在两个及以上的植被带。如盐生植物既出现在草原带和荒漠带，也出现在其他带的沿海地区；沼泽植被几乎出现在所有的植被带；水生植被普遍分布在世界各地的湖泊、池塘、河流等淡水水域。它们不是某种气候的指示者，它们的分布常常受制于某一生态因素，如水分、基质等的作用，呈斑点状或条带状嵌入在地带性植被类型之中。

世界植被水平分布的一般规律性，很早就受到植物地理学家的关注和研究。Brookman-Jerosch 和 Rubel（1933）根据欧洲和非洲西海岸植被分布状况，编制了理想大陆植被分布模式（图 14-1）。他们假定：大陆表面是均匀一致的，海洋又位于大陆的西侧，气候的大陆性也由西向东增加。他们虽然力求反映温度和湿度变化所引起的植被的有规律的空间变化，但和实际情

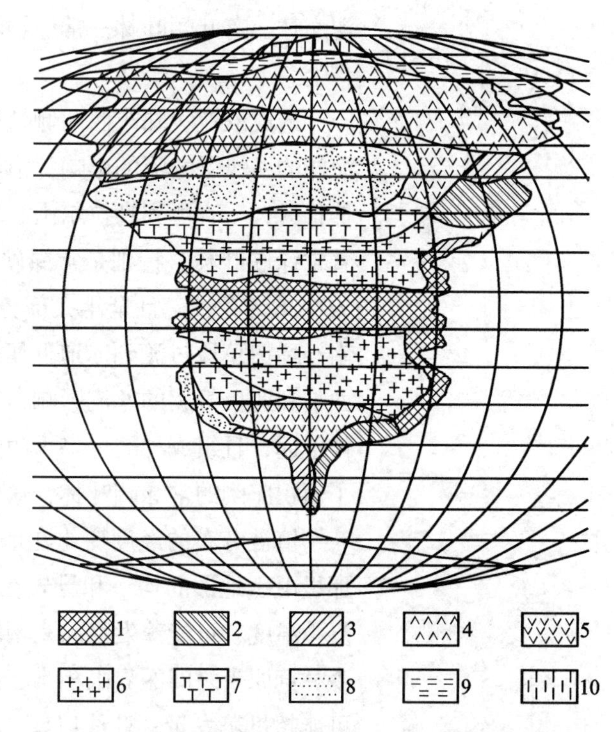

图 14-1 理想大陆植被分布模式（南北两半球非对称）（引自孙儒泳等，1993）

1. 热带雨林及其变体 2. 常绿阔叶林及其变体 3. 落叶阔叶林 4. 北方针叶林 5. 温带草地 6. 萨瓦纳及疏林 7. 干旱灌丛及萨瓦纳 8. 荒漠 9. 冻原 10. 冻荒漠

况有很大出入。因为任何一个大陆，海洋总是位于大陆东西两侧的海滨地区，降水多，湿度大；而大陆中心则气候干旱，大陆性强。大陆上植被分布模式受东西两侧海洋的影响，并不只受西侧海洋的影响。后来，H. Walter（1964，1968）根据 C. Troll 的工作加以修改。他在一张植被图上把所有的大陆上的植被类型合在一起，而不改变它们的纬度，于是得到一张"平均大陆"的植被模式图。从图上可以看出如下的趋势：在南半球没有和北半球相对应的北方针叶林及苔原带，生物群落带大致与纬线平行，说明纬度地带性的存在；在北纬 40° 和南纬 40° 之间由于信风的影响，使得西侧为干旱区域，东侧为湿润的森林区域；在亚热带，荒漠伸展到海岸，而在南半球，它们只限于沿海地区。

植被分布主要取决于气候和土壤，它是气候和土壤的综合反映，所以地球上气候带、土壤带和植被带是相互平行，彼此对应的。

拓展阅读
南半球植被分布的纬度地带性

在北半球，植被分布的纬度地带性，在欧亚大陆的表现非常清晰。从欧亚大陆的西侧到东侧，具有三个不同的植被纬度地带。其一，西欧北非系列，位于大陆西部，从西欧开始，向南一直到达非洲的赤道地区，由于气候从北到南的变化，植被带由北向南依次更替为冻原→泰加林（寒温性针叶林）→针阔叶混交林→落叶阔叶林→常绿硬叶林和灌丛→亚热带、热带荒漠→热带稀树草原→热带雨林。

其二，东欧—西西伯利亚—中亚—阿拉伯系列（大陆中部），植被带由北向南依次更替为冻原→泰加林→温带草原→温带荒漠→亚热带荒漠。

其三，东亚系列（大陆东部），植被带由北向南依次更替为冻原→泰加林→针阔叶混交林→落叶阔叶林→常绿阔叶林→季雨林→雨林。中国东部的森林带就位于东亚系列带上。

造成欧亚大陆东西两侧植被带分布不对称的主要原因在于西欧地处西风带，受来自海洋的西风湿气流的影响，沿岸又有大西洋暖流的经过，落叶阔叶林分布较宽并向东延伸很远，一直可到乌拉尔山，但其南部的地中海沿岸地区，属于地中海气候，主要分布着常绿硬叶林，特别是常绿硬叶灌丛，再往南（北非地区），虽然濒临大西洋，但沿岸为冷洋流经过，且全年大部分时间受热带高压控制，分布着大面积的热性荒漠，再向南经稀树草原过渡到赤道低压带的热带雨林。欧亚大陆东部由于冬半年受强烈的蒙古－西伯利亚反气旋的寒流影响，气候干燥而寒冷，落叶阔叶林带分布较为狭窄，向内陆延伸不远，且组成种类也多为耐寒耐旱的种类。但是我国东南部受东南季风的影响，发育了面积广阔的常绿阔叶林，这与欧亚大陆西侧大面积的亚热带荒漠形成鲜明对比。

植被分布的经度变化在地球上也表现出明显的规律，如在东欧平原表现最为清楚。那里由于地形的均一和母岩在很大程度上的一致，气候从西北到东南平稳地发生改变；夏季温度和可能蒸发量向东南增高，而降水量减少，干旱性变得越来越明显。森林带和森林草原带之间的界限相当于湿润区和干旱区之间的界限。这意味着此线以北年降水量可能超过蒸发量；此线以南，可能蒸发量高于年降水量，植被自西北至东南，依次为：冻原→森林冻原→泰加林→针阔叶混交林→落叶阔叶林→森林草原→草原→荒漠。

在北美洲植被的经向变化也表现得非常明显。这是由于北美大陆东临大西洋，西濒太平洋，东西两岸降水多、湿度大、温度高，发育着各类森林植被，又由于南北走向的落基山脉，阻挡了太平洋湿气向东运行，使中西部形成干旱气候。因此，从东向西，植被依次更替为森林→草原→荒漠→森林。

14.1.1.2 中国植被分布的水平地带性规律

我国植被分布具有明显的纬度地带性和经度地带性。这是由下列气候与地形原因造成的。由于我国位于世界上最广阔的欧亚大陆东南部的太平洋西岸，西北部深入大陆腹地。冬季盛行着大陆来的极地气团或北冰洋气团，常形成寒潮由北向南运行。夏季盛行着由海洋来的热带气团和赤道气团，主要是太平洋东南季风和印度洋西南季风带着湿气吹向大陆。又由于我国地形十分复杂，高山众多，东西走向的山脉对寒潮向南流动起着不同程度的阻挡作用，成为温度带的分界线。东北至西南走向的山脉对太平洋东南季风深入内陆起着明显的屏障作用，与划分东南湿润气候区和西北干燥气候区的分界上有着密切的关系。青藏高原南部东西走向的山脉和南北走向的横断山脉，对印度洋西南季风的入境起着巨大的阻碍作用。另外，来自北赤道的暖洋流在接近我国台湾东岸时，顺着琉球群岛转向日本本州东岸方向向东流去，因此这支暖洋流对我国大陆，特别是对北方气候未能发生直接增温加湿的作用，所以我国温带具有明显的大陆性气候。总之，在上述所有自然地理条件的综合影响下，我国从东南沿海到西北内陆受海洋季风和湿气流的影响程度逐渐减弱，依次有湿润、半湿润、半干旱、干旱和极端干旱的气候。相应的植被变化也由东南沿海到西北内陆依次出现了三大植被区域，即东部湿润森林区、中部半干旱草原区、西部内陆干旱荒漠区，这充分反映了中国植被的**经度地带性**分布。

而中国植被水平分布的纬向变化，由于地形的复杂可分为东西两部分。首先，在东部湿润森林区，由于温度随着纬度的增加而逐渐降低，在气候上自北向南依次出现寒温带、温带、暖温带、亚热带和热带气候，因此受气候影响，植被自北向南依次分布着针叶落叶林→温带针叶阔叶混交林→暖温带落叶阔叶林→北亚热带含常绿成分的落叶阔叶林→中亚热带常绿阔叶林→南亚带常绿阔叶林→热带季雨林、雨林。其次，西部由于位于亚洲内陆腹地，在强烈的大陆性气候笼罩下，再加上从北向南出现了一系列东西走向的巨大山系，如阿尔泰山、天山、祁连山、昆仑山等，打破了纬度的影响，这样，西部从北到南的植被水平分布的纬向变化如下：温带半荒漠、荒漠带→暖温带荒漠带→高寒荒漠带→高寒草原带→高原山地灌丛草原带。

14.1.2 植被分布的垂直地带性

地球上植被分布的带状排列，不仅表现为在平地从南到北或从东到西的变化，而且也表现在山地从下到上的变化。从山麓到山顶，随着海拔的升高，年平均气温逐渐降低，生长季节逐渐缩短。通常海拔高度每升高 100 m，气温下降 0.5 ~ 0.6℃。在一定范围内，随着海拔的升高，降水量也逐渐变化（降水最初随高度的增加而增加，达到一定界限后，降水量又开始降低），风速增大，太阳辐射增强，土壤条件也发生变化，在这些因素的综合作用下，植被也随海拔升高而发生改变。通常表现为依次呈条带状更替。例如长白山植被垂直带结构自下而上依次为：落叶阔叶林→针阔叶混交林→寒温性常绿针叶林→矮曲林→高山冻原。

植被带大致与山坡等高线平行，并且具有一定的垂直厚（宽）度，称为植被垂直带性。每一个植被垂直带都具有反映该带特征的显域植被类型。

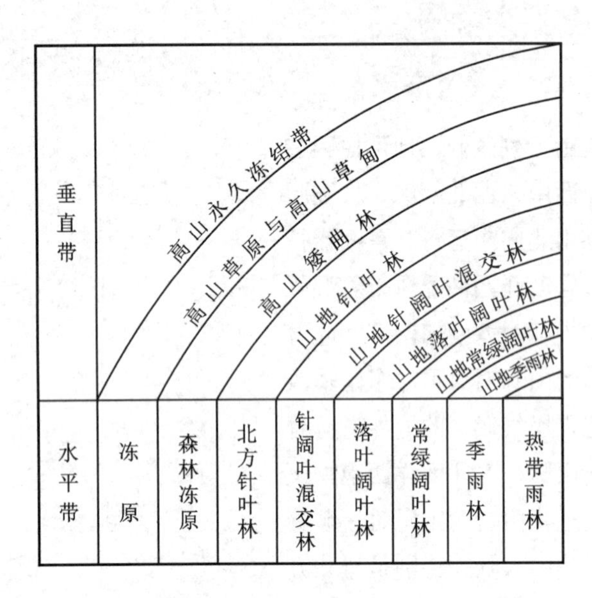

图 14-2 植被垂直带性与水平带性的关系示意图（引自孙儒泳等，1993）

山地植被垂直带的组合排列和更迭顺序形成一定的体系，称为植被垂直带谱，或称植被垂直带结构。

同一气候带内，由于距离海洋远近不同，而引起干旱程度不同，因此植被垂直带谱也不相同。因而可以把植被垂直带分为海洋型植被垂直带谱和大陆型植被垂直带谱两类。一般来说，大陆型的垂直带谱，每一个带所处的海拔高度，比海洋型同一植被带的高度要高些，而且垂直带的厚度变小。在不同气候带，垂直带谱差异更大。一般来说，从低纬度的山地到高纬度的山地，构成垂直带谱的带的数量逐渐减少，同一个垂直带的海拔高度逐渐降低，到冻原带，山地植被和平地植被同属于一个类型。其实，植被垂直带谱大致反映了不同植物群落类型沿纬度方向交替分布的规律，相当于将纬向地带性给垂直竖立起来了。植被垂直带性与水平带性的关系如图 14-2 所示。

应该注意的是，植被的水平带性决定着垂直带性的分布，这已为植被地理学家与自然地理学界所公认。

纬度地带性、经度地带性和垂直地带性三者的结合，决定着一个地区的气候、土壤、植被等自然地理的基本特征，即所谓的“三向地带性学说”。

14.1.3 局部地形对植被的影响

在局部地区，由于中、小地形或坡向的影响，也能观察到植被分布遵循一定的格局。首先，坡度和坡向对植被的分布具有很大的意义。在山地的北坡和南坡之间可以观察到植被有显著的差异；南向坡的植被通常比所在平地的植被具有更南方的特征（更阳性、更喜热）；而北向坡的植被，比平地具有更北方的特征（更喜阴、更喜冷）。这是由于南向坡太阳照射的角度较大，比较湿热；而北向坡恰好相反，太阳光照射的角度较小，照射的时间也短，因而比较寒冷的缘故。

根据南坡或北坡的植被可以预测更南或更北地区平地植物种或平地植物群落，这叫作植物地理预测法则。但是在应用这一法则时，必须把干扰这一法则的各种因素考虑在内，这样预测的结果才比较准确。

14.2 淡水生态系统的类型

拓展阅读
湿地生态系统简介

淡水生物群落包括湖泊、池塘、河流等群落，通常是互相隔离的。淡水群落一般分为流水和静水两大群落类型。流水群落又可分为急流和缓流两类。急流群落中的含氧量高，水底没有污泥，栖息在那里的生物多附着在岩石表面或隐藏于石下，以防止被水冲走。通常有根植物难以生长，但有些鱼类（如大马哈鱼）能逆流而上，在此保证充分的溶氧供鱼苗发育。缓流群落的水底多污泥，底层易缺氧，游泳动物很多，底栖种类则多埋于底质之中。虽然有浮游植物和有根植物，但它们所制造的有机物大多被水流带走，或沉积在河流周围。

静水群落，如湖泊，分为若干带（图 14–3）。在沿岸带（littoral zone）阳光能穿透到底，常有有根植物生长，包括沉水植物、浮水植物、挺水植物等亚带，并逐渐过渡为陆生群落。离岸到远处的水体可分为上面的湖沼带（limnetic zone）和下层的深底带（profundal zone）。湖沼带有阳光透入，能有效地进行光合作用，有丰富的浮游植物，主要是硅藻、绿藻和蓝藻。深底带由于没有光线，自养生物不能生存，消费者生物的食物依赖于沿岸带和湖沼带的有根植物和湖沼带的浮游植物。温带的湖泊分为富养的和贫养的两类。富养湖一般水浅，贫养湖则深。大陆中的水体还有一些特殊的群落类型，如温泉和盐湖等。

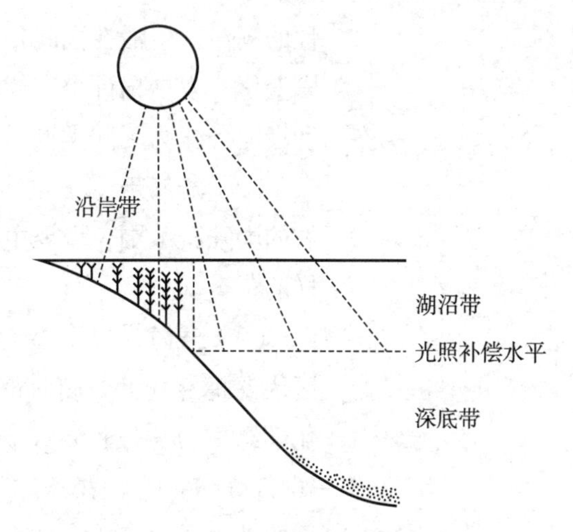

图 14-3 湖泊的 3 个主要带（引自孙儒泳等，1993）

组成我国淡水（湖泊、河流）植被的高等植物总数在 50 种以上。南方和北方有许多种类是共同的，但总的说来，南方的种类较多，区系比较丰富。北京附近的湖、塘、河溪中，代表性沉水植物有多种眼子菜，像篦齿眼子菜（*Stuckenia pectinatus*）、小眼子菜（*Potamogeton pusillus*）、鸡冠眼子菜（*P. cristatus*）、眼子菜（*P. distinctus*）、穿叶眼子菜（*P. perfoliatus*），其次还有苦草（*Vallisneria natans*）、毛柄水毛茛（*Batrachium trichophyllum*）、金鱼藻（*Ceratophyllum demersum*）；浮水植物有品藻（*Lemna trisulca*）、紫萍（*Spirodela polyrhiza*）等。而在南方，除了上述北京地区所见到的种类外，还有蓼叶眼子菜（*P. polygonifolius*）、水蕨（*Ceratopteris thalictroides*）、龙舌草（*Ottelia alismoides*）、满江红（*Azolla pinnata* subsp. *asiatica*）、细果野菱（*Trapa incisa*）等等。

14.3 海洋生态系统的类型

由于海水中生活条件特殊，海洋中生物种类的成分与陆地成分迥然不同。就植物而言，陆地植物以种子植物占绝对优势，而海洋植物中却以孢子植物占优势。海洋中的孢子植物主要是各种藻类。由于水生环境的均一性，海洋植物的生态类型比较单纯，群落结构也比较简单。多数海洋植物是浮游的或漂浮的。但有一些固着于水底，或是附生的。

海洋植物区系的地理分布也服从地带性规律。与陆地植物区系不同的是寒冷的海域区系成分较为丰富，热带海洋中种属反而比较贫乏，这一点与陆地植物区系恰好相反。

海洋生物群落也像湖泊群落一样分为若干带：

（1）**潮间带**（intertidal）或**沿岸带**（littoral zone）：即与陆地相接的地区。虽然该带内的生物几乎都是海洋生物，但那里实际上是海陆之间的群落交错区，其特点是有周期性的潮汐。生活在潮间带的生物除要防止海浪冲击外，还要经受温度和水淹与暴露的急剧变化，发展出许多有趣的形态和生理适应。潮间带的底栖生物又因底质为沙质、岩石和淤泥分化为不同类型。

（2）浅海带（neritic zone）或亚沿岸带（sublittoral zone）：包括从几米深到 200 m 左右的大陆架范围，世界主要经济渔场几乎都位于大陆架和大陆架附近，这里具有丰富多样的鱼类。

（3）浅海带以下沿大陆坡之上为半深海带（bathyal zone），而海洋底部的大部分地区为深海带（abyssal zone）：深海带的环境条件稳定，无光，温度在 0～4℃，海水的化学组成也比较稳定，底土是软的和黏泥的，压力很大（水深每增 10 m，压力即增加 101.325 kPa）。食物条件苛刻，全靠上层的食物颗粒下沉，因为深海中没有进行光合作用的植物。由于无光，深海动物视觉器官多退化，或者具发光的器官，也有的眼极大，位于长柄末端，对微弱的光有感觉能力。适应高压的特征如薄而透孔的皮肤，没有坚固骨骼和有力肌肉。

（4）远洋带（pelagic zone）：从沿岸带往开阔大洋，深至日光能透入的最深界限。远洋带面积很大，但水环境相当一致，唯有水温变化，尤其是暖流与寒流的分布。大洋缺乏动物隐蔽所，但动物保护色明显。

红树林、珊瑚礁、马尾藻海都属于海洋中特殊的生物群落类型。河口湾是大陆水系进入海洋的特殊生态系统，由于许多河口湾是人类海陆交通要地，受人类活动干扰甚深，也易于出现赤潮，河口湾生态学是一个重要研究领域。

一些学者在考察深海生物时，发现了一些极为特殊的生物群落，它位于加拉帕戈斯群岛附近深海中央海嵴的火山口周围，火山口附近的水流温度高于周围 200℃，栖居着生物学界前所未知的异乎寻常的生物，如 1/3 m 长的蛤和 3 m 长的蠕虫。这些生物的食物来源是共生的化学合成细菌，它通过氧化硫化物和还原 CO_2 而制造有机物，生产 ATP。难以置信的是，这些细菌竟能在 200℃高温下生存。

14.4 世界主要陆地生态系统的类型及其分布

地球陆地生态系统多种多样，这里只介绍森林生态系统（其中主要是热带雨林、亚热带常绿阔叶林、落叶阔叶林和北方针叶林）、草原生态系统、荒漠生态系统、冻原生态系统和青藏高原的高寒植被特征。

14.4.1 热带雨林

什么是热带雨林（tropical rain forest）？一般认为热带雨林是指耐阴、喜雨、喜高温、结构层次不明显、层外植物丰富的乔木植物群落。

热带雨林主要分布于赤道南北纬 5°～10° 以内的热带气候地区。这里全年高温多雨，无明显的季节区别，年平均温度 25～30℃，最冷月的平均温度也在 18℃以上，极端最高温度多数在 36℃以下。年降水量通常超过 2 000 mm，有的竟达 6 000 mm，全年雨量分配均匀，常年湿润，空气相对湿度 90% 以上。土壤为砖红壤或红壤。

14.4.1.1 热带雨林的特点

热带雨林在外貌结构上具有很多独特的特点：

① 种类组成特别丰富，大部分都是高大乔木。如菲律宾一个雨林地区，每 1 000 m^2 面积约有 800 株高达 3 m 以上的树木，分属于 120 种。热带雨林中植物生长十分密集，在巴西，曾记录到每平方米至少有一株树木，所以雨林也有“热带密林”之称。

② 群落结构复杂，树冠不齐，分层不明显。

③ 藤本植物及附生植物极丰富（图 14–4），在阴暗的林下地表草本层并不茂密。在明亮地带草本较茂盛。

④ 树干高大挺直，分枝小，树皮光滑，常具板状根（图 14–5）和支柱根。

⑤ 茎花现象（即花生在无叶木质茎上）很常见（图 14–6）。关于茎花现象的产生有两种说法，其一认为这是一种原始的性状，说明了热带雨林乔木植物的古老性；其二认为这是对昆虫授粉的一种适应，因为乔木太高，昆虫飞不到几十米甚至上百米的高空中去授粉，所以花开在较低的茎上。

⑥ 寄生植物很普遍，高等有花的寄生植物常发育于乔木的根茎上，如苏门答腊雨林中有一种高等寄生植物叫大花草（*Rafflesia arnoldi*），就寄生在青紫葛属（*Ciessus*）的根上，它无茎、无根、无叶，只有直径达 1 m 的大花，具臭味，是世界上最大最奇特的一种花。

⑦ 热带雨林的植物终年生长发育。由于它们没有共同的休眠期，所以一年到头都有植物开花结果。森林常绿不是因为叶子永不脱落，而是因为不同植物种落叶时间不同，即使同一植物落叶时间也可能不同，因此，一年四季都有植物在长叶与落叶，开花与结果，景观呈现出常绿色。

上述的植被特点给生活在雨林中的动物提供了常年丰富的食物和多种多样的栖息场所，因此热带雨林是地球上动物种类最丰富的地区。据报道，巴拿马附近的一个小岛上，面积不到 0.5 km^2，就有哺乳动物 58 种，但每种的个体数量少。这是长期进化过程中，

图 14-4 西双版纳热带雨林中的藤本植物（摄影 / 娄安如）

图 14-5 西双版纳热带雨林中乔木的板状根（摄影 / 娄安如）

图 14-6 西双版纳热带雨林中老茎生花现象（摄影 / 娄安如）

生态位分化的结果，大多数热带雨林动物均为窄生态幅种类。热带雨林的生境对昆虫、两栖类、爬行类等变温动物特别适宜，它们在这里广泛发展，而且躯体庞大，某些昆虫的翅膀可长达 17 ~ 20 cm，一种巨蛇身长达 9 m。

14.4.1.2 世界热带雨林的分布

热带雨林在地球上，除欧洲外，其他各洲均有分布（图 14-7），而且在外貌结构上也都颇相似，但在种类组成上却不尽相同。P. W. Richards（1952）将世界上的热带雨林分成三大群系类型，即印度马来雨林群系、非洲雨林群系和美洲雨林群系。

（1）印度马来雨林群系：此群系包括亚洲和大洋洲所有的热带雨林。由于大洋洲的雨林面积较小，而东南亚却有大面积的雨林，因此，印度马来雨林群系又可称为亚洲的雨林群系。亚洲雨林主要分布在菲律宾群岛、马来半岛、中南半岛的东西两岸，恒河和布拉马普特拉河下游，斯里兰卡南部以及我国的南部等地。其特点是以龙脑香科为优势，缺乏具有美丽大型花的植物和特别高大的棕榈科植物，但具有高大的木本真蕨八字沙椤属（*Alsophila*）以及著名的白藤属（*Calamus*）和兰科附生植物。

（2）非洲雨林群系：非洲雨林群系的面积不大，约为 6×10^5 km²，主要分布在刚果盆地。在赤道以南分布到马达加斯加岛的东岸及其他岛屿。非洲雨林的种类较贫乏，但有大量的特有种。其中棕榈科植物尤其引人注意，如棕榈、油椰子等，咖啡属种类很多

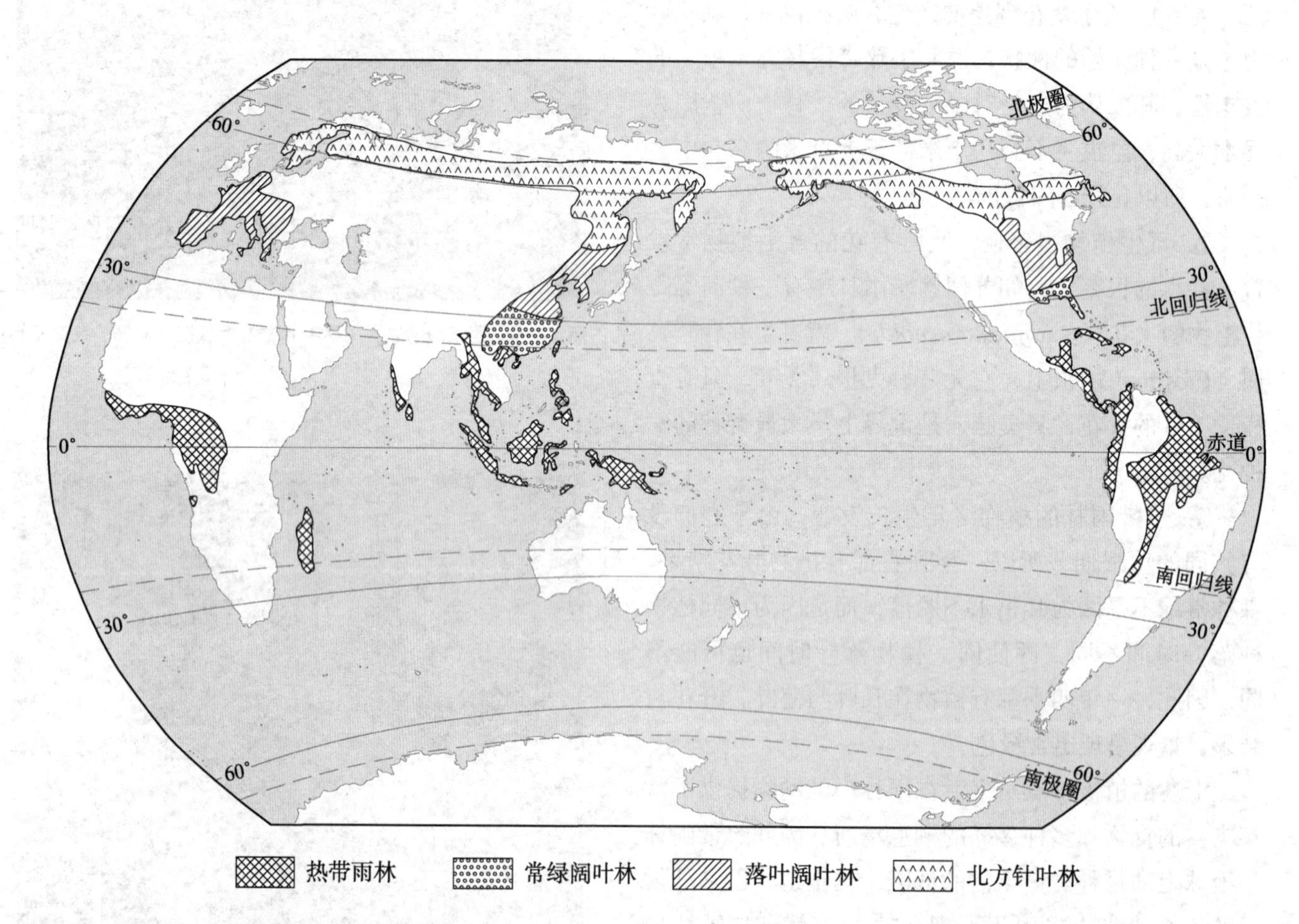

图 14-7 世界主要森林类型的主要分布区示意图（参考 Emberlin，1983）

（全世界具有35种，非洲占20种）。然而在西非却以楝科为优势，豆科植物也占有一定的优势。

（3）美洲雨林群系：该群系面积最大，在 3×10^6 km^2 以上，以亚马孙河河流为中心，向西扩展到安达斯山的低麓，向东止于圭亚那，向南达玻利维亚和巴拉圭，向北则到墨西哥南部及安的列斯群岛。这里豆科植物是优势科，藤本植物和附生植物特别多，凤梨科、仙人掌科、天南星科和棕榈科植物也十分丰富，经济作物三叶橡胶（*Hevea brasiliensis*）、可可树、椰子属植物等均原产于这里（图14–8）。

图14-8 巴西亚马孙河岸边的热带雨林群落（摄影 / 娄安如）

美洲的热带雨林按照它们分布的生态环境可以分为两类。其一是低地雨林，也称依加波群落（Igapo），发育于河水定期泛滥的地区，南美洲特有的植物王莲（*Victoria regia*）（图14–9）就分布在这里。其二是高地雨林，也称耶切群落，分布于不受河水定期泛滥影响的地区。

（a）

（b）

图14-9 发育在受巴西亚马孙河定期泛滥的低地处的热带雨林群落（摄影 / 娄安如）

（a）低地雨林群落 （b）低地雨林群落中的王莲

14.4.1.3 我国的热带雨林

我国的热带雨林主要分布在台湾南部、海南岛、云南南部河口和西双版纳地区。此外，在西藏自治区墨脱县境内也有热带雨林的分布，这是世界热带雨林分布的最北边界，位于北纬29°附近。但以云南省西双版纳和海南岛的热带雨林最为典型（图14–10）。我国热带雨林中占优势的乔木树种是：桑科的见血封喉（*Antiaris toxicaria*）、高山榕（*Ficus altissima*）、聚果榕（*Ficus racemosa*）、波罗蜜（*Artocarpus* spp.），无患子科的番龙眼（*Pometia pinnata*）以及番荔枝科、肉豆蔻科、橄榄科和棕榈科的一些植物等。

但是由于我国雨林是世界雨林分布的最北边缘，因此，林中附生植物较少，龙脑香科的种类和个体数量不如东南亚典型雨林多，小型叶的比例较大，一年中有一个短暂而集中的换叶期，表现出一定程度上的季节变化，这是由于纬度偏高所至。

热带雨林孕育着丰富的生物资源，但世界上热带雨林却遭到了前所未有的破坏，热带地区高温多雨，有机质分解快，生物循环强烈，植被一旦被破坏后，极易引起水土流失，导致环境退化。因此，保护热带雨林是当前全世界最为关心的问题。

图 14-10 西双版纳热带雨林群落（摄影 / 娄安如）

14.4.2 亚热带常绿阔叶林

亚热带常绿阔叶林（subtropical evergreen broad-leaved forest）发育在湿润的亚热带气候地带。分布区气候四季分明，年均温在 15℃以上，一般不超过 22℃。冬季温暖，最冷月平均温度不低于 0℃；夏季炎热潮湿，最热月平均温度为 24 ~ 27℃。年降水量大于 1 000 mm，主要集中在夏季。常绿阔叶林主要由樟科、壳斗科、山茶科、金缕梅科等科的常绿阔叶树组成。其建群种和优势种的叶子相当大，呈椭圆形且革质，表面有厚蜡质层，具光泽，没有茸毛，叶面向着太阳光，能反射光线，所以这类森林又称为“照叶林”。林内最上层的乔木树种，枝端形成的冬芽有芽鳞保护，而林下的植物，由于气候条件较湿润，所以形成的芽无芽鳞保护。其林相比较整齐，树冠呈微波起伏状。外貌呈暗绿色。群落的季相变化远不如落叶阔叶林明显。林内几乎没有板状根植物和茎花现象，藤本植物不多，种类亦少，附生植物亦大为减少。

常绿阔叶林在地球上分布于亚热带地区的大陆东岸，南北美洲、非洲、大洋洲均有分布，但分布的面积都不大；在亚洲除朝鲜、日本有少量分布外，以我国分布的面积最大。

美洲，常绿阔叶林主要分布于北美的佛罗里达和南美的智利和巴塔哥尼亚等地。北美的主要树种为各种栎类（*Quercus*）、美洲山毛榉（*Fagus americana*）、大花木兰（*Magnolia randiflora*）等。南美的主要乔木有蔷薇科的假山毛榉等。

非洲，常绿阔叶林见于西岸大西洋中的加那列群岛和马德拉群岛。加那列群岛上的常绿阔叶林是这种森林的典型例子，主要乔木树种有加那列月桂树（*Laurus acnariensis*）和印度鳄梨（*Persea indica*），林下灌木中有很多具革质叶的常绿灌木，真蕨类和苔藓非常繁盛。

大洋洲，澳大利亚的常绿阔叶林分布于大陆东岸的昆士兰州、新南威尔士州、维多利亚州直到塔斯马尼亚岛。主要成分是各种桉树（*Eucalyptus*）、假山毛榉（*Nothofagus cunninghami*）和树蕨类等。林下木本的菊科植物很丰富，也有金合欢属等。草本层以蕨类植物最普遍。

我国的亚热带常绿阔叶林（图 14–11）是世界上分布面积最大的。从秦岭、淮河以南一直分布到广东、广西中部，东至黄海和东海海岸，西达青藏高原东缘。本区东部和中部的大部分地区受太平洋季风的影响，西南部的部分地区又受到印度洋季风的影响，加之纬度偏南，所以气候温暖湿润。

我国的常绿阔叶林主要由壳斗科的锥（*Castanopsis*）、青冈（*Cyclobalanopsis*），樟科的樟（*Cinnamomum*）、润楠（*Machilus*），山茶科的木荷（*Schima*）等属的常绿乔木组成，还有木兰科、金缕梅科的一些种类。

由于我国亚热带常绿阔叶林区域面积广大，从北纬 23° 跨越到北纬 34°，从东经 99° 跨越到东经 123°，跨越 11 个纬度，24 个经度。南北气候差异明显。因此，各地群落的组成和结构有一定差异。北部常绿阔叶林的乔木层中常含有较多的落叶成分，仅林下层以常绿灌木占优势；而偏南地区的常绿阔叶林往往又具有一些热带季雨林和雨林的特征。因此。我国的亚热带从北至南可以分为北亚热带、中亚热带和南亚热带三个亚带。

根据海拔与受季风影响不同，我国的亚热带常绿阔叶林可分为四个植被亚型，即典型常绿阔叶林，广泛分布于中亚热带的丘陵、山地，具有常绿阔叶林的基本特征，这类阔叶林常由栲类林、青冈林、石栎林、润楠林和木荷林构成；季风典型常绿阔叶林，是常绿阔叶林向热带雨林过渡的一个类型，分布于台湾玉山山脉北半部、福建戴云山以南、南岭山地南侧等海拔 800 m 以下的丘陵山地以及云南中部、贵州南部、喜马拉雅山东南部 1 000 ~ 1 500 m 的盆地和河谷地区，这类阔叶林常由栲 – 厚壳桂林和栲 – 木荷林等构成；山地常绿阔叶苔藓林，这类阔叶林常由栲类苔藓林和青冈苔藓林构成；山顶苔藓矮曲林，这类阔叶林常由杜鹃矮曲林和吊钟花矮曲林构成。

目前我国原始的常绿阔叶林保存很少，常绿林大多已被砍伐，而为人工或半天然的针叶林所替代。此外，竹林也是我国亚热带气候区的一种十分重要的植被类型。

（a）

（b）

图 14-11 我国南方常绿阔叶林群落（摄影 / 娄安如）

14.4.3 落叶阔叶林

由夏季长叶、冬季落叶的乔木组成的森林称为**落叶阔叶林**（deciduous broad-leaved forest）或**夏绿阔叶林**（summer green broad-leaved forest）。它是在温带海洋性气候条件下形成的地带性植被。落叶阔叶林主要分布在西欧，并向东伸延到东欧。在我国主要分布在东北南部和华北地区。此外，日本北部、朝鲜、北美洲的东部和南美洲的一些地区也有分布。

落叶阔叶林分布区的气候是四季分明，夏季炎热多雨，冬季寒冷。年降水量为500 ~ 1 000 mm，而且降水多集中在夏季。

落叶阔叶林主要由杨柳科、桦木科、壳斗科等科的乔木植物组成。其叶无革质硬叶现象，一般也无茸毛，呈鲜绿色。冬季完全落叶，春季抽出新叶，夏季形成郁闭林冠，秋季叶片枯黄，因此，落叶阔叶林的季相变化十分显著。树干常有很厚的皮层保护，芽有坚实的芽鳞保护。群落结构较为清晰，通常可以分为乔木层、灌木层和草本层 3 个层次。乔木层一般只有一层或二层，由一种或几种树木组成。林冠形成一个绿色的波状起伏的曲面。草本层的季节变化十分明显，这是因为不同的草本植物的生长期和开花期不同所致。落叶阔叶林的乔木大多是风媒花植物，花色不美观，只有少数植物进行虫媒传粉。林中藤本植物不发达，几乎不存在有花的附生植物，其附生植物基本上都属于苔藓和地衣。

图 14-12 我国温带地区的落叶阔叶林群落（摄影 / 娄安如）

落叶阔叶林中的哺乳动物有鹿、獾、棕熊、野猪、狐狸、松鼠等，鸟类有雉、莺等，还有各种各样的昆虫。

我国的落叶阔叶林主要分布在华北（图 14-12）和东北南部一带。由于长期经济活动的影响，已基本上无原始林的分布。根据现有次生林情况看，各地落叶林以栎属落叶树种为主，如辽东栎、蒙古栎、栓皮栎等以及还有其他落叶树种如椴属、槭属、桦属、杨属等植物。

落叶阔叶林的植物资源非常丰富。各种温带水果品质很好，如梨、苹果、桃、李、胡桃、柿、栗、枣等。

14.4.4 北方针叶林

针叶林是指以针叶树为建群种所组成的各种森林群落的总称。它包括各种针叶纯林、针叶树种的混交林以及以针叶树为主的针阔叶混交林。而**北方针叶林**（boreal forest）就是指寒温带针叶林，它是寒温带的地带性植被。寒温带针叶林主要分布在欧亚大陆北部和北美大陆北部，在地球上构成一条巍巍壮观的针叶林带。此带的北方界线就是整个森林带的最北界线，也就是说，跨越此带再往北，则再无森林的分布了。寒温带针叶林区的气候特点是比落叶阔叶林区更具有大陆性，即夏季温凉、冬季严寒。7 月平均气温为 10 ~ 19℃，1 月平均气温为 −50 ~ −20℃，年降水量 300 ~ 600 mm，其中降水多集中在夏季。

北方针叶林又称泰加林（taiga），最明显的特征之一就是外貌十分独特，易与其他森林相区别。通常由云杉属（*Picea*）和冷杉属（*Abies*）树种组成的针叶林，其树冠为圆锥形和尖塔形；而由松属（*Pinus*）组成的针叶林，其树冠为近圆形，落叶松属（*Larix*）形成的森林，它的树冠为塔形且稀疏。云杉和冷杉是较耐阴的树种，因其形成的森林郁闭度高，林下阴暗，因此又称它们为阴暗针叶林。松林和落叶松较喜阳，林冠郁闭度低，林下较明亮，所以又把由落叶松属和松属植物组成的针叶林称为明亮针叶林。

北方针叶林另一个特征就是其群落结构十分简单，可分为乔木层、灌木层、草本层和苔藓层4个层次。乔木层常由单一或两个树种构成，林下常有一个灌木层、一个草本层和一个苔藓层。

北方针叶林中的动物有驼鹿、马鹿、驯鹿、黑貂、猞猁、雪兔、松鼠、鼯鼠、松鸡、榛鸡等，以及大量的土壤动物（以小型节肢动物为主）和昆虫。昆虫常对针叶林造成很大的危害。这些动物活动的季节性明显，有的种类冬季南迁，多数冬季休眠或休眠与贮食相结合。年际之间波动性很大，这与食物的多样性低而年际变动较大有关。

在我国温带、暖温带、亚热带和热带地区，寒温带针叶林则分布在高海拔山地（图14-13），构成垂直分布的山地寒温性针叶林带，分布的海拔高度，由北向南逐渐上升，如在东北的长白山，分布在1 100～1 800 m，向南至河北小五台山为1 600～2 500 m；至秦岭则为2 800～3 300 m，再向南至藏南山地则上升到3 000～4 300 m。然而北方针叶林在我国主要分布于东北地区和西南高山峡谷地区，西北地区也有分布。如大小兴安岭、长白山、横断山脉、祁连山、天山和阿尔泰山等。大兴安岭主要由落叶松（*Larix gmelinii*）形成了浩瀚的林海。小兴安岭以冷杉、云杉和红松组成。而阿尔泰山山脉主要由新疆落叶松（*Larix sibirica*）构成，此外还有少量的云杉属和冷杉属的树种。

（a）

（b）

图14-13　我国寒温带针叶林（摄影 / 娄安如）

（a）小兴安岭红松林　（b）新疆阿尔泰山的新疆云杉林

这些针叶林是我国优良的用材林，也是我国森林覆盖面积最大、资源蕴藏最丰富的森林，但是由于长期采伐，目前原始的针叶林区已所剩无几了。

14.4.5　草原

草原（steppe）是由耐寒的旱生多年生草本植物为主（有时为旱生小半灌木）组成的植物群落。它是温带地区的一种地带性植被类型。组成美丽草原的植物都是适应半干旱和半湿润气候条件下的低温旱生多年生草本植物。

草原在地球上占据着一定的区域（图 14-14）。在欧亚大陆，草原从欧洲多瑙河下游起向东呈连续带状延伸，经过罗马尼亚、前苏联地区和蒙古，进入我国内蒙古自治区等地，形成了世界上最为广阔的草原带。在北美洲，草原从北面的南萨斯喀彻河开始，沿着纬度方向，一直到达得克萨斯，形成南北走向的草原带。此外，草原在南美洲、大洋洲和非洲也都有分布。

世界草原总面积约 2.4×10^7 km^2，是陆地总面积的 1/6，大部分地段作为天然放牧场。因此，草原不但是世界陆地生态系统的主要类型，而且是人类重要的放牧畜牧业基地。

根据草原的组成和地理，可分为温带草原与热带草原两类。温带草原分布在南北两半球的中纬度地带，如欧亚大陆草原（steppe）、北美大陆草原（prairie）、南美草原（pampas）等。这里夏季温和，冬季寒冷，春季或晚夏有一明显的干旱期。由于低温少雨，草群较低，其地上部分高度多不超过 1 m，以耐寒的旱生禾草为主，土壤中以钙化过程与生草化过程占优势。热带草原分布在热带、亚热带，其特点是在高大禾草（常达 2～3 m）的背景上常散生一些不高的乔木，故被称为稀树草原或萨瓦纳（savanna）。总的看来，草原因受水分条件的限制，其动植物区系的丰富程度及生物量均较森林为低，但显著比荒漠高。值得指出的是，如与森林和荒漠比较，草原动植物种的个体数目以及

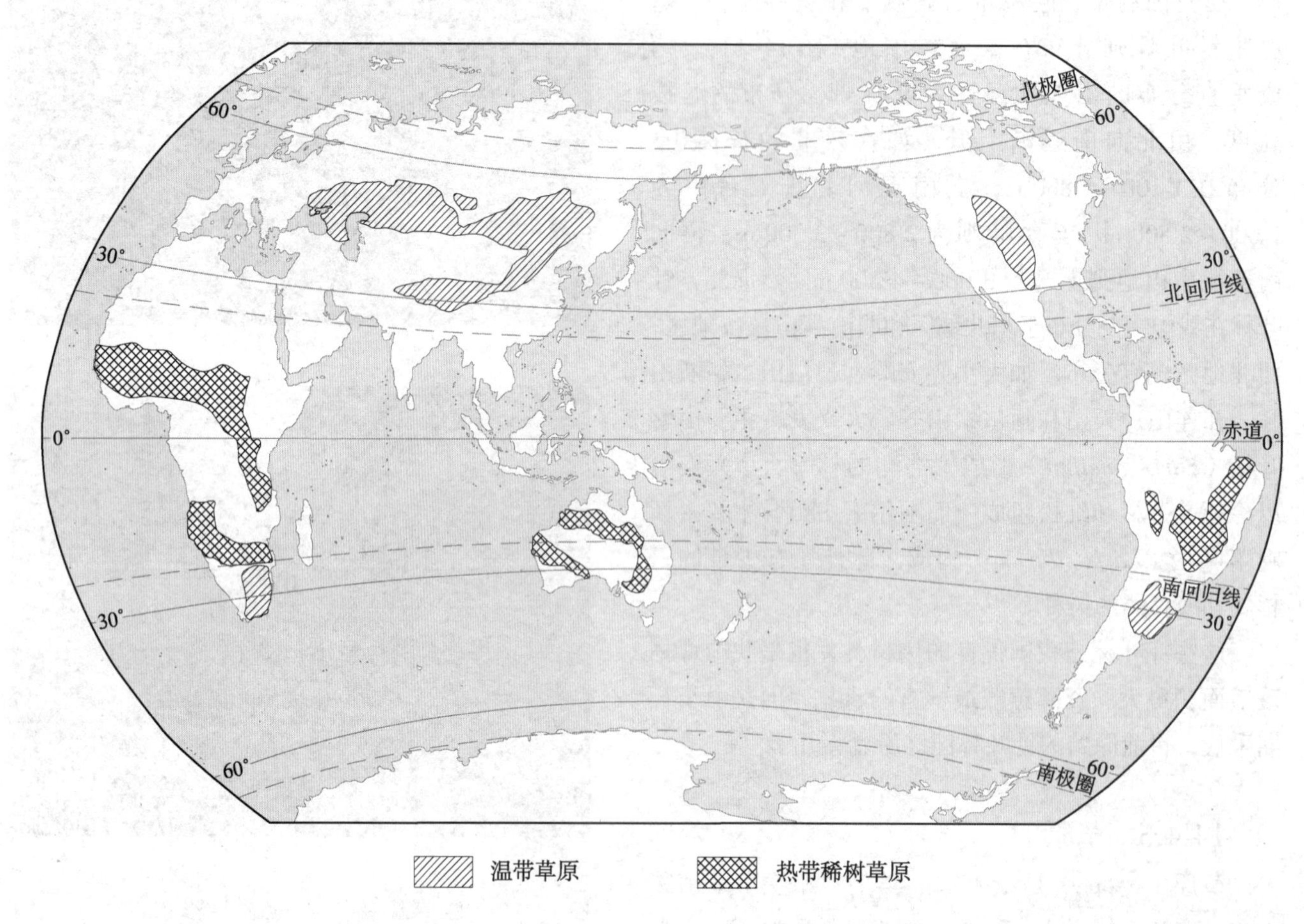

图 14-14　世界草原的主要分布区示意图
（参考孙儒泳等，1993）

较小单位面积内种的饱和度是相对丰富的。

纵观世界草原，虽然从温带分布到热带，但它们在气候坐标轴上却占据固定的位置，并与其他生物群落类型保持特定的联系。在寒温带，年降雨量 150 ~ 200 mm 地区已有大面积草原分布，而在热带，这样的雨量下只有荒漠分布。水分与热量的组合状况是影响草原分布的决定因素，低温少雨与高温多雨的配合有着相似的生物学效果。也就是说，草原处于湿润的森林区与干旱的荒漠区之间。靠近森林一侧，气候半湿润，草群繁茂，种类丰富，并常出现岛状森林和灌丛，如北美的高草草原（tall grass prairie）、南美的潘帕斯（pampas）、欧亚大陆的草甸草原（meadow steppe）以及非洲的高稀树草原（tall savanna）。靠近荒漠一侧，雨量减少，气候变干，草群低矮稀疏，种类组成简单，并常混生一些旱生小灌木或肉质植物，如北美的矮草草原、我国的荒漠草原以及俄罗斯的半荒漠等。在上述两者之间为辽阔的典型草原。

草原的植物种类，既有一年生的草本植物，又有多年生的草本植物。在多年生草本植物中，尤以禾本科植物占优势，禾草类的种类和数量之多，可以占到草原面积的 25% ~ 50%，在草原特别茂盛的地方可以占到 60% ~ 90%。它们主要是针茅属、羊茅属、隐子草属、洽草属、冰草属和早熟禾属等中的许多种类。除禾本科植物外，莎草科、豆科、菊科、藜科等植物占有相当大的比重。它们共同构造了草原景观，形成了草原群落环境。草原上除草本植物外，还生长着许多灌木植物，如木地肤、百里香、锦鸡儿、冷蒿、女蒿、驴驴蒿等。它们有的成丛生长，有的相连成片，其中许多种类都是马牛羊所喜欢吃的食物，而且营养价值很高。

由于草原植物生长在半干旱和半湿润的地区，因此生态环境比较严酷，所以才形成了以地面芽为主的生活型。在这种气候条件下，草原植物的旱生结构比较明显，如叶面积缩小，叶片内卷，气孔下陷，机械组织和保护组织发达，植物的地下部分强烈发育，地下根系的郁闭程度远超过地上部分的郁闭程度。这是对干旱环境条件的适应方式。多数草原植物的根系分布较浅，根系层集中在 0 ~ 30 cm 的土层中，细根主要部分位于地下 5 ~ 10 cm 的范围内，雨后可以迅速地吸收水分。

草原群落的季相变化非常明显，它们的生长发育受雨水的影响很大。草原上主要的建群植物，都是在 6—7 月雨季开始时，它们的生长发育才达到旺盛时期。还有一些植物的生长发育随降水情况的不同有很大的差异。在干旱的年份，直到 6 月份，草原上由于无雨而还是一片枯黄，到第一次降雨后才迅速长出嫩绿的叶丛。而在春雨较多的年份，草原则较早地呈现出绿色景观。有的植物种类在干旱年份仅长出微弱的营养苗，不进行有性繁殖过程，而在多雨的年份，它们的叶丛发育，生长高大，而且还大量地结果，繁殖后代。

草原动物区系很丰富，有大型哺乳类动物，如稀树草原上的长颈鹿，欧亚大陆草原上的野驴、黄羊，北美草原上的野牛等，还有众多的啮齿类和鸟类，以及丰富的土壤动物与微生物。

我国的草原是欧亚草原区的一部分。从东北松辽平原，经内蒙古高原，直达黄土高原，形成了东北至西南方向的连续带状分布。另外，在青藏高原和新疆阿尔泰山的山前地带（图 14–15）以及荒漠区的山地也有草原的分布。我国的草原与欧亚草原相似，不

图 14-15 内蒙古锡林郭勒草原（摄影 / 娄安如）

同地区植物种类成分差异很大。但是针茅属（*Stipa*）植物却是比较普遍存在的。因此针茅属对于草原植被来说具有重要意义，在某种程度上可以作为草原，尤其是欧亚草原的指示种。

我国草原可以分为4个类型：草甸草原、典型草原、荒漠草原和高寒草原。草甸草原主要分布在松辽平原和内蒙古高原的东部边缘。草甸草原以贝加尔针茅、羊草和线叶菊为建群种，并含有大量的中生杂类草。种类组成十分丰富，覆盖度也较大。典型草原分布在内蒙古、东北西南部、黄土高原中西部和阿尔泰山、天山以及祁连山的某一海拔范围内，以大针茅、克氏针茅、本氏针茅、针茅、冷蒿、百里香等植物为建群种。与草甸草原相比，典型草原的种类组成较贫乏，盖度也小，草群以旱生丛生禾草占有绝对优势。荒漠草原主要分布在内蒙古中部、黄土高原北部以及祁连山和天山的低山带，以沙生针茅、戈壁针茅、东方针茅、多根葱、驴驴蒿等种类为建群种，但群落中还有大量的超旱生小半灌木等。荒漠草原的种类组成更加贫乏，草层高度、群落盖度和生产力等方面都比典型草原明显降低。高寒草原是指在高海拔、气候干冷的地区所特有的一种草原类型，主要分布在高耸的青藏高原、帕米尔高原及祁连山和天山的高海拔处。它是以寒旱生的多年生草本、根茎苔草和小半灌木为建群种，并有垫状植物出现。主要建群植物有紫花针茅、座花针茅、羽状针茅、银惠针茅、拟锦针茅、青藏苔草和西藏蒿等。种类组成不仅稀少，而且草群稀疏，结构简单，草层低矮和生产力低下。

14.4.6 荒漠

荒漠（desert）植被是指超旱生半乔木、半灌木、小半灌木和灌木占优势的稀疏植被。荒漠植被主要分布在亚热带和温带的干旱地区。从非洲北部的大西洋岸起，向东经撒哈拉沙漠、阿拉伯半岛的大小内夫得沙漠、鲁卜哈利沙漠、伊朗的卡维尔沙漠和卢特沙漠、阿富汗的赫尔曼德沙漠、印度和巴基斯坦的塔尔沙漠、中亚荒漠和我国西北及蒙古的大戈壁，形成世界上最为壮观而广阔的荒漠区，即亚非荒漠区（图14-16）。此外，在南北美洲和澳大利亚也有较大面积的沙漠。

荒漠的生态条件极为严酷。夏季炎热干燥，7月平均气温可达40℃。日温差大，有时可达80℃。年降水量少于250 mm。在我国新疆的若羌年降水量仅有19 mm。多大风和尘暴，物理风化强烈，土壤贫瘠。

荒漠的显著特征是植被十分稀疏，而且植物种类非常贫乏，有时100 m^2 中仅有1～2种植物。但是植物的生态——生物型或生活型却是多种多样的，如超旱生小半灌木、半灌木、灌木和半乔木等等。正因为如此，它们才能适应严酷的生态环境。有的荒漠植物的叶片极度缩小或退化为完全无叶，植物体被白色茸毛等，以减少水分的丧失和抵抗日光的灼热。这类植物属于少浆液植物，它们在丧失50%的水分时仍不死亡，其根系既深又广，极为发达，如刺石竹（*Acanthophyllum pungens*）的叶片极度退化成针

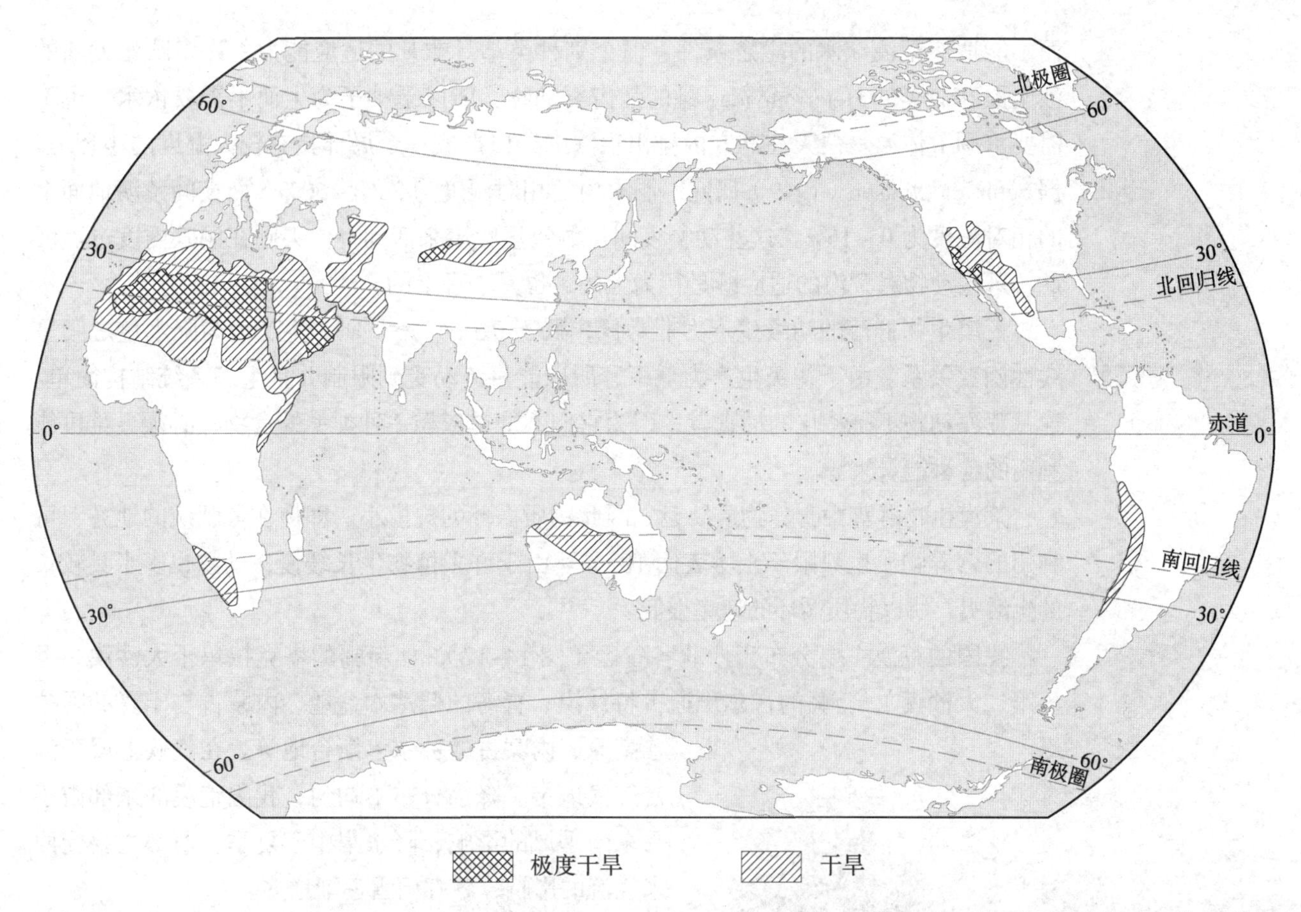

图 14-16 世界干旱区域的主要分布区示意图（参考 Emberlin，1983）

刺状，麻黄叶片退化成不明显的小鳞片状，由绿色茎代行光合作用。有的植物体内有贮水组织、在环境异常恶劣时，靠体内的水分维持生存，这类植物称为多浆液植物。它们的根系极为发达，以便从广而深的土层范围内吸收水分。这类植物的根、茎、叶的薄壁组织逐渐转变为贮水组织，贮水能力越强，贮水量越多，越能在极端干旱环境中生活。如北美洲沙漠的仙人掌树，高达 15 ~ 20 m，可贮水 2 t 以上。南美洲中部的瓶子树，树干粗达 5 m，能贮存大量水分。西非猴猕面包树树干最粗可达 4 人合围，可贮水 4 t 之多。属于多浆液植物的有仙人掌科、石蒜科、百合科、番杏科、大戟科等。还有一些植物是在春雨或夏秋降雨期间，迅速生长发育，在旱季或冬季到来之前，完成自己的生活周期，以种子或根茎、块茎、鳞茎渡过不利的植物生长季节（称为类短命植物）。因此，水在荒漠中是极为珍贵的，荒漠植物的一切适应性都是为了保持植物体内的水分收支平衡。

我国荒漠植被的建群植物是以超旱生的小半灌木与灌木的种类最多，如猪毛菜属（*Salsola*）、假木贼属（*Anabasis*）、碱蓬属（*Suaeda*）、驼绒藜属（*Ceratoides*）、盐爪爪属（*Kalidium*）、合头藜、戈壁藜、小蓬、盐节木、霸王、泡泡刺和麻黄等种类。

荒漠生物群落的消费者主要是爬行类、啮齿类、鸟类以及蝗虫等。它们同植物一样，也是以各种不同的方法适应水分的缺乏。大部分哺乳动物由于排尿损失大量水分而不能适应荒漠缺水的生态条件，但个别种类却具非凡的适应能力。许多欧亚大陆的沙土鼠和北美的 Heterromyidae 科的啮齿类动物，能以干种子为生而不需要饮水，也不需要水调节体温。白天在洞穴内排出很浓的尿以形成一个局部具有较大湿度的小环境。据 Schmidt–Nielsen（1949）研究，洞穴内的相对湿度为 30%～50%，而夜间荒漠地面上的相对湿度为 0～15%。这些动物夜间从洞穴里爬出来活动，白天则在洞穴内度过。因此，这些动物对荒漠的适应既是行为上的，也是生理上的。

荒漠生物群落的初级生产力非常低，低于 0.5 g/（m^2·a）。生产力与降水量之间呈线性函数关系。由于初级生产力低下，所以能量流动受到限制并且生态系统结构简单。通常荒漠动物不是特化的捕食者，因为它们不能单依靠一种类型的食物，必须寻觅可能利用的各种能量来源。

荒漠生物群落中营养物质缺乏，因此物质循环的规模小。即使在最肥沃的地方，可利用的营养物质也只限于土壤表面 10 cm。由于许多植物生长缓慢，动物也多半具较长的生活史，所以物质循环的速率很低。

我国的荒漠主要分布于西北各省区（图 14–17），如新疆的塔克拉玛干大沙漠（世界第二大沙漠）、新疆的古尔班通古特沙漠、青海的柴达木盆地、内蒙古与宁夏的阿拉善高原、内蒙古的鄂尔多斯台地等。在气候上属于温带气候地带。降水分布不均匀，我国荒漠的东部由于受东南季风的影响，降水集中于夏季。西部主要受西来气流的影响，冬春雨雪逐渐增多。

图 14-17 新疆准噶尔盆地梭梭沙漠（摄影 / 娄安如）

我国荒漠植被按其植物的生活型划分，可以分为 3 个荒漠植被亚型，即小乔木荒漠、灌木荒漠和半灌木、小半灌木荒漠。其中以半灌木荒漠分布最为广泛，它们生长低矮，叶狭而稀少，最能适应和忍耐荒漠严酷的生长环境。

但是，我国荒漠与中亚荒漠相比，春雨型短命植物不发达，这主要是由于我国冬春降水缺乏造成的。然而，我国灌木荒漠则相对比中亚发达。

14.4.7 冻原

冻原（tundra）又译为苔原，是寒带植被的代表，主要分布在欧亚大陆北部和北美洲北部，形成一个大致连续的地带。

14.4.7.1 冻原植被的特点

冻原植被的生态条件十分严峻。冬季漫长而寒冷，最低温度可达 –70℃，有 6 个月见不到太阳；夏季短促而凉爽，最热月平均气温为 0～10℃，植物生长仅 2～3 个月。年平均温度在 0℃以下，年降水量不多，在亚洲东北部为 100 mm，阿拉斯加为 124.4 mm。降水次数多，水分蒸发差，空气湿度大，风大，云多。

冻原土壤的永冻层是冻原生态系统最为独特的一个现象。所谓永冻层是指土层下面永久处于冻结状态的岩土层，深度从几米至数百米，甚至达 1 000 m。永冻层的存在阻碍了地表水的渗透，易引起土壤的沼泽化。冻土层上部是冬冻夏融的活动层，其厚度在黏质土为0.7～1.2 m，砂质土为1.2～1.6 m。活动层对生物的活动和土壤的形成具有重要的意义。植物的根系得到伸展，吸取营养物质；动物在此挖掘洞穴，有机物得到积累和分解。

因此，冻原的植被表现出以下特点：

（1）植被种类组成简单，植物种类的数目通常为100～200种。冻原植被没有特殊的科，其具代表性的科为石南科、杨柳科、莎草科、禾本科、毛茛科、十字花科和蔷薇科等。多是灌木和草本，无乔木。苔藓和地衣很发达，在某些地区可成为优质种，故冻原又译为苔原。

（2）植物群落结构简单，可分为一至二层，最多为三层，即小灌木和矮灌木层、草本层、藓类地衣层。藓类和地衣枝体具有保护灌木和草本植物越冬芽的作用。

（3）许多植物在严寒中营养器官不受损伤，有的植物在雪下生长和开花。北极辣根菜（*Cochlearia arctica*）的花和果实在冬季可被冻结，但春天气温上升，一解冻又继续发育。在低温下，植物生长极慢，如极柳（*Salix polaris*）在一年中枝条增长仅1～5 mm。

（4）冻原中通常全为多年生植物，没有一年生植物，并且多数种类为常绿植物，如矮桧（*Juniperus nana*）、越橘（*Vaccinium vitis-idaea*）、红莓苔子（*Vaccinium oxycoccus*）、杜香（*Ledum palustre*）、岩高兰（*Empetrum nigrum*）等。这些常绿植物在春季可以很快地进行光合作用，而不必花很多时间来形成新叶。为适应大风，许多种植物矮生，紧贴地面匍匐生长，如极柳、网状柳（*S. reticulata*）。有些是垫状类型，如高山葶苈（*Draba alpina*）。这些特点都是为适应强风而防止被风吹走以及保持土壤表层的温度使其有利于生长的缘故。

北极冻原生态系统中动物的种类也很少，北极地区的动物绝大部分是环极地分布的。主要有：驯鹿（*Rangifer arcticus*）（图14–18）、麝牛（*Ovibos moschatus*），夏天它们以谷地和平原上的禾草、苔属和矮柳为食；北极兔（*Lepus articus*）以矮柳为食，冬季分散在各处；旅鼠（*Lemmus trimucronatus*）、北极熊。植食性鸟类比较少，主要是雷鸟和迁移性的雁类；几乎没有爬行类和两栖类动物；昆虫种类虽少，但数量很多。

14.4.7.2 冻原植被的分布

冻原主要分布在欧亚大陆和北美大陆。在欧亚大陆的冻原区内，随着从南到北气候条件的差异，冻原又分为4个亚带：

（1）森林冻原亚带：这里的树木大多数是落叶松属（*Larix*）、新疆云杉（*Picea obovata*）、弯桦（*Betula tortusa*）。灌木层中有矮桦和桧树。地被层中占优势的是真藓和地衣。沼泽占有一半以上的面积。

（2）灌木冻原亚带：灌木以矮桦（*Betula nana*）为代表，还有圆叶柳（*Salix rotundifolia*）、极柳等。

（3）藓类地衣亚带：这里藓类地衣占优势，是最典型的冻原地带。

（4）北极冻原亚带：分布在北冰洋沿岸，植被稀疏，完全没有小灌木群落。北美大陆北部的冻原与欧亚大陆冻原有很多相似之处。地衣冻原在北美有着比较广泛的发育。

我国没有水平分布的冻原植被，只有山地冻原植被，仅分布在长白山海拔2 100 m

图 14-18 春季的北极驯鹿（摄影 / 娄安如，于挪威斯瓦尔巴群岛）

以上，和阿尔泰山 3 000 m 以上的高山地带。长白山的山地冻原的主要植物有仙女木、越橘（牙疙瘩）、牛皮杜鹃、圆叶柳，并混生有大量的草本植物。阿尔泰山的冻原植物种类较少，属于干旱型的山地冻原，以镰刀藓（*Drepanocladus*）、真藓（*Bryum*）、冰岛衣属（*Cetraria*）等藓类和地衣植物为主。

14.4.8 青藏高原的高寒植被

素有“地球第三极”之称的青藏高原，地处亚热带和温带，四周为迥然不同的自然环境所围绕，其平均海拔高度在 4 500 m 以上。从东南往西北地势逐渐升高，相对高差达 1 500 ~ 2 000 m 或更高。青藏高原面积辽阔，跨有约 12 个纬度和 24 个经度。由于其高度约占对流层的一半，因此，青藏高原上的氧分压仅为平原的 50% ~ 60%，其热量显著比同纬度海拔 1 000 m 以下的平原或低山为少。青藏高原的大气环流、降水状况与水热关系也由于高原的巨大隆起而发生了很大变化，从而导致青藏高原的植被主要由适应高寒气候的高山植被、山地植被或部分高纬度的种类所构成，而与毗邻的平原植被有显著差异。青藏高原植被在生态和植被外貌方面与一般的山地植被相比有以下特点：

（1）热量丰富，植被分布界限高

由于青藏高原强烈的加热作用，夏季整个对流层温度都是高原比其四周高，再加上太阳辐射强烈，较干旱，所以高原上的有效热量较同纬度与同高度的山地丰富，植被的高度界限也比同纬度孤立的或较小的山地为高。

（2）大陆性强，植被的旱生性显著

由于“青藏高压”的存在和南部喜马拉雅山系的雨影作用以及高原上空大气中水汽含量较少的原因，青藏高原的降水大为减少，因此，青藏高原的植被是以干旱性的草原植被占较大优势，而广泛分布的高寒草甸也以具有寒旱生外貌的小蒿草草甸为主，并广泛分布耐寒旱的垫状植被，在藏西北甚至形成了极端贫乏的荒漠植被。由此可以看出，青藏高原上的这些大陆性高寒植被类型为同纬度的亚热带山地所未见。

（3）植被带宽广

由于青藏高原地形平缓，所以其植被带在水平方向上分布幅度很大，有的可达数百千米，而且植被带内部具有较大的连续性和一致性，过渡十分缓慢。这一特点决定了青藏高原植被具有与水平地带植被的相似性，但却又与山地垂直带植被截然不同。

（4）高原上的山地植被垂直带明显

在高原的各个植被地带内，隆起的山地上又形成各自独特的山地植被垂直带谱，而以高原的地带性植被为基础。

目前已查明：青藏高原上的植被不是均一的，本身有明显的地带性分化。其植被分布大致由东南向西北，随着地势逐渐升高，依次分布着山地森林（常绿阔叶林、寒温性针叶林）带→高寒灌丛、高寒草甸带→高寒草原带（海拔较低的谷地为温性草原）→高寒荒漠带（海拔较低的干旱宽谷和谷坡为温性山地荒漠）。

值得注意的是，青藏高原植被的水平地带性分布因高耸、辽阔的高原和连绵巨大的山脉的存在而变得模糊难辨，人们看到的是不同地区、不同海拔高度的具体的垂直带性分布，但这种垂直带性分布又不同于一般山地。青藏高原上的这种植被带状更迭规律是水平地带性与垂直带性相结合的结果，是具有平面形式的植被垂直带，这样的植被带被称为高原地带性。

思考题

1. 什么是地带性植被？中国陆地生态系统类型的水平分布格局遵循什么规律？
2. 什么是垂直地带性？举例说明山地植被垂直带的分布与气候之间的相互关系。
3. 什么是热带雨林？它的主要群落特征有哪些？
4. 常绿阔叶林群落有什么特征？
5. 我国的落叶阔叶林与西欧的相比有什么特点？
6. 北方针叶林群落具有什么特点？
7. 我国青藏高原植被的分布有什么规律？

讨论与自主实验设计

请设计一实验方案，研究某一地区落叶阔叶林的种类组成及其群落学特点？

数字课程学习

◎本章小结　◎重点与难点　◎教学课件　◎自测题　◎思考题解析

哈尼族人世世代代因地制宜开垦的梯田，是人与自然高度和协、良性循环的人工湿地生态系统（摄影 / 陈建伟，于云南元阳）

第五部分
应用生态学

据联合国报告，2022 年 11 月 15 日，世界人口步入“80 亿时代”。庞大的人口从环境中获取各种资源，并将大量废物排到环境中。人类对生物圈产生的巨大冲击有目共睹。全球变暖、臭氧层缺损、环境污染、土地沙漠化以及生物多样性快速丧失，已引起全人类社会的普遍关注。如何保护、管理好各类生态系统及生物圈，使人类社会能够作为生物圈的一分子与环境协调发展，是生态学家乃至整个人类社会面临的重要课题。在这一部分，我们将讨论人类活动对环境造成的影响，并介绍应用生态学的一些重要分支。

15

应用生态学

关键词　全球变化　全球变暖　温室效应　厄尔尼诺现象
拉尼娜现象　臭氧层破坏　污染问题　人口与资源问题
农业生态　生物多样性保护　生态系统服务　收获理论
有害生物防治

应用生态学（applied ecology）研究如何利用生态学的理论和原理来解释、指导、解决社会实践中的问题。人类是地球上生物环境中重要的一分子，而自然环境是人类赖以生存的基础。因此，生态学的产生和发展，一直都是与社会实践密切相关的。如通过生态学原理可了解一个生物种群为什么增长或衰退，在特定环境条件下生物群落是怎样组成的及受干扰后该群落会发生什么变化。人类对主要生态系统如农业生态系统、河流湖泊生态系统等的管理都必须建立在了解这些系统中所发生的生态过程的基础上。作为联结生态学与各门类生物生产领域和人类生活环境与生活质量领域的桥梁和纽带的应用生态学一直受到人们的重视，与基础生态学平行地发展着。

应用生态学的发展可追溯到19世纪末叶，主要伴随与生物资源的开发、利用和管理有关的个体生态学、种群生态学水平的发展。如农作物、家畜、家禽、鱼类的栽培学、养殖学、病虫害防治学的发展都得益于研究物种繁殖、生长发育与环境条件关系的生态学研究成果。近20～30年来，应用生态学的发展主要有两个趋势。一个是经典的农、林、牧、渔等各业的应用生态学由个体和种群的水平向群落和生态系统水平的深度发展，如对所经营管理的生物群体注重其种间结构配置，物流、能流的合理流通与转化，并研究人工群落和人工生态系统的设计、建造和优化管理等；另一个趋势是由于全球变化（如环境污染加剧、全球气候变暖和臭氧空洞出现、大片土地沙漠化、大量生物多样性丧失及生态平衡失调，以及由以上原因导致的自然灾害频繁、癌症死亡增加等问题）和人对自然界的控制管理的宏观发展（如人类所面临的人口、食物保障、物种和生态系统多样性、能源、工业和城市问题6个方面的挑战），应用生态学研究的焦点已集中在全球可持续发展的战略、战术方面。可持续发展的总目标触发了一些新的应用生态学分支的诞生与发展，如污染生态学、恢复生态学、生态工程学、人类生态学、经济生态学等。如何运用生态学的原理和方法，有效地管理生态系统，谋求人类及其周围环境的协调关系，以获得人类社会的持续发展及最大的社会、经济和生态效益是应用生态学的热点问题之一。20世纪80年代美国生态学会提出的《可持续的生物圈建议书》(The Sustainable Biosphere Initiative，SBI)是这一思想的代表。SBI反映应用生态学面临的重大问题有：应对全球环境变化的挑战，系统变化的生态模型、模拟及趋势预测，自然科

窗口 15-1

人类活动对地球生态系统的影响

人类活动对生态系统的影响是巨大的。1998年Science刊登的J. Lubchenco《进入环境世纪》的文章，介绍了Vitousek等提出的人类活动对地球影响的6个结论：

(1)有1/3～1/2的陆地面积已经被人类活动所改变。

(2)从工业革命以来，大气的二氧化碳浓度提高了30%。

(3)人工固氮的总量已经超过了天然固氮总量。

(4)被人类利用的地表淡水，已经超过可用总量的1/2。

(5)近2 000年来，大概有1/4的地球上现有鸟类物种已经灭绝。

(6)接近2/3的海洋渔业资源已经过捕或耗尽。

此外，人类还生产了大量不易分解的新化合物如DDT、PCBs等，并释放到大自然中，但这些新化合物的生物学后果，尤其是它们之间的协同作用，大部分还是未知的；特别是那些与激素系统和生长发育有密切关系的化学物品，可能与人类本身的健康休戚相关。

这些化学的、物理的和生物的变化，正在改变着地球系统的功能，最引人注目的有：① 全球气候的变化。② 臭氧层的破坏。③ 生物多样性的丧失。④ 地球上各种生态系统的结构和功能的改变。当前对人类最具挑战性的问题是：自然保护、生态系统恢复、地球资源的科学管理。

Science编辑部在1997-7-25出版的第277(5 325)期组织了一批文章(包括6篇文章和3条新闻)，总标题为“人类统治的生态系统”，其目的是鸟瞰“人类对地球影响”的研究进展。文章涉及农业集约化与生态系统特征、生物防治与生态系统功能、渔业管理与海洋生态系统、作为人类统治的森林生态系统、恢复生态学与保护生物学、地球生态系统的人类统治。在Science上，所以花这样多的篇幅，按编者所言是基于下面两个考虑：

(1)生态学家传统地研究原始的生态系统，但现在地球上人类的种种影响已经达到各个角落，地球上几乎已难以找到一个不受人类影响的地方。

(2)现在科学家相信，地球上所有生态系统最后都要受人类不同程度的管理，管理者必然需要合理的科学建议。

人类对地球生态系统的直接和间接影响可以大致用图C15-1表示。

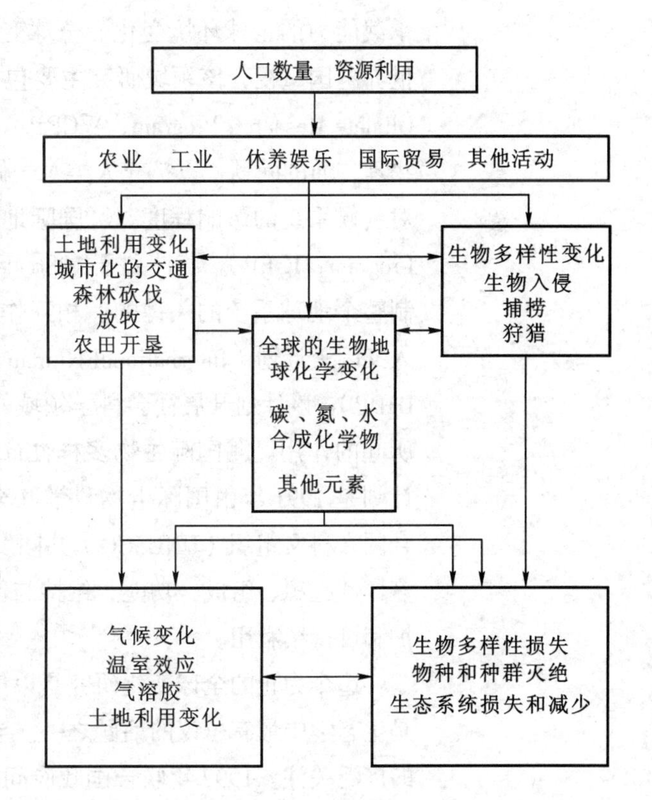

图C15-1 人类对地球生态系统的直接和间接影响的概念模型

学与社会科学结合，以解决自然－社会－经济复合系统的协调发展，以及自然保护与开发的结合等等。本部分将介绍应用生态学的几个重要领域，以帮助了解现代社会中存在的一些主要生态问题及如何运用生态学的原理来讨论、分析这些问题，并谋求解决途径。

15.1 全球气候变化与环境污染

近年来，人们会发现在各类新闻报道中，一些名词如“全球气候变暖”“臭氧空洞”“厄尔尼诺现象”“水旱灾害与沙漠化”等出现的频率越来越高。观测发现，进入20世纪80年代后，全球气温明显上升，1981—1990年全球平均气温比100年前上升了0.48℃。而伴随气候变暖，近年来各种极端气候事件及自然灾害频频发生，如2004年东南亚地震引发的海啸、2019年澳大利亚森林大火、美国卡特里娜飓风、世界性广泛发生的水灾等等。究其原因，所有上述现象都与人类活动向环境中排放有害、有毒物质，或人为引起自然生态环境的破坏如砍伐森林、开发湿地、破坏草原造成水土流失有关。由工农业生产、交通运输、城市化等导致的大气及水体污染、沙漠化乃至气候变化从局域扩展到了全球范围。这些由人类活动直接或间接造成的全球生态环境的恶性变化备受科学界、各国政府及公众关注，被称为**全球变化**（global change）。全球变化一词最初出现在20世纪70年代，在美国《全球变化研究方案》中被定义为：可能改变地球承载能力的全球环境变化。全球变化研究迄今已发展为一个多学科的研究领域，受到世界各国重视，该领域研究主要包括四个国际科学研究：①**世界气候研究计划**（World Climate Research Program，WCRP）。WCRP从80年代开始执行，着重研究气候系统中物理方面的问题，以扩充人类对气候变化机制的认识，探讨气候的可预测性，评估人类对气候系统的影响程度。②**国际地圈生物圈计划**（International Geosphere and Biosphere Program，IGBP）。该计划于1986年确立，重点研究地圈和生物圈的相互作用，探索控制整个地球系统的关键的、相互作用着的物理、化学和生物学过程。③**全球环境变化人文因素计划**（International Human Dimension Programme on Global Environmental Change，IHDP）。该计划开展社会科学领域的多学科综合研究，深入分析人类在导致全球变化中所起的作用。④**国际生物多样性计划**（International Program of Biodiversity Science）。该计划是1991年由国际生物科学联合会（IUBS）、环境问题科学委员会（SCOPE）和联合国教科文组织（UNESCO）共同发起的国际合作计划，旨在通过国际合作加强对生物多样性起源、组成、功能、维持与保护方面的研究，促进人们对生物多样性的认识、保护和可持续利用。

迄今为止的全球变化研究是以气候变化为核心展开的。人类活动导致全球气候变化是生态学中最有争议的话题之一。**全球变暖**（global warming）最早引起人们对气候变化的广泛关注。1992年联合国政府间拟订了“联合国气候变化框架公约”，是第一个全面控制导致全球变暖的二氧化碳等温室气体的排放，以便应对全球气候变暖给人类经济和社会带来不利影响的国际公约。截至2016年，加入该公约的缔约国已达197个。

15.1.1 全球变暖与温室效应

全球变暖是指地球表层大气、土壤、水体及植被温度年际间缓慢上升的现象。英国科学家用一种最新的气候模型对 20 世纪全球变暖的研究表明，20 世纪有两个明显的变暖时期：一个是在 1910 年到 1945 年之间，另一个则是从 1976 年至今。从 1860 年，地球表面温度上升了（0.6 ± 0.2）℃。Stott 等（2000）和同事们在不同的模型中把温室气体的排放、臭氧和硫化物浓度、太阳辐射的变更以及火山灰的数据综合到一起。他们发现在 20 世纪的第一个变暖阶段中自然原因如太阳辐射的变更、火山活动等更加重要些，而人为因素则在当前的变暖阶段处于主导地位。要解释贯穿整个 20 世纪的变暖趋势必须把自然和人为因素结合起来考虑。人为因素主要是指人类活动如化石燃料的燃烧、植被破坏和农田扩展使大气中温室气体特别是二氧化碳的浓度增加。

按照地球和太阳的距离计算，全球温度应比现在低 33℃，也就是平均 -18℃。但是，从行星融合之时起，地球就一直在辐射能量。环绕着地球的大气防止了热量的全部散失。大气允许大部分太阳辐射到达地面。这些光能中很大一部分转化为热能，白天热能被地面保存，晚上又被辐射出来。大部分热能被大气中的气体吸收，尤其是水蒸气、二氧化碳、甲烷和氧化氮。由于大气层的气体浓度变化引起的全球变暖就定义为温室效应（greenhouse effect）。**温室气体**（greenhouse gas，GHG）是指水蒸气、二氧化碳、甲烷、臭氧等对长波辐射有强烈吸收作用的气体。温室气体的隔热性质将大气平均温度从 -18℃提升到 15℃。在所有温室气体中，二氧化碳对全球变暖起着最重要的作用，全球变暖与大气中温室气体特别是二氧化碳浓度的增加有着密切联系。

15.1.1.1 温室气体含量的增加与全球气温升高

二氧化碳是大气、海洋和生物区系中碳循环的主要载体。历史上，岩石圈在碳循环中只起了很小的作用。化石燃料（煤、石油和天然气）直到最近几个世纪才被挖掘出来。在第 13 章碳循环一节中，我们已知工业革命后大气中二氧化碳浓度连续而迅速地增长，主要原因是化石燃料的燃烧。另外，雨林的采伐也是导致二氧化碳排放的一个重要原因。清除树林后紧接着燃烧，很快把一些植物变成二氧化碳，而剩余植物的分解将在很长一段时间内释放二氧化碳。如果森林被改造成永久的农田，那么土壤的碳含量会由于土壤中有机物质的分解和侵蚀作用而减少。据估计，因热带土地使用方式的变化而释放的碳每年有大约 10^9 t。大气中二氧化碳的增加量达每年 3.2×10^9 t。除二氧化碳外，其他温室气体的浓度也有明显增加，如大气中甲烷和氧化氮的浓度与工业革命前相比分别增加了约 145% 和 15%。

对全球变暖和空气中二氧化碳浓度的长期观测数据来自对南极冰芯中气泡的观测结果。通过观测直到 16 万年前的包在冰中的气泡中的气体，可以了解当时的二氧化碳浓度和气温。如图 15-1 所示，二氧化碳浓度的变化与气温变化呈完全相同的变化趋势。在 1958—1990 年大气中二氧化碳浓度从 315×10^{-6} 增加到 350×10^{-6}，这段时间里，全球温度同时也上升了 0.4 ~ 0.7℃。这种紧密联系支持了下面论点：工业排放物，尤其是化石燃料燃烧时排放的气体，会导致下个世纪气候的进一步变暖。政府间气候变化委员会（Inter-Governmental Panel on Climate Change，IPCC）预测，全球变暖的趋势今后将

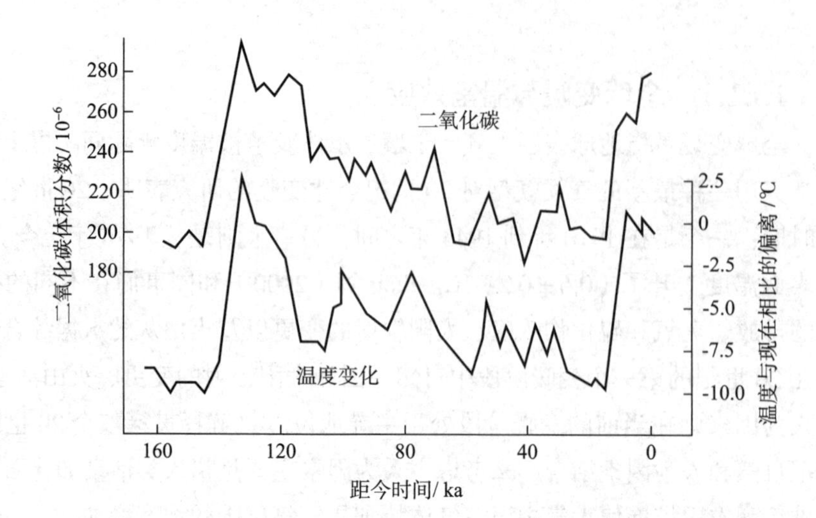

图 15-1 通过 Vostok 冰芯观测数据估测的过去 160 000 年间二氧化碳和温度的变化（仿 Krebs，2001）

持续并加剧。1990—2100 年全球陆面平均气温将增加 2℃（IPCC，1996）。

15.1.1.2 全球变暖的影响

普遍认为，温室效应引起的影响将是深远的，如极地的冰会融化，海洋会因热而膨胀，海平面上升，最终导致全球气候的大规模变化。人们关注的厄尔尼诺（El Nino）与拉尼娜（La Nina）现象就是由于海水温度变化导致的气候变化。厄尔尼诺现象是指东太平洋洋面在赤道处的海水平均温度升高的现象，它与北太平洋和北美洲的天气特点密切相关。当厄尔尼诺现象较强烈时，附近就会产生很明显的气候变化：风力风向异常，降水量多于往年，导致台风和洪水灾害。在包括北太平洋、北美大陆和大西洋的广大地区甚至在全球范围内，都能观察到厄尔尼诺现象所带来的显著影响。拉尼娜现象是指东太平洋洋面在赤道附近的海水平均温度变冷的现象。同样，拉尼娜现象也会显著影响全球气候。此外，全球气温升高可能会导致气候带北移，使湿润区与干旱区重新配置。如我国亚热带北界可能移到黄河以北，垂直气候带将上升 200 ~ 400 m，结果将使我国总降水量大大减少，有可能在我国东部形成较强的近南北向分布的少雨带。尤其是长江中下游和黄淮海平原，天气变得干热，水源紧缺，农林牧业生产将受到严重影响。另一方面，气候变暖导致的海平面上升将影响到地势较低的沿海城市，部分城市可能要内迁，同时大部分沿海平原将发生盐碱化或沼泽化，不适于生产。

全球变暖对生物圈中动植物分布的模式及生物多样性也将产生明显的影响。如 11 000 年前发生的冰川期后气候变暖，随着气温渐暖、冰川融化，较高纬度地区的地貌发生了显著变化。苔原变成了森林，而以前的冰川变成了苔原。当然，相应的动物种类也发生了显著变化。对某些动物种群来说，栖息地温度的少许变化就可能导致种群灭绝。Baur（1993）注意到生活在苏格兰 Basel 地区的陆生蜗牛（*Arianta arbustorum*）的 29 个种群中，有 16 个种群绝灭了，原因是郊区城市化的发展升高了当地的温度，使蜗牛的卵孵化成功率持续下降。另外，气候变暖可能会影响到一些脊椎动物的繁殖能力，还会影响到爬行动物的性比，因为很多爬行动物的性别是由卵孵化过程中的巢温决定的。对昆虫来说，温暖的气候会使其发生更多的世代，更多的农业害虫将导致减产。再者，全球变暖会引起生物的迁移，这种迁移或者是为寻求适宜的温度，或者是为适应变

窗口 15-2

潮间带贝类对气候变化的生化适应机制

生化适应是生物应对气候变化的重要策略，保持蛋白质分子结构稳定性（stability）和柔性（flexibility）之间的平衡，是生物对温度长期适应的结果。查明蛋白质结构稳定性与生物分布区的关系，对于评估和预测气候变化的生态效应具有重要意义。中国海洋大学董云伟教授团队将分子动力学模拟（molecular dynamic simulation，MDS）结合到潮间带贝类温度适应与分布研究中，基于计算生物学手段，建立了代谢关键酶（细胞质苹果酸脱氢酶，cMDH）的“分子动力学模拟－酶动力学－蛋白表达验证”（MKM）的研究方法（Liao et al.，2017；Dong et al.，2018）。应用这一研究模式（图 C15-2）可以建立蛋白质结构和功能稳定性与环境温度之间的量化关系。他们基于 MKM 研究方法，以分布于不同纬度（从赤道到南极）和潮位（从高到低潮间带）的 26 种海洋贝类为研究对象，准确定位了贝类 cMDH 温度适应性变化发生的关键氨基酸位点，进一步解析了蛋白质结构稳定性对环境温度的生化适应机制（Liao et al.，2019），并在全球尺度上阐释了蛋白质结构稳定性与潮间带生物分布的关联。他们发现具有不同水平和垂直分布、原位温度迥异的海洋贝类具有不同的热耐受性，并且与细胞质苹果酸脱氢酶（cMDH）结构刚性和柔性的变化程度负相关；主要刚性和柔性的变化发生在柔性区域（MR）；模拟计算和突变表达实验共同验证了蛋白质关键位点在生物耐热性乃至生物分布中的关键作用。这一系列研究为解析温度对生物分布的影响提供了新方法，同时有助于查明气候变化对生物分布的影响。

（图、文由中国海洋大学董云伟教授和廖明玲博士提供）

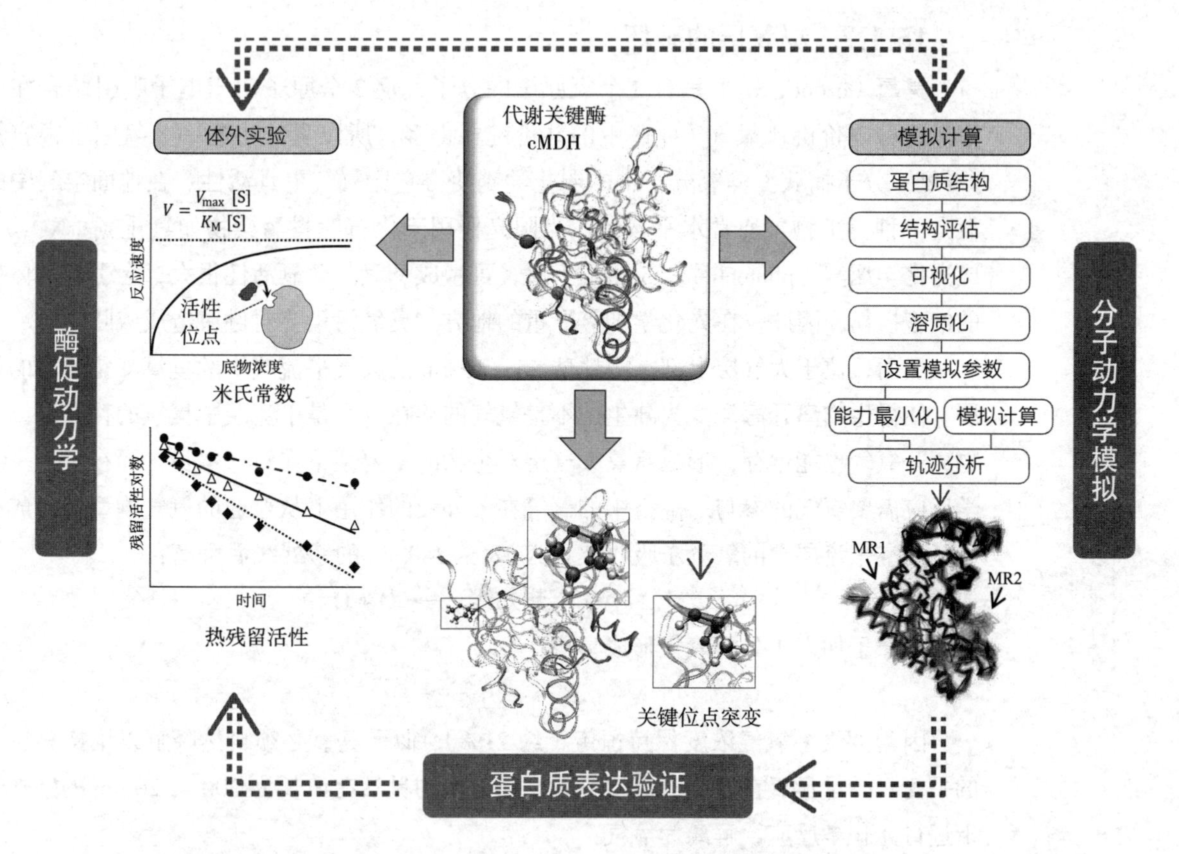

图 C15-2 代谢关键酶“分子动力学模拟－酶动力学－蛋白表达验证”的研究模式

化的环境，或者是面临灭绝的反应。生物的这种迁移会引发热带病，生境由热带气候变成温带气候就有可能导致这类病（如疟疾）。

15.1.1.3 减少温室气体排放的途径

温室效应和全球变暖已引起世界各国的关注。减缓全球变暖的关键在于控制温室气体的排放和大气中颗粒物的增加。联合国在 1992 年制定了《联合国气候变化框架公约》，旨在使多国合作，共同控制温室气体的排放等。2016 年 4 月 22 日，由全世界 178 个缔约方共同签署了应对气候变化协定《巴黎协定》，2016 年 11 月 4 日起正式实施。该协定承诺将全球气温升高幅度控制在 2℃的范围之内，本世纪下半叶实现温室气体净零排放。减少温室气体的排放主要有两条途径，一是改进能源结构，另一条是提高能源效率。化石能源燃烧是温室气体特别是二氧化碳和大气颗粒物的主要来源。我国近年来在一些大城市禁止烧煤过冬取暖，并控制汽车尾气的排放量，大大提高了城市空气的质量和透明度。改进能源结构就是要大力开发非化石能源，如水能、核能、太阳能和地热等。2003 年《英国能源白皮书》首提“低碳经济”的概念，提倡以低能耗、低排放、低污染为基础的经济模式。我国节能潜力巨大，据初步推算，通过采用有效节能措施，我国在 1988—2000 年间少排放二氧化碳 2.82 亿 t。2020 年 9 月，中国政府在第 75 届联合国大会上提出，中国将采取各种措施，力争 2060 年前实现碳中和（carbon neutrality）。有关世界各国对气候变化的应对，请参见本书 13 章的窗口 13–1。

15.1.2 臭氧层的破坏

臭氧（ozone，O_3）是含 3 个氧原子的分子，这 3 个原子由于电子吸引结合在构型中。这种电价键比氧气（O_2）中的共价键弱得多，所以臭氧中的一个氧原子很容易被“寻氧”分子捕获。臭氧分子中的弱化学键使得它比氧气更具活性。在地面空气中的臭氧是一种污染物，通常水平较低。当阳光作用于化石燃料污染物如氧化氮（NO_X），形成**光化学烟雾**（photochemical smog）后，可生成臭氧。臭氧活性很大，会引起活体生物的细胞损伤。因此，在光化学烟雾严重的地方，臭氧污染会对健康造成威胁。

然而，位于大气层上部，距地球 25 ~ 40 km 的大气平流层中的臭氧却是地球的保护层。使得生物离开海洋变为陆生的不是氧气的存在，而是平流层中臭氧的存在。许多生物离开氧气也能生存，形成富氧大气层对生物的重要性不在氧气本身，而在于下一级化学反应需要氧气的参与。高空中的氧气在紫外线的作用下从普通的氧气构型转变成了臭氧。高空平流层中的氧分子吸收波长为 180 ~ 240 nm 的紫外线后解离：

$$O_2 + \text{紫外线} \longrightarrow O + O$$

自由氧原子加入 1 分子氧气形成臭氧：

$$O + O_2 \longrightarrow O_3$$

因为大气中氧气浓度保持恒定（约 21%），似乎臭氧必须自然降解以维持臭氧和氧的平衡。少量臭氧在低空对流层分解，但更多的臭氧在波长为 200 ~ 320 nm 的紫外辐射下进行光化学反应，解离为氧气：

$$O_3 + \text{紫外线} \longrightarrow O_2 + O$$

单个氧原子结合臭氧分子的一个氧原子，从而形成了 2 分子氧气：

$$O + O_3 \longrightarrow O_2 + O_2$$

臭氧的上述反应需吸收紫外辐射。到达大气层的紫外线可根据波长分为3类。UV-A波长最长，而UV-C波长最短，臭氧能吸收99%以上UV-C、大约一半的能量较低的UV-B和很少量的相对无害的UV-A。如果吸收紫外辐射的这些反应的平衡遭到破坏，那么到达地球表面的紫外辐射也会变化。臭氧层形成之前，生物能在水中生活，因为水能反射紫外线，然而，陆地生物则不可能出现，因为DNA吸收紫外线，尤其是波长在280~320 nm之间。紫外辐射中断DNA复制，致使繁殖失败和死亡。因此，臭氧层是陆生生物存在的先决条件。紫外辐射的相对少量增加会使DNA复制过程中发生突变，从而导致癌变细胞的产生。因为最大程度暴露于紫外辐射的细胞是皮肤细胞，所以紫外辐射常与皮肤癌和白内障有关。类似于人类，其他哺乳动物、鸟类和爬行动物也会受到影响。更值得注意的是紫外线对光合作用系统的极大破坏，因为这会减少初级生产力，从而影响整个生态系统。

1985年英国南极考察科学家发现每年8月至9月下旬，南极20 km上空臭氧总量开始减少，10月初出现最大空洞，面积达2 000多万 km^2，覆盖整个南极大陆及南美洲南端。多年研究表明，平流层中臭氧每减少1%，到达地球表面的紫外线辐射量将增加2%。臭氧洞的增大（图15-2）及其将带来的严重后果引起了国际社会的极大关注。

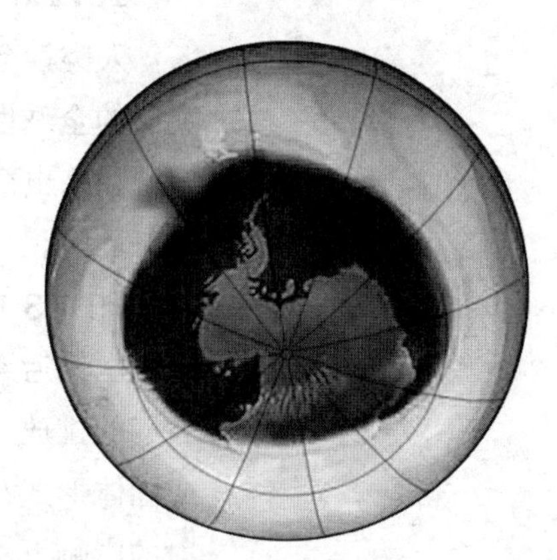

图15-2 南极上空的“臭氧洞”

臭氧层缺损来源于人类活动。氯氟烃（CFC）作为超制冷剂（即氟利昂）、烟雾剂、杀虫剂而被广泛应用。研究表明氯氟烃能上升到平流层，降解臭氧。南极是地球上受到辐射最少的地方，冬天南极上空平流层中的水以冰晶形式存在。含氯氟烃和臭氧分子都吸附在冰晶表面。随着南极春天（9月和10月）的来临，云中的冰又形成水蒸气，CFC和臭氧分子被释放，这时CFC会很快地降解臭氧。虽然CFC最初具有稳定的结构，但是在紫外线照射下，分子键结合改变，使得一个氯原子只是很松地连接在分子上。这种活化的CFC遇到一个臭氧分子，一个氯原子能脱离下来，从臭氧分子中夺取一个氧原子。

$$Cl^- + O_3 \longrightarrow ClO^- + O_2$$

形成的氧化氯活性仍然很大，当它遇到另一个臭氧分子时，它会夺取臭氧分子中的一个氧原子：

$$ClO^- + O_3 \longrightarrow ClO_2^- + O_2$$

二氧化氯在紫外线作用下裂解成一个自由氯原子和一个氧分子。

$$ClO_2^- + \text{紫外线} \longrightarrow Cl^- + O_2$$

据统计，按这种方式，一个氯原子能裂解100 000个臭氧分子。1993年10月，南极臭氧层减少了正常量的70%。南极臭氧浓度降为96多布森单位（DU[①]），而中纬度地

① 大气中臭氧含量多用柱浓度法表示，即从地面到高空垂直柱中臭氧的总层厚，采用多布森单位（Dobson unit，DU）来表示。将0℃，1个大气压下，5~10 m厚的臭氧定义为1个DU。正常大气中臭氧的柱浓度约为300 DU。臭氧洞被定义为臭氧的柱浓度小于200 DU。

区臭氧浓度约为 400 DU，然而，南极臭氧空洞是短时间存在的，到夏天会消失。极地风模式的变化会引起空洞破碎。

为保护好臭氧层，必须制止氯氟烃类物质的生产量和消耗量，研制氯氟烃类物质的替代品。国际上针对臭氧层的破坏问题，开展了一系列保护活动。1977 年通过了《保护臭氧层行动世界计划》，1985 年通过了《保护臭氧层维也纳公约》，明确了保护臭氧层的原则。1987 年 9 月，23 个国家又协议通过了要求各国积极参加的《关于消耗臭氧层物质的蒙特利尔议定书》，对 5 种氯氟烃和 3 种哈龙的生产和消费作了限制规定。1996 年 1 月，《关于消耗臭氧层物质的蒙特利尔议定书》开始执行，发达国家停止了氯氟烃工业化学品的生产，发展中国家要逐步淘汰，10 年后停止生产。经过努力，氯氟烃和其他消耗臭氧层物质的生产和消费已大幅减少。

15.1.3 污染问题

人类社会的生产、生活等活动所产生的各种废物，除造成全球变暖、臭氧层缺损等突出的全球性环境问题，其所造成的其他各类环境污染，如各种废气造成的空气污染、施肥和杀虫剂的使用造成的水和土壤污染、核废料造成的核污染等，严重影响着地球的生态环境。

15.1.3.1 空气污染

空气污染（air pollution）是由人类活动直接或间接引起的天然与合成的有害物质向大气的排放。空气污染是一个复杂的问题，因为污染物可以是以气体、液体（气溶胶）或固体形式存在。而且，污染物可直接排放到大气中（初级污染物），或在太阳电磁辐射的影响下，在空气中由其他污染物制造出来（次级污染物）。主要的空气污染物是那些被大量制造并且对健康和环境有影响的物质。表 15–1 中给出了某些最主要的空气污染物的化学组成和特性。

表 15-1 主要空气污染物的化学组成和特性

污染物	组成	特性
二氧化硫	SO_2	无色，具有刺激性气味的高度水溶性气体
固体颗粒	可变	固体颗粒或液滴包括烟尘、烟、灰尘和气溶胶
二氧化氮	NO_2	红褐色气体，微溶于水
碳氢化合物	可变	碳和氢组成的许多化合物
一氧化碳	CO	无色无味的有毒气体，微溶于水
臭氧	O_3	蓝灰色气体，可溶于水，不稳定，略带甜味
硫化氢	H_2S	无色气体，具令人不快的“臭蛋”味，微溶于水
氟化物	可变	具有刺激性气味，无色，可溶于水的气体
一氧化氮	NO	无色气体，微溶于水
铅	Pb	金属，能存在于各种具有不同特性的化合物中
汞	Hg	金属，能存在于各种具有不同特性的化合物中

空气污染物对人类和自然界的其他部分有许多不同的影响。空气污染物能造成心理影响，妨碍人类和其他生物的健康，同时改变气候以及土壤、湖泊和河流的化学性质。

（1）烟尘与光化学烟雾

1952年发生在伦敦的烟雾事件造成8 000人死亡，其凶手就是在雾大无风的天气下经久不散的黑色烟尘（soot）。这种烟尘属于硫酸型烟尘污染，是燃料（主要是烟煤）燃烧产生的二氧化硫、一氧化碳等与烟尘不断蓄积，加之三氧化二铁粉尘的作用，生成了相当量的硫酸，吸附在烟尘颗粒上或凝聚在雾气中形成的。烟尘由固体颗粒和液滴组成，粒径为0.01～1 μm。钢铁、有色金属冶炼、火力发电、水泥和石油化工生产、车辆排气以及垃圾燃烧，采暖锅炉和家庭炉灶排出的烟气等，都是烟尘污染的主要来源，其中以燃料燃烧排出的数量最大。全世界每年约有1亿t烟尘排到空气中，大致每燃烧1 t煤就有3～11 kg烟尘飘到空气中。

烟尘除本身会刺激和毒害人体外，还能吸附有害气体和经高温冶炼排出的各种金属粉尘，尤其是致癌物质，使人患上癌症。烟尘微粒还可作为某些化学反应的催化剂，产生比原污染物毒性更强的物质。如吸附二氧化硫后生成硫酸，造成弥漫性肺气肿。烟尘还有吸湿性，促进云雾和降水的形成，烟尘越多雾就越大，影响地面的光照度特别是紫外线辐射强度，杀菌作用减弱，使某些疾病传染和流行。为了控制烟尘污染，我国已制定政策，禁止在一些主要大城市冬季燃煤取暖。提倡发展城市煤气，提高气化率。

光化学烟雾是以汽油做动力燃烧后出现的一种空气污染现象。其表现特征为出现白色、紫色或黄褐色雾状物，大气能见度低，具有特殊气味，刺激眼睛和喉咙，常有流泪、喉痛、呼吸困难甚至呕吐。烟雾具有氧化性（含臭氧），能使橡胶开裂，植物叶片受害后枯黄。光化学烟雾一般发生在大气相对湿度较低，气温为24～32℃的夏秋季晴天，污染高峰出现在中午或交通繁忙时刻，白天生成，傍晚消失。这主要是汽车尾气排放的氮氧化合物和碳氢化合物在强烈阳光下，会产生一系列复杂的光化学反应，生成臭氧、醛类、二氧化氮和过氧乙酰基硝酸酯等，总称为光化学氧化剂。这些物质同水蒸气一起，在适当条件下形成带刺激性的浅蓝色烟雾。由于在反应过程中光提供了能量，故称光化学烟雾。

光化学烟雾对人体健康危害很大，可使人眼、鼻、气管、肺黏膜受到反复性刺激，出现流眼泪、红眼病、气喘、咳嗽等。长期慢性伤害可引起肺功能异常、支气管发炎、肺癌等。预防光化学烟雾必须采取一系列综合措施，包括制定法规，如制定严格的大气质量标准和各类汽车尾气排放标准，引导、鼓励发展天然气汽车和电动汽车，推广无铅化汽油。

（2）酸雨

20世纪70年代早期，人们注意到加拿大、美国和北欧斯堪的纳维亚没有任何已知酸源（比如矿渗流）的湖泊，变得越来越酸化，湖泊中的鱼群也逐渐减少。来自空气中的酸是唯一的解释，实际上，检测表明这些地区降雨的酸度远远大于降雨的正常酸度，这就是酸雨（acid rain），或者称为“酸降”更为恰当。因为形成酸的物质不仅会以降雨的形式，也会以雪、雨夹雪和雾的形式从空气中沉降下来。酸雨统指PH小于5.6的雨雪或其他形式的降水。出现酸雨的主要原因是大气的二氧化硫污染。我们燃烧的石油、

窗口 15-3

PM2.5

雾霾和 PM2.5（particulate matter 2.5）污染受到人们的普遍关注，如何治理雾霾成为环保部门必须面对的重要问题。PM2.5 是指大气中直径小于或等于 2.5 μm 的颗粒物，也称为可入肺颗粒物，正式中文名称于 2013 年 2 月被命名为细颗粒物。与较粗的大气颗粒物相比，PM2.5 粒径小，富含大量的有毒、有害物质且在大气中的停留时间长、输送距离远，因而对人体健康和大气环境质量的影响更大。通常，粒径 2.5 μm 至 10 μm 的粗颗粒物（PM10）主要来自道路扬尘等；而 2.5 μm 以下的细颗粒物（PM2.5）则主要来自化石燃料的燃烧（如机动车尾气、燃煤）、挥发性有机物等。徐敬等（2007）报道北京地区 5 类细粒子污染源分别是土壤尘、煤燃烧、交通运输、海洋气溶胶以及钢铁工业等，其中的主要离子为 SO_4^{2-}、NO_3^- 和 NH_4^+。PM2.5 的直径相当于人类头发直径的 1/10，被吸入人体后会进入支气管，干扰肺部的气体交换，引发包括哮喘、支气管炎和心血管病等方面的疾病。这些颗粒还可以通过支气管和肺泡进入血液，其中的有害气体、重金属等溶解在血液中，严重危害人体健康，长期的损害中最典型的就是成为肺部恶性肿瘤的诱发因素之一。

2013 年 1 月 1 日起，我国京津冀、长三角、珠三角区域及直辖市、省会城市和计划单列市共 74 个城市 496 个监测点位，开展细颗粒物（PM2.5）监测，并向公众实时发布空气质量信息。

近些年，国家与地方相关部门采取了一系列防治措施，如优化产业结构和布局，提高环境准入标准，深化污染减排，抓好机动车污染防治，提倡冬季天然气供暖等，已使雾霾等环境问题大大好转。如北京市 2021 年空气优良天数达到 288 天，较 2013 年增加了 112 天；PM2.5 年均浓度为 33 μg/m³，达到国家二级标准，较 2013 年降幅达到 63.1%（2021 年北京市空气质量新闻发布会公布数据）。

煤等都含硫。在氧气存在和高燃烧温度下，含硫化合物被氧化成氧化硫类物质（SO_X）。二氧化硫本身是一种有毒物质，同时它与大气中的臭氧、过氧化氢和水蒸气反应形成硫酸（H_2SO_4）。发电厂和冶炼厂的高温燃烧也会产生氮的氧化物，主要是空气中的氮气与氧气结合形成的。虽然一氧化氮（NO）不易溶解因而毒性不大，但一氧化氮能与氧气结合形成二氧化氮：

$$2NO + O_2 \longrightarrow 2NO_2$$

二氧化氮与二氧化硫相似。通过与大气中物质的各种反应，二氧化氮被转化为硝酸（HNO_3）。

酸降对降雨量较大的地区、易感的水体和土壤中的植物和动物造成明显的损害。据调查，美国东部纽约等 5 个州，由酸雨引起玉米及饲料作物减产，农业经济损失每年为 6 400 万美元，减产率为 8.2%。在东加拿大，酸雨已经使得成百个湖泊没有鱼生长。农作物和其他植物也受到影响。所有生物都有一个最佳 pH 和耐受范围。偏离最佳 pH 意味着最适度以下的繁殖、生长和生存。酸雨改变了土壤和湖泊的 pH，同时酸化会导致有毒金属（比如铝和汞）从土壤和沉积物中释放出来，进入动植物体内，并逐步积累，最后通过食物链进入人体，对人体产生不利影响。另外，20 世纪 80 年代在欧洲，酸雨对森林的破坏性影响非常明显（图 15–3）。

我国降水酸度由北向南逐渐加重，华东、西南地区已普遍发生酸雨，形成了世界第三大酸雨区。1982 年我国重庆地区入夏后连降酸雨，使 2 万亩水稻叶子突然枯黄，状如火烤，几天后枯死。另外，酸雨因腐蚀性很强，会大大加速建筑物、金属、纺织品、皮革、纸张、油漆和橡胶等物质的腐蚀速度。它还可成为摧残文物古迹的元凶。

酸雨可随大气转移到 1 000 km 以外甚至更远的地区，是一种超越国境的污染物。科学家在人们认为最洁净的北极圈内冰雪层中，也检测出浓度相当高的酸雨物质。目前，各国采取的防治对策主要有：调整能源战略，一方面节约能源，减少煤炭、石油的消耗量，另一方面开发无污染的新能源如太阳能、水能等。再就是以法律形式规定各国二氧化硫排放量标准，共同协作解决二氧化硫污染大气的问题。

图 15-3 德国被酸雨损害的树林，这些树更易遭受干旱、疾病和昆虫的危害（引自 Starr，1996）

15.1.3.2 水污染

水污染（water pollution）可定义为任何妨碍水资源利用的人类行为。水中的污染物通常可分为三大类：化学性、物理性和生物性污染物，几类污染物对生物发生作用时通常是相辅相成的。

水生生态系统的**富营养化**（eutrophication）是由于氮磷等营养物质的过剩以及有机物的作用导致藻类的大量繁殖，从而减少了到达其他植物的光，降低了溶氧水平，而且对鱼类和其他脊椎动物可能有毒害作用。导致富营养化的主要营养物是磷酸盐和硝酸盐。这些物质可间接地以含磷或含氮有机物的形式进入水生生态系统，或者直接以污染物形式进入。许多去垢剂含三聚磷酸盐，同时农业施用的含磷及含氮化肥中有 25% 进入水体，导致富营养化。磷污染是一个特别重要的问题，因为含磷物质通常是水生生物群落植物生长的限制性营养物。磷的增加引起植物生长的增加。随后这些有机物的分解又带来溶氧不足的问题。有机物的增加给分解者提供能量和营养物，分解者氧化有机物时将耗尽氧气。**生化需氧量**（BOD）是这种溶氧消耗效应的量化指标。它表达了微生物氧化有机物时需要多少氧气。有机物同时也经历化学氧化，因此也存在**化学需氧量**（COD）。极端情况下，大量的有机物会导致氧气的完全缺失。这将使得任何需氧生物都不可能生存。鱼类和浮游动物会死亡。最终存活下来的唯一物种将是能在缺氧条件下生存的细菌，即厌氧菌。

许多进入水体的化学物质是有毒物质。在水中发现的无机有毒物质有砷（来源于杀虫剂）、镉（来源于电镀）、氰化物和汞等。这些金属干扰人和其他生物体中许多重要的酶的生理活性，如汞和铅与中枢神经系统的某些酶类有很强烈的结合趋势，易引起神经错乱、昏迷甚至死亡。而且，这些重金属原子与蛋白质结合后，不能被排泄掉，会引起生物积累，通过食物链由低剂量积累到高浓度，从而造成危害。典型的例子是发生在 20 世纪 50 年代日本的水俣病。由于一家工厂将含汞的废水排入水俣湾，汞进入鱼虾体内，猫、鸟等动物和人因吃鱼虾导致甲基汞慢性中毒而发病。患者手脚麻木，运动失调，直至死亡，人称水俣病。据估计，人类每年向环境中排放大约数千至上万吨汞，大部分进入海洋。金属中毒问题经常由于水生态系统中生物金属化合物的生物放大作用而复杂化。

有机水污染物中非常重要的一族是多氯联苯（PCBs），已经引起了相当多的讨论。这类稳定的含氯化合物用于各种工业过程。虽然这类化合物并不影响生物需氧量，但它们有剧毒。多环芳烃、有机氯农药、多氯联苯等有机污染物许多种类还可以干扰动物的内分泌系统，被称作“环境激素”，破坏生物体内分泌系统的平衡，导致动物生长、发育和繁殖的异常。

影响水的物理性质的是不溶性固体。这些物质阻塞水道，使水变浑浊，从而降低了水的质量。这些固体同时也会给鳃呼吸动物（如鱼类）带来物理性的问题。同时，通过吸附作用，悬浮的固体颗粒会浓缩金属和有毒物质。

另外，由于水的比热容高，许多工业过程坐落在河流上利用水除去余热。热污染会通过多种途径影响水中的生物。

生物性污染物包括细菌、病毒和寄生虫。如动物或人类的粪便经不同途径污染水源，带有治病生物。虽然在水处理阶段能将大部分细菌等病原微生物灭活，但对病毒的研究和灭活方法尚不充分。

下面按受污染的水源，看看海洋、湖泊、江河及饮用水的污染状况。

（1）海洋污染

1990 年，海洋污染科学问题联合专家组得出如下结论：在海洋中，到处都有人类的“指纹”，从极地到热带，从海滨到海洋深渊，都能观察到化学污染和垃圾。海洋污染已成为全球重大环境问题之一。海洋污染主要来自陆源性污染物排入、海上活动和直接向海洋倾倒废物。主要海洋污染物包括生物性污染物（如传染性病菌和病毒）、有毒污染物（如金属和烃类）、放射性污染物、塑料以及其他固体废物。据估计，由于人类活动每年流入海洋的石油为 1 000 万 t。另外，人类每年还向海洋排入 2.5 万 t 多氯联苯、25 万 t 铜、390 万 t 锌、30 多万 t 铅，留在海洋中的放射性物质约 2 000 万居里。全世界每年生产的汞中约有 5 000 t 最终排入海洋，排入海洋的有机营养盐数量更大。由于海洋的“公有性”，许多国家每年都向海洋倾倒大量废物。据估计，全球每年向海洋倾废量包括工业废料和生活废物在内多达 200 亿 t，其中含有许多有害物质。

海洋污染的严重后果之一是赤潮（red tide）。赤潮是由于海洋中某些微小的浮游藻类、原生动物和细菌，在一定条件下暴发性繁殖或聚集而引起水体变色的一种有害的生态环境异常现象。近年来，赤潮范围逐渐扩大，频率不断加大，在全世界很多海域都不断有赤潮发生，造成的经济损失十分严重，这主要是人类活动造成海水富营养化的结果。

（2）江河污染

景色秀美的英国泰晤士河曾经由于污染而变成了一条臭水沟，英国政府为了恢复其本来面目，耗费 500 亿英镑，历经 30 年才达到目标。我国的淮河由于其上游地区污染企业特别是小造纸厂、小化工厂等的发展，大量未经处理的污水排入河中，致使河流严重污染。1994 年高温干旱，上游污水大量下泄，形成长达 70 km 的污水带，所到之处河水无法饮用，工厂停产，水中生物大量死亡，造成直接经济损失 2 亿多元，持续 2 个月。国家为了治理淮河，下令关闭了沿河几百家小造纸厂，明令禁止污染企业的发展。我们的母亲河长江，同样遭受到严重污染，其两岸林立的工矿企业，每天向江中排放近亿吨污水。为防止江河污染，建立污水处理厂，从根本上消除生活污水、工业污水对水体的危害也许是根本出路。污水处理的流程一般为：污水入经沉沙池，除去较重的沙粒杂质，然后进入沉淀池，除去悬浮性污染物，再经曝气池进行生物处理，分解其中有机物，经二次沉淀池分离活性污泥后，最后消毒、排放。

（3）湖泊污染

湖泊污染的突出表现为湖泊的富营养化，我国湖泊环境调查表明，大部分湖泊已达富营养化状态，特别是一些靠近城市的湖泊，达到极富营养状态，水质变黑、发臭。我国著名的湖泊如太湖、滇池等都曾遭受富营养化。如不及时治理富营养化，大量死亡的生物遗体逐年堆积湖底，会使湖泊淤积变浅，逐渐演化成沼泽而进一步消失。控制湖泊富营养化需多方努力，如控制流入湖泊的氮、磷总量，在湖泊周围地区禁止使用含磷的合成洗涤剂，加强农业生产中化肥、牲畜粪便的管理及生活污水的处理等。

（4）地下水污染

有害的工业废水、生活污水的排放、农业灌溉等，都可能通过地面渗透到地下造成地下水污染。特别由于水源不足，人们大量开采地下水，导致地下水动力条件发生变化，干净水与污染水串通而被污染。滨海地区地下水的超量开发还会引起海水倒灌，导致水质恶化。人类的许多疾病可通过饮用水的污染而发生，如历史上在世界范围内流行的经水传播的疾病霍乱和伤寒。可导致传染病的饮水污染主要来自人类废水的病原生物（病原体）对饮用水的污染。我国饮用水污染也非常严重，据统计，我国人口中约60%的人饮用水不合卫生标准，有2亿人饮用水中大肠杆菌超标。保护地下水资源最有效的方法就是切断工业、生活污水和海水等进入地下水系的途径，改善水源区周围环境，保护植被，建设合理的下水道，防止地面污水向下渗透。

15.1.3.3　土壤污染

有一系列物质可以污染土壤。一碳物质包括一氧化碳、氰化物和卤化甲烷。土壤中大量微生物使用这些化合物。原油和燃料中的脂族烃是土壤中主要的环境污染物。短链、饱和、不分支的化合物非常容易分解，而长链、多分支的物质降解速度慢。卤素是土壤环境污染物中最大的一类化学物质。它们最初被用作溶剂和杀虫剂，如二溴乙烯、七氯和林丹。含氮污染物包括偶氮和苯胺染剂、苯胺除草剂（敌稗）以及炸药（TNT）。这些物质以及表面活性剂和除垢剂中的含硫物质，一般认为可以被生物降解。污染土壤的最复杂的化合物包括多聚物如尼龙、塑料和橡胶。重金属污染也是土壤的主要污染之一。

随着工业化和城市化的迅速发展，我国土壤环境污染问题日趋严重。工业“三废”、污灌、污泥、城市垃圾、劣质化肥等都可导致土壤污染。我国大多数城市近郊土壤都已受到不同程度的污染，农田中镉、铬、砷、铅、锌等重金属含量严重超标。2013年，我国受污染的耕地面积近 2×10^7 hm^2，约占耕地总面积的1/5，其中工业“三废”污染耕地 10^7 hm^2，农田污灌面积达 1.3×10^6 hm^2。

相对于空气和水污染，人们对土壤污染问题注意较少。要控制土壤污染，除综合治理工业三废、控制劣质农药、化肥等的使用外，应用微生物分解土壤中有机物质污染也是好办法。土壤微生物很久以来一直是地球垃圾的控制剂。运用微生物去除污染物的方法称为生物修复或生物恢复（bioremediation）。

15.1.3.4 垃圾等固体废物污染

在自然生态系统中，一种有机体的废物可作为其他种的资源，生产的副产物通过系统得以循环。但在人类社会特别是富有国家中，人们习惯于丢弃旧的东西再买新的。这些人类社会生产的各种固体废物，如生活垃圾（食品垃圾、日用品垃圾）、建筑垃圾（泥土、石块等）、清扫垃圾与危险垃圾（废旧电池、灯管、生物危险品，含放射性废物）等，已成为现实生活中非同小可的社会问题。如被称为“白色污染”的一次性快餐盒、塑料袋等废弃物，其降解周期要上百年，影响环境整洁，埋在土中会妨碍作物生长，被动物误吃会危害动物，焚烧则会产生大量有毒气体。全世界每年约生产垃圾 450 亿 t，而且增长速度很快。

目前主要的垃圾处理方法有卫生填埋、垃圾焚化和综合利用。其中垃圾的回收利用日益受到重视。如在美国，每周要消耗掉 50 万棵树用于制造报纸。如果每位读者能将其中 1/10 的报纸回收利用，每年就可少毁坏 250 万棵树木。而且，纸的回收利用可大大减少造纸过程中产生的污染物，并且比制造新纸节约 30%～50% 的能量。因此，对于我们关心地球环境的每一个人来说，应该积极参与少制造垃圾及废物的回收利用，如减少一次性的商品的使用，拒绝购买过度包装的商品，合理进行垃圾分类等。

另有一类固体废物是工业固体废物，主要是工业生产和加工过程中排入环境的各种废渣、污泥、粉尘等，其中以废渣为主，如燃料废渣、化学废渣。其数量大，种类多，成分复杂，处理困难。工业固体废物可通过各种途径污染大气、水体、土壤和生物环境。如其中的有毒物质可在降水的淋溶、渗透作用下进入土壤，破坏土壤内的生态平衡，污染地下水。其所含有机物受日晒、风吹等作用，会分解产生毒气，造成大气污染。如硫氧含量较高的煤石堆放在地上，一定条件下会自燃，散发大量二氧化硫气体。

工业固体废物已成为世界公认的突出环境问题之一。要有效防止其造成的环境污染，最根本的方法是通过回收、加工、循环使用等方式，对这些废物进行综合利用。随着环境问题的日益尖锐，资源日益短缺，工业固体废物的综合利用越来越受到人们的重视。

15.1.3.5 有毒物质与核污染

有毒物质污染指对自然生态系统和人类健康有毒害作用的物质，排放到环境当中引起危害。如上面提到的工业废物、水体的重金属污染等。

人类为防治病虫害和消灭杂草，在农业生产上广泛应用杀虫剂和除草剂，同时又大量使用化肥，这在一定条件下达到了增产的目的，但同时也带来了严重的污染问题。如 1999 年受到世界极大关注的比利时“污染鸡事件”，其污染源是一种叫二噁英的物质。该物质是一类多氯代三环芳香化合物，其 209 种异构体中有 17 种对人类健康有巨大危害。已有临床试验证实长期接触二噁英可导致肝病、癌症等各类疾病。二噁英是一种除草剂中常见物质，含有二噁英的农药，在我国、欧洲及其他国家普遍使用。二噁英在环境中通常浓度很低，人们往往由于摄入被二噁英污染的食物，特别是肉、奶制品和鱼类脂肪引起中毒。1976 年 6 月，意大利的一家工厂发生二噁英泄漏事故，急性中毒者达450人。发生在比利时的二噁英污染事件，主要是由于鸡饲料中二噁英大大超标所致。再如曾经作为杀虫剂发挥巨大作用的DDT，现已因为其对环境造成的危害而被许多国家禁用。有关杀虫剂及其出现的问题，我们将在“生物防治”内容详细介绍。

随着核武器试验和核能利用而产生放射性元素的污染，在各地屡有发生。这些放射性物质在环境中可能产生积累和浓缩，危害生物和人类。如1954年3月美国爆炸一枚氢弹，严重污染海水，放射性物质通过浮游生物在鱼体内逐渐积累，并随生物移动而扩散。当年12月日本渔船捕获的鱼类，体内放射性物质浓度超过危害人体健康指标的30倍，从而不得不大量销毁。

拓展阅读
噪声污染

目前，全球的生态环境问题已对人类社会的生存和发展构成了严重威胁，受到世界各国政府、研究机构的重视。污染生态学（pollution ecology）应运而生。污染生态学是研究生物与受污染的环境之间相互作用的机理和规律，并采用生态学原理和方法对污染环境进行控制和修复的科学。其基本内涵是：①生态系统中污染物的输入及其对生物系统的作用过程和对污染物的反应及适应性，即污染的生态过程；②人类有意识地对污染生态系统进行控制、改造和修复的过程，即污染控制与污染修复生态工程。

拓展阅读
光污染

15.2 人口与资源问题

我们上面所提到的大部分环境问题都与飞速增长的人口有关。增加更多的人意味着需要更多的资源，不论是石油、矿物等非再生资源还是鱼类、森林这样的可再生资源都会遭遇更大压力，并需要农业生产更多的食物。人口与资源问题已成为近年来深受世界各国关注的问题。

15.2.1 人口问题

15.2.1.1 世界人口动态及问题

在17世纪前的漫长时期内，人口增长缓慢。以后，随着工农业迅速发展，医学水平的显著提高，人口增长开始加快速度，呈现指数增长趋势。图15-4显示了1500—2000年间全球人口数量变化。1800年，世界人口达到10亿，1900年增长到16亿，1987年世界人口突破50亿，2011年世界人口达到70亿，2022年达到80亿。在16世纪，地球上人口年平均增长率为0.5%，而进入21世纪世界人口年增长率约为1.1%。17世纪前人口加倍经历了大约1 000年的时间，但在最近43年内，世界人口总数就增加了1倍。世界人口基数在急剧地呈指数增长，这就是所谓的世界人口“爆炸”。

人口急剧增长给生物圈带来了极大的冲击和压力。人类生存的空间越来越拥挤。目前，世界人口的平均密度为30人/km^2，可如果按现在的速度发展下去，到2600年，把地球上所有陆地计算在内，每人平均将不到1 m^2。从现实出发，人类必须考虑地球容纳量的问题。有关地球到底能负载多少人口，近300年来人们做出了许多预测，结果众说纷纭。当然，地球容纳量会随着人们生活水平的标准而改变。1972年联合国人类环境会议公布的背景材料认为，稳定在110亿或略多一些是能使全世界人民吃得较好，并维

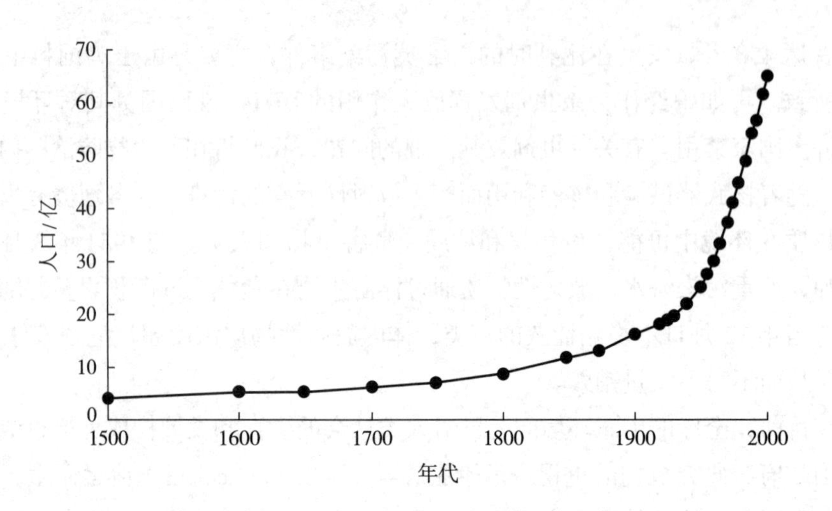

图 15-4 1500—2000 年全球人口数量变化（仿 Krebs，2014）

持合理健康而不算奢侈生活的人口限度。另外，每一个国家生态系统的负载能力也是各国政府和有关学者关注的问题。如美国 1967 年就提出 2 亿人口对美国来说已构成生活质量的极大威胁。估算生态系统容纳量不仅要考虑食物问题，还要考虑人们生活质量及其对可再生或非再生资源的需求问题。过多的人口对生态系统造成的负担包括导致其他生物物种衰退或消失（如对经济动物的过量捕杀）、生态环境的破坏（如毁坏森林、草地用于农业）与环境污染等。荷兰科学家认为荷兰生态系统所能负担的限度，应该是 500 万左右的人口，而现在是 1 380 万。

15.2.1.2 我国人口状况及其问题与对策

我国人口在 1849 年，达到 4.13 亿，此后经过 100 年到新中国成立的 1949 年底，达到 5.42 亿。新中国成立后，随着科学、教育、卫生、体育等事业的发展，国民健康水平的增进，使人口死亡率迅速下降，人口数量激增，在 1949—1986 年的 37 年内，人口几乎翻了一番。新中国成立后人口增加最多的是 1970—1971 年，人口在一年内增加 2 257 万，平均每天增加 61 836 人。20 世纪 60 年代是我国人口增长率最高的年代，从 1962—1970 年人口平均增长率为 2.749%。70 年代后我国人口增长率开始明显下降，到 1980 年 10 年间平均为 1.598%。这是由于自 1971 年我国开始提倡计划生育，并在 1982 年将计划生育定为基本国策。2010 年全国总人口为 133 972 万，2000—2010 年人口年平均增长率为 0.57%，比 1990—2000 年的年平均增长率下降了 0.5%。2020 年 11 月开展的第七次全国人口普查，数据显示全国人口共 141 178 万，10 年间的年平均增长率为 0.53%，比 2000—2010 年的年平均增长率下降了 0.04%。

人口的过快增长和规模过大给我国社会和经济发展带来了一系列的问题。首先，人口总量和增长速度同生活资料的增长不相适应，限制了人民生活水平的提高。再者，先进的生产力使劳动生产率大大提高，减少了所需劳动人员，而大量增长的人口要求更多的就业机会，加剧了提高劳动生产率和安排就业之间的矛盾。另外，增长的人口需要更多的土地资源以耕种粮食，修建住房、学校、公路等，而我国土地资源有限，据报道从我国土地生产粮食及利用综合出发，在人均 500 kg 的消费水平下，我国人口承载量的最大限度为 16.6 亿人。同时，人口增长需要相应的教育、卫生、交通等公用事业的发展。人口增长过快与这些事业的发展不相适应，如教学经费、设备和师资力量不足，就难以提高教育质量和水平，不利于人口素质和人民生活水平的提高。人口的数量和质量，对社会发展有重大影响。我国政府根据国情和人口增长现状，制定了逐渐降低人口增长率的人口发展政策。提倡晚婚晚育（增大世代周期 T），一对夫妻只生一个孩子（降低世代净增长率 R_0）等，以降低人口的自然增长率 r。第六次人口普查结果表明，我国计划生育政策取得了明显成效。不仅平稳度过了新中国成立以来第三次生育高峰期，有效地控制了人口过快增长的势头，而且已进入低生育水平的发展阶段。目前我国人口老龄化问题凸显。为此，2013 年开始，我国计划生育政策开始调整，2016 年起实施全面二孩儿政策。

15.2.1.3 人口老龄化问题

人口老龄化（population aging）是一个世界性问题。一般 60 岁以上人口占总人口比例达 10% 或 65 岁及以上人口占总人口比例达 7% 即为老年型人口。1950 年，全世界只有 15 个国家属于老年型人口，到 1982 年老年型人口国家超过 50 个。欧洲人口老龄化现象最为严重，发展中国家年龄结构虽较年轻，但老年人增长速度在加快。随着社会进步，经济发展，人口平均寿命的延长，人口出生率及死亡率的下降，必然会导致年龄结构的改变，出现人口老龄化问题。

我国人口老龄化问题正逐渐严重起来。2000 年第五次全国人口普查结果表明我国老龄化进程加快，65 岁及以上人口占总人口的比例为 6.96%，比 1990 年人口普查上升 1.39%；2010 年第六次全国人口普查数据显示我国 65 岁以上人口占比为 8.87%；2020 年第七次全国人口普查数据显示该比例高达 13.50%，我国人口老龄化程度进一步加深。

人口老龄化对一个国家的经济、社会发展会产生深刻的影响。首先，劳动力结构老化使劳动力质量降低，劳动生产率难以提高。再者，因老年人的特殊需要，需要赡养的人口增加，国家必须对社会的福利、救济、保障、医疗服务等方面建立各种设施和制度，以保护老年人的利益。这必然要增加国家的财政开支，妨碍经济的进一步发展，而且增加了纳税人的负担，加大青壮年劳动者的压力。1982 年联合国老龄问题世界会议在维也纳召开，主要讨论解决世界人口老龄化以后会出现的一系列涉及保健、就业和社会福利等问题。当然，人口老龄化作为人类社会进步的象征，必然有其积极的内涵因素，如老龄化有利于延长智力产出期，有利于提高整个人口群的知识水平。而且，随着人类寿命的延长，人们体力、精力及青春的保持期也大大延长。

15.2.2 资源问题

人类社会发展对资源的需求与自然资源因过度利用而短缺的矛盾是另一重大的全球性问题。资源是一定时间、一定空间条件下能产生经济价值以提高人类当前及将来福利的自然环境的因素和条件。自然界中凡是能提供人类生活和生产需要的任何形式的物质，均可称为自然资源，它是人类生存的基础。自然资源中供给稳定、数量丰富，几乎不受人类活动影响的资源为**非枯竭资源**（inexhaustible resource），如太阳能、风能、潮汐能、大气等。自然资源中数量有限，受人类活动影响可能会枯竭的资源为**可枯竭资源**（exhaustible resource），如石油、煤炭等化石燃料。这类资源又可根据其是否能够自我更新而分为可再生与非再生资源或称为可更新资源与不可更新资源。可再生资源主要包括土地资源、地区性水资源和生物资源等，其特点是可借助于自然循环和生物自身的生长繁殖而不断更新，保持一定的储量。如果对这些资源进行科学管理和合理利用，就能够做到取之不尽，用之不竭。但如果使用不当，破坏了其更新循环过程，则会造成资源枯竭。非再生资源基本上没有更新能力，这些资源是经历了亿万年的生物地化循环过程而缓慢形成的，更新能力极弱。部分资源可借助于再循环而回收利用，如金属矿物和多数非金属矿物。另外一些非再生资源是一次消耗性的，如煤、石油等化石燃料和一些非金属矿物如石英、石膏和盐类。

15.2.2.1 能源

人类生存依赖于能源供应。目前世界上 80% 以上的电力来自烧煤或烧油的火力发电厂。化石燃料储量虽然可观，但属于非再生资源，在世界人口急剧增长的情况下，化石燃料有可能枯竭，即所谓出现“能源危机”。石油开采仅 100 多年历史，人们已明显感到“石油枯竭”的威胁。另一方面，能源的利用还带来了上面所述的种种环境问题，如温室效应、酸雨、核放射性污染等等，开发利用优质、高效、清洁且不易枯竭的新型能源将是新世纪人类社会的主要努力方向之一。目前，国际上普遍认为，新能源的主要领域为：太阳能、风能、海洋能、生物质能、地热能和氢能。

我国能源状况存在的较突出的问题是能源消费品种结构中煤炭占大部分比例，且煤炭转换效率较低。在碳中和目标驱动下，我国能源发展对策首先应该重视节能降耗；其次应该调整能源结构，如提高逐渐降低煤炭为主的化石能源占比，发展煤气、液化燃料和煤化工，以及风能、太阳能、氢能利用技术等。

15.2.2.2 土地资源

土壤是地球表面具有一定肥力且能生长植物的疏松层，是经过漫长的演化过程，在岩石的风化作用和生物分解等成土作用的综合作用下形成的。人类社会的生存和发展离不开土地。耕地是土地资源的精华。迄今人类食品消费的大部分和 95% 以上的蛋白质取自土地。土地资源属于可再生资源，在土壤中生存的各种生物可以不断地生长、死亡和繁殖，土壤中的水分和养分也在不断地消耗和补充而经常处于动态平衡之中。然而，土地也是最容易出现管理不善的资源，如土壤污染、乱砍滥伐、过度放牧、土地使用不当等，都会给土地资源造成极大破坏。地球陆地面积仅占 1/4，且其中的一半不能供人类利用。地球上迅速增长的人口和城市化给土地资源造成了很大压力。虽然农业机械化和大量能量投入及科学技术的进步能促进粮食增产，但土地生产率的提高是有限的。如果超出土地的生产能力而继续加重其负荷，就会造成土地的过度使用和破坏。

我国虽然国土面积很大，但大部分为山地，人均耕地面积低于世界平均水平。人口过多和耕地资源不足，始终是我国农业生产力发展的矛盾焦点。目前我国人口增长和耕地减少的矛盾非常突出。造成耕地减少的主要原因有：非农业建设占用耕地增多，农业内部结构调整如将耕地改种果树、养鱼，以及严重的耕地自然毁损等。此外，由于多种原因造成我国土地质量下降严重，如水土流失加剧，土壤沙化和侵蚀不断发展，土地次生盐渍化扩大以及土壤污染等。要合理利用、保护土地资源，必须制定有效、合理的政策控制土地的不合理利用，采取措施防止土壤侵蚀、沙漠化和污染，重视土地资源的改造与治理，提高土地的质量。

15.2.2.3 水资源

水是决定生物和人类生存的重要自然资源，也是世界上分布最广、数量最大的资源。从全球范围讲，水是连接所有生态系统的纽带，自然生态系统既能控制水的流动又能不断促使水的净化和反复循环。在前边我们已介绍过水的重要生态作用。不仅所有生命离不开水，对人类社会而言，作为其重大经济支柱的工业、农业等也都离不开水。水是世界上开发利用最多的资源，全世界用水量每年达 3 万亿 t。

随着全球人口增长，人类对水的耗用成倍增长。同时由于水域污染、地下水污染以及淡水地区分布的不平衡等问题，使得淡水资源日益短缺，世界上干旱和半干旱国家将不得不面对水危机带来的问题。据预测，到 2025 年，生活在水源紧张和经常缺水国家的人口，将从 1990 年的 3 亿增加到 30 亿。我国水资源虽然总量居世界第六位，但人均占有水资源量仅有世界人均水平的 1/4，属水资源“贫穷国家”。而且，我国水资源在时间分配和空间分布上很不均匀，造成部分地区水资源供需的严重矛盾。我国由于过分开采地下水及用水方式落后，加上水资源惊人的浪费和水体污染加重，更加深了水资源危机。据 2000 年各省上报水利部的资料估算，我国农业平均受旱面积达 2 000 万 hm^2，7 000 多万农村人口饮水困难，缺水城市有 300 多个。

要对水资源进行保护与合理利用，首先应建立节水型经济，提高用水效率。如工业上发展用水少、排污少的产业；农业上发展用水少的作物，改进灌溉模式；普及先进的生活节水设备；加强水的多次重复利用，发展污水资源化等。另外，开发和利用天空水资源也是解决水资源紧缺的一个有效途径。天空水资源包括天空水汽、云和雨雪等。在合适的云层条件下，用正确的催化方法，人工增加降水一般平均可达 10%～30%。

15.2.2.4 生物资源

生物资源是自然环境的有机组成部分，能够根据自身的遗传特点不断繁殖后代，属于可再生资源。但是，任何生物的繁衍都必须满足一定的必要条件，人类如果不注意保护生物及其再生条件，而是采取掠夺式的过度索取，生物资源就会被破坏，甚至难以恢复。有关生物多样性及其保护，我们将在“生物多样性与保护”一节详细介绍。

15.3 农业生态学

农业生态学（agricultural ecology，agroecology）是生态学基础理论应用于农业的一个分支。其运用生态学、经济学和系统论的理论、方法，把农业生物及其周围的自然、社会环境作为一个整体系统，研究其结构、功能、内部联系、人工调控和可持续发展的规律。食物是人类赖以生存的基本条件。从人类社会出现，人们开始有意识地种植和饲养动物以获取食物开始到现在，农业经历了漫长的发展过程，一直是各国治国安邦、经济发展的支柱产业。农田基本上是一个单种栽培的人工生态系统，人们耕耘的目的是提高作物产量，所以趋向于使田中植物成分减少到一种产量最高、最符合人类需要的植物。由于农作物群落种类单一，生活周期一致，对水分、光、营养成分等各种环境条件需求相同，所以种内竞争最大化，生态系统稳定性差，自我调节能力低，对不良环境、病虫害等敏感。因此，农田生态系统一方面可为人类提供大量的食物，一方面需要人类精心管理，投入大量能量和物质，如浇水、施肥、施用农药和除草剂等，从而加速了能量流动和物质循环，破坏了自然生态系统中原有的协调性。农业生态系统是一个自然、生物与人类社会生产活动交织在一起的大系统。人类从事农业生产，就是促进初级生产力的提高，将太阳能转化为化学能，无机物转化为有机物，再通过动物饲养，以提高营养价值，使农业生态系统为社会提供尽可能多的农产品。同时，人类运用经济杠杆和科学技术来提高和保护自然生产力，提高经济效益。因此，发展农业，必须处理好人、生物和环境之间的关系，建立一个合理、高效、稳定的人工生态系统。

15.3.1 农业的发展及其对生态系统的影响

农业的发展经历了早期和传统农业阶段，发展到现代农业阶段。在前两个发展阶段，基本上是依靠农田生态系统内部的能量流动和物质循环，取之于土地、用之于土地，如施用将作物秸秆发酵后做成的有机肥，以豆科植物为基础进行轮作以增加土壤中氮含量等。这样对农业生态环境造成的影响较小，但生产力水平低。当粮食和农副产品不能满足人口增长的需要，就出现掠夺式经营，人们破坏森林、草原以获得更多的农田，土地营养贫瘠，其他动植物资源被过度利用。

工业革命使农业发展进入现代农业或称石油农业阶段。农业要满足社会对农产品的需要，就必须从外部向农业生态系统中输入大量能量和物质，以高投入换取高产量。这时的农业生态系统结构简单，生物种类单一，种内竞争强度大，食物链短，系统内平衡机制被破坏，自我调节能力差，抵御灾害能力很差。只有在人工大量投入、精心管理下，才能保持稳定高产。输入生态系统的能量，除太阳的辐射能外，还要附加大量的化石能源，如施用化肥、农药，灌溉，以及各种农业机械的使用。现代化农业生产技术特别是大量石油能源的投入确实提高了农业生产力，如据推算每吨化肥可增产粮食 2 ~ 3 t，农药挽回的粮食占粮食总产的 15%，这对缓解急剧增长的人口对农产品的需求，提高人们生活水平起了重要作用。但另一方面，石油农业也存在着许多难以克服的问题。首先，石油是一种可枯竭自然资源，大量的能源消耗加重了能源危机，而且不断投入能量使农田生态系统的投入产出比越来越小。如美国每年每公顷玉米消耗能源为 124 773 kJ，收获物能量为 333 982 kJ，投入产出比为 1∶2.7；而墨西哥在每公顷玉米地的能量投入为 4 012 kJ，收获物能量为 122 892 kJ，投入产出比 1∶30.6。尽管美国玉米产量高，但能源消费太大，相比之下，墨西哥的玉米产量收益是美国的 11 倍。再者，大量的燃烧石油和无节制地施用化肥和农药带来了严重的环境和生态问题。概括起来主要有以下几个方面：

① 石油燃烧和农药、化肥造成的空气、土壤与水污染问题。

② 农药的施用破坏了天敌与有害生物之间的平衡，而且由于广谱杀虫剂的普遍后果，使许多生物类群受到毒害，生物多样性降低。

③ 土壤结构破坏，农产品质量下降。大多数农业系统建立在短期经济效益的基础上。大量使用化肥改变了土壤的理化性质，使其肥力下降，土层变薄；消除植被开垦农

田和对土壤无保护的耕作会造成土壤侵蚀；某些农业活动如持续耕作和放牧会降低土壤肥力，因为植物腐殖质回归土壤的正常循环遭到了破坏；重型机械的使用造成土壤硬结，抑制水的渗透，进一步加剧土壤侵蚀；化肥、促生长剂、农药的施用虽然可缩短作物生长期，提高产量，但也使其丧失原有的风味，营养价值下降，甚至会积聚对人体有害的物质。

④ 农业生产活动对自然生态系统的物质循环过程产生重要影响。每年有多于 1 300 万 t 的磷以肥料的形式撒向农地，大部分通过农业径流进入水系统，另有 200 万 t 以洗涤剂的形式进入生活污水，从而导致江河、港湾特别是湖泊的富营养化。大规模砍伐森林垦荒开田导致了溪流中氮流量的大大增加。农业、林业对植物的收割会带走土壤中矿物质，农民为了高产而施肥，由于硝酸根离子在土壤水中可自由移动，氮会从农田渗漏出去进入水系统而导致水域富营养化。另外，过度放牧通过反硝化、渗漏、挥发和地表径流会导致广泛的氮损失，造成氮循环的低效性。农业生产用水也会导致严重的生态后果。灌溉导致许多河流、湖泊水体减少，地下水被过度利用，对湿地和淡水生境造成威胁；蒸发率高的干旱地区的灌溉可导致土壤表面盐化。过度放牧消耗植被也易造成土壤荒漠化。

15.3.2 土壤侵蚀和沙漠化

土壤侵蚀是指在风或水的作用下，土壤物质被破坏、带走的作用过程。以风为动力使土粒飞散，造成的土壤侵蚀叫风蚀。在地表缺乏植被覆盖，土质松软干燥的情况下，4 ~ 5 m/s 的风就会造成风沙。由于水的作用把土壤冲刷到别处的现象叫作水蚀，即通常所说的水土流失。如我国的黄土高原，表面覆盖着 70 ~ 100 m 厚的黄土层，70% 以上属于坡地。黄土成分主要为粉砂，黏结力弱，疏松多孔，易溶于水，一遇暴雨，大量表层土被水冲走。黄河就是因为流经黄土高原过程中水中带入大量泥沙而变黄的。据估计，我国每年注入海域的泥沙量为 20 亿 t 左右，占世界总量的 13.3%，其中大部分经黄河入海。

纯粹由自然因素导致的地表侵蚀过程，速度非常缓慢，常与土壤形成过程处于相对平衡状态。肥沃的土壤长出茂盛的植物，为动物提供食物和栖息地，并保护土壤不易被侵蚀，保持水分和肥力。造成土壤侵蚀的主要原因是不适当的农业生产。在树篱被除去的田地，土壤侵蚀可达每公顷 30 ~ 100 t。植被覆盖率低的地方，土壤侵蚀最严重。良好的植被能保持水土已是人们的共识。但到目前为止，人类活动如为获取木材而过度砍伐森林、开垦土地用于农业生产以及过度放牧等原因，仍在对植被进行着严重的破坏。全世界平均每分钟有 20 hm^2 森林被破坏，10 hm^2 土地沙化，4.7 万 t 土壤被侵蚀。据估计，1 cm 的土壤要花 500 年甚至更长时间才能形成，却会在 1 年之内流失。土壤侵蚀使土壤肥力和保水性下降，从而降低土壤的生物生产力及其保持生产力的能力；还会使江河、湖泊的泥沙淤积，河床抬高，湖泊变浅，面积缩小，影响交通运输和经济发展；并可能造成大范围洪涝灾害和沙尘暴，给社会造成重大经济损失，并恶化生态环境。

土壤侵蚀已成为全世界一大公害。美国农业部资料表明，因侵蚀而造成的土壤损失威胁着美国 1/3 的农田的生产力。图 15–5 比较了美国新罕布什尔州两个河谷的土壤侵

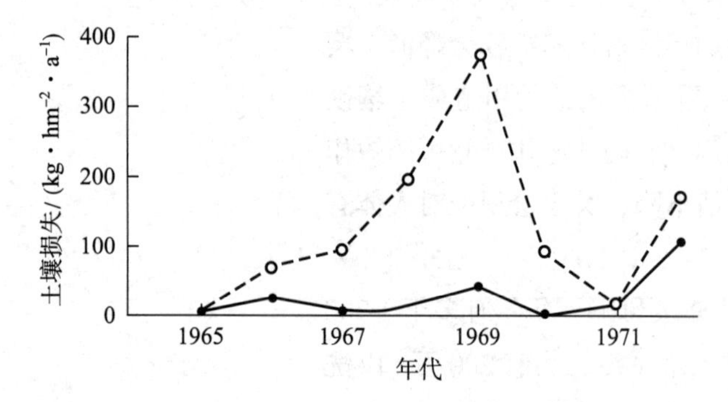

图 15-5 美国新罕布什尔州 Hubbard Brook 森林两个河谷土壤侵蚀的比较（引自 Mackenzie et al.，1999）

• 未被干扰的森林，○ 1965 年被砍伐的森林

蚀率：一片未受干扰的和一片森林砍伐后的土地。侵蚀不仅影响土壤厚度，还会减少土壤中的有机质和养分，降低土壤保水能力，限制扎根深度，从而影响生产力。每年因风蚀和水蚀而损失的表土有 40 亿 t，这相当于每年美国农田损失 820 万 t 氮磷和 200 万 t 钾。这些养分的损失差不多相当于 150 亿美元。

水土流失也是我国土地资源破坏的重要原因。我国表土流失量每年约 50 亿 t，是世界上水土流失最严重的国家之一，年流失氮、磷、钾肥约 4 000 万 t。40 多年来，我国水土流失减少耕地达 207×10^4 hm^2。在水土流失较为严重的长江流域，1975 年到 1986 年，水土流失面积由 36.4 万 km^2 上升到 73.9 万 km^2，年土壤侵蚀总量增加了一倍。流域内河床淤积严重，天然水源面积如洞庭湖、鄱阳湖等大型湖泊面积日益缩小，严重减弱了湖泊的蓄洪排涝功能，许多中小型水库已近报废，更加大了灾害发生的可能性。1998 年，长江流域发生特大洪涝灾害，给全流域大部分省、区造成了重大损失。之后，政府总结该次洪涝灾害发生的原因，提出退田还湖、退耕还林、退耕还草等措施，决心重点解决长江地区的水土保持问题。对曾经携带大量泥沙的黄河，我国非常重视流域水土流失治理，如防沙固沙、退耕还林、还草等。如 1999—2015 年间，曾为黄河重要沙源的延安地区退耕还林 1 070 万亩，植被覆盖度达到 67.7%。一系列生态治理措施取得切实成效，水利部黄河水利委员会提供的数据显示，近 20 年平均每年减少流入黄河的泥沙约 4.35 亿 t，黄河中游已变清。

减少土壤侵蚀的根本办法是修梯田，筑拦沙坝，种草种树，增加植被覆盖。在埃塞俄比亚，用岩石和泥土在山侧修筑围墙以截获流失的土壤，这样自然形成的台地可以减少进一步的侵蚀。在澳大利亚，大范围建筑树篱作为物理屏障来阻止田地的风蚀。此外，以适当的角度来耕种坡田，顺着等高线而不是顺着斜坡挖水渠，使用这种等高耕作的方法可以减少水土流失。同时，在裸露的土地上种植作物有助于减少土壤侵蚀。如果用豆科植物做覆盖植物，可以固定氮，使土壤的氮含量增加。免耕农业是一种种植系统，只需要挖出一些窄的裂沟，而不需要对土壤进行操作，通过减少对土壤的干扰，就可以减少土壤侵蚀。这些系统配合作物轮作，都可以用来减少土壤损失和肥力下降。

沙漠化是导致土地资源丧失的另一世界性重大环境问题。据联合国环境规划署的资料，全球沙漠化土地有 4 560 万 km^2，几乎等于俄罗斯、加拿大、美国和中国面积的总和。其中 60% 在亚洲和非洲。现在世界上平均每分钟就有 10 hm^2 的土地变成沙漠，每年因土地沙化要损失 600 万 hm^2 的农田和牧场，由沙漠化带来的直接损失约 260 亿美元。

我国也是受沙漠化危害较深的国家之一。有关研究资料表明，我国沙漠化土地面积共有 332.7 万 km^2，占国土面积的 34%，相当于 20 个广东省的面积。有近 4 亿人口受到沙漠化的危害，每年损失达 540 亿元，1995 年高达 2 070 亿元。我国沙漠化土地 20 世纪 70 年代为每年 1 560 km^2，90 年代初增加到每年 2 100 km^2，现在则扩展到每年

2 460 km^2。沙漠化最严重的是我国北方地区，特别是东起科尔沁草原，经坝上、鄂尔多斯到宁夏以南的农牧交错地带，占沙漠化土地面积的73%。

1994年10月，112个国家在巴黎签署了《联合国关于在发生严重干旱和/或沙漠化的国家防治沙漠化的公约》。我国将全国治沙工作规划列入了《中国21世纪议程》中，表明了政府对制沙工作的重视。

治理沙漠化，应该以生态学和经济学原理为指导进行综合治理，在体制上把治理沙漠化与加强国土整治和保护自然环境统一起来，采取治理与预防相结合，以预防为主的方针。我国采取了沙障和植物固沙相结合，乔、灌、草防沙林与农田相结合，人工造林与封育相结合，调整土地利用结构和合理放牧相结合等等一系列措施，使大约10%的地区的沙漠化得到控制，12%的沙漠化土地恶化情况得到改善。

15.3.3 生态农业

随着传统农业生产力的限制和石油农业暴露出的弊端越来越严重，世界各国都在寻找新的农业出路。实践证明，生态学理论是指导农业生产的重要基础。一个农业生产系统是否合理、高效，关键在于其生物生产组织是否因地制宜，是否符合生物与环境协调统一、持续稳定发展的规律。任何地区都存在着与其相适应的生物群落。人工生态系统必须适合自然环境，宜林则林，宜农则农，宜牧则牧，盲目强调改造自然就会受到自然的惩罚。如何建立一个持续、稳定、高效的生态农业系统已受到各国的高度重视。生态农业系统以生态学、系统工程理论及定量优化方法为指导，因地制宜，实现农、林、牧、渔、加工等生产行业的有机结合，变单纯从自然界索取为保护、改善、增值和合理利用自然资源，使高效的农业生产同优良的生态环境建设同步发展，以取得良好的经济效益、生态效益和社会效益。

15.3.3.1 生态农业的特点与理论基础

生态农业（ecological agriculture）是遵循生态学、生态经济学原理进行集约经营管理的综合农业生产体系。其目的在于提高太阳能的利用率、生物能的转化率和农副业废弃物的再生循环利用，因地制宜地充分利用自然资源，提高农业生产力，以获得更多的农产品，满足人类社会的需要，达到持续发展。生态农业应该具备以下几方面的基本特点：

① 整体性与可调控性：生态农业重视系统整体功能，必须维护和提高整个系统的微观和宏观的生态平衡，将农、林、牧、副、渔各业组成综合经营体系，并对农业生态系统和生产经济系统内部各要素及其结构，按生态和经济规律的要求进行调控。通过资源的充分利用、工程措施和生物措施的应用，把不利因素转变为有利因素，使生物与环境之间、生物物种之间、区域内各子系统之间以及经济、技术与生物之间达到相互有机配合，保证整个农业经济体系协调发展。

② 稳定、高效与持久性：生态农业系统应结构、多样性组成合理，功能协调，具较强的抵抗外界干扰的能力，保持一定的稳定性。同时，具有较高的太阳能转换率并合理利用其他自然资源，具较高的生产率和较好的社会、经济、生态效益。另外，该系统能够很好地保护和合理利用自然资源，具良好的可持续发展的功能。

③ 地域性：地域性决定了系统的空间异质性和生物多样性。因此，生态农业必须

因地制宜，具有明显的地域性。

生态农业要达到系统功能结构最优化，保持稳定、高效和可持续发展的潜力，就必须以生态学、生态经济学原理为理论基础来建设生态农业系统。其主要理论依据如下：

（1）生物与环境的相互作用与协同进化

生物与环境之间存在着复杂的物质与能量的交换关系，紧密联系，相互作用。一方面，生物生存必须从环境中获取物质与能量，如空气、光、水及营养物质等，另一方面，生物在生命活动过程中也不断通过排泄、释放及枯枝落叶和尸体归还环境，使环境得到改善。如地面草木的生长改变了土壤成分及地表微环境，而改变了的土壤及地表微环境又反过来会影响草木的生长状况，二者处于不断相互作用，协同进化状态。遵循这一原理，就要注意利用生物与环境之间这种相互作用，如发展有机农业，重视作物多样性和土壤保护，合理轮作倒茬，种养结合等。

（2）食物链与食物网理论

生态系统中生物之间通过营养关系相互依存、相互制约。我们已知食物链有捕食食物链、碎屑食物链等，通常多条食物链相互连接构成复杂的食物网。生物之间这种食物链关系包含着严格的量比关系，处于两个相邻链节的生物，无论个体数目、生物量或能量均有一定的比例。生态农业应遵循该原理在生产活动中充分考虑食物链关系，不要任意打乱食物链关系及其链节，破坏生态平衡。如药物杀灭有害生物时要充分考虑该过程对其相邻链节上其他生物的影响。再就是要依具体情况注意不同营养级生物的合理生产与消费，提高能量与资源的利用效率。如 5 kg 适于人类食用的谷物蛋白，喂牲畜后，只能变成 1 kg 适于人类食用的动物蛋白。世界大量高质量的鱼蛋白用于制作鱼粉来喂牲畜，造成资源的严重浪费和低效使用。

（3）能量多级利用与物质循环再生

生态系统中的食物链，既是一条能量转换、物质传递链，从经济上看还是一条价值增值链。尽管能量物质在逐级转换传递过程中存在 10∶1 的关系，食物链越短，净生产量越高，但人类对产品的期望不同，产品价值也不同。在人类调控的生态农业系统中，为提高生产效率，可巧设食物链，使用于生物食物选择消费和排泄而未能参与有效转化的部分能得到利用和转化，从而大大提高能量转化效率。如果对秸秆的利用，如不经处理直接返回土壤，要经长期发酵分解才能变为有用肥料。但如经过糖化或氨化过程使之成为家畜喜食的饲料，则可增加家畜产量，再用家畜排泄物培养食用菌，生产食用菌后的残菌床又用于繁殖蚯蚓，最后将蚯蚓利用后的残余物返回农田做肥料。这样秸秆的能量物质转化效率就大大提高了。

（4）结构稳定与功能协调

生态农业系统是人类按照生产目的调节和控制的系统，要使生物有一个良好的再生产条件与生活环境，应仿照自然生态系统保持结构稳定、功能协调的原理，建立一个稳定的生态系统结构。具体应充分利用生物种之间及其与环境之间的相互关系。如发挥生物共生优势，利用蜜蜂与花之间的互利共生关系，把果树栽培与养蜂相结合；再如稻田养鱼，鱼稻共生；利用豆科植物的根瘤菌固氮、养地和改良土壤结构等。另外，可根据生物所占据的生态位的差异合理安排，使资源得到充分利用。如生态立体养鱼系统的建设，巧妙地将上层浮游生物食性、下层底栖生物食性以及杂食性、少量食草性的鱼类进行混养，或再加上养殖莲藕等水生植物，通过数量的合理搭配，既稳定了系统，提高了生产力，又使各种资源得到充分利用，真正达到了稳定、高效。

此外，生态农业所依据的生态学理论基础还有边缘效应、生态位、限制因子作用等。

生态农业是在适应可持续发展战略与持续农业基础上发展起来的，它是以农业资源的合理利用、农业生态环境的有效保护为目标的高效、低耗、低污染的农业发展模式。实践证明，生态农业具有明显的因地制宜性，很难形成一个全球普遍适用的发展模式。下面，我们重点介绍一下我国的生态农业。

15.3.3.2 我国生态农业的主要特点与类型

我国生态农业的发展是以中国传统农业的精华与现代化企业的先进技术相结合，同时借鉴发达国家生态农业发展模式的成功之处，依据我国制度特色、社会经济发展及资源禀赋状况，形成具有中国特色的可持续发展的现代化农业。中国的国情决定我国的农业是资源约束型农业，既不能牺牲环境换取经济发展，也不能只注重环境保护而限制经济发展，而必须依据中国的实际情况，走经济和环境协调发展之路。我国生态农业主要特点体现在充分合理利用资源；一业为主，多业结合；利用共生相养关系，实行立体种植，混合喂养；循环利用“废”物；充分利用现代科学技术，全面规划，兼顾社会、经济和生态三大效益。我国生态农业典型类型如下：

（1）立体种养殖类型

该系统将处于不同生态位的生物类群进行合理搭配，使系统能充分利用太阳能、水分和矿质营养元素，建立一个空间上多层次、时间上多序列的产业结构，从而获得较高的经济效益和生态效益。这方面实践类型模式很多。如立体种植类型中，农作物的间作、套作、轮作模式，将不同农作物如粮、油菜或粮、豆类按植株高矮和生长期的不同进行间作、套作、轮作，使光、土地、营养物等资源得到充分利用。类似的模式还有林粮、林药立体种植模式，将经济林木与粮食作物、药用植物等进行间作；庭院立体种植模式，在庭院和屋顶种植蔬菜、花卉等；以及林菌或粮菌间作模式，粮肥间作模式等。另外还有立体养殖类型，指在一特定空间内的养殖动物的层次配置或一定时间内的生产有机配合。该方面实例除我们上面提到过的水体立体养殖系统模式外，还有陆地立体圈养模式，如蜂桶（上层）–鸡舍（中层）–猪圈（下层）–蚯蚓池（底层）；时间立体养殖模式，如江苏南部地区经常利用春天将空的养蚕室来养小鸡，到养蚕季节将小鸡放养到桑园中，冬天蚕室再用来养鸡。再就是将立体种养结合起来的模式，如稻–萍–鱼模式、稻–鸭–鱼模式、林–畜–蚯蚓模式、苇–禽–鱼模式等。该系统中主要利用的生态农业技术有立体生产技术、有机物多层次利用技术等。

（2）物质循环利用类型

该种生态系统是按照生态系统内能量流动和物质循环规律而设计的。在系统中，一个生产环节的产出（如废弃物的排出）是另一个生产环节的投入，使得系统中的各种废弃物在生产过程中得到再次、多次和循环利用，从而获得更高的资源利用率，并有效地防止了废弃物对农村环境的污染。具体实例如作物–食用菌循环模式、林木–食用菌循环模式，用作物、林木树干或碎屑为原料培养食用菌，而菌渣和菌床废弃物作为促进作物或林木生长的肥料；猪－蛆－鸡、猪－蚯蚓－鸡循环模式，用猪粪培养蝇蛆或蚯蚓，再将蛆或蚯蚓喂鸡，鸡粪又作为猪饲料。另外，还有种养业结合的禽－鱼－作物、禽－畜－鱼－林（果、菜、饲料作物等）的循环模式，种－养－加工三业结合、种－养－沼气三结合以及种－养－加工－沼气四结合的物质循环利用模式等等。该系统中利用的主要是农林牧副渔一体化，种植、养殖、加工相结合的配套生态工程技术。

（3）生物相克避害类型

该类型利用生态系统内物种之间相互竞争、相互制约以及食物链关系，人为调节生物种群，在生态系统中增加有害生物的天敌种群，以降低害虫、害鸟、杂草、病菌的危害，从而减少农作物的经济损失。我国是世界上最早利用天敌防治有害生物的国家，在实践中发展了许多具体模式，如以虫治虫——利用七星瓢虫捕食棉蚜虫、赤眼蜂捕食玉米螟等；以禽鸟治虫——棉田养鸡、稻田养鸭捕食害虫等；以草治草、治虫——利用某些植物的密植来抑制杂草、创造害虫天敌繁衍的适宜条件以防治害虫；以菌治虫——利用有益细菌制剂杀灭害虫等等。该类型生态系统主要利用的是有害生物综合防治技术。

（4）生态环境综合整治类型

该类型在发生土地贫瘠化、盐碱化、沙漠化，水土流失严重的地区对造成上述现象的主要生态因子进行调控，如因地制宜地开展植树造林、改良土壤、兴修水利、农田基本建设等以改善恶化了的生态环境。具体实例如种草植树控制沙漠化；采用综合农田建设措施，如等高耕作、反坡梯田、修建小型水库、防洪堤坝、改进排灌系统以及退耕还林、退耕还草等方式整治水土流失；利用豆科植物或有机肥改良土壤，增加土壤肥力等。该类型生态农业需要水土流失治理技术、控制沙漠化技术、盐渍化土壤改良技术、维持土壤肥力的植物养分综合管理技术等。

（5）资源开发利用类型

该类型主要分布在山区及沿海滩涂和平原水网地区的荡滩，这些地区农业发展潜力较大，有大量的自然资源未得到充分开发或很好地利用。通过因地制宜、全面规划、综合开发，改造荒山、荒坡、荒滩等，将资源开发与环境治理结合起来，来促进环境、生产和经济建设。

（6）区域整体规划类型

该类系统是在一定区域内，运用生态规律将山、水、林、田、路等进行全面规划，协调生产用地与庭院、房舍、草地、道路、林地等的比例和空间配置，把工农商连成一体，以取得较高的经济效益和生态效益。具体模式如以农田为中心，水、土、林、田综合治理模式；以畜牧饲养为中心，农、林、工、商、运各业并举，互相促进模式；以林为主，农、林、牧结合模式等。

15.3.3.3 生态工程技术

生态农业的设计规划与发展过程离不开生态工程技术。生态工程（ecological engineering）这一名词由美国生态学家 H. T. Odum 首先提出，并定义为“为了控制生态系统，人类应用来自自然的能源作为辅助能对环境的控制”。我国生态学家马世骏（1984）为生态工程下的定义是：“生态工程是应用生态系统中物种共生与物质循环再生原理，结构与功能协调原则，结合系统分析的最优化方法，设计的促进分层多级利用物质的生产工艺系统。其目标是在促进自然界良性循环的前提下，充分发挥资源的生产潜力，防治环境污染，达到经济效益与生态效益同步发展。它可以是纵向的层次结构，也可以发展为几个纵向工艺链索横向联系而成的网状工程系统。”生态工程技术所依据的核心原理可概括为整体、协调、自生以及循环再生原理。其所依据的生态学原理主要包括物种共生、生态位、食物链、物种多样性、物种耐性、景观生态、限制因子及其综合性等；同时，作为“工程”技术，其所依据的工程学原理主要有结构的有序性、系统的整体性以及功能的综合性原理。

（1）生态工程设计

生态工程要按照整体、协调、自生、循环、因地制宜的原理，以生态系统自组织、自我调节功能为基础，在少量人类辅助能的帮助下，充分利用自然生态系统功能，紧紧围绕当地的自然、社会和经济条件进行生态工程的设计、组装和运行管理。如我国南方曾以凤眼莲为主的生态工程来处理和利用污水，再将凤眼莲用于养鱼，取得显著效益。但我国北方地区因年均水温低，冬季日照短，不利于凤眼莲的生长，就必须另选植物如黑麦草等来代替凤眼莲转化污水中的营养盐和有机质。再如我国利用湿地中芦苇作为过渡带，转化地表径流入湖的污水，再收割芦苇造纸，使水中营养盐经芦苇转化再输出，既维持了水中营养盐平衡，又通过收割芦苇提高了经济效益。另外，生态工程设计应充分考虑生物的机能节律与环境的时间节律，遵循生物多样性原理并依据再生循环与商品生产的原则，选择适当的生物种群及其匹配种群。适当输入辅助能，人工压缩演替周期。如自然界从裸地开始的旱生演替到达顶极的森林群落一般要很长时间，生态工程可通过人工投入大大缩短演替过程，但必须因地制宜，适当投入，才能取得理想效果。如过去在我国西部干旱、水土流失严重地区植树造林，一律建造高密度乔木为主的林分，投入大量人力、物力，但由于当地环境资源不良（缺水），并未取得良好效果。或者树木难以成活，或者长成生长处于停滞状态的“少老树”。如一开始用旱生的柠条、胡枝子、沙棘等豆科植物进入一期工程，不仅投入少，而且这些植物可抗风沙、改良土壤肥力，改善环境，在此基础上再引入乔木树种形成疏林结构，形成一个乔、灌、草结合，用养护补的高效工程是完全可能的。

（2）加环

在生态工程技术中，一种重要的技术手段是加环，即在生态系统食物链网或生产流通中增加一些环节，以更充分地利用原先尚未利用的那部分物质和能量。根据加环的性质和功能，大致可归为5类：① 生产环——所加入的环，可使非经济产品或废物直接生产出为人利用的经济产品。如利用秸秆、木屑培养食用菌，利用无毒有机废水水培蔬菜或花卉等。② 增益环——所加环虽不能直接生产商品，但能提高生产环的效益。如用凤眼莲、细绿萍等处理污水，处理的水及生产的青饲料虽不是商品，但可再用于生产，提高生产效益。③ 减耗环——食物链网中有些环节损耗上一营养级的资源，如农田害虫、害鼠等，为“损耗环”。在损耗环上加一新环节使之抑制或减弱损耗环的作用，该种加环即减耗环。许多人为培养的害虫天敌加入田间，均为减耗环。④ 复合环——所加之环，起到上述各环的多种功能。如在农、林生态系统中加入蜜蜂，蜜蜂的产品如蜂蜜等可直接作为商品，起到生产环的作用，而且由于蜜蜂传媒授粉，可使许多作物增产，起到增益效果。⑤ 加工环——加环对产品进行深加工，虽不属于食物链网范畴，但对经济效益、生态环境、社会效益影响很大。如玉米芯本用作燃料或作为肥料，但增加了用玉米芯生产木糖醇的环节后，每 10 t 玉米芯可生产 1 t 木糖醇，玉米芯产值约 140 元 /t，而木糖醇约为 5 万元 /t，产值提高 35 倍，而且可通过这一加工环联结培养食用菌、生产有机肥等生产、增益环，增加经济效益，改善生态环境，增加就业机会。

（3）我国农林牧副渔一体化生态工程

我国农林牧副渔一体化生态工程具体的技术路线着重调控系统内部结构和功能，进行优化组合，提高系统本身的迁移、转化、再生物质和能量的能力，充分发挥物质生产潜力，尽量充分利用原料、产品、副产品、废物及时间、空间和营养生态位，提高整体的综合效益。如人为联结生态系统中的食物链，将原本不相联结的种连在一起形成互利共生网络，提高效率。典型例子如稻田养鱼，桑基鱼塘等。向稻田中加入原本不生活在其中的食草性（草鱼）、滤食性（鲢鱼）、杂食性（鲤鱼）和底栖动物食性（青鱼）的一定数量的鱼苗，构成稻鱼共生网络。一些资料表明，未养鱼稻田中杂草可达每亩 30 ~ 400 kg 之多，水稻减产 10% ~ 30%，而放养了草鱼的稻田中杂草得到有效控制，水稻增产。另外，其他食性的鱼类将稻田中原本无经济价值的浮游生物、底栖生物等变成了渔产力，鱼在稻田中排出的大量粪便富含氮磷，增加了稻田肥力，从而使稻田单位面积收益大大提高。图 15-6 所示为该生态工程体系模式图。该类型生态工程是指在一定区域内，人为地把多年生木本植物（如乔木、竹类）与其他栽培植物（农作物、药用植物等）和动物，在空间上或按一定的时序安排在一起而进行管理的土地利用和经营系统的综合。在该系统中，不同的组分间具有生态学和经济学上的联系。

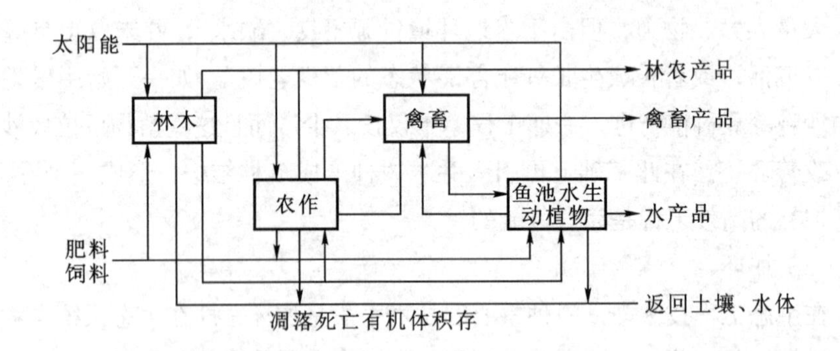

图 15-6 农林牧副渔一体化生态工程（仿李振基等，2000）

15.4 生物多样性及其保护

生物多样性（biodiversity）是指生物中的多样化和变异性以及物种生境的生态复杂性。这一概念是 Wilson 在 1986 年提出的。一般认为生物多样性包括：遗传多样性、物种多样性和生态系统多样性三个层次。汪松和 陈灵芝（1990）认为生物多样性是所有生物种类、它们的种内遗传变异和它们的生存环境的总称，包括所有不同种类的动物、植物和微生物 以及它们所拥有的基因、它们与生存环境所组成的生态系统。生物多样性是生物进化的结果，是人类赖以持续生存的基础。

15.4.1 生物多样性价值

生物多样性价值包括直接使用价值、间接使用价值和伦理价值。直接使用价值为人类提供食物、纤维、药物、燃料和建材等，其使用价值是人们普遍认识的。间接使用价值是对环境和生命维持系统的调节功能，例如 CO_2 和 O_2 平衡、水土保持、土壤形成、净化环境等。这部分在以往被人们认为是可以“免费”使用的、公共的自然恩施。因此，它们又被称为**生态系统服务**（ecosystem service），对此我们将在下节讨论。生物多样性的潜在价值——能为后代人提供选择机会的价值，例如抗性基因等，也可以列入间接使用价值的范畴。哲学家把价值分为工具主义价值和内在价值两类，**伦理价值**（ethical value）即属于内在价值。

15.4.2 生物多样性的丧失

数百年来，物种、种群（包括作物、家畜和家禽品种）以及自然生境的丧失过程都有明显加速。

15.4.2.1 物种损失

生物物种的灭绝是自然过程，但是灭绝的速度和方式，由于人类活动对地球的影响而大大加速。众所周知的渡渡鸟（*Raphus cucullatus*）、猛犸象（*Mammuthus primigenius*）、袋狼（*Thylacinus cynocephalus*）和恐鸟（*Diornis maximus*）都是由于人类捕猎而灭亡的。有些物种是因商业利用而处于灭绝边缘的。如在肯尼亚和乌干达，有85% ~ 89% 的象被偷猎而死亡。许多鲸类由于过度捕捞而濒危，而像海豚那样非捕捞对象，则由于偶然闯入捕捞网造成大量死亡而濒危。有大量的物种因生境破坏而丧失。人类通过改变管理（如放牧）而使生境发生变化（如气候变化），则有可能对特定的物种产生更加深刻的影响。

Reidh 和 Miller（1989）估计，鸟、兽两类，在 1600—1700 年的百年间灭绝率分别为 2.1% 和 1.3%，即大约每 10 年灭绝一种；而在 1850—1950 年期间，灭绝率上升到每 2 年灭绝一种。从 1600 年以来的灭绝，古生物学家称为地质史上的第六次大灭绝，它大约是已往地质年代“自然”灭绝的 100 ~ 1 000 倍。

农作物和家畜的物种多样性，也由于使用现代农业技术而剧烈地下降了。例如，菲律宾 1970 年前种植水稻 3 500 个品种，现在仅有 5 个占优势的品种，损失超过 99%。欧洲小麦品种丧失达 90%，美国玉米品种丧失超过 85%。而作物缺乏遗传多样性也使它更易受病原体和害虫的攻击。所以作物生物多样性下降的一个重要原因是在集约化过程中由混种变为单种种植，特别是大面积、大范围的单种种植。

15.4.2.2 生态系统或生境破坏

地球上许多生态系统的生物多样性的丧失，表现在生境面积剧烈减少、被改变或者被破坏。例如湿地，它不仅是生命（特别是水禽）的摇篮，而且也是陆地的天然蓄水库，被人们称为“自然之肾”。湿地在蓄洪防旱、调节气候、控制土壤侵蚀、降解环境污染等方面起着极其重要的作用；同时它又是人类开发最剧烈的系统之一。新西兰有

90% 的湿地从欧洲殖民以来已经损失。至于森林生态系统，它历来被认为在自然环境保护中起着关键作用，它在调节气候、涵养水源、保持水土、净化空气、消除污染等方面的重大作用早已广为人知。森林面积减少和破坏的情况也是最早引起人们注意的。例如，欧洲的温带森林大部分已经被破坏。利用人造卫星可以监测全球森林的损失，估计从 1981 年到 1990 年每年丧失 170 000 km^2。北美洲从 1492 年以来，几乎全部自然草地已经损失。

生态系统多样性丧失对人类社会的影响，以我国 1998 年长江洪水危害之根源为例，长江上中游森林破坏造成的水土流失，下游湖泊、湿地的围垦和开发导致调节洪水能力的减弱，无疑是其中的两大重要原因，它们都与生态系统功能丧失有密切的关系。要深入了解生物多样性丧失的危害性，其关键是科学地理解生物多样性的各种生态系统功能及其变化机制。

15.4.2.3 生物多样性丧失的原因

一般区分 3 类灭绝类型，即背景灭绝（background extinction）、聚群灭绝（mass extinction）和人为灭绝（anthropogenic extinction）。

随着生态系统的变化，某些物种消失了，另一些替代了它们，这种物种的周转，其速度比较低，称为背景灭绝。达尔文的生存竞争学说和进化论告诉我们，随着地球环境的变化，地球上不断有新物种产生，不适应的物种淘汰，所以灭绝是自然的过程。

聚群灭绝又称大灭绝，是指由于自然灾害而发生的大规模物种死亡。火山、飓风、流星的影响偶尔有发生。有些是局域的，有些影响全球。

人为灭绝是指由人类引起的灭绝。人为灭绝的影响可以扩张到全球范围，这一点是与源于自然灾害的聚群灭绝相同的，但是，人为灭绝的引起原因在理论上是可以受人类控制的，所以人类是有能力改变生物多样性迅速丧失的局面的。

近代物种多样性丧失加剧的原因有：① 过度利用、过度采伐和乱捕乱猎。② 生境丧失和片段化。③ 环境污染。④ 外来物种的引入导致当地物种的灭绝。⑤ 农业、牧业和林业品种的单一化。显然，所有这几方面都与人口数量的迅速增加、人类活动，如自然资源的高速消耗、环境的污染等对地球的影响加剧有密切的关系，由此可见，人类不合理的活动是当前物种灭绝的最主要根源。

15.4.3 生物多样性科学及保护相关研究

对生物多样性内涵的方面和等级的现代认识如图 15-7 所示。对生物多样性三个层次及其应用的详解，可以包括生态多样性、有机体（分类）多样性、遗传多样性和文化多样性 4 个方面，各方面又有若干水平。

国际生物多样性科学研究规划（DIVERSITAS）是一个具有影响力的国际项目，它由 6 个国际组织联合提出，这 6 个国际组织是国际科学理事会 ICSU、国际生物科学联合会 IUBS、国际微生物学联合会 IUMS、环境问题科学委员会 SCOPE、国际地圈生物圈研究计划的全球变化与陆地生态系统计划 IGBP-GCTE，联合国教科文组织 UNESCO）。其 1995 年的版本是首次提出生物多样性科学这个概念的，并且在 1996 年的版本中对生物多样性科学的边界、内涵和基本问题做出了较为清晰的表达。

该计划提出了生物多样性科学的5个核心研究计划和5个特殊研究领域。其核心研究计划是：① 生物多样性对生态系统功能的影响；② 生物多样性的起源、维持和变化；③ 系统学研究，生物多样性编目和分类；④ 生物多样性的监测；⑤ 生物多样性保护、恢复和可持续利用。其特殊研究领域是：⑥ 土壤和沉积物中的生物多样性；⑦ 海洋生物多样性；⑧ 微生物生物多样性；⑨ 淡水生物多样性；⑩ 与生物多样性有关的人文因素（图15–8）。

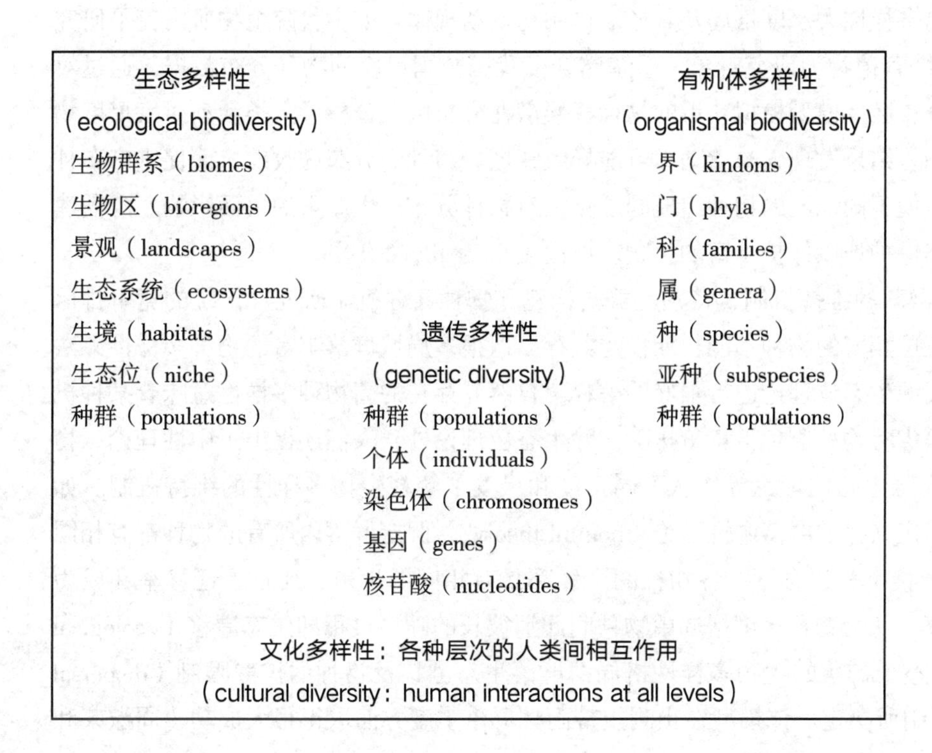

图 15-7 生物多样性的各个方面及水平

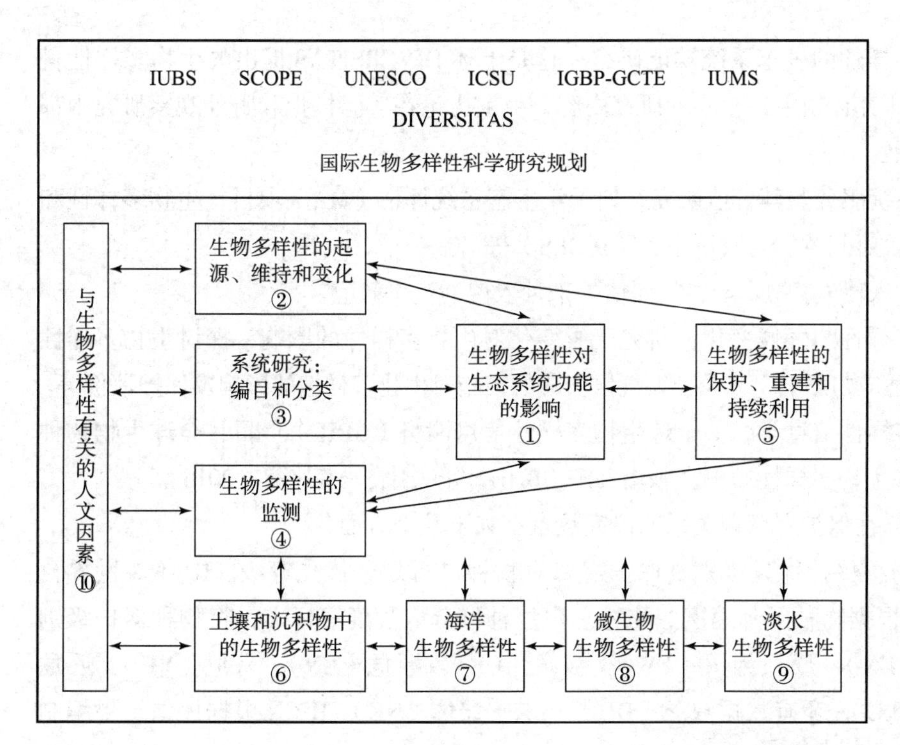

图 15-8 生物多样性科学的各个组分和相互间的关系（引自赵士洞，1997）

①～⑤为核心研究计划；⑥～⑩为特殊研究领域

随着人们对生物多样性价值的认识和对生物多样性现状与未来的重视，生物多样性科学已发展为一个综合性的多学科交叉的研究领域，目前主要研究热点包括如下几个方面：

① 物种丧失与保护研究，对物种灭绝速率、保护空缺、现状进行分析与评估，建立物种和生态系统红色名录。

② 生物多样性大尺度格局及其形成机制研究，利用信息学技术及大尺度数据集，分析探讨生物多样性大尺度格局及其形成机制与变动规律。如中科院植物所马克平研究组以9701种维管植物为研究对象，系统整合了我国全国尺度的物种分布数据，通过对比物种实际分布区及模型模拟获得的物种气候潜在分布区，分析了人类活动对大尺度物种分布的影响。结果发现人类活动很可能导致狭域分布种的分布区收缩，而促进广布种的分布扩张，使不同地区的物种组成同质化，对物种分布产生严重的负面影响。急需建立更多的自然保护地以保护丰富的生物多样性（Xu et al.，2019）。

③ 生物群落的维持机制，特别是群落构建和物种共存机制研究。传统的竞争排斥假说认为生态位相同的物种不能长期稳定共存，但很多局域群落丰富的物种多样性无法用该传统的资源生态位理论进行很好的解释，自然界存在的高物种多样性意味着某种机制能够使竞争劣势物种避免被竞争排除。除生态位理论外，人们还提出了中性理论、物种库理论和高维生态位理论等，从不同角度和尺度来解释生物多样性的维持机制。如基于物种非稳定共存的群落**中性理论**（neutral theory），假定群落内所有的物种都有相同的竞争力、迁移率和适合度，各物种的个体都具有相同的生殖、死亡、迁移率和成为新物种的概率，认为物种多度格局由物种间此消彼长的随机过程即**生态漂移**（ecological drift）决定，整个群落的生物多样性格局由群落生态漂移及物种的**扩散限制**（dispersal limitation）机制所决定。该模型在预测热带雨林群落多度方面取得很大成功（周淑荣和张大勇，2006）。

④ 生物多样性的生态系统功能研究，这是上述DIVERSITAS提出的生物多样性科学的5个核心研究计划中最核心的研究内容，目前无论在实验模拟和野外观察研究中都取得了显著进展。

⑤ 生态系统服务及其价值研究，如千年生态系统评估（MA）项目，生物多样性和生态系统服务政府间科学与政策平台（IPBES）等。

⑥ 外来种入侵/生物安全，如评估外来种入侵的生态效应。

⑦ 生物多样性与气候变化，研究气候变化对生物多样性的影响，探讨生物多样性对气候变化的适应与影响，以及减缓气候变化的措施对生物多样性的影响及保护评价等。

⑧ 生物多样性信息学，如全球生物多样性信息网络（GBIF）项目，全球生物物种名录（CoL）和生物多样性历史文献图书馆（BHL）等（引自马克平等，2016）。

与生物多样性保护有密切关系的研究热点有如下几个方面：

① 指定物种保护优先级别。保护需要对物种进行划分优先等级。IUCN（世界自然保护联盟）根据物种下降速度、物种总数、种群分散程度等标准，将物种保护级别分为：绝灭（EX）、野外绝灭（EW）、极危（CR）、濒危（EN）、易危（VU）、近危（NT）、无危（LC），还有数据缺乏（DD）和未予评估（NE）。IUCN根据评估结果编制

濒危物种红色名录（IUCN Red List of Threatened Species），并定期对名录进行更新，旨在反映保护工作的迫切性。

② 种群生存力分析（PVA）和最小可存活种群（MVP）。小种群灭绝风险大，其原因是遗传漂移和环境的随机变化。种群数量下降过低的不利后果是使遗传多样性损失，从而减少对环境变化适应能力和新生病原体品种抵抗的潜在能力；还有可能遭受杂交衰退，增加有害基因的表达，降低后代的适合度。因此，为了物种的长期生存，保证遗传变异性的维持，需要有最小可存活种群（MVP）。通过种群生存力分析（PVA）可以估计出濒危物种的最小可存活种群，为种群减少灭绝风险提供科学依据。许多濒危物种种群个体数 MVP。精确测定 MVP 要求长期研究，如对美国西南部大角羊的 50 年研究，确立了其 MVP 为 100 头。这种方法也能够估计维持可存活种群的最小保护面积。

③ 灭绝率大小与生境片段化的关系。生境片段化往往出现在大面积生境被农业或其他发展而碎裂的地方。片段化的不利后果是有效生境面积减少，留下的斑块相互之间的距离增加。生境质量在小斑块中恶化了，边缘对斑块的面积增加了，没有受干扰的“内部”生境减少了。**集合种群**（metapopulation）在片段化的生境中形成。集合种群生态学的研究表明：斑块中的**局域种群**（local population）的迁入率越高，其灭绝的风险就越低，即迁入的个体补偿了局域种群的个体灭绝。但是，如果片段间的隔开距离过大，为迁移个体所难以越过，那么集合种群的持续时间就降低，即其灭绝的概率有所增高。亚马孙河的森林生态学研究证明，随着生境的片段化，最敏感的猛禽、食大果实和花蜜的鸟类首先消失。

④ 岛屿生物地理学理论。在群落的物种多样性变化的研究上，MacArthur 和 Wilson 所建立的岛屿生物地理学理论给予很大的启示。岛屿中生物种类的丰富程度取决于两个互相矛盾的过程，即新物种的迁入和岛上原有物种的灭绝。随岛上物种数目的增加，迁入率下降，而灭绝率上升。其原因是：岛屿的生态空间有限，定居在岛上的物种越多，新迁入并能定居的物种必然减少，而已经定居的物种，其灭绝率也会增大。此外，随着岛屿距大陆（迁入者来源）的距离增加，迁入者迁移过程中要经历的距离加大，新迁入并能定居下来的物种数目也就下降。大片平原中的山，大片草地中的林，都可以看作“岛屿”，因此，岛屿生物地理学理论对生物多样性变化的规律研究，具有很重要的指导意义。

⑤ 自然保护区设计中，保护区大小和形状的重要性。一般说来，保护区越大，区内物种数就越多，这是因为生境面积大，就能支持更大的种群，所以灭绝率就较低，而迁入率较高。但是，许多小保护区可能比一个同样面积大保护区有更多的物种。设立一个大保护区还是几个小保护区之争，叫作“SLOSS”之争。最好的协调可能是一组彼此相连的小保护区，它允许区间有扩散和遗传交换。保护值最大的另一种方法是在保护区周围设置一个同样生境的缓冲区。保有可存活种群所需要的最小面积可以用计算机模型进行估计。

15.4.4 生物多样性的保护对策

当前世界重视的生物多样性问题，其焦点主要是生物多样性的保护，目的指向保护

拓展阅读

生物圈 2 号的故事

人类生存的地球或我们共同的未来。下面我们首先谈一谈生物多样性保护的重要原则。

（1）一定要协调好人与自然的相互关系，降低改变地球及其生态系统的速度。这包括控制人口增长、有效地利用自然资源、污染物质的资源化等。20 世纪 80 年代美国生物圈 2 号的失败说明：现代人类对于地球及其生态系统内各种组成成分之间的相互作用机制的了解还相当贫乏，以致人类还不能创造出一个生物圈的模型。

（2）一定要坚持可持续发展的原则。可持续发展涉及面很大，我们仅聚焦与生物多样性保护关系比较密切的方面，如生物资源的持续利用和持续生态系统研究（资源持续利用可能是针对单一物种种群、相互作用的物种集合、生态系统等不同尺度，后者也就是持续生态系统研究）。现在世界上也有一些可持续生态系统的研究实例。例如，秘鲁可持续热带雨林（主要用条带－采伐技术来模拟林窗－相动态）、坦桑尼亚国家公园（结合狩猎和养殖业）等。英国苏格兰的石楠湿地（有松鸡生活的酸沼）以周期性火烧得以持续地保持着，捕食者被控制着，以尽量使可供狩猎用的松鸡种群保持最大。狩猎收入保证了这个重要生境和它所支持的许多别的种得以长期维持。狩猎量是受到控制的，所以以后年代的种群不会受到负影响。

（3）要做好生态系统管理。管理好地球及其各种生态系统，这是多部门、多学科、公众与决策者相结合才能搞好的。要依靠广大公众、国家和各级决策者及科学技术人员的共同努力，即我们日常所说的系统工程。对于生态系统管理，我们还将在下一节更详细地介绍。

（4）要深入开展生物多样性及其保护研究。生态系统各种成分之间，地球上各种生态系统之间，乃至全球的各种生态过程都是很复杂的，对此我们了解得还很不够。至少生物科学、地球科学、海洋科学和大气科学必须联合，进行更深入的多学科的综合研究，进行系统的监测，采取科学的措施。

下面介绍更加具体的生物多样性保护对策：

（1）保育对策应该包括全球的、国家的、地区的和地方的等一系列不同层次。

国际级对策对于保护全球受威胁的生态系统是基本的，由国际自然保护同盟（IUCN），现称世界保护同盟牵头，提供非政府活动组织、政府机构和主权国之间的联系。《濒危野生动植物种国家贸易公约（CITES）》已经成功地制止了许多濒危物种和动物产物的非法进出口。《南极条约》是对该地区有领土要求的国家签字的，条约禁止一切军事活动和核废物处理，但给科学研究以完全的自由。

国家级的保护对策反映国家的职责，提供政府组织行动的框架。建立地方和国家的自然保护区和国家公园，退耕还林，长江禁渔，安排农家由于减少生产的补偿和生境的管理，都是执行保护对策的各种手段。2010 年 9 月，我国发布《中国生物多样性保护战略与行动计划》，至目前为止，成效显著。

（2）建立自然保护区与国家公园。就地保护和迁地保护是物种保护的两种形式。自然保护区和国家公园是生物多样性就地保护的场所。虽然保护区的功能主要是保护濒危物种和典型生态系统，但教育、科研和适度的生态旅游也是不可忽视的功能，后者还能作为保护区管理费用的来源之一。在保护区中划分核心区、缓冲区和实验区是兼顾这些功能的一种方法，是传统的封闭式保护区概念上的突破。而通过在保护区之间或与其他隔离生境相连接的生境走廊，是对付生境片段化所带来不利影响的重要手段。截至2018年底，我国各类自然保护地总数量已达1.18万个，保护地面积超过172.8万 km^2，占国土陆域面积18%以上。有关中国国家公园的相关内容可参见本书17章的窗口17-1。

（3）迁地保护是将野生生物迁移到人工环境中或易地实施保护。动物园、植物园、濒危物种保护中心是通过人工繁育防止物种直接灭绝的手段。加州兀鹰、黑足鼬都是在它们数量很低的时候，用这种方式拯救出来的。原产我国的麋鹿自英国再引入后，在北京、盐城等三地已经获得成功，建立起半野生的种群。迁地人工繁育的最后目的是再引入到野外。为了完全地利用已有的基因库，尽量增加遗传变异，常常把全世界动物园饲养着的一个物种全部个体，作为一个种群来管理。理想的是，饲养的数量应该达到最小可存活种群，性比保持1∶1，避免与本地的进行近交。至于回放野外的成效，它取决于生境质量、面积和保护免受人类干扰等因素。对于回放的动物，可能还要教会它们怎样有效地获取食物、逃避捕食者。人工繁育动物的再引入有很多困难，费用高，人们更倾向于作为就地方法已经失败以后的最后手段。

（4）种子库和基因资源库。除上述方法以外，还可对物种的遗传资源，如植物种子、动物精液、胚胎和真菌菌株等，进行长期保存。当然，这种保存涉及采集、保存、启用等一系列环节。如伦敦Kew植物园的种子库以贮存半干旱热带和亚热带的种子为主，美国的种子库针对湿热带，而印度的种子库以粮食作物，如水稻、香蕉、豆、薯蓣等原始野生品系为主。基因资源库为物种保存提供了新手段，例如保存在液氮中的优秀家畜的精液、卵子和胚胎，在解冻以后可用于人工授精、卵移植和胚胎移植。中国科学院已经在上海细胞生物研究所和昆明动物研究所建立了细胞库，收集了170余种野生动物的细胞。

（5）退化生态系统的恢复。恢复（restoration）是一概括的术语，包括改造、修复、再植和重建；即通过各种方法改良和重建已经退化和破坏了的生态系统。例如，中国科学院华南植物研究所对热带亚热带退化森林的恢复生态学的几十年研究，在几乎是寸草不长的裸红壤地上，通过种植速生、耐旱、耐瘠的桉树、松树和相思树等先锋树种、人工启动演替，然后配置多层多种阔叶混交林，逐步恢复了植被，并正向着持续森林生态系统研究的方向发展。橡胶林北移在我国西双版纳成功后，也进行着向多树种、多层次的森林系统发展的研究。

（6）生物多样性的监测。生物多样性编目（biodiversity inventory）是指对基因、个体、种群、物种、生境、群体、生态系统、景观或它们的组成成分等实体（entity）进行调查、分类、排序、数量化和制图，并对这些信息进行分析或综合的过程。生物多样性的监测（biodiversity monitoring）是随着时间和空间的变化，对生物多样性的反复编目，以反映生物多样性的变化。生物多样性监测对环境评估很重要。它可以直接或间接地预测环境的变化程度，并针对某些环节制定一些方案来尽早防止造成生物危害。

（7）环境和野生动植物保护法律。除前面已经提到的，我国已有的这类法律还有《中华人民共和国野生动物保护法》《渔业法》《进出境动植物检疫法》《野生药材资源保护管理条例》等。

15.5 生态系统服务

15.5.1 生态系统服务的概念和意义

生态系统服务（ecosystem service）是指对人类生存和生活质量有贡献的生态系统产品（goods）和服务（services）。产品是指在市场上用货币表现的商品，服务是不能在市场上买卖，但具有重要价值的生态系统的性能，如净化环境、保持水土、减轻灾害等。离开了生态系统对于生命支持系统的服务，人类的生存就要受到威胁；全球经济的运行也将会停滞。

自 Holdren 和 Ehrlich（1974）提出生态系统服务概念以来，生态学界就给予很大重视，尤其是美国马里兰大学生态经济学研究所所长 Costanza 等（1997）在 *Nature* 发表《世界生态系统服务和自然资本的价值》文章和 Daily（1997）主编的《生态系统服务：人类社会对自然生态系统的依赖性》一书出版以后，一个研究生态系统服务的热潮正在兴起，各国政府、科学家和公众对保护生物多样性的重要性认识和支持积极性都明显地提高。

不管人们是否认识它，生态系统服务都是客观存在的。生态系统服务是与生态过程紧密地结合在一起的，它们都是自然生态系统的属性。生态系统，包括其中各种生物种群，在自然界的运转中，充满了各种生态过程，同时也就产生了对人类的种种服务。由于生态系统服务在时间上是从不间断的，所以从某种意义上说，其总价值是无限大的。全人类的生存和社会的持续发展，都要依赖于生态系统服务。

15.5.2 生态系统服务的价值

Costanza 等（1997）根据已出版的研究报告和少数原始数据进行最低估计，获得全球生态系统提供的服务总价值为：每年平均 33.3 万亿（16 万亿～54 万亿）美元，与之相比，全球 GNP 的年总量为 18 万亿美元，即全球生态系统服务总价值大约为全球 GNP 的 1.8 倍。表 15-2 是 Roush 简化后的数据。

表 15-2 全球生态系统服务的价值

生态系统	面积 /（10^6 hm^2）	单位面积价值 /（美元 · hm^{-2} · a^{-1}）	全球价值 /（万亿美元 · a^{-1}）
海洋	33 200	252	8.4
滨海	3 102	4 052	12.6
热带森林	1 900	2 007	3.8
其他森林	2 955	302	0.9
草地	3 898	232	0.9
湿地	330	14 785	4.9
湖泊河流	200	8 498	1.7
农田	1 400	92	0.1
全球生态系统			33.3

引自 Roush，Science，1997，276：1 029。

Costanza等（1997）采用的方法是：首先估计出各种生态系统的单位面积服务价值，然后用各种系统在地球上的面积与单位面积价值相乘，获得各种生态系统价值，彼此相加得到全球生态系统服务总价值。

根据1998年出版的由国家环境保护局主编的《中国生物多样性国情研究报告》发表的我国生物多样性价值初步统计，直接使用价值达2 000亿美元/a，间接使用价值达4万亿美元/a。

15.5.3　生态系统服务项目内容

Costanza等（1997）在估计生态系统服务价值时划分出17种项目（表15-3），大致分为以下几类：

表15-3　生态系统服务项目一览表

	生态系统服务	内容	举例
1	气体调节	大气化学成分调节	CO_2/O_2平衡，O_3防紫外线，SO_2水平
2	气候调节	全球温度、降水及其他由生物媒介的全球及地区性气候调节	温室气体调节，影响云形成的DMS产物
3	干扰调节	生态系统对环境波动的容量、衰减和综合反应	风暴防止、洪水控制、干旱恢复等生境对主要受植被结构控制的环境变化的反应
4	水调节	水文流动调节	为农业、工业和运输提供用水
5	水供应	水的贮存和保持	向集水区、水库和含水岩层供水
6	防侵蚀	生态系统内的土壤保持	防止土壤被风、水侵蚀，把淤泥保存在湖泊和湿地中
7	土壤形成	土壤形成过程	岩石风化和有机质积累
8	养分循环	养分的贮存、内循环和获取	固氮，N、P和其他元素及养分循环
9	废物处理	易流失养分的再获取，过多或外来养分、化合物的去除或降解	废物处理，污染控制，解除毒性
10	传粉	有花植物配子的运动	提供传粉者以便植物种群繁殖
11	生物防治	生物种群的营养动力学控制	关键捕食者控制被食者种群，顶位捕食者使食草动物减少
12	避难所	为常居和迁徙种群提供生境	育雏地、迁徙动物栖息地、当地收获物种栖息地或越冬场所
13	食物生产	总初级生产中可用为食物的部分	通过渔、猎、采集和农耕收获的鱼、鸟兽、作物、坚果、水果等
14	原材料	总初级生产中可用为原材料的部分	木材、燃料和饲料产品
15	基因资源	独一无二的生物材料和产品的来源	医药、材料科学产品，用于农作物抗病和抗虫基因，家养物种（宠物和植物栽培品种）
16	休闲旅游	提供休闲旅游活动机会	生态旅游、钓鱼运动及其他户外游乐活动
17	文化	提供非商业性用途的机会	生态系统的美学、艺术、教育、精神及科学价值

15.5.3.1　产品

自然生态系统及其生物种群作为生物资源而被利用已经有很长历史了。它们给人类提供了食物、纤维、木材、燃料和药物等的使用价值，如医学价值。世界上有

25%～50% 的药物来源于天然动植物产品。像美国这样的发达国家，有 40% 以上的药物来源于动植物。发展中国家有 80% 的人靠传统的草药治疗疾病。

农作物及其相关植物物种的生物多样性价值同样值得强调，因为它们的遗传多样性给植物育种工作者提供了创造新品种的潜在机会。像增加产量一样，植物育种工作者可以利用这些变异去创造有更好抗病虫害性能、更高水利用和营养物利用效率的或其他所期望特征的新品种。

15.5.3.2 水供应、土壤肥力形成和水土保持

土壤是农业的基础。土壤的形成和维持更新，除了母岩的自然风化，就依赖于自然生态系统长期不断的生态过程。水是生命的最重要条件之一，淡水的供应是当前人类社会最具挑战性的问题。水循环是生态系统生物地化循环中最重要循环，水的源源不断地供应，如向河流、湖泊、天然和人工集水区和含水岩层供水，全都通过这种循环。而水土保持，几乎与一切天然和人工生态系统的生态过程密切相关。

15.5.3.3 抗干扰和调节

污染对于生态系统也是一种干扰。森林的保持水土、调节气候、抗洪涝、抗干旱等的重大作用已经是人人皆知的。湿地是初级生产力最高的生态系统，更被誉为“自然之肾”，其对抗洪和抗旱的贡献不亚于森林。生活在其中的水生植物，如凤眼莲等有巨大的净化污染的能力，包括生化需氧量、氮、磷和酚。湖泊较浅的部分、近海的潮间带和水田都属于湿地生态系统。

15.5.3.4 传粉、传播种子和生物防治

植物靠动物传粉和传播种子是互惠共生的一种形式。在已知繁殖方式的 24 万种植物中，大约有 22 万种植物，包括农作物，需要动物帮助。参与传粉的动物有 10 万种以上，包括蜂、蝇、蝶、蛾、甲虫、其他昆虫、蝙蝠和鸟类等。不仅传粉，有些植物种类亦需要动物帮助传播扩散种子。另一方面，生物防治利用的生物，本来就是野生的天敌。利用天敌或某些生物的代谢物去防治有害生物，称为生物防治。天敌多种多样，有瓢虫、步行虫、蜘蛛和鸟类等捕食者，有寄生蜂、寄生蝇和线虫等寄生物，有真菌、细菌和病毒等致病菌。这些天敌在自然生态系统中发挥着控制有害生物，限制潜在有害生物的数量的作用。

15.5.3.5 休闲、娱乐和文化

生态系统服务价值还体现在生态旅游、钓鱼等户外游乐活动，以及作为教育和科研的基地和场所。人类的持续发展不仅要有物质文明，精神文明同样是不可少的，自然生态系统在这方面的作用不可轻视。据估计，生物多样性的美学价值，如通过生态旅游（这对于保证人的身心健康是很重要的）创造的收入，全球的年产值可达 120 亿美元。但事物总有两面性，生态旅游的过度扩大化是一种现实的威胁。如我国张家界森林公园，随着接待人数迅速增加，出现了水体污染加剧，土壤硬化，空气质量降低，景观破坏等负面效应。

关于生态系统服务的项目，Costanza 在 2000 年的另一篇文章中提出 34 项，并分为提供性、调节性、支持性和信息性服务 4 类。所以，具体的服务项目，是随人类经济的发展而有所变化的。

此外，Holmhand 等（1999）把生态系统服务划分为基本的和需求推动的两类。前者指维持生态系统功能和稳定性所必需的，它们都是人类生存的基本前提，通常没有与市场的经济价值发生直接的联系；后者如食品、水产养殖和药用植物种植的产品等，它们由人类需求和直接经济价值所驱动，并依赖于自然生态系统。

15.5.4 各类生态系统服务的价值比较

8 种生态系统单位面积服务价值的比较（图 15–9）说明，单位面积价值最高的是湿地（14 785 美元），其次是湖泊河流（8 494 美元），然后是滨海（4 052 美元），热带森林（2 007 美元），其他森林（302 美元），海洋（252 美元），草地（232 美元），而农田最低（92 美元）。

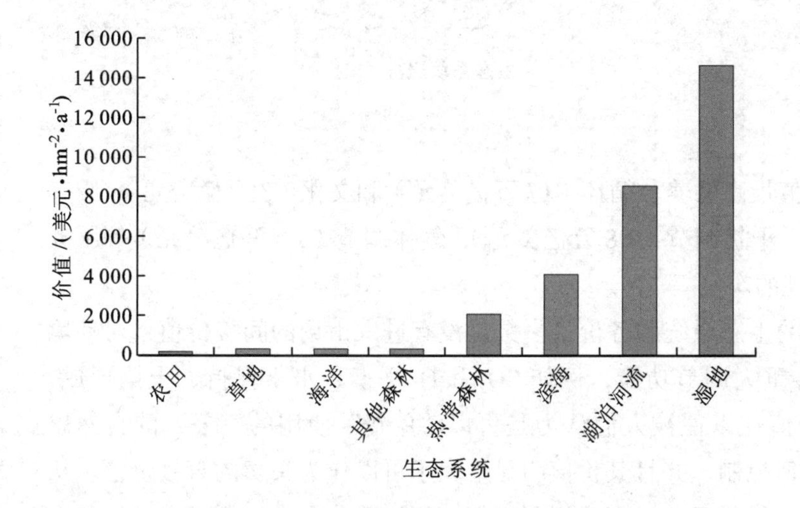

图 15-9 8 种生态系统单位面积服务价值的比较（数据引自 Roush，1997）

从生态系统类型看（图 15–10），全球总价值中大约 63%（21.0 万亿美元）来自大洋，其中大多来自滨海生态系统（12.6 万亿美元）和海洋（开阔海域）（8.4 万亿美元），有 37% 来自陆地生态系统，主要来自湿地生态系统（4.9 万亿美元）、热带森林（3.8 万亿美元），然后是湖泊河流（1.7 万亿美元），其他森林和草地（各 0.9 万亿美元），而农田（0.1 万亿美元）比较少。

从生态系统 17 种服务项目的价值来看（图 15–11），生态系统服务的主要部分目前

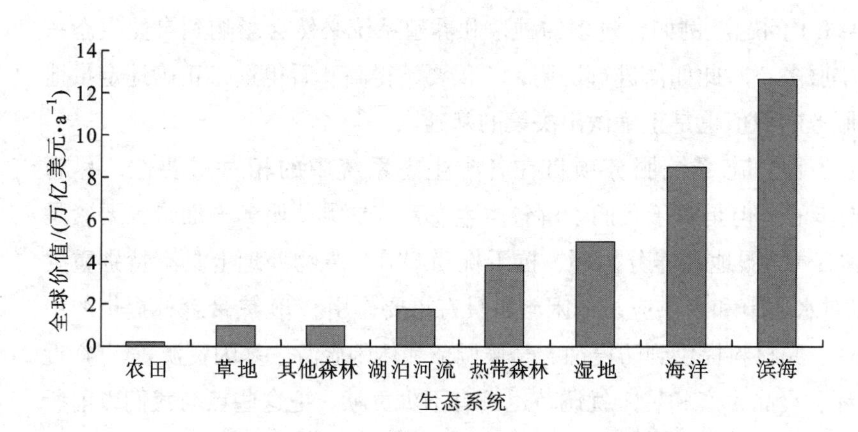

图 15-10 8 种生态系统全球服务价值的比较（数据引自 Roush，1997）

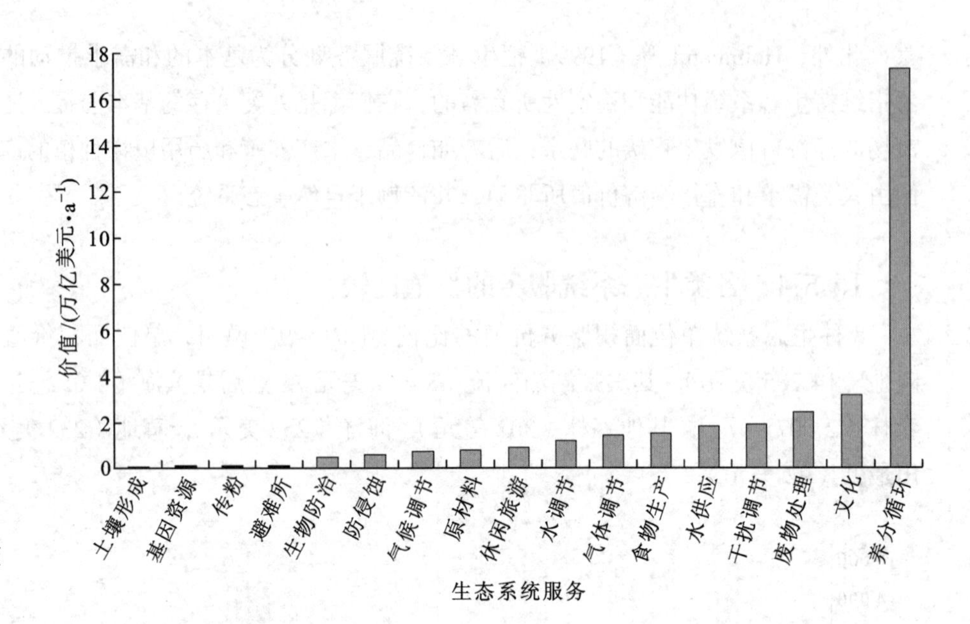

图 15-11 全球生态系统各种服务项目的价值比较

并没有进入市场。如价值最高的养分循环（17 万亿美元）和文化（3 万亿美元）、废弃物处理（2.3 万亿美元）、干扰调节（1.8 万亿美元）、气体调节（1.3 万亿美元）等服务项目，目前都是非买卖性的。

由此可见，最重要的生态系统服务价值多数是没有进入市场的间接价值，对环境和生命维持系统的许多重大调节功能，例如 CO_2 和 O_2 平衡、水土保持、土壤形成、净化环境等。这部分价值在以往被人们认为是可以“免费”使用的、公共的自然恩惠，社会对此并没有任何控制，并且其价值明显地大于可以作为买卖的直接价值。从历史上看，人们在实践中往往事前没有意识到它们，例如养分和水的循环、空气和水体的生物净化、陆地森林和草地的水土保持等作用，直到 20 世纪 50 年代环境问题提出才被认识到，开始采取保护措施。因此，要使公众和政府认识生物多样性保护的重大意义，其主要困难就在于人们如何把有价值的自然生态过程的种种机制都认识和掌握，并加以定量，把非财政利益翻译为财政利益。但是，传统的经济学并没有估计这类生态系统服务的间接价值，因此，很多学者认为，发展生态经济学是当前重要的任务。

此外，对于人类而言，获取产品和维持稳定生存条件的基本生态系统服务之间常常有一个权衡（trade-off）问题。例如，过多的种植和养殖系统必然会影响到自然生态系统对人类提供的基本服务。对此如何进行协调，不仅要站得高、看得远，正确地定量地评估两类生态系统服务的价值也是正确做出决策的基础。

拓展阅读
生态系统服务价值估计的重要意义

表 15-4 提供了各种生态系统服务项目在各类生态系统中的相对重要性，尽管 Costanza 的数据是初步的，但是对于我们了解各类生态系统在哪些服务方面最为要紧是有参考意义的。例如：① 湿地在养分循环、抗干扰和调节、废物处理上具有特别重要意义。② 湖泊河流对水调节和水供应、休闲旅游具有重要作用。③ 热带森林提供的项目较多，从养分循环、原材料提供到防侵蚀、气候调节和休闲旅游、基因资源等。④ 近海水域对于养分循环、食品生产和抗干扰调节也具有不少贡献。把这些点与我们以前所

表 15-4 全球 8 种生态系统各种服务项目价值（引自 Costanza et al.，1997）

		海洋	滨海	热带雨林	其他森林	草地	湿地	湖泊河流	农田	总计 /（万亿美元 · a^{-1}）
面积 /（10^6 hm^2）		33 200	3 102	1 900	2 955	3 898	330	200	1 400	
生态系统服务价值 /（美元 · hm^{-2} · a^{-1}）	气体调节	38				7	133			1.341
	气候调节			223	88	0				0.684
	干扰调节		88	5			4 539			1.779
	水调节			6	0	3	15	5 445		1.115
	水供应			8			3 800	2 117		1.692
	防侵蚀			245		29				0.576
	土壤形成			10	10	1				0.053
	养分循环	118	3 677	922						17.075
	废物处理			87	87	87	4 177	665		2.277
	传粉					25			14	0.117
	生物防治	5	38	4		23			24	0.417
	避难所		8				304			0.124
	食物生产	15	93	32	50	67	256	41	54	1.386
	原材料	0	4	315	25		106			0.721
	基因资源			41		0				0.079
	休闲旅游		82	112	36	2	574	230		0.815
	文化	76	62	2	2		881			3.015
	单位面积价值总计	252	4 052	2 007	302	232	14 785	8 498	92	
总价值 /（万亿美元 · a^{-1}）		8.381	12.568	3.813	0.894	0.906	4.879	1.700	0.128	33.268

注：表中各种生态系统各项服务价值的单位为美元 · hm^{-2} · a^{-1}。最后一行总价值和最后一列总计的单位为万亿美元 · hm^{-2} · a^{-1}，两者均为表中每公顷服务价值乘以该生态系统面积后的汇总。表中的波浪线标注了各生态系统的重要服务项目价值；空白表示缺乏该项相关信息而未进行评估。

学的生态学知识相联系起来，不但很容易理解，而且证明我们所学生态学原理的应用价值，并说明生态学工作者应该对各级决策能提出有价值的建议。

15.5.5 千年生态系统评估

千年生态系统评估（millennium ecosystem assessment，MA），由联合国秘书长宣布，于 2001 年 6 月 5 日正式启动，是为期 4 年的国际合作项目，是世界第一个对全球生态系统开展多尺度、综合性评估的项目。其目的是针对生态系统变化与人类福利的关系，在全球尺度上，揭示生态系统现状和变化趋势，讨论未来变化情景和采取应对策略，以改进生态系统管理，保证社会经济的可持续发展。2005—2006 年 MA 研究结果相继公布，它包括一个《生态系统与人类福祉：综合报告》、5 个分报告（关于生物多样性、湿地、荒漠化、人类健康和工商业面临的机遇与挑战）等。参加项目的包括来自 95 个国家的 1 360 位专家。有的学者认为，MA 的实施标志着生态学发展到以研究生态系统与人类福祉的相互关系、全面为社会经济的可持续发展服务为主要表征的新阶段。

15.5.5.1 评估的内容

千年生态系统评估把评估焦点集中在生态系统（特别是其生态系统服务功能）与人类福利的关系上。福利包括人类生活的必需产品、健康体魄、安全、良好社会关系。

其研究的概念框架如图 15-12 所示：人类活动影响生态系统，生态系统的各种变化通过种种直接或间接驱动力，又返回来改变着人类的福利。

千年生态系统评估研究的地理范围是多尺度的，包括全球的（global）、区域的（regional）和局地的（local）。时间尺度有短期的、长期的。

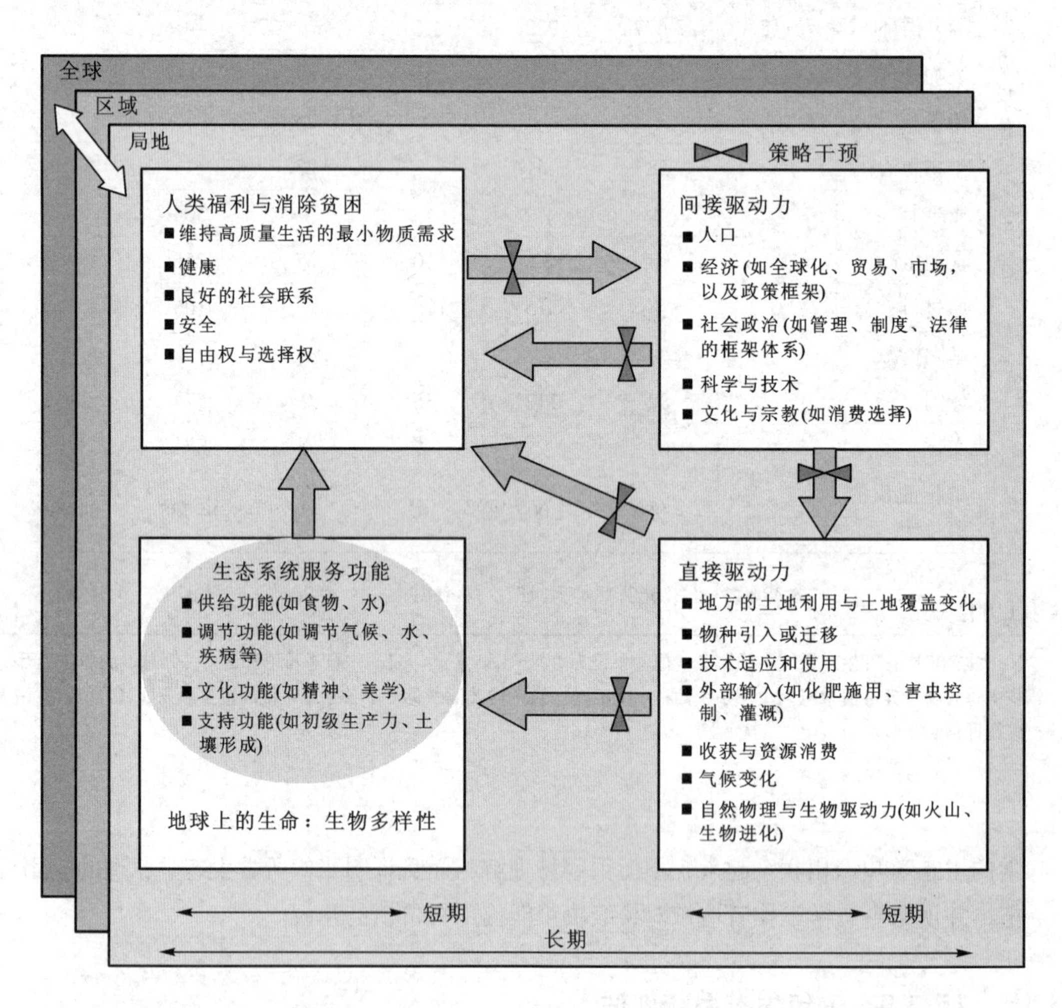

图 15-12 千年生态系统评估的概念框架（引自生态系统与人类福祉：综合报告，2005）

15.5.5.2 评估的主要结果

二次世界大战后的近 50 年来，地球生态系统在人类活动影响下，已经有了重大变化。世界人口从 1960—2000 年翻番，GDP 从 1950—2000 年增加 7 倍，耕田面积已经占陆地的 24%，海洋渔业捕捞量经历了由低到最高点，20 世纪 80 年代后连续下降，3/4 资源已经过度捕捞，红树林和珊瑚礁分别减少 35% 和 20%……综合报告列举了大量数据。改变的结果对于人类有得有失，但是增长所付出的代价很高，并威胁到持续发展，表现在① 许多生态系统服务功能退化，② 增加了突变灾害的风险，③ 贫困人群受到的危害更为严重。

千年生态系统评估对世界未来 50 年进行了情景（scenario）分析。它根据世界发展方向是全球化还是区域化的，对于环境和生态系统管理是主动应对（proactive）还是被动响应（reactive），得到 4 种情景，如图 15-13。

① 全球化 + 被动响应，称为全球协同（global orchestration）：全球相互连接的社会，聚焦于全球贸易和自由经济，但对生态系统问题采取被动响应路线；在消除贫苦和不公正上实行有力措施，对于公共产品和教育的投资加大

② 区域化 + 被动响应，称为实力秩序（order from strength）：走区域化路线，形成碎片状世界，重视安全与保护，强调区域的初始市场，对于公共产品重视不足，对于生态系统问题采取被动响应路线

③ 区域化 + 主动应对，称为适应组合（adapting mo-saic）：政治与经济活动焦点集中在区域分水岭尺度的生态系统，重视地方性生态系统的管理及其组织，社会发展成为对于生态系统有主动应对、强度管理的实体

④ 全球化 + 主动应对，称为技术乐园（technogarden）：强烈依赖于技术，形成环境优越、全球各地相互连接的世界，对于生态系统有高度的工程管理，以释放出生态系统服务功能，采取主动应对措施，避免环境恶化

图 15-13 MA 对世界 2000—2050 年的情景分析
（引自生态系统与人类福祉：综合报告，2005）

根据千年生态系统评估的趋势工作组和专家的意见：在过去 50 ~ 100 年里，几乎所有直接驱动力的影响，或者还在增强，或者保持稳定；并且，预计对于生态系统的压力还将在 21 世纪前 50 年继续增加。例如农用土地面积还要继续增加，特别是发展中国家。温带草地和灌木的丧失将加多，热带的森林、草地的丧失将有所减弱。在 4 种 MA 情景下，生态系统服务功能中，到 2050 年，预估消费性的项目都有明显的增加，如对

食物的需求增加 70%～85%，需水量增加 30%～85%，而物种消失上升 10%～15%。

图 15-14 表明到 2050 年，3 类生态系统服务功能在发达和发展中国家的改善或退化情况。4 种 MA 情景中，只有“实力有序”这种情景，其生态系统服务退化状况到 2050 年将变得比现在更坏，而在另 3 种情景下，生态系统服务功能将由于政策、制度及其实践行动而有所改善，这包括淡水供应、水调节、土壤侵蚀控制、水天然净化、对风暴的保护、风景和休闲娱乐价值等。显然，能够导致这些积极结果的是人类的抢救行动，包括对环境的投资、良好的技术、积极又可适应的管理等方面，并且，其规模应该是相当大的，不仅仅是起步。由此可见，MA 情景分析表明，到 2050 年有许多当前退化的服务功能虽然将进一步加剧，但是还有许多服务功能的退化是可以逆转和恢复的。

总之，千年生态系统评估的主要发现是：① 20 世纪后 50 年，许多生态系统服务功能有严重的退化。② 变化有得有失，威胁到持续发展的目标，增加耗费和突变灾害的风险。③ 贫困人群受到的危害更为严重。④ 生态系统服务功能退化趋势可能变得更坏，但是有可能逆转。

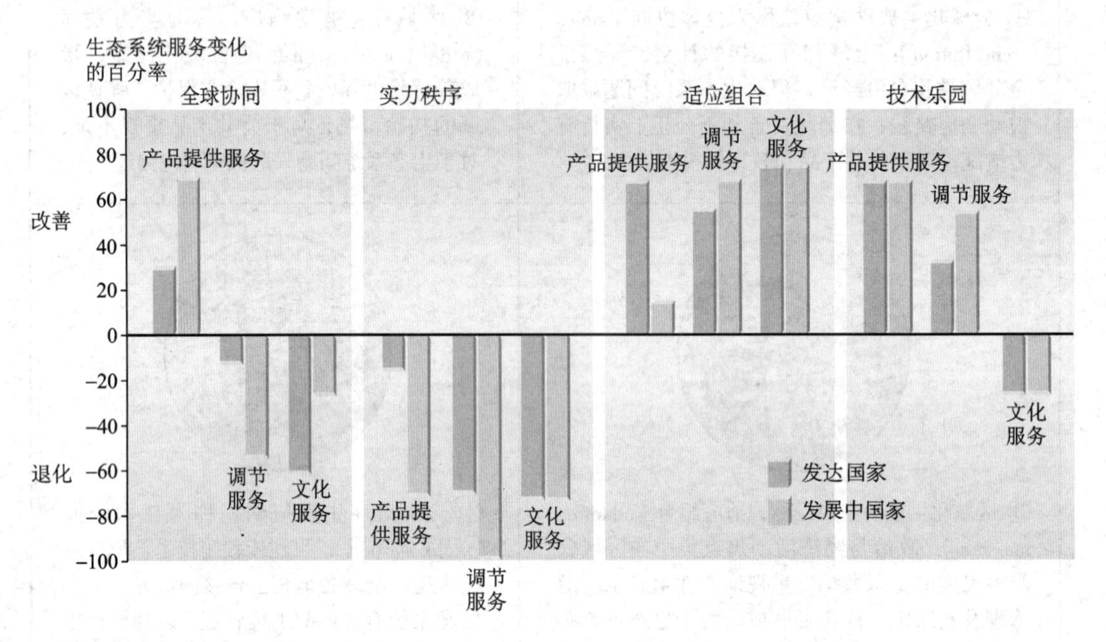

图 15-14 MA 预测到 2050 年生态系统服务变化的百分数
（引自生态系统与人类福祉：综合报告，2005）

横向表示 4 个情景。纵坐标表示生态系统服务功能变化的百分数。提供产品的服务功能包括 6 项，调节功能的有 9 项，文化功能的有 5 项

15.5.5.3 人类应该采取的对策

千年生态系统评估研究，向决策人员提出了下列建议：对公共产品（如教育）和消除贫苦要进行大量投入；减少贸易障碍，不搞补贴（如发达国家对农业的补贴）；实行积极的可适应的生态系统管理；提高教育投资，以增进对于生态系统服务价值的认识；投资于新技术发展；对一些生态系统服务功能实行生态补偿政策。下面更具体说明一些有希望的选择。

（1）实行经济激励上的改变。

① 只要对生态系统服务还是采取放任自由、无限制使用，问题就不可能解决；因此要对生态系统服务价值进行测定，并结合进行损益分析。② 对于农业和渔业实行的补贴必将引起生态系统服务的退化：发达国家农业年补贴达 3 240 亿美元，约 1/3 全球价值，渔业补贴达 62 亿美元，达 20% 全球价值；改变对于农渔业的补贴为对生态系统服务补偿（payments for ecosystem services，PES）的时机已经到来。例如，1997 年哥斯特黎加对于进行植树造林、森林保护和可持续砍伐的土地所有者，已经实行对于生态系统服务的补偿，到 2001 年在 28 万 hm^2 上，按 35 ~ 45 美元 /hm^2 补偿，共补偿 3 000 万美元，其基金来源是对能源利用的税收。还有墨西哥，为重要分水岭上保护森林者提供补偿费，来源是水费用的税收；哥伦比亚的 Cauca Valley 山谷流水的使用者，向保护其分水岭上植被者提供生态补偿；厄瓜多尔，用 Quito 基金（来源于水利、电力公司）补偿给保护城市用水来源地（分水岭）的人们。

对于经济激励上的改变，市场机制有时是很有用的，例如 Katoomba Groups 的网上的 Ecosystem Market Place，提供生态系统服务——碳市场的信息，它对于减少二氧化碳释放很有作用。

（2）改进政策、计划和管理。

例如，发展计划和国家发展对策能够通过组织生态系统服务公司而获得利益，网上有 PRS（MDG-based poverty reduction stratagies，消除贫困对策）网页。

“南非千年生态系统评估：综合报告”结果表明：如果没有从 1950 年以来实行的可持续发展的农业，南非就需增加 2 000 万 km^2 土地用于生产粮食，这证明采用新技术是另一个手段。

另一有希望的选择是协商的决策机制，决策要民主化、透明化。因为① 这样的决策过程可以改善人们对于不同生态系统服务的经济价值的信息传播，包括市场和非市场的信息。② 不同利益攸关者对各种生态系统服务功能的权重是不同的。

千年生态系统评估出版的另一个报告“生态系统与人类福祉：对商业和工业的机会与挑战”讨论了商业的基线。① 增长中的费用和风险。虽然生态系统服务功能并不贵重，但是今日可以自由取得，以后可能变贵和难以取得。例如，淡水、鱼、暴风雨防护、局地气候、洪水控制等。② 伴随生态系统服务的变化，风险也会上升，例如资源可能崩溃，散发疾病可能变成大规模流行等。③ 在消费者喜好、调节行动的风险、投资压力、公众活动、资本代价、保险费用、雇工福利等结构条件上也可能出现变化。④ 新的商机：新市场（如碳市场）、新激励（生态补偿）、新企业（生态系统恢复企业）、新技术。

还有生态系统服务审计公司，其承担的任务是：① 确定哪些生态系统服务功能已用尽或受到影响，对于这些服务的风险进行评估，寻找生钱的途径。② 评估信息需求、经验需求、管理计划。③ 估计操作环境、商业对策等因素。

15.5.5.4 中国的千年生态系统评估

中国除积极投入联合国发起的千年全球生态系统评估，科技部前部长徐冠华参加 MA 理事会，赵士洞是评估委员会委员，并有中国科学院和大学一些教授参加了核心编写组。承担课题的有中国科学院地理科学与资源研究所刘纪远所长的“中国西部生态系统综合评估”和由云南大学亚洲国际河流研究中心何大名主任承担的“中国云南省西北部大江河上游地区 MA”的亚全球评估任务。2009 年，刘纪远等基于 MA 概念框架，提出了我国三江源区草地生态系统评估体系。近年来，我国学者针对我国不同生态系统的服务功能价值，开展了大量研究，有关中国生态系统格局、质量、服务功能的各种权威性数据库正在建设中。

15.6 生态系统管理

生态系统管理（ecosystem management），它包括生态系统和管理两个重要概念的集合。生态系统是地球上实际存在的生态学系统的基本单位，是当代生态科学研究的主要层次。管理是人类的一种重要实践活动。

生态系统管理概念的提出时间并不长，20 世纪 80 年代国际上出现了许多有关生态系统管理的论文。1988 年 Agee 和 Johnson 的“公园和野生地生态系统管理”被公认为是第一本有关专著。到 1996 年由 Christensen 等起草的《美国生态学会关于生态系统管理的科学基础的报告》是有关生态系统管理的定义、要素、作用、管理原则等比较系统的论述。美国有许多大学有生态系统管理的专业设置。我国在 20 世纪 90 年代末引入生态系统管理的概念，赵士洞等（1997）和任海等（2000）讨论了生态系统管理的概念及其要素。

15.6.1 生态系统管理的定义

拓展阅读
为什么要进行生态系统管理？

生态系统管理的概念提出已有 30 多年的时间，但是由于科学家们的研究和专业背景的不同，对生态系统管理的概念在其发展过程中，存在着不同的认识。随着人们对生态系统管理认识的不断深入，人们对其概念也有了基本一致的认识。

生态系统管理是指依据特定的目标，为构建结构合理、生产力高，并能够可持续地提供生态系统服务的各种管理措施，以及与此有关的法律、规章、政策、教育和公众行为的总称。与传统管理方式不同，生态系统管理更强调跨部门多种生态系统的综合协调与管理。从这个定义中，可以看出，生态系统管理至少包含以下内涵。

① 与时空尺度密切相关：时空尺度的变化会使管理措施发生变化，管理目标是选取适宜的时空尺度的依据。

② 适宜的生态系统结构：充分了解所选定物种的生物学和生态学特征，通过经营措施来调整生态系统的结构。

③ 综合协调多种生态系统服务：在重点提高某一类生态系统服务的同时，兼顾其他生态系统服务，使总的生态系统服务最大化。

④ 监测和评估管理效果：连续监测评估各种管理措施的效果，并及时对管理措施做出适当调整。

⑤ 利益相关方广泛参与：社会各阶层、各部门都与生态系统管理密切相关，因此只有全社会参与才能做好生态系统管理工作。

在本节中，我们将从生态学方面来讨论生态系统管理问题。事实上，生态系统管理是人类自己通过种种手段和行动把各种自然生态系统（当然也包括所谓的人工生态系统，如农田生态系统等）管理起来，使其更好地为人类服务，显然，这是比研究更高一个层次的人类实践活动，也是科学研究的最终目的。我们在这里想要说明和强调的是，生态系统管理是比研究生态系统更加复杂的“执行”（implementation）行动。

15.6.2 生态系统管理的目标

生态系统管理的目标一般认为有两条。

① 管理必须使生态系统得以持续。

② 要使生态系统同样能为我们的后代提供产品和服务。

换言之，**持续力**（sustainability）是普遍认为的生态系统管理的中心目标。但是，要使生态系统维持持续能力，并不意味要维持原来状态不变，实际上，变化和进化是生态系统的内在特征，是物种及生态系统长期进化的结果。把生态系统固定在某一个不变的状态，在短期上是徒劳的，而在长期上也是注定要失败的。为此，人们必须承认生态系统的动态特征。

另一种提法是，**生态系统健康**（ecosystem health）是生态系统管理的目标。1990 年 10 月和 1991 年 2 月分别在美国马里兰和华盛顿召开了生态系统健康的专门会议，并确定生态系统健康为环境管理的目标。管理是着眼于保持和维护生态系统的结构和功能的可持续性，保证生态系统健康。人体有健康的和病态的，生态系统健康借用于此语。

由于生态系统有很多个变量，所以生态系统健康的标准也是多方面的、动态的。生态系统是有结构（组织）、有功能（活力）、有适应力（弹性）的。综合这 3 方面，组织、活力和弹性就是生态系统健康的具体反映。换句话说，健康就是系统所表示的以上 3 方面测量标准。

15.6.3 生态系统管理与人类地位的双重性

在实行生态系统管理过程中，人类具有双重地位，即人对生态系统的管理和人类自己被接受管理，也就是人类是管理行动的主人，同时又是接受管理的对象。

管理是指人类对生态系统的管理，它要依靠人的推动和执行，但这并不表明人类可以任意和无节制地利用自然资源和任意改造自然环境。人类的历史已经充分地证明了这一点。

从生态学角度，人类是生物圈的一个组成成分，它的生存依赖于其他组分。今日的地球及其生态系统，由于人类科学技术的高度发展，已经把地球及其各种自然生态系统变成了人类统治的地球和**人类统治的生态系统**（human dominated ecosystem）。人类的进步不但给人类自己带来幸福，而且同时也带来很多负效应，即人类自己生存的环境受到破坏。结论是人类必须保持与生物圈中其他生物物种共存，不能恣意杀戮它们。为此，人类必须节制自己的欲望，节约资源消耗，保护生态环境，鼓励重复利用、发展无污染的工农业、循环经济等等，以使地球永葆青春。

关键的问题是在人类发展经济中，必须注意人与自然的协调发展。我国提出的科学发展观的内容就包括了人与自然的和谐发展。科学发展观的内涵包括人与自然的和谐发展和人与人的和谐发展，一般来说，前者是后者的基础。

1994 年 4 月在北京举行了“21 世纪中国的环境与发展研讨会”，会上一致认为管理问题的症结在于：“最关键的、根本的是人的悟性、人的素质，包括所有社会成员，更重要的是领导层、决策层成员。提高人类的生态意识或环境意识、持续发展的意识是当前的和长远的重要任务，要规范人的行为法规、政策和制度，这正是管理生态系统的重要内容。人类不仅要合理管理好种种自然生态系统，包括管理好土地、水和生物等等资源；同样，甚至于更重要的，是要管理人类自己的活动。首先是要管理人类自身，即自己的思想意识和世界观，和在此思想影响下的人类行动。”

由此可见，生态系统管理所承认的人的作用是：不仅人类活动是造成生态系统持续力降低的最重要原因，而且也是达到可持续管理目标所不可少的、生态系统的一个组成成分。人类对于生态系统的影响到处都在。我们不仅应该尽量减低负面影响，而且，在当前人口和资源需求不断增加的情况下，需要更加强有力的、明智的科学管理。我们认为，作为生态系统一个组分的人类，必然是决定生态系统未来面貌的主人。

15.6.4 可持续发展战略与持续力

中国已经将可持续发展立为基本国策。当然，人类朴素的持续发展的思想由来已久，但问题是并未引起足够重视。

1972 年斯德哥尔摩的人类环境会议的宣言是“为了当代和后代，保卫和改善人类环境已成为人类的紧迫目标”。

联合国大会于 1983 年建立了“世界环境与发展委员会”，在挪威前首相夫人领导下编写出版了《我们共同的未来》一书，该书被认为是 20 世纪后半叶最重要的文件之一。该书将“可持续发展”定义为：“既满足当代人的需求，又不对后代人满足其需求的能力构成危害的发展”，其中也包括两个重要的概念，即需求与发展。

持续力首先取决于受管理面积的大小。一般说来，受管理面积较小的区域，它与周围景观的相互作用就相对更强，因此要求有更强程度的管理；其次持续力也依赖于要求持续的过程的变化速率，例如热带森林生态系统的管理往往以百年计，可能按国家法律来制订规划，渔业管理可能要若干年，视其变化速率来定。这些都随时间而变化。

因此，持续力的研究，其范围比生态科学还要广，持续力要求把生态系统与社会事业机构和系统相结合。持续力所涉及的内容，至少包括人口、社会、经济、资源和环境等多方面的整体的协调发展。

15.6.5 生态学是生态系统管理的科学基础

人类在实践上已经具有一定的生态系统管理经验，例如，农田就是一种管理程度相当高的生态系统，还有河口的水产养殖系统、栽培的森林。但是，这些管理的目标一般只是为了获得各种产品，即把管理目标主要瞄准在获取最大的产量和经济收益，而不是长期的可持续能力。并且，还忽视了这些高度管理生态系统的持续力，也是密切依赖于受管理生态系统周围的其他很少受到管理的生态系统的。

造成这种错误的生态系统管理倾向的主观原因是，管理者的思想上获取经济效益的要求，压倒了受损生态系统带来的未来风险，从而忽视了对于环境和生态效益的评估。客观上原因则主要有下列3方面：① 对生物多样性方面的信息还相当贫乏。② 对生态系统的功能和动态，普遍地存在认识不足。③ 生态学研究对于超出管理界线外的生态系统的开放性和相邻生态系统之间的相互关系和连接性方面的知识，还是相当落后。因此，对于生态系统管理更为重要的，是要提高生态学意识和努力去克服这些缺点。

生态学作为生态系统管理的科学基础，下面几点是特别值得强调的，即：

（1）空间和时间尺度是极其重要的，生态系统的功能包括物质和能量的流动，输入和输出，生物有机体之间的相互作用。为一个过程的研究和管理所确定的时空界线，往往不适用于另一过程的研究和管理。因此，生态系统管理要求有更宽广的视野。

（2）生态系统的功能依赖于它的结构、生物多样性和整体统一性，生态系统管理探求生物多样性持续的目的是因为它能加强生态系统抗干扰的能力。因此，生态系统管理承认，任何一地生态系统的功能和复杂性是受周围系统的重要影响的。

强调生态系统的整体性，并不是否认系统的层次和等级。等级关系表现在：基因、生物个体、种群、群落、生态系统、景观和全球生态系统。研究证明，群落或生态系统中往往有关键种，关键种的灭绝或种群的大量死亡将引起整个系统的变化。例如，在岩底潮间带群落中去除海星这种顶级食肉动物，群落和生态系统的面貌就大为改变。

（3）生态系统在时空上都是有变动的，是动态的。时间尺度的变化和空间上景观的变化，都导致出现不同龄的斑块，斑块和破碎化对生态系统结构和功能的影响，对于生态系统管理而言同样是极为重要的。

生态系统管理所遇到的最具挑战性的问题是：我们要了解和管理的生态系统是处于不断变化和进化之中。古生物学家证实，我们今天在陆地和淡水生态系统中所见到的物种集合体都是在相当近的地质年代出现的，有许多形成的时间只不过在10 000年左右，这反映了物种对于全球环境变化的反应速度之快。我们对于海洋生态系统的复杂性和变动尺度的了解，可以说还只是开始，这包括从海流和海温的季节变异到厄尔尼诺/南方涛动周期等现象，再到长期和大尺度的盐度和海温变化。

（4）不确定性和突发事件。生态系统的复杂性带来不确定性。人类管理的种植业和养殖业系统一般是从环境中索取或以功利主义为主的管理系统，容易降低生物多样性和系统复杂性，从而使这些生态系统缺乏稳定性，抵抗不确定性和突发事件的能力下降。我们应该承认，目前人类预测复杂自然生态系统行为的能力还是相当有限的。对于出现突发事件，例如地震、海啸等，更是难以预测。因为生态系统管理不可能排除这类突发事件和不稳定性，所以，只要时间和空间尺度足够大，这类事件总是有可能发生的，正因为如此，对生态系统管理要求做好充分的思想和物质准备，以减轻或避免事件带来的危害。

15.6.6 生态系统管理的步骤

美国生态学会生态系统管理科学基础委员会的报告（Christensen et al.，1996）对于生态系统管理提出下列8项必须包括的要求：① 以长期持续力为基本目标。② 目的清楚，具有可操作性。③ 有良好的生态学模型和充分的理解。④ 对生态系统的复杂性和组成成分之间的相互连接性有良好的了解。⑤ 充分认识到生态系统的动态特征。⑥ 要注意生态系统的尺度效应与上下关系。⑦ 承认人类是生态系统组成中的一个成员。⑧ 承认生态系统管理是可适应的管理。

窗口 15-4

澳大利亚大堡礁的生态系统管理

珊瑚礁生态系统是公众和科学家历来公认的人类财富，特别是其观赏和娱乐价值。交通的发达使人类对于珊瑚礁的消耗和破坏迅速增加，更加上陆地排放的种种污染，使海洋生态系统服务功能大为下降。大堡礁海洋公园当局在 1992 年提出了保护世界上最著名而且多样化的珊瑚礁生态系统的新管理计划（Fernandes et al.，2005）。

珊瑚礁生态系统的服务功能是多种多样的，有些用途是彼此矛盾的。管理计划认为，分区（zoning）管理是解决用途互相冲突的办法。在整个公园内是禁止开采油气和矿产、乱丢垃圾、潜水、用渔叉捕鱼的。园中分 3 类主区，大致相当于自然保护地的核心区、实验区和缓冲区。当局从 1999 年开始就与各利益攸关团体和阶层进行非正式交流，讨论公园内各种类型栖息地的有代表性的、可以作为潜在禁猎区（或称禁采禁猎区，no-take area，大致与核心区相当）的计划。

交流和讨论的步骤是：描述整个保护地的生物多样性；评估已有的禁猎区的适合度、分布和数量、足够情况；辨认和确定潜在禁猎区，并从社会、经济、文化和管理等方面因素提出潜在利益最大和负面影响最小的禁猎区；编制分区草案和征求公众意见；最后提出新禁猎区网方案；并组织监测新分区方案的效果。这些步骤是彼此重叠和一起与公众讨论的，并把各种意见和信息带入决策过程，有选择地进入新规划方案。其过程长达 5 ~ 6 年，通过大量工作，从下到上与从上到下相结合，公众、各利益攸关集团代表、科学家、管理专家和政府集合，反复交流和协商完成了新方案的制订。到 2005 年，达到的主要结果有下面 3 点，即：

1. 禁猎区的大小标准，最小的直径不少于 10 km。

2. 每个栖息地类型的禁猎区网的面积，至少占该栖息地总面积的 20%。

3. 整个大堡礁保护地总面积中，禁猎区网的总面积约占其 33%（以前旧的只占有 4.5%）。

获得这些成果的重要经验如下（Fernandes et al.，2005）：

1. 聚焦于公众、各利益攸关集团、科学家、管理专家和政府之间的交流，讨论以前保护大堡礁中出现的问题和潜在危险、新目标和对策上。

因为在交流一开始，当局就发现社会公众对于旧管理方案存在的缺陷和可能出现的风险了解甚少，而对于解决问题和制定新方案的兴趣不大。这表明，在公众没有把问题及其危害弄清楚以前，对于保护新方案提出的加强保护力度和通过分区解决问题是不感兴趣的。

2. 应用了预防原理。大堡礁已有的资料说明了关键物种的数量已有下降迹象，特别是那些受渔业捕捞影响的物种。由于现有科学知识离完善尚有距离，做决策的关键是要使计划成功，为此采取预防对策是必要的。

3. 使用独立的专家。独立的专家在辨认具大堡礁特色的栖息地位置和提出保护地设计软件上做出了特殊的贡献。还由于独立专家与利益攸关的专家不同，在广泛的讨论中易被大家接受，也便于批评以前的计划方案，从而制定出更符合实际的方案。

4. 及早地让利益攸关集团及其代表参加方案的制订。利益攸关者（stakeholders）包括渔商、娱乐商、旅游工作者、传统业主、本地社群和政府、研究和管理人员等。

5. 在联邦立法，运用法律权威。

6. 争取政府和有关部门支持。

7. 帮助解决渔民转业问题。

管理行动的后果，主要看决策是否合理。决策过程大致包括下列步骤：

（1）确定不同人的作用：这包括决策者（管理部门负责人或土地所有者）、分析者（科学家、专家）、利益攸关者和管理者。

（2）确定管理的面积和范围：这包括研究面积、生产力、物种组成、年龄分布、特征等，目的是了解系统，其输入和输出，组成成分，各成分间相互作用等。

（3）确定管理目标：目标应包括需要达到的和应避免的方面。管理目标来源于国际、国内和社会群体，包括各种利益攸关的代表。

例如，持续森林的标准（the montreal process working）：

① 保护好生物多样性。② 维持森林生态系统的生产能力。③ 维持森林生态系统的健康和活力。④ 保护和维持土壤资源和水资源。⑤ 维持森林对于全球碳循环的持续贡献。⑥ 维持和强化森林生态系统对于人类社会所提供的各种长期的社会、经济利益。⑦ 保持和加强为森林保护和持续管理所需要的各种法律的、制度的、经济的结构和框架。

（4）对要达到目标提出可评估的标准：最好是用数字表示的标准，例如高数值就可以表示人们想要的状态，最好能对许多管理目标提出一个标准化的综合价值（summary value）。

（5）尽可能提出多种可供选择的、有创造性的管理方案：多种选择是重要的，包括“无行动选择”，这样，决策者就有比较大的选择余地，在各种选择之间进行比较和权衡，和考虑不同目标的兼容性。

（6）确定每一种管理方案的优劣程度，此步由专家来完成。

在生物多样性保护目标中，对于生境的保护要一定数量的生境类型（称为生物多样性粗过滤），而对于一种关键物种保护，重要的是管理好关键栖息地（称为细过滤）。

评估每一种选择在解决每一个目标中的好坏程度，这种关系可以用表15-5来表明：每一种选择（A、B、C、D）在解决每一个目标（如生物多样性保护、产品分享、防风灾、防火灾、现金流、总雇员数、稳定雇员数等）中的好坏程度（？）。

表15-5 管理方案专家评估表

	选择A	选择B	选择C	选择D
生物多样性粗过滤	？	？	？	？
鸮的最优栖息地	？	？	？	？
鸮的合适栖息地	？	？	？	？
产品分享	？	？	？	？
防风灾	？	？	？	？
防火灾	？	？	？	？
现在净价值	？	？	？	？
现金流量的稳定性	？	？	？	？
总雇员数	？	？	？	？
稳定雇员数	？	？	？	？

（7）向决策者和利益攸关者解释清楚每一种选择对于每个目标的关系：专家和分析者负责解释，使决策者能透彻地了解。同时，这个过程是反复的，允许决策者和利益攸关者提出问题和要求进一步说明目标、可量化标准、各种选择和分析，包括前述各个步骤。

如果所决策的问题是没有多大争议的，也许一个专家就可以解释清楚，包括对经济的、野生动物保护的和娱乐旅游的等目标在内。如果对决策问题的争论很大，多个学科的专家共同讨论是必要的，这好像多科医生会诊一样。专家也有责任预估每一种选择中可能出现的不确定性和意外，因为自然生态系统是复杂的，随机事件是难以完全避免的。专家之间相互沟通和学习，保持客观和无私的态度也是重要的。

（8）由决策者确定哪一种选择是最好的：当决策者对各种选择感到满意时，就要挑选一种管理方案付诸执行。延迟则意味是暂时的"无行动"选择。决策者的选择表明了他们对目标的重视倾向。例如，决策者不选择表 15-6 中的 A，表明他对于生物多样性的优先考虑。

拓展阅读
可适应的生态资源管理

拓展阅读
3S 技术与生态系统管理

表 15-6 管理方案决策者评估表

	选择 A	选择 B	选择 C	选择 D
生物多样性粗过滤	4	6	5	6
鸮的最优栖息地	0	2	1	2
鸮的合适栖息地	6	6	5	5
产品分享	0	8	4	5
防风灾	9	7	3	9
防火灾	7	9	7	0
现在净价值	0	2	1	0
现金流量的稳定性	3	9	6	10
总雇员数	0	7	3	5
稳定雇员数	0	5	2	0

（9）决策者把选中的方案移交给管理人员执行、监测和反馈：在此阶段中，管理人员直接对决策者负责并执行他们所选择的管理方案。此阶段还包括监测和反馈，如不断地改善管理质量，协调运转，合同管理和后面要提到的可适应管理。

15.7 收获理论

除从事农业生产外，人类还直接从自然界获取多种生物如鱼类、鹿、蘑菇、草药等用作食物或其他用途。我们已知生物资源不同于煤或石油，属于可再生资源。生物种群能够再补充自身，使自身不因被收获而绝灭。对生物资源的良好管理应该既能使人类持续利用生物资源，获得最大利益，又不会因收获使一个种群接近灭绝，因为这样需要一个很长的恢复期才能再次收获。收获理论的中心问题就是要了解收获后应保留多大种群和什么个体，以使种群的长期持续产量最大。

15.7.1 最大持续产量

一种理论上预测**最大持续产量**（maximum sustainable yield，MSY）的简单方法称作最大持续产量法，或 MSY 法。我们知道当种群密度增加时，最初出生率超过死亡率，但是当种群密度接近环境容纳量 K 时，出生率下降，死亡率增加，在环境容纳量水平上，出生率、死亡率相等，种群稳定（参阅 4.2 中的种群的逻辑斯谛增长模型）。出生率、死亡率之差为种群的净增加量。因此，最大净增加量发生在中等密度、种群中存在许多繁殖个体，而种内竞争又相对较低的情况下（图 15–15）。这一最大净增加量发生在种群密度 N_m［图 15–15(b)］，代表人们可长期从种群中收获的最大数量——MSY。

最大持续产量原理有以下限制：① 假设一个恒定不变的环境和一条不变的补充量曲线。② 忽略种群的年龄结构，不考虑存活率和繁殖力随年龄的变化。③ 用于估测补充量曲线的种群数据通常不理想，在生产实践中，很难做出可靠的 MSY 估测。尽管有这些重要不足之处，MSY 一直是捕捞渔业、捕鲸业、野生植物和森林业的优势模型。

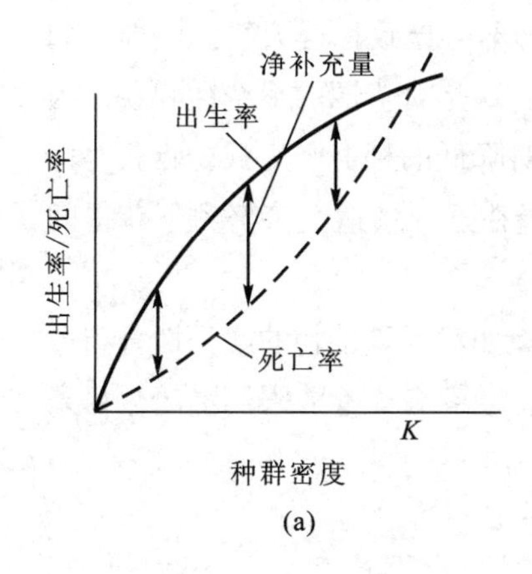

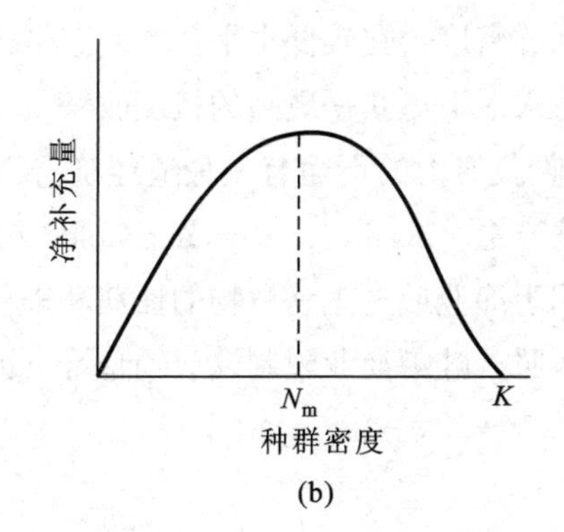

图 15-15 种群密度与最大持续产量（仿 Mackenzie et al.，2000）

（a）与种群密度相关的出生率和死亡率的变化，显示净补充量（出生率超过死亡率的部分）在中等种群密度条件下最大 （b）净补充量随密度的变化——补充量曲线。最大补充发生在密度 N_m 时

15.7.1.1 MSY 的计算

传统上根据 Graham（1935）提出的 S 形曲线理论估测 MSY。根据逻辑斯谛方程，种群的增加量为：

$$dN/dt = rN\,(1 - N/K)$$

在中等种群密度下，种群增加量最大，这是 S 形曲线的拐点，相当于 $N = K/2$ 的水平，即 $N_m = K/2$，这时种群的增加量 dN/dt 最大。将 $N = K/2$ 代入逻辑斯谛方程式，得

$$d\,(K/2)\,/dt = rK/2\,(1 - K/2K) = rK/4$$

因此，估测最大持续产量 MSY 的公式为：

$$MSY = rK/4$$

由上式可知，我们只要了解某一种群的环境容纳量 K 值和瞬时增长率 r 两个参数的值，就能求出理论上的最大持续产量 MSY 和提供保持该产量的种群水平 N_m。

15.7.1.2 配额限制与努力限制

收获 MSY 一般有两种简单的方式，配额限制（quota restriction）和努力限制（effort restriction）。配额限制即控制在一定时期内收获对象个体的数量或生物量，允许收获者在每一季节或每年收获一定数量的猎物种。这种方式较受欢迎，因为这样收获者可估测其收入。MSY 配额是正好平衡净补充的部分［图 15–16(a)］。如果收获保持在这个水平，种群的补充量会正好被收获平衡，从而使种群稳定在密度 N_m。但是，配额限制实际上很冒险，因为平衡点是不稳定的。如果种群受到干扰使 N_m 降低，而收获仍保持在 MSY 水平，收获所取走的个体数量将超过种群的更新能力而导致种群灭绝［图 15–16(a)］。只要 MSY 配额稍微过大，就能直接导致种群灭绝。只有当配额充分低于 MSY 配额时，才能产生稳定平衡的结果。配额限制已在海洋渔业中得到广泛运用，但成功例子不多。

调节收获努力可以减少配额限制带来的潜在危险，该方法即努力限制，具有明显的优点。因为一般来说，猎物种群数量减少后，收获者势必要增加收获努力来获取正在降低中的数量。图 15–16(b) 显示对同一猎物种群的 4 种不同收获努力的影响。在一定的收获努力条件下，收获量随种群大小而改变，因此可表示为一条通过原点，随努力强度而变化的直线。MSY 努力正好平衡种群的净补充量。但是，如果种群密度下降到低于 N_m，收获继续保持在 MSY 努力水平，则收获量将降低，不会导致种群灭绝。同样，如果收获努力略高，种群密度会在较低水平建立稳定平衡。这是对资源的浪费性收获，因为在较低的收获努力水平下可获得更高的持续收获量。对降低的种群密度减少收获努力意味着在低于 MSY 收获努力的下面有一最适经济努力，在这一最适经济努力下获得的收获量称作**最大经济产量**（maximum economic yield，MEY）。

努力限制一般用于渔业或野生动植物的捕获和采伐。如对哺乳动物的娱乐性狩猎可通过限制发放猎枪执照，鲑鳟渔业限制发放钓鱼许可证，欧洲海洋渔业限制渔船数目来

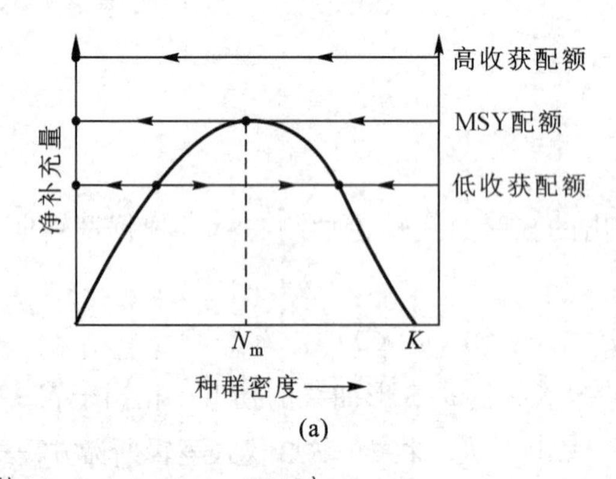

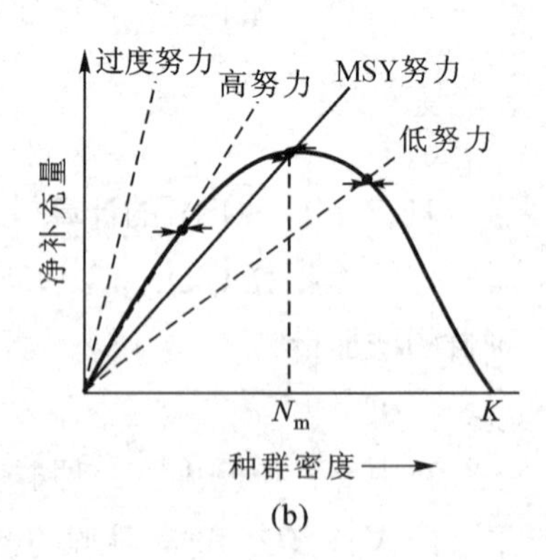

图 15-16 配额限制与努力限制（仿 Mackenzie et al.，2000）

（a）不同收获配额水平对种群的影响。箭头表示一定收获制度和密度条件下的种群轨线。黑点表示平衡点。仅有的稳定平衡出现在下列情况下：① 种群灭绝，② 收获配额低而种群密度高 （b）不同收获努力水平对种群的影响。黑点表示平衡点。不管原来种群密度怎样，除过度努力导致种群灭绝外，所有平衡都是稳定的

达到控制收获努力的目的。然而，上述方法并不完善，因为收获者自身的收获能力就有很大差异，这种影响在国际立法水平上也很明显。例如，欧洲渔船队为了限制收获努力让旧船退役的同时，欧盟却在支持建造新的大型效率更高的渔船。控制收获努力的有效性会受到收获者效率变化的限制。

15.7.2 环境波动与种群结构

毫无疑问收获会对猎物种群产生很大压力。但有时猎物种群在某年份数量的急剧降低可能并不是因为过捕，而是由于不良环境变化所致。从可能给全球生物种群带来灾难性影响的大范围的长期气候变化，到仅可能使某些种群濒临险境的更加局域性的环境变化，环境波动在各种尺度上都可能发生。收获模型大都不能预测环境波动的影响，极少能为减少环境波动对收获对象种群的冲击留出一个安全区。反映环境波动对猎物种群影响的一个经典例子是秘鲁鳀鱼（*Engraulis ringens*）。太平洋流在南美海岸形成冷水上升流，使该水域具有很高的生产力和包括鳀鱼在内的大量鱼类。然而，阶段性的厄尔尼诺现象发生时，太平洋流会反弹，阻断上升流，使渔业生产力大幅下降。20 世纪 60 年代后期，秘鲁鳀渔业是世界最大渔业，占全球总渔获量的 15%。1972—1973 年间发生了严重的厄尔尼诺现象，之后渔获量减少到高峰期的 1/6。另一次厄尔尼诺现象发生在 1982 年，由于 10 年间继续对种群进行了非持续产量型捕捞，这次几乎使鳀渔业停产。1997 年再次发生厄尔尼诺现象，渔获量比 1996 年降低 70%，为此秘鲁相关机构规定鳀渔业禁渔 7 个月以保护这一过捕的种类。

上述 MSY 模型的一系列缺点是由于该模型没有考虑种群的结构，如个体的大小、年龄等。因为首先多数收获行为都只对种群的一部分感兴趣，如树木要长到足够大，人们才会采伐。其次，种群的补充量实际上是一个受多种因素影响的因子，成体的存活率、繁殖力、幼体的存活率、生长率等都可影响到种群的补充量，从而影响种群密度和收获政策。**动态库模型**（dynamic pool model）通过考虑不同年龄组的出生率、生长率和死亡率来改善模型性能。捕获业通常可控制的一个方面是猎物大小，如拖网渔业网目的大小。使用网目较大的网可使鱼群有更多个体逃脱，得到生长、繁殖的机会。运用动态库模型可理论上检测捕获不同大小猎物对猎物种群的影响。图 15-17 所示为应用动态库模型评价不同网目大小和捕捞强度对大西洋鳕鱼种群影响的结果。

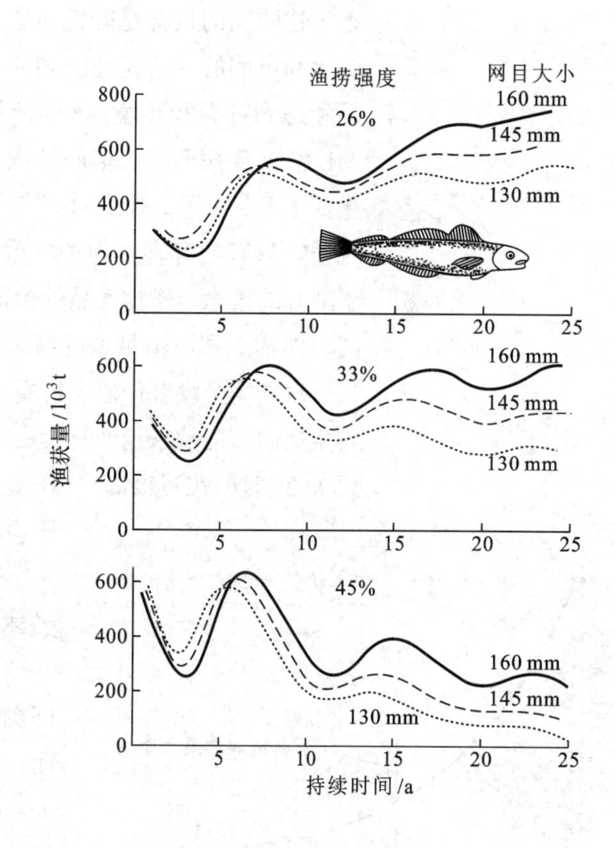

图 15-17 利用动态库模型预测不同网目大小和捕捞强度对大西洋鳕鱼种群的影响（仿 Townsend et al.，2000）

15.8　有害生物防治

有害生物（pest）是和人类竞争食物或遮蔽所、传播病原体、以各种方式威胁人类健康、舒适或安宁的生物类群。显然该定义包含有人的主观意识。当野草代表一种植物，和其他作为食物、木材或福利等有价值的植物竞争时，可能也被包括在这个定义内。有害生物类群广泛，生活史变化很大。某些有害生物可出现爆发性种群增长，迅速达到引起巨大损失的种群水平（如鼠、蝗虫）；但也有些有害生物种虽可引起极大损失，但种群增长率相对不大，如苹果小卷蛾（*Cydia pomonella*）每年产卵仅 40 ~ 50 枚，却是最重要的苹果害虫。有害生物的一个重要特征是其种群数量通常受天敌调节。那些导致危害的物种一般可能是由于其迁入到一个新地区，而该地区没有其天敌，或者其天敌已被人类除去。

15.8.1　有害生物防治的目标与技术类型

15.8.1.1　防治目标

尽管在某些情况下，有害生物防治的目标是彻底消灭有害生物种，但一般来说，有害生物防治的目标是降低有害生物到某个水平，在该水平上进一步降低有害生物种群是无利可图的，这就是已知的有害生物经济损害水平（economic injury level，EIL），如果考虑到社会和环境的舒适利益，或许也可称为美学损害水平（aesthetic injury level，AIL）。就疾病而言，彻底消灭作为疾病源的有害生物较有道理。如果有害生物种群数量低于 EIL 水平，那么对有害生物进行防治意义不大，因为防治费用已超过了所获得的利益。只有当有害生物种的数量大于其 EIL 水平，其才成为有害生物。图 15–17 揭示了 EIL 的概念。作物产品的价值随着所显示的有害生物的密度而改变。有害生物密度低时，作物受到微不足道的影响。然而，在有害生物阈密度以上，作物以加速度速率丢失，直到完全没有价值。再看一下对应于任何特定的有害生物密度的花费曲线。防治有害生物的密度越来越低时，所需花费以加速度增加，直到有害生物的密度为零（完全消灭），这时的花费极高。EIL 是两条曲线间差距最大时有害生物的密度，代表着最佳有害生物防治对策。

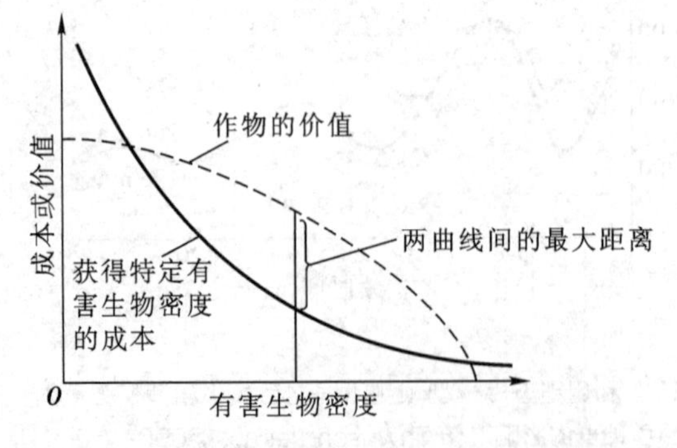

图 15-18　经济损害水平（EIL）的定义是作物价值最大地超过花费时的有害生物密度（仿 Mackenzie et al.，1999）

不过，图 15–18 对有害生物密度与作物价值相互关系的描述过于简单化。例如，EIL 会随有害生物及作物生命周期的变化而变化。该模式的另一不足之处是防治测量得到的是即刻效应，而从采取防治措施到产生效应是需要时间的。因而，在实际的有害生物防治中，EIL 不像防治阈值（control threshold）那样重要，防治阈值是指在能阻止有害生物再暴发的前提下所允许的有害生物的密度。

15.8.1.2　有害生物防治技术类型

对有害生物的防治，一般采取综合防治技术，即根据病、虫、草等的危害情况，综合地运用物理、化学、生物、农业等技术防除病、虫、草害。具体防治技术措施主要包括以下几方面。

（1）农业防治

以农业技术防治农业病、虫、杂草和鼠害。如田间混合种植不同物种的作物，优化撒种或收获次数，以及避开相同作物在同一地点上的重复种植，进行抗病、抗虫育种等等。

（2）生物防治

主要利用有害生物天敌来调节、控制有害生物种群。如利用有益昆虫、微生物来致死害虫和杂草。

（3）化学防治

使用自然的或合成的化学药剂控制有害生物。特点是见效快，效率高，受区域限制较小。特别对大面积、突发性病虫草害可短期迅速控制。但也会产生一系列负的作用，我们将在下面详细讨论。

（4）物理防治

采用物理措施防治有害生物。如机械铲除杂草，对害虫进行灯光诱杀等。

（5）遗传防治

现代先进的生物技术使得遗传防治也成了生物防治的重要手段之一。遗传防治主要是通过遗传操纵释放不育性雄性以毁灭有害生物自身，或筛选有抗性的植物品种来对抗害虫。

15.8.2 化学杀虫剂、除草剂及其问题

19 世纪至 20 世纪早期，在有害生物防治中普遍利用盐的或者是铜、硫、砷或铅的金属化合物。由于这些化合物仅在被吸收时才有效，而且有毒金属残余物具有持久性，所以大多数已被放弃作为有害生物防治的手段。天然产生的杀虫植物产品，如来自烟草的尼古丁和来自菊花的红花除虫菊，由于暴露到光和空气中时的不稳定性，大部分也已被取代。表 15–7 列出了当前广泛应用的杀虫剂。

表 15-7 当前广泛应用的杀虫剂系列

杀虫剂	举例	描述
合成除虫菊酯	捕灭司林	这类人工化合物取代了其他有机杀虫剂，是由于它们对有害生物有选择性
氯化烃	滴滴涕	接触杀虫剂，影响动物神经冲动的传递。这些化合物已在 20 世纪 70 年代暂停使用，但在极少数国家仍在使用
有机磷酸酯	马拉硫磷	起源于磷酸，这些神经毒剂比含氯化烃毒性更大，但在环境中残留时间较短
氨基甲酸酯	氨甲萘	来自氨基甲酸，作用方式上相似于有机磷酸酯。对蜜蜂和黄鼠蜂毒性最大
昆虫生长调节剂	Methoprene	这类化合物模拟了自然的昆虫激素和酶，因而干扰昆虫的生长和发育。它们对植物和哺乳动物是无害的
半化学制剂	信息素	这类化合物引起有害生物行为上的变化，但不具毒性，是由天然物质合成的。信息素作用于同物种的成员；他感化学制剂作用于另一个物种的成员；性引诱剂被用来干扰交配

无机化合物是除草剂的传统试剂，但由于具有持久性和非特异性问题，所以像硼酸盐、含砷制剂、硫酸铵和氯化钠等化合物一般很少用，除非是半永久性不育的需要。表15-8列出了广泛应用的系列除草剂。

表15-8 除草剂应用的例子

除草剂	举例	描述
有机砷制剂	DMSA	用于局部处理，没有选择性，通过进入磷酸盐位置上的反应扰乱植物生长
苯氧基	2,4-D	具有选择性，刺激植物生长到不可支撑的水平而引起植物死亡
替代氨化物	苯基苯酰胺	具有多种生物学特性，作用于杂草
氨基甲酸酯	抑莠灵	除草剂和杀虫剂。主要通过阻止细胞分裂和植物组织的生长杀死植物
硝基苯胺	氟乐灵	这些是一类流传甚广的早出现的除草剂，抑制根和芽的生长
替代尿素	灭草隆	这些是一类无选择性的早出现的除草剂，抑制光合作用
硫脲	EPTC	这是一类与土壤结合的早出现的除草剂，选择性抑制从麦种中现出的根和芽
三嗪三氮杂萘	Metribuzin	代表了杂环型氮的除草剂的最重要类型，可很强地抑制光合作用。适用于选择性或非选择性目的
酚衍生物	DNOC	这一类包括了硝基酚，是具有光谱毒的接触化学制剂，对植物、昆虫和哺乳动物均有毒，通过非偶联氧化磷酸化发生作用
二吡啶	敌草快，百草枯	这些是强有力的非选择性接触化学制剂，破坏细胞膜
草甘膦		一种非选择性的应用于叶子的化学制剂，作用于植物生长的任何阶段

伴随化学杀虫剂出现的问题，是其流传甚广的毒性以及其有可能升高有害生物对生态和进化的响应。使用杀虫剂首先需要预测的问题，是其对如昆虫、鱼类和包括人在内的哺乳动物等的不利影响。例如，大多数广谱杀虫剂对蜜蜂是高毒的，据估计加利福尼亚州蜜蜂群丢失的大部分是由杀虫剂引起的。此外，农药中毒导致人类死亡的事件也时有发生。随喷洒、漂流，杀虫剂还经常会渗透到目标区域以外而导致牛、羊中毒，鸟和野生哺乳动物被杀，引起人类生病。杀虫剂也可能对植物有害，抑制植物生长，这就暗中破坏了提高作物产量的目标，如捕灭司林抑制莴苣幼苗的光合作用可到80%。

现在一般没有考虑除草剂对动物的潜在毒性，因为它们特定的植物生物化学指标不出现在动物中。然而，像敌草快和百草枯这样的除草剂对哺乳动物有高毒性，但还未知其解毒剂。如2,4,5-T和2,4-D等药物于1960年到1970年间，在南越联合使用以使沼泽地和森林落叶。结果表明低剂量的2,4,5-T会引起哺乳动物出生缺陷，进一步研究表明2,4-D是致癌的。

使用杀虫剂出现的另一个重要问题是它们对**生物放大**（biomagnification）作用的灵敏性，特别是在有氯化烃存在的情况下。由于这些毒素在身体组织中累积，不能变性，或不能代谢，这就导致杀虫剂在食物链中每向上传递一级，浓度就会增加，直到顶级捕食者忍受了最高的剂量。生物放大作用的一个典型例子是于1949年，在环绕加利福尼亚的清湖，用二二氯二苯二氯乙烷（DDD）0.02×10^{-6}的含量，以防治清湖蚋蚊（*Chaoborus astictopus*）（图15-19）。在获得初次成功之后，定期地重复喷洒

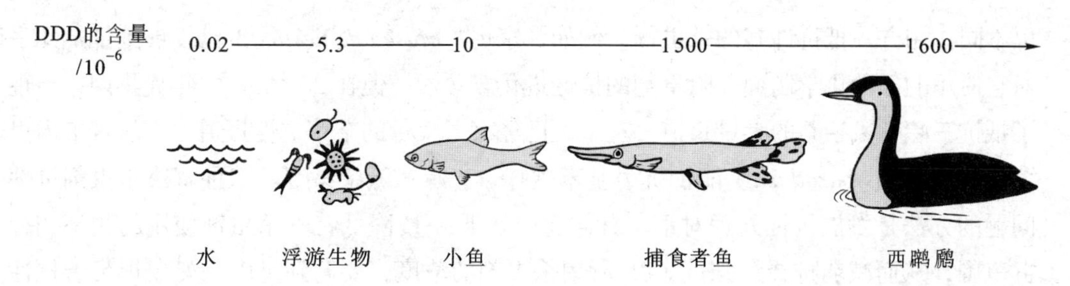

图 15-19 加利福尼亚清湖中 DDD 的生物放大作用（仿 Mackenzie et al.，2000）

直到 1954 年，这时大量的潜水鸟——西鸊鷉体内出现了药物。它们身体的脂肪含有 $1\ 600 \times 10^{-6}$ DDD。另一个生物放大作用的例子是 DDT 对英国雀鹰（*Accipiter nisus*）的影响，在 20 世纪 60 年代，雀鹰遭受了显著的毁灭，部分原因是母鸟产下卵的卵壳太薄，这些卵在孵出之前易破碎。生物放大作用也可能威胁着人类食物链，尤其是在鱼类受到影响时。

使用杀虫剂还必须考虑其对害虫天敌的影响。如果杀虫剂也同样毒杀害虫天敌，那么应用杀虫剂可能开始引起害虫生物数量下降，但一段时间之后，害虫生物数量会迅速增加。这是由于大量害虫和它们的天敌被杀后，任何有机会存活下来的害虫都会有丰富的食物供应，为害虫种群再次爆发创造了条件。而且，毁灭天敌的后果不仅仅是使目标害虫可能复活，还可能并发许多潜在的害虫物种。这是由于杀虫剂处理掉了**初期害虫**（primary insect pest），而且毁灭了大范围的天敌，使其他有害生物种有可能摆脱竞争和捕食压力，产生**次期害虫**（secondary insect pest）。如 1950 年，中美洲有两种主要的棉花害虫：墨西哥棉铃象（*Anthonomous grandis*）和棉叶夜蛾（*Alabama argillacea*）。通过一年 5 次使用有机杀虫剂，开始取得很好的成绩，作物有了大的增产。可是到 1955 年，次期害虫出现了，即谷实夜蛾（*Heliothis zea*）、棉蚜（*Aphis gossypii*）和棉蚜三纹夜蛾（*Sacadodes pyralis*）。使用杀虫剂的速率升高到每年 10 次，到 20 世纪 60 年代，8 种害虫发生，并达到每年使用杀虫剂 28 次。

使用杀虫剂所产生的问题中，最严重的可能是进化的抗性。图 15-20 显示了已报道过的至少对一种杀虫剂有抵抗力的昆虫物种数的增长，在遭受过杀虫剂的一个大种群内，少量的基因型可能有特殊的抗性。因此，具有抗性的个体将很迅速地扩展，特别是当种群的大部分已死亡和杀虫剂定期重复使用时。这部分有抗性的个体有最好的存活和繁衍的机会，如果重复使用农药，则每个世代都将包含大比例的抗性个体。随后而来的突变可能会进一步增加抗性。这个过程导致抗杀虫剂的昆虫物种呈指数增长，现在总数已超过 500 种。而且，可发生交叉抗性，对一种杀虫剂有抵抗性的物种，对另一种杀虫剂也可具有抗性，因为两种杀虫剂的作用方式是共同的。这可进一步扩展到多种抗性，使有害生物得

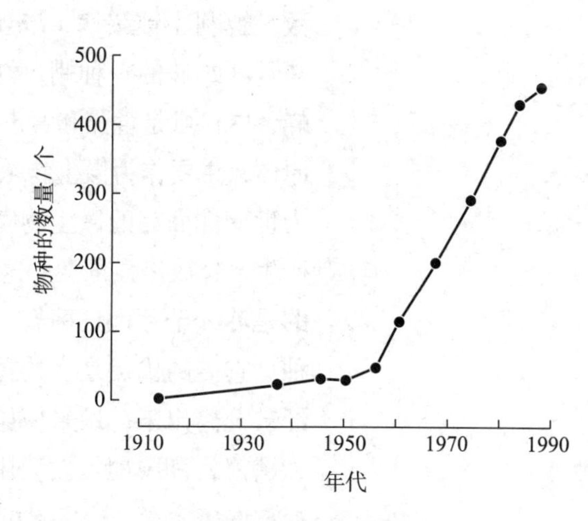

图 15-20 已报道过的至少可抵抗一种杀虫剂的昆虫种数的增长（仿 Mackenzie et al.，1998）

以不同作用方式抵抗许多的杀虫剂。例如，家蝇（*Musca domestica*）已发展到抵抗几乎对它使用的每种化学制剂。除草剂的抗性进化较缓慢，但在20世纪70年代早期，出现了抵抗三嗪三氮杂萘的大量报道。近来，已经有了大量的杂草抗性报道。已发现卡内里草芦（*Phalaris paradoxa*）能抵抗甲基苯噻唑、三嗪三氮杂萘等。一种解决杀虫剂抗性问题的办法是发展抗性处理对策。具体途径如下：① 降低特殊杀虫剂使用的频率和种群范围，从而减弱选择性强度。② 所用杀虫剂的浓度，要高到足以杀死仅携带着抗性基因一个拷贝的杂合子个体。

人们对有害生物抗性的普遍反应是采用更多的农药，结果导致生物进一步的抵抗和周期性的延续。尽管有害生物有抗性，然而杀虫剂的生产和销售仍在继续发展，因为使用杀虫剂产生的收益与成本的比率往往有利于杀虫剂的使用。如每花费1元可得到2.4 ~ 5.0元的回报。但这些计算疏忽了对环境的不良影响。要保护环境和人类健康，显然需要更好的害虫防治方法来代替化学杀虫剂的使用。

15.8.3 生物防治、遗传防治及有害生物的综合管理

生物防治（biological control）指利用有害生物的天敌来防治有害生物。生物防治主要有4种类型：① 从另一个地理区域引入天敌，这区域常常是有害生物的起源地，其有害生物数量低于经济损害水平（EIL）。该类型通常称为经典的生物防治或输入。② 与输入类似，但需要阶段性释放防治生物，因其不能持续地贯穿一年。一般仅能防治几代有害生物，称为接种。③ 释放土著天敌以增补现存种群，需要多次进行，通常与快速的有害生物种群生长时期一致。④ 一次大量释放天敌以杀害当时存在的有害生物，但不期望提供长期的防治。这些通常被称为生物杀虫剂。

直到现在，昆虫一直是生物防治害虫和杂草的主要因子，出现在所有4个类型的生物防治中。吹棉蚧（*Icerya purchasi*）是加利福尼亚柑橘果园的一种害虫，到1890年被从澳大利亚引入的瓢虫（*Rodolia cardinalis*）和双翅目的拟寄生隐毛蝇（*Cryptochaetum* sp.）控治。接种作为生物防治的方法被广泛应用，以防治温室中的节肢动物害虫。在生长季节的末期，温室中的作物与它们的害虫和天敌一道被拿走。用得最广的两种天敌是智利小钝绥螨（*Phytoseiullus persimilis*）和丽蚜小蜂（*Encarsia formosa*）。前者是捕食红蜘蛛的一种螨，红蜘蛛是黄瓜和其他蔬菜的害虫；后者是白粉虱科的拟寄生黄蜂，白粉虱是番茄和黄瓜的害虫。最近，防治害虫的注意力更多地集中在运用昆虫的病原体，主要作为微生物杀虫剂。苏云金芽孢杆菌（*Bacillus thuringiensis*）是唯一的已成为世界性商品的微生物害虫防治剂。当微生物形成孢子时，孢子和大量的蛋白质结晶产生，释放出强毒素。这些毒素被昆虫幼虫吸收后30 min到3 d之内，幼虫死亡。重要的是苏云金芽孢杆菌有一系列品种，包括了那些抗鳞翅目、双翅目和甲虫的特异性品种。它们的优点是有选择性毒性，对人或对有害生物的天敌是无毒的。有些病毒也已经被分离出来，用来使昆虫和螨类患病。如杆状病毒是一种高剧毒的病毒，它的宿主为鳞翅目和膜翅目。使用病毒的缺点是，如果需要防治几个不相关的害虫，那么必须释放许多病毒，这引起可行性问题。可使昆虫致病的真菌大约有100个种。通常用于有害生物防治的主要有3种真菌，*Beauveria bassianca*，对抗科罗拉多甲虫；*Metarhizium anisopliae*，对抗生长在甜甘蔗上的沫蝉；*Verticillium lecanii*，对抗温室中的蚜虫和白粉虱。这些真菌趋向于有更宽范围的宿主，一般不依赖于被吸收。然而，其感染剂量依赖于芽孢的萌芽，该萌芽只发生在高湿度下（相对湿度大于 92%），这限制了真菌能够有效使用的地域范围。线虫纲动物也可包括在有害生物的微生物防治因子中。如线虫纲动物 *Heterorhabditis* 和 *Steinernema* 与昆虫病原体 *Xenorhabdus* 的联合。在该联合中，线虫首先感染昆虫宿主，然后细菌从线虫中逃出、繁殖并杀死宿主，最后线虫以细菌和分解中的肉体为食。线虫能够存活几个月，代表了土壤中有活性的唯一的生物产品。真菌病原体也已经被用于杂草防治中。例如，为了控制粉苞苣属草（*Chondrilla juncea*），将锈真菌（*Puccinia chondrillena*）引入澳大利亚后，该草的密度降低为之前的 1/100。目前对 100 种以上的杂草设立了生物防治程序，大多牵涉到食草性昆虫。生物防治有许多成功例子，但也有许多失败的。然而，生物防治的花费比化学农药的成本更低，每投资 1 美元，返回的资金约 30 美元。为了成功地进行生物防治，需要详细的生态学和分类学知识，但可得到高回报效益。

有些防治技术是通过遗传操作来杀死有害生物的，称为基因防治。**自我毁灭防治**（autocidal control）是用有害生物自身去增加其种群死亡率。这通常牵涉到不育症雄性的释放，导致出生率降低。这些被辐射的雄性和雌性交配产生不生育的卵。该方法昂贵，但是可成功，条件是雌性必须很少交配，而雄性必须和正常雄性竞争；除此之外，昆虫必须是习惯于大规模饲养在实验室中的群体，以便于它们在数量上远胜过自然界的雄性；最后，目标区域应该被隔离，以便来自该区域之外的自然雄性不能暗中破坏这个计划。该技术最显著的成功实例来自接近灭绝的旋丽蝇（*Cochlimyia hominivorax*）。旋丽蝇把卵产在野生动物和家畜的新鲜伤口里。如果不处理，受害者就会死亡。因为家畜的价值很高，所以该项防治的 *EIL* 是很低的，而且还没有其他处理方式能防治这种有害生物。遗传操作的另一种类型，是选择能抗有害生物的植物品种（和除草剂）。如 1950 年三叶草彩斑蚜（*Therioaphis trifolii*）破坏了加利福尼亚的紫花苜蓿作物后，已发现一种有抗性的品种并广泛应用。现在很多研究从事抗性品种的选育，这可能是一个长期的过程，占用几年时间，甚至在这个过程的末期，害虫自身可能进化出对新品种有毒的第二种类型。因此，更理想但也更困难的是选育抗性由一个以上基因所决定的植物品种，以使有害生物做出迅速的进化反应更为困难。

目前，植物的遗传操作更为复杂。如 1987 年第一次报道了成功地把一个基因插入到作物中，赋予作物对抗有害生物的能力，即将苏云金芽孢杆菌（*Bacillus thuringiensis*）的 δ– 毒素基因插入烟草，使其对抗鳞翅目害虫。以后，在植物中开展了大量其他类似的遗传操作，如我国抗虫棉新品种的培育及推广应用。显然，这些转基因植物的发展和利用，其潜在利益是无限的，并降低了应用成本。然而，存在着公众的感觉及与该技术有关的合法问题。同样，杀虫剂的连续使用，即使在植物中，似乎无疑会导致有害生物的抗性。并且，已有报道有害生物种对 δ– 毒素已经具有进化抗性。

有害生物综合治理（integrated pest management，IPM）是一种结合了物理、农业、生物、化学防治，以及运用抗性品种的综合防治对策。其以生态学为基础，依赖于死亡因子，包括天敌和气候，期望防治有害生物的目标在 EIL 以下，建立在对有害生物和天敌丰富度进行监测的基础上。以加利福尼亚防治棉花害虫的IPM计划为例，棉花已经受到危害，由于目标害虫再起和次发性病虫害爆发，并伴随抗性进化，在增加农药使用的频率中所有抗性已达到顶峰。主要害虫是豆荚草盲蝽（*Lygus hesperus*），它以结果的棉蓓蕾为食，减少产量。除此之外，谷实夜蛾（*Helioths zea*）是次发性害虫。IPM计划必须降低杀虫剂的使用，以阻止次发性病虫害的爆发。随后的研究显示，只有在蓓蕾季节（6—7月）豆荚草盲蝽能遭受严重损伤，因此杀虫剂仅在这时使用。农业防治是通过在棉花田里插入种植细长条的紫花苜蓿，其能从棉花里引诱出草盲蝽。获得成功的IPM计划的关键是有好的田间监测系统。在这种情况下，田里的取样从蓓蕾开始（5月中旬）到8月底每周两次。植物的发育、有害生物和天敌的资料全部要收集，才能导向成功的有害生物防治。在IPM计划的实例中，农田产量普遍比高农药处理的农田有轻微的降低，但其经济效益更高。

思考题

1. 何谓温室效应？全球变暖会对地球上的生物产生哪些影响？
2. 阐述臭氧层缺损的原因及其危害。
3. 从人类活动造成的各种环境污染谈谈该如何保护环境。
4. 什么是生态农业？我国生态农业的几种典型模式各包含哪些生态学原理？
5. 如何有效利用生物资源？
6. 生物多样性包括哪些方面和层次？
7. 什么是生态系统服务？
8. 如何管理生态系统？
9. 有害生物防治有哪些途径？使用杀虫剂所产生的问题有哪些？

讨论与自主实验设计

1. 运用学过的生态学知识，讨论如何有效地进行城市生态系统管理，写出管理方案。
2. 要有效进行棉田害虫的生物防治，可用到哪些生态理论？

数字课程学习

◎本章小结　◎重点与难点　◎自测题　◎思考题解析

这是东北虎豹国家公园布设的红外相机捕捉到的画面。通过分析虎身上的条纹可以实现个体识别，并结合多项野外研究对其进行生态学研究（北京师范大学东北虎豹生物多样性国家野外科学观测研究站供图）

第六部分

现代生态学

科学技术的迅速发展及现实社会对生态学研究发展的需求，极大地促进了现代生态学在各个方面的迅速发展，其中最显著的特点是研究层次往微观和宏观两极的发展。分子生物学技术的发展与应用促进了分子生态学的兴起与发展；解决全球性生态问题的迫切需求加上3S 技术、信息学技术等在生态学上的应用，使得全球生态学和景观生态学成为 21 世纪生态学发展起来的新方向。在这部分我们将简要介绍作为现代生态学发展标志的分子生态学与景观生态学。

16 分子生态学

关键词 分子生态学 分子标记 逆境胁迫分子机理 遗传多样性 wahlund 效应 有效种群大小 基因流 亲缘地理学

分子生物学技术的迅速发展使得生态学家可以深入认识所研究生物对象的遗传特性及其随环境的变化，从而为生态学家从基因、遗传和进化角度考察生物与环境之间的关系打开了一扇窗户。**分子生态学**（molecular ecology）以分子遗传为标志，研究和解决生态学与进化问题，如研究个体、种群和物种之间的遗传关系。Burke 等（1992）和 Smith 等（1993）分别在 *Molecular Ecology* 杂志上解释了什么是分子生态学，认为分子生态学是分子生物学与生态学的有机结合，它利用分子生物学技术来研究生态学问题，阐明自然种群和引进种群与环境之间的联系，评价重组生物体释放对环境的影响。这是一个多学科交叉的整合性研究领域，不同的学者对分子生态学概念有不同的表述。目前较为一致的看法是：分子生态学是应用分子生物学的原理和方法来研究生命系统与环境系统相互作用的机理及其分子机制的科学。尽管分子生态学作为诞生于 20 世纪末的一个新兴学科领域，尚没有明确、正式的定义，但其近年来的快速发展及取得的成果令人瞩目（张德兴，2016）。

分子生态学的研究可追溯到以 Ford 为代表的生态遗传学。群体遗传学、生态遗传学和进化遗传学这 3 门分支学科为分子生态学的形成奠定了基础，其中生态遗传学是分子生态学最可能的直接起源。20 世纪 60 年代发表的几篇文章（Harris，1966；Lewontin 和 Hubby，1966）尝试利用酶蛋白的差异来量化个体或种群的遗传变异，被许多人认为是分子生态学研究诞生的标志（Freeland，2005）。各种分子标记（molecular marker）技术的发展，如同工酶电泳（allozyme electrophoresis）、限制性片段长度多态性分析（restriction fragment length polymorphism，RFLP）、小卫星 DNA 指纹（minisatellite DNA fingerprinting）、随机扩增多态性 DNA（randomly amplified polymorphic DNA，RAPD）、微卫星（microsatellites 或 simple sequence repeat，SSR）、DNA 序列分析（DNA sequence）、单核苷酸多态性（single nucleotide polymorphism，SNP）等，使生态学家可以深入研究遗传多样性的时空变化模式及其机制，辨认新种或探讨物种之间的亲缘关系，追踪物种扩散的历史，了解社群内个体间亲缘关系及近交程度等。特别是在微生物生态学研究方面，分子标记技术，尤其是近年来高通量测序技术的应用，使得对环境样品中许多不可培养的微生物的研究成为可能，极大地推动了人们对微生物群落结构及多样性的认识。自 1992 年 *Molecular Ecology* 创刊以来，杂志已从最初的一年 4 期 258 页发展到半月刊，每年 24 期，发文超过 6 000 页，内容包括从分子适应、环境对基因表达的影响、种群分化和物种形成的机制、谱系地理学、群体和进化遗传学、行为生态学和保护生物学、遗传多样性评估、生态基因组学、景观遗传学、外来入侵种溯源以及基因工程生物的释放后果等。杂志的影响力也进入生态学研究领域最高级别刊物系列。Crawford 和 Hewitt（1992）编著出版了 *Genes in Ecology*，在书中介绍了基因与生态学有机结合的理论与实践。2004 年由 Beebee 和 Rowe 合著的第一本面向本科生或研究生的分子生态学教科书 *An Introduction to Molecular Ecology* 出版，2005 年 Freeland 等出版了其编著的分子生态学教材 *Molecular Ecology*，并于 2011 年出版第 2 版，补充了新的分子标记技术如 DNA 芯片、高通量测序、SNP 技术等；交叉研究领域增加了景观遗传学、比较生物学、考古植物学等。

16.1 生物对逆境胁迫的分子水平适应

低温、高温、干旱、高盐、低氧等逆境胁迫因子对生物生存、生长发育有极重要的影响。现代分子生物学和生物技术的发展，推动了生理生态学生物适应逆境机制的研究从生理水平进入到分子水平。分子水平上的变化是生物机体各种生理反应的基础，对逆境适应性相关基因的研究，有助于深入理解逆境胁迫时生物机体适应的生理生态学机制。

16.1.1 生物对寒冷的分子水平适应

寒冷适应是生物机体的一种整体适应性变化，涉及机体多系统、多层次的协调效应。又因生物物种的多样性，因此对寒冷胁迫的适应表现方式也不相同。内温动物主要通过激活解偶联蛋白基因表达，增加解偶联蛋白含量和活性，从而增加非颤抖产热，维持恒定的体温。外温动物、植物和其他生物通过激活冷诱导基因启动者，启动特定的 mRNA 转录，翻译成特定的蛋白，执行着各种防冻、抗冻功能，以抵抗寒冷的危害。

16.1.1.1 冷适应性产热

小哺乳动物和鸟类在寒冷环境中能维持恒定的体温，主要依赖于增加**非颤抖性产热**（nonshivering thermogenesis，NST），即**适应性产热**（adaptive thermogenesis）。小哺乳动物的 NST 主要产生在**褐色脂肪组织**（brown adipose tissue，BAT）细胞线粒体内膜特有的**解偶联蛋白**（uncoupling protein，UCP1）上。UCP1 是相对分子质量为（3.2 ~ 3.4）× 10^4（随物种而变）的蛋白质，以二聚体形式存在，相当于质子通道。UCP1 的 C 端有嘌呤核苷酸的结合位点，正常生理情况下，内源的 GDP 与 UCP1 结合，使质子通道关闭，线粒体的呼吸与磷酸化偶联，产生的热能以ATP形式贮存。当冷刺激或其他产热因子胁迫时，支配BAT的交感神经激活，释放的去甲肾上腺素与BAT细胞膜上的β受体结合，进而激活G蛋白偶联的cAMP酶系统，使胞内信使cAMP水平升高。cAMP介导甘油三酯水解，释放脂肪酸。游离的脂肪酸可解除GDP与UCP1结合，使质子通道打开，启动BAT解偶联呼吸，放出大量的热。与此同时，cAMP还介导UCP1 mRNA上调，逐渐合成新的UCP1，进一步提高BAT产热能力。

UCP1是由单个核基因编码，其基因在小鼠位于8号染色体，人类位于4号染色体。UCP1基因是诱导性表达的，其调节主要是转录调节，因此UCP mRNA水平反映了UCP1的水平。多数小哺乳动物的热中性区温度都高于室温，室温对它们是一种低强度的冷刺激。生活在室温下的大鼠，BAT中UCP1的基础转录相当活跃，但初始转录产物大部分降解，使UCP1 mRNA和UCP1保持在一定水平。当受冷刺激时，绝大部分初始产物脱离降解途径，被加工成成熟的mRNA，参与UCP的翻译。当急性冷暴露时，UCP基因转录水平突然升高，随着冷暴露时间延长又返回基础水平。这双重的控制机制不仅保证细胞中UCP浓度迅速提高，且反应的短暂性使UCP1 mRNA或UCP1处于适当的生理需求水平，不至于过度表达造成能量的浪费。但在冷驯化过程中，UCP1 mRNA及UCP1能维持在较高水平，从而增加NST，维持恒定的体温。如长爪沙鼠（*Meriones unguiculatus*），冷暴露1天时，UCP mRNA明显上调，增长1.9倍；冷暴露2周时，达最高水平，增长6倍，然后持续在高水平上；冷暴露3周时，其BAT质量增加1倍，线粒体蛋白量增长77%，GTP与BAT线粒体最大结合浓度（反映UCP1含量）增加71%；而此时长爪沙鼠的NST增长67%。又如布氏田鼠（*Lasiopodomys brandtii*）冷驯化4周时，NST增长91%，BAT中的总DNA比未冷驯化的动物增长58%，UCP1增长2.7倍。冬眠动物中BAT也非常丰富，如冬眠期时的达乌尔黄鼠（*Spermophilus dauricus*）BAT质量是未冬眠黄鼠BAT质量的2.7倍，冬眠期时BAT的UCP1 mRNA上调，是未冬眠期黄鼠的3.8倍，GPT最大结合浓度增加35%。而处于冬眠期激醒过程中（当体温升高6℃时，即激醒初期阶段）的达乌尔黄鼠UCP1 mRNA表达上调更高，其含量是未冬眠黄鼠的4.3倍，GTP最大结合浓度增加80%。表明冬眠动物在冬眠激醒初期阶段中所需热能主要来自BAT。

近些年研究发现解偶联蛋白基因是一个多基因家族，包括UCP1～UCP5以及鸟中UCP和植物中stUCP。UCP1、UCP2及UCP3的结构非常相似，均以二聚体的形式存在于线粒体内膜。UCP1除在小哺乳动物冷适应产热中必不可少外，还与体重调节有关，当UCP1缺少时，会出现肥胖症。UCP2在白色脂肪、骨骼肌和免疫系统等许多组织中表达，可能参与炎症刺激的产热反应。UCP3主要存在于骨骼肌和BAT中，与整个机体能量代谢有关，参与NST。UCP2和UCP3的基因紧密连锁，在人和小鼠中分别位于11号和7号染色体上。UCP4是大脑特有的，与控制食欲有关，是一种神经内分泌激素，对神经结构、代谢率和脑的适应性产热有调控作用。推测UCP5（brain mitochondrial carrier protein-1）在中枢神经系统活性氧代谢产物的调控和地域性产热中有一定作用。高等植物线粒体UCP同族PUMP、stUCP也同样有解偶联作用，被冷诱导，参与抵御寒冷。在哺乳动物体内，BAT是唯一表达UCP1、UCP2和UCP3的组织，表明BAT在冷适应性产热中的重要性。

UCP 基因的表达受很多因素调节，如环境中的温度、光周期、食物、体内的甲状腺激素、儿茶酚胺、胰岛素、糖皮质激素、瘦素、视黄酸和 cAMP 等等。甲状腺激素和交感神经的兴奋都能刺激 UCP1 和 UCP3 表达，使机体对脂肪的利用率增加，增加产热以适应冷环境。

鸟类没有特异性的 BAT 产热组织，而鸭子体内外实验表明，在低温下 NST 起了一定的作用。现研究发现鸟类骨骼肌提供 70% 的 NST，其余是由肝或心肌产生。基于离子（主要是 Ca^{2+}、H^+）通过生物膜的渗漏能够产热，鸟类冷暴露时，增加了肌质网 Ca^{2+}-ATP 酶的表达，Ca^{2+} 在肌质和肌质网之间反复循环渗漏，伴随着 NST 产生。诱导鸟类 NST 的主要激素是胰高血糖素。鸟类 UCP 首先发现于鸡中（Raimbault et al., 2001），其功能特征首先在蜂雀中描述（Vainna et al., 2001）。研究发现：冷暴露中，鸟类 UCP 基因表达局限于肌肉和心脏；其 mRNA 水平在冷驯化后或在胰高血糖素处理后增加，在蜂雀的蛰伏（torpor）过程中增加，在重组细胞系统（酵母）中，它的表达显示与 UCP1 有同样高的解偶联活性；鸟类 UCP 和 UCP1 一样，受 T_3 调节。因而认为鸟类 UCP 与哺乳类的 UCP1 起相同作用。比较氨基酸的序列后发现，鸟类 UCP 与兽类 UCP2 和 UCP3 有 70% 左右的同源性，与 UCP1 达 55% 的同源性。因此认为鸟类的 UCP 功能更接近于 UCP2 与 UCP3。

16.1.1.2 冷激蛋白与抗冻蛋白

原核生物暴露于寒冷环境时，会产生冷休克反应。冷休克诱导产生的蛋白质统称为冷激蛋白或冷休克蛋白（cold shock protein，CSP）。CSP 对细胞在低温时恢复生长和发挥细胞各种功能、抵抗寒冻有重要作用。如大肠杆菌（*Escherichia coli*）从 37℃转到 10℃培养时，出现 4 h 左右的生长停滞，此时绝大多数蛋白质合成受阻，仅有 24 种蛋白被合成，即 CSP。其中 15 种是暂时升高，4 h 后恢复到较低水平。在 CSP 中，有一个结构上相关的蛋白质家族被称为 CspA 家族，共 9 个成员：CspA ~ CspI。在 *E. coli* CspA 家族中，只有 CspA、CspB 和 CspG 是冷诱导的，参与对低温的反应。如冷休克时，*E.coli* 中诱导的 CspA 表达量非常高（10^6 分子 / 细胞），易与 mRNA 结合，使 mRNA 对核糖核酸酶的降解敏感，从而有效阻止 mRNA 二级结构的形成，保持线性存在形式，易化了 mRNA 的翻译过程，起着 RNA 分子伴侣（molecular chaperone）的作用。

CSP 的表达调控存在基因转录、mRNA 稳定性和翻译水平 3 个层面的表达调控。如冷应激下，枯草芽孢杆菌（*Bacills subtilis*）*CspB* 和 *CspG* 基因水平增加 4 倍，嗜热链球菌 CSP mRNA 陡增 7 ~ 9 倍。表现出 CSP 基因表达在冷胁迫中被明显激活。mRNA 的稳定性也是 *CspA* 表达调控的因子，*E.coli* 在 37℃时基本上看不到 *CspA* 表达，但在冷胁迫下大量表达。这是因为 *CspA* mRNA 在 37℃时非常不稳定，而冷胁迫状态下变得稳定起来。也表明 *E. coli CspA* 的表达是转录后调控。

许多动物在低温胁迫下可合成具有热滞效应、冰晶形态效应和重结晶抑制效应的抗冻蛋白（antifreeze protein，AFP）。如南极鱼类中的抗冻糖蛋白（AFGP）和 AFP- Ⅳ型。AFP Ⅰ最早在美洲拟鲽（*Pseudopeuometes americanus*）的血清中发现，它的二级结构为 α 双亲螺旋结构，可以黏附到不同的冰晶表面，抑制冰的生长。一些越冬昆虫体内存在超活性 AFP，维持其体液的过冷状态。研究表明，昆虫血液中可能存在一种能与 AFP 结合，而大幅度提高 AFP 生物活性的 AFP 活化蛋白。该活化蛋白是一种有冰核剂活性的蛋白质，当温度降低时，它能诱发细胞周围结晶，从而避免细胞内结冰造成冰晶致死性伤害。

在冬季美洲鲽（*Pleuronectes americanus*）中，*AFP* 基因至少有肝型 *wflAFP* 和皮肤型 *wfsAFP* 两套，*wflAFPl* mRNA 只在肝中表达，但要被分泌到血液中发挥作用。*wfsAFP* 则在各种组织中均能表达。寒冷诱导肝型 *AFP* 基因大量表达，如美洲鲽冬夏两季肝型 *AFP* mRNA 的表达水平相差 1 000 倍，而皮肤中非肝型 *AFP* mRNA 冬夏两季的表达水平仅差 5 ~ 10 倍。

植物中也发现了 AFP。从冷适应的黑麦叶片中分离出 AFP，在含有 10 μg/mL AFP 的蔗糖溶液中，冰晶的生长被完全抑制。这一浓度比鱼类 AFP Ⅲ 达到同样效果所需的浓度低 200 多倍，表明植物 AFP 通过抑制冰晶的生长来保护细胞免遭低温伤害。

16.1.1.3 冷诱导基因的表达与调控

在冷驯化的植物中分离出一部分冷应激基因高度表达（50 ~ 100 倍），并在抗冷中发挥重要作用，称之为冷调节基因（cold regulated gene，COR gene）。这些冷调节基因编码的多肽产物均具有亲水性、简单的氨基酸组成和重复的氨基酸序列。如耐冷的拟南芥（*Arabiopsis thaliana*）的 *COR15a* 首先编码相对分子质量为 15×10^3 的多肽，然后加工成 9.4×10^3 的多肽，具有极强的亲水性和可溶性。*COR 15a* 分布在叶绿体基质内，通过阻止低温下叶绿体内膜向内弯曲以避免膜系统伤害形式的出现，从而提高叶绿体的抗冻性。但单一基因的高度表达对提高整株水平上的抗冻效果是微小的，而与其他一些基因，如和 *COR6.6*，*COR47*，*COR48* 协同表达可明显提高植物的抗冷性。表明植物的抗冷性是由多基因控制的累积性状。

冷诱导基因的大多数也可对脱落酸（abscisic acid，ABA）和其他环境胁迫如干旱、高盐、高温、高渗等做出应答。如大白菜对低温和干旱的适应，导致冷休克蛋白 CPS mRNA 大量积累。拟南芥的冷诱导基因中，*Kin 2* 可被干旱诱导，而基因 *RAB18*、*Iti65* 的低温诱导则依赖于 ABA。

CBF（CRT/DRE-binding factor）是许多冷调节基因的转录激活子［CRT：C-repeat（C- 重复）；DRE：dehydration responsive element（脱水反应元件）］，广泛存在于各种植物中。植物暴露在低温环境下，刺激 *CBF* 基因的表达，合成 CBF 蛋白。CBF 蛋白与许多 *COR* 基因启动子区域中的 *CRT/DRE* 核心元件（序列 CCGAC）结合，促进 *COR15a*、*COR6.6*、*COR47* 和 *COR78* 等近 40 个低温响应基因的协同表达，提高了植物抗冷性。据报道，*CBF1* 高度表达的拟南芥转基因植株，其抗冷性比未经冷驯化的非转基因植株增加 3.3℃，抗冷性远高于 *COR15a* 的单独表达。*CBF3* 基因超表达的拟南芥株不仅 COR 蛋白含量高，而且脯氨酸和总糖含量也较高，从而提高了耐低温胁迫能力。

CRF 的表达量与环境低温程度有关，温度越低，*CBF* 表达量越高。是什么分子充当了温度传感器作用，使植物精确感知环境温度，产生准确的响应，目前还不清楚。

CBF1、*CBF2* 和 *CBF3* 基因表达模式也一致，可被低温迅速诱导，但对 ABA 和水分胁迫无响应，这与多数植物低温诱导的基因特征相反。表明 *CBF* 控制低温基因表达

水平，并不依赖于 ABA 的途径来提高抗寒能力。也表明除了 *CBF* 途径外，还存在多个低温调节途径。

无论是在原核生物还是在真核生物（如酵母、蟾鱼、黑麦）中，核糖体在冷适应中起关键作用，决定蛋白质的合成。如冷应激中 CSP 优先合成，表明冷休克的 mRNA 不同于细胞内的其他 mRNA，在低温诱导核糖体因子不存在时，具有形成翻译起始复合物的功能。如在 *E. coli* 的 *CspA*、CspB、CspG 中，所有的 mRNA 编码区都有核糖体结合位点，称为下游盒（down-stream box，DB）。*CspA* 冷诱导中一个显著特征是 DB 出现，如果 DB 序列不存在，在冷应激中 *CspA* mRNA 不能形成起始复合物。翻译 *CspA* mRNA 起始时，有 DB 存在就无须新的核糖体因子。

动物受冷应激时也诱导相关基因表达，如冷驯化后小鼠肝和肌肉中的转铁蛋白、纤维蛋白原和 *clone D* 的基因表达明显升高，虹鳟鱼在冷适应时铁蛋白表达也明显升高，木蛙（*Rana rylvatica*）冷冻 8 h 时，肝中纤维蛋白原亚基 α 和 γ 亚基基因比对照高 3 倍。纤维蛋白原合成上调有助于血液凝结，以便在融化期间破坏的毛细管壁能快速有效地封合，减少内出血伤害，即对组织冷冻伤害的修复起直接作用。铁蛋白和转铁蛋白能促进机体铁代谢，维持红细胞功能，从而影响氧代谢，以利于适应寒冷环境。

低温胁迫还可诱导动物和植物的热激蛋白（HSP）及其基因表达。如吉卜赛蛾（*Lymantria dispar*）幼虫在 –20 ~ –10℃产生两种高相对分子质量的 HSP90 和 HSP75。小鼠冷应激时 BAT 诱导出 HSP70 mRNA，人在冷应激中淋巴细胞 HSP 70 水平明显升高，肉牛冷应激时细胞内 HSP 70 表达也增加。芸薹属植物 *Brassica napus* 用 5℃低温处理后，HSP mRNA 显著升高，低温处理一天后，转录水平达到最高峰，并持续保存在整个处理期间。HSP70 的生物学作用是结合靶蛋白的疏水片段，而防止肽链的错误盘绕，从而维持结构的稳定。

拓展阅读
细胞膜磷脂抗低温的分子机制

16.1.2 生物对高温的分子水平适应

高温环境可刺激原核细胞和真核细胞合成一系列进化上高度保守的蛋白质，这些蛋白质被称为热激蛋白或热休克蛋白（heat shock protein，HSP）。由于其他一些对生物有害的应激因子如缺氧、缺血、寒冷、饥饿、创伤、感染及中毒等也能诱导细胞生成 HSP，故又名应激蛋白（stress protein）。HSP 属多基因家族，按相对分子质量大小及同源性程度可分为 HSP90、HSP70、小分子 HSP 及大分子 HSP 家族。每个家族又由多个成员组成，如拟南芥中 HSP70 基因家族有 14 个成员。HSP 的特征主要如下：

① 高度保守性：不同生物来源的 HSP 氨基酸序列有 50% ~ 90% 的一致性，如真核生物 HSP70 与大肠杆菌的 HSP70 的同源性大于 65%；不同物种的相同细胞器如细胞质 HSP70 之间的同源性比同一物种不同细胞器的 HSP70 之间的同源性高；同种不同类型的 HSP 的同源性低。

② HSP 合成的反应短暂性：通常 HSP 诱导合成速度很快，但持续时间较短。玉米中合成只持续 4 h，随后下降。大豆幼苗 HSP mRNA 的积累在热应激 1 ~ 2 h 达高峰，6 h 后显著下降，12 h 就检测不出。

③ 交叉耐受性：热应激诱导细胞产生 HSP，不仅使细胞对热刺激的耐受性增加，

也增加了该细胞对其他刺激源刺激的耐受性。

热应激时，HSP合成增长速度很快，热处理3~5 min即可检测到HSP mRNA，20 min可检测到新合成的HSP70，30 min即可达到最高水平。例如用42℃高温灌注液直接灌注离体鼠心脏，与对照鼠相比，HSP70于15 min增加5倍，30 min增加了近10倍。热应激果蝇中的HSP70的增长幅度可达未产生应激的1 000倍。诱导生物合成HSP的最适温度随物种种类而异，如豌豆大约为37℃，玉米为40~42℃。一般认为诱导植物合成HSP的最适温度比正常生长温度要高出10℃。

HSP诱导生成的调控是在转录和翻译两个水平上，但主要是在转录水平上。在不同种类的细胞中，HSP的转录调控结构相同，其基因构成非常相似。在其基因启动子的上游有一必需的特殊序列，称为热休克元件（heat shock element，HSE），是蛋白连接场所，其含有热休克因子（HSF）结合单位。HSP基因转录需要细胞核中有与之呈高度亲和力与特异性结合的HSF存在。正常状态下，HSF以单体形式存在于细胞质和细胞核中，HSF没有与DNA结合的活性。热应激状态下，HSF装配成具有DNA结合活性的三聚体聚集于核内，并与HSE结合，启动了*HSP*基因的转录。*HSP*基因还受HSP的负反馈调节，当HSP积累到一定程度，又和HSF结合使其回复无活性的单体形式，HSF与HSE分离，转录停止。

HSP的生物学功能如下：

① HSP提高了细胞对热或其他刺激的耐受：当细胞经过亚致死高温处理后，提高了在致死高温下的生存能力；过量表达HSP101/ClpB的水稻耐热性高。

② 热休克时细胞中蛋白质变性，合成时不能正确折叠：HSP作为分子伴侣协助蛋白质折叠，参与维持了细胞蛋白自稳态。当细胞蛋白质受损变性时，HSP70通过对变性蛋白质的修复和水解来维持蛋白的结构，促进新的蛋白质替代老的蛋白质。

③ 协同免疫作用：病原体侵入宿主后，HSP在宿主的非特异免疫和细胞免疫中起到保护细胞和组织免受炎症损伤的作用。

④ 抗氧化作用：HSP在细胞内具有抗氧化生物活性，可增加机体内源性抗氧化剂合成和释放，对应激有较强的抵抗作用。

对高温的适应除了诱导HSP外，还与低氧诱导因子（HIF-1）、各种细胞因子如IC-1、TNF-α等多种功能蛋白密切相关，这些蛋白表达调控均伴随着复杂的基因表达调控机制。

16.1.3 植物抗干旱的分子水平适应

植物对干旱的抗性是多基因控制的。这些基因可分为两类：一类是在干旱胁迫响应中，调控抗旱基因表达和信号转录的转录因子基因；另一类是受干旱胁迫诱导表达而增强植物抗旱能力的抗旱功能基因。抗旱胁迫诱导基因表达调控至少有3条不同的途径：① 依赖于ABA的传导途径。干旱首先诱导ABA产生，继而实现相关基因表达。② ABA作为一个独立的因子与逆境胁迫平行诱导基因的表达。③ 在基因启动区内同时存在ABA应答组件和应答干旱的脱水响应组件，前者参与脱水处理的慢速应答，后者在脱水处理20 min后诱导表达。

16.1.3.1 干旱胁迫诱导的转录因子基因

植物细胞感知周围环境水分胁迫是通过存在于细胞中的“双组分系统”的“渗透感应器”，这是由 EnvZ 和 OmpR 两种蛋白组成的。前者是组氨酸激酶，在高渗环境下能发生自身磷酸化，起感受器的作用。后者是反应调节器，含有天冬氨酸残基，接受来自 EnvZ 的磷而被磷酸化后，成为转录因子而将来自 EnvZ 的渗透胁迫信号转出。

在干旱条件下，通过 Ca^{2+} 和蛋白质磷酸化信号传递，细胞内某些组成型转录因子磷酸化，诱导抗旱相关的转录因子基因迅速表达，一般数分钟即可达到较高水平，进而调节抗旱功能基因的表达。例如植物抗旱相关的转录因子基因 *CBF1*（C-repeat binding factor）、*CBF2*、*CBF3*、*CBF4*、*DREB1a*（dehydration responsive element binding protein）、*DREB1b*、*DREB1c*、*DREB2* 等，通过与顺式作用元件 *CRT/DRE* 结合，引起一组含顺式作用元件的抗旱基因表达。转录因子基因 *ABF*（ABA-binding factor）和 *Bzip*（basic-region Leu-zipper），通过与顺式作用元件 *ABRE* 特异结合，引起响应的抗旱功能基因表达。通过对 *DREB* 转录因子的研究得知，一个转录因子可以调节多个与同类性状有关的基因表达。

16.1.3.2 抗旱功能基因

抗旱功能基因一般在干旱胁迫数小时后表达，为晚期表达基因。属于这一类的基因有 *RD* 系列基因、水通道蛋白基因、渗透调节蛋白基因及其他干旱响应基因。

RD 系列基因是一类脱水响应基因，主要有 *RD29A*、*RD29B*、*RD22* 等。在干旱胁迫下，*RD* 系列基因表达，引起植物抗旱反应。

水孔蛋白或称水通道蛋白（aquaporin，AQP），是具有选择性的高效转运水分子的膜通道蛋白。植物可通过调控水通道蛋白，加强细胞与环境的信息交流和物质交换。

胚胎发生晚期丰富蛋白（late-embryogenesis abundant protein，LEA 蛋白），是种子成熟晚期合成的一系列蛋白，其作用可能有 3 方面：① 作为渗透调节蛋白，参与调节细胞的渗透压，保持水分。② 作为脱水保护剂，保护其他蛋白和膜的结构稳定性，并抑制细胞质的结晶化，使细胞结构和代谢机制免受伤害。③ 通过与核酸结合，调节细胞内其他基因的表达。

另外，干旱胁迫还诱导一批参与渗透保护剂（主要是低相对分子质量的糖、脯氨酸、甜菜碱等多元醇）合成的关键酶基因表达。如 *mtlD*（1- 磷酸甘露醇脱氢酶基因，是甘露醇合成的关键编码基因）、*gutD*（6- 磷酸山梨醇脱氢酶基因）、*betA*（胆碱脱氢酶基因，是甜菜碱合成有关的重要基因）、*TPS1*（海藻糖合成酶基因）、*SacB*（合成果聚糖的关键编码基因）等。这些渗透保护剂在植物体内能积累到较高水平，而不破坏细胞的代谢作用，其中一些能保护酶和膜免受高盐浓度的伤害，另一些能防止活性氧的伤害。

16.1.4 植物抗逆境的分子机制

生活在干旱、盐渍、冷土环境中的植物，遭受干旱、盐、低温等逆境胁迫。植物抗逆性由多基因控制，许多胁迫因子对植物的伤害结果具一致性。如盐胁迫与干旱胁迫引起组织脱水。某些冷诱导基因还能被干旱、高盐、ABA 等胁迫诱导，如脯氨酸的诱导合成。植物在干旱和低温条件下反应的分子机制非常相似。因此，在干旱、盐、低温诱导的植物抗性方面具有一些共同的作用机制，可归纳如下：

在干旱、盐、低温等逆境胁迫下，常引起植物渗透胁迫，植物体内合成有关的小分子物质，通过渗透调节以降低水势，维持细胞正常生理功能。这些小分子物质有3类：氨基酸类（如脯氨酸等），季胺类化合物（如甜菜碱、胆碱等）和糖醇类（如多元醇、海藻糖等）。

在干旱、盐、低温等逆境胁迫下，体内合成新的蛋白质或合成增强蛋白质。这些蛋白质分为两类：功能蛋白，如水孔蛋白、LEA蛋白、调渗蛋白、抗氧化酶等；调节蛋白，如转录因子、蛋白激酶、磷脂酶C和一些信号分子。这些蛋白质中，有些能改变植物代谢途径，使植物进入抗寒状态；有些膜蛋白能增强膜脂流动性，起稳定膜的作用；有些糖蛋白阻止胞间冰晶形成，降低胁迫因子对细胞的伤害。

16.1.5 小哺乳动物适应低氧环境的分子机制

低海拔地区的小哺乳动物在模拟高原环境低氧时，可诱导出许多低氧靶性基因高度表达，进而导致由它们编码的功能蛋白表型的高度表达，诸如血管内皮生长因子（VEGF）、促红细胞生成素（EPO）、葡萄糖转运子（GLUT）基因及其编码的蛋白，这些蛋白具有血管增生、促进红细胞生成和葡萄糖转运的功能，从而增强对氧的输送能力和葡萄糖的供给能力。在代谢方面，低氧诱导出增强无氧糖代谢能力的基因表达，如乳酸脱氢酶（LDH）基因；降低有氧代谢相关基因的表达，如异柠檬酸酶（ICD）基因等。低氧下体内糖代谢这种内环境平衡的调整，其供能效率并不经济，但在获得高原驯化之前，对抵抗低氧损伤、保证机体生存具有重要意义。世居高原的土著动物对模拟低氧的反应与低地动物明显不同，如低氧激活小鼠肌肉的VEGF、肾的EPO、肝的GLUT的基因及其蛋白，增加LDH/LDH mRNA，压抑了三羧酸循环的ICD的基因；而世居高原的高原鼠兔（*Ochotona curzoniae*）和根田鼠（*Microtus oeconomus*），表现为低敏感性和低反应性甚或无反应性，特别是代谢酶基因，如LDH的基因不被激活，ICD的基因也不压抑。发现这些低氧靶基因的改变，受低氧诱导因子（hypoxia-inducible factor, HIF-1）的转录调节。HIF-1是由低氧激活的一种异构二聚体蛋白，是参与低氧应答反应与介导一系列低氧相关基因转录激活的重要调控因子，成为低氧应答时基因表达和细胞内氧环境稳定的调节中心。已知有36种基因受HIF-1调控，这些基因与机体组织细胞中的血管形成和张力变化、葡萄糖和离子代谢、细胞增殖、存亡和凋亡等有关。

类胰岛素生长因子（IGF）及其基因家族与机体生长、细胞发育、分化和长寿相关，被誉为长寿基因。该家族基因和蛋白可以抵抗由线粒体氧化产生的自由基损伤，抑制细胞凋亡基因的启动。近来研究发现，用CoC_{12}模拟低氧（通过Co^{2+}与Fe^{2+}竞争血红蛋白（Hb），而失活Hb与氧的结合能力，导致携氧和氧传输障碍），或常压混合气低氧，诱导出小鼠肝HIF-1α的基因和蛋白的高表达和低氧IGFBP-1的靶基因（为IGF家族）与蛋白的高表达，却不引起靶基因*IGF*-1的高表达。与小鼠不同，低氧不引起高原鼠兔和根田鼠HIF-1α的基因和蛋白水平的上调，却诱导高原鼠兔肝IGFBP-1的靶基因表达的上调，不影响IGF-1的基因和蛋白水平；低氧诱导了根田鼠IGF-1的水平上调，却不影响IGFBP-1的水平。可见，高原动物对上述低氧诱导的基因反应模式不同于实验动物小鼠，这是长期高原低氧环境驯化的结果；而两种高原动物栖息在相同海拔高度的高寒草甸草场，其反应模式也不同，呈现“多模式化”的特点。这种多模式化来源于基因表达和转录机制的多样性。HIF-1α 参与了小鼠低氧靶基因 *IGF*-1 和 *IGFBP*-1 的转录调控作用，却不参与对高原动物这些靶基因的调节（杜继曾等，2007）。IGF-1 家族在细胞水平起到一种保护性的作用，当逆境胁迫因子作用于机体时，细胞启动 IGF-1 家族并通过与其 G 蛋白偶联受体结合，触发细胞内信号通路，进而阻止细胞增殖和凋亡，从而保证细胞存活。

转录因子 *p53* 是一种肿瘤抑制基因，参与多种靶基因的转录调节，它操纵细胞对各种应激胁迫下（DNA 损伤和缺氧损伤）导致细胞生长停滞和凋亡的调节。代谢异常时也诱导 *p53* 产生。鼹鼠（*Spalax*）终年生活在极度低氧又高二氧化碳的地下洞穴中，如以色列的鼹鼠属于 *Spalax chrenberi* 超家族，共有 4 个种，生活在不同的地理气候中，尤其是 *Spalax galil*（$2n = 52$）和 *Spalax golani*（$2n = 54$）的栖息地在冬季常遇洪水，洞内积水导致洞穴与外界隔绝，使洞内空气氧含量仅有 7%。它们在此环境中艰巨地挖掘和修补洞穴，从而使机体更加缺氧。在长期的进化过程中，它们形成了多种低氧适应功能，包括产生不同结构和功能的 VEGF、EPO、肌红蛋白（myoglobin）、神经红蛋白（neuroglobin）、细胞红蛋白（cytoglobin）和 *p53*。鼹鼠 *p53* DNA 结合域中有两个位置与人类肿瘤中的 *p53* 不同，即在人类的密码子 174 和 209 位置上的精氨酸，在鼹鼠中被替代为赖氨酸（Ashur-Fabian et al.，2004）。这种突变性取代，使得鼹鼠不发生肿瘤，不诱导凋亡相关靶基因 *apaf1* 表达，因而能很好地适应极度缺氧和高二氧化碳的洞穴生活。进一步研究发现，41 个不同种的或亚种的动物，第 174 密码子都是保守的。鼹鼠 *p53* 这种变化大致经历了 4 000 万年的漫长岁月。

16.2 生物种群的分子生态学

分子生态学自形成以来主要的研究领域集中在运用分子生物学的方法解决种群水平上的生物学问题。生物种群的大小、结构的动态变化与种群内个体的遗传特性密切相关。分子标记技术使得人们可深入了解种群的遗传结构及其在基因水平上的多样性，以及这些遗传特质随环境和时间的动态变化，进而研究种群的遗传分化及其进化；探讨不同生物种群间的相互作用及基因流；揭示不同生物种的系统发育关系；探索环境变迁与物种形成的机制。除了在上述生态学基础理论研究领域显示出巨大发展潜力，分子生态学在保护生物学、行为生态学、有害生物防治、转基因生物安全评价等诸多领域，也得到越来越多的应用。

16.2.1 种群遗传多样性分析

遗传多样性是种群的重要特性之一。由于环境在随时变化，种群也要保持丰富的多样性才能适应这些变化，多样性低的种群容易发生近交而降低个体和种群的适合度。遗传多样性评估是种群遗传学的中心内容，对保护生物学具有至关重要的应用价值。遗传多样性的评估多以种群的基因频率或基因型频率为基础，所选择的基因座位通常假定是选择中性的，即种群间多样性的差异来源于突变或随机的遗传漂变，不受复杂的自然选择压力的影响。而且，基因组的大部分座位也确实是近中性进化的。在一个巨大的随机交配的遵循孟德尔遗传规律的种群中，种群基因和基因型频率处于**哈迪－温伯格平衡**（Hardy–Weinberg equilibrium，HWE）状态。如果一个种群的基因组成偏离了哈迪－温伯格平衡，则可能是所观测的种群的基因座位受到了自然选择的影响或种群内近交严重。当然，在做出明确的种群遗传组成偏离哈迪－温伯格平衡这一结论之前，首先要排除人为错误的因素，如样本量过小造成的偏差。一般对一个种群理想的采样数量至少要 30 ~ 40 个样本。另一个可能人为造成的错误是由于空间异质性等原因，把同域分布的具有不同等位基因频率的几个种群混在了一起作为一个种群来检定，从而使复合种群中纯合子的比例高于单独的种群，也会导致种群偏离哈迪－温伯格平衡的结论，这种现象称为 **Wahlund 效应**（Wahlund effect）。

16.2.1.1　估测遗传多样性的参数

最简单的定量化遗传多样性的参数是**等位基因多样性**（allelic diversity），常用 A 表示，指的是每一基因座位上等位基因的平均数量。如种群在某一基因座位上有 4 个等位基因，而在另一基因座位上有 6 个等位基因，则 $A = (4 + 6) / 2 = 5$。这一参数受所观测的样本数的影响较大。另一种评估遗传多样性的参数是种群中多态座位比例（proportion of polymorphic loci），常以 P 表示。如果观测了某种群中 10 个基因座位，其中有 6 个是具有变异的多态座位，则 $P = 6/10 = 0.6$。该参数也会受到观测样本数的影响，而且对于多态性较强的分子标记如微卫星，P 值会趋向于 1。第三种参数称作**观察杂合度**（observed heterozygosity），用 H_o 表示，指的是某基因座位上杂合子个体数占所研究的总个体数的比例，也会受所观测样本数的影响。种群中遗传多样性评估的较适合的参数为**基因多样度**（gene diversity，h）或**期望杂合度**（expected heterozygosity，H_e），可通过基因频率算出，收取样作用影响较小。计算公式为：

$$h = 1 - \sum_{i=1}^{m} x_i^2$$

式中：x_i——等位基因 i 的频率

　　m——该等位基因座位上等位基因的总数

对任一给定的基因座位而言，h 是随机地从该种群中选取的两个等位基因互不相同的概率。所有被研究过的基因座位的 h 值的平均值，即为 H_e，用来估测种群的遗传变异程度。H 或 H_e 参数被广泛用于等位酶电泳或限制性酶切等分子标记数据的遗传多样性分析，但对于遗传变异程度相当高的 DNA 序列分析数据，可能就不太适用，因为当观测的序列很长且变异较高时，样本中几乎每一序列与别的序列都会有或多或少的核苷酸的差别，在这种情况下 h 和 H_e 都将接近 1。对于这样的 DNA 序列数据，有一个更加合适的参数，称作**核苷酸多样度**（nucleotide diversity），指的是任意两个随机选取的序列间每位点的平均核苷酸差异数，用 π 表示：

$$\pi = \sum_{ij} f_i f_j P_{ij}$$

式中：f_i 和 f_j——DNA 序列的第 i 种和第 j 种类型的频率

P_{ij}——DNA 序列的第 i 种和第 j 种类型间不同核苷酸的比值

16.2.1.2 分子标记的选择

种群遗传多样性的估测结果随研究中所使用的分子标记的不同而变化，这是由于不同分子标记的进化速率和遗传变异的程度不同。由于线粒体和叶绿体基因组较核基因组的有效种群大小相对较小，当种群数量减少时，其多样性的丧失也将比核基因组快。Kohlmann 等（2003）利用不同的分子标记观测了鲤鱼（*Cyprinus carpio*）欧洲种群的遗传多样性。根据 22 个同工酶基因座位的数据，求得 $H_o = 0.066$，$H_e = 0.062$，$A = 1.232$。而根据 4 个微卫星座位所得出的数据，结果是 $H_o = 0.788$，$H_e = 0.764$，$A = 5.75$，比前者高得多。表 16-1 所示为一些发表的遗传多样性随不同分子标记而变化的例子。

表 16-1 种群内遗传变异的比较，以利用不同分子标记所求得的 H_e 来表示（引自 Freeland，2005）

物种	H_e	参考文献
灰红树（*Avicennia marina*）	AFLP：0.19 微卫星：0.78	Maguire 等（2002）
俄罗斯茅草（*Elymus fibrosus*）	RAPD：0.10 等位酶：0.008 微卫星：0.25	Sun 等（1996）
野生和养殖大豆（*Glycine soja* 和 *G. max*）	AFLP：0.32 微卫星：0.60 RAPD：0.31	Powell 等（1996）
野大麦（*Hordeum spontaneum*）	AFLP：0.16 微卫星：0.47	Turpeinen 等（2003）
黑松（*Pinus contorta*）	RAPD：0.43 微卫星：0.73	Thomas 等（1999）
中国土鸡（*Gallus gallus domesticus*）	RAPD：0.263 微卫星：0.759 等位酶：0.221	Zhang 等（2002）
樱鳕，一种海鱼（*Genypterus blacodes*）	微卫星：0.823 等位酶：0.324	Ward 等（2001）
狍（*Capreolus capreolus*）	微卫星：0.545 等位酶：0.213	Wang 和 Schreiber（2001）

注意：利用微卫星座位所获得的数据较利用同工酶或其他显性分子标记所获得的数据遗传变异更大。

16.2.1.3 影响遗传多样性的因素

种群的遗传多样性受到很多因素的影响，其中主要的影响因素有遗传漂变、瓶颈效应、自然选择和繁殖方式等。

（1）遗传漂变与有效种群大小

遗传漂变（genetic drift）是种群内基因频率在世代间随机变化的过程。如在种群中有些个体不能参与繁殖，而有些个体会比其他个体拥有更多的后代，从而使不同基因的频率在世代间发生变化。在缺乏选择的小种群中，漂变使得一个基因在较短时间内或者被固定（fixation）（在种群中该基因的频率达到100%），或者丢失（extinction），其总的作用效果是降低遗传多样性。

遗传漂变对种群遗传学特征具有重要影响。由于遗传漂变的强弱与种群大小密切相关，所以在种群遗传学研究中种群个体数也是备受关注的一个参数。其中，相对于种群的总个体数（所调查统计的种群大小）N_c（census population size），**有效种群大小** N_e（effective population size）对种群遗传结构的估测更加重要。N_e 指的是那些积极参与繁殖过程能将基因连续传递到下一代的个体的数量，通常小于 N_c。Wright（1931，1938）引入了 N_e 的概念，认为 N_e 是指在一个理想的群体中，在随机遗传漂变的影响下，能够产生相同的等位基因分布或者等量的同系繁殖的个体数量。据 Nei 和 Imaizumi（1966）报道，人类的 N_e 仅略大于 $N_c/3$。N_e 反映了一个种群的遗传多样性随遗传漂变而丧失的速度。如果一个种群的统计调查大小为 $N_c = 500$，计算所得 $N_e = 100$，预示着种群遗传多样性丧失的速度将比按种群大小 500 所预期的快得多。Frankham（1995）统计了包括昆虫、贝类、鱼类、两栖类、爬行类、鸟类、哺乳类和植物共将近 200 个野生种群的 N_e/N_c，发现这个比值很低，约为 0.1。造成 N_e 比 N_c 小的原因主要与性比不平均、繁殖成功率的变动和种群自身大小的波动有关。不平均的性比通常会降低 N_e。即使在一个总的性别比例大致相等的种群，由于对 N_e 起决定作用的是成功参与繁殖的雌雄个体的比率，如果繁殖期参与繁殖的雌雄个体数差异明显，同样会减小 N_e。例如在一个多配偶制的海象种群中，繁殖季节雄性会为了争夺配偶而发生剧烈打斗，最终只有少数处于优势地位的雄海象能将其所携带的基因成功地传递给后代，但大多数雌海象可参与繁殖，从而造成一个种群的有效性比偏向于雌性。对于一个性比不均的种群，其有效种群大小可由下列公式计算：

$$N_e = 4N_{ef}N_{em}/(N_{ef} + N_{em})$$

式中：N_{ef}——参与繁殖的雌体的有效数量

N_{em}——参与繁殖的雄体的有效数量

由于种群中繁殖个体所产后代数目的变化导致的**繁殖成功率的变化**（variation in reproductive success，VRS）也会降低 N_e 占 N_c 的比率，在某些生物类群中 VRS 所产生的影响非常大。Ardren 和 Kapuscinski（2003）观测了 17 年间华盛顿州虹鳟（*Oncorhynchus mykiss*）的 N_e/N_c 的变化，通过采集的遗传和统计学数据并分析原因，他们发现该种群中繁殖成功率的变化是导致 N_e 降低的最重要的原因。当种群密度很大也即高 N_c 的情况下，雌性会为争夺雄性、产卵场所或其他资源而产生竞争，成功的竞争者往往生产大量后代，而竞争失败者可能失去繁殖的机会，从而降低 N_e。由于繁殖成功率与个体在一生中所产后代的数目密切相关，我们可观测种群的 VRS。Grant 和 Grant（1992）通过长期观测一个中地雀（*Geospiza fortis*）种群，估测其 VRS 约为 7.12。VRS 对 N_e 的影响可通过下式计算：

$$N_e = (4N_c - 2)/(\text{VRS} + 2)$$

假定这种地雀的种群大小为 500，则 $N_e = [4(500) - 2]/(7.12 + 2) = 219$

在一些具有周期性孤雌繁殖习性的生物种群中，如淡水的苔藓虫（*Cristatella mucedo*），在孤雌繁殖的生长季节会有激烈的克隆竞争，结果一些克隆被排斥掉，一些克隆种群的数量（N_c）大量增加。克隆选择的结果降低了种群的遗传多样性，在极端情况下，可能整个种群都被由一个孤雌繁殖所产生的克隆群独占。这种情况下 N_e 等于 1，而 N_c 数量却很大，使得 N_e/N_c 接近 0（Freeland et al.，2000）。

除了性比、繁殖成功率等因素之外，种群大小的长期波动也会降低 N_e，如环境灾变、过捕或疾病等，可能会使种群在某一年遭遇瓶颈式打击，从而对种群较长时期的 N_e 产生影响。种群大小的长期波动对 N_e 产生的影响可用下式表示：

$$N_e = t/(1/N_{e_1} + 1/N_{e_2} + 1/N_{e_3} + \cdots + 1/N_{e_t})$$

式中：t——所观测的总的世代数

N_{e_1}——第一世代的有效种群大小，以此类推

N_e 有 3 种一般的估测方式。第一种是基于长期的生态学观测数据，包括精确的种群大小数据和对种群繁殖生态习性的深入了解。对大多数物种来说，这种方法是不适用的。第二种方法基于某一点上种群的遗传结构的某些信息，如过度杂合或连锁不平衡（Freeland，2005），通过计算这些参数的突变模型可以估测 N_e。不过这种方法仅在个别场合适用，因为其要对遗传变异的来源做许多前提假设，而且会受到许多因素如种群迁移的影响。第三种方法现在得到了普遍认同，比较可靠。方法是通过计算两个或多个时间点基因频率的变化来估测 N_e，这些时间点的间隔至少要经过一个世代。应用最普遍的就是 Nei 和 Tajima（1981）所给出的计算种群基因频率变动的方程：

$$F_c = 1/K\sum(x_i - y_i)/[(x_i + y_i)^2/(2 - x_iy_i)]$$

式中：K——基因的总数

i——特定基因分别在时间点 x 和 y 的频率

计算出 F_c 后，再通过样本量和种群数量 N_c 的校正，即可求得 N_e，如下式：

$$N_e = t/2[F_c - 1/(2S_0) - 1/(2S_t)]$$

式中：t——世代时间

S_0——0 世代的样本数

S_t——t 世代的样本数

种群的遗传多样性随基因的固定而降低，因为固定意味着种群在该基因座位上只剩下一种等位基因了。突变基因由于遗传漂变而被固定的概率在二倍体生物为 $1/(2N_e)$，由于某个基因的固定同时也意味着其他等位基因在该基因座位上的丧失，所以 $1/(2N_e)$ 也可作为种群在遗传漂变作用下遗传变异的丧失率。如果我们知道了某个种群的有效大小 N_e 和其遗传多样性（通过观测期望杂合度来获得），假设种群数量处于平衡状态，我们就能计算出若干世代后种群的杂合度：

$$H_t = [1 - 1/(2N_e)]^t H_0$$

式中：H_t 和 H_0——世代时间 t 和 0 时种群的杂合度

注意 t 为世代时间，不是单纯的某年或某月。

（2）瓶颈效应

处于瓶颈效应（bottle neck effect）的种群其遗传多样性会有很大损失，若长期得不到恢复，则会因种质的近交衰退和环境压力影响而灭绝。对于遗传多样性很低的种群，生态学家往往需要评估目标种群是否经历过瓶颈效应，以便采取措施保护和恢复种群。

如 Bodkin 等（1999）对海獭野生种群的研究表明长期的瓶颈效应会降低种群的遗传多样性，而经历过瓶颈效应的野生种群其恢复能力会因遗传多样性的损失而减弱。张亚平等（1997）运用线粒体分子标记对不同大熊猫区域种群遗传多样性的观测结果发现大熊猫遗传变异程度很低，不同区域种群内及种群间遗传多样性程度处于相近水平，推测可能原因是大熊猫在晚更新世受到瓶颈效应的严重影响，形成较为均一的遗传背景，在此之后随着种群数量的逐渐扩大，遗传多样性得到了一定程度的恢复。每位点的平均等位基因数 A 对种群生存力具有重要影响，如果种群经历过瓶颈后 A 显著下降，即使其杂合度很高，种群适应能力也会受到影响（田风贵等，2005）。每位点平均杂合度的降低不仅取决于瓶颈大小，还与数量恢复期种群的增长率有关。如果经历过瓶颈的种群在恢复期迅速增长，即使瓶颈非常小，遗传多样性也不会下降太多。保护经历瓶颈效应种群的重点是阻止其遗传多样性的继续降低和恢复其遗传多样性。

对现存种群是否经历过瓶颈的估测会受到遗传多样性降低的不规则性的影响。另一方面，基因多样度在种群经历过瓶颈后往往会因为稀有基因的丧失而降低，从而降低 HWE 状态下种群的期望杂合度 H_e。同时，实测的杂合度 H_0 却可能不会降低，甚至较预期有一个临时性的增加。在某些情况下，超过期望的杂合度过度增加可能与过去的瓶颈效应有关，这需要检测大量的多态座位，而且仅能检测到相对较近期的瓶颈效应。如果可以检测到两个或更多世代的样本，就能从不同世代间基因频率的变动情况判定种群是否经历过瓶颈。研究表明，运用观测基因频率随世代时间变动的方法，通过在每一时间点获取至少 5 个高变异座位和至少 30 个样本的数据，观测一个世代就可为瓶颈效应的检测提供 85% 的概率（Linkart et al.，1998）。

瓶颈效应的检测会受到一系列因素的影响，包括所用分子标记的多态性、瓶颈效应发生的时间以及严峻程度等。在进行种群是否经历过瓶颈效应的估测时，应该尽量采用多种分子标记所获得的遗传多样性结果进行综合判定。

（3）自然选择

自然选择同样通过影响世代间基因频率而对种群的遗传多样性产生影响。**稳定选择**（stabilizing selection）和**定向选择**（directional selection）一般来说都会降低遗传多样性，前者通过**负选择**（negative selection，淘汰会降低携带者适合度的突变），后者通过**正选择**（positive selection，选择有利于提高携带者适合度的突变）而使种群多态度降低。只有**分裂选择**（disruptive selection）有可能提高遗传多样性。选择过程通常处于**平衡选择**（balancing selection）状态而使遗传多样性得到维持。平衡选择指的是随环境变化在某些环境下一些基因被选择，而在另外的环境下另外一些基因被选择，从而在大种群中呈现一个平衡状态。平衡选择在一些非中性基因座位可能会影响到遗传多样性。一种类型是**杂合优势**（heterozygote advantage），这种类型杂合子的适合度较纯合子高，如人的 β- 血红蛋白基因座位。另一种类型是**频度依存选择**（frequency-dependent selection），指的是基因型的适合度依赖于其在种群内所占比率高低的情况下的选择。如热带蝴蝶（*Heliconius erato*）具有不同的颜色，是一种警戒色，调控蝴蝶颜色的基因就是典型的频度依存选择类型。如果某个种群的蝴蝶进入大部分与其颜色不同的一个新种群，就更容易被天敌吃掉。在种群中所占频率最高的基因适合度最高。

（4）繁殖

不同的繁殖方式是影响种群遗传多样性的基本要素。为什么大多数生物种特别是真核生物要进行有性繁殖？为什么大多数完全无性繁殖的种群，即使最初很成功，也很快会衰落，灭亡？这个问题历来是进化生物学家所关注的焦点问题（Welch and Meselson，2001）。对这些问题最普遍的回答是有性繁殖通过基因重组可持续产生新的基因型，使其对不断变化的环境更具适应潜力。有性繁殖种群较无性繁殖种群有较高的遗传多样性（Snell et al.，1988）。分子生物学的发展促进了人们利用各种分子工具深入探究上述问题。Papara 等（2003）利用微卫星分子标记比较检测了具有有性繁殖和孤雌繁殖两种繁殖形式的蚜虫（*Sitobion avenae*）的一个孤雌繁殖种群和一个有性繁殖种群的遗传多样性，发现后者的遗传变异比前者高得多。后者样本中带有独特基因型的样本的比率占总样本数的 94%，而前者仅有 28%。

种群内个体的近交会降低遗传多样性，因为近交将加大基因座位纯合的比率，从而降低个体自身基因座位的变异度。种群内有可能存在近交的线索是偏离哈迪 – 温伯格平衡。检测近交程度可用近交系数 F 表示：

$$F=(H_s-H_i)/H_s$$

式中：H_i——调查时刻种群内杂合基因型的频率

H_s——期望的种群处于 HWE 状态下的杂合子的频率

$F=0$ 没有任何近交，$F=1$ 意味着种群内全部个体为纯合子，种群完全近交。

保护遗传多样性是生物多样性保护的重要内容之一。分子生态学的发展极大地促进了生物遗传多样性的研究与保护。图 16–1 总结了影响种群遗传多样性的主要因素。

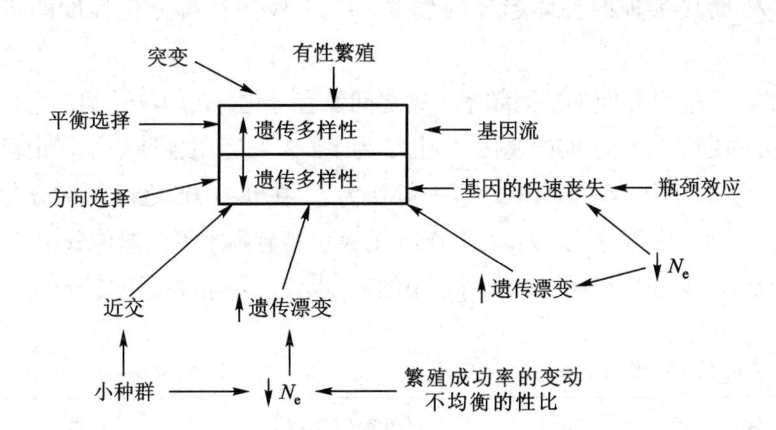

图 16-1 影响种群遗传多样性的主要因素（仿 Freeland，2005）

16.2.2 种群的遗传分化

物种的起源和进化问题一直是生物学家关注的焦点问题。分子工具的应用为人们从遗传物质变异的水平探讨生群种群的微进化及物种形成的机制开启了关键之门。组成生物种的各个种群的分化是生物进化的必要途径。在这一节中，我们所指的分化种群泛指构成一个生物种基因库的所有个体构成的种群，而分布在不同小环境中的具体的区域种群我们用**地理种群**（local population）或**亚种群**（subpopulation）来区别。除了极少数濒危物种外，大部分生物种群都会由于种群内不同亚种群所处的特定小生境等因素不同的原因而出现多多少少的亚种群之间的基因频率组成的差异。这种组成一个种群的不同亚种群之间遗传组成产生差异，即在等位基因频率上产生差异的过程，称为种群的遗传分化（genetic differentiation）。种群分化的进化后果是导致新亚种或新物种的形成，物种形成是生物进化从量变到质变的关键点。揭示物种分化的基础是了解处于不同小生境的各个亚种群之间在遗传组成上的差异。

现在最常用的定量化种群间遗传分化的方法是 F 统计法（Wright's F-statistics）。F 统计法利用近交系数来描述种群内和种群间的遗传变异。该方法将发生遗传分化的种群分成 3 个不同的研究层次，个体、亚种群和整个种群。将调查时刻亚种群的观察杂合度用 H_i，亚种群在 HWE 状态下的期望杂合度用 H_s，整个种群在 HWE 状态下的期望杂合度用 H_t 表示，则 F 统计法中第一个统计参数 F_{is}（表示亚种群内个体相对近交系数）可表示如下：

$$F_{is} = (H_s - H_i) / H_s$$

F 统计法中第二个参数为 F_{st}，称为固定系数，用来估测亚种群间的遗传分化，用下式计算：

$$F_{st} = (H_t - H_s) / H_t$$

F 统计法中第三个参数与上两个参数比较不太常用，表示个体相对于整个种群的近交系数，用 F_{it} 表示。计算如下：

$$F_{it} = (H_t - H_i) / H_t$$

这些参数之间具有如下关系：

$$F_{it} = F_{is} + F_{st} - F_{is}F_{st}$$

这些参数中 F_{it} 反映了种群整体趋异的程度，F_{st} 是检测种群分化程度的最重要参数。

如果两个种群具有完全相同的基因频率，则之间没有分化，F_{st} 为 0。另一个极端情况，如果两个种群固定了完全不同的基因，则 F_{st} 为 1。人们运用各种分子标记已对种群的遗传分化进行了大量研究（表 16-2），一般认为 F_{st} 在 0 ~ 0.05 之间的话分化非常小，在 0.05 ~ 0.25 之间为中度分化，F_{st} 大于 0.25 则表示具有高水平的遗传分化。不过，这仅是一个大概的指示划分，实际上，有时很小的 F_{st} 也代表着重要的遗传分化。

表 16-2　一些发表的不同生物种群遗传分化研究的 F_{st} 值（引自 Freeland，2005）

物种	地理距离 /km	分子标记	F_{st}（或类似参数）	文献
石蝇（*Peltoperla tarteri*）	3.5	线粒体序列	0.004 ~ 0.21	Schultheis 等（2002）
线虫（*Heterodera schachtii*）	175	微卫星	0 ~ 0.107t	Plantard 和 Porte（2004）
跳虫（*Orchesella cincta*）	10	AFLP	0 ~ 0.09	van der Wurff 等（2003）
红藻（*Gracilaria gracilis*）	5	微卫星	0 ~ 0.031	Engel 等（2004）
加拿大蓟（*Cirsium arvense*）	5	AFLP	0.63	Sole 等（2004）
蛙（*Rana temporaria*）	1 600	微卫星	0.24	Palo 等（2003）
桉树（*Eucalyptus curtisii*）	500	微卫星	0.22	Smith 等（2003）
岛狐（*Urocyon littoralis*）	13	微卫星	0.11	Roemer 等（2001）

许多因素可促进种群分化，如自然屏障引起的隔离、距离隔离、交配制度、自然选择、突变、遗传漂变等。一般来说，隔离通过减弱种群间的基因流、加强近交程度促进遗传分化，特异的交配制度和自然选择通过阻碍随机交配促进遗传分化，突变通过直接增加遗传变异、遗传漂变通过随机减少现有的遗传变异来加大亚种群间遗传组成的差异。随机的遗传漂变是促进种群进化的重要动力。在缺乏选择压力的情况下，两个彼此隔离、起始状态完全相同的种群，由于随机的遗传漂变，所固定下来的基因也会不尽相同，从而导致两个种群遗传组成的差异，发生遗传分化。

16.2.3 基因流

基因流（gene flow）是指由于配子、个体或整个群体的扩散、迁移等原因导致一个种群的基因进入到另一个种群（同种或不同种）的基因库，使接受这些基因的种群的基因频率发生改变。基因流的概念与扩散或迁移有所不同。个体或繁殖体的扩散或迁移通常指的是这些个体在不同地理座位间位置的移动，常常具有季节性或遵循一定的路线。虽然扩散或迁移往往领先于基因流，但到达一个新环境中的生物体如果不能成功繁殖，就不能产生基因流。而且，基因流还可以存在于不同的时间种群之间。如单巢纲浮游生活的轮虫种群在不良环境下可产生休眠卵来渡过危机，类似于植物的种子，当环境变得适宜时再次孵化，重新建立浮游种群。在适当保存方式下，轮虫休眠卵可经过数年而仍然保持孵化能力。这些长期生存的休眠卵随环境变化可在不同的时间点孵化，使得种群不同世代之间产生基因流。扩散和基因流研究对种群动态、遗传多样性、地域适应乃至物种形成都有非常重要的意义。用常规生态学方法检测种群间内在的基因流很困难，分子工具的使用为基因流研究提供了巨大的发展潜力。

16.2.3.1 基因流的估测方法

基因流的估测方法主要有直接法和间接法两大类。直接法是运用标记重捕或遥感等技术直接调查种群的迁移或扩散，估计扩散距离和繁殖成功率，来推测调查时期的基因流量。该方法局限性很大且不够准确，因为直接跟踪目标种群中所有迁移个体并准确检测每个个体的繁殖成功率几乎是不可能的。而且直接法仅能用来估测当前的基因流。间接法是通过观测等位基因及其频率的空间分布来估测基因流。间接法又可分为两种，一种是运用 F_{st} 计算法，另一种是运用支序系统学方法来估算基因流。Wright（1951）在发展了 F 统计法后，进而给出了两个种群之间基因流的估算方法，如下式：

$$F_{st} = 1/(4N_em + 1)$$

式中：N_e——每个种群的有效大小

m——种群间的迁移率

N_em——迁移的繁殖成体的数量

从上式可求得：

$$N_em = (1/F_{st} - 1)/4$$

N_em 是人们运用遗传数据估测基因流的一种很受欢迎的方法。但该模型的应用具有一定的局限性。首先，该模型的基础是种群结构的海岛模型，假定种群没有选择和突变，而且数量无限大；所有种群大小相同且具有相等的相互迁移概率；而且种群处于迁

移 - 漂变平衡状态，即由于漂变导致的种群遗传分化的增加与由于基因流导致的种群遗传分化的减少相等。种群只有在大小和迁移率都基本恒定的情况下才能处于这种平衡状态，这种平衡会被某些过程打破，如分布区扩张、生境片段化、经历瓶颈效应等。

Slantkin 和 Maddison（1989）提出了一种根据等位基因地理分布及其系统发育的相关性测量种群间基因流的方法，可称为**支序系统学方法**（assignment test method）。该方法也是基于海岛模式，先推导出样本的基因树，再用保守估计获得基因树和种群地理位置相符合的最小迁移事件发生数，进而估测基因流 N_em。该种方法仅适用于所研究的 DNA 片段没有或很少出现重组现象时，这时该方法较 F_{st} 法似乎更精确些，但如果 DNA 片段存在重组现象则 F_{st} 法比较好。由于目前尚缺乏特别精确可靠的估测基因流的方法，所以在实验中最好多用几种评估方法，在综合分析的基础上得出结论。

16.2.3.2 影响基因流的因素

基因流会受到很多因素的影响。虽然扩散并不总是导致基因流，但具有高扩散能力的物种通常会显示高水平的基因流。种群间的基因交换依靠个体的扩散能力及迁移者与土著者之间繁殖成功的可能性。而一个种群的扩散能力受到风和水流的方向和速度、个体生存时间、气候、间隔距离、地理障碍等因素的制约。比如在许多生物种中都发现了种群间基因流强度与其之间的地理距离负相关的现象。障碍对生物扩散的影响是显而易见的。如拦河大坝对坝两侧河中水生生物基因交流的阻碍，大的水体或高山对水、山两侧陆地生物之间基因交流的阻碍等。相对来说，海洋中这样的障碍就少得多。那些具有浮游幼体期，在该阶段靠海流扩散的海洋生物如海胆、贝类等可通过广阔的大洋扩散。据此推测，这些生物的扩散能力或基因流将与其浮游幼体期的长短有关。McMillan 等（1992）研究了海胆（*Heliocidaris tuberculata*）的遗传分化，发现这种具有数周浮游幼体期的海胆即使在海洋中相隔上千 km，种群间的遗传分化仍然非常微小。而其同属的 *H. erythrogramma* 仅有 3 ~ 4 d 的浮游幼体期，在同样程度的隔离状态下种群间遗传分化达到相当高的水平。对 19 种海洋无脊椎动物的研究也显示这些动物的扩散距离与其浮游幼体期的长短紧密相关。

物种繁殖的方式也会对基因流产生重要影响。Morjan 和 Rieseberg（2004）总结了 1992—2002 年发表在 *Molecular Ecology* 上的有关基因流估测的文献，在动物和植物中都发现了繁殖方式与基因流之间具有明显的相关关系。采取异交、远交或半异交、远交繁殖方式的动植物较完全自交 / 克隆繁殖的生物具有较高的基因流和较低的遗传分化，如表 16-3 所示。

生境片段化对基因流也有一定的影响。由于适宜生境的斑块状分布，使得生物在这些生境间频繁扩散，从而影响到种群的遗传分化，但影响的结果因种而异。集合种群的各个局域种群在不同生境斑块上反复重复灭绝 - 重建事件，种群难以达到平衡状态，对这样的种群估算遗传分化和基因流时要特别注意所用方法的前提条件。除上述环境因素外，生物因素对种群扩散和基因流也有较大的影响，如寄生物常依赖于其宿主得到扩散。

综上所述，遗传漂变和自然选择促进种群分化，而基因流趋向于使种群同化。如果自然选择足够强，即使有基因流，种群也能发生分化。另一方面，如果迁移率超过了自然选择强度，物种的地域适应性分化就会被外部不断迁移来的基因而“淹没”。

表 16-3 动植物种基因流的估测，按繁殖方式分组（引自 Morjan and Rieseberg，2004）

	遗传分化			基因流		
	N	平均值	中间值	*N*	平均值	中间值
植物						
异交	74	0.29	0.14	73	1.38	1.47
半异交	174	0.30	0.18	170	2.99	1.17
自交或克隆	22	0.43	0.36	22	0.43	0.45
动物						
异交	216	0.22	0.11	219	4.67	2.09
半异交	14	0.40	0.16	13	7.55	1.50
自交或克隆	11	0.24	0.22	11	2.99	0.90

N 代表用来进行比较的所发表的研究的数量。

16.3 亲缘地理学

生物在地球上的分布不是随机的，而是遵循一定的规律，具有一定的分布格局。它的分布格局不仅受到生态因素的影响，而且更受到地质历史因素等的影响。发现并解释生物的分布格局一直是生物地理学家们所感兴趣的工作。Avise 等人于 1987 年在对动物 mtDNA 多样性研究中发现不同种群 mtDNA 的谱系关系有明显的地理分布格局，于是首次提出了**亲缘地理学**（phylogeography）这一术语，认为亲缘地理学是研究控制亲缘谱系（尤其是在种内水平上）地理分布的原理和过程的一门科学，其核心是研究遗传谱系空间分布的历史特征，通过对种群遗传多样性与遗传结构进行分析，探讨物种遗传变异的分布模式，根据地质历史事件追溯和解析物种的进化历程。亲缘地理学整合分析空间（基因谱系的地理格局）和时间（谱系分化历史）这两个生物地理学关键要素，强调历史因素（如扩散和隔离）对基因谱系地理格局的影响。它是将系统发育和种群遗传学分析方法相结合，发展出一套新的方法来回答那些跨宏观进化（系统发生 phylogeny）和微观进化（物种形成 speciation）的科学问题。

亲缘地理学是研究近缘种之间或者种下水平的谱系地理分布原理和形成过程的一门学科，属于生物地理学的一门分支学科。它是通过分子标记揭示物种现有种群的遗传结构，运用系统发生学思想研究亲缘关系密切的种间和种内**基因谱系**（gene genealogy）的现有分布格局的形成过程和形成机制。

16.3.1 亲缘地理学的发展

自亲缘地理学概念提出以来，它对种群亲缘关系的研究，尤其是对动物种群系统的研究产生了重要的影响，推动了人们对种群的亲缘地理过程的理解。特别是随着现代分子生物学技术的发展与成熟，生物学家在亲缘地理学领域进行了大量的研究，如，Taberlet 等（1998）发现分布于欧洲的棕熊由于受人类活动的影响，如今在西欧只分布在少数几个相互隔离的地区，在北欧斯堪的纳维亚、东欧和俄罗斯还分布有较大种群。棕熊的 mtDNA 控制区域存在东部与西部两个谱系，反映了来自两个不同的冰期避难所，即高加索地区和伊比利亚半岛。冰期后从避难所出发重新分布于欧洲的大部分地区。目前亲缘地理学的理论与方法在植物种群上应用较少，Abbott 等（2000）曾对广泛分布于北极地区的多年生草本植物紫虎耳草（*Saxifraga oppositifolia*）的 cpDNA 分析表明，最后一次冰期时的避难所位于白令地区西部，冰期结束后紫虎耳草自白令避难所从东、西两个方向重新扩散至整个北极地区。

植物种群目前的遗传结构受是否共同祖先、种群进化历史及现有种群间基因交流格局的强烈影响。然而，有关植物种群遗传结构如何受这些因素的交互作用的影响，其机制仍然不十分清楚，当前这一问题已经引起了生态学家们浓厚的研究兴趣。分子生物学方法的应用，为亲缘地理学提供了检测种群间基因流及种群进化历史的有力途径。根据种群目前的遗传结构有可能推测一个物种曾经历的进化事件，或者说现有变异式样的形成原因和过程。

亲缘地理学研究的重要意义在于，首先，它把系统学的观念引入种群遗传学的研究，以个体而不是种群为研究对象，免除了划分种群的困难。其次，它以 mtDNA 和 cpDNA 这两类单亲遗传的基因组为分子标记，从而可以更清晰地描述种群间的谱系关系，有利于更好地推测种群动态，避免了因基因重组对遗传谱系产生影响而造成的分析解释上的困难。

16.3.2 亲缘地理学的研究内容

亲缘地理学研究在推测生物冰期避难所、确定濒危物种的有效保护单元、推测近缘物种间的分化时间、探讨物种遗传多样性的分布模式等方面都提供了强有力的支持。研究一个物种目前在其整体分布范围内的种群遗传结构，并进而探寻各种群间的亲缘关系，是人们认识一个物种的起源、遗传多样性的形成原因、过程和发展趋势的必要和可靠基础。

随着分子生物学技术和各种分析方法与模型的发展，亲缘地理学自提出以来得到不断的完善和发展。研究者们通过分子实验手段（如 RFLP，DNA 测序）检测种群的单倍型（haplotype），利用各种模型构建单倍型间的谱系关系，结合种群的自然地理分布描述单倍型的空间分布格局，再将单倍型的谱系关系与空间分布格局相联系，并结合古生物学、地质学、历史地理学等多学科知识，进一步推测近缘种或同一物种的不同种群间的亲缘关系、基因流格局、进化历史和动力，探讨物种形成与杂交等问题。

mtDNA 和 cpDNA 只反映单亲的遗传信息，仅通过它们无法获得完整的种群动态和进化过程，因此自亲缘地理学兴起以来，有越来越多的学者对细胞器基因组与核基因组两方面同时进行研究，通过比较这两类遗传方式不同的基因组描述出的谱系，对种群的进化历史和种群动态有更全面的了解。同时，比较亲缘地理学也越来越引起关注，人们对自然分布相似的近缘种进行亲缘地理学研究，通过比较来探讨分布相似的近缘种是否也具有相似的进化历程。此外，随着对地球上各种生物的亲缘地理学研究的不断深入，并与古生物学、地质学、历史地理学等相结合，还可以进一步推测地质历史事件，从而使我们对生物进化乃至地球进化历史有更好的了解。

（1）溯祖理论

由于亲缘地理学是种群遗传学、生物地理学和进化与系统发育学等多学科的综合与交叉学科。因此**溯祖理论**（coalescence theory）是亲缘地理学用来推测物种进化历史的基本理论，是种群遗传学中一种基于基因谱系的回推理论。即推测从现在开始，到种群的最近共同祖先这段时间种群所经历的事件。该理论认为，在一个特定的种群中，所有的等位基因都是从一个共同的祖先遗传而来。这些遗传关系可以通过基因谱系表现出来，利用数学方法可以描述谱系连接的历史过程，回推找到共同祖先，这种谱系回推的过程就是溯祖。溯祖理论为进一步探明物种的迁移、扩张、基因流、生殖隔离和杂交、谱系分化时间和最近共同祖先时间提供了理论基础。

亲缘地理学研究中的分子标记，生物基因组信息的获取是亲缘地理学研究的基础。早期等位酶标记技术，适用范围有限，只能检测到酶基因表达产物的变异，应用受到很大的限制。随着 PCR 技术的产生和 DNA 遗传标记的发展，很多分子标记在亲缘地理学中得到广泛应用，如限制性片段长度多态性（RFLP）、随机扩增多态性 DNA（RAPD）、简单重复序列 / 微卫星（SSR）、扩增片段长度多态性（AFLP）等。

（2）物种的避难所

集群灭绝或重大灾变事件发生时，某些生物栖身其中而得以幸存的栖息地称为**避难所**（refuge）在冰期 / 间冰期周期性的交替过程中，当气候条件不利时，代表物种最大的地理压缩区域被称为第四纪避难所。根据物种响应气候变化的特点，可分为冰期与间冰期避难所。冰期南部避难所是指传统意义上的温带类群在冰期退缩至低纬度地区，而间冰期极地避难所是指冷适应物种在间冰期退缩至高纬度地区。由于环境与生境的复杂性，存在北部隐秘冰期避难所与南部隐秘间冰期避难所。隐秘避难所也称为微避难所。南部隐秘间冰期避难所是指冷适应物种在间冰期低纬度地区的残遗种群，其周围常被温带类群所包围。对温带类型而言，在冰期，除了南部的合适生境外，北部高纬度地区局域存留的部分种群，称为北部隐秘冰期避难所。隐秘避难所在面积上要小于南部冰期或极地间冰期避难所。由于冰期比间冰期的持续时间长，温带类群与冷适应物种的避难所种群的隔离时间也存在明显差异。这些差异具有的进化生物学意义在于：其一，北部隐秘避难所种群易于灭绝，当气候改善时，它们并不能参与到冰后期的种群扩张过程；其二，小种群的长期隔离能导致种群快速分化，由于新的选择压力，常导致新物种的形成。因此，温带类群的北部隐秘避难所在北极物种的起源方面具有极为重要的作用。

避难所的三种鉴定方法，即化石记录、种分布模型（生态位模型）和亲缘地理学调查。

化石记录是提供物种过去时空分布格局的最直接证据，但记录的不完整、不连续、化石种的鉴定困难。

种分布模型（species distribution modeling，SDM）是指利用统计或机械性工作设计法评估物种分布范围的决定因素以及预测物种在不同时空上的分布格局。虽然该模型具有实际的应用性，但有一系列的假设和不确定性限制了它的应用。如生态位的进化、物种间互作关系的改变、人类干扰、新气候的出现等都能影响物种分布与气候之间的关系。此外，种分布模型无法解释物种内种群水平的动态过程，也不能考虑地形学对微气候的影响效应。

亲缘地理学调查是基于物种目前的种群遗传多样性推测种群历史动态的方法。通常，相对于地理扩张种群，避难所种群具有较高的遗传多样性、较丰富的特有等位基因与古老单倍型。避难所内种群的空间遗传结构不显著，而避难所之间的种群遗传分化大。

与化石记录和种分布模型相比，亲缘地理学方法鉴定避难所具有三大优势：①该方法可以检测种群迁移式样、历史有效种群大小，甚至自然选择。基于溯祖理论的模型统计能够直接检验基于种分布模型以及化石数据的生物地理假说；②可以查明种群间或种间差异，这种差异无法通过种分布模型或古生态重建获得，这种方法可以有效鉴定隐秘避难所；③该方法可以鉴定遗传上的热点地区或者多个类群的共有避难所区域。

亲缘地理学方法鉴定避难所的不足之处：由于基于线粒体和叶绿体DNA多态性，它们具有较慢的分子变异速率，检测到的核苷酸多态性多发生在末次盛冰期以前。因此，观测到的遗传变异并不能反映最近的种群动态过程。

总之，亲缘地理学的发展从早期的描述性阶段发展为使用溯祖模型来估测参数，基于先验模型进行假说检验，对空间历史动态进行精确估测，以及对同域分布物种时间与空间的一致性进行检测。在此基础上，人们可以解决近期（如末次冰期–间冰期）气候变化过程，以及人类活动对物种种群动态历史的影响。以群落作为研究对象，联合多个学科的分析方法研究群落构建与进化被称为整合亲缘地理学，它是亲缘地理学未来研究的方向。

思考题

1. 分子生态学主要的研究领域有哪些？
2. 分子生态学研究中常用的分子标记有哪些？各有何种特点？
3. 简述小哺乳动物对低温适应的分子机制。
4. 说明生物耐高温的分子机制。
5. 说明植物对低温、干旱适应的分子机制。
6. 如何估测遗传多样性？影响遗传多样性的因素主要有哪些？
7. 如何估测种群的遗传分化？
8. 哪些因素会影响基因流？分别会产生何种影响？

讨论与自主实验设计

研究一个种群的遗传多样性，通常需要观测哪些指标？选择哪些分子标记？写出研究方案并说明理由。

数字课程学习

◎本章小结　◎重点与难点　◎自测题　◎思考题解析

17

景观生态学

关键词 景观 景观结构 斑块 廊道 景观功能 景观动态 景观指数

17.1 景观与景观生态学的概念

对于景观（landscape），科学家还没有统一的定义。一般来说，景观是指反映地形地貌景色的图像。当人们从山顶放眼眺望周围平原的自然景色，就可以看到它包括乡村、农田、道路、河流、草地、林地等彼此镶嵌出现的景色，这就是一种景观。

在地理学中，景观是一定空间单元自然地理过程的总体。在生态学中，景观是一定空间范围内，由不同生态系统所组成的，具有重复性格局的异质性地域单元。生态学的景观通常具有如下5个方面的特征：① 景观由不同空间单元镶嵌而成，具有异质性。② 景观是具有明显形态特征与功能联系的地理实体。③ 景观既是生物的栖息地，更是人类的生存环境。④ 景观是处于生态系统之上、区域之下的中度尺度。⑤ 景观具有经济、生态、文化的多重属性。

景观生态学（landscape ecology）是研究在一个相当大的区域内，由许多不同生态系统所组成的整体（即景观）的空间结构、相互作用、协调功能及动态变化的一门生态学新分支。景观生态学以整个景观为研究对象，强调空间异质性的维持与发展、生态系统之间的相互作用、大区域生物种群的保护与管理、环境资源的经营管理，以及人类对景观及其组分的影响。因此，景观生态学的研究对象可以包括3个方面：① **景观结构**（landscape structure），即景观组成元素的类型、多样性及其空间关系。② **景观功能**（landscape function），即景观结构与生态过程的相互作用和景观元素之间的相互作用。③ **景观动态**（landscape dynamics），即景观在结构和功能方面随时间的变化。

对于景观生态学家来说，景观是由不同生态系统组成的异质性区域。生态系统在景观中通常形成斑块（patch），景观是由这些斑块组成的镶嵌体。山地景观通常包括森林、草甸、沼泽、溪流、池塘等，农田景观可能包括田地、田间道、篱笆、鱼塘、水渠等，城市景观包括公园、工厂、居民点、高速公路等。

德国区域地理学家 Troll 于 1939 年在利用航片研究东非的土地利用时，首次使用景观生态学一词。它是生态学研究功能相互作用的垂直方法与地理学研究空间相互作用的水平方法的结合。Troll 把景观生态学定义为：对景观某一地段上生物群落与环境间的主要的、综合的、因果关系的研究，这些相互关系可以从明确的分布组合（景观镶嵌、景观组合）和各种大小不同等级的自然区别表现出来。随着卫星遥感和图片的应用，景观生态学迅速发展。现代的景观生态学是一门新兴的正在蓬勃发展的学科，并且，欧洲和北美的景观生态学有明显的区别。第一本比较有影响的景观生态学教科书是以色列生态学家 Naveh 和 Lieberman（1984）所写的。欧洲景观生态学一直与土地和景观规划、管理、保护和恢复有密切关系。北美的景观生态学以 Forman（1986）的教科书为代表，他强调景观生态学不同于其他的生态科学分支，是着重于研究比较大的尺度上不同生态系统的空间格局及其相互关系的学科（图 17–1）；并提出了"斑块 – 廊道 – 基质（patch-corridor-matrix）"模式。

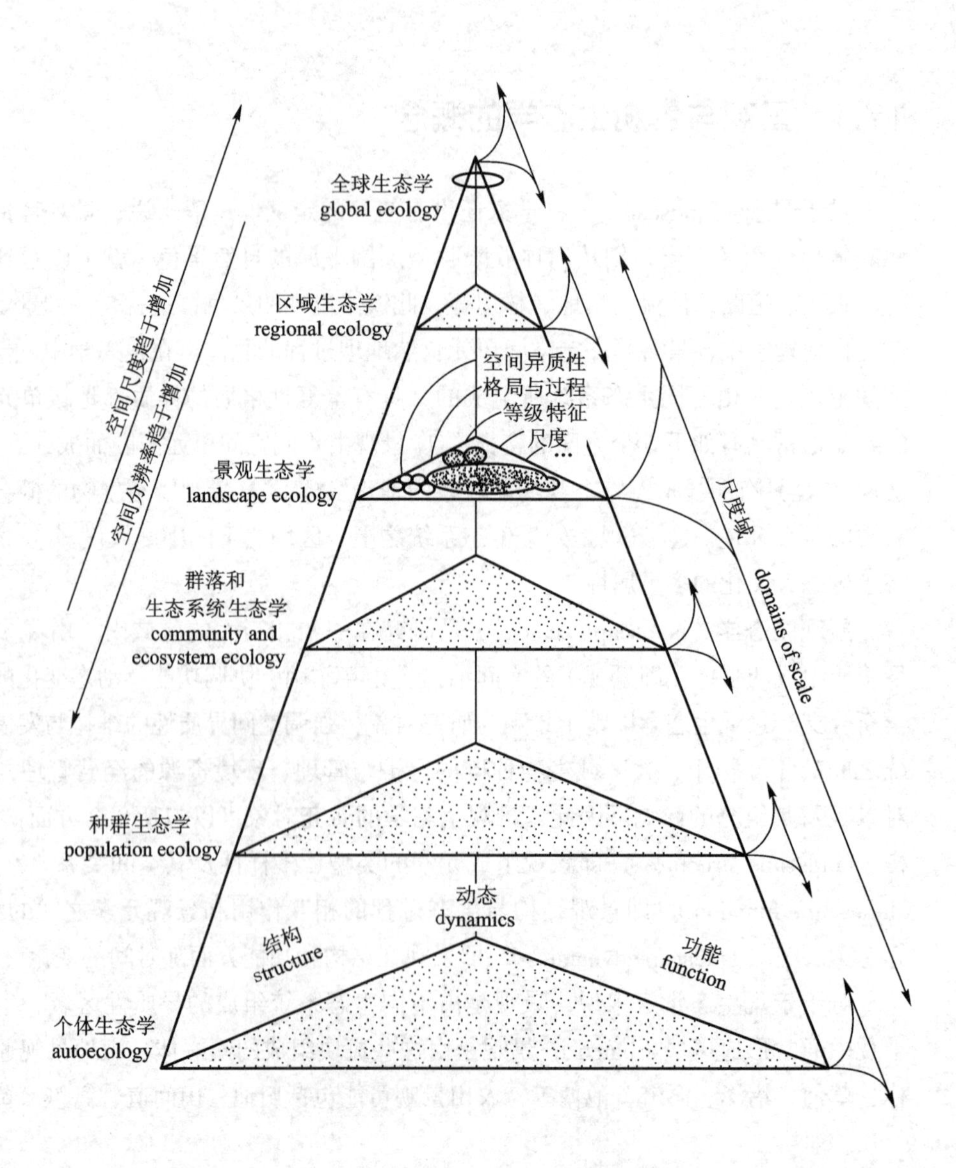

图 17-1 景观生态学与其他生态学学科的关系及其特点（引自孙儒泳，2001）

17.2 景观结构

景观结构（landscape structure）包括景观中各种生态系统的大小、形状、组成、数目和分布。因此，景观结构是指不同生态系统或景观要素的斑块特征及其在空间上的配置规律。Forman 和 Godron（1986）认为，同一景观单元，在不同尺度，景观结构是不同的。景观结构的基本组成要素包括基质、斑块、廊道以及要素的空间配置形式。

生态学的许多研究领域都聚焦于结构和功能（或过程）上，景观生态学也不例外。当你观察一个景观时，你将发现景观中各个生态系统呈斑块状分布，由这些斑块形成的镶嵌体，就是景观的结构。

Forman 和 Godron（1986）认为，景观结构元素不外有 3 种，即**斑块**（patch）、**廊道**（corridor）和**基质**（matrix）。斑块是一个与包围它的生态系统截然不同的生态系统。它在结构上是相对同质的。斑块的大小随景观类型而变化，可以很小（如农田景观），也可以很大（如自然森林景观）。斑块的类型、起源、形状、平均面积、空间格局和动态是景观的重要代表性状。所以斑块是泛指与周围环境在外貌和性质上的不同，但具一定内部均质性的空间部分，如湖泊、草原、农田，因而其大小、类型、形状、边界以及内部均质程度都会显示出很大的不同。廊道是指景观中与相邻两边环境不同的线状或带状结构，如防风林带、河流、道路、峡谷和输电线等。廊道在很大程度上影响景观的连接性，在某些情况下廊道的存在与否以及它的类型，对于物种是否会从景观或斑块里灭绝将起决定性的作用。廊道类型的多样性导致了其结构和功能的多样化。其重要结构特点包括宽度、组成内容、内部环境、形状和连续性。基质是景观中的背景植被或地域，其面积在景观中占较大比重，且具有高度连接性。因此，基质是景观中分布最广，连续性最大的背景结构。常见的如森林基质、草原基质、农田基质、城市基质等。在许多景观中，景观的总体动态常常受基质所支配，即基质变了，景观自然也就变了。

17.3 景观功能

景观结构影响景观中各个生态系统之间的能流、物流和物种流等景观功能或景观过程（landscape process）。

一般来说，生态学家对于景观结构如何影响景观过程并不很熟悉。但是景观过程的变化确实是许多重要生态现象的动因。例如生境斑块的大小、数目、形状及其隔离情况无疑要影响动物在适宜生境之间的移动，从而影响到物种种群的动态、持续性和灭绝率。许多生物种群出现在空间上彼此隔离的斑块中，例如生活在海拔较高山区中的盘羊，其个体在斑块间的移动强度，对于盘羊种群的稳定性和灭绝率有重要影响。Berger（1990）研究了从美国加州到德州 5 个州的 129 个盘羊种群，说明：① 小的种群比大的种群容易灭绝。② 局域种群个体数目少于 50 头的，50 年以内就灭绝了；个体数目为51～100头的，大约在60年中灭绝；而大于100头的，至少可以持续生存70年。

景观生态学涉及的问题，由于空间尺度很大，进行野外实验研究是相当困难的。Diffendorfer等（1995）对于斑块大小如何影响3种小型兽类移动的实验研究具有相当的代表性。他们将12 hm^2草地用定期割草的方法，设置了3类大小不同的斑块，通过长达8年（1984—1992）的标志重捕研究，证明了他们的两个假设：① 在片段化程度更强的景观中（即由面积较小的斑块组成的景观），动物移动的距离较远。这说明在片段化程度较强的景观中，动物要移动更大的距离才能寻找到配偶，获得食物和隐蔽条件。② 在片段化强的景观中，动物停留在隔离斑块中的时间较长，所以局域种群中迁移个体的比例比较低；随着斑块面积的加大，迁移个体比例也随之增大。

在景观结构对于鸟类种群和群落的影响上，Howell等（2000）在美国密苏里州对比了片段化的和连续的森林景观中的鸟类密度，在10个站点上进行了6年（1991—1996）的调查，结果发现，在片段化景观中的物种丰富度和多样性比连续景观的高，并且，从新热带区迁入的比例甚高。在24种鸟中，有15种鸟的平均数在两类景观间具有显著性的区别。Howell等又选定了12个植被变量和4个景观变量（森林覆盖率、核心区面积、边缘长度和斑块平均面积）与鸟类平均数进行逐步回归分析，用以确定哪一些因素可以解释24种鸟中数量的最大变化。结果说明，有7种鸟（29%）对于当地植被的变化最为敏感，而16种鸟（67%）对于4个景观变量的响应最为强烈。因此，景观是许多鸟类数量的重要指示变量，资源管理人员在对鸟类做管理对策时应该更多地考虑景观变量的意义。例如某些鸟类可能更多地要求连续的森林作为营巢地，而对另一些鸟类，小片的森林片段或比较特化的生境已经足够它们形成繁殖种群。简单地把调查点的鸟类数量与植被结构进行相关分析，其价值是有限的，甚至可能导致错误的结论。除鸟的生活史和生境选择以外，景观特征对于鸟类保护工作人员也必须同时考虑，而保护区的设计还要充分估计其周围的景观特征。

17.4 景观生态学的一般原理

景观生态学作为一门日臻成熟的学科，许多生态学家对其一般原理进行了大量的探索与分析。总的来说，景观生态学的一般原理包括景观整体性原理、景观异质性原理、景观等级性原理、景观尺度效应原理、景观格局与生态过程相互关系原理及景观动态变化原理等。

（1）景观整体性原理

景观生态学认为景观是由不同生态系统或景观要素通过生态过程而联系形成的功能整体。景观生态学要求应从景观的整体性出发研究其结构、功能及其演变过程。

（2）景观异质性原理

景观异质性原理是指景观要素在空间分布上和时间过程中的变异与复杂程度。异质性是景观的基本属性，几乎所有的景观都是异质的。它主要反映在景观要素多样性、空间格局复杂性以及空间相关的动态性。景观异质性及其测度一直是景观生态学研究的核心问题之一，认识景观异质性是了解景观过程与动态的基础。

（3）景观等级性原理

等级理论认为任何系统只能属于一定的等级，并具有一定的时间和空间尺度。由于景观是由不同的生态系统的空间集合与镶嵌构成的，等级性原理就规范了景观生态学研究的对象应是景观的不同生态系统或景观要素的空间关系、功能关系以及景观整体的性质与动态。

（4）景观尺度效应原理

尺度通常是指研究一定对象或现象时所采用的空间分辨率或时间间隔，同时又可指某一研究对象在空间上的范围和时间上的发生频率。景观生态学认为景观在不同研究尺度表现出不同的性质与属性，即景观的空间格局与生态过程是随尺度的不同而异。因此在景观生态学的研究中，必须根据研究对象的性质与研究目的确定适当的空间与时间尺度，以便能真实地了解研究对象景观性质的真相。景观研究中不同尺度的转换是当前生态学研究的前沿课题。

（5）景观格局与生态过程相互关系原理

与生态系统与过程的关系相似，在景观中，景观格局决定景观生态过程，而景观生态过程又影响景观格局的形成与演化。景观格局与生态过程的关系及其相互作用规律是景观生态学研究的又一核心问题。

（6）景观动态变化原理

景观生态学认为景观格局与生态过程及其相互作用的关系均是随时间而变化的，各景观要素的时间变化是不一致的，而且不同尺度的表现也是不同的，景观动态性原理反映了景观演化的不平衡观和尺度效应。

17.5 景观生态学的研究方法

景观生态学在其形成和发展过程中，吸收了许多生态学和其他学科的现有理论，尤其是生态系统理论、一般系统理论与岛屿生物地理学理论成了它的基础。

岛屿生物地理学理论认为：海岛上的物种数目是该岛面积的函数，并且受移入和灭绝两个过程所调控。若时间足够，物种数目将随迁入率和灭绝率的均衡而达到一个平衡点。其中迁入率是从种源地到岛屿距离的函数，它反映隔离程度；而灭绝率是岛屿面积的函数，它反映生态容量。这个理论近来应用于非海岛系统，即任何生境，如果被性质区别很大的生境所隔离，都可以视为“岛屿”。

此外，被称为“地理学第一定律”的空间相关理论也是景观生态学的重要理论基础之一，用来研究景观元素的空间格局。

景观生态学数量方法是景观生态学的重要组成部分，是认识景观结构、过程与动态的工具和手段。作为一门新兴的以研究生态系统空间规律为核心的生态学分支，景观生态学数量研究方法具有明显的空间分析特征。随着地理信息系统与遥感技术的普及，景观研究方法得到迅速发展。下面仅介绍景观指数、景观格局分析以及景观模型。

17.5.1 景观指数

景观指数通常包括景观单元特征指数与景观异质性指数两个类别。景观单元特征指数是指用于描述斑块面积与周长等特征的指标。景观异质性指数主要包括多样性指数、镶嵌度指数、距离指数和景观破碎化指数。景观指数的合理应用可以定量地描述景观的结构、过程以及相互关系。

（1）景观单元特征指数

① 斑块面积：可以用斑块平均面积、斑块面积方差、斑块面积的统计分布规律、最大斑块指数等来反映景观斑块面积特征。

② 斑块数：可以用斑块数量、斑块密度以及单位周长的斑块数来度量斑块的数量特征。

③ 斑块周长：斑块周长是景观单元结构的重要参数，可以用边界密度，即景观总周长与景观总面积的比，以及形状指数，即周长与等面积的周长之比等指数度量。

（2）景观异质性指数

① 多样性指数：景观多样性指数是用生态系统（或景观要素）类型及其在景观中所占面积比例进行计算。景观多样性还可以用丰富度、均匀度、优势度等指数来描述。

② 镶嵌度指数：镶嵌度描述景观相邻生态系统的对比程度。可以用镶嵌度指数计算公式来估计。

③ 距离指数：斑块间的距离是指同类斑块间的距离，用斑块距离来构造的指数称为距离指数。距离指数有两种用途：一是用来确定景观中斑块分布是否服从随机分布，二是用来定量描述景观中斑块的连接度或隔离度，可以用最小距离指数和连接度指数来估计。

④ 连接度指数：连接度是指景观斑块之间的联系程度，通常斑块之间的网络越发达，斑块之间的物质、能量及信息的交换也越频繁。有具体的公式来估计连接度指数。

⑤ 破碎化指数：景观破碎化是现存景观的一个重要特征。破碎化主要表现为斑块数量增加而面积减少，斑块的形状趋于不规则，景观内部生境面积缩小，作为物质、能量和物种交流的廊道被切断，景观斑块彼此被隔离，形成岛屿。景观破碎有较多的指数评价。

17.5.2 景观格局分析

景观格局分析主要目的是定量研究景观的组成和结构、景观中斑块的性质和参数的空间相关性与空间相互作用、景观格局在不同尺度上的变化（即格局的等级结构）以及景观格局与景观过程的相互关系。景观空间格局分析模型非常丰富，目前应用比较广泛的模型主要有：空间自相关分析、变异矩和相关矩、聚块样方方差分析、空间局部插值法、趋势面分析、地统计学、波谱分析、小波分析、分维分析、亲和度分析等。

17.5.3 景观模型

景观生态学研究的对象通常是大空间尺度和空间异质性，还要考虑景观格局和过程的相互作用。由于在景观水平进行野外控制性实验，在许多情况下是不可能实现的，许多景观实验不得不在计算机上模拟。因此，景观模型是帮助我们建立景观结构、功能和过程之间的相互关系，预测景观未来变化的有效工具。

景观模型大致可以分为两类，即空间模型和非空间模型。空间模型主要考虑空间结构，而非空间模型则不考虑景观的空间结构。通常景观空间模型有 4 种：零假设模型、景观空间动态模型、景观个体行为模型和景观过程模型。

17.6 景观结构的起源和演变

地质过程、气候、生物活动和火是决定景观结构起源和演变的主要原因。

火山活动、沉积和侵蚀等地质过程是产生景观结构的来源。例如沿河谷的冲击沉积物与附近山地的土壤相比较，作为植物的生长基地，其条件就很不相同；沙漠中的火山锥（有大量的火山碴）与周围平地的环境条件也显然不同。因此，由这些地方发育出来的生态系统将成为广阔景观背景中具有明显特色的斑块。

气候是景观结构重要的决定因素。陆地上某一个地区将发育出什么类型的生态系统，是森林、草原、荒漠，还是冻原，气候特征是其主要的决定因素。对于水体生态系统，气候条件同样是决定主要分区的基准线。气候决定河流泛滥的周期，一年一次、二年一次，还是不规则的间隔期。冰河的进退确定了整个大陆的形态，它开辟山谷、造成湖泊和平原。气候干旱的周期性改变着雨林和稀树草原的分布界限。在更小的尺度上，气候影响山坡侵蚀物的沉积，并在山脚形成冲积堆。

几乎所有的生物类群都影响着景观结构。植物创造出人们称之为景观结构的斑块网。稀树草原中生长着的金合欢树，其周围土壤富有氮，分解过程进行得快，形成了与四周显然不同的斑块。

动物活动对于景观结构的影响，虽然不如植物明显，但同样是处处可见。所谓生态系统“工程师”就是生态学家所赋予动物的美名。例如非洲象以树为食物，其活动把林地逐渐演变成草地，鳄的活动使池塘得以长久存在，为许多生物提供了避开干旱的生存条件。鼢鼠的挖土活动使青海牧区的优良草地变成了不宜放牧的黑土滩。更令人惊叹的是河狸，它伐木、搬运、建筑水坝并使水位保持一定水平的能力，早就成为动物学家描绘的对象。河狸的选择性取木使植物群落出现斑块，河狸坝使湿地范围扩大，据报道，从 1927 年到 1988 年，河狸坝把美国明尼苏达州原来以森林生态系统为主的景观改变成以湿地、草甸为主。

窗口 17-1

中国的国家公园介绍

国家公园作为一种重要的自然保护地类型已经走过了将近 150 年的历程。1872 年，世界上第一个国家公园——美国黄石国家公园建立，它是自然环境保护的制度先驱之一。我国从 1956 年第一个自然保护区建立以来，经历 60 多年发展，已建有自然保护区、风景名胜区、森林公园、地质公园、湿地公园等各级各类自然保护地 11 800 多处，覆盖陆域国土面积约 18%，领海面积约 4%，对保护生态系统与生物多样性、保存自然遗产、改善生态环境质量发挥了重要作用。然而，自然保护地过去的发展缺乏系统规划，存在重叠设置、多头管理、边界不清、权责不明、保护与发展矛盾突出等问题，极大影响了综合保护效果。

为从根本上解决这些问题，确保重要自然生态系统、自然遗迹、自然景观和生物多样性得到系统性保护，提升优质生态产品供给能力，维护国家生态安全，在 2013 年十八届三中全会上中央首次提出建立国家公园体制。多年来，在国家顶层设计的推动下，“国家公园”概念得以不断强化，连续出台了一系列政策，从建设国家公园的指导思想、主要目标、建设内容、主管机构、功能定位等方面进行了总体部署。尤其是 2017 年 9 月，中共中央办公厅、国务院办公厅印发《建立国家公园体制总体方案》和 2019 年 6 月，中共中央办公厅、国务院办公厅印发《关于建立以国家公园为主体的自然保护地体系的指导意见》，标志着我国国家公园体制建设已经初步完成顶层设计，明确了国家公园在全国自然保护地体系中的主体地位。

2015 年，我国启动了国家公园体制试点工作。2016 年，三江源国家公园成为党中央、国务院批复的第一个国家公园体制试点。至 2020 年，我国已经建立三江源、东北虎豹、祁连山、大熊猫、海南热带雨林、武夷山、神农架、普达措、钱江源、南山等 10 处国家公园体制试点，涉及 12 个省份，总面积超过 22 万 km^2，约占我国陆域国土面积的 2.3%。自然保护地分类分级统一的管理体制基本建立，国家公园总体布局初步形成。

2021 年 10 月 12 日，习近平主席以视频方式出席《生物多样性公约》第十五次缔约方大会领导人峰会，在主旨讲话中宣布，中国正式设立三江源、大熊猫、东北虎豹、海南热带雨林、武夷山等第一批国家公园。这 5 个国家公园，属于我国自然生态系统最重要、自然景观最独特、自然遗产最精华、生物多样性最富集的区域。我国的国家公园建设掀开了新的篇章。

建立国家公园的重要性在于，首先国家公园具有国家代表性、典型性。国家公园应是国家最重要、最宝贵的自然生态系统、自然文化遗迹的精华和代表，其首要功能是保护重要自然生态系统的原真性、完整性，具有国家象征，在资源景观丰富度和生态地位上具有不可替代性。其次，国家公园是体现整个自然保护地体系治理机制和能力的代表。第三，国家公园要求实施“最严格的保护”。但这一概念不应等同于“整个国家公园都是最严格的保护区”，国家公园在实行严格保护的基础上，兼具科研、教育和游憩等综合功能。

中国是世界上第一个，也是目前唯一将建设生态文明纳入国家战略的国家。建立国家公园体制是建设生态文明制度的重要内容，对于推进自然资源科学保护与合理利用，建设美丽中国，促进人与自然和谐共生，具有极其重要的意义。

思考题

1. 什么是景观与景观生态学？
2. 什么是斑块－廊道－基质？如何区分这 3 类景观元素？
3. Forman 提出了有哪些基本原理？

讨论与自主实验设计

以你身边某个风景区为例，讨论如何对其景观进行分类和规划。

数字课程学习

◎本章小结　◎重点与难点　◎自测题　◎思考题解析

中文名词索引

英文名词索引

O

P

Q

R

S